普通高等教育"十一五"国家级规划教材
普通高等教育农业部"十二五"规划教材

兽医寄生虫学
Veterinary Parasitology

（中英双语）第2版

李国清　主编

中国农业大学出版社
·北京·

内容简介

《兽医寄生虫学(中英双语)》第2版在内容的编排上比第1版有较大的调整与更新。全书分总论、各论和药物3篇，共18章。总论部分系统地介绍了兽医寄生虫学的基本概念和基本原理。各论部分根据寄生虫的分类体系(如蠕虫、原虫和节肢动物)分别介绍了人畜共患寄生虫病以及各种动物包括猪、反刍动物(牛、羊、骆驼)、家禽(鸡、鸭、鹅)、伴侣动物(犬、猫)和马属动物等常见寄生虫的形态和生活史以及各种寄生虫病的诊断与防控技术。药物部分详细介绍了抗寄生虫药的基本原理和现阶段常用的抗寄生虫药。本教材可供高等农业院校动物医学专业的本科生和研究生使用，同时也是兽医学、医学及生物学教学与科研人员有益的参考读物。

图书在版编目(CIP)数据

兽医寄生虫学(中英双语)/李国清主编. —2版. —北京：中国农业大学出版社，2014.12(2020.7重印)
ISBN 978-7-5655-1084-7

Ⅰ.①兽… Ⅱ.①李… Ⅲ.①兽医学-寄生虫学-双语教学-高等学校-教材 Ⅳ.①S852.7

中国版本图书馆CIP数据核字(2014)第226475号

书　名　兽医寄生虫学(中英双语)　第2版
作　者　李国清　主编

策划编辑　潘晓丽　　**责任编辑**　刘耀华
封面设计　郑　川　　**责任校对**　王晓凤
出版发行　中国农业大学出版社
社　址　北京市海淀区圆明园西路2号　　**邮政编码**　100193
电　话　发行部 010-62818525,8625　　**读者服务部** 010-62732336
　　　　编辑部 010-62732617,2618　　**出　版　部** 010-62733440
网　址　http://www.cau.edu.cn/caup　　**E-mail**　cbsszs@cau.edu.cn
经　销　新华书店
印　刷　涿州市星河印刷有限公司
版　次　2015年1月第2版　2020年7月第3次印刷
规　格　889×1 194　16开本　25.5印张　778千字
定　价　65.00元

第 2 版编审人员名单

主　　编　李国清

副 主 编　赵俊龙　杜爱芳　杨晓野　杨光友　张龙现　秦建华

编写人员

华南农业大学	蒋红霞　李国清
华中农业大学	赵俊龙
浙江大学	杜爱芳
内蒙古农业大学	杨晓野
四川农业大学	杨光友　汪　涛
河南农业大学	张龙现　菅复春
河北农业大学	秦建华
西南大学	周荣琼
佛山科技学院	张浩吉
湖南农业大学	刘　毅
西北农林科技大学	林　青　赵光辉
云南农业大学	邹丰才
安徽农业大学	徐前明
青海大学	张瑞强

审校人员

西北农林科技大学	于三科
扬州大学	陶建平
华中农业大学	胡　敏
华南农业大学	李国清

第1版编审人员名单

主　　编　李国清

副 主 编　（按姓氏笔画排序）

杨晓野　杨光友　赵俊龙

编写人员　（以单位首字笔画排序）

广西大学	黄维义
内蒙古农业大学	杨晓野
四川农业大学	杨光友
东北农业大学	宋铭忻
吉林大学	张西臣
华中农业大学	赵俊龙
华南农业大学	曾振灵　朱兴全　李国清
河南农业大学	张龙现
河北农业大学	秦建华
浙江大学	杜爱芳

审校人员　（以单位首字笔画排序）

中国农业大学	刘　群　索　勋
西北农林科技大学	于三科
华中农业大学	姚宝安
华南农业大学	朱兴全　李国清

主　　审　朱兴全

第 2 版前言

《兽医寄生虫学(中英双语)》第 2 版是在该书第 1 版(2006 年)的基础上修订而成,本次修订重点是参考 2013 年国家执业兽医资格考试应试指南中兽医寄生虫学部分,对总论和各论的内容进行了调整;此外,目录采用双语编写,正文部分参考了近 5 年来国内外有关资料,更新了中文内容,扩充了英文比重,充分体现本教材“科学性、创新性和实用性”的编写原则。该书第 1 版已被评为普通高等教育“十一五”国家级规划教材,第 2 版被评为普通高等教育农业部“十二五”规划教材和广东省精品教材,适合高等农业院校动物医学专业本科生使用。

本版教材在内容上与第 1 版相比做了如下变动。

第一,在总论的编排上做了相应调整,第二章第三节的内容调整为寄生虫对宿主的致病作用以及寄生虫对人类和动物的危害;第三章的内容调整为寄生虫的分类系统与命名规则以及蠕虫、原虫和节肢动物的分类;第四章的内容调整为蠕虫、原虫和节肢动物的形态与生活史;第五章中免疫应答调整为抗寄生虫免疫;第七章的内容调整为常用诊断方法,消化道与呼吸道、血液与组织寄生虫病以及外寄生虫病的诊断;第八章免疫预防中增加了核酸疫苗,生物控制内容调整为生物控制的概念与特点以及生物控制剂的初步应用。

第二,在各论的编排上,增加了第九章人畜共患寄生虫病(血吸虫病、囊尾蚴病、棘球蚴病、旋毛虫病、弓形虫病和利什曼原虫病)和第十章多种动物共患寄生虫病(支睾吸虫病、棘口吸虫病、类圆线虫病、鞭虫病、锥虫病、贾第虫病、隐孢子虫病、新孢子虫病、肉孢子虫病、疥螨病和痒螨病);第十一章猪寄生虫病内容调整为蠕虫病(姜片吸虫病、猪蛔虫病、食道口线虫病、冠尾线虫病、后圆线虫病和巨吻棘头虫病)、原虫病(猪球虫病和小袋纤毛虫病)和外寄生虫病(猪血虱病);第十二章反刍动物寄生虫病中增加了东毕吸虫病、肺线虫病、牛羊球虫病和胎儿毛滴虫病;第十三章家禽寄生虫病中删除了背孔吸虫病、嗜眼吸虫病和新勋恙螨病;第十四章马属动物寄生虫病中增加了马胃线虫病,删除了蠕形螨病;第十五章犬猫寄生虫病中增加了蠕形螨病,删除了后睾吸虫病。

第三,在抗寄生虫药物的编排上,新增了硝硫氰酯(抗血吸虫药),伊喹酮(驱绦虫药),非班太尔、多拉菌素、塞拉菌素、依普菌素、莫西菌素、美贝霉素肟(驱线虫药),磺胺二甲嘧啶、癸氧喹酯、托曲珠利、赛杜霉素(抗球虫药),新砷凡纳明(抗锥虫药),台盼蓝(抗梨形虫药),甲基吡啶磷、三氯杀虫酯、氟胺氰菊酯、环丙氨嗪、非泼罗尼(杀虫药);此外,删除了海托林(驱吸虫药),呋喃丙胺、六氯对二甲苯、硝硫氰胺、硝硫氰醚(抗血吸虫药),二氯酚、丁萘脒、雷琐苍太(驱绦虫药),噻咪唑、吩嘧啶、尼托必敏、丙噻咪唑、丁苯咪唑、苯硫脲酯、美沙利啶(驱线虫药),二甲氧苄氨嘧啶、二甲硫胺(抗球虫药),锥虫胂胺(抗锥虫药),林丹、杀虫脒、二溴磷、氯氰菊酯、升华硫(杀虫药)。

本书的出版得到了中国农业大学出版社和参编院校同行们的大力支持,特致以最诚挚的谢意。本书的插图得到了华南农业大学寄生虫教研室胡伟、武省、余新刚、王祯、谭立聘、宋美冉等研究生的大力协助,深表感谢。本书主编近年来得到了国家自然科学基金(No. 31272551,30972179)和国家级双语示范课程(No. 0515000001)等项目的资助,在此一并感谢!

由于知识水平所限,书中难免还存在不少缺点和错误,恳请读者批评指正。

李国清

2014 年 6 月

第1版前言

开展专业课程的双语教学，是教育部在教学水平评估中大力推进的工作，是专业教育与国际接轨的迫切需要，但目前尚缺乏合适的《兽医寄生虫学》双语教材。为此，我们组织了全国有关高校的教师编写了这本教材，参编人员均为长期从事兽医寄生虫学教学与科研工作的教授，绝大多数都有博士学位和在国外留学的经历；除编审人员名单所列之外，还有訾复春、丁焕中、刘全等老师协助编写。该教材是在1999年由广东高等教育出版社出版的《兽医寄生虫学》中文版教材和《Veterinary Parasitology》英文讲义的基础上改编而成的，编写的总原则是"创新、科学和实用"，做到既反映本学科的现有成就和发展趋势，又把握好本科层次学生应掌握的专业知识和业务技能，使本教材的知识体系、深度、广度适合现阶段本科生双语教学的需要。

本教材具有以下特点：

第一，全书主要内容采用双语编写。中文部分的编写立足较成熟的理论和技术，并简要介绍能体现发展趋势和方向的新理论和前沿技术，在内容上体现当代知识更新的特点。英文部分除了书中所有虫名，所有药名，所有图表采用双语编写之外，所有专业名词和基本概念以及重要寄生虫的生活史均配有英文。另外，章节及各级标题与小标题也采用双语编写。使之与当前或未来一段时间内大学生的英语水平和双语教学内容相适应。

第二，针对养殖业发展的现状和未来的趋势，重点介绍猪、家禽、反刍兽、马属动物和伴侣动物正在流行的寄生虫病和人畜共患的寄生虫病，注重环境卫生和公共卫生意识，并充分反映20世纪90年代以来国内外兽医寄生虫学领域的新成就，使教学内容直接服务于生产和社会需要。

第三，在内容的编排上，注重学科的系统性和生产的实践性，全书分总论、各论和药物三篇共十六章。总论系统地阐述了兽医寄生虫学的基本概念、基础理论和诊疗技术；各论分别介绍了各种动物包括猪、反刍动物（牛、羊、骆驼）、家禽（鸡、鸭、鹅）、伴侣动物（犬、猫）和马属动物的各类寄生虫病以及传播病原的节肢动物；药物篇对抗寄生虫药的基本原理以及目前常用的抗寄生虫药做了全面的介绍。

第四，该书注重启发性和理论联系实际的原则，文字精练，深入浅出，图文并茂。对于难以理解和掌握的寄生虫形态和生活史内容，采用了先进的电脑排版技术，精选插图，双语注释，直观形象地说明相关理论。书末还提供了外文、中文检索，以利于读者自学。

本书的出版得到了中国农业大学出版社和华南农业大学教务处的大力支持，特致以最诚挚的谢意。本书的编辑与排版得到了华南农业大学寄生虫教研室杨建伟、肖淑敏、Hicham Wadeh、罗锋、张翰、陈强、唐剑栋等研究生的大力协助，深表感谢。本书主编近年来在兽医寄生虫学科研方面得到了国家自然科学基金（39870549，30371082）和广东省自然科学基金（980134，010354，32286）的资助，在此一并致谢！

尽管我们付出了很大努力，但由于知识水平所限，书中难免还存在不少缺点和错误，恳请广大师生和读者不吝指正。

李国清

2006年3月28日

目　　录
Contents

第一篇　总　论
Part 1　General Introduction

第二篇 各 论
Part 2 Every Introduction

第三篇　抗寄生虫药
Part 3　Antiparasitics

第一篇　总　论

Part 1　General Introduction

第一章 绪 论
Chapter 1 Introduction

第一节 兽医寄生虫学概念
Section 1 Definition of Veterinary Parasitology

兽医寄生虫学(veterinary parasitology)是研究寄生于家畜(livestock)、家禽(poultry)、伴侣动物(companion animal)(如猫、犬)和其他动物的各种寄生虫及其所引起疾病的科学。更确切地说,它是研究寄生虫(parasite)和宿主(host)相互关系的一门科学。这门学科的内容主要包括以下几个方面:①家养动物寄生虫的研究,即研究寄生在动物机体的各种寄生虫的形态学(morphology)、分类学(taxonomy)、生活史(life cycle)、生物化学(biochemistry)、生理学(physiology)和生态学(ecology)的问题;②由寄生虫感染所引起疾病(disease)的研究,即研究侵袭动物机体的各种寄生虫的致病作用(pathogenesis),由其引起疾病的流行病学(epidemiology)、临床症状(clinical signs)、病理变化(lesions)、免疫学(immunology)、诊断方法(diagnostic methods)、治疗(treatment)和防控(control)措施;③由人畜共患寄生虫(zoonotic parasites)所引起的公共卫生(public health)问题。寄生虫学(parasitology)是研究寄生虫病(parasitic disease)的基础,必须对寄生虫学的基础知识有较全面的了解,特别是掌握寄生虫的形态和生活史;对于寄生虫病的防治来说,特别要掌握寄生虫病的流行病学资料,才有可能拟定出有效的综合性防治措施。

Veterinary parasitology is the science that deals with the parasites of domestic animals including livestock, poultry, companion animal(cats and dogs) and other animals. More specifically, it is the science that deals with the interactions between a host and the population of parasites that are found on or in that host. A more encompassing point of view, from an epidemiological perspective, would define veterinary parasitology as the science that deals with the interactions between host populations and the parasites that infect them. This broad definition means that veterinary parasitology covers many aspects of parasites of domestic animals and their hosts including: the morphology, taxonomy, life cycles of parasites, biochemistry, physiology and the immunological, pathological and clinical responses of the host to the presence of parasites, all aspects of treatments, control of parasitic infections, diseases and the public health aspects of parasites of domestic animals that may also infect humans.

第二节 兽医寄生虫学的地位和任务
Section 2 Position and Task of Veterinary Parasitology

动物的疾病大体上可以分为传染病(infectious disease)、寄生虫病(parasitic disease)和普通病(general disease)三大类。人类对疾病的认识是与社会的进步和科学技术的发展密切相关的,在个体农业经济的历史时期,家畜以役用为主,分散饲养,兽医工作以治疗内外科疾病为主;随着畜牧业的发展,畜产品及畜禽输出输入的增加,畜禽传染病的传播与流行随之增多,于是,防止动物传染病的传播与流行成为主要课题;随着兽医科学技术的发展,主要的烈性传染病逐渐得到控制与消灭,曾被掩盖着的寄生虫病的危害就显得格外突出,养殖业遭受寄生虫病的经济损失超过传染病所带来的损失。于是,对动物寄生虫病的研究逐渐地摆到议事日程。

一、兽医寄生虫学的地位(Position of veterinary parasitology)

兽医寄生虫学是动物医学或兽医(veterinary medicine)专业的一门核心课程,它既是兽医专业课程体系的重要组成部分,同时又与下列学科有着密切的联系。首先是动物学(zoology),有关寄生虫的形态学和分类的知识,是鉴定虫体、最后确诊的依据。研究家养动物的寄生虫病,与兽医病理学(veterinary pathology)、兽医药理学(veterinary pharmacology)、兽医免疫学(veterinary immunology)和兽医临床诊断学(veterinary clinical diagnosis)等学科都有密切的联系。对寄生虫病进行类症鉴别与实施预防措施时,与兽医传染病学(veterinary infectious diseases)有着特别密切的联系。由此可以认为,该学科以兽医专业基础课程和部分临床课程为依托,将相关学科知识与寄生虫学科有机结合起来,构建了一门知识结构完备的学科体系。如诊断寄生虫病时,一方面借助兽医临床诊断技术,将流行病学、临床症状和病理变化有机地统一起来进行临床诊断;另一方面需借助动物学、免疫学和分子生物学等技术手段对病原进行确诊。由此可见,兽医寄生虫学是以多门学科为基础的综合性学科。该学科的发展不仅有利于兽医专业课程体系的完善,同时在生命科学中也是一门特色课程,为解释寄生生物的生存、代谢和遗传等方面提供重要资料。

从生产实践来看,动物寄生虫病防控是兽医工作的重要组成部分。尽管多数蠕虫病以慢性感染为主,缺乏特征性的临床症状和病理变化,生前诊断较为困难,但其危害很大,造成的经济损失不能低估。如猪蛔虫病(swine ascariosis)发生后,仔猪生长速度下降30%。一些原虫病的危害更为严重,如鸡球虫病(chicken coccidiosis)的死亡率一般为20%~30%,严重时可高达80%。此外,动物腹泻性疾病常混合感染寄生性肠道原虫[如隐孢子虫属(*Cryptosporidium*)、贾第虫属(*Giardia*)等],这些机会性原虫是免疫缺陷个体致死的重要原因之一,其危害也不容忽视。总之,各种动物寄生虫病的发生仍较为频繁,其危害较为严重,加强动物寄生虫病的防控,不仅有利于保护动物健康,而且有利于减少畜牧业经济损失。

二、兽医寄生虫学的任务(Task of veterinary parasitology)

学习兽医寄生虫学知识,一是为保障畜牧业生产的发展,提高经济效益服务;二是为保护人类及其伴侣动物健康,提高公共卫生水平与社会效益、环境效益服务。

1. 保障畜牧业的健康发展(Ensuring the healthy development of animal husbandry)

在畜禽养殖中,有些寄生虫可以引起畜禽的大批死亡,如不采取防治措施,可以给养殖业造成毁灭性打击,如鸡球虫病。大多数寄生虫虽然不引起畜禽的大批死亡,但会严重影响畜禽的饲料转化率,影响其生产性能,降低畜禽产品的质量,造成重大经济损失。如猪蛔虫(*Ascaris suum*),呈世界性分布,仔猪感染后生长发育不良,饲料转化率降低;美国猪场感染率在70%左右,每年给美国养猪业造成的直接经济损失约4亿美元;我国猪群的感染率为17%~80%,造成的经济损失难以估计。显然,兽医寄生虫学的任务就是保障畜禽养殖业的健康发展,提高养殖业的经济效益。

2. 保护人类健康(Protection of human health)

有些寄生虫不仅能感染动物,还可以感染人,如日本血吸虫(*Schistosoma japonicum*)等。有些寄生虫是人畜共患病(zoonoses)的传播者,通过传播人畜共患病危害人类健康,如蜱(ticks)能传播上百种人畜共患病。有些寄生虫通过肉食品传播给人类,如旋毛虫(*Trichinella spiralis*)。因此,兽医有责任承担肉、乳之类动物性食品和其他畜产品有关寄生虫方面的卫生监督与检验,以保护人类健康。除了食源性寄生虫(food-borne parasites)之外,一些水源性寄生虫(water-borne parasites)所引起的环境污染问题也应给予高度重视,需要采取必要的措施提高公共卫生水平。

为此,必须掌握兽医寄生虫学的基础理论(basic theory)、诊疗技术(clinical diagnosis and treatment)和综合性防治措施(comprehensive control),保障动物不受或少受寄生虫的感染或侵袭,使家养动物的寄生虫感染减少到最低程度；必须掌握主要的人畜共患寄生虫病及其预防措施，讲究环境医学，创造不利于寄生虫传播的外界环境条件，减少公共卫生的突发事件；更重要的是掌握寄生虫病的流行病学特点以及生活史上的薄弱环节，从而攻破其流行环节，从根本上杜绝寄生虫病的流行。

第三节 兽医寄生虫学发展概况
Section 3 Introduction to the Development of Veterinary Parasitology

一、学科发展历程(History of the subject development)

兽医寄生虫学大致经历了3个发展阶段：描述寄生虫学(descriptive parasitology)、实验寄生虫学(experimental parasitology)、免疫寄生虫学(immunological parasitology)与分子寄生虫学(molecular parasitology)[现代寄生虫学(modern parasitology)]阶段。

(一)描述寄生虫学阶段(Stage of descriptive parasitology)

这一阶段主要是对寄生虫的区系分类(taxonomy)与地理分布(geographic distribution)进行研究，就研究内容而言，是对寄生虫和寄生现象的观察描述阶段。这是一种"摸清家底"的工作，也是一项重要的、必不可少的学术研究，为我国家畜疫病志的编写提供了珍贵的科学资料。据粗略估计，共发现扁形动物门(Platyhelminthes)吸虫纲(Trematoda)复殖目(Digenea)吸虫(trematodes)20科58属209种；绦虫纲(Cestoda)圆叶目(Cyclophyllidea)绦虫(cestodes)6科34属80种，假叶目(Pseudophyllidea)绦虫1科2属3种；线形动物门(Nemathelminthes)线虫纲(Nematoda)线虫(nematodes)7目21科93属285种；棘头动物门(Acanthocephala)棘头虫(acanthocephalans)2目3科3属4种；原生动物门(Protozoa)鞭毛虫纲(Mastigophora)鞭毛虫(flagellates)4目10科11属115种，梨形虫纲(Piroplasmea)梨形虫(piroplasms)2科2属15种，纤毛虫纲(Ciliata)纤毛虫(ciliates)1目1科1种；节肢动物门(Arthropoda)蛛形纲(Arachnida)蜱螨目(Acarina)动物(ticks and mites)8科18属81种，昆虫纲(Insecta)昆虫(insects)4目17科39属115种。以上各种寄生虫合计908种。其中有近百种为发现于我国的新种。

(二)实验寄生虫学阶段(Stage of experimental parasitology)

20世纪60年代以后在区系分类研究的基础上，实验寄生虫学也在逐步兴起，多集中在生活史(life cycle)的研究，主要采用人工感染实验动物加以论证。在国内，其代表性的研究是熊大仕等对猪肾虫(*Stephanurus dentatus*)的实验性研究；其后，对寄生虫的人工培养、生理生化以至免疫特性方面进行研究，更多的技术相继渗透进来，如切片技术、电镜技术、生化技术、染色体技术和免疫学技术等，这为学科交叉与融合提供了重要技术手段。

这一阶段所取得的成就主要表现在对若干种危害较大的寄生虫的生活史与流行病学(epidemiology)进行了调查研究。诸如对原虫病中的猪弓形虫病(toxoplasmosis)、反刍兽住肉孢子虫病(sarcosporidiosis)、家禽球虫病(coccidiosis)与住白细胞虫病(leucocytozoonosis)、家畜巴贝斯虫病(babesiosis)和泰勒虫病(theileriosis)，蠕虫病中的肝片吸虫病(fasciolosis)与耕牛血吸虫病(schistosomiasis)、反刍兽和猪的绦虫病(cestodiasis)、猪肾虫病(stephanuriasis)、旋毛虫病(trichinellosis)、反刍兽消化道线虫与肺线虫病(nematodosis)、马羊脑脊髓丝虫病(encephalomyelofilariasis)，外寄生虫中的蜱(tick)、螨(mite)和牛、羊、马的蝇蛆病(myiasis)等都做了大量深入细致的工作，或首次阐明了寄生虫的生活史，或提供了疾病详细的地理分布、季节动态(seasonal dynamics)、感染途径(infective route)、传播方式(transmission mode)、媒介(vector)与中间宿主(intermediate host)的生物学特性等，为防治工作提供了科学依据。

同时，对寄生虫的人工培养(culture *in vitro*)做了不同程度的探索。原虫中寄生于消化道的贾第虫(*Giardia* sp.)和寄生于生殖道的毛滴虫(*Trichomonas* sp.)的人工培养非常成功；球虫亚纲(*Coccidia*)中某些种已能在鸡胚或(和)细胞系中继代培养；寄生于牛淋巴细胞中的环形泰勒虫(*Theileria annulata*)裂殖体(schizonts)已能在人工培养液中保持 10 年以上。寄生于动物血液的伊氏锥虫(*Trypanosoma evansi*)已能从有滋养层的细胞培养发展到无细胞培养基的培养。蠕虫中线虫(nematodes)的人工培养,由初期的延长其寿命逐步转向以人工条件取代其整个生活史为目标。经过 30 余年的研究,已能使 10 余种寄生于反刍兽和猪的圆线虫(strongyles)在人工培养系统中完成其整个生活史,部分虫种不但能发育至性成熟,并能产卵。对有中间宿主的线虫以及全部的吸虫(trematodes)和绦虫(cestodes),人们仅能模拟其生活史中的某一阶段(在终末宿主或中间宿主体内的阶段)创造培养条件,部分取得了成功。对于昆虫(insects)和蜱(tick)、螨(mite),一般是采取它们的组织细胞(如唾腺细胞)进行培养。

此外,寄生虫疫苗(vaccine)的研制取得一定实效,通常选定虫体的某一发育阶段,如球虫(coccidia)的子孢子(sporozoites)、血吸虫(schistosome)的尾蚴(cercariae)和网尾线虫(*Dictyocaulus* sp.)的第 3 期幼虫(the third larvae)等,给以致弱处理,用致弱虫体感染宿主,诱导免疫力。致弱的方法有物理致弱,如 X 射线或 γ 射线照射,使虫体毒力减弱;化学致弱,主要采用化学药物,例如给牛接种锥虫(trypanosome)后,注射贝尼尔(Berenil)加以控制,以后攻毒证明,接种牛获得了一定的免疫力;生物致弱,如柔嫩艾美耳球虫(*Eimeria tenella*)经鸡胚传代和早熟选育致弱,又如牛巴贝斯虫(*Babesia bovis*)在去脾犊牛体内连续传代致弱,等等。

(三)现代寄生虫学阶段(Stage of modern parasitology)

随着免疫学(immunology)和分子生物学(molecular biology)理论与技术的渗透,兽医寄生虫学进入了以免疫寄生虫学(immunological parasitology)与分子寄生虫学(molecular parasitology)为主的现代寄生虫学阶段。免疫诊断技术如免疫荧光技术、免疫酶技术和单克隆抗体技术在寄生虫病的诊断(diagnosis)和流行病学调查(epidemiological investigation)中已经比较普遍的应用。核酸探针(DNA probe)和聚合酶链反应(PCR)技术亦已应用于一些寄生虫病的病原诊断及其分类鉴定。抗独特型抗体(anti-idiotype antibody)和基因重组(gene recombination)技术已被应用于寄生虫病疫苗的研制当中。对于广泛或严重流行的弓形虫病(toxoplasmosis)、梨形虫病(piroplasmosis)、伊氏锥虫病(trypanosomiasis)、血吸虫病(schistomiasis)、猪囊虫病(cysticercosis)和旋毛虫病(trichinellosis)等,研制成功或广泛应用了敏感性高、特异性强并且简便的免疫学诊断方法。牛环形泰勒虫裂殖体胶冻细胞苗、鸡球虫疫苗已在流行区广泛应用,收到了良好的预防效果。血吸虫病、肝片吸虫病、反刍兽消化道线虫病、梨形虫病、猪囊虫病和螨病等一些流行广泛的寄生虫病已经建立了诊断、治疗和预防三结合的综合防治模式(integrated control mode),取得了良好的效果。抗寄生虫药物的研制已经摆脱了过去那种"碰运气"的筛选方式,科学家们可以从如何阻断寄生虫营养代谢或神经传导机制上有目的地筛选或合成某种药物,新型低毒高效的抗原虫药(antiprotozoal drug)、抗蠕虫药(anthelmintic)和杀虫药(insecticide)等都能研制和生产。

虽然我国的寄生虫学工作者已经能够运用先进的分子生物学技术,把科研推进到分子水平,但许多技术的开发和应用则需要一定的社会与经济条件。目前在我国从病原学到疾病防治等各个领域都存在着明显的薄弱环节,与发达国家相比还存在着一定的差距。

二、学科发展展望(Future of the subject development)

为了尽快缩小与发达国家的差距,我国兽医寄生虫学的发展需要认真制订中长期发展规划,做到科学发展。首先要建立一种激励机制,吸引优秀人才从事兽医寄生虫学事业,同时还要不断加强后备人才的培养,切实保障人才队伍的稳定;二是学科的发展应着眼于前瞻性问题,应与生产实践相结合,应注重与其他学科的交叉和渗透;三是健全兽医法规和兽医服务网络,完善与动物寄生虫病有关的法规和条例,贯彻落实好各种综合性防治措施,使防治工作朝着国际化和社会化的方向发展。

从学科的发展趋势来看,以下几个方面可能是今后重点研究的方向。

1. 新的诊断技术(New diagnostic techniques)

寄生虫病的传统诊断方法虽然简单易行,但由于本身检出率低以及由于镜检人员眼疲劳而导致漏检等原因,发展快速、特异和敏感的诊断技术是一个很重要的方向。

2. 寄生虫病的生物控制(Biological control of parasitic disease)

鉴于化学防治中耐药性和药物残留等诸多不利因素，采用生物控制如疫苗或寄生虫天敌来防治寄生虫病可能是一个很好的发展方向。疫苗发展的方向有基因工程苗和核酸疫苗等。寄生虫天敌如苏云金芽孢杆菌、捕食线虫性真菌、寄生性原虫病毒等，将来可能还会发现更多的寄生虫天敌。

3. 新发和重现的寄生虫病(New emergence and reemergence of parasitic diseases)

目前已发现新孢子虫病系牛流产的一个重要原因，此外机会致病性寄生虫病在抬头，如利什曼原虫病、弓形虫病、隐孢子虫病、贾第虫病、环孢子虫病、小袋纤毛虫病等。老病新流行的例子如血吸虫病、华支睾吸虫病、管圆线虫病等。

4. 寄生虫“组学工程”(Parasite “omics project”)

随着寄生虫基因组学(genomics)研究的开展，转录组学(transcriptomics)、蛋白质组学(proteomics)、代谢组学(metabonomics)等亦已融入兽医寄生虫学的研究，这个可以称为“组学工程”的大学科将会使我们更加客观地了解寄生虫的复杂结构和生活史，有助于找到药物作用的靶子或有保护力的抗原蛋白，或有诊断价值的基因或其序列。

5. 海洋寄生虫学(Marine parasitology)

有远见的科学家们担心未来人类食物的匮乏，提出了“海洋牧场”的设想，于是海洋寄生虫学随之诞生。寄生虫学家已经发现，海洋寄生虫给牡蛎和鱼类养殖造成了重大经济损失，还发现海洋寄生虫在海洋生态上起着重要作用。

总之，随着现代生物学的发展，对寄生虫与宿主关系的研究已进入分子水平时代，免疫学技术、分子生物学技术和信息技术的应用，为深入研究家养动物的寄生虫病，解决寄生虫病的发病机理(pathogenesis)、免疫机理(immunological mechanism)、药物疗效(drug efficacy)、寄生虫分类(classification)以及免疫预防(vaccination)等方面的问题开辟了新的途径，寄生虫病的诊疗技术正在不断完善和提高。

第二章 寄生虫与宿主
Chapter 2 Parasites and Hosts

第一节 寄生生活
Section 1 Parasitism

在自然界中，2 种生物生活在一起的现象是较为常见的，我们将其称为共生关系(symbiosis)。它是生物在长期进化过程中形成的。根据共生双方相互间的利害关系不同，可以将其分为以下 3 种类型。

(一)互利共生(Mutualism)

共生双方互相利用，彼此受益，这种共生类型就是互利共生。如反刍兽(ruminants)和其瘤胃内的纤毛虫(ciliates)。反刍兽为纤毛虫提供了适宜的瘤胃生存环境和植物纤维来源，纤毛虫以反刍兽吃进去的植物纤维为食，供给自己营养；同时，纤毛虫对植物纤维的分解，又有利于反刍兽的消化；另外，纤毛虫本身的迅速繁殖和死亡，还可为反刍兽提供蛋白质。

In the case of mutualism, one of the hosts benefits while the other just exists; this is what occurs with the various ciliates that live within the rumen of a ruminant.

(二)偏利共生(Commensalism)

共生双方中的一方受益，而另一方既不受益，也不受害，这种共生类型就是偏利共生，也叫共栖。如人(human)与其口腔内生活的齿龈内阿米巴原虫(*Entamoeba gingivalis*)就是这种偏利共生关系。人在吃食物过程中，残留在口腔中的食物残渣为齿龈内阿米巴原虫提供了营养来源，齿龈内阿米巴原虫可吞食这些食物颗粒，但并不侵入人的口腔组织。反之，对人来说，齿龈内阿米巴原虫的存在与否都没有关系。

When the two organisms just live together and neither “loses” or “wins”, the condition is called commensalism.

(三)寄生(Parasitism)

共生双方中的一方受益，而另一方受害，这种共生类型就是寄生关系。如动植物与在其体表或体内生活的各种致病性生物，后者受益于前者并反过来损害前者。在寄生关系中，包括寄生物(parasites)和宿主(hosts)2 个方面。寄生物寄生在宿主的体内或体表，并从宿主身上取得它们所需要的营养物质。营寄生生活的动物，即动物性寄生物，我们称之为寄生虫(parasites)。寄生虫常常伴随着宿主的疾病过程，给宿主带来不同程度的危害，甚至导致宿主死亡。

Parasitism is a symbiotic relationship in which one organism (the parasite) benefits and the other (the host) is generally harmed. Parasites derive nutrition from their host and may also gain other benefits such as shelter and a habitat in which to grow and reproduce.

超寄生现象(Superparasitism)　许多寄生虫又是其他寄生虫的宿主，此种情况称为超寄生现象。如疟原虫(*Plasmodium* sp.)寄生在蚊子(mosquito)体内等。

Superparasitism means parasites that parasitize other parasites.

寄生虫是由自由生活动物在特定的历史条件下演化而来的。由一个自由生活的种类演变为一个寄生生活的种类，必定要经过一个长时间的、复杂的代谢变化，甚至演变为对宿主的完全依赖性。某些寄生虫和宿主相互间有良好的适应性和生理生化上的依赖性，表明此种关系经历了漫长的演化；其中有的具有对寄生生活的早期适应性；有一些则显示出较为晚期才演化为从事寄生生活；而有的则兼营寄生，此种尚具可逆性。线虫(nematodes)是用以说明由自由生活到寄生生活这一演变过程的最好例子，其中的不同类型显示了在这一过程中由浅入深的不同阶段。

1. 营自由生活的线虫生活方式(Life style of free living nematodes)

在海洋、淡水和陆地土壤中存在着许多种营自由生活的线虫。

2. 简单寄生于植物的线虫生活方式(Life style of nematodes simply parasitizing in/on plants)

此类线虫生活在植物根部附近，以其口针穿刺植物组织，以汁液为食，不进入植物内部。这种生活方式为最初的寄生生活。

3. 寄生于植物的线虫生活方式(Life style of nematode parasitizing in/on plants)

某些线虫幼虫侵入并寄居在植物体内，发育成熟。植物组织的崩解将雌虫的卵(eggs)释放进入土壤，卵在土壤中孵化为幼虫(larvae)，再开始新一轮寄生。

4. 腐食性动物线虫寄生生活方式(Parasitic life style of saprophagous animal nematodes)

有些线虫本属自由生活，但当幼虫缺乏足够的食物时，即侵入无脊椎动物(invertebrate)体内，待宿主死亡后，幼虫以其尸体为食，发育到性成熟(sexual maturation)。这是原始阶段的动物寄生生活(animal parasitism)。

5. 腐食性幼虫阶段和寄生性成虫阶段相互交替的生活方式(Alternative life style of saprophagous larvae stage and parasitic adult stage)

虫体在无脊椎动物宿主体内发育到性成熟，交配，产生后代；幼虫仍旧寄生在这个宿主体内，直到宿主死亡，此后幼虫以宿主尸体为食，并发育到感染性阶段(infective stage)。当感染性幼虫被另一个无脊椎动物宿主吞食以后，获得新宿主。

6. 寄生生活与自由生活世代交替的生活方式(Life style of metagenesis between parasitic generation and free-living generation)

寄生在哺乳动物(mammals)肠道的雌虫产生后代[行孤雌生殖(parthenogenesis)]，并排出宿主体外。这些幼虫可以在自然界发育为自由生活的雌虫和雄虫，并连续繁衍几个世代；也可以由此种幼虫和/或自由生活之雌虫所产的幼虫在自然界发育为感染性幼虫，侵入宿主体内，发育为寄生型雌虫。例如，寄生于家畜(livestock)的类圆线虫(*Strongyloides*)就是如此。

7. 完全连续的寄生生活方式(Complete successive parasitic life style)

这是已经完全适应于寄生生活的类型，已无自由生活的任何需要。例如，马尖尾线虫(*Oxyurata equi*)，其雌虫在马(horse)的肛门周围和会阴部产卵(oviposition)，当虫卵在卵壳内形成感染性幼虫时就能够感染马匹。除虫卵排出到再次感染这段间隙之外，它们世世代代生活在马的大肠中。

从上述7种线虫生活类型，可以看到由自由生活到初期的寄生，直至对寄生的完全适应这一过程的大体轮廓(outline)。总体上来说，绦虫(cestodes)和吸虫(trematodes)是比线虫(nematodes)更适应于寄生的种类。

第二节 寄生虫与宿主的概念与类型
Section 2 Definition and Types of Parasites and Hosts

一、寄生虫的概念与类型(Definition and types of parasites)

(一)寄生虫概念(Definition of parasite)

寄生虫是暂时或永久地在宿主体内或体表营寄生生活(parasitism)的动物。

A parasite is a smaller organism that lives in or on and at the expense of a larger organism (host) temporarily or permanently.

(二)寄生虫类型(Types of parasites)

1. 内寄生虫与外寄生虫(Endoparasites and ectoparasites)

从寄生部位来分:凡是寄生在宿主体内的寄生虫称之为内寄生虫(endoparasites),如寄生于消化道的线虫(nematodes)、绦虫(cestodes)、吸虫(trematodes)等;寄生在宿主体表的寄生虫称之为外寄生虫(ectoparasites),如寄生于皮肤表面的蜱(ticks)、螨(mites)、虱(lice)等。寄生在皮肤内的疥螨(*Sarcoptes scabei*)既是外寄生虫,又是内寄生虫。

Endoparasites are parasites living within their hosts, in the gut, body cavity, lungs or other tissues. Good examples include nematodes, trematodes and cestodes.

Ectoparasites are parasites that live on the outside of their hosts, usually attached to the skin, feathers and hair. Fleas, lice and ticks are good examples of ectoparasites.

Some parasites fall into both groups. The itch mite *Sarcoptes scabei*, for instance, burrows in tunnels in the skin and could satisfy the criteria of either an ectoparasite or endoparasite.

2. 永久性寄生虫与暂时性寄生虫(Permanent parasites and temporary parasites)

从寄生时间来分:永久性寄生虫(permanent parasites)指寄生虫的某个生活阶段不能离开宿主,否则难以存活的寄生虫,如蛔虫(roundworm)等。暂时性寄生虫[间歇性寄生虫(intermittent parasites)]指只在采食时才与宿主接触的寄生虫种类,如蚊子(mosquito)等。

Permanent parasites are parasites whose some life cycle stage is dependent on the hosts, and whose life will terminate if being separated from the hosts.

Temporary parasites are parasites that live on the hosts for only a very short period of time in their life cycle.

3. 单宿主寄生虫与多宿主寄生虫(Stenoxenous parasites and polyxenous parasites)

从寄生虫寄生的宿主范围来分,有些寄生虫只寄生于一种特定的宿主,对宿主有严格的选择性,这种寄生虫称为单宿主寄生虫(stenoxenous parasites)。例如,鸡球虫(coccidia)只感染鸡(chickens)等。有些寄生虫可寄生于多种动物,这种寄生虫称为多宿主寄生虫(polyxenous parasites)。如肝片形吸虫(*Fasciola hepatica*)可以寄生于绵羊(sheep)、山羊(goats)、牛(cattle)和人(human)等。

Stenoxenous parasites are parasites that inhabit in only one particular species of host. For example, *Eimeria* species of chicken parasitize chickens only.

Polyxenous parasites are parasites that can infect more than one species of host. For example, *Fasciola hepatica* can infect cattle, sheep, goat and other ruminants as well as other mammals.

多宿主寄生虫是一种复杂的生物学现象,它涉及多种脊椎动物,有时包括人,由此导出了人畜共患寄生虫病(parasitic zoonosis)的概念。

4. 专性寄生虫与兼性寄生虫(Obligate parasites and facultative parasites)

从寄生适应程度来分,专性寄生虫(obligatory parasites)指完全依赖于寄生生活,离开宿主便不能生存的寄生虫,如绦虫、吸虫和大多数寄生线虫。专性寄生虫必然同时又是永久性寄生虫。兼性寄生虫(facultative parasites)指既可寄生也可不寄生而营自由生活的种类,如类圆线虫(*Strongyloides*)等。

Obligate parasites are parasites which are obligated to live a parasitic existence and are incapable of surviving outside the host environment.

Facultative parasites are parasites which can live either a parasitic or non-parasitic existence.

5. 土源性寄生虫与生物源性寄生虫(Soil-borne parasites and organism-borne parasites)

从传播来源来分,土源性寄生虫(soil-borne parasites)是指不需要中间宿主而随土壤传播的寄生虫。如猪蛔虫(*Ascaris suum*),它们的虫卵随粪便排出体外,在自然界合适的湿度、温度条件下,发育为具有感染性的虫卵,猪由于摄食了被感染性虫卵污染的饲料和饮水而感染。

生物源性寄生虫(organism-borne parasites)是指通过中间宿主(intermediate host)或媒介昆虫(insect vector)而传播的寄生虫。如鸡的卡氏住白细胞虫(*Leucocytozoon caulleryi*),它是由库蠓(*Culicoides*)传播的,库蠓叮咬病鸡后,将卡氏住白细胞虫的配子体(gametes)吸入体内,经过配子生殖(gametogony)和孢子生殖(sporogony)发育为子孢子(sporizoites),带有子孢子的库蠓再次叮咬时即将卡氏住白细胞虫传给其他鸡。

6. 机会致病性寄生虫(Opportunistic pathogenic parasites)

有些寄生虫在宿主体内通常处于隐性感染状态,但当宿主免疫功能受损时,虫体出现大量的繁殖和强致病力,称为机会致病性寄生虫,如隐孢子虫(*Cryptosporidium* sp.)。

These are parasites that do not cause any damage to the hosts under normal circumstances but will become pathogenic when the immune function of the hosts is attacked or compromised. A good example is species of *Cryptosporidium*.

二、宿主的概念与类型(Definition and types of hosts)

(一)宿主概念(Definition of host)

凡是被寄生虫暂时或永久地寄生的动物都称为宿主(host)。

A host is a larger organism that is parasitized by a parasite temporarily or permanently.

(二)宿主类型(Types of hosts)

1. 终末宿主(Final or definitive host)

终末宿主是指寄生虫的成虫(adult)及有性生殖阶段(sexual stage)所寄生的动物。如猪带绦虫(*Taenia solium*)寄生于人的小肠内,人是猪带绦虫的终末宿主;弓形虫(*Toxoplasma gondii*)的有性生殖阶段(配子生殖 gametogony)寄生于猫的小肠内,猫是弓形虫的终末宿主。

Final hosts are organisms in which the adults or sexual stages develop and parasitize.

2. 中间宿主(Intermediate host)

中间宿主是指寄生虫的幼虫(larval stage)及无性生殖阶段(asexual stage)所寄生的动物。如猪带绦虫的中绦期猪囊尾蚴(*Cysticercus cellulosae*)寄生于猪的肌肉内,所以猪是猪带绦虫的中间宿主。弓形虫的无性生殖阶段(裂殖生殖 schizogony)寄生于猪、羊等动物体内,猪、羊等即为弓形虫的中间宿主。

Intermediate hosts are the hosts in which the larval stages or asexual stages of parasite develop and inhabit in. Some parasites may need more than one intermediate hosts.

3. 补充宿主或第二中间宿主(Complementary host or second intermediate host)

某些种类的寄生虫在发育过程中需要2个中间宿主,后一个中间宿主(第二中间宿主)有时就称作补充宿主。如双腔吸虫(*Dicrocoelium* sp.)在发育过程中依次需要在蜗牛(land snail)和蚂蚁(ant)体内发育,其补充宿主是蚂蚁。

4. 贮藏宿主(Storage host)

贮藏宿主也叫转运宿主(transport host)或转续宿主(paratenic host)。即宿主体内有寄生虫虫卵(eggs)或幼虫(larvae)存在,虽不发育繁殖,但保持着对易感动物的感染力,这种宿主叫作贮藏宿主。它在流行病学研究上有着重要意义,如鸡异刺线虫(*Heterakis gallinae*)的虫卵被蚯蚓(earthworm)吞食后在蚯蚓体内不发育但保持感染性,鸡吞食含有异刺线虫的蚯蚓可感染异刺线虫,所以蚯蚓是鸡异刺线虫的贮藏宿主。

Paratenic hosts are those hosts in which no development of the parasite occurs but only an accumulation of the infectious stages.

5. 保虫宿主(Reservoir host)

某些惯常寄生于某种宿主的寄生虫,有时也可寄生于其他一些宿主,但寄生不普遍多量,无明显危害,通常把这种不惯常被寄生的宿主称之为保虫宿主。如野生动物是肝片形吸虫(*Fasciola hepatica*)的保虫宿主,可以作为家畜的感染来源。

Reservoir hosts are organisms in which a parasite that is pathogenic to some other species lives and multiplies without doing serious damage to these organisms. For example, *Fasciola hepatica* can parasitize some wild animals, these wild animals are the reservoir hosts for *F. hepatica* and serve as the origin of infection for domestic animals.

6. 带虫宿主(Parasite carrier)

带虫宿主也称为带虫者(carrier)。宿主被寄生虫感染后,随着机体抵抗力的增强或药物治疗,处于隐性感染状态(inapparent infection),体内仍存留有一定数量的虫体,这种宿主即为带虫宿主。它在临床上不表现症状,对同种寄生虫再感染具有一定的免疫力,如牛的巴贝斯虫(*Babesia* sp.)。

7. 传播媒介(Vector)

传播媒介通常是指在脊椎动物(vertebrates)宿主间传播寄生虫病(parasitosis)的一类低等动物,多指吸血的节肢动物(blood-sucking arthropods)。例如,蚊子(mosquito)在人与人之间传播疟原虫(*Plasmodium*);蜱(tick)在牛与牛之间传播梨形虫(piroplasm)等。

Vector is a transmitter of pathogenic parasites, their transmission mostly occurs during blood sucking. For example, some species of ticks are the vectors of some viruses and protozoa. Within vector, parasite may or not develop and/or multiply.

需要注意的是,上述寄生虫与宿主类型的划分具有人为的和主观的成分,其不同的类型之间有交叉和重叠,实质上无绝对严格界限。

第三节　寄生虫与宿主的相互影响
Section 3　Interaction between Parasite and Host

一、寄生虫的致病作用(Pathogenesis of parasites)

寄生虫对宿主的影响,既表现在局部组织器官,也表现在全身。其中包括侵入门户、移行路径和寄生部位。由于寄生虫的种类(species)、数量(number)和寄生部位(site)的不同,致病作用(pathogenesis)也不同,对宿主的危害和影响也各有差异。寄生虫对宿主的致病作用主要是以下几个方面。

(一)掠夺宿主营养(Robbing nutrition from host)

消化道寄生虫多数以宿主体内的消化或半消化的食物营养(主要是碳水化合物 carbohydrate)为食;有的寄生虫还可直接吸取宿主血液(sucking blood from host),如吸血昆虫(blood-sucking insects);还有寄生虫[如巴贝斯虫(*Babesia* sp.)和球虫(coccidium)]则可破坏红细胞(erythrocytes)或其他组织细胞(histocytes),以血红蛋白(hemoglobin)、组织液(tissue fluid)等作为自己的食物;寄生虫在宿主体内生长、发育及大量繁殖,所需营养物质绝大部分来自宿主,寄生虫数量越多,所需营养也就越多。这些营养还包括宿主不易获得而又必需的物质,如维生素 B_{12}(vitamin B_{12})、铁(iron)及微量元素(trace elements)等。由于寄生虫对宿主营养的这种掠夺,使宿主长期处于贫血(anemia)、消瘦(emaciation)和营养不良(innutrition)状态。

例如,犬钩虫(*Ancylostoma caninum*)借助其口囊(buccal capsule)咬破宿主黏膜(mucosa)吸血,在24 h 内可使宿主失血 0.36～0.84 mL;某些吸虫(trematodes)可以分泌消化酶(digestive enzymes),溶解宿主的组织作为其营养液(nutrient solution)。而且,从宿主摄取营养的寄生虫,可能对营养物质存在着一定的选择性。例如,研究发现:从鼠饲料中取消蛋白质(proteins),对缩小膜壳绦虫(*Hymenolepis diminuta*)没有什么影响;但取消碳水化合物后,则对虫体影响很大,会阻碍虫体的生长和生存。

(二)机械性损伤(Mechanical injury)

虫体以吸盘(sucker)、小钩(hooklet)、口囊(buccal capsule)、吻突(proboscis)等器官附着在宿主的寄生部位,造成局部损伤(local damage);幼虫在移行过程中,形成虫道,导致出血(hemorrhage)、炎症(inflammation);虫体在肠管或其他组织腔道如胆管(bile duct)、支气管(bronchia)、血管(blood vessel)内寄生聚集,引起堵塞或其他后果[梗阻(obstruction)、破裂(rupture)];另外,某些寄生虫在生长过程中,还可刺激和压迫周围组织脏器,导致一系列继发症(secondary disease)。如多量蛔虫(roundworm)积聚在小肠中所造成的肠梗阻(intestinal obstruction);个别蛔虫误入胆管中所造成的胆管堵塞(bile duct blockage)等;钩虫幼虫侵入皮肤时可引起钩蚴性皮炎(dermatitis caused by hookworm larvae);细粒棘球蚴(hydatid)在肝肺(liver and lung)中寄生时,压迫肝肺组织;这些都会造成严重的后果。球虫(coccidia)、梨形虫(piroplasm)、住白细胞虫(*Leucocytozoon*)等细胞内寄生虫(intracellular parasites)可以直接破坏宿主组织细胞。

(三)毒素作用和免疫损伤 (Damage from toxin and immunity)

寄生虫在寄生生活期间排出的代谢产物(metabolites)、分泌物(secreta)及虫体崩解后的物质对宿主是有害的,可引起宿主局部或全身性的中毒(toxication)或免疫病理反应(immunopathologic reaction),导致宿主组织及机能的损害。如寄生于胆管系统的华支睾吸虫(*Clonorchis sinensis*),其分泌物、代谢物可引起宿主胆管上皮增生(hyperplasia of biliary epithelial)、肝实质萎缩(hepatic parenchymal atrophy)、胆管局限性扩张(bile duct expansion)及管壁增厚(duct-wall thickening);进一步发展可致上皮瘤样增生(pseudo-epitheliomatous hyperplasia)。血吸虫(schistosome)虫卵分泌的可溶性抗原(soluble antigens)与宿主抗体(antibodies)结合,可形成抗原-抗体复合物(antigen-antibody complex),引起宿主肾小球(glomerulus)基底膜(basement membrane)损伤。犬患恶丝虫病(canine dirofilariasis)时,宿主常发生肾小球基底膜增厚和部分内皮细胞的增生,临床症状为蛋白尿(albuminuria),研究者认为这是Ⅱ型超敏反应(type Ⅱ hypersensitivity)所造成的。

(四)继发感染(Secondary infection)

某些寄生虫侵入宿主体时,可以把其他一些病原体(pathogens),如细菌(bacteria)、病毒(virus)等一同携带入内。另外,寄生虫感染宿主后,破坏了机体组织屏障,降低了抵抗力,也使得宿主易继发感染其他一些疾病。如许多种寄生虫在宿主的皮肤(skin)或黏膜(mucosa)等处造成损伤,给其他病原体的侵入创造了条件。

还有一些寄生虫,其本身就是另一些微生物(microorganisms)或寄生虫的传播者(vector)。例如,某些蚊虫(mosquitoes)可传播人和猪、马等家畜的日本乙型脑炎(Japanese B encephalitis);某些蚤(fleas)可传播鼠疫杆菌(*Yersinia pestis*);蜱(ticks)可传播梨形虫病(piroplasmosis)等。

二、寄生虫对动物和人类的危害(Harms of parasites to animals and humans)

畜禽寄生虫病对畜牧业(animal husbandry)的发展会造成严重危害,这是由于各种寄生虫广泛寄生于动物体,以多种方式掠夺营养(robbing nutrition),损害健康,降低动物机能(animal function),从而造成生产成本(production cost)增加,畜产品(animal products)数量、质量下降,严重影响畜牧业的经济效益(economic benefit)。另外,还有某些畜禽寄生虫系人畜共患寄生虫(zoonotic parasites),除危害畜禽外,还会对人体健康造成极大威胁。

1. 对畜牧业的危害(The harm to animal husbandry)

寄生虫对畜牧业的危害主要表现在以下 5 个方面:①影响幼畜的生长发育(effecting the growth and development of young animals)。许多寄生虫从宿主体内夺取营养,借以生存与繁殖,并以机械性损伤和毒素作用或继发感染造成慢性病理过程,被寄生虫感染的幼畜生长发育迟缓。②降低役畜的使役能力(reducing livestock ability to use)。寄生虫的感染对役畜的使役能力影响很大。据调查,东毕血吸虫病疫区的患牛比非疫区的健康牛使役能力降低 1/3～1/2，使役年限普遍缩短 3～5 年。③导致饲料的严重浪费(lead to serious waste of feed)，降低生产性能，影响畜产品的质量和数量。畜牧业是以饲料和饲草来换取畜禽和畜禽产品，达到最高的经济效益。而寄生虫感染的动物，饲料和饲草还未转化为畜产品，就先被寄生虫夺走，甚至有的寄生虫导致整个胴体的废弃。如重症的囊虫病和旋毛虫病猪的胴体，按肉检规程全部废弃。④降低家畜的抗病能力(reducing disease resistance of livestock)，诱发各种疾病。例如，严重感染蛔虫的仔猪中有 40％发生蛔虫性肺炎，30％发生呼吸困难。⑤引起地区性流行(causing endemic)，造成病畜的大批死亡。在蠕虫病方面主要有肝片吸虫病、莫尼茨绦虫病、捻转血矛线虫病、肺线虫病等，在原虫病方面主要有梨形虫病、锥虫病和球虫病等。

2. 对人类健康的危害(The harm to human health)

有些人畜共患的寄生虫(zoonotic parasites)不仅能感染动物，还可以感染人，如日本血吸虫、华支睾吸虫、猪囊尾蚴、棘球蚴、旋毛虫、弓形虫等，这些寄生虫感染人之后即可危害人类健康。此外，有些外寄生虫(如蜱和双翅目昆虫)是人畜共患病(zoonosis)的传播者，通过传播人畜共患病而危害人类健康。如蜱能传播百余种人畜共患病(如红斑狼疮、布鲁氏菌病等)。根据人畜共患寄生虫病对公共卫生、人民健康、社会安全带来的威胁与危害的严重程度，目前我国人畜共患寄生虫病的排列顺序是日本血吸虫病、猪囊虫病、棘球蚴病、旋毛虫病、弓形虫病、隐孢子虫病和肉孢子虫病等。

Various parasitosis of livestock will result in serious obstruction to the development of the animal husbandry. Domestic animals are usually confined to pasture or pens year after year, often in great numbers, so that the parasite eggs, larvae, and cysts become extremely dense in the soil and the burden of adult parasites within each host becomes devastating. Still another important aspect is that the parasites which normally found in wild and domestic animals can be transmitted to humans. The resultant disease is called a parasitic zoonosis, such as toxoplasmosis etc.

三、宿主对寄生虫的影响(Effects of host on parasites)

宿主对寄生虫的影响是多方面的，目的是力图阻止寄生虫的寄生，这种影响往往与宿主的年龄(age)、性别(sex)、体质(constitution)等因素(factors)有关。

The effects of a host to parasites are various with the purpose to prevent from parasitism. They are relative to factors of age, sex and constitution, etc.

1. 遗传因素的影响(Effect of genetics)

表现为某些动物对某些寄生虫种类的先天不感受性(innate insusceptibility)。例如，马一般不感染脑多头蚴(*Coenurus cerebralis*)，牛羊不感染猪肾虫(swine kidney worm)。

2. 年龄因素的影响(Effect of age)

表现为不同年龄的个体(individuals)对寄生虫的易感性(susceptibility)有差异。一般来说幼龄动物(young animal)对寄生虫易感，原因可能是其免疫功能(immunologic function)低下，对外界环境(external environment)抵抗力弱的结果。

3. 机体组织屏障的影响(Effect of tissue barrier)

宿主机体的皮肤黏膜(skin and mucosa)、血脑屏障(blood-brain barrier)以及胎盘(placenta)等，可有效地阻止一些寄生虫的侵入(invasion)。例如，一般寄生虫难以通过皮肤(skin)、胎盘(placenta)等组织感染宿主。

4. 宿主体质的影响(Effect of host constitution)

宿主营养好，体质健壮，对寄生虫的抵抗力(resistance)就强，抗病能力就强。例如，3～5 月龄的仔猪(piglets)缺乏维生素(vitamins)及矿物质(minerals)时，容易感染猪蛔虫(*Ascaris suum*)。

5. 宿主免疫作用的影响(Effect of host immunity)

主要表现在两方面：一是在寄生虫侵入(invasion)、移行(migration)、到达寄生部位时，发生局部组织的抗损伤作用(resistance to damage),出现免疫活性细胞浸润(immunocompetent cell infiltration),释放酶类活性物质(enzymatic active substances),杀灭侵入或寄生的虫体,最后组织增生(hyperblastosis)或钙化(calcification);二是寄生虫可刺激宿主体内单核巨噬系统(mononuclear phagocyte system),发生全身性免疫反应(systemic immune response),抑制虫体的生长(growth)、发育(development)和繁殖(reproduction)。通过上述免疫作用,宿主对寄生虫生活史进行阻断(interdiction)和破坏(destruction)。

从生态学(ecology)的角度来看,寄生虫对宿主的损害是有限的,因为宿主的毁灭就意味着寄生虫生存环境(survival environment)的失去。宿主本身的保护机制(defense mechanism)也限制了寄生虫无限的生长或繁殖,二者的关系是经历长时间的演化之后形成的一种动态均衡(dynamic balance)的适应关系。

第三章　寄生虫的分类与命名

Chapter 3　Taxonomy and Nomenclature of Parasites

第一节　寄生虫的分类系统与命名规则

Section 1　Classification System and Nomenclature of Parasites

一、寄生虫的分类系统(Classification system of parasites)

寄生虫是一类小型寄生动物。动物的分类系统是以动物的外形(shape)、解剖特征(anatomical features)作为主要标准,结合生态学(ecology)、免疫学(immunology)、遗传学(genetics)以及个体发生(ontogeny)与种族发生(phylogenesis)等特点,将动物由低级到高级分为若干类,以反映各类群之间的亲密关系(affinity)和演化过程(evolutionary process)。现行的动物分类系统有7个分类等级(taxa),即界(kingdom)、门(phylum)、纲(class)、目(order)、科(family)、属(genus)、种(species)。

All animal organisms are related to one another, closely or remotely, and the study of complex systems of inter-relationship is called systematics. When organisms are examined it is seen that they form natural groups with features, usually morphological, in common. A group of this sort is called a taxon, and the study of this aspect of biology is called taxonomy. The chief taxa are: kingdom, phylum, class, order, family, genus and species.

寄生虫分类的基本单位是种,种是指具有一定形态学特征和遗传学特性的生物类群(biological group)。近缘的种归结到一起称为属,近缘的属归结到一起称为科,依次类推。当这7个基本等级不够用时,则可在等级之间加入一些中间等级,这些中间等级的构成是在原等级名称之前加词头总(超,super-)或亚(sub-),再分别置于原等级名称的前或后。这样,原来的7个等级即成为:界、亚界(subkingdom)、门、亚门(subphylum)、总(超)纲(superclass)、纲、亚纲(subclass)、总目(superorder)、目、亚目(suborder)、总科(superfamily)、科、亚科(subfamily)、属、亚属(subgenus)、种及亚种(subspecies)或变种(variant)。

按照惯例,亚科、科和总科等名称都有标准的字尾,总科是-oidea,科是-idae,亚科是-inae,将这些字尾加在模式属的学名词干之后即构成了相应的科名、总科名和亚科名。如圆线属(*strongylus*),圆线亚科(stronglinae),圆线科(strongylidae),圆线总科(strongyloidea)。

按照动物分类系统,寄生于动物的寄生虫分属于动物界(kingdom animalia)的下列5个门中。

1. 扁形动物门 Platyhelminthes
   吸虫纲 Trematoda
   绦虫纲 Cestoda
2. 线形动物门 Nemathelminthes
   尾感器纲 Secernentea
   无尾感器纲 Adenophorea
3. 棘头动物门 Acanthocephala
   古棘头虫纲 Palaeacanthocephala

原棘头虫纲 Archiacanthocephala

4. 节肢动物门 Arthropoda

蛛形纲 Arachnida

昆虫纲 Insecta

5. 原生动物门 Protozoa

肉足鞭毛亚门 Sarcomastigophora

顶复亚门 Apicomplexa

纤毛虫亚门 Ciliophora

前 3 个门，即扁形动物门、线形动物门和棘头动物门的寄生虫通常称为蠕虫(helminth)，原生动物门的寄生虫通常称为原虫(protozoa)。除上述 5 个门外，环节动物门(Annelida)的某些蛭[蚂蟥(leech)]偶尔可寄生于人和动物的体表、鼻腔等处吸血。

二、寄生虫的命名规则(Nomenclature of parasites)

人们为了认识和区别各种生物(organisms)，就必须给它们各自订立一个专门的名称。为了有利于对生物的利用和各国之间的交流，国际上规定了一个统一的命名法，即双名制命名法(binomial nomenclature)，使每一种生物都有一个举世公认的名称。用双名制命名法给一种生物所规定的名称就叫该种生物的科学名，即学名(scientific name)。

双名制命名法规定每一种生物(动物、植物、微生物或寄生虫)的学名由 2 个拉丁文或拉丁化的文字组成，第 1 个字为属名(generic name)，第 2 个字为种名(species name)。属名为名词，第 1 个字母应大写；种名为形容词或名词，第 1 个字母小写；种名为定语。正规引用一个学名时，还应将命名者的全姓或缩写和定名年份附在后面，并在两者间置一逗号。定名年份指在正式出版物上发表的时间。如：*Clonorchis sinensis* Cobbold，1875，中译名为华支睾吸虫，*Clonorchis* 为属名，*sinensis* 为种名，Cobbold 为定名人，1875 为定名年份。

The names of the genus and species are expressed in Latin form, with the generic name having a capital letter. It is customary to print foreign words in italics, so that the name of an organism is usually italicized. Accents are not permitted, so that, if an organism is named after a person, amendment may be necessary; the name of Müller, for example, has been altered in the genus *Muellerius*.

同一虫种可能同时被几个学者加以描述，并命以不同的名称；这时，只有最早发表的那个名称是有效的，其余的都是同义名(synonym，简写为 Syn.)。

在写亚种名时，则须在种名之后加上亚种名，即三名法。如：*Dicrocoelium lanceatum platynosomum* Tang，1980，中译名为：矛形双腔吸虫扁体亚种。

当一个亚属的名称与一个属名和一个种名一起使用时，被放在该 2 个名称之间的括号内，它不算为种的双名中或亚种的三名中的一个字。如：*Postharmostomum* (*Postharmostomum*) *chinensis* Yang *et* Zhang，1994，中译名为中华后口吸虫。

在种名不能确定时，可在属名之后附以“sp.”表示，如 *Ostertagia* sp. 即表示奥斯特属的某一种。如同时混有几个未确定种时，则在属名之后附以“spp.”表示，如 *Ostertagia* spp.。

当一个种名在文章中连续出现时，第 1 个种名必须全写，以后的种名中的属名则可缩写；这时，其第 1 个字母大写，加缩写符号表示，如 *Fasciola hepatica* 缩写后为 *F. hepatica*。但如果在 2 个同物种的学名中间有其他学名出现时，则写第 2 个种名时不能缩写。

在建立一个新属时，新属的属名不能与任何一个已用过的属名重复。在定一个新种的种名时，则可与其他属的种名重复。

一个物种的学名随着分类位置的变化属名可改变，但种名不能变。如：*Distoma sinense* Cobbold，1875，为中华双口吸虫，其后 Looss 认为属名 *Distoma* 不妥，设立一新属，即 *Clonorchis* Looss，1907，而将该种改为 *Clonorchis sinensis*，这时全名就成为 *Clonorchis sinensis*（Cobbold，1875） Looss，1907，即华支睾吸虫（Syn. *Distoma sinense* Cobbold，1875）。但一般书籍中，通常可以只写原始定名人的姓，即带括号的姓氏：*Clonorchis sinensis* （Cobbold，1875）。

第二节　寄生虫的分类
Section 2　Classification of Parasites

一、蠕虫的分类（Classification of helminths）

1. 吸虫的分类（Classification of trematodes）

吸虫指扁形动物门（Platyhelminthes）吸虫纲（Trematoda）的动物，全营寄生生活。吸虫的分类大多采用 Yamaguti （1971）的分类系统，与兽医有关的吸虫种类，其分类地位如下。

复殖目（Digenea）

前口亚目（Prostomata）

分体科（Schistosomatidae）：分体属（*Schistosoma*）；东毕属（*Orientobilharzia*）

片形科（Fasciolidae）：片形属（*Fasciola*）；姜片属（*Fasciolopsis*）

双腔科（Dicrocoeliidae）：双腔属（*Dicrocoelium*）；阔盘属（*Eurytrema*）

前后盘科（Paramphistomatidae）：前后盘属（*Paramphistomum*）；殖盘属（*Cotylophoron*）；腹袋属（*Gastrothylax*）；菲策属（*Fischoederius*）；卡妙属（*Carmyerius*）

并殖科（Paragonimidae）：并殖属（*Paragonimus*）

后睾科（Opisthorchiidae）：支睾属（*Clonorchis*）；后睾属（*Opisthorchis*）；次睾属（*Metorchis*）；对体属（*Amphinerus*）

棘口科（Echinostomatidae）：棘口属（*Echinostoma*）；棘隙属（*Echinochasmus*）；棘缘属（*Echinoparyphium*）；低颈属（*Hypoderaeum*）

前殖科（Prosthogonimidae）：前殖属（*Prosthogonimus*）

背孔科（Notocotylidae）：背孔属（*Notocotylus*）；槽盘属（*Ogmocotyle*）；下殖属（*Catatropis*）

环肠科（Cyclocoelidae）：环肠属（*Cyclocoelum*）；嗜气管属（*Tracheophilus*）

嗜眼科（Philophthalmidae）：嗜眼属（*Philophthalomus*）

2. 绦虫的分类（Classification of cestodes）

绦虫（tapeworm）指扁形动物门（Platyhelminthes）绦虫纲（Cestoda）的动物。据山口佐仲（1959）的分类系统，其下分为 2 个亚纲[单节亚纲（Cestodaria）、多节亚纲（Cestoda）]13 个目 60 个科，共 3 767 种。据 Jones 等（1994）整理，绦虫纲共包括 14 个目。常见于人、家畜、家禽及某些经济动物的绦虫，以圆叶目和假叶目，尤以圆叶目绦虫多见。

圆叶目（Cyclophyllidea）

裸头科（Anoplocephalidae）：莫尼茨属（*Moniezia*）；裸头属（*Anoplocephala*）；副裸头属（*Paranoplocephala*）；无卵黄腺属（*Avitellina*）；曲子宫属（*Helictometra*）

带科（Taeniidae）：带属（*Taenia*）；带吻属（*Taeniarhynchus*）；棘球属（*Echinococcus*）；多头属（*Multiceps*）

双壳科（Dilepididae）：复孔属（*Dipylidium*）

戴文科(Davaineidae):戴文属(*Davainea*);瑞利属(*Raillietina*)

膜壳科(Hymenolepidae):剑带属(*Drepanidotaenia*);膜壳属(*Hymenolepis*)

假叶目(Pseudophyllidea)

双叶槽科(Diphyllobothriidae),亦称裂头科:双叶槽属(*Diphyllobothrium*);迭宫属(*Spirometra*)

3. 线虫的分类(Classification of nematodes)

线虫(nematodes)指线形动物门(Nemathelminthes)的动物。线虫的分类是一项十分复杂的系统工程。在对线虫进行分类时,由于不同的专家、学者侧重于线虫不同的形态学、生物学等特征,因此迄今已有 Skryabin(1952)、Yamaguti (1961)、Levine (1968)、Anderson (1983)、Schmidt 及 Roberts (1985)提出的线虫分类系统。本书中所涉及的线虫种类,其分类采用 Schmidt 及 Roberts(1985)的线虫分类系统。

尾感器纲(Secernentea 或 Phasmidia):其中圆线目是有交合伞线虫(bursate nematodes),其他均为无交合伞线虫(non-bursate nematodes)。

杆形目(Rhabditata)

类圆科(Strongyloididae):类圆属(*Strongyloides*)

小杆科(Rhabditidae)

圆线目(Strongylata)

裂口科(Amidostomatidae):裂口属(*Amidostomum*)

钩口科(Ancylostomatidae):钩口属(*Ancylostoma*);仰口属(*Bunostomum*);球首属(*Globocephalus*)

管圆科(Angiostrongylidae):管圆属(*Angiostrongylus*)

毛线科(Trichonematidae),又名盅口科(Cyathostomidae):毛线属(*Trichonema*),又名盅口属(*Cyathostomum*);杯口属(*Poteriostomum*);辐首属(*Gyalocephalus*)

网尾科(Dictyocaulidae):网尾属(*Dictyocaulus*)

后圆科(Metastrongylidae):后圆属(*Metastrongylus*)

食道口科(Oesophagostomatidae):食道口属(*Oesophagostomum*)

原圆科(Protostrongylidae):原圆属(*Protostrongylus*);缪勒属(*Muellerius*);囊尾属(*Cystocaulus*);刺尾属(*Spiculocaulus*);新圆属(*Neostrongylus*)

冠尾科(Stephanuridae):冠尾属(*Stephanurus*)

圆线科(Strongylidae):圆线属(*Strongylus*);三齿属(*Triodontophorus*);盆口属(*Craterostomum*);食道齿属(*Oesophagodontus*);夏柏特属(*Chabertia*)

比翼科(Syngamidae):比翼属(*Syngamus*)

毛圆科(Trichostrongylidae):毛圆属(*Trichostrongylus*);血矛属(*Haemonchus*);奥斯特属(*Ostertagia*);马歇尔属(*Marshallagia*);古柏属(*Cooperia*);细颈属(*Nematodirus*);似细颈属(*Nematodirella*);长刺属(*Mecistocirrus*);猪圆属(*Hyostrongylus*)

蛔目(Ascaridata)

蛔科(Ascaridae):蛔属(*Ascaris*);副蛔属(*Parascaris*)

禽蛔科(Ascaridiidae):禽蛔属(*Ascaridia*)

弓首科(Toxocaridae):弓首属(*Toxocara*);新蛔属(*Neoascaris*);弓蛔属(*Toxascaris*)

异尖科(Anisakidae):异尖属(*Anisakis*)

尖尾目(Oxyurata)

尖尾超科(Oxyuroidea),尖尾科(Oxyuridae):尖尾属(*Oxyuris*)

异刺超科(Heterakoidea),异刺科(Heterakidae):异刺属(*Heterakis*)

旋尾目(Spirurata)

锐形科(Acuariidae),或称华首科:锐形属(华首属)(*Acuaria*);副柔线属(*Parabronema*)

似蛔科(Ascaropsidae):似蛔属(*Ascarops*);泡首属(*Physocephalus*);西蒙属(*Simondsia*)

颚口科(Gnathostomatiidae):颚口属(*Gnathostoma*)

筒线科(Gongylonematidae):筒线属(*Gongylonema*)

柔线科(Habronematidae):柔线属(*Habronema*)

泡翼科(Physalopteridae):泡翼属(*Physaloptera*)

尾旋科(Spirocercidae):尾旋属(*Spirocerca*)

四棱科(Tetrameridae):四棱属(*Tetrameres*)

吸吮科(Thelaziidae):吸吮属(*Thelazia*);尖旋尾属(*Oxyspirura*)

丝虫目(Filariata)

双瓣科(Dipetalonematidae)

丝虫科(Filariidae):副丝虫属(*Parafilaria*);恶丝虫属(*Dirofilaria*)

盘尾科(Onchocercidae):盘尾属(*Onchocerca*)

丝状科(Setariidae),或称腹腔丝虫科:丝状属(*Setaria*)

驼形目(Camallanata)

龙线科(Dracunculidae):龙线属(*Dracunculus*);鸟蛇属(*Avioserpens*)

无尾感器纲(Adenophorea 或 Aphasmidia):均为无交合伞线虫。

毛尾目(Trichurata)

毛尾科(Trichuridae):毛尾属(*Trichuris*)

毛细科(Capillariidae):毛细属(*Capillaria*);线形属(*Thominx*);真鞘属(*Eucoleus*)

毛形科(Trichinellidae):毛形属(*Trichinella*)

膨结目(Dioctophymata)

膨结科(Dioctophymatidae):膨结属(*Dioctophyma*)

4. 棘头虫的分类(Classification of acanthocephalans)

棘头虫(spiny-headed worm)指棘头动物门(Acanthocephala)的动物。与兽医有关的棘头虫种类,其分类地位如下。

原棘头虫纲(Archiacanthocephala)

少棘吻目(Oligacanthorhynchida)

少棘吻科(Oligacanthorhynchidae):巨吻属(*Macracanthorhynchus*)

古棘头虫纲(Palaeacanthocephala)

多形目(Polymorphida)

多形科(Polymorphidae):多形属(*Polymorphus*);细颈属(*Filicollis*)

二、原虫的分类(Classification of protozoans)

原虫指原生动物门(Protozoa)的动物。动物寄生性原虫的分类,大多采用 Levine(1985)编著的 *Veterinary Protozoology* 一书中的分类方法。与兽医有关的原虫,其分类地位如下。

肉足鞭毛亚门(Sarcomastigophora)

鞭毛虫总纲(Mastigophora)

动鞭毛虫纲(Zoomastigophorea)

动基体目(Kinetoplastida)

锥体亚目(Trypanosomatorina)

锥虫科(Trypanosomatidae):锥虫属(*Trypanosoma*);利什曼属(*Leishmania*)

毛滴目(Trichomonadida)

单尾滴虫科(Monocercomonadidae):组织滴虫属(*Histomonas*)

毛滴虫科(Trichomonadidae):毛滴虫属(*Trichomonas*);三毛滴虫属(*Tritrichomonas*)

双滴目(Diplomonadida)

六鞭科(Hexamitidae):六鞭属(*Hexamita*);贾第属(*Giardia*)

顶复亚门(Apicomplexa)

孢子虫纲(Sporozoasida)

球虫亚纲(Coccidiasina)

真球虫目(Eucoccidiorida)

艾美耳亚目(Eimeriorina)

艾美耳科(Eimeriidae):艾美耳属(*Eimeria*);等孢属(*Isospora*);泰泽属(*Tyzzeria*);温扬属(*Wenyonella*)

隐孢子虫科(Cryptosporidiidae):隐孢子虫属(*Cryptosporidium*)

肉孢子虫科(Sarcocystidae)

肉孢子虫亚科(Sarcocystinae):肉孢子虫属(*Sarcocystis*);新孢子虫属(*Neospora*)

弓形虫亚科(Toxoplasmatinae):弓形虫属(*Toxoplasma*);贝诺孢子虫属(*Besnoitia*)

血孢子亚目(Haemospororina)

疟原虫科(Plasmodiidae):疟原虫属(*Plasmodium*)

血变虫科(Haemoproteidae):血变属(*Haemoproteus*)

住白细胞虫科(Leucocytozoidae):住白细胞虫属(*Leucocytozoon*)

梨形虫亚纲(Piroplasmasina)

梨形虫目(Piroplasmida)

梨形虫亚目(Piroplasmorina)

巴贝斯科(Babesiidae):巴贝斯属(*Babesia*)

泰勒科(Theileriidae):泰勒属(*Theileria*)

纤毛虫亚门(Ciliophora)

纤毛虫纲(Ciliata)

毛口目(Trichostomatida)

毛口亚目(Trichostomatina)

小袋虫科(Balantidiidae):小袋虫属(*Balantidium*)

三、节肢动物的分类(Classification of arthropods)

节肢动物包括蜱螨和昆虫两大类,属于节肢动物门(Arthropoda)。与兽医学有关的节肢动物,其分类地位如下。

1. 蜱螨的分类(Classification of ticks and mites)

传统的分类学将蜱螨目划分为4个亚目,分别为:蜱亚目(后气门亚目)、疥螨亚目(无气门亚目)、中气门亚目和前气门亚目(恙螨亚目),其分类地位如下。

蛛形纲(Arachnida)

蜱螨目(Acarina)

蜱亚目(Ixodides),或称后气门亚目(Metastigmata)

硬蜱科(Ixodidae):硬蜱属(*Ixodes*);血蜱属(*Haemaphysalis*);革蜱属(*Dermacentor*);璃眼蜱属(*Hyalomma*);扇头蜱属(*Rhipicephalus*);牛蜱属(*Boophilus*);花蜱属(*Amblyomma*)

软蜱科(Argasidae):锐缘蜱属(*Argas*);钝缘蜱属(*Ornithodoros*)

疥螨亚目(Sarcoptiformes),或称无气门亚目(Astigmata)

疥螨科(Sarcoptidae):疥螨属(*Sarcoptes*);背肛螨属(*Notoedres*);膝螨属(*Cnemidocoptes*)

痒螨科(Psoroptidae):痒螨属(*Psoroptes*);足螨属(*Chorioptes*);耳痒螨属(*Otodectes*)

肉食螨科(Cheyletidae):羽管螨属(*Syringophilus*)

中气门亚目(Mesostigmata)

皮刺螨科(Dermanyssidae):皮刺螨属(*Dermanyssus*)

鼻刺螨科(Rhinonyssidae):鼻刺螨属(*Rhinonyssus*);新刺螨属(*Neonyssus*)

恙螨亚目(Trombidiformes),或称前气门亚目(Prostigmata)

恙螨科(Trombiculidae):恙螨属(*Trombicula*);真棒属(*Euschongastia*);新棒属(*Neoschongastia*)

蠕形螨科(Demodicidae):蠕形螨属(*Demodex*)

2. 昆虫的分类(Classification of insects)

昆虫的种类较多,已知的有 100 万种以上,但在兽医上一些重要的种,仅属于双翅目、食毛目、虱目和蚤目。

昆虫纲(Insecta)

双翅目(Diptera)

长角亚目(Nematocera)

蚊科(Culicidae):按蚊属(*Anophele*);库蚊属(*Culex*);伊蚊属(*Aedes*);阿蚊属(*Armigeres*)

蠓科(Ceratopogonidae):库蠓属(*Culicoides*);拉蠓属(*Lasiohelea*);勒蠓属(*Leptoconops*)

毛蠓科(Psychodidae)

白蛉亚科(Phlebotominae):白蛉属(*Phlebotomus*)

蚋科(Simuliidae):蚋属(*Simulium*);真蚋属(*Eusimulium*);原蚋属(*Prosimulium*)

短角亚目(Brachycera)

虻科(Tabanidae):虻属(*Tabanus*);斑虻属(*Chrysops*);麻虻属(*Haematopota*)

环裂亚目(Cyclorrhapha)

狂蝇科(Oestridae):狂蝇属(*Oestrus*);鼻狂蝇属(*Rhinoestrus*);喉蝇属(*Cephalopina*)

胃蝇科(Gasterophilidae):胃蝇属(*Gasterophilus*)

皮蝇科(Hypodermatidae):皮蝇属(*Hypoderma*)

蝇科(Muscidae):蝇属(*Musca*);螫蝇属(*Stomoxys*);角蝇属(*Lyperosia*)

丽蝇科(Calliphoridae):丽蝇属(*Calliphora*);绿蝇属(*Lucilia*);依蝇属(*Idiella*)

麻蝇科(Sarcophagidae):污蝇属(*Wohlfahrtia*)

虱蝇科(Hippoboscidae):虱蝇属(*Hippobosca*);蜱蝇属(*Melophagus*)

食毛目(Mallophaga)

毛虱科(Trichodectidae):毛虱属(*Damalinia*);猫毛虱属(*Felicola*)

短角羽虱科(Menoponidae):体虱属(*Menacanthus*);鸡虱属(*Menopon*);鸭虱属(*Trinoton*)

长角羽虱科(Philopteridae):长羽虱属(*Lipeurus*);角羽虱属(*Goniodes*);圆羽虱属(*Goniocotes*);鹅鸭虱属(*Anatoecus*);噬羽虱属(*Esthiopterum*)

虱目(Anoplura)

颚虱科(Linognathidae):颚虱属(*Linognathus*);管虱属(*Solenopotes*)

血虱科(Haematopinidae):血虱属(*Haematopinus*)

蚤目(Siphonaptera)

蚤科(Pulicidae):蚤属(*Pulex*);栉首蚤属(*Ctenocephalides*)

蠕形蚤科(Vermipsyllidae):蠕形蚤属(*Vermipsylla*)

第四章　寄生虫的形态与生活史
Chapter 4　Morphology and Life Cycle of Parasites

第一节　蠕虫的形态与生活史
Section 1　Morphology and Life Cycle of Helminths

蠕虫(helminth)不是分类学名词,隶属于扁形动物门、线形动物门、棘头动物门和环节动物门。蠕虫为多细胞无脊椎动物,体软、无骨骼系统,借助机体的肌肉收缩做蠕形运动。体形呈圆柱形或叶片状。虫体两侧对称,由体壁(tegument)包裹,无体腔(body cavity)或仅有假体腔(pseudocoel),体内已有分化的器官系统。蠕虫的生活史多种多样,需要不同的环境条件,可分为 2 种类型,即土源性蠕虫(geohelminth)和生物源性蠕虫(biohelminth)。对畜禽造成危害的蠕虫包括吸虫(trematodes)、绦虫(cestodes)、线虫(nematodes)和棘头虫(acanthocephalans)。

Helminth, not as the taxonomic name, belongs to phyla Platyhelminthes, Nemathelminthes, Acanthocephala and Annelida. Parasitic worms are multicellular invertebrates, with characters of soft body, no skeletal system, and peristalsis by contraction of muscles. The body of worm is symmetric, packaged with tegument, without body cavity or only with pseudocoel. The differentiated organs and systems can be found in the organism. The life cycle of helminth is varied, including geohelminth and biohelminth. Helminths inhabiting in livestock and poultry contain trematodes, cestodes, nematodes and acanthocephalans.

一、复殖吸虫的形态与生活史(Morphology and life cycle of digenetic trematodes)

吸虫(flukes)是扁形动物门(Platyhelminthes)吸虫纲(Trematoda)的动物,包括单殖目(Monogenea)、盾腹目(Aspidogastrea)和复殖目(Digenea)三大类。寄生于畜、禽的吸虫以复殖吸虫(digenetic trematodes)为主,可寄生于畜禽消化道(alimentary tract)、胆管与胆囊(bile duct and gall bladder)、肠系膜静脉(mesenteric veins)、输卵管(oviduct)等部位,引起动物器官组织机械性损伤,虫体夺取宿主营养,分泌毒素,阻塞肠道、胆囊等使宿主致病或死亡,给畜牧业造成严重的经济损失。

The flukes belong to class Trematoda in phyla Platyhelminthes, containing three subclass: Monogenea, Aspidogastrea and Digenea. The digenetic trematodes are predominant in livestock and poultry, and they can live in alimentary tract, bile duct and gall bladder, mesenteric veins and oviduct of hosts, resulting in lesions such as mechanical damage of organs and tissues of animal, host nutrition malnutrition, toxin toxicity, and blockage of intestinal tract and gallbladder, which will cause diseases and even death, leading to serious economic loss of animal husbandry.

(一)外形和体壁(Shape and tegument)

复殖吸虫成虫多背腹扁平,呈叶状、舌状,有的似圆形或圆锥状。裂体科吸虫例外,它们呈线形。虫体长度在几毫米至 8 cm。体表常由具皮棘的外皮层所覆盖,一般呈淡红色或肉红色。通常具有 2 个肉质杯状吸盘,一个为环绕口的口吸盘(oral sucker),另一个为位于虫体腹面某处的腹吸盘(ventral sucker or acetabulum)。腹吸盘的位置前后不定或缺。生殖孔(genital pore)通常位于腹吸盘的前缘或后缘处。排泄孔位于虫体的末端。无肛门(anus)。虫体背面常有劳氏管(Laurer's canal)的开口。

The adult digenetic trematodes are commonly leaf-, tongue-, round-like-, or cone-shaped, with exception of Schistosomatidae trematodes that are linear-shaped. The lengths range from a few millimeters to 8 cm. Flukes possess an oral sucker at the anterior around the mouth and a ventral sucker or acetabulum that can be used to adhere to host tissues. The location of ventral sucker varies or absent. There is a genital pore usually posited at anterior or posterior ends of ventral sucker. No anus was found in flukes.

寄生于家畜的复殖吸虫通常区分为 6 种基本体形,如图 4-1 所示。

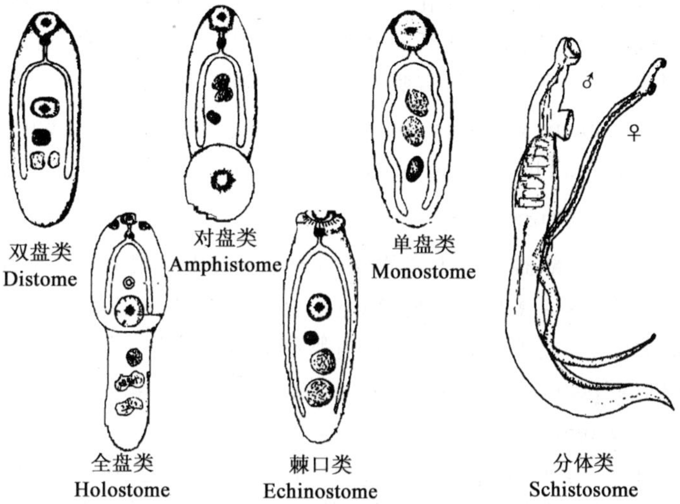

图 4-1 复殖吸虫的基本外形

Figure 4-1 Basic shape of digenetic trematodes

1. 双盘类(Distome)

双盘类为最常见的类型,有一个在前端环绕口孔(oral pore)的口吸盘和一个位于腹面某处但不是后端的腹吸盘。如肝片形吸虫(*Fasciola hepatica*),为牛、羊等动物肝脏(liver)的寄生虫。

2. 对盘类(Amphistome)

对盘类有一个在前端的口吸盘和一个位于虫体后端的腹吸盘,又叫后吸盘(posterior sucker)。如鹿同盘吸虫(*Paramphistomum cervi*),为牛、羊瘤胃(rumen)的寄生虫。

3. 单盘类(Monostome)

单盘类只有一个口吸盘而无腹吸盘。如纤细背孔吸虫(*Notocotylus attenuatus*),为禽类肠道(intestinal tract)寄生虫。

4. 分体类(Schistosome)

分体类细长,雌雄异体(separate sexes),雌虫通常位于雄虫的抱雌沟(gynecophoric canal)内。如日本分体吸虫(*Schistosoma japonicum*),为人和动物血管(blood vessel)内的寄生虫。

5. 全盘类(Holostome)

全盘类体分前后两部,前体含口、腹吸盘,有时并有黏附器(adhesive organ);后体含生殖腺。如优美异幻吸虫(*Apatemon gracilis*),为鹅、鸭肠道寄生虫。

6. 棘口类(Echinostome)

棘口类具头冠(head crown)和头棘(head spines),腹吸盘与口吸盘相距较近。如卷棘口吸虫(*Echinostoma revolutum*),为禽类肠道寄生虫。

复殖吸虫体壁由皮层(dermic layer)和肌层(muscular layer)构成,又称皮肌囊(dermomuscular sac)。皮层从外到内由外质膜(external plasma membrane)、基质(matrix)和基质膜(basal plasma membrane)组

成。外质膜为单位膜，上有微绒毛(microvilli)。在外质膜的外面被有颗粒层外衣，其成分为酸性黏多糖或糖蛋白，具有抗宿主消化酶及保护虫体的作用。基质为含有细胞结构而无核的合胞体细胞层，它经一些通道与深埋肌层下有核的合胞体部分相连，内含线粒体(mitochondria)和分泌小体。分泌小体的崩解产物可能提供酸性黏多糖，可形成新的外质膜，以代替因宿主抗体损伤的部分。皮层还有体棘(spines)和感觉器(sensillum)，体棘是由结晶蛋白所组成的，位于基质膜之上；感觉器为一种小囊，位于基质中，向外伸出纤毛，向内与神经末梢连接，具有感觉功能。基质膜之下是由胶原纤维组成的基层(basement layer)，肌肉可附着其上。肌层由 3 层构成：外层为环肌(circular muscle)，中层为斜肌(oblique muscle)，内层为纵肌(longitudinal muscle)，是虫体伸缩活动的组织。此外还有背腹肌(dorsoventral muscle)和吸盘肌，吸盘肌使吸盘产生吸着作用。皮层为新陈代谢活跃的细胞单位(cell unit)，是寄生虫与宿主生理生化的交互作用层及缓冲层，具有分泌与排泄的功能，亦具有吸收营养的功能。

The body surface is a tegument which is absorptive and is often covered with spines. The muscles lie immediately below the tegument. There is no body cavity and the organs are packed in a parenchyma.

(二)内部构造(Internal structure)

吸虫无体腔(body cavity)，内部器官位于实质(parenchyma)中。实质由许多细胞及纤丝组成网状体，其中细胞膜界限有的已经消失，构成多核的合胞体(syncytia)。实质中有不少游走细胞，有的类似淋巴细胞，它们可能有输送营养的作用。此外，部分吸虫还有腺细胞埋在实质中，特别是在体前端或口附近，多与口吸盘相连，如毛蚴的穿刺腺(penetrating glands)，尾蚴的成囊腺(cystogenic glands)等。

1. 消化系统(Digestive system)

消化系统包括口(mouth)、前咽(prepharynx)、咽(pharynx)、食道(oesophagus)及肠管(intestine)几部分。口除少数在腹面外，通常在虫体的前端口吸盘的中央。前咽短小或缺失。无前咽时，口后即为咽。咽为肌质构造，呈球状，也有的咽已退化[如同盘科(Paramphistomidae)]。食道或长或短，肠管常分为左右两条长短不一的盲管称为盲肠(cecum)。绝大多数吸虫的 2 条肠管不分支，但有的肠管分支，如肝片形吸虫(*Fasciola hepatica*)，有的左右 2 条后端合成一条，如血吸虫(schistosomes)，有的末端连接成环状，如嗜气管吸虫(*Tracheophilus* sp.)。没有肛门(anus)。有些种类的肠退化程度很高，如部分异形科(Heterophyidae)的吸虫，有逐渐过渡到以体表吸收营养为主的情况。未消化的物质可以倒流(regurgitate)经口排出体外。

The digestive system is simple. The mouth is connected by way of the pharynx, oesophagus to a pair of blind ceca. The ceca are simple tubular sacs in most species but are intricately branched in the family Fasciolidae. Undigested materials is presumably regurgitated and secreted through mouth.

2. 排泄系统(Excretory system)

排泄系统为原肾管型(图 4-2)。由焰细胞(flame cells)，毛细管(capillary)，前、后集合管(collecting duct)，排泄总管，排泄囊(excretory vesicle)和排泄孔(excretory pore)组成。排泄囊形状不一，呈圆形、管状、"Y"形或"V"形。其前端发出左右两条排泄管(excretory duct)，后者再分为前集合管和后集合管，然后又再分支若干次，最后为毛细管。毛细管的末端为焰细胞。焰细胞为凹形细胞，在凹入处有一撮不停摆动的细纤毛。排泄囊的形状与焰细胞的数目和位置(常用焰细胞公式来表示)，在分类(taxonomy)上具有一定意义。

The excretory system consists of a large number of ciliated flame cells, which impel waste metabolic products along a system of tubules that ultimately join and open to the exterior ends. The shape of excretory vesicle, and number and location of ciliated flame cells have some implications of taxonomy of flukes.

3. 淋巴系统(Lymphatic system)

单盘类和对盘类等吸虫体内有类似淋巴系统的构造，由 2～4 对纵管(vertical tube)及其分支和淋巴窦(lymphoid sinus)相接。通过虫体收缩将淋巴液不断输送到各器官，管内淋巴液中有浮游的实质细胞。

淋巴系统可能具有输送营养物质的功能。

Lymphatic system-like structure was found in monostomes and amphistomes, and it joints to lymphoid sinus with 2 to 4 pairs of vertical tubes.

4. 神经系统(Nervous system)

在咽两侧各有一个神经节(ganglia),相当于神经中枢(nerve center)。从 2 个神经节各发出前后 3 对神经干(nerve trunks),分布于背、腹和侧面。向后延伸的神经干,在几个不同的水平上皆有神经环(nerve ring)相连。由前后神经干发出的神经末梢(nerve endings)分布于口吸盘、咽及腹吸盘等器官。吸虫一般没有感觉器官(sensory organ),有些吸虫的自由生活期幼虫,如毛蚴和尾蚴常具有眼点(eye spot),具有感觉器官的功能。

The nervous system is simple, consisting of three pairs of longitudinal nerve trunks connecting anteriorly with two ganglia.

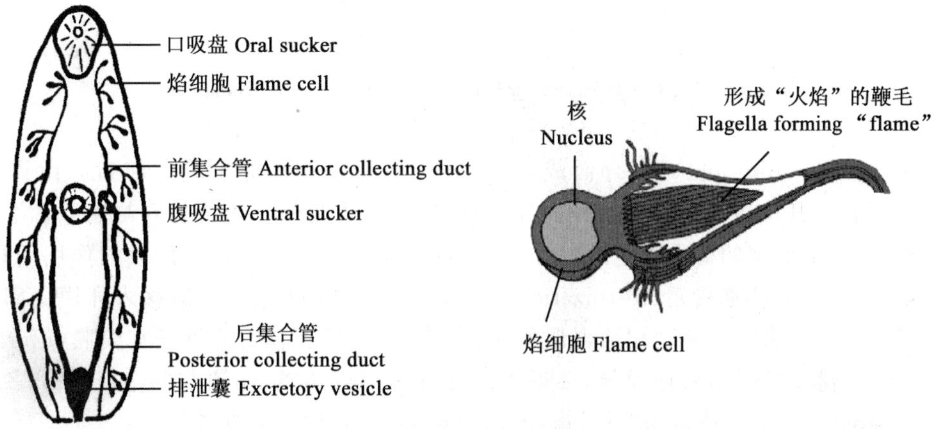

图 4-2 复殖吸虫的排泄系统

Figure 4-2 The excretory system of digenetic trematodes

5. 生殖系统(Reproductive systems)

除分体科是雌雄异体(dioecism)外,均为雌雄同体(hermaphrodite)。

(1)雄性生殖系统(Male reproductive system) 包括睾丸(testis)、输出管(vasa efferentia)、输精管(vas deferens)、贮精囊(seminal vesicle)、雄茎囊(cirrus pouch)、雄茎(cirrus)、射精管(ejaculatory duct)、前列腺(prostate gland)和生殖孔(genital pore)等(图 4-3)。雄性生殖器官比雌性生殖器官发育早,睾丸的数目(number)、形状(shape)、大小(size)和位置(position)随吸虫的种类而不同。通常有 2 个睾丸,圆形、椭圆形或分叶,左右排列或前后排列在腹吸盘下方或虫体的后半部。睾丸发出的输出管汇合为输精管,其远端可以膨大及弯曲成为贮精囊。贮精囊的末端通常接雄茎,两者之间常围绕着一簇由单细胞组成的前列腺。雄茎开口于生殖窦(genital sinus)或向生殖孔开口。上述的贮精囊、前列腺和雄茎可以一起被包围在雄茎囊内。贮精囊被包在雄茎囊内时,称为内贮精囊(internal seminal vesicle),如肝片形吸虫等多种吸虫;在雄茎囊外时称为外贮精囊(external seminal vesicle),如背孔科(Notocotylidae)吸虫;还有不少吸虫没有雄茎囊,如同盘科(Paramphistomidae)吸虫。交配时,雄茎可以伸出体外,与雌性生殖器官相交接。

(2)雌性生殖系统(Female reproductive system) 包括卵巢(ovary)、输卵管(oviduct)、卵模(ootype)、受精囊(seminal receptacle)、梅氏腺(Mehlis' gland)、卵黄腺(vitelline gland)、子宫(uterus)及生殖孔(genital pore)等(图 4-4)。卵巢的形状、大小及位置常因种而异,常偏于虫体的一侧。卵巢发出输卵管,其远端与受精囊及卵黄总管(common vitelline duct)相接。劳氏管(Laurer's canal)一端接着受精囊或输卵管,另一端向背面开口或成为盲管。有人认为劳氏管是一个退化的阴道(vagina)。卵黄总管是

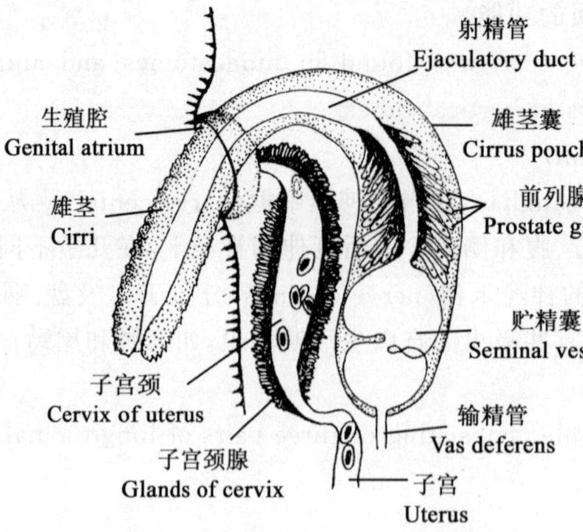

图 4-3　复殖吸虫的雄性生殖系统

Figure 4-3　The male reproductive system of digenetic trematodes

由左、右 2 条卵黄管(vitelline duct)汇合而成,汇合处可能膨大形成卵黄囊。卵黄腺由许多卵黄滤泡(vitelline follicle)组成,其位置与形状亦因种而异,一般多在虫体两侧。卵黄总管与输卵管汇合处的囊腔即卵模,其周围由一群单细胞的梅氏腺包围着,成熟的卵细胞(ovum)由于卵巢的收缩作用而移向输卵管,与受精囊中的精子(sperm)相遇受精(fertilization),受精卵(fertilized egg)向前移入卵模。卵黄腺分泌的卵黄颗粒进入卵模与梅氏腺的分泌物相结合形成卵壳(shell)。子宫起始处以子宫瓣膜(uterine valve)为标志。子宫的长短与盘旋情况随虫种而异,接近生殖孔处多形成阴道,阴道与阴茎(penis)多数开口于一个共同的生殖窦(genital sinus)或生殖腔(genital atrium),再经生殖孔通向体外。

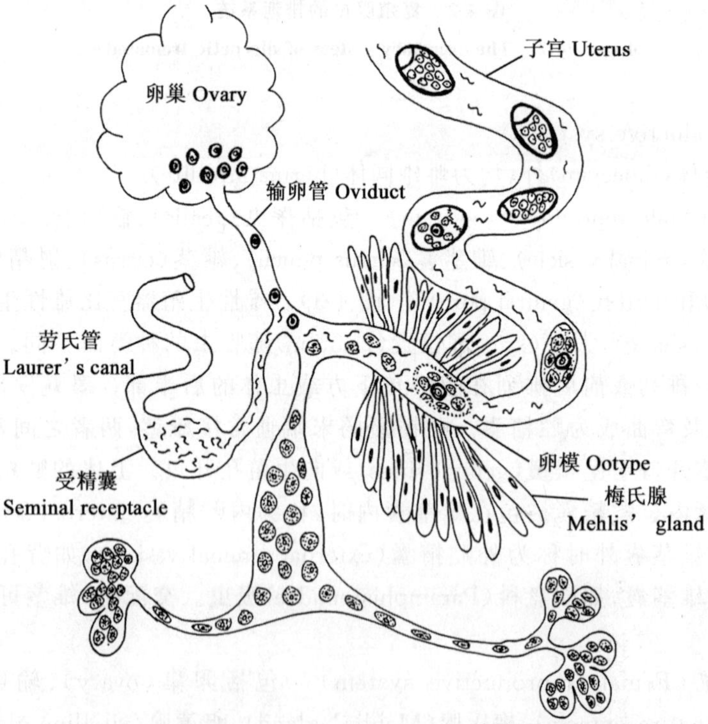

图 4-4　复殖吸虫的雌性生殖系统

Figure 4-4　The female reproductive system of digenetic trematodes

Except for schistosomes, trematodes are hermaphroditic, having both male and female reproductive organs in the same individual. The male reproductive system consists usually of two testes each leading into a vas deferens; these join to enter the cirrus sac containing a seminal vesicle and the cirrus, a primitive penis which terminates at the common genital opening. The female system has a single ovary leading into an oviduct which is expanded distally to form the ootype. There the ovum acquires a yolk from the secretion of the vitelline glands and ultimately a shell. As the eggs pass along the uterus, the shell becomes hardened and toughened and is finally extruded through the genital opening adjacent to the ventral sucker. The mature egg is usually yellow because of the tanned protein shell. Fluke eggs, except for those of schistosomes, have an operculum.

(三)复殖吸虫的生活史(Life cycle of digenetic trematodes)

复殖吸虫的发育为间接发育型(indirect development),需经历无性繁殖(asexual reproduction)和有性繁殖(sexual reproduction)2 个世代(generations)。中间宿主(intermediate host)的种类和数目因不同吸虫而异。有的吸虫只需一个中间宿主[螺类(snails)为主],如肝片形吸虫(*Fasciola hepatica*)。有的需要 2 个中间宿主,第一中间宿主为螺类,第二中间宿主依虫种不同可为节肢动物(arthropods)或鱼类(fishes)等,如矛形双腔吸虫(*Dicrocoelium lanceatum*)第一中间宿主是蜗牛(land snail),第二中间宿主为蚂蚁(ant)。复殖吸虫的分布受到中间宿主(螺)分布的影响,一般情况下,有螺的地方才有该吸虫的分布。复殖吸虫的生活史经历卵(egg)、毛蚴(miracidium)、胞蚴(sporocyst)、雷蚴(redia)、尾蚴(cercaria)、囊蚴(metacercaria)和成虫(adult)中的某些或全部发育阶段(developmental stages) (图 4-5)。

The typical complete life cycle of Digenea trematode contains developmental stages of egg, miracidium, sporocyst, redia, cercaria, metacercaria, and adult. However, some species do not need all stages. They may absent stages of redia or metacercaria, or have two generations of sporocyst or redia.

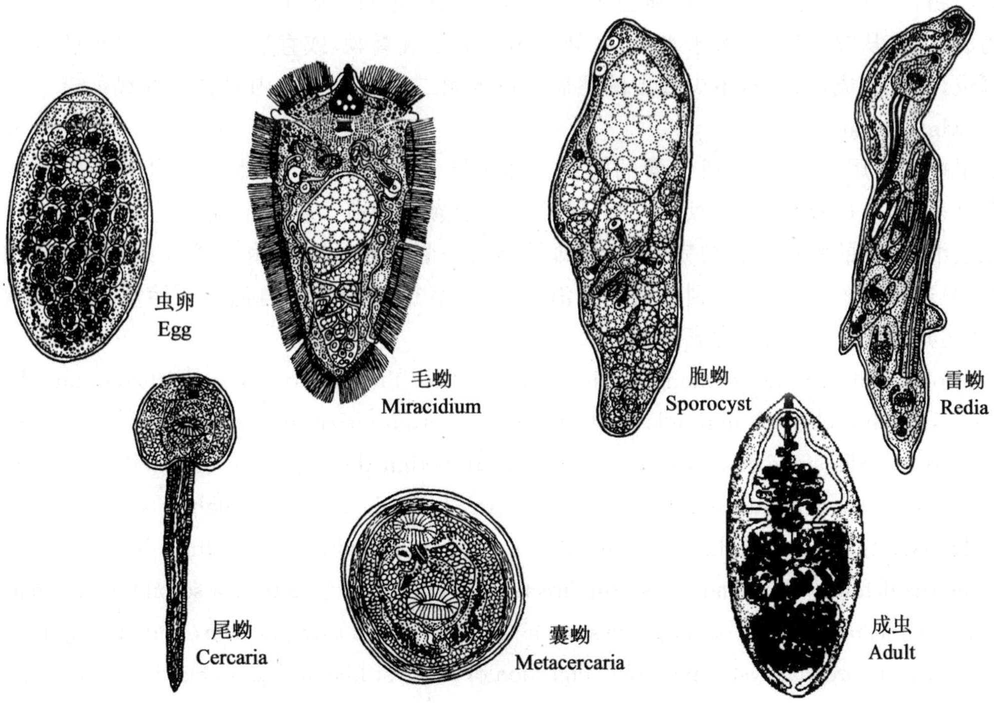

图 4-5 复殖吸虫的基本生活史

Figure 4-5 The basic life cycle of digenetic trematodes

1. 卵(Egg)

复殖吸虫的卵多呈椭圆形或卵圆形,淡黄色或深棕色。除日本分体吸虫和嗜眼吸虫的虫卵外,都有卵盖(operculum)。有的虫卵两端各有一条卵丝(如背孔吸虫)。卵产出时,依虫种不同可以是单(多)细胞胚胎或为发育成熟的毛蚴。有的虫卵在子宫内孵化,有的虫卵必须被中间宿主吞食后才孵化,且孵化前需经一段或长或短的发育期。

2. 毛蚴(Miracidium)

毛蚴体形因运动与否变化很大,多呈三角形。外被纤毛(cilium),运动十分活泼。前端宽,有头腺(cephalic gland),后端狭小。体内有简单的消化道,有胚细胞、神经元和排泄系统。排泄孔多为一对。毛蚴游于水中,在 1～2 d 内,如遇到适当的中间宿主,即用其前端的头腺钻入螺体的柔软组织,脱去被有纤毛的外膜层,移行到螺的淋巴管内,发育为胞蚴,并逐渐移行到螺的内脏。有些吸虫的中间宿主为陆地螺,虫卵随终末宿主的粪便排出后,被陆地螺吞食,毛蚴从卵内孵出,由螺的消化道移行到肝内发育。

3. 胞蚴(Sporocyst)

胞蚴呈包囊状构造,内含胚细胞和简单的排泄器。胞蚴多寄生于螺的肝脏,营无性繁殖。胞蚴体内的胚细胞逐渐增大,并分裂为各期的胚细胞,形成胚团,并逐渐发育为子胞蚴或雷蚴。分体吸虫(*Schistosoma* sp.)没有雷蚴阶段,由胞蚴直接形成尾蚴,尾蚴即有感染性。

4. 雷蚴(Redia)

雷蚴亦呈囊状构造,前端有肌质的咽,下接袋状盲肠,还有胚细胞和排泄器。有些吸虫的雷蚴有产孔(birth pore)和 1～2 对足突(podocytic process)。有的吸虫仅有一代雷蚴,有的则存在母雷蚴和子雷蚴两期,母雷蚴体内含有子雷蚴和胚细胞,子雷蚴体内含尾蚴和胚细胞。雷蚴有产孔,尾蚴由产孔排出。缺产孔的雷蚴,尾蚴由母体破裂而出。

5. 尾蚴(Cercaria)

尾蚴由体部和尾部构成,能在水中活泼地运动。体部的体表常有小棘,有吸盘 1～2 个。消化道包括口、咽、食道和肠管。此外还有排泄器、神经元、分泌腺和未分化的原始生殖器官。尾部的构造依种类不同而异。尾蚴成熟后,从螺体逸出,游于水中,在某些物体上形成囊蚴,或直接钻入宿主的皮肤,脱去尾部,移行到寄生部位,发育为成虫;也有不少吸虫的尾蚴需进入第二中间宿主体内发育为囊蚴。

6. 囊蚴(Metacercaria)

囊蚴系尾蚴脱去尾部,发育形成包囊的时期。体呈圆形或卵圆形,其他内部构造均与尾蚴的体部相似。体表常有小棘,有口吸盘、腹吸盘、口、咽、肠管和排泄囊等构造。生殖系统的发育各有不同,有的为简单的生殖原基细胞,有的则已发育为完整的雌、雄性器官。囊蚴都通过其附着物或第二中间宿主(作为终末宿主的食物)进入终末宿主体内;到达宿主的消化道后,囊壁被胃肠的消化液所溶解,幼虫即破囊而出,经过移行,到达其寄生部位,发育为成虫。

Taking into account variations among species, a generalized life cycle of digenetic flukes runs the following course. The eggs hatch, releasing miracidia, which either penetrate or are eaten by a snail intermediate host. A sac-like sporocyst or redia stage develops from a miracidium within the tissues of the snail. The sporocyst gives rise either to redia or to a daughter sporocyst stage. In turn, from the redia or daughter sporocyst, cercariae develop asexually and migrate out of the snail tissues to the external environment, which is usually aquatic. They either penetrate the definitive host and transform directly into adults, or penetrate a second intermediate host and develop as encysted metacercariae, or they encyst on a substrate, such as vegetation, and develop there as metacercariae. When a metacercarial cyst is ingested, digestion of the cyst liberates an immature fluke that migrates to a specific site and develops into an adult worm.

二、绦虫的形态与生活史(Morphology and life cycle of cestodes)

绦虫(cestodes)属于扁形动物门(Platyhelminthes)绦虫纲(Cestoda)的动物,绦虫纲有 14 个目,其中只有多节绦虫亚纲(Cestoda)中的圆叶目(Cyclophyllidea)与假叶目(Pseudophyllidea)对家畜及人体具有感染性,常导致人畜严重的疾病。假叶目只有 2 个属,即裂头属(*Diphyllobothrium*)和迭宫属(*Spirometra*)在兽医上有重要意义,而圆叶目与兽医有关的有 5 个科,即带科(Taeniidae)、戴文科(Davaineidae)、裸头科(Anoplocephalidae)、双壳科(Dilepididae)和膜壳科(Hymenolepididae)。

Tapeworms belong to the class Cestoda of the phylum Platyhelminthes. Of the 14 orders within the class Cestoda, the two orders that are of typical interest to veterinarians are the Cyclophyllidea and Pseudophyllidea. The order Pseudophyllidea is represented by only two genera of importance to the most veterinarians: *Diphyllobothrium* and *Spirometra*. The order Cyclophyllidea contains five families of veterinary importance: Taeniidae, Davaineidae, Anoplocephalidae, Dilepididae and Hymenolepididae.

(一)外形和体壁(Shape and tegument)

绦虫成虫呈扁平链带状,长数毫米至十余米。虫体节片(proglottid 或 segment)从前到后逐渐发育成熟,可分为头节(scolex)、颈节(neck)和链体(strobila)3 部分(图 4-6)。头节为吸附器官,又称固着器(holdfast)。其顶端多数有一顶突(rostellum),上有不同形状的小钩(rostellar hook),或缺小钩,有的绦虫不具顶突。

1. 头节(Scolex)

寄生于家畜的绦虫一般分为 2 种类型。

(1)吸盘型(Acetabula) 此类头节具有 4 个圆盘或杯状吸盘,排列在头节前端侧面,由强韧的肌肉组成。如裸头科(Anoplocephalidae)、带科(Taeniidae)、戴文科(Davaincidae)绦虫等都具有吸盘型头节。

(2)吸槽型(Bothria) 此类头节背、腹面内陷形成浅沟状或沟状吸槽,数目一般为 2 个。如假叶目(Pseudophyllidea)绦虫具有吸槽型头节。

2. 颈节(Neck)

头节的基部较为纤细,通常称之为颈节,颈节是产生节片的部位,故又称之为生长区(growth zone)。

3. 链体(Strobila)

颈节后是链体部分,由许多节片组成,数目可由数个至数千个不等,各节片之间一般有明显的界线。少数绦虫(如假叶目)节片间界线不明显,甚至没有。链体节片因发育程度不同可分为 3 类,前端(靠颈节的)节片均较小,其内部生殖器官尚在发育之中,称之为未成熟节片(immature segment),简称幼节;向后则逐渐长大,节片内生殖器官也已发育成熟,称之为成熟节片(mature segment),简称成节;后端的节片生殖器官退化,而子宫高度发育并充满虫卵,称为孕卵节片(gravid segment),简称孕节。幼节、成节、孕节之间没有明显的界线,是一个连续发育的过程。末端的孕节陆续从链体脱落,新的节片不断从颈节长出,使得绦虫始终保持一定的长度。

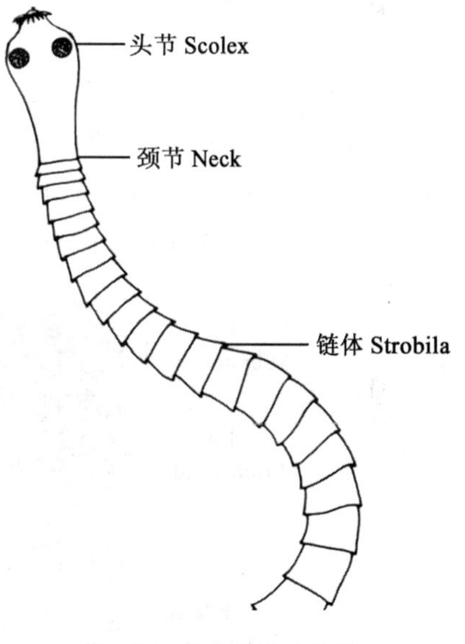

图 4-6 绦虫的基本外形

Figure 4-6 The basic shape of cestodes

Adult cestodes are ribbonlike, flattened and segmented. Tapeworms vary in length from 2 to 3 mm to 10 m, and may have three to several thousand segments. An adult tapeworm is essentially a chain of independent, progressively maturing reproductive units, one end of which is capable of attachment to wall of the host's intestine by a holdfast organ or scolex. The proglottids of an adult tapeworm can be divided into three portions according the structure and function: scolex, neck and strobila. The scolex bears the organs of attachment, following a short unsegmented neck that is the region of segment proliferation, and a chain of proglottids called the strobila. The strobila are further grouped into immature segment, mature segment and gravid segment according to maturity of sexual organs. The proglottids are continuously budded from the neck region and become sexually mature as they pass down the strobila. The segments nearest to the neck are immature and those more posterior are mature. The terminal segments are gravid, with the egg-filled uterus as the most prominent feature.

绦虫体壁的结构与吸虫相似,在电镜下观察分为两层,即外面的皮层(tegument)和内侧的皮下层(subtegumental layer)(图 4-7)。皮层的外缘具有无数细小指状细胞质突起,称为微绒毛(microvilli 或 microtrich)。微绒毛下面是皮层的胞质区(tegumentary cytoplasmic region),其内充满小颗粒状的胞质、电子致密体和线粒体(mitochondria)等内含物。整个皮层胞质区连成一片,没有细胞核和细胞界限,称为合胞体(syncytium)。皮层胞质区的外界为外质膜,内界有明显的基膜(basement membrane)与肌肉组织分界,并有孔道贯穿通入实质。皮下层主要是 3 个肌层:外层为环肌,中间为斜肌,内层为纵肌。纵肌较强,贯穿整个链体,孕节片成熟后逐渐萎缩退化,越往后端退化越为显著,于是最后端孕节经常能自动从链体脱落。肌层下面是深埋入实质结构内的巨大电子致密细胞(electron dense cells)及较小的电子疏松细胞(electron light cells)。电子致密细胞由一些连接小管和皮层相通,这些小管的管壁和线粒体间有着原生质的连接(protoplasmic connections)。其细胞本身具有一个大而有双层膜的细胞核,核的外壁连接着大而复杂的内质网(endoplasmic reticulum)。此外,细胞内还含有线粒体(mitochondria)、蛋白质类晶体和脂肪或糖原微滴,整个体壁构造很像一个翻转的肠壁。绦虫没有消化系统,营养物质靠体壁的渗透作用吸收。

Tapeworms are unique in lacking an alimentary canal. This lack means that nutrients must be absorbed through the tegument. The tegument of the adult tapeworm is highly absorptive, the worm deriving all its nourishment through this structure. Below the tegument are muscle cells and the parenchyma, the latter is a syncytium of cells which fills the space between organs.

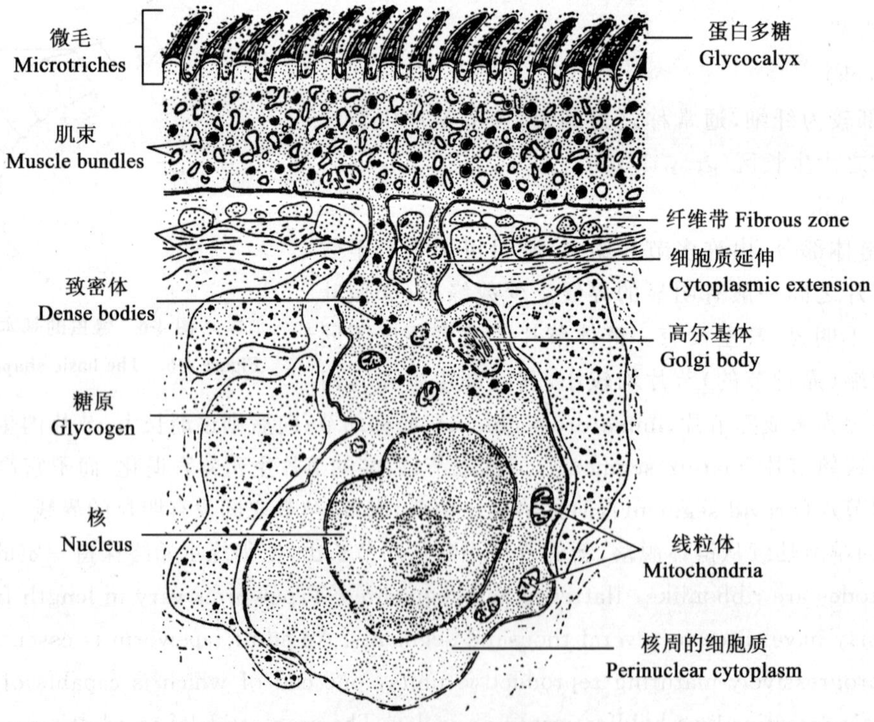

图 4-7 绦虫体壁的超微结构

Figure 4-7 The ultrastructure of cestode tegument

(二)内部构造(Internal structure)

绦虫无体腔,实质(parenchyma)内充满着海绵状组织(spongy tissue),亦称为髓质区,各器官均埋藏在此区内。

1. 神经系统(Nervous system)

神经中枢在头节中,由几个神经节和神经联合构成;自中枢部分发出2条大的和几条小的纵神经干,贯穿各个体节,直达虫体后端。纵神经干之间由横向神经联合相连,形成神经环,发出细神经支配肌肉组织和生殖器官等。

The nervous system consists of ganglia in the scolex from which nerves enter the strobila.

2. 排泄系统(Excretory system)

排泄系统由若干焰细胞和4条纵行的排泄管组成。链体两侧具有背、腹两条纵排泄管,位于腹侧的较大。纵排泄管在头节内形成蹄系状联合;通常腹纵排泄管在每个节片的后缘处有横管相连。总排泄孔开口于首次出现的最后节片的游离边缘的中部,当头一个节片脱落后,就失去总排泄管,而由各节片的排泄管各自向外开口。绦虫排泄系统起始于焰细胞,由焰细胞发出的细管汇集成为较大的排泄管,再与纵管相连。此外,有学者认为绦虫的排泄系统还有平衡体内水分的作用。

The excretory system is composed of flame cells leading to efferent canals which run through the strobila to discharge at the terminal segment.

3. 生殖系统(Reproductive systems)

除个别虫种外,均为雌雄同体。其生殖器官(图4-8)特别发达,每个节片中都具有1组或2组雄性和雌性生殖器官。生殖器官的发育是从紧接颈节的幼节开始分化的,最初节片尚未出现任何性器官,继而逐渐发育,开始先见到节片中出现雄性生殖器官,当雄性生殖器官逐步发育完成后,接着出现雌性生殖器官的发育,形成成节。圆叶目绦虫的节片受精后,雄性生殖器官渐趋萎缩而后消失,雌性生殖器官则加快发育,至子宫扩大充满虫卵时,雌性生殖器官中的其他部分亦逐渐萎缩消失,至此即成为孕节,充满虫卵的子宫占据了整个节片。而在假叶目,由于虫卵成熟后可由子宫孔排出,子宫不如圆叶目绦虫发达。

(1)雄性生殖系统(Male reproductive system) 包括睾丸、输出管、输精管、贮精囊、射精管、雄茎、前列腺和雄茎囊等。睾丸有几个至数百个,分布于近背侧的髓质区(实质),呈圆形和椭圆形,连接着输出管;睾丸多时,输出管互相连接而成网状,至节片中部附近汇合成输精管;输精管曲折蜿蜒向边缘推进,并有2个膨大部,一个在未进雄茎囊之前,称为外贮精囊;一个在进入雄茎囊之后,称为内贮精囊。与输精管末端相接的部分为射精管及雄茎,雄茎可自生殖腔向边缘伸出。雄茎囊多为椭圆形囊状物,贮精囊、射精管、前列腺以及雄茎的大部分都包含在雄茎囊内。雄茎囊及阴道分别在上下位置向生殖腔开口;生殖腔开口处称为生殖孔。生殖孔可位于节片侧缘的不同部位,也可位于节片的腹面中央,因种属不同而异。

(2)雌性生殖系统(Female reproductive system) 包括卵巢、输卵管、卵模、梅氏腺、子宫、阴道、卵黄腺、卵黄管和受精囊等。卵巢位于节片的后半部,一般呈两瓣状,均由许多细胞组成,各细胞有小管,先后汇合成一条输卵管,与卵模相通,其远端连接阴道(包括受精囊)。阴道末端开口于生殖腔。卵黄腺分为两叶或一叶,在卵巢附近(圆叶目),或成泡状散在髓质中(假叶目),由卵黄管通往卵模。子宫呈管状或囊状,前者盘曲于节片中部,开口于腹面(假叶目);后者无开口,因而随虫卵的增多和发育而膨大,并向两侧分支,有的到一定时期还会退化消失,而虫卵则散布在由实质形成的袋状腔内。假叶目绦虫有子宫孔,虫卵成熟后可自动排出。圆叶目绦虫的子宫为盲囊状,不向外开口,虫卵不能自动排出,故必须等到孕节脱落破裂时,方可散出虫卵。

Each proglottid is hermaphrodite with one or two sets of male and female reproductive organs, with the genital pores usually opening on the lateral margin or margins of the segment; both self-fertilisation and cross-fertilisation between proglottids may occur. As the segment matures, its internal structure largely disappears and the fully ripen or gravid proglottid eventually contains only remnants of the branched uterus packed with eggs. The gravid segments are usually shed intact from the strobila and pass out with the feces. Outside the body, the eggs are liberated by disintegration of the segment (for cyclophyllideans) or are shed through genital pore (for pseudophyllideans).

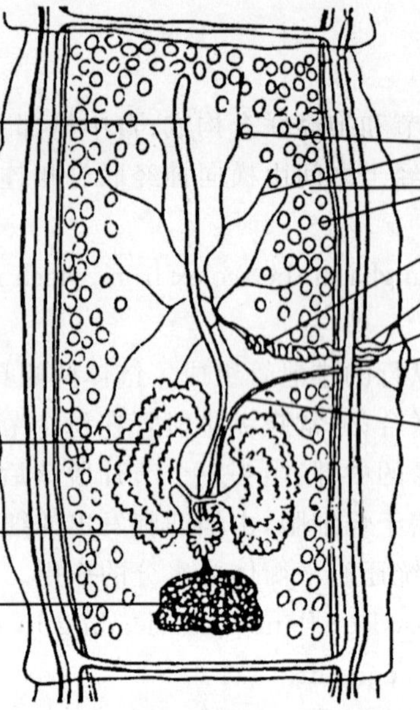

图 4-8　圆叶目绦虫的生殖系统

Figure 4-8　The reproductive system of Cyclophyllidea cestodes

(三)绦虫的生活史(Life cycle of tapeworms)

绦虫的生活史较为复杂，几乎所有的绦虫至少需要 2～3 个宿主才能完成生活史。中间宿主的种类十分广泛，包括无脊椎动物中的环节动物(annelids)、软体动物(mollusca)、甲壳类(crustaceans)、昆虫(insects)和螨(mites)等以及各种脊椎动物(vertebrates)。与兽医有关的假叶目绦虫以桡足类为第一中间宿主(first intermediate hosts)，在其体内由钩球蚴(coracidium)发育为原尾蚴(procercoid)；第二中间宿主(second intermediate hosts)为鱼类、两栖类和爬行动物，原尾蚴在其体内发育为实尾蚴或裂头蚴(plerocercoid)。终末宿主(definitive hosts)因食入第二中间宿主或者感染裂头蚴的转续宿主[paratenic hosts，或称贮藏宿主(transport hosts)]而感染。与兽医有关的圆叶目绦虫大多只需要一个中间宿主，根据科的不同，中间宿主可以是哺乳动物(带科)、节肢动物(裸头科、双壳科和膜壳科)。绦虫在终末宿主体内的受精方式有异体受精(cross-fertilization)或异体节受精，但大部分绦虫都是自体受精(self-fertilization)。精子经阴道进入受精囊，受精作用多在受精囊或输卵管内进行。整个生活史可分为虫卵、中绦期和成虫 3 个时期。

Almost all tapeworms require at least two and some require three hosts to complete their life histories. Pseudophyllideans use copepods as the first intermediate host in which the oncosphere develops into a second larval stage called a procercoid. The second intermediate host may be a fish, amphibian, or reptile and supports development of the procercoid into a third larval stage called a plerocercoid. The definitive host becomes infected when it ingests a second intermediate host or any of a series of paratenic hosts containing plerocercoids. Most cyclophyllideans require only one intermediate host. Depending on the family of tapeworm, the intermediate host may be a mammal (Taeniidae) or an arthropod (Anoplocephalidae, Dilepididae and Hymenolepididae).

1. 虫卵期(Egg stage)

假叶目绦虫的虫卵具有卵盖，成熟的虫卵含有一个受精的胚细胞和围绕在胚细胞外的卵黄细胞。成熟的虫卵经子宫孔排入宿主肠腔，随粪便排出体外。在水中经一段时间的发育，虫卵内的卵细胞发育成外表有纤毛的幼虫，称为钩毛蚴或钩球蚴(coracidium)。成熟的钩毛蚴破卵盖而出，悬浮于水中缓慢滚动，经 12～24 h 自由生活后，被中间宿主吞食，在其体腔内发育为幼虫。

圆叶目绦虫的虫卵在子宫中已发育成熟，无卵盖，一般有 3 层卵膜，最外层很薄为卵外膜，第 2 层称为胚膜，也是一层薄的透明膜，外膜与胚膜之间含有卵黄，为幼虫发育提供营养。第 3 层是内胚膜，实为真正的卵壳，较厚，起着保护作用。卵内含有一个六钩蚴(onchosphere)，无纤毛，不能活动，需经中间宿主吞食后，才能从胚膜内孵出，并在中间宿主体腔中发育为幼虫。

2. 幼虫期(Larval stage)或中绦期(Metacestode)

假叶目绦虫的幼虫期为 2 期，第 1 期为钩毛蚴或钩球蚴在第一中间宿主(主要为水生甲壳类)体腔内发育形成的原尾蚴(procercoid)，原尾蚴体部较大，内含多对穿刺腺，后端尚留有球形或囊形的小尾部，内残留有原腔及 6 个胚钩。原尾蚴与其宿主共存亡。当第二中间宿主吞食了受染的第一中间宿主后，原尾蚴通过穿刺腺的作用穿过宿主消化道到体腔，再移行到皮下肌肉组织内发育为实尾蚴(plerocercoid)或裂头蚴(sparganum)，该幼虫的前端形成吸槽型头节，后端呈扁平的长条形，有的种类已有早期的分节现象。

圆叶目绦虫的幼虫可分为似囊尾蚴和囊尾蚴 2 种类型(图 4-9)。

(1)似囊尾蚴型(Cysticercoid type)　寄生于无脊椎动物体内，体型很小，前端为小囊，内有凹入的头节；后端具有尾巴样的构造，尾部形状因种而异，多有 6 个胚钩及原腔残留。此型幼虫需要经过原腔期(lacuna stage)、囊腔期(cyst cavity stage)、头节形成期(scolex-formation stage)的发育，最后形成似囊尾蚴(cysticercoid stage)。

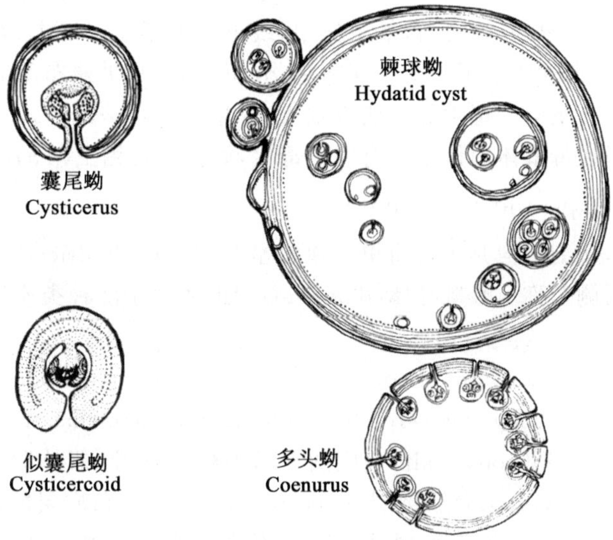

图 4-9　圆叶目绦虫的中绦期形态

Figure 4-9　The shape of Cyclophyllidea metacestodes

(2)囊尾蚴型(Cysticercus type)　寄生于脊椎动物体内，为带科绦虫特有的幼虫类型，其形态结构随不同属而有显著差别，可分为如下 3 种基本类型。

①囊尾蚴(Cysticercus)：最简单的一种，为半透明囊体。其外周由宿主组织形成一层膜，称为外来膜(adventitious membrane)。其内面即是囊尾蚴的囊壁，由外层的角质层(cuticle)和内层的生发层(germinal layer)组成。头节仅有一个，发育完成后缩入囊腔内。囊腔内充满无色囊液，内含各种球蛋白、钠、钙、磷、胆固醇、卵磷脂等物质。主要为带属(*Taenia*)绦虫特有的幼虫。

②多头蚴(Coenurus)：为多头属(*Multiceps*)绦虫特有的幼虫。一个囊体内囊壁生发层芽生出较多的头节，呈一簇簇排列，每簇有 3～8 个不同发育期的头节。

③棘球蚴(Hydatid)：为棘球属(*Echinococcus*)绦虫特有的幼虫，分为单房棘球蚴(monolocular hydatid)和多房棘球蚴(multilocular hydatid)两型。单房棘球蚴为一个母囊(mother cyst)内发育成多个子囊(daughter cyst)和原头节(protoscolex),每个子囊的生发层又芽生出许多孙囊及原头节。而多房棘球蚴的母囊不仅可以内生子囊和原头节,而且可以外生子囊,子囊可再内生孙囊及原头节或外生孙囊,每个子囊或孙囊都具有 10～30 个原头节。

3. 成虫期(Adult)

中绦期幼虫被终末宿主吞食后,在宿主胃肠内经消化液作用,蚴体逸出,头节外翻,并用附着器吸附于肠壁上,逐渐发育为成虫。

The typical life cycle of cestodes is indirect with one or two intermediate host(s). The adult tapeworm is found in the small intestine of the final host, with the segments or eggs reaching the exterior in the feces. When the egg is ingested by the intermediate host, the gastric and intestinal secretions digest the embryophore and activate the onchosphere. Using its hooks, it tears through the mucosa to reach the blood or lymph stream or, in the case of invertebrates, the body cavity. Once in its predilection site the onchosphere loses its hooks and develops into metacestodes. When the metacestode is ingested by the final host the evaginated scolex attaches to the musoca, the remainder of the structure is digested off, and a chain of proglottids begins to grow from the base of the scolex.

三、线虫的形态与生活史(Morphology and life cycle of nematodes)

家畜线虫病是由线形动物门(Nematheminthes)线虫纲(Nematoda)所属各种寄生性线虫寄生于家畜各组织器官所引起的一类寄生虫病。在家畜蠕虫病中,线虫病占了 1/2 以上;在家畜线虫病中,土源性线虫病又占其中的大部分。土源性线虫不需要中间宿主,分布广泛,几乎遍布所有地区;而且每个动物不只寄生一种,多数是很多种混合感染。寄生量一般也很大,像猪蛔虫(*Ascaris suum*)可达 1 000 条以上。有些种还可通过胎盘感染,即在母畜体内仔畜就有线虫寄生,如犊弓首蛔虫(*Toxocara vitulorum*)。

(一)外形和体壁(Shape and tegument)

线虫的体形变化不大,解剖结构亦比较简单。通常呈圆柱形(cylindrical),线状,或毛发状,某些种类呈鞭状或球状。不分节,两侧对称。雌雄异体(dioecism)。虫体大小随种类不同差别较大,雄虫一般较雌虫为小。

Body form is remarkably constant among nematodes. Most nematodes have a cylindrical form, tapering at either end, and the body is covered by a colourless, somewhat translucent layer, the cuticle.

线虫有一个相对较大由体壁(body wall)包围的充满液体的体腔[假体腔(pseudocoelom)]。体壁由角质层(cuticle)、皮下层(hypodermis)及肌肉层(musculature)组成。角质层覆盖体表,由皮下层分泌物形成,透明,无结构。角皮表面光滑或有横纹、纵纹等。虫体外表常有由角皮参与形成的特殊构造,如头泡(cephalic vesicle)、唇片(lips)、叶冠(leaf crown)、颈翼(cervical alae)、侧翼(lateral alae)、尾翼(caudal alae)、交合伞(capulatory bursa)(图 4-10)、乳突(papillae)等,有附着、感觉和辅助交配等功能。皮下层多为合胞体,含有线粒体及内质网等细胞器,沿背、腹及两侧增厚,形成 4 条纵索(longitudinal cord)。背索(dorsal cord)、腹索(ventral cord)中有神经干;侧索(lateral cord)粗大,内有排泄管通过。肌肉层由单一纵行排列的肌细胞组成,被纵索分为四区。肌细胞由可收缩的纤维部分和不可收缩的细胞体组成。前者邻接皮下层,后者突入假体腔,内含核、线粒体、内质网、糖原和脂类等。

Nematodes have a relatively large body cavity (pseudocoelom) containing fluid and surrounded by a body wall. The body wall is composed of an outer cuticle that has a noncellular, chemically complex structure, a thin hypodermis, and musculature. The cuticle is secreted by the underlying hypodermis, which projects into the body cavity forming two lateral cords, which carry the excretory canals, and a dorsal and ventral cord carrying the nerves. The muscle cells, arranged longitudinally, lie between the hypodermis and the body cavity. The latter contains fluid at a high pressure which maintains the turgidity and shape of the body. Locomotion is affected by undulating waves of muscle contraction and relaxation which alternate on the dorsal and ventral aspects of the worm.

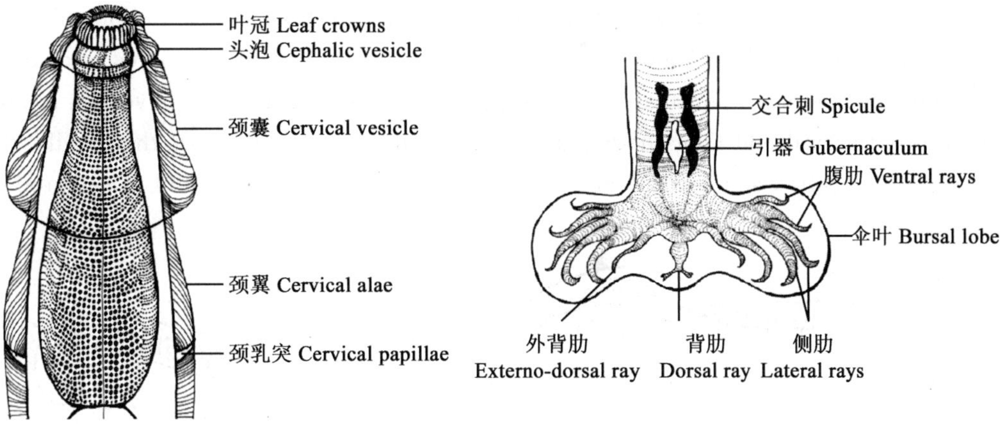

图 4-10 线虫的角皮衍生物

Figure 4-10 The cuticular modifications of nematodes

(二)内部构造(Internal structure)

1. 消化系统(Digestive system)

大多数线虫的消化系统完整,即具有口孔(stoma)、口囊(buccal capsule)、咽(pharynx)、食道(oesophagus)、肠(intestine)和肛门(anus)等结构(图 4-11)。口孔周围通常有唇(lips)环绕。有些虫种的口囊角质层加厚,构成硬齿(teeth)或切板(cutting plate)。咽管呈圆柱形,或有膨大部分。咽管腔的特点是其横切面呈三向放射状,一向腹面,二向背侧。多数线虫具咽管腺 3 个,相应位于三向间的咽管壁肌肉中,即背面一个,亚腹位两个;分别开口于口囊或咽管腔中,其分泌物含消化酶类。食道为肌质构造,有杆状型、丝状型、棒状型、后食道球型、肌腺型和毛尾型 6 种食道类型,可作为分类的鉴别特征。肠管为非肌肉性结构,肠壁由单层柱状上皮细胞组成,内缘具微绒毛(microvilli),外缘为基底膜,有吸收和输送营养物质的功能。直肠末端为肛门,雌虫肛门单独开口于尾部腹面,雄虫直肠之后为泄殖腔(cloaca),开口附近有乳突,其数目、性状和排列具有分类意义。

Most nematodes have complete digestive systems, including stoma, buccal capsule, pharynx, oesophagus, intestine and anus. The teeth or cutting plate can be found in some species. The structure of oesophagus, and numbers, traits and arrangement of papillate in the opening of cloaca have some implications in classification of nematodes.

2. 生殖系统(Reproductive systems)

线虫雌雄异体,雄虫比雌虫小。雄性生殖系统(图 4-11)为单管型(single tubule),由睾丸(testis)、输精管(vas deferens)、贮精囊(seminal vesicle)及射精管(ejaculatory duct)相连而成,射精管通入泄殖腔(cloaca)。尾端多具单一或成对的交合刺(copulatory spicules)、引器(gubernaculum)和交合伞(copulatory bursa)。雌性生殖系统(图 4-11)多为双管型(double tubule),分别由卵巢(ovary)、输卵管(oviduct)及子宫(uterus)组成。可以是单子宫,甚至是多子宫型。子宫末端的肌肉常更为发达,称排卵管(ovejector),2 个子宫的排卵管汇合后形成阴道(vagina),由阴门(vulva)开向体外。阴门位于腹面,可以在口端(后宫型)、尾端附近(前宫型)或虫体中部(前后宫型),其位置和特殊的解剖特征对虫种鉴定有参考价值。

Nematode is dioecious, and male nematodes are smaller than the females of their species. The primary male reproductive organs consist of a single convoluted tube with regions structurally and functionally differentiated as testis, seminal vesicle, and vas deferens. The terminal portion of the vas deferens with its strong muscular coat is called the ejaculatory duct, which empties into the cloaca. Their caudal ends may terminate in a cuticular expansion supported by muscular rays. This is so-called copulatory bursa. The female reproductive system is also tubular and usually has two branches (i. e. didelphic) but may be monodelphic or even multidelphic. Regions structurally and functionally differentiated as ovary, oviduct, uterus, and vagina communicate through the vulva with the exterior. The vulva is ventral in position and maybe located near the oral end (opisthodelphic), caudal end (prodelphic), or the middle of the body (amphidelphic). The location and special anatomic features of the vulva are useful in nematode species identification.

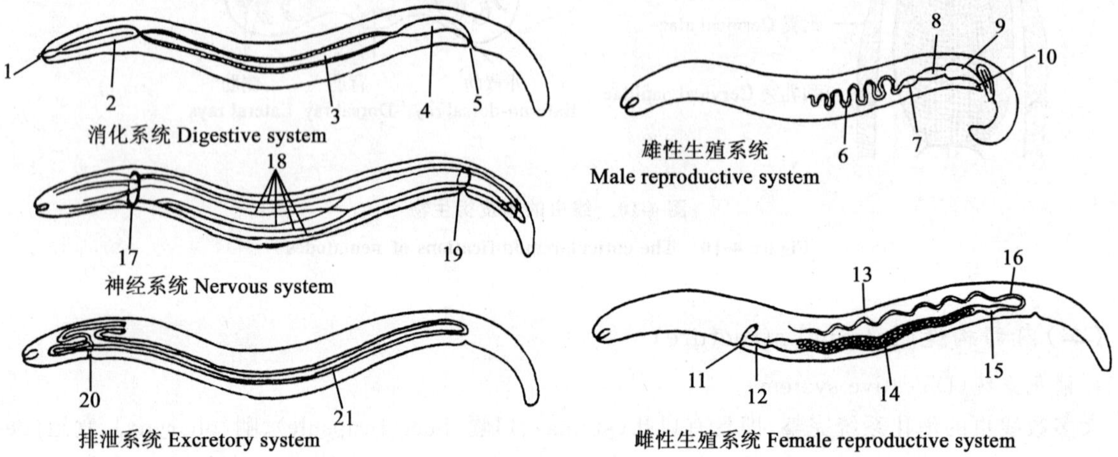

图 4-11 线虫的内部构造

Figure 4-11 The internal structure of nematodes

1. 口(Mouth);2. 咽管(Pharynx);3. 肠管(Intestinal canal);4. 直肠(Rectum);5. 肛门(Anus);6. 睾丸(Testicle);7. 输精管(Vas deferews);8. 贮精囊(Seminal vesicle);9. 射精管(Ejaculatory duct);10. 交合刺(Spicule);11. 阴门(Vulva);12. 阴道(Vagina);13. 卵巢(Ovary);14. 子宫(Uterus);15. 受精囊(Seminal receptacle);16. 输卵管(Oviduct);17. 神经环(Terve ring);18. 神经干(Nerve trunk);19. 肛门神经环(Anus nerve ring);20. 排泄孔(Excretory pore);21. 排泄管(Excretory duct)

3. 神经系统(Nervous system)

食道部神经环(nerve ring)相当于神经系统的中枢(图 4-11),向前发出 3 对神经干(nerve trunks),支配口周的感觉器官(sense organs),向后发出背、腹及两侧共 3～4 对神经干,包埋于皮下层或纵索中,分别控制虫体的运动和感觉。纵行神经干之间尚有一些联合。线虫的感觉器官是头部和尾部的乳突(papillae)和头感器(amphids)或尾感器(phasmids),它们可对机械的或化学的刺激起反应。

The nervous system of nemtodes consists of nerve ring in oesophagus as centre, and papillae, amphids, phasmids in the head or caudal ends.

4. 排泄系统(Excretory system)

有腺型和管型 2 类。无尾感器纲线虫为腺型,常见一个大的腺细胞位于体腔内;而尾感器纲线虫为管型(图 4-11),排泄孔通常位于食道部腹面正中线上,同一种线虫位置固定,具有分类意义。

(三)线虫的生活史(Life cycle of nematodes)

雌雄线虫交配受精。大部分线虫为卵生(oviparous);少数为卵胎生(ovoviviparous)或胎生(viviparous)。卵生时,有的虫卵内尚未分裂,如蛔虫卵;有的处于早期分裂状态,如钩虫卵;有的处于晚期分裂状态,如圆线虫卵。卵胎生是卵内已形成幼虫,如后圆线虫卵。胎生是雌虫产出幼虫,如旋毛虫(*Trichinella spiralis*)。

线虫的生活史多种多样,但其发育一般都要经过 5 期幼虫,中间有 4 次蜕皮(moult)。只有发育到第

5 期幼虫，才能进一步发育为成虫。幼虫需经 1～2 次蜕皮后才对宿主具有感染性，如果有感染性的幼虫仍在卵壳内不孵出，称之为感染性虫卵（infective egg）；如果蜕皮的幼虫已从卵壳内孵出，则称感染性幼虫（infective larva）。蜕皮是幼虫脱去旧角皮、长出一层新角皮的过程。有的幼虫蜕皮后旧角皮不脱落，称为披鞘幼虫（ensheathed larva）。披鞘幼虫很活跃，对环境的抵抗力特强。

In the nematodes, the sexes are separate and the males are generally smaller than the females which lay eggs or larvae. During development, a nematode moults at invervals shedding its cuticle. In the complete life cycle, there are four moults, the successive larval stages being designated L_1, L_2, L_3, L_4 and finally L_5, which is the immature adult.

根据线虫在发育过程中需要或不需要中间宿主，将线虫生活史分为直接发育和间接发育两种类型。前者是幼虫在外界环境中，如粪便和土壤中直接发育到感染性阶段（infective stage），又称为土源性线虫（soil-borne nematodes）。后者的幼虫需在中间宿主如昆虫和软体动物等体内才能发育到感染性阶段，又称为生物源性线虫（biological nematodes）。许多线虫的幼虫需要在宿主体内移行后才能到达寄生部位发育成成虫，这些移行期幼虫往往对宿主造成严重的损害。

Two types of life cycle, namely direct and indirect life cycles, are presented in different species of nematodes. For direct life cycle, the free-living larvae undergo two moults after hatching, with the L_3 as the infective larva. For the latter type, the first two moults usually take place in an intermediate host. After infection, two further moults take to produce the L_5 or immature adult parasite. In many species, the larvae travel considerable distances through the body before settling in their final (predilection) site and this is the migratory form of life cycle.

1. 直接发育型（Direct life cycle）

其发育不需要中间宿主，可细分为如下几型。

（1）蛲虫型（Oxyuridae） 雌虫在终宿主的肛门周围和会阴部产卵，并在该处发育为感染性虫卵。终宿主经口感染后，幼虫在小肠内孵化，到大肠内发育为成虫。如马尖尾线虫（*Oxyuris equi*）。

（2）蛔虫型（Ascaridata） 虫卵随终宿主粪便排到外界，在粪便和土壤中发育为感染性虫卵。终宿主经口感染，幼虫在小肠内孵化后钻入肠壁，经血流到肺；之后出肺泡，沿气管到咽，又随黏液一起咽下，再回到小肠内发育为成虫。如猪蛔虫（*Ascaris suum*）。

（3）毛尾线虫型（Trichurata） 虫卵随终宿主粪便排到外界，在粪便和土壤中发育为感染性虫卵。终宿主经口感染后，幼虫在小肠内孵出，钻入肠绒毛间发育，然后移行到盲肠和结肠内发育为成虫。如毛尾线虫（*Trichuris* sp.）。

（4）圆线虫型（Strongylata） 虫卵随终宿主粪便排到外界后，在外界发育为感染性披鞘幼虫，能在土壤和牧草上活动。终宿主经口感染后，幼虫在终宿主体内或经移行，或不经移行而发育为成虫。大部分圆线虫（strongyles）都属于这种类型。

（5）钩虫型（Ancylostomatidae） 虫卵随终宿主粪便排至外界后，在外界发育为感染性披鞘幼虫，能在土壤和牧草上活动，主要通过终宿主的皮肤感染，并随血流到肺，其后出肺泡，沿气管到咽，又随黏液一起咽下，到小肠发育为成虫。亦能经口感染。如犬钩虫（*Ancylostoma caninum*）。

2. 间接发育型（Indirect life cycle）

该型需要中间宿主，可细分为如下几型。

（1）旋尾线虫型（Spirurata） 雌虫产含幼虫的卵或幼虫；卵或幼虫在外界环境中或随终宿主的分泌物或渗出物被中间宿主节肢动物摄食后，便在中间宿主体内发育到感染性阶段。终末宿主因吞食带感染性幼虫的中间宿主，或中间宿主将幼虫直接输入终宿主体内而感染。以后随虫种的不同而在不同部位发育为成虫。如旋尾目的多种线虫。

（2）原圆线虫型（Protostrongylidae） 雌虫在终宿主体内产含幼虫的卵，随即孵出第一期幼虫。第一期幼虫随粪便排至外界后，主动钻入中间宿主——螺或蛞蝓体内发育到感染性阶段。终宿主吞食了带有感染性幼虫的螺或蚯蚓而受感染。幼虫在终宿主肠内逸出，移行到它们的寄生部位，发育为成虫。如寄生于绵羊呼吸道的原圆线虫(*Protostrongylus* sp.)和寄生于猪呼吸道的后圆线虫(*Metastrongylus* sp.)等。

(3)丝虫型(Filariata)　雌虫产出的幼虫钻入终宿主的血循环中，中间宿主吸血时将幼虫吸入；幼虫在中间宿主体内发育到感染性阶段。当带有感染性幼虫的中间宿主吸食健畜血液时，即将感染性幼虫注入健畜体内。幼虫移行到它们的寄生部位，发育为成虫。如丝状线虫(*Seteria* sp.)。

(4)龙线虫型(Dracunculidae)　雌虫寄生在终宿主的皮下结缔组织中，通过一个与外界相通的小孔将幼虫产入水中。幼虫被剑水蚤吞食后，在其体内发育到感染期。终宿主吞食了带感染性幼虫的剑水蚤而感染；幼虫移行到皮下结缔组织中发育为成虫。如鸟蛇线虫(*Avioserpens* sp.)。

(5)旋毛虫型(Trichinella)　旋毛虫发育史比较特殊，同一宿主既是终宿主，又是中间宿主。如猪的旋毛虫(*Trichinella spiralis*)，雌虫在猪肠壁的淋巴间隙中产幼虫；后者转入宿主的血循环，后在其横纹肌纤维中形成幼虫包囊，此时猪已由终末宿主转变为中间宿主。终末宿主由于吞食了含有幼虫的肌肉而受感染，肌肉被消化后，释出的幼虫在宿主的小肠中发育为成虫。

四、棘头虫的形态与生活史(Morphology and life cycle of acanthocephalans)

(一)外形和体壁(Shape and tegument)

虫体一般呈椭圆形、纺锤形或圆柱形等不同形状(图 4-12)。大小为 1～65 cm 不等，多数在 25 cm 左右。虫体前端有一个与身体成嵌套结构的可伸缩的吻突(proboscis)，其上排列有许多角质的倒钩或棘(spines)，故称棘头虫(thorny-headed worms)。躯干的前部比较宽，后部较细长。体表常有环纹，有的种有小刺，有假分节现象。体表常由于吸收宿主的营养，特别是脂类物质而呈现红、橙、褐、黄或乳白色。

The Acanthocephala is a small phylum of highly specialized parasites of the vertebrate digestive tract. There are separate sexes. The body is normally white and flattened in situ but becomes more or less cylindric when placed in water. Acanthocephalans consist of a body and a retractable spiny proboscis by which the parasite attached itself to the intestinal wall of its host. There is no digestive tract. Nutrients are absorbed through the tegument.

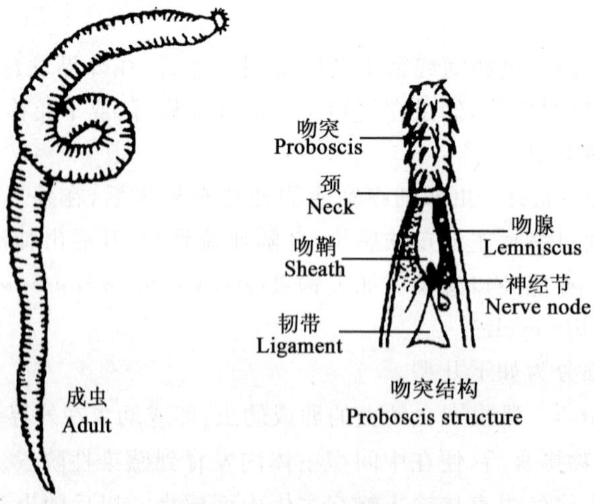

图 4-12　棘头虫的形态

Figure 4-12　The morphology of acanthocephalans

体壁(body wall)由5层固有体壁和2层肌肉组成，各层之间均由结缔组织支持和粘连着。最外是上角皮(epicuticle)，由一层薄的酸性多糖(acid polysaccharide)组成。其下为角皮(cuticle)，由稳定的脂蛋白(lipoprotein)构成；上有许多小孔，它们是来自第3层的许多小管的开口。第3层称条纹层(striped layer)，为均质构造，那些有角质衬里的小管通过这一层延伸至第4层。第4层称覆盖层(felt layer)，其中含有许多中空的纤维索，此外还有线粒体，小泡——可能是小管的延伸部分，或光滑内质网的切面；还有一些薄壁的腔隙状管道。第5层，即固有体壁的最深层，称辐射层(radial layer)，内含少量纤维索；有为数较多并且较大的腔隙状管，富含线粒体；体壁的核位于此层。辐射层内侧的原浆膜(plasma membrane)具有许多皱襞，皱襞的盲端部分含有脂肪滴。再下为基膜和由结缔组织围绕着的环肌层和纵肌层；还有许多粗糙的内质网。肌层里面是假体腔(pseudocoelom)，无体腔膜。角皮中密集的小孔具有从宿主肠腔吸收营养的功能。条纹层的小管作为运送营养物质的导管，将营养物质运送到覆盖层的腔隙系统。条纹层和覆盖层的基质可能具有支架作用。辐射层和其中的许多线粒体，具有深皱襞的原浆膜及其皱襞盲端的脂肪滴，是体壁最有活力的部分，被吸收的化合物在这里进行代谢，原浆膜皱襞具有运送水和离子的功能。

(二)内部构造(Internal structure)

1. 腔隙系统(Lacunar system)

腔隙系统由贯穿身体全长的背、腹或两侧纵管和与它们相连的细微的横管网系组成，是贮藏营养的地方。

2. 吻囊(Proboscis sac)

吻囊是由单层或双层肌肉构成的肌质囊，由肌鞘和吻突壁的内侧面相连，悬系于假体腔之内。

3. 吻腺(Lemniscus)

吻腺又称“系带”或“棒”，呈长形，附着于吻囊两侧的体壁上，悬垂于假体腔中。吻腺的前端被颈牵引肌包围着，部分牵引肌纤维超过吻腺的后端，附着在体腔壁上；但大多数种类的吻腺是游离悬垂于体腔内。吻腺内含有腔隙系的管道，并有一定数目的大细胞核。在吻突回缩或伸出时，吻腺具有调节前体部腔隙液的功能。许多组织化学研究证明，吻腺与脂肪代谢有关。

4. 韧带囊(Ligament sac)

韧带囊是棘头虫的一种特殊构造，为结缔组织构成的空管状构造，是隔离假体腔的一部分。韧带囊从吻囊起，穿行于身体内部，贯穿全长，包围着生殖器官；性成熟雌虫的韧带囊常破裂而成为带状物。韧带索(ligament strand)的前端附着在吻囊的后部，后端附着于雌虫的子宫钟(uterine bell)或雄虫的生殖鞘上。

Ligament sacs extend from the proboscis sheath or from the adjacent body wall and form tubes that surround the reproductive organs. They do not commonly persist in adults, and only one may be present. A ligament strand is attached to the gonads and extends the length of the ligament sacs.

5. 排泄器官(Excretory organ)

排泄器官由1对位于生殖系统两侧的原肾(protonephridia)组成。包含有许多焰细胞(flame cell)和收集管(collecting tubules)，收集管通过左右原肾管汇合成一个单管通入排泄囊(excretory bladder)，再连接于雄虫的输精管(vas deferens)或雌虫的子宫(uterus)而与外界相通。

6. 神经系统(Nervous system)

中枢部分是位于吻鞘(proboscis sheath)内收缩肌上的中央神经节(central ganglion)，从这里发出神经支配各器官组织。在颈部两侧有一对感觉器官，即颈乳突(cervical papilla)。雄虫的一对性神经节和由它们发出的神经分布在雄茎(penis)和交合伞(bursa)内。雌虫没有性神经节。

7. 生殖系统(Reproductive systems)

雄虫含2个前后排列的圆形或椭圆形睾丸(testes)，包裹在韧带囊中，附着于韧带索上。每个睾丸连接一条输出管，2 条输出管汇合成一条输精管。睾丸的后方有黏液腺(cement glands)、黏液囊和黏液管；黏液管与射精管相连。再下为位于虫体后端的一肌质囊状交配器官，其中包括有 1 个雄茎和 1 个可以伸缩的交合伞。雌虫的生殖器官由卵巢、子宫钟(uterine bell)、子宫、阴道和阴门组成。卵巢在背韧带囊壁上发育，以后逐渐崩解为卵球或浮游卵巢。子宫钟呈倒置的钟形，前端为一大的开口，后端的窄口与子宫相连；在子宫钟的后端有侧孔开口于背韧带囊或假体腔(当韧带囊破裂时)。子宫后接阴道；末端为阴门。

The Acanthocephala are dioecious. There is a structure called the genital ligament which runs from the posterior end of the proboscis sheath to the posterior end of the body. In the male, two testes lie on either side of this. Each opens in a vas deferens which bears three diverticula or vesiculae seminales. The male also possesses three pairs of cement glands, found behind the testes, which pour their secretions through a duct into the vasa deferentia. These unite and end in a penis which opens posteriorly. In the female, the ovaries are found, like the testes, as rounded bodies along the ligament. From these masses of ova dehisce into the body cavity and float in its fluid. Here the eggs are fertilized and segment so that the young embryos are formed within their mother's body. The embryos escape into the uterus through the uterine bell, a funnel like opening continuous with the uterus. At the junction of the bell and the uterus there is a second small opening situated dorsally. The bell "swallows" the matured embryos and passes them on into the uterus, and from there, out of the body via the oviduct. The embryo passes from the body of the female into the alimentary canal of the host and leaves this with the feces.

(三)棘头虫的生活史(Life cycle of acanthocephalans)

交配时，雄虫以交合伞附着于雌虫后端，雄虫向阴门内射精后，黏液腺的分泌物在雌虫生殖孔部形成黏液栓，封住雌虫后部，以防止精子溢出。卵细胞从卵球破裂出来以后，进行受精；受精卵在韧带囊或假体腔内发育。虫卵被吸入子宫钟内，未成熟的虫卵，通过子宫钟的侧孔流回假体腔或韧带囊中；成熟的虫卵由子宫钟入子宫，经阴道，自阴门排出体外。成熟的卵中含有幼虫，称棘头蚴(acanthor)，其一端有一个小钩，体表有小刺，中央部为有小核的团块。中间宿主为甲壳类动物(crustaceans)和昆虫(insects)。排到自然界的虫卵被中间宿主吞食后，在肠内孵化，其后幼虫钻出肠壁，固着于体腔内发育，先变为棘头体(acanthella)，而后变为感染性幼虫-棘头囊(cystacanth)。终末宿主因摄食含有棘头囊的节肢动物而受感染。在某些情况下，棘头虫的生活史中可能有储藏宿主，它们往往是蛙、蛇或蜥蜴等脊椎动物。

The life cycle is indirect involving either an aquatic or terrestrial arthropod intermediate host. During copulation, the male discharges sperm into the vagina. Then secretions from the cement glands prevent the escape of sperm. At the time of copulation, all eggs are subject to fertilization, and female may become distended with stored embryonated eggs. Eggs are normally spindle-shaped, often resemble diatoms, and are commonly eaten by aquatic insects and crustaceans. An egg eaten by an arthropod hatches into acanthor, develops into an acanthella, becomes a cystacanth, and is eaten by the final, vertebrate host, in which it becomes adult.

第二节　原虫的形态与生活史
Section 2　Morphology and Life Cycle of Protozoans

原虫属原生动物门，是单细胞真核生物，具有完整的生理功能，代表着动物演化的原始状态。在自然界，原虫以自由生活、共栖或寄生的方式广泛存在于水、土壤、腐败物以及生物体内。与兽医有关的原虫有数十种，大多数为寄生或共栖类型。家畜体内的原虫分布在宿主肠道、体液或内脏组织中，有些寄生在细胞内，对宿主的危害取决于原虫的种类和宿主的抵抗力。

Protozoa are one-celled animals found worldwide in most habitats. Most species are free living, but all higher animals are infected with one or more species of protozoa. Infections range from asymptomatic to life threatening, depending on the species and strain of the parasite and the resistance of the host.

一、原虫的形态构造(Shape and structure of protozoans)

原虫虫体微小，一般在 1～30 μm。原虫的形态因种而异，在生活史的不同阶段，其形态也可完全不同（图 4-13），有的呈柳叶状、圆形、长圆形或梨籽形等，有的无一定形状或经常变形。原虫的基本结构包括表膜、细胞质和细胞核 3 部分。

1. 表膜(Pellicle)

原虫体表包有表膜，电镜下表膜系由单位膜(unit membrane)构成。有些虫体仅一层单位膜称质膜(plasma membrane)，有的可有一层以上。表膜可使虫体保持一定的形状，并参与虫体的摄食、排泄、感觉、运动等生理活动，还可不断更新，并有很强的抗原性。

2. 细胞质(Cytoplasm)

细胞质由基质(stroma)和细胞器(organelles)组成。基质由原生质组成，主要成分是蛋白质。大多数原虫有内质(endoplasm)与外质(ectoplasm)之分，外质均匀透明，呈凝胶状，并呈现不同程度的硬性，决定原虫的形状。阿米巴原虫的外质可为胶性流体，能变形运动。一些自由生活的原虫在虫体最外面还有由外质所分泌的各种外壳。外质与运动、摄食、营养、排泄、呼吸、感觉以及保护等功能有关。内质呈溶胶状，位于内层，是新陈代谢的主要场所，含有细胞核及相当数量的食物泡、空泡、储存物质，有些有伸缩泡。各种细胞器多在内质中。也有很多原虫，其胞质结构均匀，并无内外质之分。

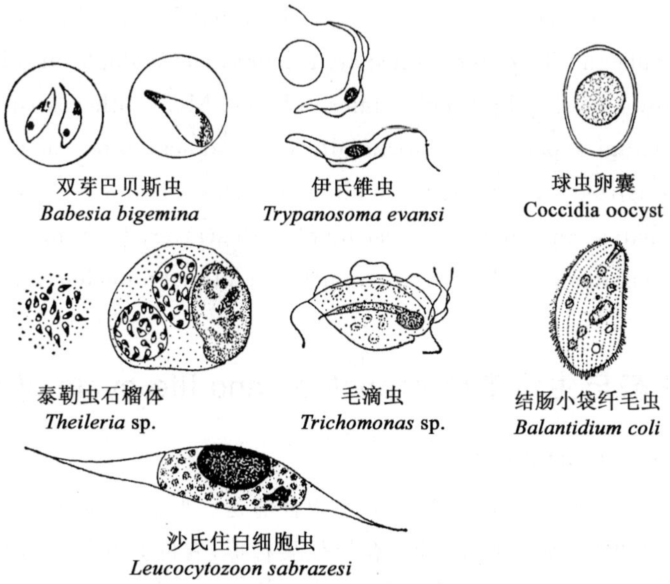

图 4-13 原虫的基本形态

Figure 4-13 The basic shape of protozoans

细胞器有线粒体(mitochondria)、内质网(endoplasmic reticulum)、高尔基复合体(golgi apparatus)、溶酶体(lysosomes)、核糖体(ribosome)以及其他特化的细胞器如动基体(kinetoplast)等。细胞器可因虫种而不同。有些原虫因生理机能的分化而形成运动、保护、附着、消化等细胞器，其中以运动细胞器较为突出。

运动细胞器是分类的主要依据，按其形状可分为鞭毛(flagellum)、纤毛(cilia)、伪足(pseudopodia)和波动脊(undulate ridge)。鞭毛是胞质的丝状延伸部分，见于鞭毛虫(flagellates)，有的鞭毛自前而后，沿虫体和鞭毛之间形成波动膜(undulating membrane)，见于锥虫(*Trypanosoma* sp.)。纤毛短而细，见于纤毛虫(ciliates)，数量多，覆盖整个虫体或集中在虫体的某一部分，因虫种而异。伪足是外质暂时突出的部分，呈根状、叶状或指状，见于阿米巴(Amoeba)。波动脊见于孢子虫(sporozoan)，如子孢子、裂殖子和动合子在液体中滑行就是依靠波动脊进行的。鞭毛虫和纤毛虫大多数体内还有特殊的运动细胞器，经特殊染色可见到它们是由几个结构单元组成的复合体，例如有些鞭毛虫的动基体、根毛体(rhizoplast)，以及连接它们的纤丝(fibril)组成鞭毛；某些纤毛虫的基粒(basal granule)在表膜下由纤维细丝把它们相互连接，并与深部网状结构相连。此外，纤毛虫还有胞口(cytostome)、胞肛(cytoproct 或 cytopyge)和吸盘状陷窝等构造，具有摄食、消化、排泄及吸附等功能。

有些原虫还可见到顶复合器(apical complex)的特殊构造，也是分类的重要依据。顶复合器由极环(polar ring)、类椎体(conoid)、棒状体(rhoptry)、微线(microneme)、膜下微管(subpellicular microtubule)和微孔(micropore) 6 个部分组成。

3. 细胞核(Nucleus)

细胞核为原虫生存、繁殖的主要构造。原虫大多只有 1 个核，有些可有 2 个大小相仿或不同的核，甚至多核。核的外面具有核膜。核膜在电子显微镜下观察可以分 2 层，并且有许多小孔，使核的内部物质与细胞质沟通，核膜内主要是由核质和染色质(chromatin)所构成。根据染色质的多寡和分布情况的不同，一般可以将核分成 2 种：一种是泡状核(vesicular nucleus)，染色质较少，分布不匀，或聚集在核中央，或分布在核膜内，或相连成疏松的网状等。另一种是致密核(massive nucleus)或实质核(compact nucleus)，染色质甚多，均匀而又致密地散布在核内。

Protozoa are unicellular eukaryotes. The plasma membrane enclosing the cytoplasm also covers the projecting locomotory structures such as pseudopodia, cilia, and flagella. In most protozoa the cytoplasm is differentiated into ectoplasm (the outer, transparent layer) and endoplasm (the inner layer containing organelles). Many protozoa have subpellicular microtubules. Many other structures occur in parasitic protozoa, including the Golgi apparatus, mitochondria, lysosomes, food vacuoles, conoids in the Apicomplexa, and other specialized structures. As in all eukaryotes, the nucleus is enclosed in a membrane. In protozoa other than ciliates, the nucleus is vesicular, with scattered chromatin giving a diffuse appearance to the nucleus. The ciliates have both a micronucleus and macronucleus, which appear quite homogeneous in composition.

二、孢子虫的形态与生活史(Morphology and life cycle of sporozoans)

(一)一般形态(Basic morphology)

虫体微小，大小为 2～30 μm，在光学显微镜下才能看清楚。形态因种而异，在生活史的不同阶段，形态也可完全不同，有的呈香蕉状、圆形或椭圆形，有的呈梨籽形，有的呈梭形。虫体的结构除表膜、胞质及胞核之外，主要有顶复合器，运动细胞器是波动脊。

(二)孢子虫的生活史(Life cycle of sporozoans)

孢子虫的发育通常为无性繁殖和有性繁殖相互交替进行。

1. 无性繁殖(Asexual reproduction)

无性繁殖主要有裂殖生殖和出芽生殖 2 种方式。

(1)裂殖生殖(Schizogony)　核先连续分裂多次，然后各个核周围的胞质紧缩而形成数个新个体。这种繁殖方式又称为复分裂(multiple fission)，处在分裂中的母细胞称之为裂殖体(schizont)，子细胞就是所谓的裂殖子(merozoite)。

In this type of division the nucleus and other essential organelles divide repeatedly before cytokinesis; thus a large number of daughter cells are produced almost simultaneously. During schizogony the mother cell is called a schizont. The daughter cells are merozoites.

(2)出芽生殖(Budding) 细胞核先分裂为大小不等但仍相连接的 2 个部分,与此同时,原生质随着核的分支而向核的周围集中,结果形成 2 个芽状突起。芽状突起逐渐长大,而后分裂形成 2 个新个体。梨形虫(piroplasm)常以此法繁殖。

Budding is another method of reproduction by some unicelluar parasites. Essentially, the process is simply mitosis with unequal cellular division.

2. 有性繁殖(Sexual reproduction)

主要以配子生殖方式繁殖。

配子生殖(gametogony):虫体在分裂过程中,出现性的分化,一部分裂殖子形成大配子体(macrogametes,雌性配子体),一部分形成小配子体(microgametes,雄性配子体)。大、小配子体发育成熟后形成许多配子(gametes)。雄性配子钻入雌性配子体内,接合成合子(zygote)。合子可以以复分裂法形成许多子孢子(sporozoites);或形成孢子囊(sporocyst)进行孢子生殖(sporogony),这时孢子囊内的合子首先变成孢子体(sporont),孢子体再分裂发育为子孢子(sporozoites)。

孢子虫完成其生活史的方式各有不同。有的种类如球虫目(Coccidia)(图 4-14),仅在一个宿主体内进行;另外一些种类如血孢子虫目(Haemosporida),需要 2 个宿主,其中一个为媒介昆虫(insect vector),它们在其体内发育并由它来传播,此类传播者称为生物性传播者;还有一些原虫,需要 2 种以上脊椎动物完成其生活史,如弓形虫(*Toxoplsma gondii*)以猫为终宿主,以人或鼠、猪等为中间宿主。

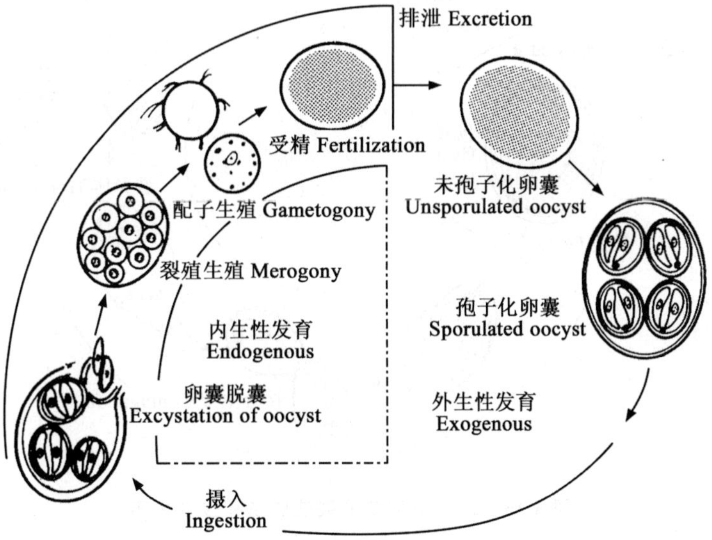

图 4-14 球虫的无性繁殖与有性繁殖

Figure 4-14 The asexual and sexual reproduction of Coccidia

三、鞭毛虫和纤毛虫的形态与生活史(Morphology and life cycle of flagellates and ciliates)

(一)鞭毛虫(Flagellates)

1. 一般形态(Basic morphology)

鞭毛虫虫体细长呈柳叶状,一般长为 18~34 μm,宽为 1~2 μm,在光学显微镜下才能看清楚。虫体的结构除表膜、细胞质及细胞核之外，主要有动基体，运动细胞器是鞭毛。

2. 生活史(Life cycle of flagellates)

鞭毛虫的发育为无性繁殖，通常以纵二分裂(longitudinal binary fission)方式进行繁殖，分裂的顺序是，先为毛基体和动基体，再为核，然后是胞质分裂，最后1个个体分裂为2个新个体。

(二)纤毛虫(Ciliates)

1. 一般形态(Basic morphology)

纤毛虫虫体呈球形或卵圆形，直径为40～60 μm，在光学显微镜下容易发现。虫体的结构除表膜、细胞质之外，细胞核通常为一大一小2个核，运动细胞器是纤毛。

2. 生活史(Life cycle of flagellates)

纤毛虫的发育一般先以横二分裂(transverse binary fission)方式进行无性繁殖，然后以接合生殖方式进行有性繁殖。

接合生殖(conjugation)：2个形态相同的原虫一时性地结合在一起，互相交换核质，然后分开，各自分裂成为新的个体(图4-15)。

Two cells unite and exchange nuclear material, and the process is called conjugation (common in ciliates).

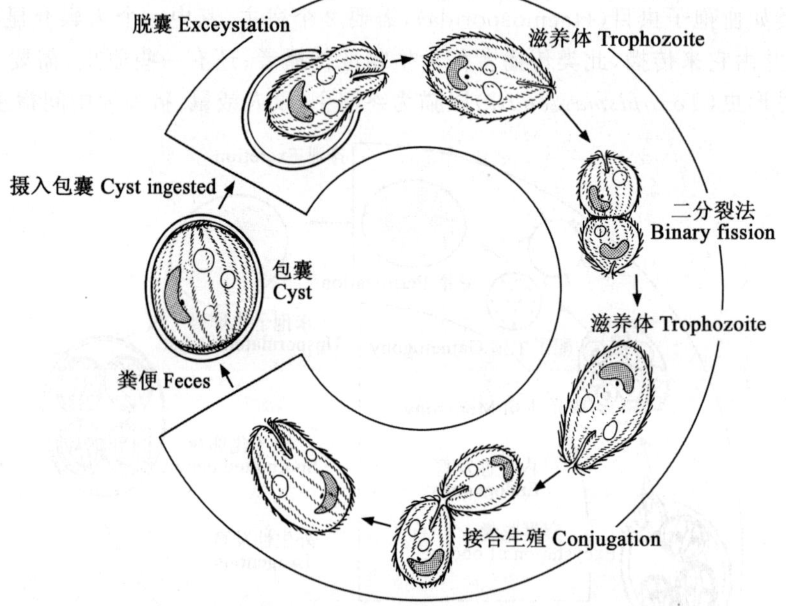

图4-15 纤毛虫的二分裂法繁殖和接合生殖

Figure 4-15 The binary fission and conjugation of ciliates

第三节 节肢动物的形态与生活史

Section 3 Morphology and Life Cycle of Arthropods

蜘蛛昆虫隶属于节肢动物门(Arthropoda)的蛛形纲(Arachnida)和昆虫纲(Insecta)。身体分节，附肢也分节，节肢动物便因此而得名。种类多、分布广。它们的生活方式各有不同，大多数营自由生活，部分营寄生生活；可寄生于动物的体内或体表，直接或间接地危害人类和畜禽。

一、昆虫的形态与生活史(Morphology and life cycle of insects)

(一)形态构造(Shape and structure)

1. 外形(Shape)

昆虫虫体两侧对称,身体分节,不同部分的体节相互愈合而形成头部(head 或 cephalon)、胸部(thorax)和腹部(abdomen)(图 4-16)。随着身体的分部,器官趋于集中,功能也相应有所分化。头部有眼(eye)、触角(antenna)和口器(mouthpart),趋于摄食、感觉;胸部有足(legs),翅膀(wings)有或无,趋于运动和支持;腹部有外生殖器(external genitals)和气门(spiracle),趋于代谢和生殖。

口器是昆虫的摄食器官,由上唇(labrum)、上咽(epipharynx)、上颚(maxilla)、下颚(mandible)、下咽或小舌(hypopharynx)及下唇(labium)6 个部分组合而成。由于昆虫的采食方式不同,其口器的形态和构造也不相同。兽医昆虫主要有咀嚼式(chewing type)、刺吸式(piercing-sucking type)、刮舐式(scraping-licking type)、舐吸式(sponging type)和刮吸式(scratching type) 5 种口器。

足分节,由基节起依次分为基节(coxa)、转节(trochanter)、股节(thigh)、胫节(tibia)和跗节(tarsus),跗节又分 1～5 节不等,跗节末端有爪(claw),爪间有爪间突(empodium)和爪垫(palmula)等。

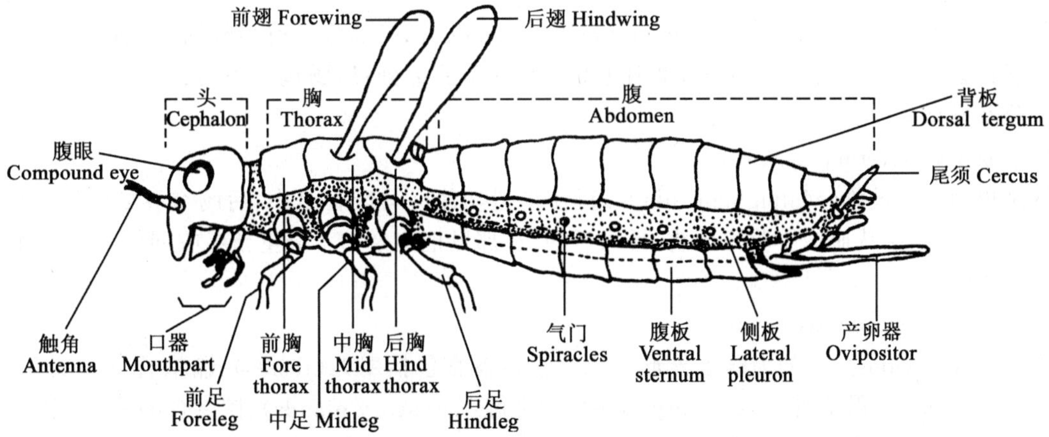

图 4-16　昆虫的基本外形

Figure 4-16　The basic shape of insects

The body of adult insects consists of head, thorax, and abdomen. The head consists of a variable number of fused segments and bears two eyes, two antennae and a complex set of mouthparts. The thorax consists of three segments, the pro-, meso-, and metathorax, and bears six jointed legs and four, two or no wings. The abdomen consists of 11 or fewer segments of which the terminal ones are modified for copulation or egg laying.

表皮(cuticle)由几丁质(高分子含氮多糖)及其他无机盐沉着变硬而成。它不仅有保护内部器官及防止水分蒸发的功能,而且能与其内壁所附着的肌肉一起完成各种活动和支持躯体的作用。其功能与脊椎动物的内骨骼十分相似,因此称为外骨骼(exoskeleton)。由于其坚硬而不膨胀,所以,每当虫体发育长大时必须蜕去旧表皮,称为蜕皮(molting)。

As typical arthropods, insects have a chitinous cuticle secreted by the hypodermis, a single layer of columnar epithelial cells of ectodermal origin, and molted at intervals to permit growth and metamorphosis. The chitinous cuticle serves as an exoskeleton, thus both a body covering and a place for attachment of muscles, permitting movement and some degree of expansion. When a developing insect has grown too large for its cuticle, the hypodermis lays down a new, thin, elastic cuticle under the old one. The old cuticle then splits and the insect emerges from it. This process, termed molting or ecdysis, divides the life of the individual insect into a series of stages or instars.

2. 体腔(Coelom)

昆虫体腔为混合体腔,因其充满血液,所以又称为血腔(haemocoel)。心脏(heart)呈管状,位于消化管的背侧,循环系统为开管式,血液自心脏流出,向前行至头部,再由前向后,进入血腔,又经心孔流入心脏。

3. 呼吸系统(Respiratory system)

昆虫少数直接利用体表,多数利用鳃(gills)、气门(spiracles)或书肺(book lungs)来进行气体交换。鳃是体壁外突形成的薄膜状构造,其中富含血管,因而能保证血液与周围环境交换气体。气管(tracheae)由体壁向内凹陷形成,不分支或分支成网状,贯穿全身而以气门开口于体外。书肺也是体壁内陷而成,内有书页状突起,在书页状突起中有血管分布,因此可进行气体交换。

4. 感觉系统(Sensory system)

神经主干位于消化管腹侧,许多神经节随着体节的愈合而合并。感官特别发达,具有触、味、嗅、听觉及平衡器官。昆虫有复眼(compound eyes)和单眼(ocelli)。复眼由许多小眼构成,能感受外界运动中的物体。单眼用于感光。

5. 消化系统(Digestive system)

消化系统分前肠(foregut)、中肠(midgut)和后肠(hindgut)三部分。前肠包括口、咽、食道和前胃,是贮存和研磨食物的地方;中肠又称为胃,是消化和吸收的重要部分;后肠包括小肠、直肠和肛门,能吸收肠腔中的水分及排出粪便。

6. 排泄系统(Excretory system)

蜘蛛昆虫通过马氏管(Malpighian tubule)行使排泄功能。马氏管是中、后肠交界处的肠管管壁向血腔突出的一些盲管,它从血液中收集废物,排入后肠,在那里把多余的水分重新吸收回体内,剩余的尿酸再随粪便排出体外。

7. 生殖系统(Reproductive systems)

雌雄异体(dioecious),有的为雌雄异形。雄性生殖器官包括睾丸(testes)、输精管(vas deferens)、贮精囊(seminal vesicle)、射精管(ejaculatory duct)、副性腺(accessory glands)、阳茎(cirrus)及生殖孔(gonopore)等构造,还常有由脚须末端形成的交配器。雌性生殖器官包括卵巢(ovary)、输卵管(oviduct)、受精囊(seminal receptacle)、副性腺、生殖孔、生殖腔(genital atrium)、阴道(vagina)等构造。不同虫种各部分构造的形态和大小有一定差异。

(二)昆虫的生活史(Life cycle of insects)

昆虫有卵生(oviparity)和卵胎生(ovoviviparity)2 种。卵通常含有很多卵黄,原生质分布在卵的表面,形成很薄的一层,卵裂也仅限于卵表面的原生质部分,这种不完全方式的卵裂称为表面卵裂。发育过程中都有变态(metamorphosis)和蜕皮(ecdysis)现象。

其变态可分为完全变态和不完全变态 2 种:所有双翅目昆虫(dipterans)和蚤(flea)都是以完全变态的方式进行发育,蜱(tick)、螨(mite)和虱(lice)等属于不完全变态。

1. 完全变态(Holometabolous life cycle)

完全变态指从卵(egg)孵出幼虫(larva)、幼虫生长完成后,要经过一个不动不食的蛹期(pupa),才能变为有翅的成虫(adult),这几个时期在形态上和生活习性上彼此不同,如蝇的生活史,见图 4-17。

2. 不完全变态(Hemimetabolous life cycle)

不完全变态指从卵孵出幼虫,经若干次蜕皮变为若虫(nymph),若虫再经过蜕皮变为成虫,这几个时期在形态上和习性上比较相似,如虱(lice)的生活史,见图 4-18。

In insects the sexes are separate and after fertilization either eggs or larvae are produced. Development often involves three or more larval stages followed by the formation of a pupa and a marked transformation or metamorphosis to the adult stage as in all the flies and fleas, i. e. a holometabolous life cycle (Figure 4-17). In other insects development occurs from the egg through several nymphal stages which resemble the adult, as in lice, i. e. a hemimetabolous life cycle (Figure 4-18). The different stages in the life cycle are known as instars.

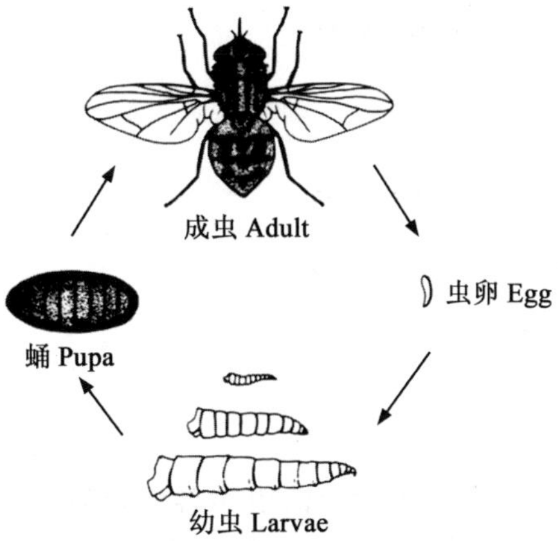

图 4-17 蝇的完全变态

Figure 4-17 The complete metamorphosis of flies

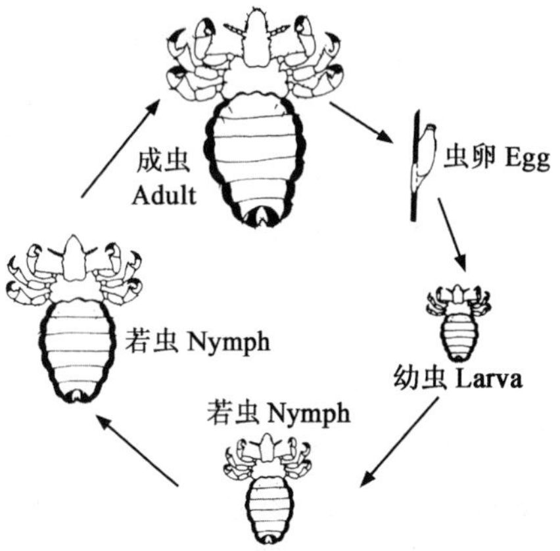

图 4-18 虱的不完全变态

Figure 4-18 The incomplete metamorphosis of lice

二、蜱螨的形态与生活史(Morphology and life cycle of acarines)

(一)形态构造(Shape and structure)

蜱螨类具有节肢动物的一般特征,身体分节,背腹扁平,两侧对称,头、胸、腹愈合在一起,形成假头与躯干部(图 4-19)。

1. 假头(Capitulum)

假头位于虫体的前端,由一对须肢(pedipalps)、一对螯肢(chelicerae)、一个口下板(hypostome)和一个假头基(basis capitulum)组成。须肢分 4 节,第 2、3 节较长,第 4 节短小,嵌在第 3 节腹面的前端,须肢在吸血时起固定和支撑作用。螯肢位于须肢之间,可从背面看到,螯肢分为螯杆和螯趾,螯杆包在螯鞘内,螯趾分为内侧的动趾和外侧的定趾,为切割宿主皮肤之用。口下板位于螯肢的腹面,与螯肢合拢形成口腔,其形状因种类而异,在腹面有呈纵列的逆齿,吸血时具有穿刺与附着的作用。假头基位于假头的基部,硬蜱的假头基具有一定的形状,如矩形、六角形、三角形等。

2. 躯体(Idiosoma)

躯体呈圆形、卵圆形或椭圆形。硬蜱(hard tick)背面有盾板(scutum),雄虫的盾板几乎覆盖整个背面,雌虫、若虫和幼虫的盾板仅覆盖背面的前方。有些属硬蜱有眼 1 对,位于盾板的侧缘;有些属硬蜱躯体后缘具有方块形的缘垛(festoon)。躯体腹面前部正中有一横列的生殖孔(genital pore),肛门位于后部正中;气门板 1 对,位于第 4 对足基节的后外侧。软蜱(soft tick)无几丁质板,表皮为革状。大多数无眼,气门板小,生殖孔及肛门的位置与硬蜱相似。螨类(mites)背面明显隆起,腹面略向外凸,全部为弹性的革状表皮构造。螨类的躯体和足上生有许多刚毛(setae),其数目、排列和形状都是分类依据。成虫和若虫有 4 对足,幼虫有 3 对足。足分 6 节,由体侧向外依次为基节(coxa)、转节(trochanter)、股节(femur)、胫节(tibia)、后跗节(metatarsus)和跗节(tarsus)。

The acarines are small, sometimes microscopic, arthropods. They are characterized by their arachnid structure, the mouthparts, which are borne on the basis capituli, consisting of a pair of chelicerae with mobile digits adapted for cutting and a pair of sensory pedipalps. Ventromedially there is a hypostome with recurved teeth for maintaining position; it bears a dorsal groove to permit the flow of saliva and host blood.

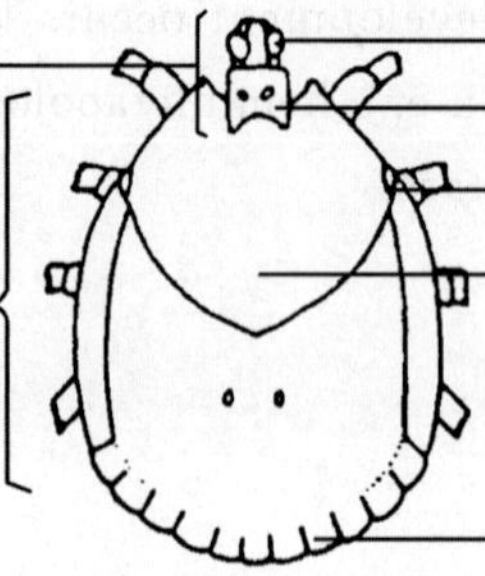

图 4-19 蜱的基本外形
Figure 4-19 The basic shape of ticks

(二)蜱螨的生活史(Life cycle of acarines)

蜱螨的发育属于不完全变态,包括卵、幼虫、若虫和成虫 4 个阶段。蜱类生活史中各发育阶段均需在宿主体上吸血,根据其发育各期是否更换宿主而分为一宿主蜱(one host tick)、二宿主蜱(two host tick)和三宿主蜱(three host tick)3 种类型。螨类中多数不吸血,仅少数吸血,如皮刺螨(*Dermanyssus*)。

The acarines of veterinary importance are the ticks and mites and their life cycle consists of development from egg through the larva, which rather resembles the adult, to nymph to adult. Usually there is only one larval instar.

第五章　寄生虫免疫学

Chapter 5　Parasite Immunology

免疫(immunity)是机体识别和清除非自身物质,从而保持机体内外平衡的生理学反应。它是机体的重要防御反应(defensive reaction),但往往也会伴随有害的病理过程。如非特异性免疫(nonspecific immunity)中的炎症(inflammation),它既是清除异物的必要防御手段,同时也是抗感染免疫(anti-infectious immunity)中最基本的病理反应(pathologic response)。动物机体对寄生虫的免疫机制(immune mechanism)要比对微生物(microorganism)复杂得多。这是因为寄生虫为真核生物(eukaryotic organism),且大部分为多细胞生物,其适应生存环境的能力比微生物强,在进化过程中与动物机体建立了共生关系(symbiosis),从某种意义上讲是获得了控制宿主免疫系统的能力,具有更强的生存能力。而且,绝大多数寄生虫的生活史复杂,组织结构多样,从幼虫(larva)到成虫(adult)需经过几个发育阶段。即使是在动物体内也有不同的发育阶段,处在不同发育阶段的虫体抗原有所不同,有的还会将自身抗原隐蔽或不断变异,以逃避宿主的免疫监视(immune surveillance)。

The extraordinary prevalence of parasite infections undoubtedly reflects their ability to manipulate the host immune system, suppressing responses that could result in their ejection. Host immunity has also developed over eons of coevolution with parasites- mechanisms to limit pathology and to best balance susceptibility, resistance, and immune pathogenesis. Hence, immune responses often permit ongoing infection in preference to complete parasite elimination and the collateral damage that would result. In other cases, this balance is upset, and immune dysregulation and pathology ensue, as in the instances of hepatic fibrosis in schistosomiasis.

第一节　寄生虫抗原特性

Section 1　Properties of Parasite Antigens

由于大多数寄生虫是多细胞生物(multicellular organism),结构复杂,即使是单细胞的原虫,其抗原也因其存在不同的发育阶段(developmental stage)而变化,而且寄生虫的生活史复杂,加之某些寄生虫为适应环境变化产生的变异等多种原因,因此寄生虫的抗原十分复杂。

一、寄生虫抗原种类 (Categories of parasite antigens)

(一)根据抗原来源划分(Classification according to the origin of antigen)

1. 结构抗原(Structural antigen)

由寄生虫虫体结构成分组成的抗原称为结构抗原或体抗原,也称内抗原(endoantigen)。结构抗原作为一种潜在的抗原能引起宿主产生大量的抗体(antibody)。这些抗体与补体(complement)或淋巴细胞(lymphocyte)的共同作用,可破坏虫体,从而减少自然感染的发生。结构抗原的特异性不强,常为不同种属的寄生虫所共有。例如猪蛔虫(*Ascaris suum*)和犬弓首蛔虫(*Toxocara canis*)就有许多共同的结构抗原。

2. 代谢抗原(Metabolic antigen)

寄生虫生理活动所产生的分泌排泄产物(secretary and excretory products)称为代谢抗原,也称外抗原(exoantigen)。如寄生虫在入侵宿主组织和移行过程中产生的物质,与脱皮有关的物质,在吸血过程中以及与寄生虫其他生命活动有关的物质。这类抗原大多数是酶(enzyme),具有生物学特性,由它产生的相应抗体有很高的特异性,可以区别同一虫种(species)的不同虫株(strains),甚至同一寄生虫的不同发育阶段。如捻转血矛线虫(*Haemonchus contortus*)分泌排泄抗原(secretory-excretory antigen)具有双重的免疫学功能(immunological function),一方面,它是灵敏度高、特异性强的检测抗原,可测出自然感染 1～2 条以上的捻转血矛线虫抗体;另一方面,也是制备免疫原的理想材料,可刺激机体产生体液免疫(humoral immunity)和细胞免疫(cellular immunity)。

3. 可溶性抗原(Soluble antigen)

可溶性抗原指存在于宿主组织或体液中游离的抗原物质。它们可能是寄生虫的代谢产物;或死亡虫体释放的体内物质;或由于寄生生活所改变的宿主物质。可溶性抗原在抗寄生虫感染、免疫病理学以及免疫逃避上起重要作用。

(二)根据抗原功能划分(Classification according to the function of antigen)

1. 非功能性抗原(Non-functional antigen)

非功能性抗原指不能刺激机体产生保护性免疫反应的抗原。一些非功能性抗原产生的抗体在寄生虫的检测和诊断中具有重要价值。

2. 功能性抗原(Functional antigen)

功能性抗原指能刺激机体产生保护性免疫反应的抗原,也叫保护性抗原(protective antigen)。功能性抗原大多数是代谢产物,直接针对寄生虫酶的抗体且能中和它们,并改变寄生虫的生理学特性,从而杀伤寄生虫。功能性抗原一般在寄生虫寄生过程的某一阶段出现。如鸡球虫(coccidia)的功能性抗原产生于发育的第 2 代裂殖生殖阶段;猪蛔虫(*Ascaris suum*)的功能性抗原产生于第 2 期幼虫向第 3 期幼虫蜕化的时期;在已发现的疟原虫(*Plasmodium falciparum*)100 多种抗原物质中只有少数具有保护性作用。

此外,寄生虫抗原按照化学成分可分为蛋白质(protein)、多糖(polysaccharide)、糖蛋白(glycoprotein)、糖脂(glycolipid)抗原等。

二、寄生虫抗原的特点(Characteristics of parasite antigens)

1. 复杂性与多源性(Complexity and multiplicity)

大多数寄生虫为多细胞生物,生活史复杂。因此,寄生虫抗原比较复杂,种类繁多。其来源可以是体抗原、分泌排泄抗原或可溶性抗原,其成分可以是蛋白质或多肽、糖蛋白、糖脂或多糖等。不同来源和成分的抗原诱导宿主产生免疫应答的机制和效果也不同。

2. 具有属、种、株、期的特异性(Specificity of genus, species, strains and stages)

寄生虫生活史(life cycle)中不同发育阶段既具有共同抗原,又具有各个发育阶段的特异性抗原。共同抗原还可见于不同科(family)、属(genus)、种(species)或株(strains)的寄生虫之间。特异性抗原(specific antigen)在寄生虫病的诊断及疫苗的研制方面具有重要的意义。

3. 免疫原性弱(Weak immunogenicity)

寄生虫抗原可诱导宿主产生免疫应答(immune response),宿主产生针对其抗原的特异性抗体(specific antibody),但与细菌(bacterium)、病毒(virus)抗原相比,其免疫原性一般较弱。

第二节 抗寄生虫免疫
Section 2 Antiparasitic Immunity

一、寄生虫免疫的特点(Characteristics of parasite immunity)

1. 免疫复杂性(Immune complexity)

寄生虫比细菌和病毒要大得多,因而含有的抗原种类较多、数量也较大。由于寄生虫有复杂的生活史，其生活史中常有不同的发育阶段，所以寄生虫的抗原是期特异性（stage-specific）的，寄生虫只在其某一特定的发育阶段（期）表达某些抗原，从而激发期特异性免疫应答（stage-specific response）。

2. 不完全免疫（Incomplete immunity）

不完全免疫即宿主尽管对寄生虫感染能起一定的免疫作用，但不能将虫体完全清除，以致寄生虫可以在宿主体内生存和繁殖。

3. 带虫免疫（Premunition）

带虫免疫即寄生虫在宿主体内保持一定数量时，宿主对同种寄生虫的再感染具有一定的免疫力；一旦宿主体内虫体完全消失，这种免疫力也随之结束。

二、抗寄生虫免疫的反应类型（Response types of antiparasitic immunity）

免疫是通过免疫防御（immunologic defence）、免疫稳定（immunologic homeostasis）和免疫监视（immunologic surveillance）三大功能实现屏障作用，时刻防止外界对机体的各种伤害。所谓免疫防御，是指当机体受到病原侵袭时，体内的白细胞（leukocyte）就会对此种外来致病物质加以识别，并产生一种特殊的抵抗力，从而更有效地清除病原，维护机体的健康。免疫稳定功能，指的是及时清除机体组织的正常碎片和代谢物，防止其积存体内，误作外来异物而产生自身抗体，导致一些自身免疫性疾病（autoimmune disease）。在正常机体内经常会出现少量的"突变"细胞，它们可被免疫系统及时识别，并加以清除，因为任其发展和分裂下去，即可成为肿瘤（tumor），这种发现和消灭体内出现"突变"细胞的本领，被称为免疫监视功能。与其他免疫一样，抗寄生虫免疫包括非特异性免疫和特异性免疫。

（一）非特异性免疫（Nonspecific immunity）

动物的非特异性免疫是机体在长期进化过程中逐渐建立的，具有相对稳定性，是能遗传给下一代的防御能力，也称先天性免疫（innate immunity）。它对各种寄生虫的感染均有一定程度的抵抗力，但没有特异性，一般也不十分强烈。这种免疫常包括屏障结构（barrier structure）、吞噬细胞（phagocytes）、抗病原物质（antipathogen）以及嗜酸性粒细胞（eosinophil）的抗感染作用。

1. 皮肤、黏膜和胎盘的屏障作用（Barrier function of skin, mucosa and placenta）

动物机体的屏障结构和表面分泌物（surface discharge）可有效地抵抗寄生虫的侵入。皮肤的角质层（cuticle）是良好的天然屏障，皮脂腺分泌的脂肪酸（fatty acid）能杀虫。呼吸道黏膜表面的纤毛（cilia），能排除虫体。胃肠黏膜的分泌物（secretion）、泪液中的溶菌酶（lysozyme）、唾液（saliva）和鼻腔的分泌物（rhinal secretion）均有杀虫和灭活某些病菌的作用。血脑屏障（blood-brain barrier, BBB），可阻挡某些寄生虫进入脑脊液和脑组织，对中枢神经有保护作用。血胎屏障（blood-placenta barrier, BPB），可阻止某些寄生虫自母体通过胎盘（placenta）而感染胎儿，对胎儿有保护作用。

If parasites do penetrate the body, two main defensive operations come into play, the destructive effect of soluble chemical factors such as bactericidal enzymes and the mechanisms of phagocytosis.

2. 吞噬细胞的吞噬作用（Phagocytosis of phagocytes）

血液中的粒细胞（granulocyte）、肝、脾、肺、结缔组织、神经组织以及淋巴结中的巨噬细胞（macrophages），它们构成机体免疫的第二道防线，对机体起保护作用。这些细胞的作用，既表现为对寄生虫的吞噬、消化、杀伤作用，又可在处理寄生虫的抗原过程中参与特异性免疫的感应阶段；其本身既受基因的调控，又受各种非特异性因素和特异性因素的影响，从而构成完整免疫作用中的一个重要组成部分。例如，有研究者在进行猴子疟原虫（*Plasmodium*）试验感染时，发现正常宿主的巨噬细胞有吞噬受感染的红细胞现象，初期这种现象比较微弱，当病程达到严重期或给予补充抗体后，细胞的吞噬效应立即增强。巨噬细胞通过抗体依赖的细胞毒作用（antibody dependent cell-mediated cytotoxicity, ADCC）行使杀伤细胞功能，它也可以分泌细胞因子促进杀伤能力；吞噬原虫后巨噬细胞可以产生活性氧物质（reactive oxygen iutermediate, ROI），激发呼吸爆发（respiratory burst）杀伤虫体；在细胞因子促进诱导下，巨噬细胞也可以合成一氧化氮（nitric oxide, NO）抵抗寄生虫。

3. 抗病原物质的杀伤作用(Anti-pathogenic effect)

正常体液中,特别是血清(serum)中含有多种抗病原物质,如补体(complement)、溶菌酶(lysozyme)和干扰素(interferon, IF)等。补体系由 20 余种理化性质不同的血清蛋白(serum proteins)所组成。补体系统在正常情况下,以非活性状态的前体分子存在于血清中。当某种因素被激活后,或经过经典途径(classical pathway),或通过替代途径(alternative pathway)发生一系列连锁反应(chain reaction)参与机体的防御功能,也可作为一种介质引起病理损害。曾发现某些动物的血清对布氏锥虫(*Trypanosoma brucei*)有毒性作用,后来发现这种作用与血清内高密度脂蛋白(High density lipoprotein, HDL)有关,当从血清中清除 HDL 后,对锥虫的毒性作用即消失。现已查明,血清内脂质成分的改变影响到淋巴细胞膜的结构和功能,从而抑制了机体的免疫能力,致使寄生虫感染加重。

4. 嗜酸性粒细胞的抗感染作用(Anti-infection effect of eosinophils)

多数寄生虫感染伴有外周血及局部组织内嗜酸性粒细胞增多(eosinophilia)现象,其中以组织内寄生的血吸虫(schistosome)、肺吸虫(lung fluke)、丝虫(filaria)、旋毛虫(*Trichina spiralis*)、猪囊虫(*Cysticercus cellulose*)和包虫(hydatid)以及内脏幼虫移行症(visceral larva migrant)较为明显。嗜酸性粒细胞的吞噬作用比中性粒细胞弱,但其表膜受到干扰就会脱颗粒,其活性可被 α-肿瘤坏死因子(tumor necrosis factor-α, TNFα)和粒细胞巨噬细胞集落刺激因子(granulocyte-macrophage colony-stimulating factor, GS-CSF)等细胞因子增强。体外试验发现,血吸虫病患者的嗜酸性粒细胞比正常人的更有效。释放的抗原引起肥大细胞局部依赖免疫球蛋白 E(immunoglobulin E,IgE)脱颗粒和介质的释放。嗜酸性粒细胞的其他产物随后阻断肥大细胞反应(blocking the mast cell reaction)。在猴体内试验证明存在这些效应机制,血吸虫的杀伤伴随有嗜酸性粒细胞的集聚(eosinophil accumulation)。

Eosinophils have surface receptors for C3b and on activation produce a particularly impressive respiratory burst with concomitant generation of active oxygen metabolites. They also have granule proteins capable of producing a transmembrane plug in the target membrane like C9 and the natural killer perforin. Most helminths can activate the alternative complement pathway, but although resistant to C9 attack, their coating with C3b allows adherence of eosinophils through their C3b receptors. If this contact should lead to activation, the eosinophils will launch its extracellular attack which includes the release of the major basic protein and especially the cationic protein which damages the parasite membrane.

(二)特异性免疫(Specific immunity)

1. 免疫应答的过程(Process of immune response)

动物机体在抗原物质的刺激下,免疫应答的形式和反应过程一般可分为 3 个阶段,即致敏阶段、反应阶段和效应阶段。

(1)致敏阶段(Sensitization stage)　是抗原进入体内从识别到活化的过程。进入机体内的抗原,除少数可溶性抗原可以直接作用于淋巴细胞外,大多数抗原经巨噬细胞吞噬 (phagocytosis)处理,并传递抗原信息给免疫活性细胞(immunocompetent cell),启动免疫应答,B 细胞和 T 细胞分别被激活。

(2)反应阶段(Reactive stage)　淋巴细胞(lymphocyte)被激活后,转化为母细胞(metrocyte),进行分化增殖。B 细胞经增殖后形成浆细胞(plasmacell),并产生大量特异性抗体,表现为体液免疫反应。T 细胞增殖后形成致敏淋巴细胞(sensitized lymphocyte),产生淋巴因子(lymphokines)。由于 T 细胞功能的多样性,T 细胞反应远较 B 细胞复杂。除产生淋巴因子外,一部分形成辅助性 T 细胞(helper T cell, Th)和抑制性 T 细胞(suppressor T cell, Ts),调节体液免疫(humoral immunity);还有一部分能直接杀伤靶细胞,从而表现细胞免疫反应(cellular immune response)。在淋巴细胞分化过程中,无论 B 细胞或 T 细胞均有一部分形成记忆细胞(memory cell)。

(3)效应阶段(Effective stage)　为抗体(antibody)、淋巴因子(lymphokines)和各种免疫细胞(immunocyte)共同战斗清除抗原的阶段。浆细胞合成并分泌的抗体,进入淋巴液(lymph)、血液(blood)、组织液(tissue fluid)或黏膜表面,中和毒素,或在巨噬细胞及补体等物质的协同作用下,杀灭或破坏抗原物质。

抗原使T细胞致敏后，可直接杀伤再次进入的抗原或带有抗原的靶细胞(target cell)；也可通过抗原和致敏T细胞接触后释放的淋巴因子(lymphokine)杀伤或破坏靶细胞。在抗原被清除的同时，致敏的和被选择的大量增殖的淋巴细胞，由于再次接触抗原而表现再次免疫应答(secondary immune response)，从而又一次增强了免疫效应。虽然抗体和致敏淋巴细胞在体内已经消失，但由于记忆细胞(memory cell)的存在，机体也能迅速地表现免疫应答，称为回忆免疫(recall immunity)。这就是获得性免疫长期存在的原因。

2. 细胞免疫应答(Cellular immune response)

细胞免疫(cellular immunity)是指T细胞在受到寄生虫抗原(parasite antigen)或有丝分裂原(mitogen)刺激后，分化、增殖、转化为致敏淋巴细胞(primed lymphocyte)所表现出来的免疫应答。这种免疫应答不能通过血清传递，只能通过致敏淋巴细胞传递，所以称细胞免疫。

(1)巨噬细胞对抗原的处理(Macrophages on antigenic processing) 巨噬细胞具有捕捉抗原、处理抗原、贮存抗原并将抗原传递给淋巴细胞，使其活化等作用。巨噬细胞以吞噬(phagocytosis)、吞饮(pinocytosis)、被动吸附(passive adsorption)等方式捕捉抗原，巨噬细胞的表面相关抗体可特异性结合抗原，抗原被巨噬细胞摄取后，大部分(90%以上)被迅速分解，并失去免疫原性(immunogenicity)，小部分抗原残留在巨噬细胞表面而具有免疫原性；也有的被吞入细胞，贮存于巨噬细胞的特殊部位而免于被破坏，其后逐渐释放出来。

(2)巨噬细胞传递抗原(Macrophages transfer antigen) 巨噬细胞把抗原传递给T细胞，在多数情况下是通过细胞表面直接接触来完成的。T细胞将巨噬细胞处理获得的抗原信息作为活化的第一信号(first signal)，将巨噬细胞所产生的淋巴细胞活化因子(lymphocyte activation factor, LAF)作为活化的第二信号(second signal)。T细胞接受上述2种信号之后，被激活转化为淋巴母细胞(lymphoblast)。

(3)T细胞活化与细胞因子的产生(Activating T cell and producing cytokine) 淋巴细胞受抗原作用后成为致敏淋巴细胞，继而母细胞化，成为淋巴母细胞，最后转化为效应淋巴细胞(effector lymphocyte)。T细胞的各个亚群在识别了细胞上的抗原后，各自被选择性激活，它们有的成为调节体液免疫的Th和Ts，有的产生淋巴因子，也有的表现为直接杀伤靶细胞，即细胞毒作用(cytotoxic effect)，此类细胞称为杀伤性或细胞毒性T细胞(cytotoxic T cell)。细胞因子(cytokine)是一类由免疫细胞产生的、具有广泛生物学活性的小分子肽，包括淋巴因子(lymphokine, LK)、单核因子(monokine)和白细胞介素(interleukin, IL)，在免疫细胞的分化、免疫应答过程中具有重要的调节作用。除了免疫细胞，其他细胞如小胶质细胞(microglial cell)、成纤维细胞(fibroblast)、内皮细胞(endothelial cell)、肿瘤细胞(tumor cell)等也可以产生细胞因子。细胞因子可分为白细胞介素、集落刺激因子(colony stimulating factor, CSF)、干扰素(interferon, INF)、肿瘤坏死因子(tumor necrosis factor, TNF)、生长因子(growth factor, GF)、趋化因子家族(chemokine family)等。它们通过结合细胞表面的相应受体发挥抗病原、调节特异性免疫反应、刺激造血、促进血管的生成等生物学作用。

(4)细胞免疫效应(Cellular immune effect) 在细胞免疫反应中，T细胞对免疫的形成起关键作用。例如，无胸腺(athymic)或去除T细胞(T-deprived)的小鼠不能清除枯氏锥虫(*Trypanosoma cruzi*)或约氏疟原虫(*Plaslodium yoelii*)引起的非致死性原虫感染，去除T细胞的大鼠不能驱逐肠道巴西日圆线虫(*Nippostrongylus brasiliensis*)。抗原特异性T细胞可直接发挥效应功能，如细胞毒T细胞(cytolytic T lymphocyte, CTL)可直接裂解靶细胞。而抗原活化的T细胞可通过分泌细胞因子进一步作用于其他细胞群体，如肿瘤坏死因子TNFγ活化NK细胞(natural killer cell)；也可通过细胞因子吸收和激活特异性效应细胞的功能和活性，从而将这些细胞转化为特异性免疫因素。细胞免疫对清除生活在抗原提呈细胞(antigen-presenting cell, APC)内的寄生虫有重要作用。在蠕虫感染时，抗原活化CD_4^+ Th2细胞，分泌细胞因子IL-4、IL-5、IL-13等，活化肥大细胞，富集和活化嗜碱性粒细胞(basophils)和嗜酸性粒细胞(eosinophils)。

宿主对细胞内寄生的弓形虫(*Toxoplasma gondii*)速殖子的免疫应答为细胞免疫反应。其免疫应答过程是：致敏的T细胞抗原受体与弓形虫抗原（核糖核蛋白）起反应，导致T细胞分裂和分化，即分化为淋巴因子生存细胞（lymphokine survival cell）、细胞毒性效应细胞（cytotoxic effect cell）与记忆细胞（memory cell）；淋巴因子生存细胞释放淋巴因子，作用于巨噬细胞，使它们首先能抵抗弓形虫的致死作用，然后通过解除对溶酶体（lysosome）和吞噬体（phagosome）融合的阻碍而使溶酶体发挥作用，杀伤细胞内的虫体；细胞毒性T细胞（CTL）还能破坏速殖子和受弓形虫感染细胞的作用；干扰素能激活巨噬细胞和刺激细胞毒性T细胞，使之能有效地抵抗弓形虫。

3. 体液免疫应答（Humoral immune response）

抗原激发B细胞产生抗体，以及体液性抗体与相应抗原接触后引起一系列的抗原抗体反应，统称为体液免疫（humoral immunity）。

（1）抗原的处理与递呈（Antigen processing and presenting） 寄生虫抗原可以多种形式结合于巨噬细胞（macrophages）、树突状细胞（dendritic cells）、B细胞（B cell）等多种抗原递呈细胞（antigen-presenting cell，APC）的表面。如通过抗体的Fc受体、补体C3b受体及B细胞表面的膜免疫球蛋白（immunoglobin，Ig）等。通过APC的吞噬作用被摄取到细胞内，可溶性抗原（soluble antigen）可通过液相胞饮（pinocytosis）过程摄入。寄生虫蛋白抗原在APC内经过加工后的肽段与主要组织相容性复合物（major histocompatibility complex，MHC）分子连接形成多肽-MHC复合物，在APC表面表达。T细胞识别这种经加工处理的寄生虫抗原即多肽-MHC复合物的过程称为抗原递呈（antigen presentation）。寄生虫非蛋白类抗原，如多糖（amylose）、糖脂（glycolipid）和核酸（nucleic acid）等，不能形成抗原肽-MHC分子被递呈，但有些可诱导B细胞表面上细胞膜免疫球蛋白的最大程度的交联，引起无需T细胞辅助的B细胞活化，直接产生体液免疫效应。由于许多寄生虫抗原为多糖类，机体在抵御外源性寄生虫感染中体液免疫起重要作用。

（2）抗原与抗体的结合（Combination of antigen and antibody） 抗原分子中决定抗原特异性的特殊化学基团，称为抗原决定簇（antigenic determinant）或抗原表位（epitope）。寄生虫的抗原较大，故常含有多个抗原决定簇，每个抗原决定簇均可与1个抗体分子结合。对于核酸或蛋白质而言，抗原决定簇是由抗原分子折叠形成的，通常由5～15个氨基酸残基或5～7个多糖残基或核苷酸组成。能与抗体分子结合的抗原表位的总数称为抗原结合价（antigenic valence）。蛋白质（protein）、核酸（nucleic acid）及其复杂碳水化合物（carbohydrate）分子中可含有一些重复结构，每个复杂分子可出现多个相同的抗原决定簇，这种情况被称为多价（multivalence）。寄生虫的磷脂或多糖类抗原、抗原决定簇经非共价键与抗体结合。抗体也常被称为免疫球蛋白（immunoglobin，Ig），基于理化特性和与抗原结合的方式不同，免疫球蛋白可分为IgG、IgA、IgM、IgD和IgE等。

（3）特异性抗体的效应机制（Effector mechanism of specific antibody） 许多寄生虫感染激发非特异性高丙种球蛋白血症（non-specific hypergammaglobulinemia），其中多数可能系寄生虫释放了具有B细胞丝裂原（B-cell mitogen）作用物质。控制寄生虫感染的特异性抗体的效应机制包括：①抗体自身或激活补体系统（complement system）直接破坏寄生虫。如疟原虫子孢子（sporozoite）与免疫血清共同孵育后，引起子孢子外膜损伤，孢子内液体流失。②抗体通过封闭其与新宿主细胞直接中和寄生虫，例如疟原虫裂殖子（merozoites）经特异受体进入红细胞，而特异抗体能抑制其进入。③抗体能促进巨噬细胞的吞噬作用。补体参与后能再增强吞噬作用。这些效应由巨噬细胞上的Fc和C3受体介导，当巨噬细胞活化后，这些受体可增多。④抗体亦参与抗体依赖性细胞介导细胞毒性（antibody-dependent cell-mediated cytotoxicity，ADCC）作用，例如枯氏锥虫（*Trypanosoma cruzi*）、旋毛虫（*Trichinella spiralis*）、曼氏血吸虫（*Schistosoma mansoni*）和丝虫（filaria），巨噬细胞、中性粒细胞和嗜酸性粒细胞等细胞毒性细胞（cytotoxic cells）通过Fc和C3受体（receptor）黏附至抗体覆盖虫体，并通过胞吐作用（exocytosis）将虫体杀死。

4. 体液免疫和细胞免疫协同作用（Cooperation of humoral immunity and cellular immunity）

细胞免疫和体液免疫是相互联系和密切相关的，而且在许多情况下两者作用是协同的。一般认为，以嗜酸性粒细胞为主要效应细胞的ADCC在杀伤蠕虫中起重要作用。ADCC对寄生虫的作用需要特异性抗体如 IgG 和 IgE 结合于虫体，然后巨噬细胞和嗜酸性粒细胞等效应细胞通过 Fc 受体附着于抗体，通过两者的协同作用对虫体进行杀灭。例如，肠道线虫(intestinal nematode)在感染宿主后，先刺激 T 细胞(主要为 Th2 细胞)应答产生 IL-4、IL-5 和 IL-13 等细胞因子，而后这些细胞因子分别诱导 B 细胞增殖产生 IgE 等抗体和黏膜肥大细胞增殖，虫体受到抗体和 IgE 致敏肥大细胞产物的联合损伤。同时巨噬细胞分泌 TNF 和 IL-1 等炎性分子，诱导杯状细胞(goblet cell)的增殖和引起黏液(mucus)分泌增加，黏液包裹虫体使它们被驱逐。

总之，抗寄生虫免疫产生较慢，并伴有活虫或死虫的持续存在，在抗原的刺激下虽能产生某种程度的抵抗力，但所产生的免疫力并不十分强，也不能持续很久(尤其是节肢动物和蠕虫)。这与许多细菌性、病毒性疾病所获得的免疫有所不同。

第三节 免疫逃避
Section 3 Immune Evasion

虽然宿主的免疫系统能在一定程度上抵抗寄生虫的寄生，但绝大多数寄生虫能在宿主有充分免疫力的情况下生活和繁殖。寄生虫与宿主的关系是长期进化的结果。在进化过程中，如果寄生虫毒力太强，就会消灭宿主，但在无宿主的情况下，也就不会有寄生虫的存在。反过来说同样如此，如果宿主防御反应过于强大，以至于能完全防止寄生虫感染，这样也会导致寄生虫的灭绝(extinction)。在共进化过程中，只有能与宿主保持动态平衡的寄生虫才会存活下来。为此，寄生虫在进化过程中形成了一些免疫逃避的对策。免疫逃避(immune evasion)是指寄生虫可以侵入免疫功能正常的宿主体内，并能逃避宿主的免疫效应，而在宿主体内定居、发育、繁殖和生存。其机制归纳如下。

一、组织学隔离(Histological isolation)

1. 免疫局限部位的寄生虫(Parasites in immunity limited locus)

胎儿(fetus)、眼组织(eye)、小脑组织(cerebellum)、睾丸(testicle)、胸腺(thymus)等通过其特殊的生理结构与免疫系统相对隔离，不存在免疫反应，被称为免疫局限部位(immunity limited locus)。寄生在这些部位的寄生虫通常不受免疫作用。例如：寄生在小鼠脑部的弓首蛔虫(*Toxocara*)的幼虫；寄生在人眼中的丝虫(*Filaria*)；寄生在胎儿中的弓形虫(*Toxoplasma gondii*)等。

Parasites can passively evade the immune system in a variety of ways. For example, parasites can hide away from the immune system by invading immune-privileged tissue such as the central nervous system or the eye.

2. 细胞内寄生虫(Cytozoic parasites)

由于宿主的免疫系统不能直接作用于细胞内的寄生虫，如果寄生虫的抗原不被递呈到感染细胞的外表面，那么免疫系统就不能识别感染细胞，因而细胞内的寄生虫往往能有效逃避宿主的免疫反应。如寄生在宿主细胞内的刚第弓形虫(*Toxoplasma gondii*)，经非吞噬途径进入巨噬细胞由膜包围的空泡内，因溶酶体(lysosome)不与空泡融合而不受酶的攻击，以避免呼吸暴发(respiratory burst)过程的触发。

3. 被宿主包囊膜包裹的寄生虫(Parasites encysted by the host's cyst membrane)

寄生虫在宿主组织内寄生时可被囊膜所包绕，这是寄生虫对宿主免疫反应的一种有效屏障。如旋毛虫(*Trichinella spiralis*)、囊尾蚴(cysticercus)、棘球蚴(hydatid cyst)，尽管它们的囊液有很强的抗原性，但由于有厚的囊壁包裹，机体的免疫系统无法作用于包囊内，所以囊内的寄生虫可以保持存活状态。

二、表面抗原的改变(Variation of surface antigens)

虫体表面抗原的改变被认为是一些寄生虫最重要的免疫逃避机制。例如，锥虫(*Trypanosomes*)、巴贝斯虫(*Babesia*)、疟原虫(*Plasmodium*)等寄生原虫在宿主产生有效的免疫反应之前，就已经改变了其表面的抗原性，从而使宿主的免疫应答系统对其失去了作用。

1. 寄生虫抗原的阶段性变化（Stage variation of parasite antigens）

寄生虫发育的一个重要特征是存在发育期的阶段性改变，甚至存在宿主的改变。不同发育阶段，有不同的特异性抗原；即使在同一发育阶段，有些虫种抗原亦可产生变化。例如，巴贝斯虫（*Babesia*）、泰勒虫（*Theileria*）在发育过程中有裂殖生殖（schizogony）、配子生殖（gametogony）和孢子生殖（sporogony）阶段，期间还经历哺乳动物（mammal）和蜱（tick）宿主体内的繁殖阶段，在不同发育阶段虫体本身的抗原性均发生不同的变化。对于宿主来说，每一个发育时期的虫体都是一种新的抗原。而蠕虫的生活史更为复杂，如猪蛔虫（*Ascaris suum*），从虫卵发育到成虫要经过多个发育时期，而且要在不同的组织中移行，因此各个时期虫体的抗原成分各不相同。虫体发育的连续变化，无疑干扰了宿主免疫系统的有效应答。

Parasites can become relatively "invisible" to the immune system. This is, for example, achieved by shielding surface components as soon as they become opsonized by the host's immune system.

2. 抗原变异（Antigenic variation）

某些寄生虫的表面抗原经常发生变异，不断形成新的变异体（variant），使得机体已经存在的抗体无法对其识别。例如，伊氏锥虫（*Trypanosoma evansi*）虫体表面的糖蛋白不断更新，新变异体不断产生，总是与宿主特异性抗体的合成形成时间差。巴贝斯虫（*Babesia* sp.）和疟原虫（*Plasmodium* sp.）的抗原变异虽然没有锥虫那样快，但也能干扰宿主对这 2 种虫体的免疫清除；这 2 种血液原虫的抗原变异主要表现在改变虫体表膜或其所寄生的红细胞膜上的抗原性，而不是整个虫体表膜的抗原性全部改变。

抗原变异的机理：由于编码变异体的基因发生了改变，不同变异体有各自的编码基因（encoding gene），在一段时间内一条虫只有一个变异体的编码基因活化，其他基因都处于静止状态，当另一个基因活化时原来表达的基因便沉默了，这时虫体表面原有的变异体脱落，换上了新的变异体。基因需要在一定的活化位点才能活化，锥虫的这类活化位点在染色体端粒（chromosome telomere）处，锥虫有一种核酸剪切因子，它可以使不同的变异体基因移位到表达位点。而疟原虫和巴贝斯虫的基因内部都有一些基因重排位点，这些位点所转录的 mRNA 分子各不相同，因而所翻译的蛋白质的抗原性也各异。另外，寄生虫虫株间的杂交与融合也会形成不同的抗原，锥虫、疟原虫、巴贝斯虫在宿主体内都可进行遗传物质的交换，当两个抗原性不同的虫体杂交融合后，其子代虫体的抗原性就会与母代的抗原性不同。

Parasites often can change their surface identity as the T-cells and antibodies of the vertebrate's immune system recognize specific epitopes (the antigenic surface of a parasite). The parasite escapes this recognition by changing its antigenic surface during the course of infection. Parasites usually store surface variants that are successively expressed; for example, *Plasmodium falciparum* has approximately 60 stored variants and *Trypanosoma brucei* has several hundreds. Antigenic variation is also known from bacteria and nematodes. Parasites can also evade by mutation of their epitopes.

3. 分子模拟与伪装（Molecular mimicry and disguise）

有些寄生虫体表能表达与宿主组织抗原相似的成分，称为分子模拟（molecular mimicry）。有些寄生虫能将宿主的抗原分子镶嵌在虫体表面，或用宿主抗原包被，称为抗原伪装（antigen disguise）。如分体吸虫（*Schistosoma* sp.）可吸收许多宿主抗原，所以宿主免疫系统不能把虫体作为侵入者识别出来。如果把成虫从小鼠体内移出，用外科手术的方法植入猴子体内，分体吸虫可暂时停止排卵，但产卵很快恢复正常。曼氏血吸虫（*S. mansoni*）在皮肤内的早期童虫表面不含有宿主抗原，但肺期童虫表面被宿主血型抗原（A、B、H）和主要组织相容性复合物（major histocompatibility complex, MHC）包被，抗体不能与之结合。有趣的是，几种抗血吸虫药物可调节蠕虫免疫逃避的有效性。例如：吡喹酮（praziquantel）在低得足以使血吸虫直接死亡的浓度时，启动免疫破坏。药物明显改变皮层表面的结构，暴露出正常情况下隐匿在宿主抗原之下的抗原决定簇（antigen determinant），使免疫系统容易识别。

4. 表膜脱落与更新（Falloff and renewal of pellicle）

多数原虫（protozoa）和蠕虫（worms）具有脱落和更新表面抗原的能力，以逃避宿主的特异性免疫应答。实际上，抗原的脱落与抗原的变异是相互结合的。例如锥虫的可变表面糖蛋白(variable surface glycoprotein, VSG)是处在一种不断脱落和变异的过程中，脱落下来的抗原中和了特异性抗体对虫体的作用。血吸虫成虫当受到特异性抗体作用时迅速脱去部分表皮(cuticle)，然后修复；皮肤中的童虫也能脱去表面抗原而保持其形态完整；尾蚴在钻入皮肤时能脱去其表皮的糖蛋白。除此之外，很多线虫的幼虫，在宿主体内的移行过程中都要经过正常的蜕皮(molting)过程后才能发育为成虫，每次蜕皮后的虫体抗原性均有所变化，这也是寄生虫逃避免疫攻击的一种方式。

三、抑制宿主的免疫应答(Suppressing the host's immunity response)

寄生虫能释放某些因子直接抑制宿主的免疫应答，如原虫(protozoa)、线虫(nematodes)甚至昆虫(insects)感染均有免疫抑制现象，而且是一种主动的免疫抑制(active immunosuppression)。

The major group of immune evasion mechanisms implies active interference with the host's immune responses. In particular, parasites commonly interfere with the regulatory network that orchestrates the various arms of the immune defence. But parasites also interfere with basic functions of the host's cells. For such interference, parasites produce or code (in the case of viruses) for molecules that are able to block or modulate specific steps in the host's immune response, as well as general cellular functions that are crucial for host defence (e. g. cell motility).

1. 特异性 B 细胞克隆的耗竭(Exhaustion of specific B cell clones)

一些寄生虫感染往往诱发宿主产生高 Ig 血症，提示多克隆 B 细胞的激活，大量抗体产生，但却无明显的保护作用。B 细胞的许多亚型受刺激而分裂，产生特异性的 IgG 和自身抗体(autoantibody)，白细胞介素-2(interleukin-2，IL-2)的分泌和受体表达遭到抑制，T 细胞对正常信号耐受，使免疫系统耗竭，不能产生针对侵入者的有用反应。因此，至感染晚期，虽有抗原刺激，B 细胞亦不能分泌抗体，说明多克隆 B 细胞的激活导致了能与抗原反应的特异性 B 细胞的耗竭，抑制了宿主的免疫应答，甚至出现继发性免疫缺陷(immunodeficiency)。如锥虫(trypanosome)分泌的某种物质能明显抑制宿主抗体和细胞介导的免疫反应。

2. 抑制性 T 细胞的激活(Activation of suppressor T cells)

T 细胞激活可抑制免疫活性细胞的分化和增殖。动物试验证实，感染利什曼原虫(*Leishmania*)、锥虫(trypanosome)和血吸虫(schistosome)小鼠有特异性 T 细胞的激活，产生免疫抑制。

3. 虫源性淋巴细胞毒性因子(Entomogenous cytotoxic factors of lymphocyte)

有些寄生虫的分泌排泄物中某种成分具有直接的淋巴细胞毒性作用，或可抑制淋巴细胞激活。如感染旋毛虫(*Trichinella spiralis*)幼虫小鼠血清、肝片吸虫(*Fasciola hepatica*)的排泄分泌物(excretion secretion, ES)均可使淋巴细胞凝集而杀伤；曼氏血吸虫(*Schistosoma mansoni*)存在 0.1～0.5 ku 热稳定糖蛋白，不需通过 T 细胞激活，直接抑制抗体依赖性细胞毒性(antibody dependent cellular cytotoxicity, ADCC)杀虫效应；寄生虫释放的这些淋巴细胞毒性因子也是产生免疫逃避的重要机制。

4. 封闭抗体的产生(Production of blocking antibody)

有些寄生虫抗原诱导的抗体可结合在虫体表面，不仅对宿主不产生保护作用，反而阻断保护性抗体与之结合，这类抗体称为封闭抗体(blocking antibody)。已证实布氏锥虫(*Trypanosoma brucei*)、恶性疟原虫(*Plasmodium falciparum*)、曼氏血吸虫感染宿主中存在封闭抗体。

四、释放可溶性抗原(Releasing soluble antigens)

研究发现循环系统(circulatory system)中或非寄生性组织(non-parasitic tissue)中寄生虫可溶性抗原(soluble antigen)的存在，有利于寄生虫的繁殖。过量可溶性寄生虫抗原的释放，可通过一种称为免疫扩散(immunodiffusion)的过程而损害宿主应答。恶性疟原虫的可溶性抗原与循环抗体(circulating antibody)结合犹如一种"烟幕"(smoking-screen)将抗体引离虫体。许多共有的表面抗原是藉"GPI 锚"(glyco-phosphatidylinositol,GPI anchors)嵌入寄生虫表膜的可溶性分子中,如利什曼原虫的脂磷酸聚糖(lipophosphoglycan, LPG)、布氏锥虫的可变表面糖蛋白(VSG)都是经磷脂酰肌醇尾(phosphatidylinositol tails)结合至虫体表面。这些可溶性抗原会阻碍宿主免疫系统对寄生虫的杀灭作用,使寄生虫逃避宿主的保护性免疫反应。

五、代谢抑制(Suppressing the metabolism)

有些寄生虫在其生活史的潜在期能保持静息状态,此时寄生虫代谢水平降低,减少刺激宿主免疫系统的功能抗原的产生,降低宿主对寄生虫的免疫反应,从而逃避宿主免疫系统对寄生虫的损伤。如寄生在细胞内的刚地弓形虫(*Toxoplasma gondii*)、枯氏锥虫(*Trypanosoma cruzi*)、许多线虫发育受阻的幼虫、长期持续的蝇蛆病(myiasis)的第 3 期幼虫(the third stage larvae)都存在代谢抑制现象(metabolic inhibition phenomenon)。这些处于代谢抑制的寄生虫在适宜条件下能大量繁殖,重新感染宿主。

第四节　寄生虫感染的超敏反应
Section 4　Hypersensitivity of Parasite Infection

超敏反应(hypersensitivity)是免疫系统对再次进入的抗原做出的因过于强烈或不适当而导致组织器官损伤的一类免疫病理性反应。如果反应严重,则出现临床症状,甚至发生死亡,这种疾病称为超敏反应性疾病。引起超敏反应的抗原物质称为变应原(allergen),其本质与抗原无异。由于变应原的种类不同及动物个体的差异,变态反应(allergy)发生的临床表现各不相同。通常把超敏反应分为 4 型,其中属于速发型超敏反应(immediate hypersensitivity)有 3 型,即Ⅰ型、Ⅱ型和Ⅲ型,均系由抗体导致的;Ⅳ型为细胞参与的迟发型超敏反应(delayed hypersensitivity)。在寄生虫感染中,有的寄生虫病可同时存在多型超敏反应,如曼氏血吸虫病(schistomiasis mansoni)同时有过敏反应型、免疫复合物型及 T 细胞型超敏反应。

一、Ⅰ型超敏反应(过敏反应型)(Hypersensitivity-type Ⅰ)

Ⅰ型超敏反应主要见于蠕虫感染(helminthic infection)。蠕虫的变应原刺激机体产生反应素(主要是 IgE,其次是 IgG)。IgE 结合于肥大细胞(mast cell)和嗜酸性粒细胞(eosinophil)表面,当相同的变应原再次进入机体,与附着在细胞表面的 IgE 结合时,导致细胞出现脱颗粒现象,从颗粒中释放出组胺(histamine)、5-羟色胺(5-hydroxytryptamine, 5-HT)、过敏的缓慢反应物质(slowly reacting substance of anaphylaxis,SRS-A)以及激肽(kinins)等介质。这些介质具有使平滑肌收缩、提高血管通透性、扩张血管以及增加腺体分泌的作用,从而使机体迅速出现局部或全身的过敏反应症状。在释放这些介质的同时,还释放嗜酸性粒细胞趋化因子(eosinophil chemotactic factor,ECF),动员并吸引嗜酸性粒细胞聚集,后者含有组胺酶(histaminase)、芳基硫酸酯酶(arylsulfatase)等物质,可以灭活过敏反应所产生的介质,控制或停止变态反应的发展。

动物受到寄生虫感染后,当再次受到同种寄生虫感染时,有时出现原有寄生虫和新感染寄生虫被全部清除,这种现象称为自愈现象(self-cure phenomenon)。这种自愈现象不仅发生在同种寄生虫,有时也会导致不同种寄生虫的自愈。目前认为,自愈现象的机制是一种过敏反应。自愈现象在寄生蠕虫的免疫上是一种特有的形式,在寄生虫病流行病学上也是一个重要的因素。

"自愈"现象系一种速发型超敏反应。早在 1928 年斯托尔(Stoll)就发现,感染捻转血矛线虫(*Haemonchus contortus*)的羔羊在牧场上出现虫卵高峰之后突然下降,虫体几乎全部被排出体外。研究证明,发生自愈反应的绵羊皱胃有水肿和肥大细胞聚集的现象,随后肥大细胞脱颗粒,同时组胺的水平增高,胃壁细胞遭受破坏,生化功能受到干扰,导致皱胃中的 pH 增高,形成对寄生虫不适的环境,使捻转血矛线虫及寄生于同一部位的其他线虫一并被排出。绵羊和兔的毛圆线虫病(trichostrongylosis)、鸡蛔虫病(ascaridosis galli)和牛的胎生网尾线虫病(dictyocauliasis vivipurus)等都有自愈现象。

患旋毛虫病(trichinellosis)时出现的发热(fever)、皮疹(rash)、水肿(edema)、血中嗜酸性粒细胞增多(eosinophilia)以及 IgE 滴度(titer)增高,蛔虫幼虫(*Ascaris* larva)通过肺部时出现的支气管哮喘(bronchial asthma)和肺部嗜酸性粒细胞浸润(infiltration),血吸虫(schistosome)再感染时局部出现荨麻疹(urticaria)、皮下水肿(cutaneous edema)、嗜酸性粒细胞增多(eosinophilia)一类的病理变化和症状都属于Ⅰ型变态反应。患棘球蚴病(hydatidosis)时,若包囊破裂,大量囊液进入腹腔,则可引起过敏性休克(allergic shock)。

节肢动物中的牛皮蝇幼虫(*Hypoderma bovis* larvae)也能引起这种反应。牛皮蝇幼虫在牛组织中移行时,如果幼虫破裂,其体液与致敏牛体液接触时,可能引起严重反应,甚至导致宿主死亡。马、牛遭蝇(fly)、蠓(midge)等叮咬可以引起变态反应性皮炎,炎症为强烈瘙痒和荨麻疹。螨(mite)的刺激也可引起同样的反应。

二、Ⅱ型超敏反应(细胞毒型)(Hypersensitivity-type Ⅱ)

Ⅱ型超敏反应是抗体与附在宿主细胞膜上的抗原结合,如有补体参与作用,即引起细胞溶解。其损伤机制包括:①细胞通过 Fc 和 C3 受体调理靶细胞:Ⅱ型超敏反应中,直接针对细胞表面或组织抗原的抗体通过和补体及多种效应细胞发生相互作用,对靶细胞造成损伤;②细胞通过正常免疫效应分子的胞吐作用损伤靶细胞或组织:Ⅱ型超敏反应中中性粒细胞和巨噬细胞损伤靶细胞的机制是它们处理感染性病原体正常手段的反应。通常病原体被内化后遭到下列杀菌系统的攻击,包括防御素(defensins)、活性氧(reactive oxygen)和活性氮代谢物(reactive nitrogen metabolites)、卤化物(halogenide)、改变的 pH(altered pH)及其他影响代谢的物质。如靶目标太大而不能被吞噬时,颗粒和溶酶体成分则通过胞吐作用(exocytosis)向致敏的靶目标释放。此过程中 Fc 和 C3 受体的交联可导致吞噬细胞的活化,从而引起活性氧中间产物的产生、磷脂酶 A2 的活化以及前列腺素(prostaglandin)和白三烯(leukotriene)的合成。锥虫(trypanosome)和巴贝斯虫(*Babesia*)引起的贫血属于细胞毒性变态反应,抗原物质与红细胞表面结合,使宿主自身的红细胞被当作异物而被溶解,造成严重的贫血(anemia)。杜氏利什曼原虫(*Leishmania donovania*)的抗原吸附于红细胞膜上,血中的相应抗体(IgG 和 IgM)与这种抗原结合,然后补体与抗体结合,诱发补体各成分的连锁反应,最终引起红细胞的溶解,临床上出现贫血。

三、Ⅲ型超敏反应(免疫复合物型)(Hypersensitivity-type Ⅲ)

抗原抗体相遇时产生免疫复合物(immune complex)。一般它可以被单个吞噬细胞系统有效清除,但偶尔也可持续存在,逐渐沉积于多种组织和器官。由此造成补体和效应细胞介导的损伤(complement and effector cell-mediated damage),称为Ⅲ型超敏反应。其作用机制是复合物通过直接与嗜碱性粒细胞(basophils)和血小板(platelets)作用,引起血管活性胺(vasoactive amines)的释放;刺激巨噬细胞(macrophages)释放细胞因子(cytokines),尤其是对炎性反应极其重要的 TNF-α 和 IL-1;与补体系统相互作用产生 C3a 和 C5a[过敏毒素(anaphylatoxins)]。这些补体片段可刺激肥大细胞(mast cell)和嗜碱性粒细胞释放血管活性胺(包括组胺和 5-羟色胺)及趋化因子(chemotactic factor),引起血管内皮细胞(vascular endothelial cell)的收缩,血管通透性(vascular permeability)增加,中性粒细胞在局部聚集,释放蛋白溶解酶,损伤血管壁及临近组织,引起血管炎(vasculitis)。如犬恶丝虫病(dirofilariasis)、疟疾(malaria)、血吸虫病(schistosomiasis)出现的肾病等属于免疫复合物型变态反应。

四、Ⅳ型超敏反应(迟发型)(Hypersensitivity-type Ⅳ)

Ⅳ型超敏反应是 T 细胞介导的细胞免疫反应。经寄生虫抗原致敏的 T 细胞,当再次接触抗原时,出现分化、繁殖并释放细胞因子,在局部组织内形成以单核细胞浸润(monocyte infiltration)为主,聚集在小血管内和小血管周围的炎症反应。出现这种现象的机制,有可能是致敏淋巴细胞(primed lymphocyte)的表面上带有抗原样受体,当这些细胞与抗原接触时,即以某种未知的方式影响其他的淋巴细胞,使之移动到抗原出现部位。与其他超敏反应不同的是，Ⅳ型超敏反应不能通过血清由一个动物转移给另一个动物，但却能通过 T 细胞传输，尤其是小鼠的 CD_4^+ Th_1 细胞。引起这一迟发型应答的 T 细胞因过去接触过有关的抗原已被特异性致敏，并能招募巨噬细胞和其他淋巴细胞到反应部位。肉芽肿型超敏发应(granulomatous hypersensitivity)是临床上Ⅳ型超敏反应最重要的形式，引起疾病中许多病理性结果，涉及 T 细胞介导的免疫。它的产生是因为巨噬细胞内持续存在胞内微生物或其他颗粒，而细胞又不能将它们清除和破坏。也可由持续存在的免疫复合物引起。血吸虫引起的虫卵肉芽肿(egg granuloma)病变就是由血吸虫卵在组织中沉积引起的免疫性疾病。巨噬细胞吞噬血吸虫可溶性虫卵抗原(soluble egg antigen，SEA)，将处理过的抗原呈递给辅助性 T 细胞(Th)，同时分泌白细胞介素-1(IL-1)，激活 Th，Th 产生淋巴素。其中白细胞介素-2(IL-2)促进 T 细胞各亚群的增生，γ-干扰素增进巨噬细胞的吞噬功能，巨噬细胞游走抑制因子(macrophage migration inhibiting factor，MIF)，嗜酸性粒细胞刺激因子(eosinophil stimulating factor，ESP)，成纤维细胞刺激因子(fibroblast stimulating factor，FSF)等则使巨噬细胞、酸性粒细胞、成纤维细胞(fibroblast)趋向、集聚于虫卵周围，其中嗜酸性粒细胞数量多，并有许多浆细胞与淋巴细胞构成嗜酸性脓肿(eosinophilic abscess)，常出现中心坏死，在肉芽肿内，巨噬细胞可能转变成上皮细胞，在 IL-1、FSF、SEA 的作用下，成纤维细胞增生，并合成蛋白质，形成胶原(collagen)、纤维结合素(fibronectin)等基质，导致肉芽肿和纤维化(fibrosis)。

随着寄生虫分子生物学(molecular biology)、免疫学(immunology)、生物化学(biochemistry)和杂交瘤技术(hybridoma technique)的迅猛发展，对寄生虫抗原(parasite antigen)、抗寄生虫免疫(antiparasitic immunity)与免疫逃避(immune evasion)、免疫病理学(immune pathology)、免疫诊断(immune diagnosis)、免疫预防(vaccination)等方面的研究均取得了显著的进展。寄生虫免疫学(parasite immunology)已成为兽医寄生虫学的一个重要研究领域。有关免疫诊断和免疫预防的内容可参考第七章和第八章。

第六章　寄生虫病的流行病学

Chapter 6　Epidemiology of Parasitosis

第一节　流行病学概念

Section 1　Definition of Epidemiology

流行病学(epidemiology)一词来自希腊文,原意是指研究人群中疾病流行的学科。随着传染病(包括寄生虫病)在家畜中的广泛流行,于是产生了"兽医流行病学"(veterinary epidemiology)。它是研究动物群体中疾病的频率分布及其决定因素的学科。实际上,流行病学是一种论证病因的方法学。它需要回答群体中疾病的下列问题:为什么发病?如何发病?何时何地发病?疾病的严重程度如何?防治对策及其效果如何?

寄生虫病流行病学是从群体角度出发,研究寄生虫病发生、传播、流行及转归的客观规律,目的是更好地制定防控寄生虫病的具体措施(detailed measures)和规划(programmes)。其研究内容包括:宿主群体寄生虫病的发病原因(risk factors)、传播条件(transmission conditions)、感染途径(infectious route)、流行过程(epidemic process)及其规律。

The science that studies how a parasitic disease to spread on is called the epidemiology of parasitosis. It deals with risk factors, transmission conditions, infectious route, epidemic process and regulations of a parasitosis in animal populations.

流行病学调查包括定性调查(qualitative survey)和定量调查(quantitative survey)2 个方面,定性调查是对病因假设进行定性检验,定量调查涉及动物种群中发病的数量以及资料的分析。最广泛应用的流行病学统计是感染的测算,包括感染率和感染强度的测算。

感染率(prevalence or incidence of infection)是用来表明在宿主种群中感染某一种寄生虫的宿主比例或百分率,可以用 2 种方法测算:通过宿主体内或体外寄生虫的直接观察,如粪便涂片检查蠕虫卵,肉眼观察检查蜱和昆虫,血液涂片检查血液原虫;另一种测算是根据血清学检查结果,如旋毛虫感染的检测,免疫学检查结果以血清阳性率表示。

Prevalence of infection: percentage of a host population infected at a given time (cross sectional population studies).

Incidence of infection: percentage of host population acquiring infection over a given period (longitudinal studies).

感染强度(intensity of infection)是宿主种群中每个个体感染寄生虫的平均数量。感染强度的测算可以直接计数(如蜱、虱之类外寄生虫),也可以从宿主组织或体液标本计数(如以血液涂片计数锥虫),或通过驱虫剂驱除宿主肠道蠕虫(如蛔虫)从粪便来计数。

Intensity of infection: mean number of parasites/individual in host population (macroparasites only).

寄生虫的生活史复杂,可分为多个发育阶段,能使动物感染的寄生虫发育阶段称为感染性阶段(infective stage)或感染期。寄生虫侵入动物机体并能生活或长或短一段时间,这种现象称寄生虫感染(parasitic infection)。有明显临床表现(clinical manifestation)的寄生虫感染称为寄生虫病(parasitosis)。寄生虫感染后动物机体处于什么状态，与机体内寄生虫的感染强度密切相关。当寄生虫的感染强度不大时，动物机体并不呈现明显的临床症状，此时呈带虫状态(parasite carrier)。当寄生虫的感染强度达到并超过阈值(threshold)时，才表现出明显的症状(signs 或 symptoms)，导致寄生虫病的发生。阈值大小与宿主个体遗传素质(individual inheritance)、营养状况(nutrition condition)、免疫状态(immune state)及寄生虫虫种的致病性(pathogenicity)等因素有关。

慢性感染(chronic infection)是寄生虫病的重要特点之一。多次低水平感染(low levels of infection)或在急性感染之后治疗不彻底、未能清除所有病原体，常常会转入慢性持续性感染(chronic persistent infection)。寄生虫在动物机体内可生存相当长的一段时期，这与动物机体对绝大多数寄生虫未能产生完全免疫(complete immunity)有关。在慢性感染期，动物机体往往伴有修复性病变(renovating lesion)。如人血吸虫病(schistosomosis)流行区大多数患者(sufferers)属慢性感染。

隐性感染(suppressive infection)是指动物感染寄生虫后，没有出现明显临床症状，也不能用常规方法(conventional methods)检测出病原体的一种状态。只有当动物机体抵抗力下降时寄生虫才大量繁殖，导致发病，甚至造成患畜死亡。

动物机体同时有 2 种以上寄生虫寄生，称多寄生现象(polyparasitism)。这种现象是十分普遍的，尤其是在动物的消化道(alimentary tract)内，往往感染多种寄生虫。不同虫种生活在同一个微环境(micro-environment)中，相互制约或相互促进。如鸡球虫(*Eimeria* spp.)2 个以上虫种同时感染时，由于存在拥挤效应，往往只有某一个种占据优势。

第二节　寄生虫病的流行规律

Section 2　Factors Governing Prevalence of Parasitosis

一、流行过程(Epidemic process)

寄生虫病在一个地区流行必须具备 3 个基本环节(links)，即感染来源(source of infection)、感染途径(route of infection)和易感动物(susceptible animal)。这 3 个环节在某一地区同时存在并相互关联时，就会造成寄生虫病的流行。

The prevalence of a parasitosis must have three basic links in a prevalent region, namely infection source, route of infection and susceptible animals. If these three links exist and connect mutually at the same time in some regions, it will lead to the occurrence of a parasitosis.

(一)感染来源(Source of infection)

感染来源通常是指被寄生虫寄生的宿主，包括：终末宿主(final host)、中间宿主(intermediate host)、补充宿主(complementary host)、保虫宿主(reservoir host)、带虫宿主(carrying host)以及转续宿主(paratenic host)等。病原体(pathogens)，即虫卵、幼虫和虫体通过这些宿主的粪(feces)、尿(urine)、痰(sputum)、血液(blood)以及其他分泌物(secretion)、排泄物(excretion)不断排出体外，污染外界环境。然后经过发育，经一定的方式(mode)或途径(approach)传入易感动物，造成新的感染。

例如，感染了蛔虫(roundworm)的猪，每天都可以从粪便中排出蛔虫卵，虫卵发育到感染性阶段(infective stage)，被其他健康猪(healthy pigs)吃入，就能造成感染。又如感染有肝片吸虫(*Fasciola hepatica*)的牛、羊(cattle and sheep)，可不断从粪便中排出虫卵。而虫卵落入水中孵出毛蚴(miracidium)，进入中间宿主——淡水螺(freshwater snails)体内发育，而后附在水草上形成囊蚴(metacercariae)，最后再感染其他健康牛、羊。另外，感染环形泰勒虫(*Theileria annulata*)的患牛血液中的虫体可通过硬蜱(hard ticks)的吸血，传播给其他健康牛。

(二)感染途径(Infective routes)

感染途径是指病原从感染源传给易感动物(susceptible animals)所需要的方式。可以是单一途径(single approach),也可以是由一系列途径(serial approaches)构成。寄生虫的感染途径随其种类的不同而异,主要有以下几种。

Infective approach refers to the mode that pathogens transfer from infection source to susceptible animals. They may be single approach or serial ones. The infective approaches are different in terms of species and are divided into many as following.

1. 经口感染(Peroral infection)

经口感染指寄生虫通过易感动物的采食(ingestion)、饮水(drinking),经口腔(mouth)进入宿主体内的方式。多数寄生虫属于这种感染方式,如猪蛔虫(*Ascaris sum*)、球虫(coccidian)的感染方式。

2. 经皮肤感染(Percutaneous infection)

经皮肤感染指寄生虫通过易感动物的皮肤(skin),进入宿主体内的方式。例如钩虫(hookworms)、血吸虫(schistosome)的感染方式。

3. 接触感染(Contagious infection)

接触感染指寄生虫通过宿主之间互相直接接触(direct contact)或用具(appliance)、人员等的间接接触(indirect contact),在易感动物之间传播流行的感染方式。一些外寄生虫(ectoparasites),如蜱(ticks)、螨(mites)、虱(lice)等通过这种方式传播。

4. 经节肢动物感染(Infection through arthropods)

经节肢动物感染指寄生虫通过节肢动物(arthropods)的叮咬(biting)、吸血(sucking blood),传给易感动物的感染方式。这类寄生虫主要是一些血液原虫(blood protozoa)和丝虫目(Filariata)的线虫。

5. 经胎盘感染(Diaplacental infection)

经胎盘感染指寄生虫通过胎盘(placenta)由母体(mother)传给胎儿(fetus)的感染方式。如弓形虫(*Toxoplasma gondii*)等寄生虫可有这种感染途径。

6. 自体感染(Autoinfection)

有时,某些寄生虫产生的虫卵(eggs)或幼虫(larvae)不需要排出宿主体外,即可使原宿主再次遭受感染,这种感染方式就是自体感染。例如猪带绦虫(*Taenia solium*)的患者呕吐时,可使孕卵节片(gravid segments)或虫卵从宿主小肠(small intestine)逆行入胃(stomach),而再次使原患者遭受感染。

(三)易感动物(Susceptible animals)

易感动物是指对某种寄生虫缺乏免疫力(no immunity)或免疫力低下(hypoimmunity)而处于易感状态(susceptible state)的家畜(livestock)、经济动物(economic animal)或野生动物(wild animal)等。通常某种动物只对特定种类的寄生虫有易感性(susceptibility),例如猪只感染猪蛔虫(*Ascaris suis*),而不感染其他蛔虫。还有一种情况是多种动物对同一种寄生虫都有易感性,例如牛、羊等多种动物都能感染肝片吸虫(*Fasciola hepatica*);200 种动物可感染弓形虫;数十种动物可感染伊氏锥虫(*Trypanosoma evansi*)等。易感性可与年龄有关,在流行区,幼龄动物(young animals)的免疫力一般低于成年动物(adult animals)。此外,动物对寄生虫的易感性常受品种(breed)、体质(constitution)等因素的影响。

综上所述,一种寄生虫病的流行必须同时具备 3 个条件,即感染源、传播途径和易感动物,三者缺一不可。

二、流行特点(Prevailing features)

1. 地区性(Endemicity)

寄生虫病的传播流行常呈明显的区域性或地方性。在某一地区,动物的感染率虽有季节性变化,但一般较为稳定，具有地方性流行(endemic)的特点。例如，肝片吸虫病(fascioliasis)多发生于低洼潮湿地带的放牧地区。寄生虫病的地区性分布是由许多因素所决定的。首先与中间宿主的分布有关，例如我国血吸虫病(schistosomiasis)的流行区与钉螺的地理分布是一致的。其次与人们的生活习惯和生活条件有关，在有吃生鱼习惯的地区如广东省，华支睾吸虫病(clonorchiosis sinensis)经常流行。最后是气候条件，温暖潮湿的气候有利于虫卵或幼虫在外界的发育，因此，有些寄生虫病在南方的流行更为猖獗，如球虫病(coccidiosis)。

2. 季节性(Seasonality)

寄生虫病的发生往往具有明显的季节性或季节性差异。生活史中需要中间宿主或媒介昆虫的寄生虫，其流行季节常与中间宿主或昆虫出现的季节相一致。例如卡氏住白细胞虫病(leucocytozoonosis)的流行与库蠓(*Culicoides* sp.)出现的季节相一致；华支睾吸虫病的流行与纹绍螺(*Parafossarullaus striatulus*)活动的季节一致。锥虫病(trypanosomiasis)的流行也与吸血昆虫的出现时间相关。其次是养殖业的生产活动形成感染的季节性，例如牛羊感染肝片吸虫(*Fasciola hepatica*)主要是在放牧季节。

3. 散发性(Sporadicity)

动物寄生虫病大多是呈散发性的，不像传染病的病原体具有迅速繁殖、传播地区广，并引起急性病程等特点。散发性的寄生虫病多以慢性经过致使畜、禽等动物消瘦(emaciation)、贫血(anemia)、生产性能下降，影响畜产品的质量和数量，从而带来巨大的经济损失。

4. 自然疫源性(Natural epidemic)

在兽医寄生虫中，有些虫种可寄生于家养动物以外的其他脊椎动物体内，在流行病学上，这些动物系保虫宿主(reservoir host)。有些保虫宿主分布在未开发的原始森林或荒漠地区，其体内寄生虫在野生动物(wild animal)之间互相传播，家畜(livestock)和人(human)进入这种地区时就有可能获得感染。这种地区常称为原发性自然疫源地(primary natural nidus)。有些保虫宿主分布在家畜的生活区内，其体内寄生虫除在野生动物之间传播以外，还可在家养动物与野生动物之间互相传播，这种地区称为次发性疫源地(secondary natural nidus)。例如在某些地区，特别是灌木丛生的河滩、草垛为蜱类(ticks)滋生地带，往往成为梨形虫病(piroplasmosis)的疫源地。

三、影响寄生虫病流行过程的因素(Factors influencing epidemic process of parasitosis)

寄生虫病的流行与生物因素(biological factors)、自然因素(natural factors)和社会因素(social factors)密切相关。而且不同的寄生虫病与这些因素关系的密切程度不同，各有侧重。生物因素、自然因素和社会因素都会对寄生虫病的流行产生重要影响。

(一)生物因素(Biological factors)

生物因素主要与寄生虫和宿主等有关。对于动物或人的寄生虫感染，首先要了解潜在期(latent period)，即从寄生虫虫卵或幼虫感染宿主到它们成熟排卵所需时间。该数据对于推测最初的感染时间及其移行过程(migration process)的长短，对确定驱虫时间及制订防治措施(prevention and treatment measures)极为有用，特别是对于那些有季节性的蠕虫病(helminthiasis)非常重要。

其次要了解寄生虫在宿主体内寿命(lifetime)的长短。长寿的寄生虫会长期地向外界散布病原体，使更多的易感动物(susceptible animals)感染发病。如牛带绦虫(*Taenia saginata*)的寿命可达 5 年以上，会持续地造成对宿主的感染。

要弄清寄生虫以何种方式或在什么发育阶段(developmental stages)排出宿主体外？它们在外界如何生存和发育？在一般条件下和某些特殊条件下发育到感染性阶段(infective stage)所需的时间？发育条件？在自然界保持存活、发育和感染能力(infectivity)的期限等。如猪蛔虫(*Ascaris suum*)虫卵在外界可保持活力达5年之久，因此对于污染严重、卫生状况不良的猪场(pig farm)，蛔虫病(ascariasis)具有顽固、难以消除的特点。了解上述情况，有利于我们采取相应防治手段。如从粪便中排卵的需加强粪便管理；通过吸血昆虫(blood-sucking insects)传播的需控制蚊蝇(mosquitos and flies)等。

要调查研究中间宿主(intermediate host)的情况，即它们的分布(distribution)、密度(density)、习性(habit)、栖息场所(habitat)、出没时间(appearing and disappearing time)、越冬地点(overwintering place)和有无自然天敌(natural enemy)等。许多种寄生虫需要中间宿主，因此，中间宿主的生物学特性(biological characteristics)对于寄生虫病的流行也有很大的作用。如吸虫(trematodes)以螺蛳(snails)为中间宿主，因此螺蛳在自然界的分布、密度、习性、栖息地、每年中的出没时间、越冬地点以及有无天敌等对吸虫病(trematodiasis)的流行有很大影响。

还要注意寄生虫的贮藏宿主(storage host)，保虫宿主(reservoir host)、带虫宿主等其他宿主相关资料，搞清它们和有关易感动物接触的可能性及感染寄生虫的有关情况。

外来动物，尤其是引进的动物，进入流行区后也会成为易感动物(susceptible animals)。易感动物的品种(breeds)、性别(sex)、年龄(age)、营养状况(nutritional state)、饲养管理(feeding and management)水平等均可影响寄生虫病的流行。

(二)自然因素(Natural factors)

自然因素包括气候(climate)、地理(geography)、生物种群(biotic population)等。纬度(latitude)不同，海拔(altitude)高低，无疑对光照(light)和土壤(soil)会产生重要影响，随之将影响到寄生虫的分布(distribution)和流行(prevalence)。植被(vegetation)的不同，动物区系(fauna)的不同，就意味着宿主、中间宿主和媒介者(vector)的不同。所以，寄生虫病的流行表现有季节性(seasonality)和地方性(endemicity)。

寄生虫病的流行常有明显的地方性，这种特点与当地的气候条件(climatic condition)、中间宿主或媒介——节肢动物(arthropods)的地理分布(geographical distribution)、人群的生活习惯(life style)和生产方式(production mode)有关，如棘球蚴病(hydatidosis)、锥虫病(trypanosomiasis)等。

季节性是由于温度(temperature)、湿度(humidity)、雨量(rainfall)、光照(light)等气候条件对寄生虫及其中间宿主和媒介　　节肢动物种群数量(population number)的消长产生影响的结果。例如，螨病(acarinosis)主要发生在冬春季节，就是因为冬春时，阳光照射(sunshine)不足，被毛(hairs)较密(thicker)，在圈舍潮湿、卫生不良(bad sanitation)条件下，最适合螨(acarids)的发育繁殖。而夏季皮肤表面常受阳光照射，经常处于干燥状态，一般就不会发生。

温度和湿度等条件除直接或间接地影响寄生虫的地理分布之外，对于那些遍布世界各地的某些虫种，也使它们在不同地区出现不同的流行情况。如犬钩虫(*Ancylostoma caninum*)的幼虫会随着土壤含水量的升降而增多(increase)或减少(decrease)。因此，湿度对于钩虫幼虫感染宿主非常重要。在干燥、少雨地区就较少有钩虫的发生，甚至没有。温度对球虫卵囊(coccidian oocysts)的影响也很大，因为卵囊孢子化的最适温度(optimal temperature)是27℃左右，偏低或偏高均影响其孢子化率(sporulation ratio)。

在同一地区，随着降雨量(rainfall)的不同和温度的改变，有些寄生虫病的流行情况可能有很大的区别。如有些地区，平素干旱，肝片吸虫病(fascioliasis)并不多见；但遇多雨之年，椎实螺(Lymnaeidae)数量剧增，伴随着会出现肝片吸虫病的暴发流行。在这种情况下，平时的带虫者(parasite carrier)起了重要的散播作用。一年之内的季节更迭也使多种寄生虫有季节性消长变化，即所谓的季节动态(seasonal dynamics)，一般来说夏季多为感染高峰。弄清季节动态，对防治工作有重要的意义。

气候的不同必将影响到植被(vegetation)和动物区系(fauna)，后者的不同又直接地影响到寄生虫的分布。那些有中间宿主的虫种，必定依赖于中间宿主的分布自不待言；那些没有中间宿主的寄生虫，也常和家畜以外的其他动物保持着各式各样的关系。如蜱(tick)的分布常和植被的状况密切相关，由于蜱种的分布不同，又造成梨形虫病(piroplasmosis)分布的差异。山林中的野兽常成为许多家畜寄生虫的感染来源，如牛(cattle)、羊(sheep)和多种野生反刍兽(wild ruminants)有着共同的寄生虫。所以，一个地方的动物区系必将影响到家畜寄生虫及寄生虫病的散布和流行。

(三)社会因素(Social factors)

社会因素包括社会经济状况(social economy status)、文化教育(culture and education)和科学技术水平(scientific and technological level)、法律法规(law and regulations)的制定和执行、人们的生活方式(life style)、风俗习惯(customs)、饲养管理条件(breeding and management condition)以及防疫(epidemic prevention)与保健(health care)措施等。在某些寄生虫病的流行中，社会因素起着非常重要的作用。例如：在不少农村地区，卫生条件差，生活习惯不良，人无厕所猪无圈，再加上当地人喜食生肉(raw meat)，往往导致猪囊虫病(cysticercosis)的发生和流行。因此，宣传科普知识，提倡讲究卫生，改变不良卫生习惯和风俗习惯，改善饲养管理方法，是预防寄生虫病流行的重要一环。实践证明：随着我国社会经济的向前发展和人民生活水平的不断提高，加上法制化(legislation)的管理和综合性的防治(comprehensive control)工作，许多危害严重的寄生虫病正在逐步得到控制。

生物因素、自然因素和社会因素常常相互作用，共同影响寄生虫病的流行。由于生物因素和自然因素一般是相对稳定的，而社会因素往往是可变的。因此，社会稳定(social stability)、经济发达(economic development)、科学进步(scientific progress)和法律法规的健全(perfect laws and regulations)对控制寄生虫病的流行起着关键作用(key role)。在诊断群体寄生虫病和制订防治计划时，调查分析有关流行病学资料是十分必要的，它有助于对寄生虫病的正确诊断，有助于有的放矢地采取措施达到控制寄生虫病的目的。

第三节　寄生虫的地理分布
Section 3　Geographical Distribution of Parasites

地理位置(geographic location)的不同，势必影响到气候(climate)和自然环境(natural environment)，进而造成动物区系(fauna)和植被(vegetation)的差异，这会直接或间接地影响到寄生虫病的地理分布。国际上根据动物基本类型的不同，在世界上划分出6个主要的动物区系(zoogeographical region)。

The climate and environment are different in different geographic areas, so the fauna or vegetation is different too. They also affect directly or indirectly the distribution of the parasites. Based on different animal types all over the world, all animals in the world are divided into six zoogeographical regions.

1. 古北区(Palaearctic region)

古北区包括欧洲全部(all Europe)、亚洲北部(northern Asia)；南界大约在我国的长江流域(Yangtze valley)。基本上是欧亚大陆(Eurasia)的温带地区(temperate area)。

2. 东方区(Oriental region)

东方区包括了我国的长江以南地区，还有印度(India)、巴基斯坦(Pakistan)和中南半岛(Indo-China peninsula)诸国，均位于热带(tropics)和亚热带(subtropics)。

3. 新北区(Nearctic region)

新北区主要是北美(North America)，其地理位置与古北区相似。

4. 澳洲区(Australian region)

澳洲区陆地部分主要在南半球(southern hemisphere)的热带和亚热带。

5. 埃塞俄比亚区(Ethiopian region)

埃塞俄比亚区基本上包括非洲全部(all Africa)，还有阿拉伯半岛(Arabian Peninsula)的一部分，分布在赤道(equator)两侧的热带和亚热带。

6. 新热带区(Neotropical region)

新热带区主要是中南美洲(central and south America),大部分位于热带和亚热带。

动物区系的不同,就意味着终末宿主、中间宿主和媒介的不同,这必然影响到寄生虫的地理分布。特别是那些对宿主选择性(host selectivity)比较严格的寄生虫,总是随着其特异性宿主的分布而存在。如日本血吸虫(*Schistosoma japonicum*)在我国主要分布于南方地区,其主要原因是血吸虫的中间宿主湖北钉螺(*Oncomelenia hupensis*)在我国的分布不超过北纬33.7°,南方地区有适合于钉螺活动的水网环境,而北方地区气候环境条件不利于钉螺生存,因此北方地区不会发生日本血吸虫病。又如,寄生于牛(cattle)、羊(sheep)、马(horse)等多种哺乳动物(mammals)的刚果锥虫(*Trypanosoma congolense*)和布氏锥虫(*T. brucei*),都是分布在非洲的热带地区,这与其媒介——采采蝇(tsetse fly)的分布相一致。而伊氏锥虫(*T. evansi*)虽与布氏锥虫非常相近,却分布于古北区、埃塞俄比亚区、东方区和新热带区,因为它们的媒介——虻(gadfly)几乎无处不在。可见媒介或中间宿主的分布决定了这些寄生虫的分布。终末宿主(final host)的地理分布(geographical distribution)更决定了寄生虫(parasites)及寄生虫病(parasitosis)的分布。例如,大象(elephant)的一些特异性寄生虫只存在于有象的地区。一般来说,同种宿主的生态环境(ecological environment)不同时,其寄生虫的类别也有所不同,生态环境越复杂,寄生虫的种类往往越多。

动物的移动(animal movement)给某些寄生虫的转移创造了有利条件,因而使其打破了传统的地域界线(geographical boundaries),向一些地理、气候不太适宜的地区扩散,无疑会影响到寄生虫及寄生虫病的分布。如某些鱼类(fish)和鸟类(birds)迁移(migration)所引起的寄生虫区系(parasite fauna)的变化,是寄生虫及寄生虫病地理分布和生态学方面的重要研究课题。另外,活跃锥虫(*T. vivax*),本来也是一种以采采蝇为媒介,且和刚果锥虫(*T. congolense*)与布氏锥虫(*T. brucei*)有着共同地理分布的种类,但现在也见于南美和毛里求斯(Mauritius)等地。研究者认为这是近百年内随着牛的运输而迁往新热带区的,它们原本需要在采采蝇的舌喙部(tongue beak)发育;而如今改为由虻类(gadflies)进行机械性传播(mechanical transmission),并已定居于该地。长距离交通运输(long distance transportation)的便利和频繁的经济往来(economic activity)也给某些寄生虫的扩散提供了可能,尤其昆虫(insects)的迁移最为常见,例如我国的南北交通曾经使南方的蟑螂(cockroach)大量北移。我国猪的肾虫(*Stephanurus dentatus*)过去主要在南方流行,但随着南北方生猪的贸易,现已在北方某些地区开始流行。另外,随着人类的迁移,可以把一些寄生虫带到新的地方,在气候合适、宿主条件具备和相似的生活习惯条件下,这些寄生虫和寄生虫病便存在于新的地理区域。

某些隔绝的地方及动物区系常常保持着其固有的某些特殊的寄生虫种类。有的寄生虫保持在一些野生动物宿主之中,其分布范围完全与宿主的分布一致,并局限于一定的区域。例如,细粒棘球绦虫(*Echinococcus granulosus*)与多房棘球绦虫(*E. multilocularis*)的某些亚种(subspecies)可能就是这样的。在通常情况下,它们循环于终末宿主狐狸(foxes)、犬(dogs)、狼(wolves)、野猫(wild cats)和一些野生反刍兽(wild ruminants)、啮齿类(rodents)、有袋类(marsupials)等中间宿主动物之间。还有一些血液原虫(blood protozoa)保持在媒介蜱、各种吸血昆虫及哺乳动物和鸟类之间,这都是由动物区系之地理分布形成的。这类寄生虫所引起的疾病,有时称之为自然疫源性寄生虫病(natural epidemic parasitosis),一旦对人畜"开放",可能造成严重后果,这是由于新宿主和新寄生虫之间的适应性(adaptability)造成的,对于畜牧业(animal husbandry)和人类卫生(human health)常有实际意义。

地理上相隔遥远的宿主可以有同样的寄生虫种类。有时在两个相隔甚远的地区之间(有时甚至是海洋的隔断),确实也存在某些寄生虫之分布上的隔离。但有时所谓的隔离,实际上是人们没有发现它们的缘故。宿主的长距离移动,无论在其旅行中或到达一个新的栖息地(habitat)之后,通常都要失去某些寄生虫种类;但在其风土适应的过程中,通常也要保留原栖息地的一些寄生虫种类。广泛分布于世界各地的动物宿主,随其足迹之所在,它们的寄生虫往往也遍布各地,特别是那些土源性寄生虫尤其如此。家畜的驯养(domestication)本来就是遍及全世界的,所以,家畜的寄生虫较少受到地理性限制(geographical restriction);加之现代交通和贸易的发达,家畜及其产品交换运输的频繁,更增加了寄生虫及寄生虫病的这种广泛散布的性质。

了解寄生虫及寄生虫病地理分布方面的一些普遍规律(universal rules),有助于我们对寄生虫病流行病学有更为深刻的理解和判断,对于畜产品(animal products)国内外贸易的检疫(quarantine)和隔离(isolation)及疫病防治(prevention and treatment)工作都有指导意义。当然对于地理分布的理论性问题来说,还需要研究探讨许多其他方面的规律性,诸如寄生虫的分布类型(distribution pattern)和宿主的分布类型之间的相关性(relativity);同种宿主的不同生态环境(ecologic environments)与其寄生虫的种类和分布上的相关性;寄生虫和宿主在演化(evolution)上的关系;宿主与其寄生虫的发源地(origins)及其移动路线(migrating path);大陆块(continental block)的漂移和寄生虫分布的关系;宿主间的分类学关系(taxonomic relationship)与其特异性寄生虫之间分类学关系的相关性等。

第七章　寄生虫病的诊断

Chapter 7　Diagnosis of Parasitic Diseases

第一节　常用诊断方法

Section 1　Common Diagnostic Methods

一、临床诊断(Clinical diagnosis)

寄生虫病(parasitic disease)一般可根据流行病学资料(epidemiological information)的分析、临床症状(clinical signs)的观察或结合尸体剖检(necropsy)作出初步诊断(primary diagnosis),若在剖检时发现大量的虫体则可做出确诊(final diagnosis)。

1. 流行病学分析(Epidemiological analysis)

寄生虫病的发生,往往是由于忽略预防措施所造成的。因此,首先,要了解周围环境中是否存在与寄生虫病有关的流行因素(epidemic factors),是否有相应的中间宿主(intermediate host)、贮藏宿主(paratenic host)或媒介昆虫(insect vector)等;其次,对发病的养殖场和动物种群进行详尽的病史(medical history)调查,了解该场历次发生过哪些疾病,同时详细询问发病动物的品种(breed)、年龄(age)、来源(origin)、饲养管理方式(feeding and management practices)、发病季节(season)、发病率(morbidity)、死亡率(mortality)、饲料转化率(feed conversion)等。此外,还要询问本次是否进行过药物治疗(treatment),药物的种类、剂量及疗程是否准确等。寄生虫病的发生与外界环境有着密切的联系,因此要了解当地的气候(climates)、水土(water and soil)、植被情况(vegetation)等。对所获资料,去伪存真,去粗取精,抓住要点,加以全面分析,从而作出初步诊断,即此次发病可能是哪种寄生虫病,从而排除其他疾病,缩小范围,有利于继续采用其他更为准确的诊断方法。

2. 临床症状观察(Clinical findings)

临床症状的观察是生前诊断最直接最基本的方法。寄生虫病主要是一种慢性消耗性疾病,临床上多表现为消瘦(emaciation)、贫血(anemia)、下痢(diarrhoea)、水肿(oedema)等,但有些原虫病和蜘蛛昆虫所引起的疾病可表现特征性的临床症状,如反刍兽的梨形虫病(piroplasmosis)可出现高热(ardent fever)、贫血(anemia)、黄疸(jaundice)或血红蛋白尿(haemoglobinuria);鸡的卡氏住白细胞虫病(leucocytozoonosis)可出现白冠(white comb),排绿色粪便(green feces);鸡的盲肠球虫病(cecal coccidiosis)可出现血粪(bloody feces);家畜的螨病(mange)可表现奇痒(itching)、脱毛(wool loss)等现象。据此,即可作出初步诊断。某些情况下虽不一定能确诊,但可确定大概范围,为确诊提供一些必要的线索。

3. 病理学诊断(Pathological diagnosis)

病理学诊断是死后诊断(post-mortem diagnosis)所采取的方法,包括病理剖检(necropsy)及组织病理学检查(histopathologic examination)。剖检时按动物寄生虫学剖检程序做系统的观察和检查,并详细记录病变特征和检获的虫体。根据剖检结果,找出具有特征性的病理变化(characteristic pathological changes),经综合分析后作出初步诊断;如果能找到相应的虫体即可做出确诊。对于某些组织的寄生虫病来说,特别要结合组织病理学检查,发现典型病变和各发育阶段的虫体即可确诊。例如诊断旋毛虫病(trichinellosis)时,可根据在肌肉组织(muscle)中发现的旋毛虫包囊(cysts)而确诊。

如果对某种寄生虫病的诊断在流行病学和临床症状方面已经掌握了一些线索,那么可根据初诊的印象做局部的剖检。例如，如果在临床症状和流行病学方面怀疑为肝片吸虫病（fasciolosis）时，可在肝脏胆管胆囊内找出成虫或童虫，进行确诊。

二、病原学诊断（Pathogenic diagnosis）

病原检查是确诊（definitive diagnosis）的主要依据。主要是对动物的粪便、尿液、血液、组织液、体表及皮屑进行检查，查出各种寄生蠕虫（worms）的虫卵（eggs）、幼虫（larvae）、成虫（adults）或其节片（segments）以及原虫（protozoa）各发育期虫体（various developmental stages）、蜘蛛昆虫（arthropods）虫体，即可得出正确的诊断。一般都是在实验室进行，故称之为实验室诊断（laboratory diagnosis）。

（一）定性检查（Qualitative examination）

消化道和呼吸道寄生虫病的诊断主要是检查粪便，常用方法有直接涂片法（direct smear）、虫卵漂浮法（flotation）和虫卵沉淀法（sedimentation）；血液与组织内寄生虫病的诊断主要检查血液和组织液，常用方法有涂片染色法和离心集虫法；外寄生虫病的诊断主要检查体表或皮屑，常用方法有皮屑检查法。具体内容可参考本章第二节至第四节。

（二）定量检查（Quantitative examination）

1. 稀释虫卵计数（Dilution egg counts）

可采用 Cornell-McMaster 稀释虫卵计数法（Cornell-McMaster dilution egg counting technique）。简言之，粪便样品称量后按照 1 g 样品加 15 mL 水的比例与水充分混合。取 0.3 mL 的悬液并与计数室内等体积的饱和蔗糖溶液混合（图 7-1）。寄生虫虫卵在介质中漂浮后停留在计数室盖玻片的下面。在这种情况下，0.02 g 样本中所有虫卵均位于显微镜视野同一焦距平面，而此处的粪渣相对较少。此时虫卵数乘以 50 便是每克粪便中虫卵数的估计值。

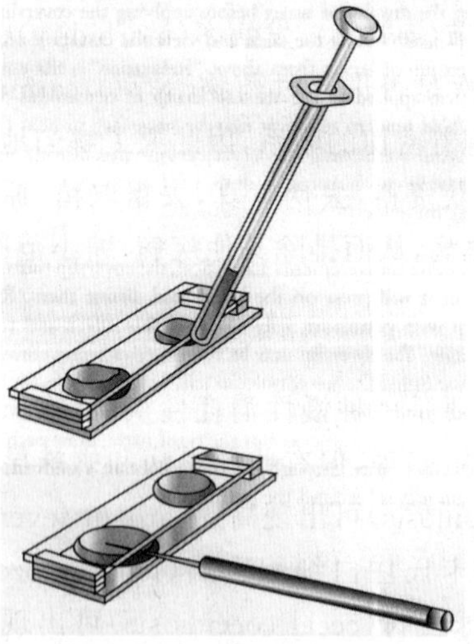

图 7-1　计数室内加样

Figure 7-1　Loading the counting chamber

（引自 Bowman 等，2009）

2. 浓集虫卵计数（Concentration egg counts）

当寄生虫感染水平低时，浓集虫卵计数法要比稀释虫卵计数法更可靠。因虫卵数量有限，因此必须选择最适合感染水平的计数方法。操作步骤如下：

①称量 10 g 粪便样品于纸杯中（除去杯重），用量筒加入 150 mL 水，如果粪便不足 10 g，减少水的用量以保持 1∶15 的比例。

②粪便和水充分混匀。借助搅拌器仅几秒钟便可混匀。

③（可选）粗粪渣会影响显微镜检测，悬液可用滤茶器过滤以除去可能影响镜检的粗粪渣。在检测马粪时通常需进行此操作，但是应尽量避免，因为这样做会降低计数数值。

④取 15 mL（相当于 1 g 固体粪便）混合好的粪便悬液，转移至一个 15 mL 离心管内。

⑤离心 3 min，倾去含有脂肪和溶解色素的上清液。

⑥加饱和蔗糖溶液（密度 1.3）至距离心管上部 1 cm 处，用敷药棒将沉淀重悬于蔗糖溶液中，盖上盖子，反转混匀四次以上。

⑦添加饱和蔗糖溶液至离心管管口边缘，在上部置一盖玻片。

⑧离心 10 min。不能用固定角度的离心机，离心时离心管必须保持水平。

⑨离心完毕，垂直移走盖玻片并将它和黏附其上的蔗糖液膜放在载玻片上。

⑩在 40 倍和 100 倍镜下扫描观察，计数虫卵数量。为避免遗漏或视野重叠，开始检查时沿盖玻片边缘从一个角到另外一个角。接着变换视野宽度继续检查，精确的视野转换可以通过集中注意力于位于或靠近视野边缘的任何一个目标，然后根据这个目标利用显微镜上的平台调节进行视野切换。

用此方法对虫卵进行计数，所得数据为每克粪便中虫卵的最低估计数值。这个估计数值可以通过如下操作提高：增加一滴饱和蔗糖溶液至离心管中，在上边加盖第 2 个盖玻片，重复第 7 步至第 10 步操作。如果在第 1 个盖玻片上虫卵数很多难以计数，或者用小份样品重复上述步骤，或者稀释后进行虫卵计数。可能由于浓集时使用 2 次蔗糖溶液，在检测艾美耳球虫卵囊时浓集方法比稀释方法更有效。

三、辅助性诊断(Auxiliary diagnosis)

1. 动物接种试验(Animal inoculation)

诊断弓形虫病(toxoplasmosis)、伊氏锥虫病(trypanosomosis)时，可以将病料或血液接种于试验动物；诊断梨形虫病(piroplasmosis)时，可将患畜血液接种于同种幼畜，在被接种动物体内证实其病原体的存在，即可获得确诊。

(1)弓形虫病(Toxoplasmosis)　取肺、肝、淋巴结等病料，将其研碎，加入 10 倍体积的生理盐水，在室温下放置 1 h；取其上清液 0.5～1 mL 接种于小鼠腹腔，而后观察小鼠有否症状出现，并检查腹水(ascites)中是否存在滋养体(trophozoites)。

(2)伊氏锥虫病(Trypanosomosis)　采病畜外周血液 0.1～0.2 mL，接种于小白鼠的腹腔；2～3 d 后，逐日检查尾尖血液，如病畜感染有伊氏锥虫(*Trypanosoma evansi*)，则在半个月内可在小白鼠血内查到虫体。

2. 诊断性治疗(Diagnostic treatment)

在病原检查比较困难的情况下，可根据初诊印象采用特效药物进行治疗。比如梨形虫病(piroplasmosis)，可注射贝尼尔(Berenil)进行诊断性治疗。

3. X 光检查(X-ray examination)

肝或肺内寄生的棘球蚴(hydatid)，脑内寄生的多头蚴(coenurus)以及组织内如腱、韧带寄生的盘尾丝虫(*Onchocerca* spp.)可借助于 X 光照射进行诊断。

4. 穿刺检查(Examination by centesis)

检查牛的泰勒虫病(theileriosis)时，可取体表肿大的淋巴结穿刺液(aspirates)作涂片，检查有无石榴体或柯赫氏体(Koch's bodies)，以便做出早期诊断。

四、免疫学诊断(Immunological diagnosis)

免疫学诊断是根据寄生虫感染的免疫机理而建立的诊断方法，如果在患病动物体内查到某种寄生虫的相应抗体(antibodies)或抗原(antigens)时，即可做出诊断。该方法具有简便、快速、敏感、特异等优点，但有时也会出现假阳性、假阴性，应用时须加以克服。目前在重要的动物寄生虫病以及人畜共患的寄生虫病(parasitic zoonosis)方面已经相继建立了许多免疫诊断方法，并且得到了广泛应用。其中主要有琼脂扩散试验(AGID)、间接血凝试验(IHA)、间接荧光抗体试验(IFAT)、酶联免疫吸附试验(ELISA)、胶体金快速诊断技术(IHA)等。

(一)琼脂扩散试验(Agar gel immunodiffusion, AGID)

1. 原理(Principle)

琼脂是一种含有硫酸基的多糖体，高温时能溶于水，冷后凝固，形成凝胶。琼脂凝胶呈多孔结构，孔内充满水分，其孔径大小决定于琼脂浓度。1%琼脂凝胶的孔径约 85 nm，因此能允许各种抗原抗体在琼脂凝胶中自由扩散。当二者在比例适当处相遇，即发生沉淀反应。反应产生的沉淀因其颗粒较大，故在凝胶中不再扩散，而形成肉眼可见的沉淀线。

2. 材料(Materials)

以卡氏住白细胞虫病(leucocytozoonosis)为例。

(1)诊断液(Diagnostic solution)　标准阳性抗原或抗体。

(2)待检血清(Serum for detection)　常规采血，分离血清，冷冻保存，待用。

(3)琼脂与缓冲液的配法(Formula of agar and buffer)

A 液	$NaH_2PO_4 \cdot 2H_2O$	0.18 g
	$Na_2HPO_4 \cdot 12H_2O$	1.0 g
	NaCl	32.0 g
	蒸馏水	200 mL
B 液	琼脂糖	6.0 g
	硫柳汞	40.0 mg
	蒸馏水	200 mL

3. 操作方法(Procedure)

先准备一个干净平皿，接着配制琼脂凝胶，将 A 液与 B 液混匀配成 1.5%琼脂凝胶；加热溶化，用吸管吸取 3 mL 凝胶铺在载玻片上，室温下凝固。在同一平皿上分 3 组打 5 个孔(中央 1 个，周围 4 个；孔径 4～5 mm)。当检测抗体时，标准抗原加在中央孔，待检血清加在周围孔；当检测抗原时，标准抗体放在中央孔，待检血清加在周围孔；并设阳性与阴性对照。将加样过的平皿放在一个湿盒内，室温 25～30℃下放置 1～3 d 后观察结果。

4. 结果判定(Evaluation of results)

当待检血清与标准阳性抗原或抗体之间出现明显的沉淀线(sedimentation line)时，判为阳性(positive)；未见到沉淀线的判为阴性(negative)。

(二)间接血凝试验(Indirect haemaglutination test，IHA)

1. 原理(Principle)

将可溶性抗原吸附于红细胞[一般多用绵羊红细胞(sheep red blood cell，SRBC)]表面，然后再用这种红细胞与相应抗体起反应，在有介质存在的条件下，抗原抗体的特异性反应通过红细胞凝聚而间接地表现出来。以红细胞作载体，大小均匀、性能稳定，且红细胞的红色起到指示作用，便于肉眼观察，故此法简便、快速，有较高的敏感性和特异性，已在很多寄生虫病的诊断上应用。

2. 材料(Materials)

以锥虫病(trypanosomosis)为例。

(1)诊断液(Diagnostic solution)　致敏细胞悬液和非致敏细胞悬液，可由浙江省农业科学院畜牧兽医研究所供应。

(2)已知阳性或阴性血清(Known positive or negative serum)　供参照用。

(3)稀释液(Diluting fluid)　为磷酸盐缓冲液(PB 或 PBS)。取 1/15 mol/L 磷酸氢二钾(23.77 g $K_2HPO_4 \cdot 12H_2O$ 加蒸馏水至 1 000 mL)72 份，加入 1/15 mol/L 磷酸二氢钾(9.08 g KH_2PO_4 加重蒸馏水至 1 000 mL)28 份，即成 PB 缓冲液，再加入 0.85% NaCl 即成 PBS。分装高压灭菌后备用。

(4)器械(Apparatus)　V 型(96 孔)微量血凝板、微量移液器。

3. 操作方法(Procedure)

①先将 96 孔 V 型血凝板按血清编号，每份被检血清为一排，阳性和阴性对照血清各为一排，每排最后一孔为致敏红细胞空白对照。

②每孔加入稀释液 25 μL，吸取待检测血清 25 μL，加于每排第 1 孔，自左至右按次序作倍比稀释。同时做阴、阳性对照。

③每孔滴加致敏细胞悬液 25 μL。

④滴好后用微型振荡器或以指尖轻轻拍匀，在 25℃左右恒温箱内静置 2～3 h 即可判读结果。

4. 结果判定(Evaluation of results)

(1)凝集反应强度(Agglutination intensity)

“＋＋＋＋”红细胞呈均匀薄层平铺孔底，周边皱缩或呈圆圈状。

"＋＋＋"红细胞呈均匀薄层平铺孔底，似毛玻璃状。

"＋＋"红细胞平铺孔底，中间有少量的红细胞集中的小点。

"＋"红细胞大部分沉于孔底中心，但边缘疏松模样凝集。

"－"红细胞全部沉于孔底中心，边缘光滑呈圆点状。

(2)判断标准(judgement standard) "＋＋"以上判为凝集反应，血清凝集价在1∶64以上为阳性(positive)；大于或等于1∶32而小于1∶64为可疑；1∶16以下为阴性(negative)；可疑血清再经4～5 d采血复检，其凝集价1∶64以上为阳性，否则判为阴性。

(三)间接荧光抗体试验(Indirect fluorescence antibody test，IFAT)

1. 原理(Principle)

将已知或未知抗原(antigens)固定在载玻片上，滴加待测血清或已知特异性抗体，使之发生抗原抗体反应，再滴加荧光素标记的特异性抗抗体[标记二抗(labelled second antibodies)]，形成带荧光素的抗原-抗体-抗抗体复合物，在荧光显微镜下观察。由于显微镜高压汞灯光源的紫外光或蓝-紫外光的照射，将标本中复合物的荧光素激发出荧光。荧光的出现就表示特异性抗体或抗原的存在。本法的优点是制备一种荧光标记的抗体，可以用于多种抗原、抗体系统的检查，既可用以测定抗原，也可用来测定抗体。最常用的荧光素有异硫氰基荧光素(fluorescein isothiocganate，FITC)。

2. 材料(Materials)

以犬吉氏巴贝斯虫病(canine babesiosis)为例。

(1)抗原(Antigen) 自然感染犬分离。

(2)免疫荧光用载玻片(Slide for immunofluorescence) 12穴玻片。

(3)荧光抗体(Fluorescence antibody) 兔抗犬IgG荧光标记抗体、兔抗犬IgM荧光标记抗体。

(4)血清(Serum) 标准阳性血清、标准阴性血清。

(5)pH 7.2甘油缓冲液(Glycerol buffer) 9份甘油与1份pH 7.2 PBS混合，冰箱保存。

(6)pH 7.2 PBS(Phosphate buffer saline)。

3. 操作方法(Procedure)

①抗原包被。将染虫率为10%左右的病犬抗凝血液用pH 7.2 PBS洗涤3次，取红细胞泥2 mL，加PBS 8 mL悬浮，于免疫荧光用载玻片上每穴加3 μL，自然干燥，包装，－80℃保存备用。

②从冰柜中取出已包被的抗原玻片，在超净工作台上风干。

③冷丙酮固定30 min，室温下干燥。

④ 每穴加入相应编号的经PBS稀释的待检血清20 μL，置湿盒中37℃下作用30 min。

⑤用PBS轻轻冲洗，然后浸泡于PBS盒中，于摇床上轻微摇动，10 min内共洗涤3次。

⑥轻轻拭干，加入经荧光稀释液(3%犊牛血清＋PBS＋0.01%叠氮钠)稀释的荧光标记抗体IgG＋荧光标记抗体IgM，每穴10 μL，置湿盒中37℃下作用30 min。

⑦重复操作⑤。

⑧稍干后加pH 7.2甘油缓冲液封片、镜检。

此法在试验时需设阳性、阴性对照。

4. 结果判定(Evaluation of results)

用荧光显微镜观察，抗原＋标准阳性血清＋荧光标记抗体，每个视野有数个特异性黄绿色荧光时，阳性血清对照成立；抗原＋标准阴性血清＋荧光标记抗体，视野中没有特异性黄绿色荧光时，阴性血清对照成立。当阳性和阴性对照都成立时，被检样品检查判定结果有效。被检样品每个视野有数个特异性黄绿色荧光时，可判定为阳性(positive)结果；如无特异性黄绿色荧光时，判定为阴性(negative)结果。

(四)酶联免疫吸附试验(Enzyme linked immunoabsorbent assay, ELISA)

1. 原理(Principle)

本法是将抗原或抗体与酶结合,使其保持着免疫学的特异性和酶的活性。经酶联的抗原或抗体与酶的底物处理后,由于酶的催化作用,使无色的底物或化合物产生氧化还原或水解反应而显示颜色。此法具有很高的特异性和敏感性,可检测出血清中的微量抗体,很适合于轻度感染和早期感染的诊断。此外,由于操作自动化,减少了主观判读结果的误差,是一种很好的免疫学诊断方法。

2. 材料(Materials)

深圳市绿瀚生物技术有限公司研制的弓形虫循环抗原检测试剂盒包含:预包被板、酶结合物、浓缩洗涤液、底物、显色剂、终止液、阳性和阴性对照。

3. 操作方法(Procedure)

①待测孔每孔加稀释的洗涤液 40 μL、血清样本 10 μL,混匀,同时设阴性、阳性及空白对照各一孔。

②每孔再加稀释的酶结合物 50 μL(空白孔除外)混匀,37℃反应 60 min。

③甩去孔内液体,用稀释液洗涤 5 次,每次间隔 3 min,拍干。

④每孔加底物和显色剂各一滴,37℃下避光反应 10 min,加终止液一滴混匀,终止反应。

4. 结果判定(Evaluation of results)

(1)肉眼观察(Observation with the naked eye)　不加终止液观察,基本无色或微蓝色为阴性,呈明显的蓝色为阳性。

(2)仪器判断(Reading with instrument)　加终止液,以空白对照调零于 450 nm 读取光密度(optical density,OD)值,待检孔 OD 值大于阴性对照 2.1 倍者为阳性。当阴性对照 OD 值低于 0.07 时按 0.07 算。

(五)免疫金标记技术(Immunogold labelling technique)

1. 原理(Principle)

免疫金标记技术是现代免疫标记技术的一种。20 世纪 80 年代末期,人们将胶体金免疫技术与固相膜结合发展了胶体金免疫诊断试验,由于其简便、快速、结果直观而得到了广泛的应用。其基本原理是以微孔膜为固相载体,包被已知抗原或抗体,加入待测样本后,经微孔膜的渗滤作用或毛细管虹吸作用使标本中的抗体或抗原与膜上包被的抗原或抗体结合,再通过胶体金标记物与之反应形成红色的可见结果。常见的有免疫层析试验(ICA)和斑点免疫金渗滤试验(DIFA)2 种。

2. 材料(Materials)

以检测弓形虫(*Toxoplsma gondii*)的斑点免疫金渗滤试验(dot immunogold filtration assay)为例。

(1)抗原(Antigen)　弓形虫抗原冻干品可由中国农业科学院兰州兽医研究所供应。

(2)葡萄球菌 A 蛋白(SPA)　上海生物制品研究所产品。

(3)血清(Serum)　冻干弓形虫阳性血清(效价不低于 1∶1 024)和阴性血清,可由中国农业科学院兰州兽医研究所提供。

(4)胶体金-SPA 结合物的制备(Preparation of gold/SPA)　超纯水溶解氯化金(上海试剂一厂产品)使其终浓度为 0.01%,煮沸后每 100 mL 加入 1%柠檬酸钠水溶液 3 mL,继续加热至溶液呈橙红色为止,冷却后以 0.1 mol/L K_2CO_3 调其 pH 至 6.0,按每毫升胶体金中加入 8 μg SPA 的比例,将二者在磁力搅拌下混合均匀,数分钟后加入 1% PEG(相对分子质量 20 000)使其终浓度为 0.05%。用高速离心法纯化胶体金-SPA 结合物。

(5)抗原膜制备(Preparation of antigen film)　硝酸纤维素膜(孔径 0.45 μm, Bio-Rad 产品)用超纯水浸泡,取出晾干,制成直径 1 cm 的圆片。用 Tris-HCl 缓冲液浸泡晾干后,将 1 μL弓形虫抗原点于膜片中央,室温干燥后,用 1% BSA 封闭,再用 PBS 漂洗干燥后密闭保存于 4℃。

(6)测定装置(Assay apparatus) 将干燥的抗原膜片(点样面朝上)装入自制的塑料小盒中,盒盖中央有一直径 0.5 cm 的圆孔,盒内塞满吸水材料(市售圆筒手纸折叠而成)。

3. 操作方法(Procedure)

①在小盒孔内加一滴洗液(0.02 mmol/L,pH 7.4 的 PBS)。

②渗入后,加待检血清样本 2 滴。

③渗入后,加胶体金-SPA 2 滴,待渗入。

④加洗液 2 滴,洗去未结合的胶体金-SPA。

4. 结果判定(Evaluation of results)

观察结果时,阳性者在膜中央出现红色斑点,阴性则无红色斑点出现。

五、分子生物学诊断(Molecular biological diagnosis)

DNA 检测技术的出现已经提供了分子检测(molecular detection)的技术手段,目前在许多寄生虫检测中广泛开展了 PCR 技术的研究。PCR 技术是一种既敏感又特异的 DNA 体外扩增方法,可将一小段目的基因扩增上百万倍,其扩增效率可检测到单个虫体的微量 DNA。它的特异性通过设计特异引物,扩增出独特 DNA 产物,用琼脂糖电泳很容易检测出来,而且操作过程也相对简便快捷,无需对病原进行分离纯化。同时可以克服抗原和抗体持续存在的干扰,直接检测到虫体的 DNA,既可用于临床诊断(diagnosis),又可用于流行病学调查(epidemiological survey)。而以 PCR 为基础的技术如聚合酶链式反应连接的限制性片段长度多态性(PCR-RFLP)技术等近年来发展很快,可为寄生虫的分类(classfication)和分子鉴定(molecular identification)提供新的方法。

(一)特异 PCR 技术(Specific PCR)

1. 基本原理(Basic principle)

在有 DNA 模板(temple DNA)、引物(primer)、dNTP、适当缓冲液(Mg^{2+})的反应混合物中,在热稳定 DNA 聚合酶(polymerase)的催化下,对一对寡核苷酸引物所界定的 DNA 片段进行扩增。这种扩增是通过模板 DNA、引物之间的变性(denaturation)、退火(annealing)、延伸(extension)三步反应为一周期,循环进行,使目的 DNA 片段得以扩增。由于每一周期所产生的 DNA 片段均能成为下一次循环的模板,故 PCR 产物按指数倍数递增,经 30 个周期后,特定 DNA 片段的数量在理论上可增加 10^9 倍。在实际应用中,一般多为 30～35 个循环。随着 PCR 技术的不断完善与发展,它已广泛应用于分子生物学、法医学、临床医学和兽医学等各个领域。设计寄生虫种特异性引物(species-specific primer),可建立某种寄生虫病的特异、敏感、快速的 PCR 诊断技术。

2. 材料(Materials)

以检测猪弓形虫(*Toxoplasma gondii*)感染为例。

(1)器具(Instruments and tools) 超净工作台、微型高速台式离心机、微量移液器(2/20/200/1 000 μL)、PCR 扩增仪、琼脂糖电泳系统、凝胶成像系统、微波炉、4℃/－20℃冰箱、紫外透射仪、微型离心管(200/500/1 500 μL)、有机架、一次性手套、透明胶带、量筒(100 mL)、三角瓶(500 mL)等。

(2)试剂(Reagents) 种特异引物、10×PCR Buffer(Mg^{2+} free)、dNTPs(2.5 mmol/L each)、ddH_2O、$MgCl_2$(25 mmol/L)、Ex *Taq* 酶(5 U/μL)、琼脂糖、EB(10 mg/mL)、Tris 碱、硼酸(boric acid)、去离子水、EDTA(0.5 mol/L,pH 8.0)、10×载样缓冲液、弓形虫阳性对照 DNA。

0.5×TBE 缓冲液的制备:准确称取 Tris 碱 5.4 g、硼酸 2.75 g,充分溶解于 800 mL 去离子水中,加 10 mL 0.5 mol/L EDTA(pH 8.0),用去离子水定容至 1 000 mL。

(3)临床样品 DNA(Sample DNA) 按常规方法提取。

3. 操作步骤(Procedure)

PCR 反应按常规方法进行,在 0.2 mL PCR 管配制反应液,总体积为 25 μL,具体试剂及用量见表 7-1。

表 7-1　PCR 反应液组成

Table 7-1　Composition of PCR reaction fluid

试剂 Reagents	体积 Volumes/μL
10×PCR Buffer	2.5
$MgCl_2$(25 mmol/L)	2.5
dNTPs(2.5 mmol/L each)	2
Forward primer(50～100 pmol/μL)	0.5
Reverse primer(50～100 pmol/μL)	0.5
ddH_2O	15.875
Ex *Taq* 酶(5 U/μL)	0.125
模板 Template(gDNA)	1

同时设阳性对照和空白对照。

反应在 PCR 仪上进行。反应参数为：

94℃变性　5 min

94℃变性　30 s

55℃复性　30 s　35 个循环

72℃延伸　30 s

72℃延伸　7 min

4. 结果判定(Evaluation of results)

PCR 产物在 1.0% TBE 琼脂糖凝胶电泳，用溴化乙锭染色，紫外投射仪下观察结果，阳性对照见约 300 bp 的条带(band)，临床样品如有同样大小条带为阳性，阴性不见条带。

(二)聚合酶链式反应连接的限制性片段长度多态性(Polymerase chain reaction linked restriction fragment length polymorphism，PCR-RFLP)

1. 基本原理(Basic principle)

限制性酶切片段长度多态性(restriction fragment length polymorphism，RFLP)是在基因组水平分析种群间遗传变异及分类的一种方法。用限制性内切酶切割不同个体基因组 DNA 后，含同源序列的酶切片段在长度上可能存在差异，其差异的检测是利用标记的同源序列 DNA 片段作探针进行分子杂交，再通过放射自显影(或非同位素)实现的。聚合酶链式反应连接的限制性片段长度多态性(polymerase chain reaction linked restriction fragment length polymorphism，PCR-RFLP)是对传统 RFLP 的一种改进方法，设计保守引物，PCR 扩增某些寄生虫基因序列片段，然后用限制性内切酶酶切，观察其酶切片段差异作为鉴定不同种或同种不同基因型的方法。该方法的优点在于：快速简便、成本较低；只需微量的 DNA 扩增，而且对样品的纯度要求不高，也不需要用放射性标记探针做杂交。近年来，PCR-RFLP 方法被广泛用于各种寄生虫的分类(classification)鉴定。

2. 材料(Materials)

以弓形虫(*Toxoplasma gondii*)不同基因型(genetype)的鉴定为例。

①虫株及 DNA 样品(Strain and its DNA)。

②主要试剂(Main reagents)：*Taq* 酶、Buffer、$MgCl_2$、dNTPs 为大连宝生物公司产品。*Mse* Ⅰ限制性内切酶为 NEB 公司产品。

3. 操作步骤(Procedure)

(1)PCR 扩增(PCR amplification)　使用 Fazaeli 等(2000)发表的 GRA6 基因特异引物。PCR 反应按常规方法进行，总体积为 50 μL，设一空白对照和宿主对照。反应在 Biometra 循环反应仪上进行。反应参数为：预变性 95℃ 5 min，变性 94℃ 30 s，退火 60℃ 1 min，延伸 72℃ 2 min，循环 35 次，然后 72℃ 7 min。PCR 产物在 1.0%琼脂糖凝胶电泳，用溴化乙锭染色，紫外投射仪下观察结果，凝胶成像系统摄像。

(2)PCR 产物的纯化回收(Purification of PCR product) 用 DNA 回收试剂盒切胶回收 PCR 产物，纯化的 PCR 产物贮存于－20℃。

(3)PCR 产物的酶切(RFLP) 反应总体积为 20 μL，反应体系如下：PCR 产物，10 μL；*Mse* Ⅰ限制性内切酶(10 U/μL)，1 μL；10×NEB Buffer，2 μL；100×BSA，0.2 μL；加灭菌三蒸水至总体积 20 μL；37℃水浴过夜。酶切产物用 1.6%琼脂糖凝胶电泳，用溴化乙锭染色，紫外投射仪下观察结果，凝胶成像系统摄像。

4. 结果判定(Evaluation of results)

经 1.0%琼脂糖凝胶电泳检测，被检虫株均成功扩增出约 800 bp 的条带(band)，且无非特异性条带，空白对照与宿主对照均为阴性。PCR 产物的酶切产物经 1.6%琼脂糖凝胶电泳检测，显示出不同的酶切片段；通过与对照样品的比较，区分出弓形虫不同的基因型。

第二节 消化道与呼吸道寄生虫病的诊断
Section 2 Diagnosis of Parasitic Diseases of Digestive and Respiratory Tract

一、粪便检查(Fecal examination)

寄生于消化道(alimentary canal)以及与其相连的脏器(visceral organs)如肝(liver)、胰(pancreas)、肺(lung)、气管(trachea)、支气管(bronchi)以及肠系膜静脉(mesenteric vein)内的蠕虫(worms)，以及寄生于消化道的原虫[如球虫(coccidia)、隐孢子虫(*Cryptosporidium* spp.)、结肠小袋纤毛虫(*Balantidium coli*)等]都可以通过粪便检查来确诊。检查时，粪便要新鲜、盛粪便的容器要干净，并要防止交叉污染。

(一)粪便内蠕虫虫卵检查法(Examination of helminth eggs in feces)

根据所采取的方法不同，可将粪便内蠕虫虫卵的检查法分为直接涂片法(direct smear method)、漂浮法(flotation method)和沉淀法(sedimentation method)以及锦纶筛兜淘洗法(elutriation with polyamide strainer)。

1. 直接涂片法(Direct smear method)

直接涂片法是检查虫卵的最简单方法，但如果粪便中虫卵数量少时则不易查到。检查时，取洁净的载玻片，放少量粪便于玻片中央，滴 1～3 滴 5%甘油生理盐水与粪便混匀，涂片的厚薄以透过涂片隐约可见书上的字迹为宜。在粪膜上加盖玻片镜检(图 7-2)。

2. 漂浮法(Flotation method)

漂浮法是利用比重比虫卵大的溶液稀释粪便，将粪便中的虫卵浮集于液体表面。线虫和绦虫卵(eggs of nematodes and cestodes)的比重一般在 1.10～1.20 范围内，常用比重为 1.20 的饱和盐水(即在 1 000 mL 沸水中加入 380 g 食盐)做漂浮液来检查。此外，尚可采用其他饱和溶液如饱和硫酸镁溶液等。

检查时，取粪便 5 g，加饱和盐水 50 mL，用玻璃棒搅匀，通过 60 目铜筛或双层纱布过滤到另一胶杯中，静置 0.5 h；用一直径 5～10 mm 的铁丝圈，与液面平行接触以蘸取表面液膜，抖落于载玻片上，加盖玻片检查。或采用试管漂浮法检查，如图 7-3 所示。

3. 沉淀法(Sedimentation method)

沉淀法用于检查粪便中的吸虫卵(eggs of trematodes)。因为吸虫卵一般来说其比重(1.30～1.35)大于水，因而可沉积于水底。

检查时取粪便 5 g，加清水 60 mL 以上，用玻璃棒搅匀，通过 60 目铜筛或双层纱布过滤到另一胶杯中；静置 0.5 h，倾去上层液，保留沉渣，再加水混匀，再沉淀；如此反复操作直到上层液体透明后，吸取沉渣检查(图 7-4)。

有条件时可采用离心沉淀法(centrifugal sedimentation method)检查,将滤去粗渣的粪液,置离心管中,以 1 500~2 000 r/min 的速度离心 1~2 min,倾去上液,注入清水,调匀,再离心沉淀,如此反复沉淀直至上液澄清为止,倾去上液,取沉渣检查。

4. 锦纶筛兜淘洗法(Elutriation with polyamide strainer)

取粪便 5~10 g,加水搅匀,先通过 40 或 60 目铜筛过滤;滤下液再通过 260 目锦纶筛兜过滤,并在锦纶筛兜中继续加水冲洗,直到洗出液变清为止。通过以上处理,直径小于 40 μm 的细粪渣和可溶性色素均被洗去而使虫卵集中。而后挑取兜内粪渣抹片检查。此法适用于宽度大于 40 或 60 μm 的虫卵。

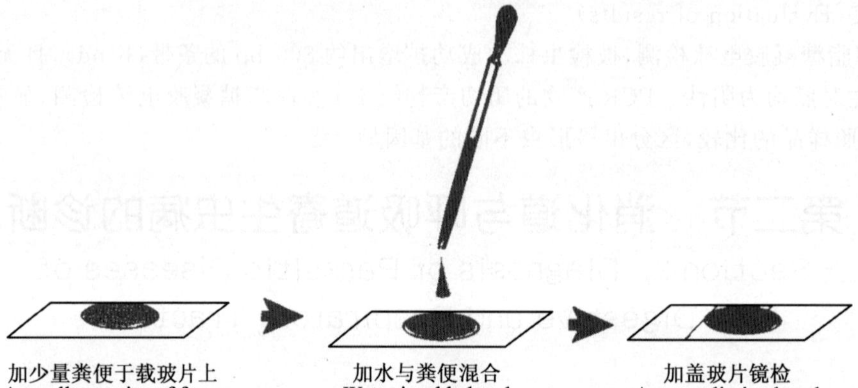

图 7-2 直接涂片法

Figure 7-2 Direct smear method

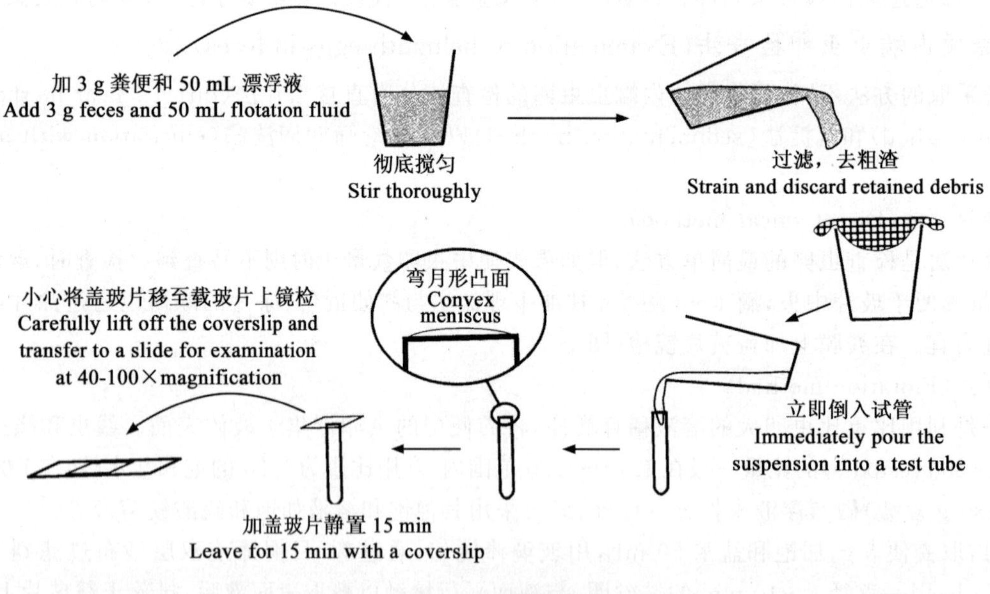

图 7-3 试管漂浮法

Figure 7-3 Test tube flotation method

(二)粪便内蠕虫幼虫检查法(Examination of helminth larvae in feces)

1. 幼虫分离法(Isolation of larvae)

反刍兽网尾线虫(*Dictyocaulus* spp.)的虫卵在新排出的粪便中已变为幼虫(larva);类圆线虫

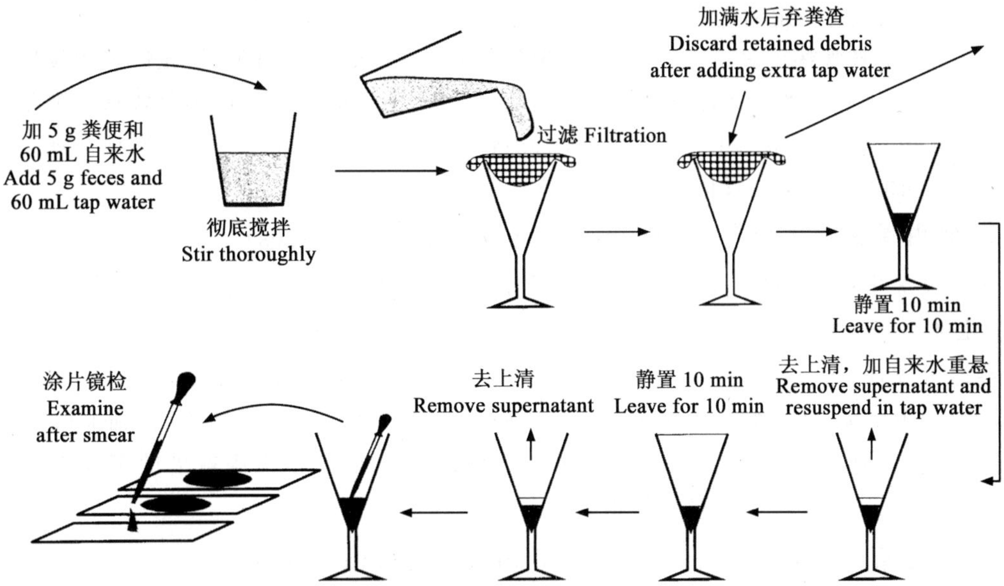

图 7-4 自然沉淀法

Figure 7-4 Natural sedimentation method

(*Strongloides* spp.)的虫卵随粪便排出后很快即孵出幼虫。对粪便中幼虫的检查最常用的方法是贝尔曼法(Baerman's technique)和平皿法。

贝尔曼装置见图 7-5。操作时，取粪便 15～20 g，放在漏斗内的金属筛上，漏斗下接一短橡皮管，管下再接一小试管。加入 40℃温水至淹没粪球为止，静置 1～3 h。此时大部分幼虫游于水中，并沉于试管底部。拔取底部小试管，取其沉渣镜检。

平皿法(plate method)特别适用于球状粪便，其操作是：取粪球 3～10 个，放于培养皿内，加少量 40℃温水。10～15 min 后移去粪球，将留下的液体在低倍镜下检查。

用上述 2 种方法检查时，可见到运动活泼的幼虫。如欲对幼虫进行仔细地观察，可滴加卢戈氏碘液将幼虫致死，并染成棕黄色。

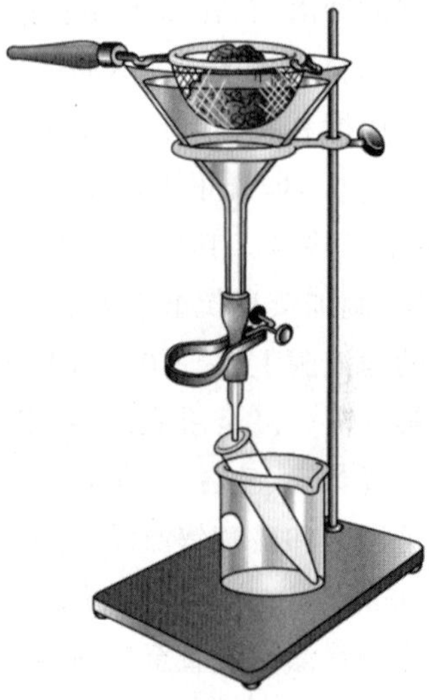

图 7-5 贝尔曼装置

Figure 7-5 The Baerman apparatus

2. 粪便培养法(Fecal culture)

圆形科线虫(strongyles)种类很多，其虫卵在形态上很难区别，常将粪便中的虫卵培养为幼虫，再根据幼虫形态上的差异加以鉴别。

最常用的方法是在培养皿的底部加滤纸一张，将欲培养的粪便调成硬糊状，塑成半球形，放于皿内的纸上，并使粪球的顶部略高出平皿边沿，使加盖时与皿盖相接触。而后置 25℃温箱中培养 7 d，注意保持皿内湿度(应使底部的垫纸保持潮湿状态)。此时多数虫卵已发育为第 3 期幼虫(the third-stage larvae)，并集中于皿盖上的水滴中。将幼虫吸出置载玻片上，镜检。

3. 毛蚴孵化法(Miracidia hatching method)

毛蚴孵化法专用于诊断日本血吸虫病(schistosomosis)。当粪便中虫卵较少时，镜检不易查出；由于粪便中血吸虫虫卵内含有毛蚴(miracidium)，虫卵入水后毛蚴很快孵出，游于水面，便于观察。

操作方法：取新鲜牛粪 100 g，置 500 mL 容器内，加水调成糊状，通过 40～60 目铜筛过滤，收集滤液。将滤液倾入 500 mL 长颈烧瓶内，加至瓶颈中央处，在该处放入脱脂棉，小心加入清水至瓶口。孵化时水温以 22～26℃为宜,应有一定的光线。

孵化后 1、3、5 h 各观察 1 次,检查有无毛蚴在瓶内出现。毛蚴为灰白色,折光性强的棱形小虫,多在距水面 4 cm 以内的水中作水平或略倾斜的直线运动。应在光线明亮处,衬以黑色背景用肉眼观察,必要时可借助于放大镜。观察时应与水虫区别,毛蚴大小较一致,水虫则大小不一。显微镜下观察,毛蚴呈前宽后窄的三角形,而水虫多呈鞋底状。

(三)粪便内蠕虫虫体检查法(Examination of worms in feces)

在消化道内寄生的绦虫(tapeworms)常以孕节(gravid segment)排出体外,此外,有时一些蠕虫(worms)的虫体由于受驱虫药的影响或超敏反应而排出体外。粪便中的节片和虫体,其中较大型者,通过肉眼观察即可发现,然后可用镊子或挑针挑出。对较小的,应先将粪便收集于盆(桶)内,加入 5～10 倍清水,搅匀,静置沉淀,而后倾去上清液,重新加入清水,搅拌沉淀,反复操作,直到上层液清澈为止。最后将上层液倾去,取沉渣置大玻皿内,先后在白色和黑色背景上,以肉眼或借助于放大镜寻找虫体;发现虫体或孕节时,用挑针或毛笔挑出供检查。

(四)粪便内原虫检查法(Examination of protozoans in feces)

1. 球虫(Coccidia)

一般情况下,采取新排出的粪便,采用饱和盐水漂浮法(flotation method)或直接涂片法(direct smear method)检查粪便中的卵囊(oocysts)。当需要鉴定球虫(coccidia)的种类时,可将浓集后的卵囊加 2.5% 的重铬酸钾溶液,在 25℃温箱中培养,待其孢子形成后对孢子化卵囊(sporulated oocysts)进行观察。

2. 隐孢子虫(*Cryptosporidium* sp.)

可用饱和蔗糖溶液(saturated sucrose solution)漂浮法收集粪便中的卵囊。因隐孢子虫(*Cryptosporidium* spp.)卵囊很小,需用放大至 1 000 倍的油镜观察。还可采用改良抗酸染色法(modified acid-fast technique)检查。其操作步骤是:取粪样 10～15 g,加 5 倍自来水搅匀,60 目尼龙筛过滤,将滤液涂片,自然干燥;滴加改良抗酸染色液第 1 液(碱性复红 4 g,95%酒精 20 mL,石炭酸 8 mL,蒸馏水 100 mL)于经固定的滤液膜上,5～10 min 后水洗;滴加第 2 液(98%浓硫酸 10 mL,蒸馏水 90 mL)5～10 min 后水洗;滴加第 3 液(0.2 g 孔雀绿,蒸馏水 100 mL) 1～2 min 后水洗,自然干燥后以 10×100 倍油镜观察。

3. 贾第虫(*Giardia* sp.)

可用饱和硫酸锌漂浮法进行粪便检查。取粪样 10～15 g,加 5 倍自来水搅匀,60 目铜筛过滤,将滤液以 2 500 r/min 离心 10 min,弃上清,加入适量 33%硫酸锌漂浮液,搅匀,1 500 r/min 离心 3 min,再加入 33%硫酸锌漂浮液直至加满离心管,其上放置一盖玻片,静置 5 min 后,移开盖玻片,放置于载玻片上,卢戈氏碘液染色,在 400 倍镜下检查。

4. 结肠小袋纤毛虫(*Balantidium coli*)

当猪患结肠小袋纤毛虫病时,在粪便中可查到活动的滋养体(trophozoites),但是粪便中的滋养体很快会变为包囊(cysts)。检查时取新鲜的稀粪一小团,放在载玻片上加 1～2 滴温热的生理盐水混匀,挑去粗大的粪渣,盖上盖玻片,低倍镜检查时即可发现活动的虫体。

二、各类虫卵(卵囊)的基本形态(Basic structure of all kinds of eggs or oocysts)

(一)蠕虫(Helminth)

1. 线虫卵(Eggs of nematodes)

光学显微镜下可以看见卵壳由 2 层组成,壳内有卵细胞。但有的线虫卵排到外界时,其内已含有幼虫。各种线虫卵的大小和形态不同,常呈椭圆、卵圆或近圆形;卵壳表面多数光滑,有的凹凸不平;色泽可从无色到黑褐色。不同线虫卵卵壳的厚薄不同,蛔虫卵和鞭虫卵的卵壳最厚,其他虫卵较薄。

2. 吸虫卵(Eggs of trematodes)

多数呈卵圆或椭圆形,卵壳由数层膜组成,比较厚而结实。常呈黄色、黄褐色或灰色;新排出的虫卵内一般含有较多的卵黄细胞及其所包围的胚细胞;有的则含有成形的毛蚴。大部分吸虫卵的一端有卵盖,也有的没有;有的吸虫卵卵壳表面光滑,有的有一些突出物(如结节、丝等)。

3. 绦虫卵(Eggs of cestodes)

圆叶目绦虫卵呈圆形、方形或三角形;大多数无色或灰色,其虫卵中央有一椭圆形具有六条钩的六钩蚴(胚),它被包在内胚膜内,有的内胚膜上形成突起,称之为梨形器。内胚膜之外是外胚膜,内外胚膜呈分离状态,各种绦虫卵卵壳的厚度和结构有所不同。假叶目绦虫卵与吸虫卵形态非常相似,呈黄色或黄褐色。

(二)原虫(Protozoa)

1. 球虫卵囊(Coccidian oocyst)

未孢子化卵囊呈卵圆形或近圆形,少数呈椭圆形或梨形。多数卵囊无色或灰白色,个别种可带有黄色、红色或棕色。其大小因种而异,多数长为 25～30 μm;卵囊壁一般有 2 层,囊内含有一个圆形的原生质团,即合子。孢子化卵囊内一般含有孢子囊和子孢子,球虫各个属孢子囊和子孢子的数目有所不同,如艾美耳属孢子化卵囊内含有 4 个孢子囊,每个孢子囊内有 2 个子孢子。

2. 小袋纤毛虫(*Balantidium*)

小袋纤毛虫有滋养体和包囊 2 个阶段。滋养体(trophozoite)全身覆有纤毛,能运动,呈卵圆形或梨形;虫体中央有一腊肠样大核,其附近有一小核;胞浆中有空泡和食物泡等结构。包囊(cyst)呈球形或卵圆形,直径 40～60 μm,有 2 层囊膜,囊内一般包藏着一个虫体。

第三节 血液与组织寄生虫病的诊断
Section 3 Diagnosis of Parasitic Diseases of Blood and Tissues

一、血液寄生虫检查(Examination of blood parasites)

(一)血液内微丝蚴的检查(Examination of microfilariae in blood)

丝虫总科(Filarioidea)某些线虫的幼虫可以寄生在动物的外周血液中,这些病的确诊需要检查血中微丝蚴(microfilariae),可采用下列方法。

1. 直接镜检法(Direct microscopic examination)

如果血液内幼虫较多,可直接由动物耳尖采新鲜血液 1 滴,滴于载玻片上,加上盖玻片,立即置显微镜下检查,即可在血液内见到活动的微丝蚴。为了延长观察时间,可以在血滴中加少许生理盐水,这样既可防止血液过早凝固,又可稀释血液便于观察。

2. 溶血染色法(Staining after dissolving blood)

如果血液内幼虫较少,可制作厚的血膜,溶血后染色观察。由动物的耳尖采血一大滴,在载玻片稍加涂片,待自然干燥后便结成一层厚厚的血膜。然后将血片反转使血膜面向下,斜浸入一小杯蒸馏水中,待血膜完全溶血为止。取出晾干,再浸入甲醇中固定 10 min。取出晾干后,以明矾苏木素染色,待白细胞的核染成深紫色时取出,以蒸馏水冲洗 1～2 min,吸干后即可置显微镜下检查。

明矾苏木素染色液的配制:甲液:苏木素 1.0 g,无水酒精 12 mL;乙液:明矾 1.0 g,蒸馏水 240 mL。使用前临时以甲液 2～3 滴加入乙液数毫升内即成。

3. 离心集虫法(Centrifugation technique)

如果血液内幼虫很少,可采血于离心管中,加入 5%醋酸溶液以溶血。待完全溶血后,离心并吸取沉渣检查。

(二)血液内原虫的检查(Examination of protozoans in blood)

寄生于动物血液中的锥虫(trypanosomes)、梨形虫(piroplasms)和住白细胞虫(*Leucocytozoon* spp.),一般可采血检查。采血部位:牛、羊、猪和兔均可选用耳静脉,小白鼠取尾尖,禽类取翅静脉。检查方法有以下各种。

1. 直接镜检法(Direct microscopic examination)

将采出的血液滴在洁净的载玻片上,加等量的生理盐水与之混合,加上盖玻片,立即放显微镜下用低倍镜检查,发现有活动的可疑虫体时,可再换高倍镜检查。此法适用于检查伊氏锥虫(*Trypanosoma evansi*)。

2. 涂片染色法(Staining after smear)

采血1滴,滴在载玻片的一端,按常规推制成血涂片(图7-6),晾干。滴甲醇2～6滴于血膜上,使其固定,而后用姬氏或瑞氏液染色。染后用油镜检查。本法适用于各种血液原虫(blood protozoans)。

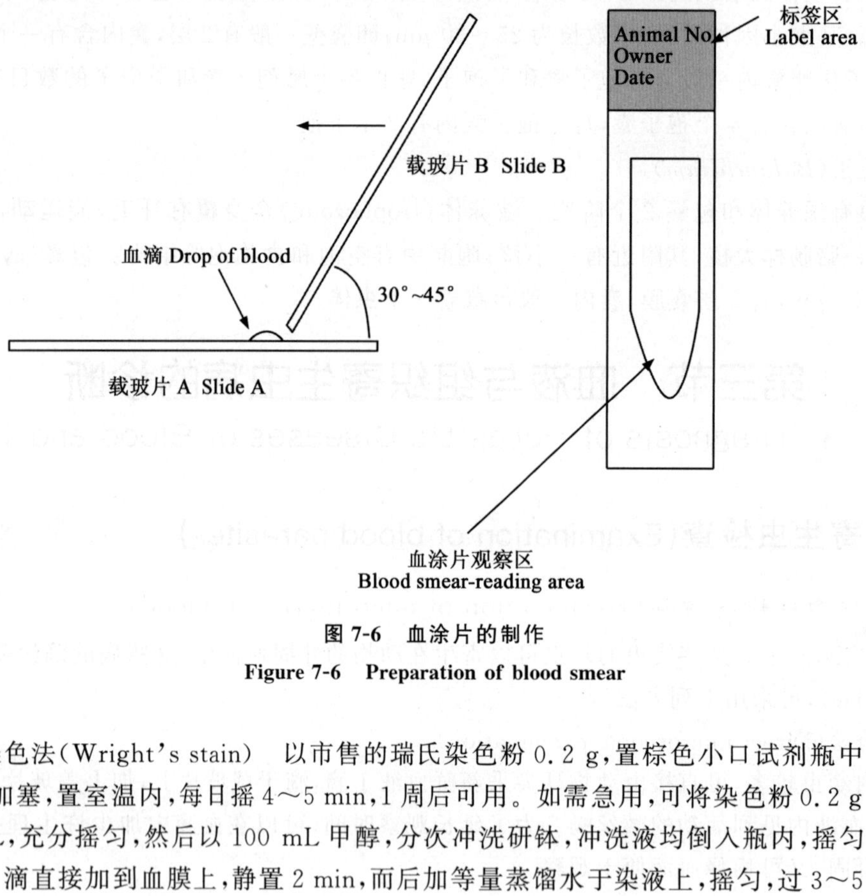

图 7-6　血涂片的制作

Figure 7-6　Preparation of blood smear

(1)瑞氏染色法(Wright's stain)　以市售的瑞氏染色粉0.2 g,置棕色小口试剂瓶中,加入无水中性甲醇100 mL,加塞,置室温内,每日摇4～5 min,1周后可用。如需急用,可将染色粉0.2 g置研钵中,加中性甘油3.0 mL,充分摇匀,然后以100 mL甲醇,分次冲洗研钵,冲洗液均倒入瓶内,摇匀即成。染色时,可将染液5～8滴直接加到血膜上,静置2 min,而后加等量蒸馏水于染液上,摇匀,过3～5 min后,流水冲洗,晾干后镜检。

(2)姬氏染色法(Giemsa stain)　取市售姬氏染色粉0.5 g,中性纯甘油25.0 mL,无水中性甲醇25.0 mL,先将染色粉置研钵中,加少量甘油充分研磨,再加再磨,直到甘油全部加完为止。将其倒入60～100 mL的棕色小口试剂瓶中;在研钵中加少量的甲醇以冲洗甘油染液,冲洗液仍倾入上述瓶中。再加再洗再倾入,直至甲醇用完为止。塞紧瓶塞,充分摇匀,将瓶置65℃温箱中24 h或室温内3～5 d,并不断摇动,此即为原液。染色时将原液2.0 mL加到100 mL蒸馏水中,即为染液。滴加染液于血膜上染色30 min,水洗2～5 min,晾干后镜检。

3. 离心集虫法(Centrifugation technique)

当血液中的虫体较少时,可先进行离心集虫,再行制片检查。其操作方法是:在离心管中加2%的柠檬酸生理盐水 3～4 mL，再加血液 6～7 mL；混匀后，以 500 r/min 离心 5 min，使其中大部分红细胞沉降；将含有少量红细胞、白细胞和虫体的上层血浆，用吸管移入另一离心管中，补加一些生理盐水，以 2 500 r/min 的速度离心 10 min，取其沉淀制成抹片，染色检查。此法适用于检查锥虫（trypanosomes）和梨形虫（piroplasms）。其原理是：锥虫和感染有梨形虫的红细胞的比重较轻，在第 1 次沉淀时，正常红细胞下沉，而锥虫和感染有梨形虫的红细胞尚悬浮在血浆中。第 2 次离心沉淀时，则浓集于管底。

二、生殖道寄生虫检查(Examination of parasites in genital tract)

1. 马媾疫锥虫的检查（Examination of *Trypanosoma equiperdum*）

可取浮肿部皮肤或丘疹抽出液、尿道及阴道的刮取物，特别在黏膜刮取物中最易发现虫体。采取病料后加适量生理盐水，置载玻片上，覆以盖玻片，制成压滴标本检查；也可制成抹片，用姬氏染色后检查。或用灭菌纱布，以生理盐水浸湿，用敷料钳夹持，插入公马尿道或母马阴道，擦洗后取出纱布，洗入无菌生理盐水中，离心沉淀，取沉淀物检查，方法同上。

2. 胎儿毛滴虫的检查（Examination of *Trichomonas fetus*）

母畜可取阴道分泌物，公畜可取包皮冲洗液，流产胎儿可取羊水或第 4 胃内容物检查。将收集的病料立即放于载玻片上，并防止材料干燥。对浓稠的阴道黏液，检查前最好以生理盐水稀释 2～3 倍；羊水或包皮冲洗液最好先以 2 000 r/min 的速度离心 5 min，而后以沉淀物制片检查。也可将标本固定，用姬氏染液或苏木素染液染色后检查。

三、其他组织寄生虫检查(Examination of parasites in other tissues)

有些原虫可以在动物身体的不同组织内寄生，一般在死后剖检时，取一小块组织，以其切面在载玻片上做成抹片、触片，或将小块组织固定后制成组织切片，染色检查。抹片或触片可用瑞氏染色或姬氏染色后观察。

1. 弓形虫的检查（Examination of *Toxoplasma*）

可取病变组织抹片或触片染色后检查速殖子或包囊。生前诊断可取腹水（ascites），检查其中有否滋养体（trophozoites）存在。收集腹水时，猪可采取侧卧保定，穿刺部位在白线下侧脐的后方（公猪）或前方（母猪）1～2 cm 处，穿刺时局部先消毒，将皮肤推向一侧，针头以略倾斜的方向向下刺入，深度 2～4 cm，针头刺入腹腔后会感到阻力骤减，而后有腹水流出。有时针头被网膜或肠管堵住，可用针芯消除障碍。取得腹水可在载玻片上抹片，用瑞氏或姬氏液染色后镜检。

2. 泰勒虫的检查（Examination of *Theileria*）

可取体表淋巴结穿刺物检查柯赫氏蓝体（Koch's blue body）。其方法是，首先将动物保定，用右手将肿大的淋巴结稍向上方推移，并用左手固定淋巴结；局部剪毛、消毒，用 10 mL 注射器和较粗的针头刺入淋巴结，抽取淋巴组织；拔出针头，将针头内容物推挤到载玻片上，涂成抹片，固定，染色，镜检。

第四节　外寄生虫病的诊断

Section 4　Diagnosis of Ectoparasitic Diseases

一、疥螨与痒螨的检查(Examination of *Sarcoptes scabiei* and *Psoroptes communis*)

疥螨和痒螨常寄生于动物皮内或体表，检查时应刮取皮屑，置显微镜下寻找虫体。

（一）皮屑的采集（Skin scraping）

刮皮屑时，应选择患部皮肤与健康皮肤的交界处，这里的螨较多。刮取时先剪毛，取凸刃刀，在酒精灯上消毒，用手握刀，使刀刃与皮肤表面垂直，反复刮取皮屑，直到皮肤轻微出血为止（此点对疥螨的检查尤为重要）。在野外工作时，为了避免皮屑被风吹走，可在刀刃上蘸取少量50％的甘油水溶液，这样可使皮屑黏附在刀上。将刮下的皮屑集中于培养皿或试管内带回实验室供检查。

（二）检查方法（Examination method）

1. 肉眼检查法（Examination by the naked eye）

把新采集的皮屑放在平皿内，将平皿在酒精灯上轻微地加热或用热水对皿底加温，经 30～40 min 后移去皮屑，用肉眼观察（观察时应在皿底下衬以黑色背景），可见白色虫体在黑色背景上移动。此法适用于检查体形较大的痒螨（*Psoroptes* spp.）。

2. 显微镜检查法（Microscopy）

将刮下的皮屑，取少许放在载玻片上，滴加煤油，再加另一张载玻片。搓压玻片使皮屑撒开，而后分开载玻片，置显微镜下检查。由于煤油对皮屑有透明作用，如有虫体时，很容易发现它。但虫体在煤油中容易死亡；如欲观察活螨，可用10％氢氧化钾溶液或50％甘油水溶液滴于皮屑上，虫体短期内不会死亡，可观察到其活动。

3. 虫体浓集法（Centrifugation technique）

当皮屑内虫体较少时，为了提高检出率，可采用虫体浓集法。取较多的病料，置于试管中，加入10％氢氧化钾溶液，浸泡过夜（如急待检查可在酒精灯上煮数分钟），使皮屑溶解，虫体自皮屑中分离出来。而后待其自然沉淀或以 2 000 r/min 离心 5 min，虫体即沉于管底，弃去上层液，吸取沉渣检查；或向沉淀中加入 60％硫代硫酸钠溶液，直立，待虫体上浮，再取表层液膜检查。

二、其他外寄生虫的检查（Examination of other ectoparasites）

1. 蠕形螨的检查（Examination of demodex）

蠕形螨寄生在毛囊内，检查时先在动物四肢的外侧和腹部两侧、背部、眼眶四周、颊部和鼻部的皮肤上触摸是否有沙粒样或黄豆大的结节。如有，用小刀切开挤压，看到有脓性分泌物或淡黄色干酪样团块时，则可将其挑在载玻片上，滴加生理盐水 1～2 滴，均匀涂成薄片，在显微镜下进行观察。

2. 蜱等吸血节肢动物的检查（Examination of ticks and other blood sucking arthropods）

蜱、虱、蚤、虱蝇等吸血节肢动物常在动物的腋窝、乳房和趾间及耳后等部位寄生，可手持镊子仔细观察，采到虫体后放入有塞的瓶中或浸泡于 70％酒精中。注意从体表分离蜱时，切勿用力过猛；应将其假头与皮肤垂直，轻轻往外拉，以免口器折断在皮肤内，引起炎症。采集的虫体经透明处理后在显微镜下检查。

第八章　寄生虫病的防控

Chapter 8　Prevention and Control of Parasitosis

寄生虫病的防控是一件极其复杂的事情，这是因为寄生虫有复杂的生活史，某些寄生虫病的流行与人类的卫生习惯（health habit）、经济状况（economic position）、畜牧业的饲养条件（rearing condition）、牲畜屠宰管理措施（slaughter management）、畜产品贸易中的检疫（quarantine）情况等密切相关。寄生虫病的防治工作必须以寄生虫的生活史（life cycle）、流行病学（epidemiology）与生态学（ecology）的研究为基础，实施综合性防治措施（comprehensive measures of prevention and treatment），才能收到较好成效。各种寄生虫病由于流行情况的不同，防控的侧重点也应有所不同。

第一节　防控原则

Section 1　Principles of Prevention and Control

一、控制感染源(The control of infection source)

控制感染源是防止寄生虫病蔓延的重要环节，一方面要及时治疗患病动物，驱除或杀灭其体内外的寄生虫，注意在治疗过程中防止病原扩散；另一方面要根据各种寄生虫的发育规律，定期有计划地进行预防性驱虫。某些蠕虫病可根据流行病学资料，选择虫体进入宿主体内尚未发育到成虫阶段时进行驱虫（成熟前驱虫）。这样既能保护动物健康，又能防止对外界环境的污染。对某些原虫病应当查明带虫动物，采取治疗、隔离和检疫等措施，防止病原的散布。此外，对那些保虫宿主、贮藏宿主也要采取有效的防治措施。

二、切断传播途径(The blockade of transmission route)

切断传播途径指在了解寄生虫是如何传播流行的基础上，因地制宜地、有针对性地阻断它的传播过程（transmission process）。动物感染寄生虫病多数是由于采食、相互接触或经吸血昆虫叮咬而引起。为了减少或消除感染机会，要经常保持动物舍及环境卫生，特别要注意粪便的无害化处理、消除蚊蝇滋生地、保护水源、改良牧场或池塘等。对那些需要中间宿主或传播媒介的寄生虫，要设法避免终宿主与中间宿主或传播媒介的接触，可采取物理、化学或生物防治等措施来消灭中间宿主或传播媒介。对于牧场要结合当地条件进行科学管理，合理使用。

三、保护易感动物(The protection of susceptible animals)

搞好日常的饲养管理（daily feeding and management），特别要注意饲料的营养及饲养卫生。要实行科学化养殖（scientific raising），饲料要有全价营养（full nutrition），使动物能获得足够的氨基酸（amino acids）、维生素（vitamins）和矿物质（minerals）等；要合理放牧（rational grazing），减少应激因素（stress factors），使动物能获得舒服而有利于健康的环境；要提高易感动物对寄生虫病的抵抗力（resistance），必要时可采用驱虫药进行预防性驱虫以保护动物的健康，或在畜体上喷洒杀虫剂或驱避剂来防止吸血昆虫的叮咬。对于一些免疫效果好的寄生虫虫苗（vaccine），可通过人工接种进行免疫预防（vaccination）。对于孕畜（pregnant animals）和幼畜（young animals），应给予精心的护理（nursing）。

第二节　一般控制措施
Section 2　General Control Measures

一、驱虫(Deworming)

驱虫是综合性防治措施中的重要环节，通常是用药物(drugs)将寄生于畜禽体内外的寄生虫杀灭或驱除(repel)。这种方法有2个目的：一是在宿主体内或体表杀灭或驱除寄生虫，从而使宿主康复(recovery)；二是杀灭寄生虫就是减少了病原体向自然界的散布(spread)，也就是对未感染家畜的预防。

1. 驱虫的要求与注意事项(Warning and requirements of deworming)

在寄生虫病流行地区，原则上是要有计划地进行定期预防性驱虫(regular preventative deworming)。即按照寄生虫病的流行规律，在计划的时间内给家畜用药(administering drug)，而不论其发病与否。如肉仔鸡(broiler)饲养中，把抗球虫药(anticoccidial drug)作为添加剂加入饲料(feedstuff)中使用，但休药期(withdrawal period)除外。特别需要强调的是这种驱虫不是盲目的，必须是在对当地寄生虫病流行病学调查研究的基础上进行。

驱虫时，首先必须注意药物的选择(selection of drugs)。其原则是高效(high-efficient)、低毒(low toxicity)、广谱(broad-spectrum)、价廉(low price)、使用方便(convenient to use)。

其次是驱虫时间的确定(determination of deworming time)。一定要根据当地寄生虫的季节动态来确定，应选择感染高峰时进行驱虫，否则会事倍功半。一般要赶在虫体成熟前驱虫，防止性成熟的成虫(adults)排出虫卵(eggs)或幼虫(larvae)对外界环境的污染。或采取“秋冬季驱虫”，此时驱虫有利于保护畜禽安全过冬；另外，秋冬季外界寒冷，不利于大多数虫卵或幼虫的发育，可以减少对环境的污染。

驱虫应在专门的、有隔离条件的场所进行。驱虫后排出的粪便应统一集中，用“生物热发酵法(bio-thermal zymotechnics)”进行无害化处理(harmless treatments)。在驱虫药(anthelmintics)的使用过程中，一定要注意正确合理用药，避免频繁地连续几年使用同一种药物，尽可能推迟或消除抗药性(drug resistance)的产生。

2. 驱虫药药效的评定(Evaluation of antiparasitic drug efficacy)

主要是通过驱虫前后动物各方面情况对比来确定，包括对比驱虫前后的发病率(morbidity)与死亡率(mortality)；对比驱虫前后的各种营养状况(nutritional status)；观察驱虫前后临床症状(clinical signs)减轻与消失的情况；计算动物的虫卵减少率(decrease rate of eggs)和虫卵转阴率(disappearance rate of eggs)；必要时通过剖检(autopsy)等方法，计算出粗计(roughly counting)与精计(exactly counting)驱虫率(deworming rate)；综合以上情况进行全面的效果评定。为了比较准确的评定驱虫效果，驱虫前后粪便检查时所用器具(appliance)、粪样重量(weight of feces)以及操作中每一步骤所用时间要完全一致；驱虫后的粪便检查时间不宜过早(一般为10 d左右)，以避免出现人为的误差(errors)；应在驱虫前后各粪检3次。驱虫药药效的评定计算公式如下：

虫卵转阴率＝虫卵转阴动物数/试验动物数×100%

Disappearance rate of eggs＝Number of animals with disappearance of eggs/Number of total experimental animals×100%

虫卵减少率＝(驱虫前EPG－驱虫后EPG)/驱虫前EPG×100%(EPG＝每克粪便中的虫卵数)

Decrease rate of eggs＝(EPG before deworming－EPG after deworming)/EPG before deworming×100% (EPG＝Number of eggs per gram feces)

精计驱虫率＝排出虫体数/(排出虫体数＋残留虫体数)×100%

Exactly counting rate of deworming＝Number of discharged worms/(Number of discharged worms

＋Number of residual worms)×100％

粗计驱虫率＝(对照组平均残留虫体数－试验组平均残留虫体数)/对照组平均残留虫体数×100％

Roughly counting rate of deworming＝(Average number of residual worms in control group－Average number of residual worms in experimental group)/Number of average residual worms in control group×100％

驱净率＝驱净虫体的动物数/全部试验动物数×100％

Rate of completely deworming＝Number of completely deworming animals/All experimental animals×100％

对于家禽驱虫，一般按家禽群体总重量(total weight)计算药量(dosage)，喂前应选择出10只以上有代表性的个体(individuals)做安全试验(safety test)。喂时先将计算好的总药量拌在少量湿料(wet feed)内，然后再混匀于日常饲料中，在绝食(fast) 6～12 h后喂服。家禽驱虫效果的评定，要做驱虫前后家禽的营养状况、生长速度(growth rate)、产蛋率(laying rate)等情况的对比，还要通过粪便学检查及配合剖检法计算出虫卵减少率和虫卵转阴率，以及粗计驱虫率或精计驱虫率。

二、环境卫生(Environmental health)

搞好环境卫生是减少或预防寄生虫感染(parasitic infection)的重要环节。环境卫生有两方面的内容：一是尽可能地减少宿主与感染源接触的机会，例如，逐日清除粪便，打扫厩舍，便可以减少宿主与寄生虫虫卵(egg)或幼虫(larvae)的接触机会，也就减少了虫卵或幼虫污染饲料(feedstuff)或饮水(drinking water)的机会；二是设法杀灭外界环境中的病原体，例如，粪便堆积发酵，利用生物热(biological heat)杀灭虫卵或幼虫；也包括清除各种寄生虫的中间宿主(intermediate hosts)或媒介(vectors)等。

1. 粪便管理(Excrement management)

绝大多数寄生虫病是通过动物的粪便散播病原的，因此加强粪便管理非常重要。应管好人、猪、犬等动物的粪便，提倡牛有栏、猪有圈，禁止散放，禁止在池塘边盖猪舍或厕所，防止粪便污染水源及放牧场所。在农村要根据农民积肥的习惯，加以科学引导，将畜粪集中起来，作堆肥处理。各养殖场要注重清洁卫生，采取勤扫勤垫的做法，将扫起来的粪便和垃圾运到堆肥场，进行无害化处理。

粪便无害化处理常用堆积发酵法(stacking fermentation)，它是利用粪肥中多种微生物在分解有机物的过程中产生的“生物热”将肥料中寄生虫的虫卵和病菌杀死，同时也使堆肥进一步腐熟，为农作物的生长提供有机肥料。除堆肥之外，还可采取沤肥，即粪尿混合密封贮存法；发酵即沼气池发酵法；畜粪综合利用，如牛粪晒干作燃料、鸡粪喂鱼等。

2. 消灭中间宿主或传播媒介(Killing intermediate host and vectors)

对于那些需要中间宿主或传播媒介的寄生虫，采用物理、化学或生物学方法消灭它们的中间宿主淡水螺等或传播媒介(昆虫、蜱类)，可以达到防病的目的。

灭螺(snail control)可结合农田水利建设进行，采用土埋、水淹、水改旱等措施，以改变螺的滋生条件(breeding condition)。此外，还可选用灭螺药物进行化学灭螺。如牧场面积不大，亦可饲养家鸭进行生物灭螺。

杀灭媒介昆虫如蚊、蝇、蜱类等，可以采取3个方面的措施：一是清除粪便、污水和杂草或灌木丛，破坏节肢动物的滋生环境；二是使用杀虫剂进行化学灭虫；三是利用昆虫的天敌进行生物灭虫。

三、饲养卫生(Grazing health)

家畜感染蠕虫病以及某些原虫病多是由于吞食了感染性阶段(infective stage)的虫体所致，因此加强饲养卫生，防止“病从口入”极为重要。

1. 安全放牧(Safe grazing)

寄生虫的中间宿主和媒介昆虫是很难控制的,可以利用它们的生物学特性或习性,设法回避来实现安全放牧的目标。

轮牧(rotation grazing)是安全放牧的措施之一,它是利用寄生虫的生物学特性来设计的,如水禽剑带绦虫(*Drepanidotaenia* sp.)的中间宿主剑水蚤(cyclops)的生活期限为 1 年,我们可以将一部分水池阻塞停用 1 年,使含有似囊尾蚴的剑水蚤全部死亡后再放牧。地螨(forage mite)是莫尼茨绦虫(*Moniezia* sp.)的中间宿主,由于它畏强光,怕干燥,潮湿和草高而密的地带数量多,黎明和日落时活跃。根据它们的这些习性,我们可以采取避螨措施来减少绦虫的感染。淡水螺是许多吸虫的中间宿主,它们一般栖息在低洼潮湿地带,禁止牛羊到这些地带放牧,可以防止吸虫的感染。

另外,利用寄生虫的某些流行病学特点来切断其传播途径,避免寄生虫的感染。例如,调查绵羊某种线虫的幼虫(some larvae of sheep nematodes)在夏季牧场(summer pasture)上需要多长时间发育到感染性阶段。假设是 7 d,那么便可以让羊群在第 6 天离开,转移到新的牧场;原来的牧场可以放牧马(horses),因为绵羊的线虫通常不感染马。如果知道那些绵羊线虫的感染性幼虫在夏季牧场上只能保持感染力 1.5 个月,那么 1.5 个月后,羊群便可返回牧场。

2. 饮食卫生(Dietary hygiene)

要经常保持饲草、饲料的卫生,畜禽应选择在高燥处放牧;饮水最好用自来水、井水或流动的河水,并保持水源清洁,以防感染。从流行区运来的牧草须经高温或日晒处理后,才能喂舍饲的动物。禁止猪到池塘自由采食水生植物,水生植物要经过无害化处理后喂猪。禁止以生的或半生的鱼虾(fish and shrimp)、蝌蚪(tadpole)以及贝类(shellfish)饲喂动物,勿用猪羊屠宰废弃物喂犬,家畜内脏等废弃物必须经过无害化处理后方可作饲料。另外,加强饲养管理,供给充足的全价饲料。对于人畜共患的寄生虫病,特别要注意个人卫生,做到不吃生的或半生的猪肉或牛肉等。

The control of parasitosis needs comprehensive measures of prevention and treatment. The common measures include the following: administering drugs or chemicals to prevent or treat the infection of parasites, eg. deworming; reducing the population of intermediate hosts and vectors by environmental sanitation; and reducing chances of infection by grazing sanitation.

第三节 免疫预防
Section 3 Vaccination

采用人工接种疫苗的方法来提高机体的免疫力,这是防治动物寄生虫病的一项积极的措施。寄生虫病的免疫预防(vaccination)尚不普遍,总体上还处于研究阶段(research stage)。蠕虫病(helminthiasis)中,牛肺线虫(lung worm)的致弱苗(attenuated vaccine)使用历史较长;牛血吸虫病(schistosomiasis)的致弱苗尚处于试用阶段(trial stage)。原虫病(protozoosis)中,鸡球虫(chicken coccidia)有强毒苗(virulent vaccine)和致弱苗;兔球虫(rabbit coccidia)有个别虫种的早熟减毒苗(precocious attenuated vaccine);牛泰勒虫(*Thelieria annulata*)和巴贝斯虫(*Babesia bovis*)也都有致弱虫苗或裂殖体胶冻细胞苗(schizont gelatum cell vaccine)的应用;近几年,还有几种基因工程苗(genetic engineering vaccines)进入临床应用(clinical application)或中试(clinical trial),如微小牛蜱(*Boophilus microplus*)、细粒棘球绦虫(*Echinococcus granulosus*)、猪囊虫(*Cysticercus cellulosae*)、鸡球虫等基因工程重组苗。

一、强毒虫苗(Virulent vaccine)

采用强毒虫苗免疫即是用少量强毒虫体(virulent parasites)接种于宿主体内,任其繁殖,使宿主产生带虫免疫(premunition)。这类疫苗是未经处理的活疫苗,如鸡球虫强毒苗。Dickimson(1948)最先开展强毒虫苗的研究，其做法是往饲料中混入5种球虫卵囊（即柔嫩、堆型、巨型、毒害和早熟艾美耳球虫），接种24～36 h定时喂给磺胺喹恶啉（sulfaquinoxaline）进行治疗，结果表明确实形成良好的群体免疫。但由于卵囊用量很大，生产费用高昂，加之给药程序烦琐，使得这种技术难以推广。后来，Edgar创造了一种免疫方法，即在4～10日龄通过饮水或饲料给鸡接种少量含有8种鸡球虫的混合卵囊，通过鸡体繁殖后把子代卵囊播散到垫料上，使鸡群通过反复感染不断增强免疫力。这种混合卵囊就是世界上首创的第1个鸡球虫苗Coccivac，1952年由Porn和Mitchel动物保健公司推向市场，现在由美国先灵保雅公司生产。该虫苗存在两大缺陷：①存在于疫苗中的各种球虫株都是完全致病的；②由于混入饮水或饲料中的卵囊分布不均匀造成鸡群摄入的卵囊量不一致，结果有的鸡感染太轻，不足以产生免疫力，有的鸡摄入卵囊过多而引起发病。针对上述问题，后来找到了一些切实可行的解决方法。一种方法是在饮水中加悬浮剂（suspending agent），使疫苗在水中悬浮均匀。另一种方法是加拿大的李荣丰提出的凝胶接种体系（gel vaccination system），将疫苗均匀地分布于凝胶中，让鸡自由采食。这也就是在美国和加拿大广泛使用的鸡球虫苗Immucox。

二、弱毒虫苗(Attenuated vaccine)

采用理化处理或人工传代使感染期虫体致弱，再接种于宿主体内，使之不能发育成熟或致病，但可使宿主产生抗感染的保护性免疫力。这类疫苗属于减毒活疫苗，其减毒方法主要有以下几种：

1. 筛选天然弱毒株(Selection of natural weak strain)

最成功的要算鸡艾美耳球虫早熟弱毒株的筛选。在艾美耳球虫中有一些虫体的潜在期（latent period）较正常虫体提前，而这部分虫体的毒力往往较弱，将早熟虫体筛选出来，制成虫苗，再免疫易感鸡。这一尝试已在很多国家取得了成功。据文献统计，目前国外已有7个种的致弱株，即柔嫩艾美耳球虫（*Eimeria tenella*）、毒害艾美耳球虫（*E. necatrix*）、巨型艾美耳球虫（*E. maxima*）、堆型艾美耳球虫（*E. acervulina*）、布氏艾美耳球虫（*E. brunetti*）、和缓艾美耳球虫（*E. mitis*）和早熟艾美耳球虫（*E. praecox*）。英国豪顿研究所经过10余年的努力于1992年研制出世界上第一种由早熟弱毒株组成的球虫苗Paracox。国内近年来也研制出鸡球虫弱毒株，并由河北省农业科学院、北京农学院、华南农业大学、中国农业大学和中国农业科学院相继研制成弱毒虫苗。

2. 人工传代致弱(Attenuation by artificial passage)

早在20世纪50年代澳大利亚学者Callow就以体内传代方式成功地制备了牛巴贝斯虫苗。他将牛巴贝斯虫（*Babesia bovis*）在犊牛体内机械地传15代以上，使虫体毒力减弱到被接种牛不发病的程度。以这种虫体作为虫苗，广泛接种易感牛可预防牛巴贝斯虫病。此外，采用体内传代方法还成功地研制了双芽巴贝斯虫（*B. bigemina*）苗和刚第弓形虫（*Toxoplasma gondii*）疫苗。但是这类虫苗存在一些缺点：其一是部分虫体处于暂时致弱状态，一旦回到自然状态，有的可恢复毒力；其二是有传播牛口蹄疫和白血病的危险；其三是不易体外保存和运输。

当前，很多寄生虫的体外培养方法均已建立，其中有些寄生虫通过体外培养的致弱，已经制成虫苗。如艾美耳球虫鸡胚致弱苗、牛泰勒虫的淋巴细胞传代致弱苗等。Long(1965)首次报道柔嫩艾美耳球虫（*Eimeria tenella*）能在发育鸡胚中生长，证明球虫在鸡胚中连续培养、传代能导致鸡胚适应株的产生。此种适应株对雏鸡的致病力减弱，并使雏鸡抵抗后来强毒株的攻击。1972年Long首次通过鸡胚培养培育出柔嫩艾美耳球虫的致弱虫株。随后又成功地培育出毒害艾美耳球虫鸡胚适应株。并研制出由鸡胚适应株和部分强毒株组成的球虫苗Livacox。张勤、杨振中等从20世纪80年代开始分别采用Long的鸡胚传代方法培养出了柔嫩艾美耳球虫的致弱虫株，并制成虫苗广泛使用。

Tsur(1966)根据传代致弱的方法，建立了环形泰勒虫（*Theileria annulata*）大裂殖体的连续体外培养，生产了Pipano疫苗，并已广泛使用。牛环形泰勒虫裂殖体胶冻细胞苗是20世纪70年代我国首例寄生虫虫苗，它是由中国农业科学院兰州兽医研究所和宁夏回族自治区兽医研究所等单位采用细胞培养方法研制成功的，现由宁夏回族自治区兽医研究所批量生产，该苗为预防和控制牛环形泰勒虫病起到了积极作用。

3. 辐照致弱(Attenuation by radiation)

第1个公认最有效的抗寄生虫疫苗是牛胎生网尾线虫(*Dictyocaulus viviparus*)的辐照幼虫苗(Dictol)，该疫苗以及类似疫苗(即 Nobivac)继续在欧洲使用，控制牛肺丝虫病的效果非常明显。1971年印度采用生产胎生网尾线虫疫苗的方法生产了羊丝状网尾线虫(*D. filaria*)疫苗，该苗继续在印度成功地用来控制此病，该技术正在传到周边国家。犬钩虫(*Ancylostoma caninum*)疫苗的研制亦是采用辐照致弱第3期幼虫的方法，但该苗由于生产费用高、货架寿命短等原因，仅用2年就被停止使用。

4. 遗传学致弱(Genetic attenuation)

目前基因剔除(gene knockout)或基因失效技术已经很成熟，通过这一技术将寄生虫的某些基因灭活或剔除，从而使其原有的致病力减弱或完全丢失，但仍保存活力和抗原性，目前这一研究方法在致弱苗的应用上进展还比较缓慢，主要原因在于对寄生虫的整个遗传背景还不是很清楚，因此在很大程度上需依赖于基因组工程的研究进展。

三、分泌抗原苗(Secretary antigen vaccine)

寄生虫的分泌或代谢产物具有很强的抗原性。在具备成功的培养技术的前提下，可以从培养液中提取有效抗原来制备虫苗。近年来巴贝斯虫病疫苗研究取得的主要突破是建立了巴贝斯虫包括牛巴贝斯虫(*Babesia bovis*)、双芽巴贝斯虫(*B. bigemina*)、分歧巴贝斯虫(*B. divergen*)以及犬巴贝斯虫(*B. canis*)连续体外培养的方法。体外培养系统至少可以提供2种疫苗材料：一是裂殖子提取物(merozoite extraction)；二是从裂殖子表面自然释放到培养基的可溶性外抗原(soluable exoantigen)。Jamas等在11个实验室和16次中间试验中对来自培养的牛巴贝斯虫-双芽巴贝斯虫外抗原疫苗的效果进行了广泛研究，总结出该疫苗具有下列特点：①安全；②稳定，冻干放4℃下可保存2年以上；③免疫持续时间长达14个月以上；④异源交叉保护性好；⑤佐剂 Quil-A 用量少，仅3 mg，使用安全，反应强。据报道犬巴贝斯虫外抗原已有商品苗 Pirodog™ 问世，保护率为70%～100%。这种虫苗的缺点是，在应用时往往需要佐剂和多次接种，而且其前期技术条件(虫体的培养)要求较高，并需要一定的资金投入，成本上有时不易被接受。

四、重组抗原苗(Recombinant antigen vaccine)

重组抗原苗是利用基因重组技术在异种生物体[主要有大肠杆菌(*Escherichia coli*)、毕赤酵母(*Pichia pastoris*)、一些经过驯化或转化的真核细胞]内合成大量的重组抗原，再经过必要的处理进而制备成免疫制剂(虫苗)。重组抗原苗可以弥补弱毒苗返祖，分泌抗原苗来源有限的不足。重组抗原苗的制备一般分为以下2个步骤。

1. 保护性抗原基因的克隆与表达(Cloning and expression of protective antigen genes)

保护性抗原基因的克隆与表达即所谓基因工程的上游工作。它是制备重组抗原苗的基础，其中目的基因克隆这一步最为关键，它需要很多甚至是几代研究工作者的共同努力，涉及对病原体的病原学、病理学、生物化学及分子生物学等各方面的研究，最后才能确定致病因子的成分及其相关基因。另外，一种病原生物的致病因子往往不止一种，因而给重组抗原苗的制备带来了很多的困难，从这一角度讲病毒基因工程苗最容易制备，而单细胞的原虫工程苗次之，最难的当属制备抗寄生蠕虫虫苗。

2. 重组蛋白质的制备与免疫学研究(Preparation and immunological study of recombinant proteins)

重组蛋白质的制备与免疫学研究即基因工程的下游工作。从一个基因的克隆到最后制备成商品抗原苗可能比基因克隆所需的时间还要长。尤其是制备用于人体的免疫制剂,其过程更为复杂。从表达载体的设计到蛋白质的大量合成与纯化都需要科学的论证与试验。另外,并不是所有的蛋白质都能够通过大肠杆菌生产。很多寄生虫抗原都是复合抗原,在其蛋白质结构上还连接着一些糖基化基团,而这些糖分子又是维持该分子抗原性的必需成分,这种糖蛋白分子就不适合在大肠杆菌内表达,因为大肠杆菌本身的糖基化功能很弱。最后,在实验室进行蛋白质表达过程与大规模的工业发酵(即最后的商品化)几乎是完全不同的2个过程。这些问题都是重组抗原苗从实验室走向临床应用之前必须解决的。

近年来家畜寄生虫基因工程苗的研究已经取得了可喜成就,目前上市的抗寄生虫分子疫苗有绵羊带绦虫(*Taenia ovis*)、微小牛蜱(*Boophilus microplus*)疫苗,如 Tick-Gard™。其他寄生虫分子疫苗的研究正在不断深入地进行。

五、核酸疫苗(DNA vaccine)

核酸疫苗即 DNA 疫苗,是把外源基因克隆到真核质粒表达载体上,然后将重组的质粒 DNA 直接注射到动物体内,使外源基因在活体内表达,产生的抗原激活机体的免疫系统,引发免疫反应。核酸免疫已成为预防和治疗感染性疾病的一种有希望的基因治疗方法。

1. DNA 疫苗的种类(Category of DNA vaccine)

DNA 疫苗的种类按作用机理,可分为 2 种。

(1)免疫激活性 DNA 苗　类似于常规的蛋白质苗,也是目前研究和应用最广泛的 DNA 苗,它主要通过在被接种的动物体内表达该质粒 DNA 所编码的蛋白质而起作用。根据所含有的插入片段的种类不同,又分为单价 DNA 苗(在质粒中只有一个 DNA 插入片段,因而只表达一种蛋白质)和多价 DNA 苗(质粒含有 2 个或 2 个以上插入片段,分别编码不同的蛋白质)。

(2)自杀性 DNA 苗　接种这种 DNA 苗的受体细胞在完成蛋白质合成与表达后自动死亡,因而避免被接种的基因整合到受体细胞基因组内引起异常突变的危险。目前自杀性 DNA 苗多由 alpha 病毒基因组改造而成。该病毒在感染真核细胞后,其基因组与被感染动物的基因组不发生融合,并且病毒 RNA 本身具有自我复制功能,同时还抑制受体细胞其他基因的表达。另外,这种载体对外源基因的表达量远大于其他 DNA 质粒,因而在免疫过程中所需的 DNA 量很小。

2. DNA 疫苗的优点(Advantages of DNA vaccine)

DNA 疫苗具有许多突出的优点:①能表达天然蛋白抗原,形成正确的折叠和翻译后糖基化等修饰,递呈给宿主免疫系统与自然感染过程相似,更接近天然分子形式,包括构型相关位点,因而能诱导更有效的免疫应答。②可诱导出全方位免疫,包括细胞免疫和体液免疫。③生产简便、成本低廉、稳定性好且贮存方便,核酸疫苗只涉及基因方面操作。④使用安全,没有感染病原的危险,核酸疫苗仅仅是病原体某种抗原的基因片段,而不是整个病原体的基因,且利用质粒作载体,不涉及感染性因子。⑤免疫具有持续性,一次接种可获得长期免疫力,避免了灭活疫苗、重组蛋白疫苗等需多次加强免疫的烦琐。⑥同种异株的交叉保护作用,采用同种不同株之间的保守 DNA 序列作核酸疫苗,可以使其免疫作用突破地理株的限制。核酸疫苗诱导的强细胞免疫效应,对胞内寄生虫有较强的杀灭作用。

3. DNA 疫苗的潜在危险(Potential risks of DNA vaccine)

DNA 免疫实质上是一种 DNA 导入与表达的过程。它与基因治疗一样,存在着一些潜在的不利因素:①将 DNA 意外地导入不希望导入的细胞内,影响细胞的正常功能。②刺激被接种机体产生抗 DNA 抗体,有导致抗自身免疫的可能。③质粒 DNA 整合到了机体的遗传系统内引起细胞癌变。④产生免疫耐受。这些因素都是在研制 DNA 苗过程中必须加以认真考虑的。

目前已报道用于动物的寄生虫核酸疫苗主要有:利什曼原虫的 pcD2NA1-GP63;弓形虫的 pcDNA3-ROP1、pUc18-ROP1、pcDNA3-p30;环形泰勒虫的 pSTams1-1、pSTams1-2;羊绦虫的 Aden-W45、pcD-NA3-W45;猪囊尾蚴的 pUC-cC1 等。

第四节　生物控制
Section 4　Biological Control

一、生物控制的概念与特点(Definition and characteristics of biological control)

(一)生物控制概念(Definition of biological control)

寄生虫的生物控制(biological control of parasites)是指采用某些寄生虫的自然天敌(natural predator)对寄生虫及其侵袭病(parasitosis)进行防治的一种生物技术(biological technique)。该技术可以将寄生虫的感染程度控制在一个经济阈值(economic threshold)(图 8-1)或亚临床水平(subclinical level)之下,使之不造成明显的经济损失(economic losses)。

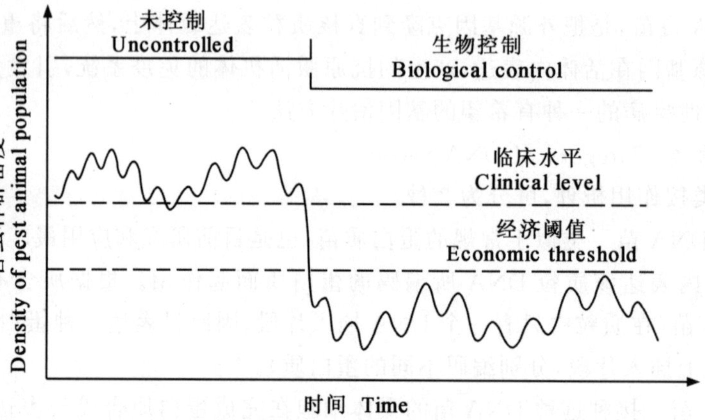

图 8-1　生物控制模式

Figure 8-1　Diagrammatic drawing of biological control

(引自 Gronvold,1996)

Biological control describes situations in which a living antagonist (a predator, or a pathogen) is distributed by man to low pest (parasite) populations to acceptable sub-clinical densities or to keep the population at a non-harmful level.

被用来对寄生虫进行生物控制的生物往往称为天敌(natural enemy),由于它们本身的寄生(parasitism)导致寄主致病(pathogenicity)和死亡(death),或者其代谢产物能直接杀死寄主。天敌的分类一般是将其作用的寄主种类与天敌的种类结合起来进行,如捕食线虫性真菌(nematode-trapping fungi)、昆虫病原性细菌(entomopathogenic bacteria)、昆虫病原性真菌(entomopathogenic fungi)、昆虫病原性病毒(entomopathogenic viruses)、昆虫病原性线虫(entomopathogenic nematodes)、昆虫病原性原生动物(entomopathogenic protozoa)等;不同天敌感染宿主有不同的途径(pathway)。

在寄生虫病控制中,既可以单独使用生物控制方法;也可以将其和其他非化学或化学药物控制方法结合起来使用。

(二)生物控制特点(Characteristics of biological control)

长期以来,对寄生虫病的防治主要依靠化学药物,随之而来出现了抗药性、药物残留和环境污染的问题。

1. 抗药性(Drug resistance)

长期反复使用化学药物(chemical drugs),易使虫体产生抗药性,澳大利亚、欧洲、北美、南美、东南亚、太平洋地区及许多发展中国家已有不少这方面的报道。这些药物的种类包括苯丙咪唑(benzimidazole)、左旋咪唑(levamisole)、噻苯咪唑(thiabendazole)、阿苯达唑(albendazole)、芬苯达唑(fenbendazole)、甲苯达唑(mebendazole)、噻嘧啶(pyrantel)、甲噻吩嘧啶(morantel)、氯氰碘柳胺(Closantel)等,其中还有国内外目前广泛应用的阿维菌素(avermectin)类药物。因而,需要不断地投入大量的人力、物力研制开发新的药物,以满足生产需要,结果造成社会资源的大量浪费。

2. 药物残留(Drug residue)

随着化学药物的大量使用,药物残留成分随着畜产品——蛋、奶、肉等进入人体,对人的健康造成威胁,长久的累积作用对人的危害不可低估。例如,我们常使用的驱线虫药噻苯咪唑属于广谱、高效、低毒驱虫药。但是,应用该药后,家畜的乳汁至少在 96 h 内不能饮用,动物应在屠宰前 30 d 停药,否则内脏不可食用。随着经济的发展和人民生活水平的提高,人们对畜产品的质量要求日趋提高,对绿色动物食品的需求逐渐加大。因此,化学药物在动物性食品(animal food)中的残留与污染(residue and pollution)问题必然成为人们日趋关注的大事。

3. 环境污染(Environment pollution)

化学药物的某些有害成分排出机体后,会对环境造成污染,进而影响到自然界的生态平衡(ecological balance)。近几年的研究揭示大环内酯类药物(macrolide drug)的降解产物从动物体内排出后,会严重威胁到粪便清道夫——粪甲虫(dung beetle)及蚯蚓(earthworm)和其他土壤中正常生物种群(biotic population)的生存,如 Wardhaugh(2001)的研究显示:依普菌素(eprinomectin)对草场上粪甲虫(*Onthophagus taurus*)的繁殖力及其后代的活力有严重影响。长此下去,草场或土壤的正常环境就会遭到破坏。这对无公害农业(non-hazardous agriculture)的建立和可持续发展战略非常不利。

采用生物控制方法可以避免上述 3 个问题的产生,其特点是:被控制的病原体一般不易产生抗药性;其生物制剂(biological agents)有较强的选择性,通常对人及脊椎动物(vertebrates)无害;源于自然还于自然,不会破坏生态环境;某些天敌可通过宿主之间相互蔓延,可产生较好的持续杀虫效果;通过对天敌的人工选择(artificial selection)和培育(cultivation),可获得致病性较强的种株或品系;一些天敌不但能抑制靶寄生虫(target parasites)本身,而且还能作用其后代(offspring),在一定时间内可以控制寄生虫的种群。因此,生物控制无论从经济效益还是从社会效益来看,其应用前景广阔。这对于畜牧业的可持续发展(sustainable development)、保护环境(environmental protection)、维护生态平衡(ecology equilibrium)、发展无污染的绿色畜产品(unpolluted green animal products)具有重要意义。

二、生物控制剂的初步应用(Preliminary application of biological control agents)

可以用来对害虫进行生物控制的天敌很多,目前已知这些杀虫的生物天敌(biological natural enemies)近 3 000 种,并且这个数目还在不断地增加。天敌种类包括某些细菌(bacteria)、真菌(fungi)、病毒(virus)、立克次氏体(rickettsia)、支原体(mycoplasma)、线虫(nematodes)、原生动物(protozoa),还有许多能够产生杀虫素的放线菌(actinomycetes)。这些天敌已有不少用于农业(agriculture)、林业(forestry)、畜牧业(animal husbandry)和卫生方面害虫的控制。现在,不少国家,如俄罗斯、加拿大、美国、日本、芬兰、澳大利亚都在积极进行生物控制方面的研究,并在一定程度上生产和应用生物杀虫剂(biological insecticide)。

1. 苏云金杆菌(*Bacillus thuringiersis*)

20 世纪初,苏云金杆菌的发现与开发,使害虫生物制剂的研制步入了商品化。苏云金杆菌是当前研究最多、用量最大的杀虫细菌(insecticidal bacteria),世界上许多国家都在生产应用。其制剂(preparations)除可用于农林昆虫外,也可用在蚊子(mosquitoes)等动物寄生虫的控制上。在其成功应用的示范下,各种生物杀虫剂的研究与生产有了迅速的发展,生物控制目标由农作物害虫(crop pests)、森林害虫(forest pests)逐步扩展到动物害虫(animal pests)和卫生害虫(health pests)方面。现苏云金杆菌与白僵菌(*Beauveria*)在许多国家已成为有效的微生物杀虫剂(microbial insecticide)。此外,病毒杀虫剂(viral

pesticides)的研究发展也很快，在美国至少有5种昆虫病毒的13种商品制剂(commercial product)被用于田间试验(field trial)，产品销售到国内外。

20世纪80年代以来，基因工程(genetic engineering)和细胞工程(cellular engineering)技术的迅速发展，给生物杀虫剂的遗传改良(genetic improvement)带来了光明的前景。目前，外源基因(exogenous genes)在异源生物(heterogenous organisms)有机体内的表达开辟了杀虫生物遗传改良的新领域。例如，苏云金芽孢杆菌的伴孢晶体(parasporal crystals)——δ-内毒素(endotoxin)易与芽孢(spore)分离暴露在环境中，从而使活性降低。为解决这一难题，人们运用基因工程技术将携带δ-内毒素的质粒(plasmid)转移到革兰氏阴性菌(Gram-negative bacteria)荧光假单孢菌(*Pseudomonas fluorescens*)中。结果证明此工程菌比苏云金芽孢杆菌制剂防治害虫更有效。目前，人们已将一些昆虫特异性毒素(specific toxin)、激素(hormone)和酶基因(enzyme gene)导入到杆状病毒(baculovirus)基因组中，形成新的毒力更强的基因工程杆状病毒杀虫剂。真菌杀虫剂的菌株改良主要是利用原生质体融合技术(protoplast fusion technique)。Silveira(1987)以原生质体融合技术获得了绿僵菌(*Metarhizium*)的二倍体，此后又有人对球孢白僵菌(*Beauveria bassiana*)等原生质体的形成、再生和融合进行过研究。

2. 捕食线虫性真菌(Nematode-trapping fungi)

用自然界存在的捕食线虫性真菌对家畜寄生线虫进行防治是动物寄生虫生物控制的一个重要方面，一直受到各国生物科学家的关注。在该领域中，丹麦皇家兽医大学在利用捕食线虫性真菌控制家畜线虫感染方面做了一系列工作，筛选出适合本国实际、作用较好的菌株嗜线虫真菌(*Duddingtonia flagrans*)，并在实验室和生产实践中进行了杀灭寄生线虫(parasitic nematode)的试验，引起了国际寄生虫学界的关注。现在，丹麦Christian Hansen生物科学公司(CHBS)与其合作，已申报了专利，进行了商品化开发。另外，其他一些国家的科学家也在积极从事捕食线虫性真菌的实际开发利用研究。

一般认为随动物粪便排出的线虫捕食性真菌，只对粪便中的幼虫(larvae)发生作用。不会影响到土壤和环境中的生态种群(ecological populations)，更不会造成对自然界生态平衡的破坏。由于真菌孢子(fungal spores)在动物体内不能生长繁殖，因而不可能对人畜造成任何危害；由于作用的对象是自由生活阶段(free living stage)的幼虫，即在虫体感染前发生作用。所以，避免了感染后才杀灭的弊端，防止了寄生虫在动物体内的危害。另外，还抑制了粪便中幼虫向周围环境的传播扩散，减轻了草场(pasture)的污染，降低了家畜对寄生虫的感染率(infection rate)和感染强度(infection intensity)，减少了动物消化道寄生虫的感染数量，降低了动物粪便中排出的虫卵数，可以减少易感动物的感染和已感染动物的重复感染(repeated infections)，极大地消除了动物遭受寄生虫感染所造成的危害。此外，另一个特点是捕食线虫性真菌生物控制寄生虫，并不是把全部虫体消灭，而是可使环境中保持有一定数量的虫体，对动物产生临床免疫力(clinical immunity)有一定好处。采用这种生物控制技术可以将寄生虫感染控制在亚临床水平，达到预防临床寄生虫病发生的效果。

我国目前在寄生虫病防治中，盲目用药、效率低下情况比比皆是。抗药性、药物残留、对环境的污染问题远比国外严重。而我国生物控制动物寄生虫技术一直是个空白，近些年才逐渐展开，主要报道的有利用捕食性真菌和苏云金芽孢杆菌伴孢晶体毒素控制家畜寄生虫感染的研究，在这方面内蒙古农业大学和华中农业大学做了较多工作，可见相关资料。可以预见，尽管目前乃至今后相当长一段时间，采用化学药物驱虫仍是控制家畜寄生虫感染的重要手段，但从可持续发展的角度来看，生物控制必将成为今后的一个发展方向。

今后生物控制的研究一是要从自然界不断分离筛选新的、效果好、作用较强的可用于实践的天敌，并深入研究其生物学和生态学特性(biological and ecological characteristics)。二是从生态学角度出发，在保持生态平衡的基础上，向生态系统(ecosystem)中引入有关生物天敌，并没法让其在比较长的时间内定植下来，以发挥其长期的生物控制作用。三是从化学和生物学角度进行研究，从天敌代谢产物中筛选出高效低毒的杀虫物质，以方便应用于生产试验。四是利用生物工程技术(bioengineering technique)，改造和提高生物制剂(biological preparation)的杀虫效果。五是要加快生物制剂的商品化进程。

Ideally, biological control has no negative effects on the environment, whereas chemical control is not always so harmless. Laboratory and field observations have revealed many organisms, such as viruses, bacteria, fungi, protozoa, turbellarians, nematodes, earthworm, tardigrades, insects, copepod and mites as antagonists to parasitic arthropods, protozoans and helminthes of domestic animals. However, only very few of these antagonists have shown promising qualities as biological control agents within veterinary science. The lack of success should be linked to the lack of knowledge about complex natural biological systems and the antagonists that may be found there. In the future, however, biological control will be paid a more great attention considering the increasing problems with parasite resistance to drugs in combination with the increasing cost of developing new chemical products, and because of increasing public concern about chemical residues in animal products and in the environment.

第二篇　各　论

Part 2　Every Introduction

第九章　人畜共患寄生虫病
Chapter 9　Parasitic Zoonosis

第一节　蠕　虫　病
Section 1　Helminthiasis

一、血吸虫病(Schistosomiasis)

日本血吸虫病(schistosomiasis japonica)是由分体科(Schistosomatidae)分体属(*Schistosoma*)的日本血吸虫(*S. japonicum*)寄生于人(human)和牛(cattle)、羊(goat)、猪(pig)、犬(dog)、猫(cat)、啮齿类(rodent)等多种哺乳动物的门静脉系统(portal venous system)和肠系膜静脉(mesenteric vein)的小血管所引起的一种危害严重的地方流行性人兽共患寄生虫病(parasitic zoonosis)。在我国通常将日本血吸虫病简称为血吸虫病(schistosomiasis)。

根据 1972 年在湖南长沙马王堆一号墓出土的西汉女尸及 1975 年在湖北江陵出土的西汉男尸内皆发现有大量典型血吸虫卵的事实，证明在 2100 多年前我国已有血吸虫病的流行。

(一)病原形态(Pathogen morphology)

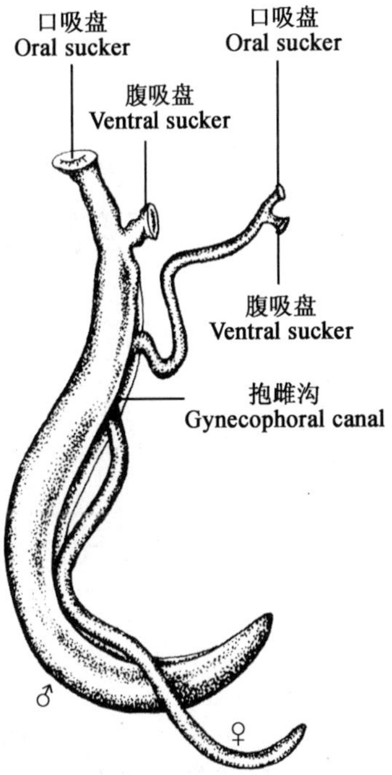

图 9-1　日本血吸虫成虫(雌雄合抱)

Figure 9-1　*Schistosoma japonicum* (male and female hold together)

日本血吸虫的成虫为雌雄异体(dioecism)，呈长圆柱形(图 9-1)。雄虫粗短，乳白色，体表光滑，长 10～20 mm，宽 0.5～0.55 mm。口吸盘(oral sucker)和腹吸盘(ventral sucker)各一个，口吸盘在体前端；腹吸盘较大，具有粗而短的柄，在口吸盘后方不远处。自腹吸盘以后，虫体两侧向腹侧内褶，形成抱雌沟(gynecophoral canal)，雌虫停留其中，呈合抱状。口吸盘内有口，下接食道(esophagus)，两侧有食道腺。食道在腹吸盘前分为 2 支，向后延伸为肠管(intestine)，至虫体后部 1/3 处合并为一单管，伸达体末端。睾丸(testes)7 枚，呈椭圆形，成单行排列于腹吸盘下。从每个睾丸发出一个输出管汇合成输精管并延伸扩大为贮精囊。生殖孔开口在腹吸盘后抱雌沟内。雌虫较雄虫细长，暗黑色，前端细小，后端粗圆。大小为(15～26) mm×0.3 mm。口吸盘和腹吸盘大小相等。消化器官基本上和雄虫相同。卵巢(ovary)呈椭圆形，从后端发出输卵管一根，在卵巢前和卵黄管汇合形成卵模(ootype)。卵模周围为梅氏腺(Mehlis' gland)。管状的子宫内含有 50～300 个虫卵，雌性生殖孔开口于腹吸盘后方。卵黄腺呈分支状，位于虫体后 1/4 处。虫卵椭圆形，大小为(70～100) μm×(50～65) μm，淡黄色，卵无盖，其一侧有一小刺，排出时已发育至毛蚴阶段。

(二)生活史(Life cycle)

血吸虫虫卵(egg)随同人和家畜的粪便排入水中(图 9-2)，在合适的温度和湿度下，卵内毛蚴(miracidium)成熟孵化，破壳而出，在水中遇到中间宿主湖北钉螺(*Oncomelania hupensis*)后，靠头腺分泌的溶蛋白酶的作用钻入钉螺体内进行无性繁殖，经过母胞蚴（mother sporocyst）及子胞蚴（daughter sporocyst）阶段，最后发育为尾蚴（cercaria）自钉螺体内逸出。一个毛蚴在钉螺体内可以产生数万条尾蚴，在25～30℃时，这一过程需要3个月左右。尾蚴主要分布在水面，随水漂流。当人畜与疫水接触时，尾蚴借其头腺分泌的溶组织酶作用和其肌肉收缩的机械运动，很快钻入皮肤（或黏膜）并脱去尾部变为童虫（schistosomula）。童虫经小静脉或淋巴管进入血液循环，再经右心到肺。以后由肺的毛细血管经肺静脉而入大循环向全身扩散。只有进入肠系膜静脉的童虫，才能继续发育为成虫，其余多在移行过程中死亡。通常在感染尾蚴后3周左右即可发育为成虫，雌雄虫交配后即可产卵。虫卵随门静脉血流顺流到肝，或逆流入肠壁而沉着在组织内，经11 d左右逐渐发育为成熟虫卵，内含毛蚴。毛蚴分泌的溶细胞物质可透过卵壳到达肠壁溶解黏膜，从而使虫卵进入肠腔并随粪便排出体外，再重复上述过程。从尾蚴进入宿主体内到在粪便内查到虫卵所需时间因宿主种类而异。一般实验动物约为36 d，奶牛为36～38 d，黄牛为39～42 d，水牛为46～50 d。成虫在动物体内的寿命一般为3～4年，也可能在10年以上。

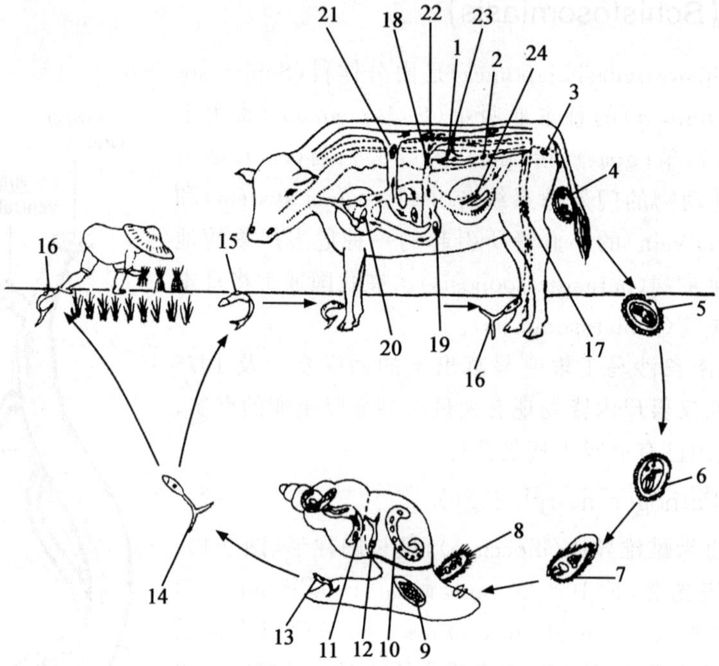

图 9-2 日本血吸虫生活史

Figure 9-2 The life cycle of *Schistosoma japonicum*

1. 成虫在牛的肠系膜静脉（Adult in mesenteric vein in bovine）；2. 虫卵在血管（Egg in blood vessel）；3. 虫卵从血管到肠壁（Egg from blood vessel to intestine wall）；4. 虫卵随粪便排出（Egg passing out of body in feces）；5，6. 虫卵落入水中（Egg dropping into water）；7. 在水中孵出毛蚴（Miracidia hatched in water）；8. 毛蚴钻入螺体（Miracidia entering into the snail）；9. 孢蚴（Sporocyst）；10. 母雷蚴（Mature mother sporocyst）；11. 子雷蚴（Daughter sporocyst including cercaria）；12. 尾蚴（Cercaria）；13. 尾蚴从螺体释放（Cercaria escaping from the snail）；14. 尾蚴在水中游动（Cercaria free in water）；15. 尾蚴停留在水面（Cercaria inhabiting actionlessly on the surface of water）；16. 尾蚴经皮肤侵入牛或人体内（Cercaria invading the body of bovine or human being by the skin）；17，18. 尾蚴脱去尾部从血管到心脏（Cercaria shed tail from blood vessel to heart）；19. 尾蚴从右心室到肺（Cercaria travels from right ventricle to lung）；20. 尾蚴从肺到左心室（Cercaria travels from lung to left ventricle）；21. 尾蚴进入循环系统（Cercaria enter into circulatory system）；22. 尾蚴在主动脉（Cercaria in aorta）；23. 尾蚴经毛细血管从肠系膜静脉到肠系膜动脉（Cercariae reach mesentery artery via capillary vessel from mesenteric vein）；24. 成虫寄生在门静脉（Adults inhabited in portal vein and mesenteric veins）

Adult schistosomes are parasites of veins of the digestive tracts of mammals. Sexes are separate, with the slender female lying in the gynecophoral canal of the somewhat stouter male. Female produces eggs that are moved into intestine and passed in the host's feces. Fresh eggs contain a fully developed miracidium when discharged in the feces. The miracidium emerges from the egg in water. On coming in contact with the *Oncomelania hupensis*, the miracidium penetrates the snail. In the snail the parasites undergo several developmental stages (mother sporocysts, daughter sporocysts and cercariae). The cercariae escape from the snail and have a short free-swimming life in water. When they meet the definitive host, the cercariae penetrate directly through the skin, drop their tails in the process and invade the circulatory system. Inside the definitive host, the schistosomula migrate through the lymph and blood vessels to the mesenteric veins and develops into adult.

(三)流行病学(Epidemiology)

日本血吸虫病流行于亚洲的中国、日本、菲律宾、印度尼西亚等。在我国主要流行于长江流域及其以南的 13 个省(市,区),尤以湖北、湖南、江西、浙江、安徽等省较为严重。新中国成立前本病流行猖獗,对广大劳动人民的身体健康及畜牧业生产危害极大。新中国成立后,经过 60 多年的努力,我国血吸虫病的防治取得了令人瞩目的成绩,广东、广西、福建、江苏和上海等 5 个省市和全国 270 多个县市已基本消灭了血吸虫病。但近年来,由于自然灾害和生态环境的改变,有些地区血吸虫病又死灰复燃,发病率(morbility)有上升的趋势。

湖北钉螺(*Oncomelania hupensis*)是日本血吸虫的中间宿主。它是水陆两栖螺,在水体、稻田、沟渠、滩地、堤岸、山坡等许多不同场所均有分布,环境十分复杂,具有明显的地方性。其生活与气候、土壤和水密切相关。血吸虫的分布与钉螺分布基本一致。

自然感染血吸虫的家畜有黄牛(cattle)、水牛(buffalo)、山羊(goat)、绵羊(sheep)、马(horse)、骡(mule)、驴(donkey)、猪(pig)、犬(dog)、猫(cat)、家兔(rabbit)等 10 余种,其中黄牛和水牛是最重要的传染源。野生动物(wildlife)有褐家鼠(brown rat)、野兔(hare)、野猪(wild boar)等 30 余种。由于保虫宿主种类繁多、分布广泛,从而加大了该病的防治难度。耕牛感染存在种间差别,黄牛感染一般高于水牛。牛的感染率(infection rate)与性别没有相关性,但与年龄有关,一般黄牛年龄越大,感染率越高,水牛感染率则随年龄的增高而降低。任何年龄、性别和种族的人,对日本血吸虫皆有易感性,但在流行区,一般年龄在 11～20 岁的感染率最高。

经皮肤感染(percutaneous infection)是日本血吸虫的主要感染途径,也可通过口腔黏膜或胎盘感染(placental infection)。

社会因素对血吸虫病的流行有重要影响。政治、经济、文化、生产活动、生活习惯等,特别是社会制度、卫生状况等对血吸虫病的流行具有重要作用。近年来我国实施的南水北调和三峡水库的修建等大型水利工程以及全球气候变暖对血吸虫病的流行都有一定的影响。

(四)致病作用(Pathogenesis)

日本血吸虫的尾蚴、童虫、成虫和虫卵本身对宿主产生的危害并不严重,致病作用主要是成虫及虫卵抗原连续释放到血液或组织内,致敏免疫细胞,引起免疫应答及复杂的免疫病理反应,造成组织损伤(tissue damage)。如在肠道沉积的虫卵,破坏肠壁组织,造成纤维结缔组织增生(fibrous connective tissue hyperplasia),导致肠壁增厚,形成虫卵肉芽肿(egg granuloma),甚至癌肿(cancer)。在肝脏沉积的虫卵,致使嗜酸性粒细胞增多(eosinophilia),引起肝脓肿(liver abscess),进而破坏肝脏,严重的会出现肝腹水(liver ascites)、肝硬化(hepatic cirrhosis),进而导致宿主死亡。

(五)症状(Clinical signs)

家畜感染血吸虫的临床症状与畜别、年龄、感染强度以及饲养管理等情况密切相关。一般黄牛的症状较重,水牛、羊和猪的较轻,马几乎没有症状。

黄牛或水牛犊(calf)大量感染时,往往呈急性经过(acute process)。首先是食欲不振(inappetence),精神沉郁(depression),行动缓慢(drumble)。体温升高(fervescence)达 40～41℃,腹泻(diarrhea),里急

后重(tenesmus),粪便带有黏液、血液。后期黏膜苍白(pale mucosa),水肿(edema),日渐消瘦(emaciation),最后衰竭死亡。少量感染时,病程多为慢性经过(chronic process)。病畜表现消化不良(indigestion),发育迟缓(developmental retardation)。患病母牛(cow)发生不孕(infertility),流产(abortion)。

(六)病变(Lesions)

日本血吸虫病的病理变化主要在肝脏(liver)和肠壁(intestinal wall)。肝脏表面凹凸不平,表面或切面肉眼可见粟米大至高粱米大灰白色的虫卵结节(egg nodule)。感染初期肝脏可能肿大,后期肝萎缩(hepatatrophy)、硬化(sclerosis)。严重感染时,肠壁肥厚,表面粗糙不平,肠道各段均有虫卵结节,尤以直肠部分更为多见。肠黏膜有溃疡斑,肠系膜淋巴结和脾脏肿大,门静脉血管肥厚。在门静脉和肠系膜静脉内可找到雌雄合抱的虫体。另外,在心、肾、脾、胃、胰等器官有时也有虫卵结节。

(七)诊断(Diagnosis)

在流行区,根据临床症状可对急性大量感染的动物血吸虫病做出初步诊断,但确诊需要病原学检查(pathogenic examination)和免疫学试验(immunological test)。

病原学检查最常用的方法是毛蚴孵化法(miracidia hatching method),临床上常将粪便尼龙绢筛集卵法和毛蚴孵化法 2 种方法结合使用。有时也可刮取动物的直肠黏膜作压片镜检,查到虫卵即可。死后剖检在门静脉系统查到虫体或虫卵结节也可确诊。

我国动物血吸虫病常用的免疫学诊断方法包括 IHA、ELISA、环卵沉淀试验(COPT)等,不同单位生产的诊断试剂之间有差异,但一般检出率均在 90%以上。近期研制出的快速诊断方法如胶体染料试纸条法(DDIA)和斑点金免疫渗透法(DIGFA)有着简便快速的优点。

(八)防治(Treatment and prevention)

1. 治疗(Treatment)

可用下列药物:①吡喹酮(praziquantel)。粉剂,黄牛或水牛均为 30 mg/kg 体重,山羊为 20 mg/kg 体重,一次口服。注射剂为黄牛或水牛均为 10～15 mg/kg 体重,肌肉注射。②青蒿琥酯(artesunate)。内服,一次量,牛 5 mg/kg,首次量加倍,1 d 2 次,连用 2～4 d。

Praziquantel is generally administered in an oral form in one or two doses from 40-60 mg/kg body weight. Combination treatment may prevent morbidity due to schistosomiasis. Praziquantel is most active against adult worms. However, it has been found that artemether prevents the development of adult worms, thus decreasing egg production in the host. If both praziquantel and artemether can be used together, the entire lifespan of *S. japonicum* would be covered in the vertebrate host.

2. 预防(Prevention)

血吸虫病防治以预防为主,因时因地制宜采取以灭螺为主的综合性防治措施。灭螺(destruction of snails)是切断血吸虫病传播途径、防止再感染的关键性措施。过去采用土埋等改变钉螺滋生环境的灭螺方法。20 世纪 60 年代中期起,推广使用五氯酚钠(sodium pentachlorophenate)灭螺,因其严重污染环境、破坏生态、对水生生物和哺乳动物有突变、致癌、致畸作用而停用。20 世纪 60～80 年代上海等地曾陆续研制出四聚乙醛(metaldehyde)、溴乙酰胺(bromomoacetamide)等低毒性灭螺剂取得一定效果。1992 年后我国灭螺药物以氯硝柳胺(niclosamide)为主。近年来,结合农业生产结构调整和水利建设,通过硬化沟渠和生态灭螺也取得了很大成绩。除了灭螺,人畜定期检查和治疗(regular check and treatment)、药物预防(chemoprophylaxis)、安全用水(safe water)、粪便管理(feces management)也是消灭血吸虫病综合防治措施中的重要环节。

The most recent measures—since 2005—have included: ① mechanization of agriculture, replacing buffalos with tractors, fencing pasture areas and banning grazing in snail-infested areas, ② improving household sanitation and access to clean water, and ③ educating fishermen and boatmen about the dangers of infested water.

二、囊尾蚴病(Cysticercosis)

猪囊尾蚴病(cysticercosis cellulosae)的病原体是寄生在人体内的猪带绦虫(*Taenia solium*)的幼虫——猪囊尾蚴(*Cysticercus cellulosae*),在分类学上猪带绦虫属于带科(Taeniidae)的带属(*Taenia*)。猪(pig)与野猪(wild pig)是最主要的中间宿主,犬(dog)、骆驼(camel)、猫(cat)也可作为中间宿主。人既是猪带绦虫的终末宿主,也可作为中间宿主。该囊尾蚴寄生于人、猪各部横纹肌(skeletal muscles)及心脏(heart)、脑(brain)、眼(eye)等器官,引起的危害十分严重,不仅影响养猪业的发展,造成重大经济损失,而且给人体健康带来严重威胁,是肉品卫生检验(meat inspection)的重点项目之一。

(一)病原形态(Pathogen morphology)

猪囊尾蚴俗称猪囊虫。成熟的猪囊尾蚴,外形椭圆,约黄豆大,为半透明的包囊(cyst),大小为(6～10) mm×5 mm,囊内充满液体,囊壁是一层薄膜,壁上有一个圆形黍粒大的乳白色小结,其内有一个内翻的头节(scolex),头节上有 4 个圆形吸盘(suckers),最前端的顶突(rostellum)上有许多角质小钩(hooks),分两圈排列。

成虫为猪带绦虫(图 9-3),或链状带绦虫,因其头节的顶突上有小钩,又名有钩绦虫(*Taenia solium*)。成虫体长 2～5 m,偶有长达 8 m。整个虫体有 700～1 000 个节片。头节圆球形,直径约 1 mm,顶突上有 25～50 个角质小钩,分内外两环交替排列,内环钩较大、外环钩较小。顶突的后外方有 4 个碗状吸盘。颈节(neck)细小,长 5～10 mm。幼节(immature segment)较小,宽度大于长度。成节(mature segment)距头节约 1 m,长度与宽度几乎相等,呈四方形;孕节(gravid segment)长度约为宽度的 1 倍。每个成节含有一套生殖器官,生殖孔(genital pore)不规则地在节片侧缘交错开口。睾丸(testes)为泡状,150～200 个,分散于节片的背侧。卵巢(ovary)除分两叶外,还有一个副叶。子宫(uterus)为一直管,妊娠时逐渐向两侧分支,每侧数目为 7～16,侧支上可再分支,内充满虫卵,每一孕节含卵 3 万～5 万个。孕节逐个或成段地随粪便排出,初排出的节片有显著的活力。在孕节脱离虫体前后,由于子宫膨胀结果,虫卵可以由节片的正纵线破裂处逸出。

虫卵(egg)为圆形或略为椭圆形,直径为 35～42 μm,有一层薄的卵壳(egg shell),多已脱落,故外层常为胚膜(germinal membrane),甚厚,具有辐射状条纹(radial stripes),内有一个六钩蚴(oncosphere)。

The scolex is typically taeniia, having a rostellum armed with two concentric rows of hooks, while the uterus of the gravid segment has fewer lateral branches (Figure 9-3).

(二)生活史(Life cycle)

成虫寄生于人的小肠(small intestine)前半段,以其头节深埋在黏膜内。虫卵或孕节(gravid proglottid)随粪便排出后污染地面或食物。中间宿主(主要是猪)吞食了虫卵或孕节,在胃肠消化液的作用下,六钩蚴破壳而出,借助小钩及六钩蚴分泌物的作用,于 1～2 d 内钻入肠壁,进入淋巴管及血管,随血液循环带到全身各处肌肉及心、脑等处,2 个月后发育为囊尾蚴(cysticercus)(图 9-4)。猪囊尾蚴在猪体可生存数年,年久后即钙化死亡。

人误食了生的或未煮熟的含囊尾蚴的猪肉后,猪囊尾蚴在人胃肠消化液作用下,囊壁被消化,头节进入小肠,用吸盘和小钩附着在肠壁上,吸取营养并发育生长。50 多 d 或更长时间开始能见到孕节(或虫卵)随粪便排出。开始时排出的节片多,然后逐渐减少,每隔数天排出 1 次,每月可脱落 200 多个节片。人体内通常只寄生一条,偶尔多至 4 条,成虫在人体内可存活 25 年之久。

A tapeworm larval cyst (cysticercus) is ingested by human through poorly cooked infected meat; the larva escapes the cyst and passes to the small intestine where it attaches to the mucosa by the scolex suckers. The proglottids develop as the worm matures in 3 to 4 months. The adult may live in the small intestine for as long as 25 years and pass gravid proglottids with the feces. Eggs extruded from the proglottid contaminate and persist on vegetation for several days and are consumed by pigs in which they hatch and form cysticerci in muscle.

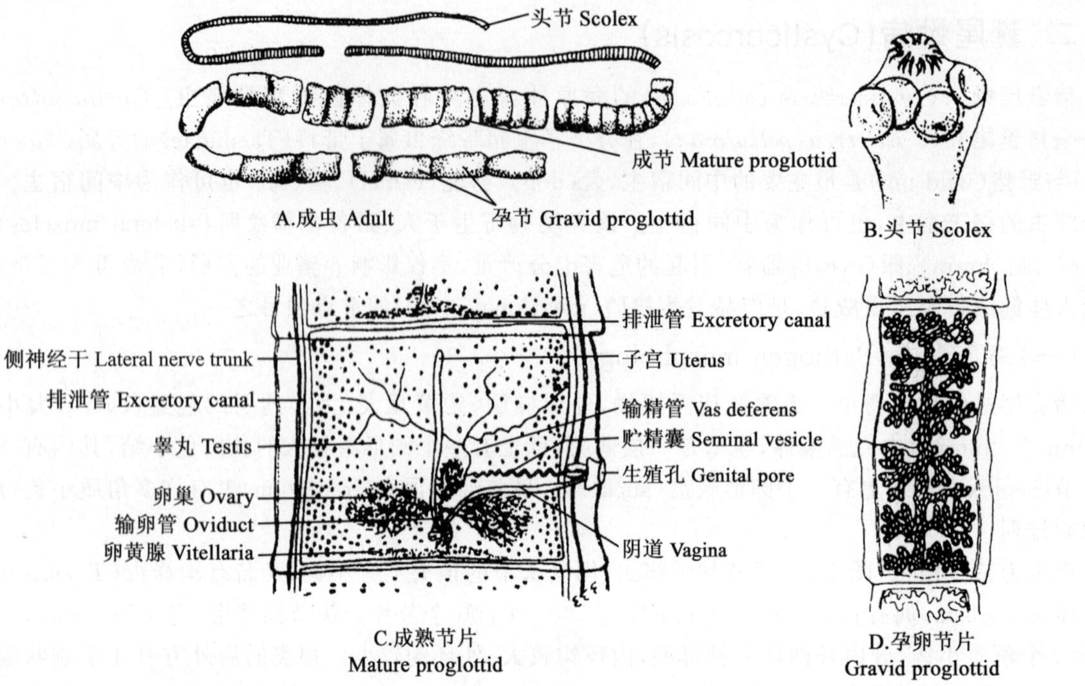

图 9-3 猪带绦虫

Figure 9-3 *Taenia solium*

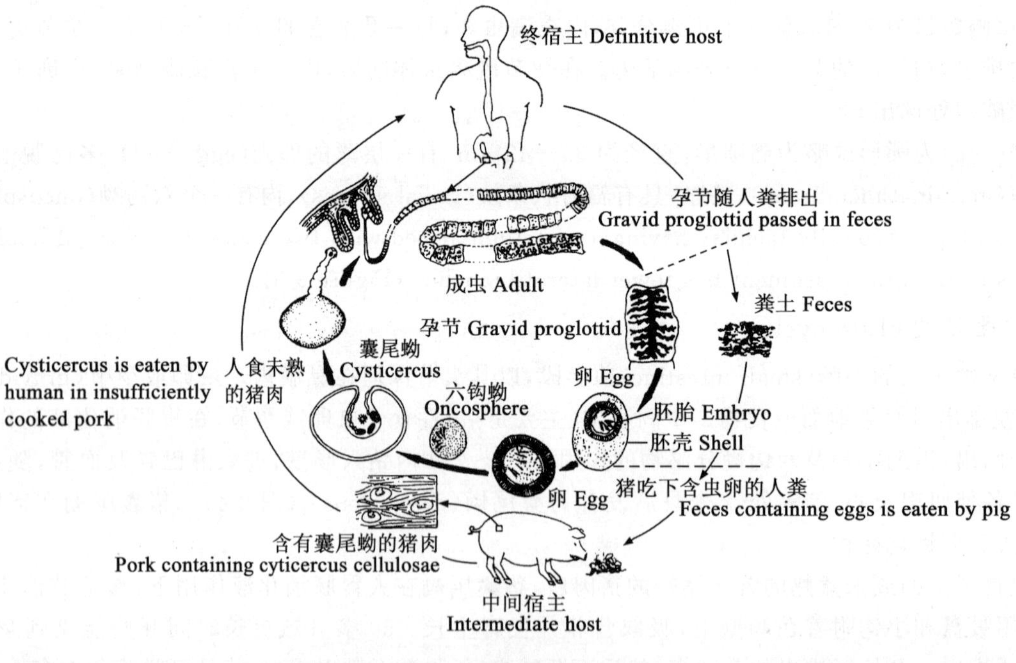

图 9-4 猪带绦虫生活史

Figure 9-4 The life cycle of *Taenia solium*

(三)流行病学(Epidemiology)

本病广泛流行于以猪肉为主要肉食品的亚洲、非洲、拉丁美洲的一些国家和地区;我国大多数省、自治区均有发生,尤其以北方较为严重。全国每年因囊尾蚴病造成的经济损失可达8 000 万元以上。本病的流行具有以下特点。

①猪的感染主要是吃了被人粪污染的饲料而引起(pigs can be infected by ingestion of eggs in feed contaminated with human feces)。有些地方猪不用圈,或是仔猪敞放;居民简陋的厕所或使用连茅圈,猪可以直接吃到患者的粪便而感染,给本病的传播创造了十分有利的条件。

②人的感染与个别地区的居民喜吃生的猪肉或野猪肉有关(human may become infected with cysticercus by eating raw or improperly cooked infected pork)。有些地方有用热汤烫生肉吃的习惯,若温度不够高未将囊尾蚴杀死,则可感染猪带绦虫;大锅烧大块肉,或是炒菜时搅拌不匀,砧板切生肉和生菜污染,也可导致感染。

③感染无明显的季节性(no seasonality),但在适合虫卵生存、发育的温暖季节呈上升趋势。

④多为散发性(sporadicity),有些地区呈地方性流行,其严重程度与当地绦虫病人的多少呈正相关。

⑤在自然条件下,猪是易感动物(susceptible animal),囊尾蚴可在猪体内存活 3~5 年。野猪、犬、猫也可感染。

Swine cysticercosis depends primarily on the close association of rural pigs with man, and in particular, their often unrestricted access to human feces. Indifferent standards of meat inspection and illicit trading in uninspected pork are also major factors in the spread of the infection. Man may become infected with cysticerci and this may occur from the ingestion of eggs on vegetables or other foodstuffs contaminated with human feces or handled by an infected person.

(四)致病作用(Pathogenesis)

随猪囊尾蚴寄生的数目和寄生部位不同而有很大差异。初期由于六钩蚴在体内移行,引起组织损伤,有一定致病作用。成熟囊尾蚴的致病作用常取决于寄生的部位,数量居次要。如寄生在脑部时,能引起神经症状(nervous sign),还可破坏大脑的完整性而降低机体的防御能力;脑部病变发展严重时可致患畜死亡。寄生在眼内时,无疑会引起视力障碍(visual impairment),甚至失明(blindness)。寄生在肌肉与皮下时,一般无明显致病作用。

(五)症状(Clinical signs)

一般无明显症状,但极严重感染的猪可有营养不良(malnutrition)、生长受阻(growth retardation)、贫血(anemia)和肌肉水肿(muscle edema)等。由于病猪不同部位的肌肉水肿,可表现为两肩显著外展,或臀部异常肥胖宽阔,或头部呈大胖脸形,或前胸、后躯及四肢异常肥大,体中部窄细,整个猪体从背面观呈哑铃状(dumbbell-like)或葫芦形,前面看呈狮子头形(large meatball)。病猪走路前肢僵硬,后肢不灵活,左右摇摆,似"醉酒状(drunkenness)",不爱活动,反应迟钝。某些器官严重感染时可出现相应的症状,如呼吸困难(dyspnea)、声音嘶哑与吞咽困难(acataposis)、视力消失(anopia)及一些神经症状;有时产生急性脑炎(acute encephalitis)而突然死亡。

Clinical signs are inapparent in pigs naturally infected with cysticerci and generally insignificant in humans with adult tapeworms. However, when man is infected with cysticerci, various clinical signs may occur depending on the location of the cysts in the organs, muscles or subcutaneous tissue. Most seriously, cysticerci may develop in the central nervous system producing mental disturbances or clinical signs of epilepsy or increased intracranial pressure; they may also develop in the eye with consequent loss of vision.

(六)病变(Lesions)

严重感染的猪肉(pork)呈苍白色而湿润(pale and moist)。除在各部肌肉(muscle)中可发现囊尾蚴(cysticercus)外,亦可在脑、眼、肝、脾、肺甚至淋巴结与脂肪内找到。初期囊尾蚴外部有细胞浸润现象,继之发生纤维性变,约半年后囊虫死亡并逐渐钙化。

(七)诊断(Diagnosis)

生前诊断比较困难,只有当舌部(tongue)浅表寄生时,触诊(palpation)可发现结节(nodule),但阴性者并不能排除感染。免疫学检查方法有多种,有些已在实践中应用。群众对此病的诊断经验是:"看外形(see the shape),翻眼皮(search the eyelid),看眼底(see the eye ground),看舌根(see tongue root),再摸大腿里(feel the inner thighs)",即可确诊。商检或肉品卫生检验时,如在肌肉中,特别是在心肌(cardiac muscle)、咬肌(masseter)、舌肌(lingual muscle)及四肢肌肉(limb muscles)中发现囊尾蚴,即可确诊,尤以前臂外侧肌肉群的检出率最高。

For all practical purposes, diagnosis depends on meat inspection procedures. In man the diagnosis of cerebral cysticercosis depends primarily on the detection of cysticerci by CT scanning techniques, and on the finding of antibody to cysticerci in the cerebrospinal fluid.

(八)防治(Treatment and prevention)

1. 治疗(Treatment)

可用下列药物:①吡喹酮(praziquantel)。按 30～60 mg/kg 体重,每天 1 次,用药 3 次,每次间隔 24～48 h。②阿苯达唑(albendazole)。按 30 mg/kg 体重,每天 1 次,用药 3 次,每次间隔 24～48h,早晨空腹服药。还有氟苯咪唑(flubendazole)也是有效药物。

No effective drugs are available to kill cysticerci in the pig although in man praziquantel and albendazole are considered to be of some value as possible alternatives to surgery.

2. 免疫预防(Vaccination)

张高迪等(1995)筛选出猪囊尾蚴体外培养的分泌代谢抗原苗,室内试验 14 头猪,用六钩蚴攻击,9 个月的保护率为 92.9%,感染区的田间试验和扩大试验,1 年自然保护率为 93.6%。猪囊尾蚴病细胞工程疫苗及基因工程疫苗均已研制成功并已商品化。

3. 综合性预防措施(Comprehensive prevention)

大力开展宣传教育工作,人医、兽医和食品卫生部门紧密配合,开展群众性的防治活动,抓好"查(survey)、驱(deworm)、检(inspection)、管(management)、改(change)"5 个环节,可使该病得到良好的控制。具体措施如下:①积极普查猪带绦虫病患者。②对患者进行驱虫。③搞好城乡肉品卫生检验工作,严格按国家有关规程处理有病猪肉,严禁未经检验的猪肉供应市场或自行处理。④管好厕所,管好猪,防止猪吃病人粪便。做到人有厕所猪有圈,不使用连茅圈。⑤改变饮食习惯,人不吃生的或未煮熟的猪肉。

三、棘球蚴病(Echinococcosis)

棘球蚴病又名包虫病(hydatidosis),是由寄生于犬(dog)、狼(wolf)、狐狸(fox)等动物小肠的细粒棘球绦虫(*Echinococcus granulosus*)中绦期——棘球蚴(hydatid)感染中间宿主而引起的一种严重的人畜共患病(zoonosis)。棘球蚴寄生于牛(cattle)、羊(goat and sheep)、猪(pig)、马(horse)、骆驼(camel)等家畜及多种野生动物(wildlife)和人的肝(liver)、肺(lung)及其他器官内。由于棘球蚴生长快,体积大,不仅压迫周围组织使之萎缩和功能障碍,还易造成继发感染。如果包囊破裂,可引起过敏反应,往往给人畜造成严重的病症,甚至死亡。该病对绵羊和骆驼的危害最为严重。

(一)病原形态(Pathogen morphology)

1. 棘球蚴(Hydatid)

棘球蚴形状常因其寄生部位的不同而有不少变化,一般近似球形(图 9-5),直径为 5～10 cm,小的仅有黄豆大,大的虫体直径可达 50 cm。棘球蚴的囊壁分为 2 层,外为乳白色的角质层,内为生发层或胚层,生发层含有丰富的细胞结构,并有成群的细胞向囊腔内芽生出有囊腔的子囊和原头节(protoscolex),有小蒂与母囊的生发层相连接或脱落后游离于囊液中成为棘球沙(hydatid sand)。子囊壁的构造与母囊相同,其生发层同样可以芽生出不同数目的孙囊和原头节。有些子囊不能长孙囊和原头节,称为不育囊(sterile cyst),能长孙囊和原头节的子囊称为育囊(brood capsule)。原头节和成虫头节的区别是:体积小而无顶突腺。母囊向内芽生子囊,子囊再向内芽生孙囊,且它们都能芽生原头节。所以,在一个发育良好的棘球蚴内产生的原头节数可多达 200 万个。

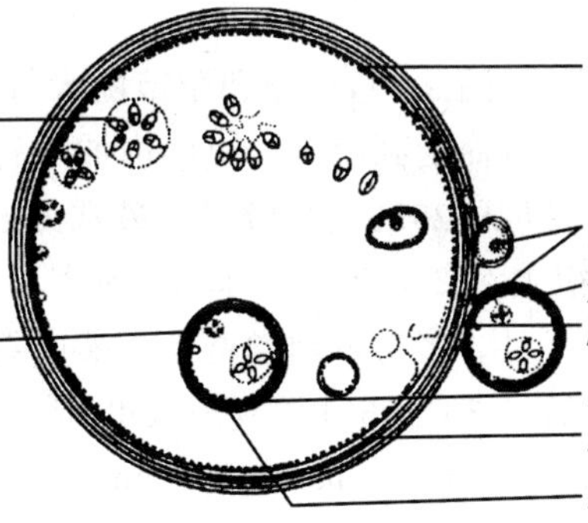

图 9-5 棘球蚴模式图

Figure 9-5 Diagrammatic drawing of hydatid

2. 细粒棘球绦虫(*Echinococcus granulosus*)

成虫很小,全长 2～6 mm,由 1 个头节和 3～4 个节片构成(图 9-6)。头节有吸盘、顶突和小钩,顶突上还有若干顶突腺(rostellar gland)。成节含雌雄生殖器官各一套,生殖孔不规则地交替开口于节片侧缘的中线后方,睾丸有 35～55 个,雄茎囊呈梨状;卵巢分左、右两瓣,孕节子宫膨大为盲囊状,内充满着 500～800 个虫卵,直径为 30～36 μm,外被一层辐射状的胚膜。

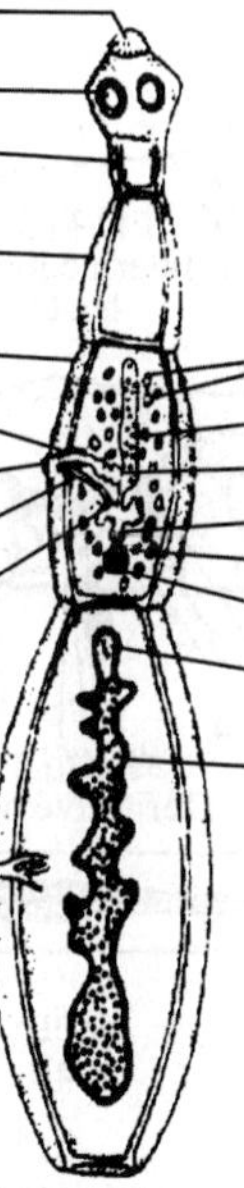

图 9-6 细粒棘球绦虫成虫

Figure 9-6 Adult *Echinococcus granulosus*

The entire cestode is only about 6. 0 mm long (Figure 9-6) and is therefore difficult to find in the freshly opened intestine. It consists of a scolex and three or four segments, the terminal gravid one occupying about half the length of the complete tapeworm. The scolex is typically taeniia, and each segment has a single genital opening. The embryophore is similar to that of *Taenia* spp. , radially striated and containing a six-hooked onchosphere.

(二)生活史(Life cycle)

棘球绦虫(*Echinococcus*)有 4 种。细粒棘球绦虫(*E. granulosus*)和多房棘球绦虫(*E. multilocularis*)

在国内有分布(distribution),少节棘球绦虫(*E. oligrathrus*)和福氏棘球绦虫(*E. vogeli*)主要分布在南美洲,国内未见报道。

细粒棘球绦虫寄生于犬、狼、狐狸的小肠(图 9-7),虫卵和孕节随犬等终末宿主的粪便排出体外,中间宿主牛羊等随污染的草、料和饮水吞食虫卵后而受到感染。虫卵内的六钩蚴(oncosphere)在消化道孵出,钻入肠壁,随血流或淋巴散布到体内各处,以肝(25%)、肺(70%)最常见。经 6～12 个月的生长可成为具有感染性的棘球蚴(hydatid)。犬等终末宿主吞食了含有棘球蚴的脏器而感染,经 40～50 d 发育为细粒棘球绦虫。成虫在犬等体内的寿命为 5～6 个月。多房棘球蚴寄生于啮齿类动物的肝脏,在肝脏中发育快而凶猛。狐狸、犬等吞食含有棘球蚴的肝脏后经 30～33 d 发育为成虫,成虫的寿命为 3～3.5 个月。

The prepatent period in the definitive host is around 6 to 12 month, after which only one gravid segment is shed by the tapeworm per week. The oncospheres are capable of prolonged survival outside the host, being viable on the ground for about two years. After ingestion by the intermediate host, the oncosphere penetrates the gut wall and travels in the blood to the liver or in the lymph to the lungs. These are the two commonest sites for larval development, but occasionally oncospheres escape into the general systemic circulation and develop in other organs and tissues. Growth of the hydatid is slow, maturity being reached in 6 to 12 months. Many brood capsules become detached and exist free in the hydatid fluid; collectively these and the scolices are often referred to as 'hydatid sand'. In sheep about 70% of hydatids occur in the lungs, about 25% in the liver, and the remainder in other organs. The adult can survive in the final host for 3 to 3.5 month.

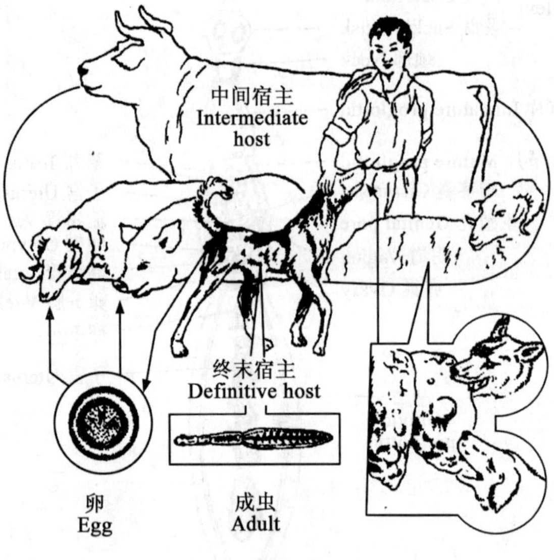

图 9-7　细粒棘球绦虫生活史

Figure 9-7　The life cycle of *Echinococcus granulosus*

(三)流行病学(Epidemiology)

棘球蚴病呈世界性分布(cosmopolitic distribution),尤以放牧地区多见。我国有 23 个省(市)区有报道。西北地区、内蒙古、西藏和四川流行严重,其中以新疆最为严重。绵羊感染率最高,受威胁最大。其他动物,如山羊、牛、马、猪、骆驼、野生反刍兽亦可感染。犬、狼、狐狸是散布虫卵的主要来源,尤其是牧区的牧羊犬。

多房棘球蚴在新疆、青海、宁夏、内蒙古、四川和西藏等地亦有发生,以宁夏为多发区。国内已证实的终末宿主有沙狐(corsac)、红狐(red fox)、狼(wolf)及犬等,中间宿主有布氏田鼠(vole)、长爪沙鼠(gerbil)、黄鼠(ground squirell)和中华鼢鼠(zokor)等啮齿类。在牛、绵羊和猪的肝脏亦可发现有多房棘球蚴寄生,但不能发育至感染阶段。

两种棘球蚴都可感染人。人的感染多因直接接触犬、狐狸,致使虫卵黏在手上而经口感染,或因吞食被虫卵污染的水、蔬菜等而感染,猎人在处理和加工狐狸、狼等皮毛过程中,易遭受感染。

虫卵对外界环境的抵抗力较强(strong resistance of egg),可以耐低温和高温,对化学物质亦有一定的抵抗力,但直射阳光可将其致死。

It is customary to consider the epidemiology as being based on two cycles, pastoral and sylvatic. In the pastoral cycle the dog is always involved, being infected by the feeding of ruminant offal containing hydatid cysts. The domestic intermediate host will vary according to the local husbandry but the most important is the sheep, which appears to be the natural intermediate host, scolices from these animals being the most highly infective for dogs. The pastoral cycle is the primary source of hydatidosis in man, infection being by accidental ingestion of oncospheres from the coats of dogs, or from vegetables and other foodstuffs contaminated by dog feces. The sylvatic cycle occurs in wild canids and ruminants and is based on predation or carrion feeding.

(四)症状与病变(Clinical signs and lesions)

棘球蚴对人和动物的致病作用为机械性压迫(mechanical compression)、毒素作用(toxic effect)及过敏反应(anaphylaxis)等。症状的轻重取决于棘球蚴的大小、寄生的部位及数量。棘球蚴多寄生于动物的肝脏,其次为肺脏,机械性压迫可使寄生部位周围组织发生萎缩(atrophy)和功能严重障碍,代谢产物(metabolites)被吸收后,使周围组织发生炎症(inflammation)和全身过敏反应(systemic allergic reaction),严重者可致死。对人的危害尤为明显,多房棘球蚴比细粒棘球蚴对人的危害更大。

人体棘球蚴病以慢性消耗为主,往往使患者丧失劳动能力,仅新疆县级以上医院有记载的年棘球蚴病手术病例为 1 000~2 000 例。因此,棘球蚴病对人的危害表现为疾苦和贫困的恶性循环。

绵羊对细粒棘球蚴敏感,死亡率(death rate)较高,严重者表现为消瘦(emaciation)、被毛逆立(hair rough)、脱毛(depilation)、咳嗽(cough)、卧地不起(lie down)。牛严重感染时,常见消瘦、衰弱(weakness)、呼吸困难(dyspnea)或轻度咳嗽(cough),剧烈运动时症状加重,产奶量下降。各种动物都可因囊泡破裂而产生严重的过敏反应(allergic reaction),突然死亡。剖检可见受感染的肝、肺等器官有粟粒大到足球大,甚至更大的棘球蚴寄生。

The adult tapeworm is not pathogenic, and thousands may be present in a dog without clinical signs. In domestic animals the hydatid in the liver or lungs is usually tolerated without any clinical signs, and the majority of infections are only revealed at the abattoir. Where oncospheres have been carried in the circulation to other sites, such as the kidney, pancreas, CNS or marrow cavity of long bones, pressure by the growing cyst may cause a variety of clinical signs. In contrast, when man is involved as an intermediate host the hydatid in its pulmonary or hepatic site is often of pathogenic significance. One or both lungs may be affected causing respiratory symptoms, and if several hydatids are present in the liver there may be gross abdominal distension. If a cyst should rupture there is a risk of death from anaphylaxis or if the person survives, released daughter cysts may resume development in other regions of the body.

(五)诊断(Diagnosis)

生前诊断比较困难。根据流行病学资料和临床症状,采用皮内变态反应、IHA 和 ELISA 等方法对动物和人的棘球蚴病有较高的检出率。动物尸体剖检(necropsy)时,在肝、肺等处发现棘球蚴可以确诊。对人和动物亦可用 X 射线和超声波诊断本病。

In man, the methods most commonly used are serological tests such as complement fixation or immunoelectrophoresis, scanning techniques may be used to locate the cysts. Diagnosis of infection in dogs with adult tapeworms is difficult, because the segments are small and are only shed sparsely. When found, identification is based on their size of 2. 0-3. 0 mm, ovoid shape, and single genital pore.

(六)治疗(Treatment)

要在早期诊断的基础上尽早用药,方可取得较好的效果。对绵羊棘球蚴病可用阿苯达唑(albendazole)治疗,剂量为 90 mg/kg 体重,连服 2 次,对原头蚴的杀虫率为 82%～100%。吡喹酮(praziquantel)也有较好的疗效,剂量为 25～30 mg/kg 体重,每天服 1 次,连用 5 d。对人的棘球蚴病可用外科手术摘除(surgical extraction),也可用吡喹酮和阿苯达唑等治疗。

Several drugs, notably praziquantel, are now available which are highly effective. After treatment it is advisable to confine dogs for 48 hours to facilitate the collection and disposal of infected feces. In man, hydatid cysts may be excised surgically although, mebendazole, albendazole and praziquantel therapies have been reported to be effective.

(七)预防(Prevention)

禁止用感染棘球蚴的动物肝、肺等组织器官喂犬;消灭牧场上的野犬(wild dog)、狼(wolf)、狐狸(fox),对犬应定期驱虫(periodic deworming),可用吡喹酮(praziquantel),5 mg/kg 体重、甲苯达唑(mebendazole),8 mg/kg 体重或氢溴酸槟榔碱(arecoline hydrobromide),2 mg/kg 体重,一次口服,以根除感染源,驱虫后的犬粪,要进行无害化处理,杀灭其中的虫卵;保持畜舍、饲草、料和饮水卫生,防止犬粪污染;人与犬等动物接触或加工狼、狐狸等毛皮时,应注意个人卫生,严防感染。

This is based on the regular treatment of dogs to eliminate the adult tapeworms and on the prevention of infection in dogs by exclusion from their diet of animal material containing hydatids. This is achieved by denying dogs access to abattoirs, and where possible, by proper disposal of sheep carcasses on farms.

四、旋毛虫病(Trichinellosis)

旋毛虫病是由毛形科(Trichinellidae)毛形属(*Trichinella*)的旋毛形线虫(*T. spiralis*)寄生于人和动物所引起的一种世界性分布的人畜共患寄生虫病(parasitic zoonosis)。旋毛虫成虫寄生于小肠,称之为肠旋毛虫(*T. spiralis* adult in intestine);幼虫寄生于横纹肌(skeletal muscles),称之为肌旋毛虫(*T. spiralis* larvae in muscle)。人(human)、猪(pig)、犬(dog)、猫(cat)、鼠类(murine)、狐狸(fox)和野猪(wild pig)等多种哺乳动物均可感染。鸟类(birds)可以实验感染,人感染旋毛虫可致死亡。该病是肉品检验的必检项目之一,在公共卫生(public health)上具有重要意义。

(一)病原形态(Pathogen morphology)

成虫(adult)细小,雌雄异体(dioecism),雄虫(male)长为 1. 2～1. 6 mm,雌虫(female)长3～4 mm。前部较细,为食道部;食道的前部无食道腺围绕,其后部均由一列相连的食道腺细胞所包裹。后部较粗,包含着肠管和生殖器官。雌雄虫的生殖器官均为单管型。雄虫尾端有泄殖孔(cloacal pore),其外侧为一对呈耳状悬垂的交配叶(copulation lobe),内侧有 2 对小乳突(lesser papilla);缺交合刺(no spicule)。雌虫阴门(vulva)位于虫体前部(食道部)的腹面中央。胎生(viviparity)。

包囊内的幼虫(larvae)似螺旋状卷曲(helical curl)(图 9-8),发育完全的幼虫,通常有 2. 5 个盘转(spirals)。包囊呈梭形(fusiform),其长轴与肌纤维(muscle fiber)平行,有 2 层壁,其中一般含 1 条幼虫(larva),但有的可达 6～7 条。

The male is about 1. 0 mm long, the oesophagus is at least one third of the total body length and the tail has two small cloacal flaps, but no spicule. The female is 3. 0 mm long and the uterus contains developing larvae. *Trichinella* infection is most easily identified by the presence of coiled larvae in striated muscle (Figure 9-8).

(二)生活史(Life cycle)

成虫和幼虫寄生于同一个宿主,宿主感染时,先为终末宿主(definitive host),后变为中间宿主(intermediate host)。成虫寄生于小肠的绒毛(villi)间,雌、雄虫交配后不久,雄虫死亡;雌虫钻入黏膜深部肠腺(intestinal gland)中发育,约在 3 d 以后产出幼虫。幼虫进入淋巴管(lymphatic vessels),继而进入血循环(blood circulation),随血流(bloodstream)被带到全身各处,到达横纹肌(skeletal muscles)后继续发育。幼虫在感染后第 17~20 天开始蜷曲盘绕起来,其外由被寄生的肌肉细胞形成包囊(cyst),到第 7~8 周包囊完全形成,此时幼虫已具有感染性,通常在包囊中形成 2.5 个盘转。包囊在 6~9 个月后开始钙化(calcification),但其内的幼虫可保持活力达 11 年。宿主因食入含有感染性幼虫的包囊而感染,包囊在宿主胃内被溶解,释出幼虫,幼虫到十二指肠和空肠内,经两昼夜即发育为性成熟的肠旋毛虫。

The developing adults lie between the villi of the small intestine. After fertilization, the males die while the females burrow deeper into the villi. Three days later, they produce L_1 which enter the lymphatic vessels and travel via the bloodstream to the skeletal muscles. There, still as L_1, they penetrate muscle cells where they are encapsulated by the host, grow and assume a characteristic coiled position. This process is complete within 7 to 8 weeks by which time the larvae are infective and may remain so for years. Development is resumed when the larvae are ingested by another host, usually as a result of predation or carrion feeding. The L_3 is liberated, and in the intestine undergoes four moults to become sexually mature within two days. Patent infections persist for only a few weeks at the most.

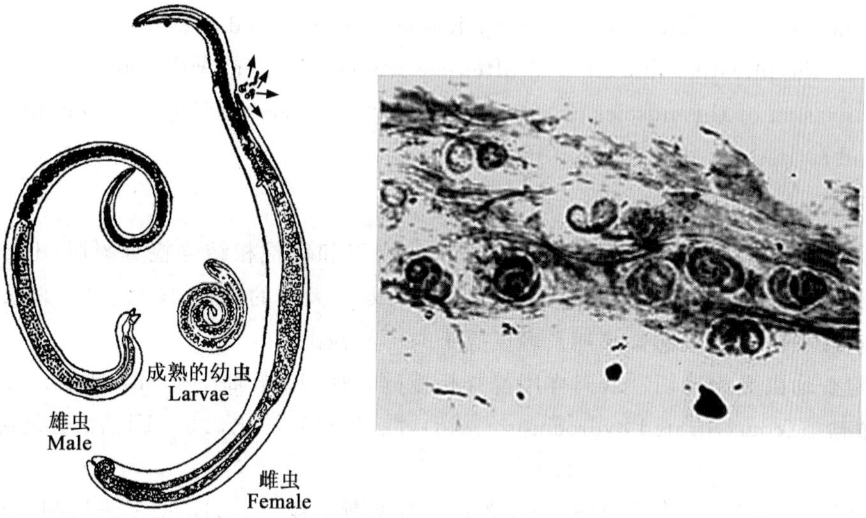

图 9-8 旋毛形线虫

Figure 9-8 *Trichinella spiralis*

(三)流行病学(Epidemiology)

动物旋毛虫病广泛流行,主要有如下原因:一是旋毛虫的宿主范围(host range)和感染范围都非常广泛,流行于世界各地的多种野生动物(wildlife)和家养动物(domesticated animals),甚至许多海洋动物(marine animal)、甲壳动物(crustacean)都能感染并传播本病;二是肌肉包囊中的幼虫对外界的抵抗力较强(strong resistance of muscle cyst),−20℃时可保持生命力 57 d,在腐败的肉或尸体(corpse)内可存活 100 d 以上,而且盐渍(salting)或烟熏(smoking)均不能杀死肌肉深层的幼虫。

一般认为鼠(mice)的旋毛虫感染率较高,猪感染旋毛虫的主要来源是吞食老鼠。另外,废肉水、生肉屑和其他动物的尸体亦同样是猪感染旋毛虫的来源。犬(dog)的活动范围更加广泛,可以吃到多种动物的尸体,其旋毛虫的感染率远远大于猪。据调查,哈尔滨地区犬旋毛虫的感染率(infection rate)为 50%,

而猪的感染率只有0.1%。人感染旋毛虫主要是嗜食生肉或肉品烹调不当，误食含有活的旋毛虫包囊所致。

The epidemiology of trichinellosis depends on two factors. First, animals may become infected from a wide variety of sources, predation and cannibalism being perhaps the most common. Others include feeding on carrion, since the encapsulated larvae are capable of surviving for several months in decomposing flesh. It is also thought that transport hosts such as crustaceans and fish, feeding on drowned terrestrial animals, may account for infection in some aquatic mammals such as seals. The second factor is the wide host range of the parasite. In temperate areas rodents, brown bear, badger and wild pig are most commonly involved; in the arctic, polar bear, wolf and fox; in the tropics, lion, leopard, bushpig, hyaena and jackal.

(四)症状和病变(Clinical signs and lesions)

猪对旋毛虫有较大的耐受力(greater tolerance)。肠旋毛虫对其胃肠的影响极小，常常不显症状。肌旋毛虫导致的主要病变在肌肉(muscle)，如肌细胞横纹消失、萎缩(atrophy)、肌纤维膜增厚等。但当人感染大量虫体时，可出现明显的症状，肠旋毛虫病主要表现肠炎(enteritis)症状，肌旋毛虫可引起急性肌炎(acute myositis)、发热(fever)、嗜酸性粒细胞增多(eosinophilia)、心肌炎(myocarditis)等症状。如果不及时治疗可能危及生命。

Infection in domestic animals is invariably light, and clinical signs do not occur. However when hundreds of larvae are ingested, as occasionally happens in man and presumably also in predatory animals in the wild, the intestinal infection is often associated with enteritis, and 1 to 2 weeks later the massive larval invasion of the muscles cause acute myositis, fever, eosinophilia and myocarditis; periorbital oedema and ascites are also common in man.

(五)诊断(Diagnosis)

生前诊断困难，猪旋毛虫病常在宰后检出。方法为肉眼和镜检相结合检查膈肌(diaphragm)，即当发现肌纤维间有细小白点时，撕去肌膜(sarcolemma)，剪下麦粒大小的肉样24块，放于两玻片间压薄，低倍镜下观察有无包囊(cyst)，但在感染早期及轻度感染时不易检出。

用消化法检查幼虫更为确切。取肉样用搅拌机搅碎，每克肉样加入60 mL水、0.5 g胃蛋白酶(pepsin)、0.7 mL浓盐酸(concentrated hydrochloric acid)，混匀，37℃消化0.5～1 h后，分离沉渣中的幼虫，镜检。

目前国内外用ELISA、IFAT等方法作为猪的生前诊断手段之一，ELISA法检测血清抗体阳性符合率可达93%～96%，IFAT法可达90.47%。

At meat inspection, heavy larval infections may occasionally be seen with the naked eye as tiny greyish white spots. For routine purposes small samples of pig muscle of about one gram are squeezed between glass plates, the apparatus being called a trichinoscope or a compressorium, and examined for the presence of larvae by direct microscopic examination or projection on a screen. Alternatively, small portions of muscle may be digested in pepsin-HCl and the sediment examined microscopically for the presence of larvae.

(六)防治(Treatment and prevention)

动物旋毛虫病由于生前诊断困难，治疗方法研究甚少。但已有的研究表明，大剂量的阿苯达唑(albendazole)(按300 mg/kg体重拌料，连用10 d)、甲苯达唑(mebendazole)等苯并咪唑类(benzimidazoles)药物疗效可靠。预防可加强肉品卫生检疫(meat quarantine)，控制或消灭饲养场周围的鼠类，农村的猪应避免摄食啮齿动物(rodent)，不用生的废肉屑和泔水(swill)喂猪，提倡熟食等。

第二节 原 虫 病
Section 2 Protozoosis

一、弓形虫病(Toxoplasmosis)

弓形虫病是由肉孢子虫科(Sarcocystidae)弓形虫属(*Toxoplasma*)的刚第弓形虫(*T. gondii*)引起的一种世界性分布的人畜共患原虫病(protozoal zoonosis),人和 200 多种动物都可感染。我国 20 世纪 50 年代就从猫(cat)和兔(rabbit)体内分离出弓形虫(于恩庶,1957),但直至 1977 年,上海市农业科学院证实"猪无名高热"是由本虫引起后,才引起各地的重视。据调查,目前在全国几乎所有省市均证实有本病的存在。

(一)病原形态(Pathogen morphology)

刚第弓形虫(*Toxoplasma gondii*)为细胞内寄生虫,根据其发育阶段的不同主要有 5 种形态:在中间宿主的各种组织细胞中有速殖子(tachyzoite)和包囊(cyst) 2 种形态;在终末宿主猫的肠上皮细胞内有裂殖体(schizont)、配子体(gametocyte)和卵囊(oocyst) 3 种形态。

1. 速殖子(Tachyzoite)

速殖子又称滋养体(trophozoite),其典型形态呈香蕉形(图 9-9)、半月形(crescent)或弓形(arch),一端较尖,另一端钝圆,大小为(4~7) μm×(2~4) μm,核位于中央稍靠近钝端。活的游离虫体在光镜下呈淡亮绿色,能看到摆动或螺旋式运动。姬氏染色后,胞浆蓝色,有少量颗粒,胞核紫红色。电镜下可见虫体的表膜分为 2 层,前端有类锥体(conoid)及极环(apical ring),膜下微管(microtubule)起于极环,通常 22 条;棒状体(rhoptry) 8~10 条,核(nucleus)位于虫体后半部,核仁(nucleolus)位置不定,核的前沿有高尔基体(Golgi apparatus);线粒体(mitochondrion)1 至数个(图 9-10)。速殖子主要出现在急性病例,在急性患畜腹腔液里常可见到游离于细胞外的单个虫体。在宿主细胞的胞浆内多个速殖子簇集成团,好像包在一个囊内,称为假包囊(pseudocyst)。

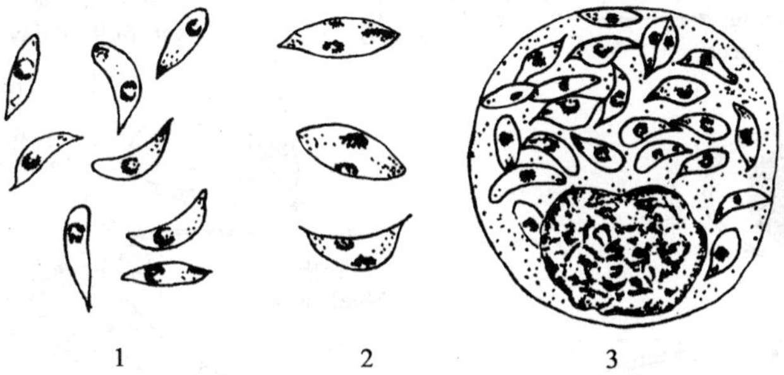

图 9-9 刚第弓形虫速殖子

Figure 9-9 The tachyzoites of *Toxoplasma gondii*

1. 游离的速殖子(Free tachyzoites);2. 正在分裂的速殖子(Splitting tachyzoites);3. 假包囊(Pseudocyst)

2. 包囊(Cyst)

包囊呈圆形或椭圆形,大小为 8~150 μm,但多数为 20~40 μm,具有一层富有弹性的囊壁,内含数个或数千个慢殖子(bradyzoites)。慢殖子的形态与速殖子相似。此期见于慢性病例的脑(brain)、骨骼肌(skeletal muscle)及其他组织细胞内。在宿主抵抗力下降时,慢殖子可转变为速殖子而引起急性发作。

3. 裂殖体(Schizont)

裂殖体见于终末宿主的肠绒毛上皮细胞(epithelial cell)内。未成熟时可见含有多个细胞核,成熟后含有 4~29 个裂殖子(merozoites),以 10~15 个居多,呈扇形排列,裂殖子形如香蕉状,较滋养体为小。

4. 配子体(Gametocyte)

配子体有雌、雄之分。雄配子体又称小配子体(microgametocyte),较少,成熟时形成 12～32 个具有 2 根鞭毛的雄配子(male gametes)。雌配子体又称大配子体(macrogametocyte),呈卵圆形或亚球形,直径 15～20 μm,成熟后即为雌配子(female gamete),有一圆形核。

5. 卵囊(Oocyst)

卵囊呈卵圆形,大小 10～12 μm,有 2 层透明的囊壁。早期囊内充满均匀颗粒,成熟后含 2 个孢子囊(sporocysts),每个孢子囊内含 4 个子孢子(sporozoites)。

(二)生活史(Life cycle)

弓形虫生活史经历有性生殖(sexual reproduction)和无性生殖(asexual reproduction)2 个阶段,整个生活史需要在 2 个宿主体内进行(图 9-11)。

1. 在终末宿主体内的发育(Development in final host)

猫或其他猫科动物因捕食含弓形虫包囊(cyst)和假包囊(pseudocyst)的动物内脏(viscera)、肉类(meat)或通过成熟卵囊(oocyst)污染的饲料和饮水而感染。卵囊内子孢子、包囊内

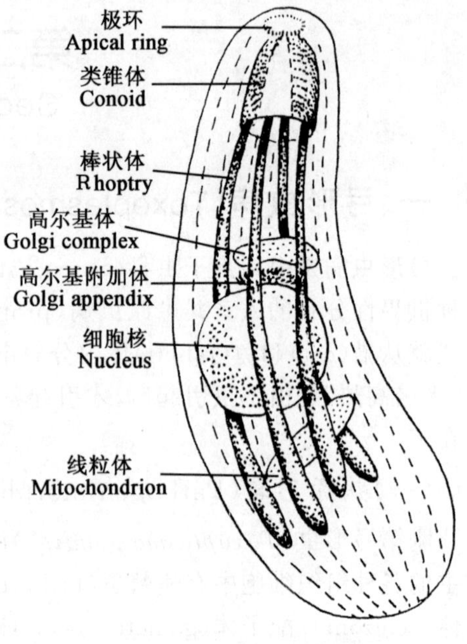

图 9-10 弓形虫速殖子的超微结构

Figure 9-10 The ultrastructure of *Toxoplasma* tachyzoite

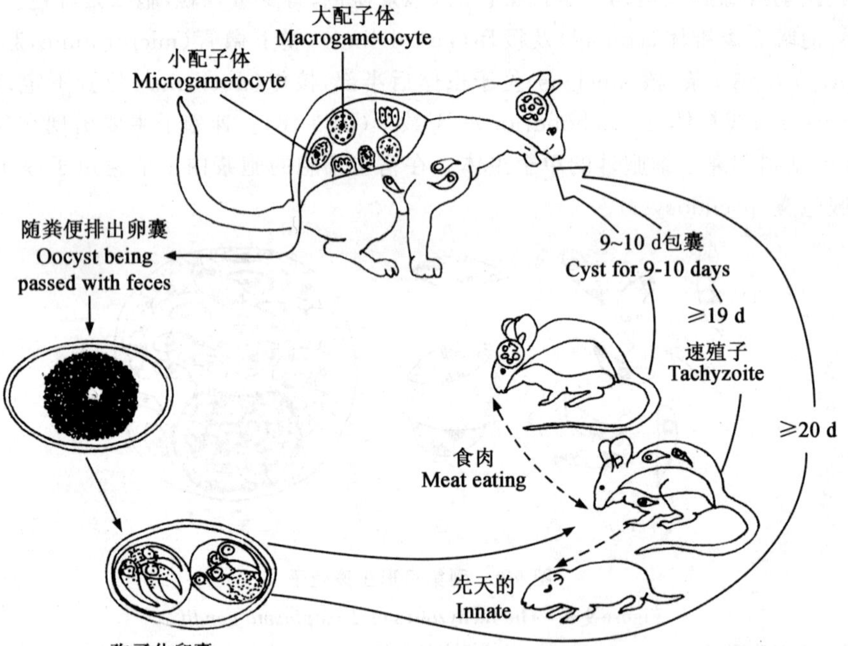

图 9-11 刚第弓形虫的生活史

Figure 9-11 The life cycle of *Toxoplasma gondii*

慢殖子、假包囊内速殖子在小肠内逸出,一小部分侵入肠壁经血液或淋巴液扩散至肠外各器官组织的细胞内发育(其发育过程如同在中间宿主体内的发育),大部分侵入小肠的上皮细胞,并在其中进行裂殖生殖(schizogony),成为包含许多裂殖子的裂殖体。上皮细胞破裂后,裂殖子逸出再侵入其他肠上皮细胞,其中一部分重复进行裂殖生殖,另一部分则发育成雌、雄配子体。雄配子体继续发育产生许多雄配子。雌配

子体逐渐发育长大成为雌配子。雌、雄配子结合形成卵囊。卵囊进入肠腔后即随粪便排出体外。猫从吞入卵囊到排出卵囊的时间为 21～24 d。卵囊随猫粪排出体外时尚未成熟。在温度、湿度适合的环境中经 2～4 d 发育为成熟的孢子化卵囊。

When a member of the cat family ingests tissue cysts of *Toxoplasma gondii*, the bradyzoites penetrate the epithelial cells of the small intestine, undergo a series of asexual cycles, and finally undergo the sexual cycle, which culminates in the shedding of oocysts. The oocyst is very small (11 to 13 μm), contains a single sporont, and is noninfective when passed in the feces. Sporulation is completed in one to five days and results in the formation of two sporocysts, each of which contains four sporozoites. Cats shed *Toxoplasma* oocysts in their feces 3 to 10 days after eating mice infected with encysted bradyzoites but not until 19 to 48 days after ingesting sporulated oocysts. Cats may also serve as paratenic hosts in as much as multiplication of tachyzoites and cyst formation occur in their extraintestinal tissues; cats are also capable of developing systemic disease.

2. 在中间宿主体内的发育(Development in intermediate host)

当弓形虫成熟卵囊(sporulated oocyst)、假包囊、包囊或速殖子污染的饲料或饮水被中间宿主如猪(pig)、牛(cattle)、羊(goat and sheep)或禽类(birds)等吞食后，在肠内子孢子逸出并穿过肠壁随血液或淋巴系统扩散至全身并侵入各种组织，在细胞内以内出芽(endodyogeny)方式增殖，形成一个有 10 多个或更多速殖子的假包囊。随着虫体的增殖，被寄生的细胞破裂，速殖子逸出并随血流或淋巴再侵犯其他组织细胞。宿主产生的免疫力可使原虫的繁殖减慢，并形成囊壁，称包囊(cyst)。包囊内的虫体称为慢殖子(bradyzoite)。包囊最常见于脑和骨骼肌，可存活数月、数年、甚至终生。动物之间互相捕食或人食入未煮熟的肉类均可感染。

Fully sporulated oocysts are infective on ingestion to essentially all warm-blooded animals including cats. Therefore, almost any warm-blooded animal may serve as an intermediate host of *T. gondii*. On ingestion, sporulated oocysts rupture in the intestine and release the sporozoites. These enter and multiply in cells of the intestine and associated lymph nodes to form tachyzoites, which spread to all other tissues of the body; there they invade cells and continue to multiply. Eventually, tissue cysts containing bradyzoites are formed in the brain, striated muscles, and liver and remain viable for the life of the host. Bradyzoites are infective on ingestion to essentially all warm-blooded animals and behave almost in the same manner just described for sporozoites. Thus, intermediate hosts become infected with *T. gondii* by ingesting sporulated oocysts from cat's feces or bradyzoites in the tissues of other intermediate hosts. Transplacental migration of tachyzoites from dam to fetus *in utero* also occurs but varies in importance from species to species of host.

(三)流行病学(Epidemiology)

弓形虫病呈世界性分布，许多哺乳类(mammals)、鸟类(birds)和爬行类(reptiles)动物都可自然感染。我国经血清学或病原学证实可自然感染的动物有猪、黄牛、水牛(buffalo)、马(horse)、山羊、绵羊、鹿(deer)、兔、猫、犬、鸡(chicken)等。各种家畜中以猪的感染率较高，在养猪场中可以突然大批发病，死亡率(death rate)高达 60%以上。实验动物中以小白鼠(mice)、地鼠(hamster)最敏感。

病畜和带虫动物是弓形虫病的感染源(source of infection)。猫是各种易感动物的主要传染源，除家猫外，尚有几种野生猫科动物也是弓形虫的终末宿主。受染的猫 1 d 可排出 1 000 万个卵囊，排卵囊可持续 10～20 d，其间排出卵囊的高峰期为 5～8 d，是传播的重要阶段。卵囊具双层囊壁，对酸(acid)、碱(base)、消毒剂(disinfectant)均有相当强的抵抗力。在室温可存活 3～18 个月，猫粪内可存活 1 年。对干燥和热的抵抗力较差。80℃ 1 min 即可杀死。弓形虫的卵囊可被某些食粪甲虫(dung beetles)、蝇(fly)、蟑螂(cockroach)和蚯蚓(earthworm)机械性传播。带有速殖子和包囊的肉尸(dead body)、内脏(viscera)、血液(blood)以及各种带虫动物的分泌物(secretion)或排泄物(excretion)也是重要的传染源。但包囊在冰冻和干燥条件下不易生存，在 4℃时尚能存活 68 d。速殖子的抵抗力较差，在生理盐水中，几个小时便丧失感染力。

The cat plays a central role in the epidemiology of toxoplasmosis and the disease is virtually absent from areas where cats do not occur.

经口感染(peroral infection)是弓形虫病感染的主要途径。自然条件下肉食动物(carnivores)一般是吃到肉中的速殖子或包囊而感染；草食兽(herbivores)一般是通过污染了卵囊的水和草而感染；杂食兽(omnivores)则 2 种方式兼有。人体感染是吃到肉、乳、蛋中的速殖子及污染蔬菜的卵囊和逗弄猫时吃到卵囊，经常接触动物的人也可从感染动物的渗出液、排泄物等获得感染。在自然界，猫科动物和鼠类之间的传播循环是其主要的传播环节。

孕妇(pregnant women)和孕畜(pregnant animal)感染弓形虫后，可以经胎盘传给后代，使其后代发生先天性感染。速殖子可通过有损伤的皮肤(impaired skin)、黏膜(mucosa)进入人、畜体内，而引起感染。

(四)致病作用(Pathogenesis)

弓形虫的致病作用与虫体毒力(virulence)和宿主的免疫状态(immune state)有关。根据虫株的侵袭力(invasiveness)、繁殖速度(propagation speed)、包囊形成(encystment)与否以及对宿主的致死率(lethality)等将弓形虫分为强毒和弱毒株系。强毒株(virulent strain)侵入机体后繁殖迅速，可引起宿主急性感染和死亡；弱毒株(low virulent strain)在机体增殖缓慢，主要在组织中形成包囊(cyst)，宿主可带虫存活，很少死亡。目前国际上公认的强毒株代表是 RH 株；弱毒株代表为 Beverley 株。

速殖子期是弓形虫的主要致病阶段，虫体侵入细胞后进行增殖，导致大量细胞被破坏。速殖子逸出后又重新侵入新的细胞，如此反复多次，加上弓形虫代谢产生的毒素作用，刺激淋巴细胞(lymphocyte)、巨噬细胞(macrophage)的浸润(infiltration)，引起组织的急性炎症(acute inflammation)、水肿(edema)和坏死(necrosis)。

包囊内慢殖子是引起慢性感染而致病的主要形式，包囊因慢殖子增殖而体积不断增大，挤压器官导致功能障碍(dysfunction)。当宿主免疫力降低时可引起弓形虫病。

(五)症状(Clinical signs)

猪感染弓形虫后，其症状表现取决于虫体毒力、感染数量、感染途径、年龄和免疫力等。临床上许多猪对弓形虫有一定的耐受力，感染后在组织内形成包囊而成为无症状的带虫者，当机体免疫力降低时引起大批发病。这就是临床上常见血清学检测阳性率很高但发病率低的原因。

3～5 月龄仔猪常表现为急性发作，症状与猪瘟(swine fever)相似。潜伏期(incubation period)为 3～7 d，病初体温升高(fervescence)，达 40.5～42℃，稽留热型(enecia)。鼻镜干燥，鼻孔有浆液性、黏液性或脓性鼻涕(nasal discharge)流出，呼吸困难(dyspnea)，全身发抖(shiver)，精神委顿，食欲减退(decreased appetite)或废绝。病猪初期便秘(constipation)，拉干粪球，粪便表面覆盖有黏液，有的病猪后期下痢(diarrhoea)，排水样或黏液性或脓性恶臭粪便(stink feces)。后期衰竭(exhaustion)，卧地不起。体表淋巴结，尤其是腹股沟淋巴结(inguinal lymph node)明显肿大，身体下部或耳部出现瘀血斑(congestion patch)，或有较大面积的发绀(cyanosis)。病重者于发病 1 周左右死亡。

怀孕母猪表现为高热(hyperpyrexia)，废食，精神委顿和昏睡(lethargy)，此种症状持续数天后可产出死胎(stillbirth)或流产(abortion)，即使产出活仔，也可发生急性死亡或发育不全，不会吃奶或畸形怪胎。母猪常在分娩后迅速自愈。隐性感染的母猪，在怀孕后往往发生早产(prematurity)或产出发育不全的仔猪(abortive piglet)或死胎。

(六)病变(Lesions)

特征性病变出现在肺(lung)、淋巴结(lymph node)和肝(liver)。全身淋巴结髓样肿大(medullary enlargement)，灰白色，切面湿润，尤以肠系膜淋巴结(mesenteric lymph node)最为显著，呈绳索状(rope shape)，切面外翻，多数有针尖到米粒大、灰白色或灰黄色坏死灶(focal necrosis)及各种大小出血点(petechia)。肺门、肝门、颌下、胃等淋巴结肿大 2～3 倍。肺出血,有不同程度水肿(edema),小叶间质增宽,小叶间质内充满半透明胶冻样渗出物,气管和支气管内有大量黏液性泡沫。肝脏呈灰红色,常见散在针尖大到米粒大的坏死灶。脾脏(spleen)肿大,棕红色。肾脏(kidney)呈土黄色,有散在小点状出血或坏死灶。心包、胸腹腔有积水(hydrops)。体表出现紫斑(suggillation)。

主要的病理组织学变化(pathohistologic changes)为局灶性坏死性肝炎(focal necrotic hepatitis)和淋巴结炎(lymphnoditis)、非化脓性脑膜脑炎(nonsuppurative meningoencephalitis)、肺水肿(pneumonedema)和间质性肺炎(interstitial pneumonia)等。在肝坏死灶周围的肝细胞胞浆内、肺泡上皮和单核细胞的胞浆内、淋巴窦内皮细胞和单核细胞的胞浆内,常可见有单个、成双的或 3～6 个不等的弓形虫呈圆形、卵圆形、弓形或新月形等不同形状。

(七)诊断(Diagnosis)

猪弓形虫病的临床症状、剖检变化和很多疾病相似,确诊需结合病原检查和血清学诊断。

Specific diagnosis is made by serological tests or by demonstration of the organisms in tissues of mice inoculated with suspect material.

1. 病原检查(Pathogen examination)

(1)脏器涂片检查(Staining after organ smear) 取肺、肝、淋巴结等组织涂片,自然干燥后,甲醇固定,姬氏或瑞氏染色检查。肺脏涂片的检出率较高。

(2)动物接种(Animal inoculation) 取病猪的肺、肝、淋巴结等研碎加 10 倍生理盐水,加入双抗后,在室温下放置 1 h。接种前振荡,待重颗粒沉淀后,取上清液接种于小白鼠的腹腔,每只接种 0.5～1.0 mL。接种后观察 20 d,若小白鼠出现被毛粗乱、呼吸迫促的症状或死亡,取腹腔液或脏器作涂片染色镜检。初代接种的小鼠如不发病,按上述方法盲传 3 代,从病鼠腹腔液中发现弓形虫的速殖子也可确诊。

2. 血清学诊断(Serological diagnosis)

国内外已研制出多种血清学诊断法供流行病学调查和生前诊断用。目前国内常用的是 IHA 和 ELISA 法。由于血清学阳性只能说明该猪过去曾受感染,因此为了弄清是否急性感染,需在第 1 次采血检查后的 2～4 周再采血检查 1 次,若 IgG 抗体滴度升高 4 倍以上,表明感染处于活动期。IgG 抗体滴度不发生变化,表明有包囊存在或过去有感染。近年来,也有用于急性感染诊断的检测 IgM 抗体的方法和利用基因工程重组蛋白建立的血清学方法区分急、慢性弓形虫感染的报道。研究表明弓形虫血清学调查结果对集约化养殖的动物具有示病意义,是评判猪场疾病控制状况的重要指标。

3. 分子生物学诊断(Molecular biological diagnosis)

随着弓形虫分子生物学研究的逐步深入,PCR、LAMP 等相关分子生物学技术在弓形虫的检测上已得到迅速应用,具有敏感性高、特异性强的特点。

(八)防治(Treatment and prevention)

1. 治疗(Treatment)

弓形虫病的治疗以化学药物为主。对于猪弓形虫病,一般可用磺胺类药物与抗菌增效剂合用。常用的配方有:磺胺嘧啶(sulfadiazine,SD)+甲氧苄胺嘧啶(trimethoprim,TMP),前者 70 mg/kg 体重,后者 14 mg/kg 体重,每天 2 次,连用 3～4 d;或用磺胺-6-甲氧嘧啶(sulfamonomethoxine, SMM)+甲氧苄胺嘧啶(TMP),前者 60～ 80 mg/kg 体重,后者 14 mg/kg 体重,每天 1 次,口服,连用 4 d;磺胺甲氧吡嗪(sulfamethoxypyrazine,SMPZ)+甲氧苄胺嘧啶(TMP),前者 30 mg/kg 体重, 后者 10 mg/kg 体重,每天 1 次,口服,连用 3 d。

2. 预防(Prevention)

弓形虫病的预防措施有:保持圈舍清洁,定期消毒;加强猫的饲养管理,防止猫及其排泄物污染畜舍、饲料、饮水;消灭老鼠;流产的胎儿及其母畜排泄物,以及死于本病的可疑病尸应严格处理等。

弓形虫病的根本防治手段是研制行之有效、使用方便的疫苗(vaccine)。然而,弓形虫生活史复杂,感染途径多，且可形成包囊逃避宿主的免疫攻击，因此研制弓形虫疫苗较为困难。虽然在弱毒疫苗、分泌性抗原疫苗、基因工程疫苗和核酸疫苗等方面取得了一些成绩，但尚无较完善的商品化疫苗可供使用，目前大多处于研究阶段。

In domestic situations prevention of infection requires the daily cleaning of cat litter boxes and proper disposal of feces. Hygienic precautions such as washing of hands prior to eating and the wearing of gloves when gardening should also be observed since flower and vegetable beds are favoured areas for cats to defecate. Pregnant women should not undertake cleaning of cat litter boxes. In addition, raw meat should not be fed to cats.

二、利什曼原虫病(Leishmaniasis)

利什曼原虫病是由锥虫科(Trypanosomatidae)利什曼属(*Leishmania*)的多种利什曼原虫寄生于人、犬以及啮齿类等野生动物的网状内皮细胞(reticuloendothelial cells)内所引起的一种人畜共患寄生虫病。该病又称黑热病(Kala-azar)，广泛分布于世界各地，目前已得到很好的控制。1949 年，山东、江苏、安徽、河南、河北、山西、陕西、甘肃等地广泛流行，死亡率高达 40%，成为我国人群中五大寄生虫病之一。由于大力开展防治工作，我国在 20 世纪 50 年代末已经达到基本消灭。

(一)病原形态(Pathogen morphology)

重要致病种有热带利什曼原虫(*Leishmania tropica*)、杜氏利什曼原虫(*L. donovani*)、巴西利什曼原虫(*L. braziliensis*)。在我国流行的种类仅有杜氏利什曼原虫(图 9-12)，有无鞭毛体和前鞭毛体 2 种形态。

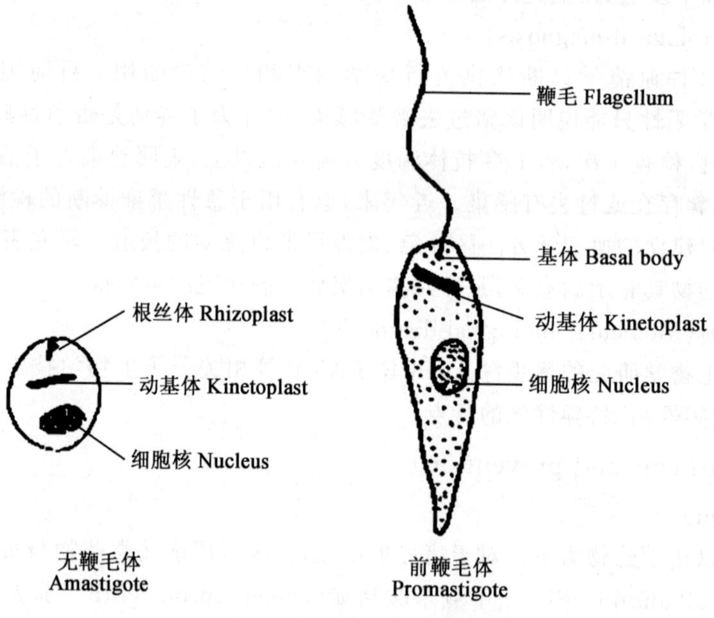

图 9-12 杜氏利什曼原虫

Figure 9-12 *Leishmania donovani*

(引自殷国荣，2004)

1. 无鞭毛体(Amastigote)

无鞭毛体又称利杜体(Leishman-Donovan body，LD body)，卵圆形，大小为(2.9～5.7) μm×(1.8～4.0) μm，经姬氏或瑞氏染液染色，细胞质呈淡蓝或淡红色，核大而明显，呈红色或淡紫色；动基体(kinetoplast)呈红色细杆状，位于核旁。

2. 前鞭毛体(Promastigote)

前鞭毛体呈梭形,大小为(14.3～20) μm×(1.5～1.8) μm,核位于虫体中部,动基体在前部。基体在动基体之前,由此发出一根游离鞭毛。活的虫体运动活泼,鞭毛不停地摆动。在培养基内常以虫体前端聚集,排列成菊花状。经染色后,着色特征与无鞭毛体相同。

The ovoid organism within the macrophage possesses a rod-shaped kinetoplast associated with a rudimentary flagellum. This leishmanial, or amastigote form, after ingestion by a sandfly, transforms into a promastigote form in the insect gut in which the kinetoplast is situated at the posterior end of the body (Figure 9-12).

(二)生活史(Life cycle)

利什曼原虫寄生于犬或人的网状内皮细胞内,由吸血昆虫——白蛉(sandfly)传播。其发育过程需要在 2 个宿主,即白蛉和人或哺乳动物体内进行(图 9-13)。

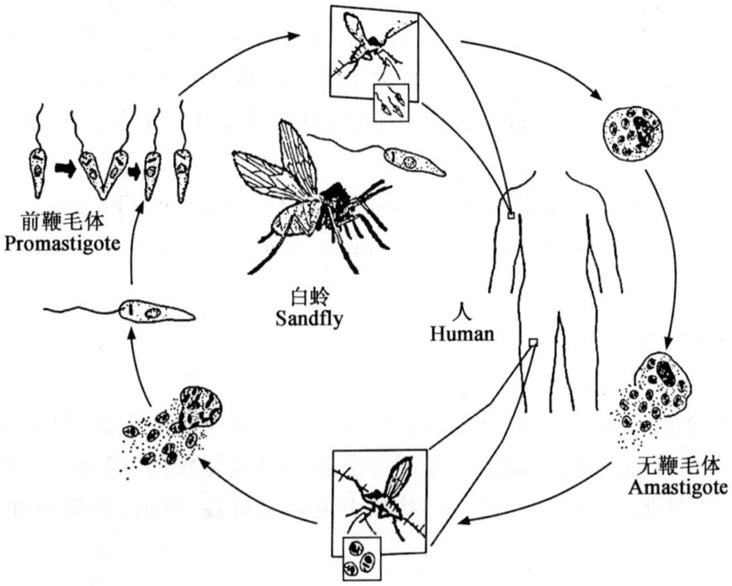

图 9-13 利什曼原虫生活史

Figure 9-13 The life cycle of *Leishmania* sp.

(引自殷国荣,2004)

1. 在白蛉体内发育(Development in the sandfly)

当雌性白蛉叮刺病人或被感染的动物时,血液或皮肤内含无鞭毛体的巨噬细胞被吸入胃内,经 24 h 虫体鞭毛伸出体外,无鞭毛体发育为粗短的前鞭毛体或梭形前鞭毛体。至第 3、4 天出现大量成熟前鞭毛体,并以纵二分裂法(longitudinal binary fission)繁殖,在数量激增的同时,逐渐向白蛉前胃、食道和咽部移行。1 周后具感染力的前鞭毛体大量聚集在口腔及喙。

2. 在人或动物体内发育(Development in people or animals)

感染有前鞭毛体的雌性白蛉叮刺人或动物吸血时,前鞭毛体即可随白蛉分泌的唾液进入其体内。部分前鞭毛体被多形核白细胞吞噬消灭,其余则进入巨噬细胞。前鞭毛体进入巨噬细胞后失去鞭毛,并逐渐变圆成为无鞭毛体。无鞭毛体在巨噬细胞的纳虫空泡内不但可以存活,而且能进行分裂增殖,最终导致巨噬细胞破裂。游离的无鞭毛体又进入其他巨噬细胞重复上述增殖过程。

The parasites of *Leishmania* are found in the amastigote stage in cells of the vertebrate host and in the promastigote stage in the intestine of the sandfly. In the vertebrate host, leishmania is found in the macrophages and other cells of the reticuloendothelium system in the skin, spleen, liver, bone marrow, lymph nodes and mucosa, in which it multiplies by simple binary fission until the host cell is destroyed. In the intestine of insects, the leishmanias become promastigote forms and divide by longitudinal fission into two individuals. Then they can be seen in the esophagus, pharynx, and buccal cavity, where they are injected into a new host with the sandfly's bite.

（三）流行病学（Epidemiology）

本病分布很广，亚、欧、非、拉美等洲均有本病流行。全球 51 个国家有黑热病的流行或散发，每年有新感染病例 10 万余人。在我国，黑热病流行于长江以北的广大农村中，包括山东、河北、河南、江苏、安徽、陕西、甘肃、新疆、宁夏、青海、四川、山西、湖北、辽宁、内蒙古及北京市郊等 16 个省（市、自治区）。近年来主要流行于甘肃、四川、陕西、山西、新疆和内蒙古等 6 个省、自治区。新疆和内蒙古等地区还有黑热病自然疫源地存在。

根据传染来源的不同，黑热病在流行病学上可大致分为 3 种不同的类型，即人源型、犬源型和自然疫源型。人源型主要是人的疾病，可发生皮肤型黑热病，犬类很少感染，病人为主要传染源，常出现大的流行。犬源型主要是犬的疾病，人的感染大都来自病犬。传播媒介为近野栖或野栖型中华白蛉（*Phlebotomus chinensis*）。此型是我国目前黑热病主要流行类型。自然疫源型分布在新疆和内蒙古的某些荒漠地区，主要是某些野生动物的疾病，在荒漠附近的居民点以及因开垦或从事其他活动而进入这些地区的人群中发生黑热病。

Leishmania have a direct man to man transmission via the sandfly. The dog is a natural host and reservoir of infection for some strains of *L. donovani* and *L. tropica* which can infect man, especially children.

（四）症状（Clinical signs）

1. 犬（Dogs）

犬常在感染数月后才出现临诊症状，其症状表现也很不一致。皮肤型常局限在唇和眼睑部的浅层溃疡，一般能够自愈；内脏型更为常见，开始由于眼圈周围脱毛形成特殊的"眼镜"，然后体毛大量脱落，并形成湿疹，利什曼原虫大量存在于皮肤中。其他症状如中度体温升高、贫血、恶病质和淋巴组织增生也是常见的。

The disease can occur in dogs and could cause cutaneous or systemic lesions. Cutaneous symptoms include alopecia and inflammation leading to formation of nodules, scabs and ulcers. Systemic symptoms include fever, anemia, splenomegaly and lymphadenopathy.

2. 人（Human）

人内脏型临床症状一般表现为发烧、贫血、消瘦、鼻衄、牙龈出血等。患黑热病时出现免疫缺陷，易并发各种感染疾病，是造成患者死亡的主要原因。

（五）病变（Lesions）

死后剖检可见脾和淋巴结肿胀。巨噬细胞增生主要见于脾、肝、淋巴结、骨髓等器官，浆细胞也可大量增生。细胞增生是脾、肝、淋巴结肿大的基本原因，其中脾肿大最为常见。

（六）诊断（Diagnosis）

根据临床症状，结合病原检查进行确诊。在病变处皮肤的涂片或刮片中或通过淋巴结、骨髓穿刺可检出利什曼原虫的无鞭毛体。

1. 病原检查（Pathogenic examination）

可采用穿刺检查、动物接种和皮肤活组织检查。

（1）穿刺检查（Examination by centesis） 以骨髓穿刺物做涂片、染色、镜检。此法最为常用，检出率 80%～90%，也可进行淋巴结穿刺或脾脏穿刺。

（2）动物接种（Animal inoculation） 以穿刺物接种易感动物（小鼠等），1～2 个月后取肝、脾作印片或涂片，瑞氏染液染色镜检。

(3)皮肤活组织检查(Skin biopsy) 在皮肤结节处用消毒针头刺破皮肤，取少许组织液，或用手术刀刮取组织作涂片、染色、镜检。

2. 免疫学诊断(Immunological diagnosis)

多种免疫学方法可用于该病的诊断，如 ELISA、间接血凝试验(IHA)、对流免疫电泳(CIE)、间接荧光试验(IF)等。

3. 分子生物学诊断(Molecular biological diagnosis)

近年来，用 PCR 及 DNA 探针技术检测黑热病取得了较好的效果，敏感性、特异性高，但操作较复杂，目前未能普遍推广。

This depends on the demonstration of the amastigote parasites in smears or scrapings from affected skin or from lymph-node or marrow biopsies.

(七)防治(Treatment and prevention)

1. 治疗(Treatment)

在流行区，应对人群和犬作定期普查，一旦确诊马上治疗。葡萄糖酸锑钠(sodium stibogluconate)为治疗黑热病的首选药物，肌肉注射或静脉注射，总量为 90～130 mg/kg 体重，分 6 d 注射，每天 1 次。犬按 30～50 mg/kg 体重，连用 3～4 周。戊烷脒(pentamidine)可用于治疗抗锑剂或对锑剂过敏的黑热病患者。

2. 预防(Prevention)

主要在于保虫宿主的查治以及媒介昆虫的控制。由于该病是人畜共患病，且已经基本消灭，所以一旦发现新病犬，以扑杀为宜。消灭传播媒介白蛉，可用溴氰菊酯(deltamethrin)喷洒，对家栖或近家栖的白蛉杀灭效果较好。同时应加强人和动物的防护，避免被白蛉叮刺。

The control measures for leishmaniasis include control of the disease in reservoir and vector, use of insecticide impregnated materials and active detection and treatment of cases.

第十章 多种动物共患寄生虫病
Chapter 10 Zoonotic Parasitosis Originating from Wildlife

第一节 蠕 虫 病
Section 1 Helminthiasis

一、支睾吸虫病(Clonorchiasis)

华支睾吸虫病(clonorchiasis sinensis)是由后睾科(Opisthorchiidae)支睾属(*Clonorchis*)的华支睾吸虫(*C. sinensis*)寄生于猪(pig)、犬(dog)、猫(cat)等动物或人(human)的胆囊(gall bladder)及胆管(bile duct)内所引起的一种人畜共患寄生虫病(parasitic zoonosis)。1874 年,首次在印度加尔各答一名华侨的胆管内发现虫体;1908 年,在我国证实该病存在。1975 年,在湖北江陵出土的西汉古尸的粪便中发现该虫虫卵,说明该病在我国至少已有 2 200 余年的历史。该病主要分布于东亚诸国,在我国除青海、甘肃、内蒙古、新疆、西藏、宁夏等少数干旱地区未见报道外,其余省市均有不同程度的流行。

(一)病原形态(Pathogen morphology)

虫体背腹扁平,呈树叶状(图 10-1),前端稍尖,后端较钝。大小为(10～25) mm×(3～5) mm。口吸盘(oral sucker)略大于腹吸盘(ventral sucker),腹吸盘位于体前端 1/5 处。消化器官包括口(mouth)、咽(pharynx)、短的食道(esophagus)及 2 条直达虫体后端的盲肠(cecum)。2 个分支的睾丸(testes),前后排列在虫体的后 1/3 处。从睾丸各发出一条输出管(vas efferens),两管汇合为输精管(vas deferens)。其膨

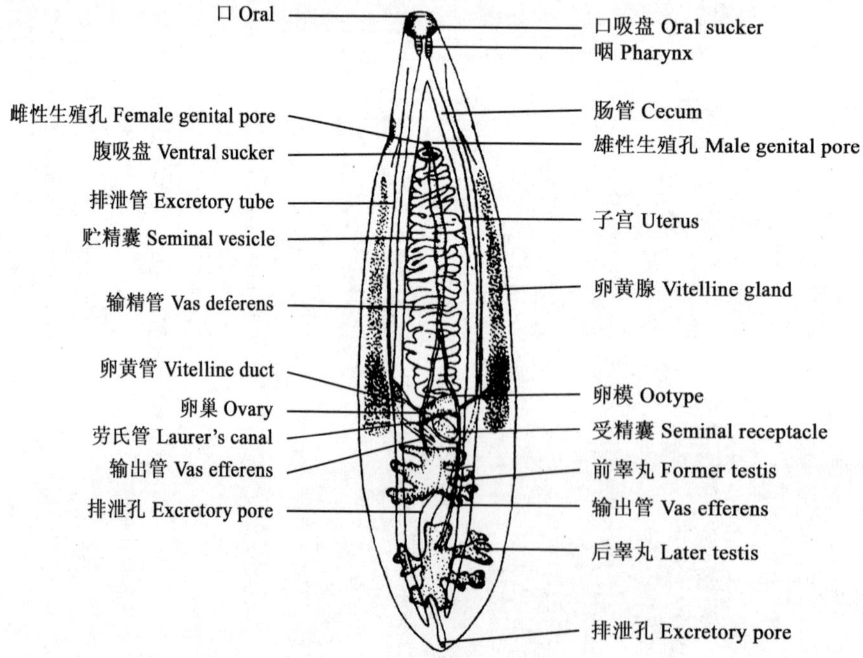

图 10-1 华支睾吸虫成虫

Figure 10-1 Adult *Clonorchis sinensis*

大部形成贮精囊(seminal vesicle),末端为射精管(ejaculatory duct),开口于雄性生殖腔(genital atrium)。缺雄茎和雄茎囊。卵巢(ovary)分叶,位于睾丸之前。受精囊(seminal receptacle)发达,呈椭圆形,位于睾丸与卵巢之间。劳氏管(Laurer's canal)细长,开口在虫体的背面。输卵管(oviduct)的远端为卵模(ootype),周围为梅氏腺(Mehlis'gland)。卵黄腺(vitelline gland)由细小的颗粒组成,分布在虫体两侧(腹吸盘至受精囊段),2 条卵黄管(vitelline duct)汇合后,与输卵管相通。排泄囊(excretory bladder)呈 S 形弯曲,前端达受精囊处,后端经排泄孔(excretory pore)开口于虫体末端。

虫卵较小,平均为 29 μm×17 μm,形似电灯泡(light bulb),棕褐色(brown),上端有卵盖(operculum),后端有一小突起,内含毛蚴(miracidium)。

Adult worms are flat, slender leaf-shaped between 10 and 25 mm in length, and two branched testes are located in posterior one third. The yellow to light brown eggs measure about 30 by 15 μm. The operculum has prominent shoulder rim, and on the opposite side, comma shaped terminal knob locates.

(二)生活史(Life cycle)

华支睾吸虫的发育过程(图 10-2),需要 2 个中间宿主(intermediate host),第一中间宿主是淡水螺(freshwater snail),第二中间宿主是淡水鱼(freshwater fish)和虾(shrimp),在我国主要有草鱼(grass carp)、青鱼(black carp)、土鲮鱼(dace)、麦穗鱼(*Pseudorasbora parva*)以及细足米虾(*Caridina gracilipes*)、巨掌沼虾(*Macrobrachium superbum*)等。

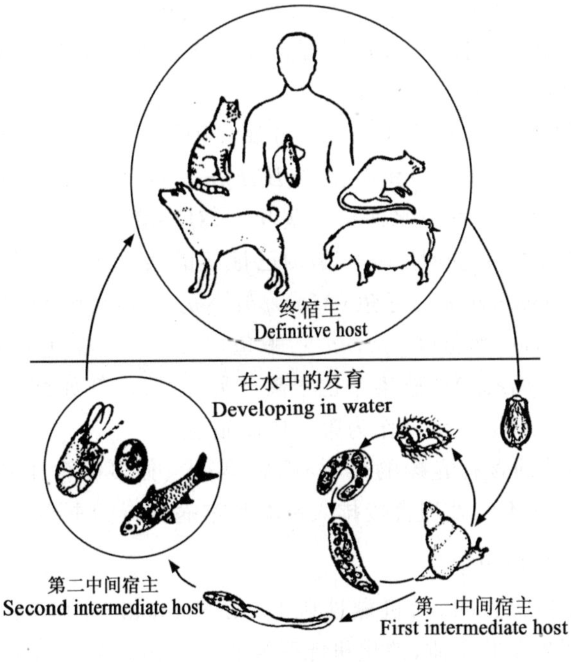

图 10-2 华支睾吸虫的生活史

Figure 10-2 The life cycle of *Clonorchis sinensis*

成虫寄生于终末宿主的肝脏胆管内,所产的虫卵随胆汁进入消化道并混在粪便中排出体外。每条成虫每天平均产卵量可超过 2 400 个。虫卵落入水中,被第一中间宿主淡水螺吞食后,约经 1 h 即可在螺的消化道内孵出毛蚴(miracidium)。毛蚴进入螺的淋巴系统和肝脏,发育为胞蚴(sporocyst)、雷蚴(redia)和尾蚴(cercaria)。成熟的尾蚴离开螺体游于水中,当遇到适宜的第二中间宿主——某些淡水鱼和虾时,即钻入其肌肉内,形成囊蚴(metacercaria)。人、猪、犬和猫等由于食入含有囊蚴的生鱼、虾或未煮熟的鱼或虾而遭受感染。囊蚴在十二指肠脱囊,童虫(juvenile)沿着胆汁流动逆向移行,经总胆管到达胆管发育为成虫(adult)。也有一些童虫可通过血管或穿过肠壁经腹腔到达肝脏于胆管内发育为成虫。从淡水螺吞食虫卵至尾蚴逸出，共需 100 d 左右。童虫在终末宿主体内经 1 个月后发育为成虫。成虫在猫、犬体内可分别存活 12 和 3 年以上；在人体内可存活 20 年以上。

Clonorchis sinensis lives in the bile ducts inside of liver. The worms produce eggs that are moved into intestine and passed in the host's feces. When the eggs are eaten by the first intermediate host snails in water, the miracidium hatches to develop into sporocyst which produces many rediae in the snail. Each redia produces many cercariae. Cercariae emerge from the snail and infect the second intermediate host, and develop into metacercariae. The second intermediate host includes more than 100 species of fish and shrimp. When the definitive host eats the raw or undercooked fish and shrimp which contain metacercariae, the metacercariae excyst in the host's small intestine, and then juvenile flukes migrate into the bile ducts of liver, and develop into adult worm. The adult worms can live in the definitive host for at least 3 years.

（三）流行病学（Epidemiology）

本病的流行与地理环境、自然条件、流行区第一、二中间宿主的分布和养殖以及当地居民的生活习惯有密切关系。主要流行于东南亚国家，尤其是中国、韩国、朝鲜和日本。

Clonorchis sinensis is a widespread parasite of man, dogs and cats in the southeast of Asia. It is extraordinarily common in China and is also found in Korea and Japan.

华支睾吸虫的终末宿主有人、猫、犬、猪、鼠类以及野生的哺乳动物（wild mammal），食鱼的动物如鼬（weasel）、獾（badger）、貂（mink）、狐狸（fox）等均可感染。该病在野生动物间可自然传播，人因偶然介入而感染，因此，华支睾吸虫病也是自然疫源性疾病。

我国已证实的华支睾吸虫第一中间宿主有 4 科 6 属 8 种淡水螺，其中以纹沼螺（*Parafossarulus striatulus*）、长角涵螺（*Alocinma longicornis*）和赤豆螺（*Bithynia fuchsianus*）分布最为广泛。这些螺类主要生活于坑塘、沟渠、沼泽中，活动于水底或水面植物茎叶上，对环境的适应能力很强。

华支睾吸虫对第二中间宿主的选择性不强，国内已证实的淡水鱼宿主有 12 科 39 属 68 种，主要为养殖的鱼类，如草鱼（*Ctenopharyngodon*）、青鱼（*Mylopharyngodon*）、鲢鱼（*Hypophthalmichthys*）、鳙鱼（*Aristichthys*）、鲮鱼（*Cirrhinus*）、鲤鱼（*Cyprinus*）、鳊鱼（*Parabramis*）和鲫鱼（*Carassius*）等。野生小型鱼类如麦穗鱼（*Pseudorasbora parva*）的感染率也很高。另外，淡水虾如细足米虾（*Caridina gracilipes*）、巨掌沼虾（*Macrobrachium superbum*）也可作为第二中间宿主。

人多因生吃或吃了未煮熟的含有囊蚴的鱼、虾而感染；犬、猫多因食生鱼而感染；猪的感染系因用生鱼、虾作饲料而感染。人畜粪便不经处理直接排入鱼塘是本病流行的重要因素。

（四）致病作用（Pathogenesis）

虫体寄生于动物的胆管和胆囊内，因机械性刺激（mechanical irritation），引起胆管和胆囊发炎（inflammation），管壁增厚，进而累及肝实质，消化机能受到影响。虫体分泌毒素（toxin），引起贫血（anemia），消瘦（emaciation）和水肿（edema）。大量寄生时，虫体阻塞胆管，使胆汁分泌障碍，并出现黄疸（jaundice）现象。寄生时间长久之后，肝脏结缔组织增生（desmoplasia），肝细胞变性（degeneration）、萎缩（atrophy），毛细胆管栓塞（embolism），引起肝硬化，有少数病例会在胆管上皮腺瘤样增生的基础上发生癌变（canceration）。继发感染时，可引起胆管炎（cholangitis），甚至肝脓肿（hepatic abscess）。

The mechanical irritation and toxic metabolites of the parasite cause inflammatory responses in biliary epithelium. Obstruction of biliary tract, pyogenic cholangitis, pancreatitis, cholecystitis, cholelithiasis, liver cirrhosis, and cholangiocarcinoma may be induced as the result of heavy and chronic infection.

（五）症状（Clinical signs）

多数为隐性感染（inapparent infection），临床症状不明显。严重感染时表现为消化不良（indigestion），食欲减退（anorexia）和下痢（diarrhoea）等症状，最后出现贫血（anemia）、消瘦（emaciation）或者水肿

(edema)和腹水(ascites)等。病程多系慢性经过(chronic process),往往因并发其他疾病而死亡。

(六)病变(Lesions)

猪和犬的主要病变在肝和胆。胆囊肿大(gallbladder enlargement),胆管变粗,胆汁浓稠(thick bile),呈草绿色(prasinous)。胆管和胆囊内有许多虫体和虫卵。肝表面结缔组织增生,有时引起肝硬化(hepatic cirrhosis)或脂肪变性(fatty degeneration)。

(七)诊断(Diagnosis)

若在流行区有以生鱼虾喂动物的习惯,当临床上出现消化不良和下痢等症状,就应当怀疑为本病,如粪便中查到虫卵即可确诊。检查方法以离心漂浮法(centrifugal flotation method)检出率较高。近年来也有采用免疫学方法如间接血凝试验(IHA)和酶联免疫吸附试验(ELISA)进行辅助性诊断。

Diagnosis is made on the basis of the clinical picture, on the anamnestic recall of consuming raw fish, on the detection of eosinophilia. Confirmation of diagnosis relies on parasitological techniques to detect eggs in stool samples, immunological techniques to detect worm-specific antibodies in serum samples or worm-specific antigens in serum or stool samples; molecular techniques such as polymerase chain reaction are also at an experimental stage.

(八)防治(Treatment and prevention)

1. 治疗(Treatment)

可用下列药物:①丙酸哌嗪(piperazine propionate)。按 50～60 mg/kg 体重,混入饲料喂服,每天 1 次,5 d 为一疗程。②阿苯达唑(albendazole)。按 30～50 mg/kg 体重,一次口服或混饲。③吡喹酮(praziquantel)。按 10～35 mg/kg 体重,一次口服。

Praziquantel is the only medicine recommended by WHO for treatment of clonorchiasis. It should be administered at the dose of 25 mg/kg 3 times daily for 2-3 consecutive days or of 40 mg/kg, single administration.

2. 预防(Prevention)

可采取以下综合性预防措施:①流行地区的猪、犬和猫均须进行定期检查(periodic check)和驱虫(deworming)。②在疫区禁止以生的或未煮熟的鱼、虾喂养犬、猫、猪等动物。③加强粪便管理,防止粪便污染水塘,禁止在鱼塘边盖猪舍或厕所。④消灭第一中间宿主淡水螺,宜采用捕捉或掩埋的方法。

二、棘口吸虫病(Echinostomiasis)

棘口吸虫病是由棘口科(Echinostomatidae)的多种吸虫寄生于家禽(poultry)、野禽(wildfowl)、哺乳动物(mammals)包括人的肠道(intestine)中所引起的吸虫病,对畜禽和人类都有一定的危害。

(一)病原形态(Pathogen morphology)

寄生于家禽体内的主要虫种有卷棘口吸虫(*Echinostoma revolutum*)、接睾棘口吸虫(*E. paraulum*)、曲领棘缘吸虫(*Echinoparyphium recurvatum*)、似锥低颈吸虫(*Hypoderaeum conoideum*)、光洁锥棘吸虫(*Patasiger nitidus*)等。

1. 卷棘口吸虫(*Echinostoma revolutum*)

卷棘口吸虫寄生于鸡、鸭、鹅及其他禽类直肠(rectum)、盲肠(cecum)和小肠(small intestine)。虫体(图 10-3)淡黄色,体躯向腹面弯曲,体表有小刺(spinule),大小为(7.6～12.6) mm×(1.26～1.60) mm。虫体前端有口领(collar),其上有 37 个小棘,左右腹角棘各 5 个,背侧棘 27 个。口吸盘(oral sucker)呈圆形,位于虫体前端。口腹吸盘之比约为 1∶3.7。两睾丸(testes)呈椭圆形,边缘完整,前后排列于虫体后半部。雄茎囊位于肠管分叉处。生殖孔(genital pore)开口在腹吸盘的前方。卵巢(ovary)近圆形,位于虫体的中部。子宫(uterus)甚长,内含较多虫卵。卵黄腺(vitellaria)呈颗粒状,分布在两肠管的外侧,前缘自腹吸盘后方开始,伸延至体末端,两侧卵黄腺中央不汇合。虫卵(egg)呈椭圆形,淡黄色(yellow),前端有卵盖(operculum),大小为(114～126) μm×(64～72) μm。

2. 接睾棘口吸虫(*E. paraulum*)

接睾棘口吸虫寄生于家禽和野禽肠道。虫体长叶形,大小(5.5～7.5) mm×(1.86～1.92) mm。头领具有头棘37个,左右腹角棘各5个,其余27个前后两排等距离相互排列。体棘自头领后开始分布至腹吸盘后缘。两睾丸位于虫体中后部,中间凹陷呈"工"字形,前后相接排列。卵巢位于睾丸前,卵黄腺自腹吸盘后方开始,沿体侧分布至体末端,两侧卵黄腺中央不汇合。

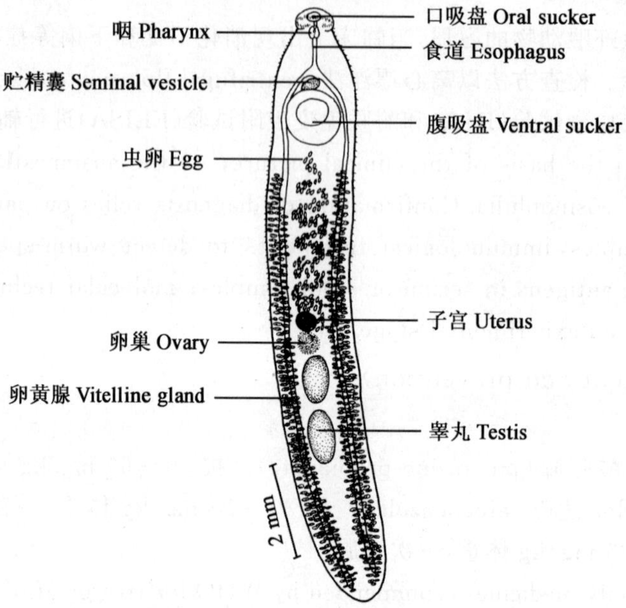

图 10-3 卷棘口吸虫成虫

Figure 10-3 Adult *Echinostoma revolutum*

3. 曲领棘缘吸虫(*Echinoparyphium recurvatum*)

曲领棘缘吸虫寄生于鸡、鸭、鹅等小肠(small intestine)。虫体长叶状,淡黄色。大小为(2.5～5.0) mm×(0.4～0.7) mm。体前端向腹面弯曲。头领发达,有头棘45个,其中腹、角棘各5个。睾丸呈长圆形或稍分叶,前后相接排列。卵巢呈球形位于虫体中央。卵黄腺在后睾丸后方向中央汇合。子宫短,内含少数虫卵。

4. 似锥低颈吸虫(*Hypoderaeum conoideum*)

似锥低颈吸虫寄生于鸡、鸭、鹅等禽类小肠、直肠和盲肠。虫体肥厚,呈黄红色,头端圆钝,腹吸盘处最宽,腹吸盘向后逐渐狭小,形似圆锥状,大小为(7.37～11.0) mm×(1.10～1.58) mm。头领呈肾形,有头棘49个,左右腹、角棘各5个,密集排列。腹吸盘发达,口腹吸盘之比为1∶6。咽椭圆形,食道短。睾丸呈腊肠状,位于虫体中横线之后,卵巢类圆形,位于睾丸前。卵黄腺滤泡大,自腹吸盘后缘开始至虫体亚末端,在睾丸之后两侧不汇合。子宫长,含虫卵多。

5. 光洁锥棘吸虫(*Patasiger nitidus*)

光洁锥棘吸虫寄生于鸭及其他禽类肠道。虫体呈长椭圆形,大小为(1.52～1.76) mm×(0.53～0.56) mm。体棘自头领后起至腹吸盘前缘。头棘19个,左、右角腹棘各4个,粗大,排成2列,其余11个较小,排成1列。腹吸盘位于虫体中部。两睾丸呈椭圆形,斜列于虫体后部。贮精囊(seminal vesicle)椭圆形,位于肠叉与腹吸盘之间。卵巢位于腹吸盘后方,卵圆形。卵黄腺发达,自腹吸盘前缘开始分布至体末端,在睾丸后方相汇合。子宫短,内含虫卵少。

(二)生活史(Life cycle)

棘口吸虫的发育一般需要2个中间宿主(two intermediate host),第一中间宿主为淡水螺(freshwater snails)，第二中间宿主有淡水螺、蛙类(frogs)及淡水鱼(fishes)。卷棘口吸虫第一中间宿主有小椎实螺(*Galba ollula*)、折叠萝卜螺(*Radix plicatula*)、凸旋螺(*Gyraulus convexiusculus*)等；第二中间宿主可以是与第一中间宿主同一种的螺，也可以是尖口圆扁螺(*Hippeutis cantoris*)或半球多脉扁螺(*Polypylis hemisyhaerula*)、绘环凌螺(*Bellanya limnophila*)或山蛤(*Rana tempararia*，系一种蛙的蝌蚪)。

虫卵(egg)随终末宿主粪便排至体外(图 10-4)，在 30℃左右适宜的温度下，于水中经 7～10 d 孵出毛蚴(miracidia)。毛蚴在水中游动，遇到适宜的淡水螺类，即钻入其体内，脱掉纤毛发育为胞蚴(sporocyst)，进而发育为母雷蚴(mother rediae)、子雷蚴(daughter rediae)及尾蚴(cercariae)。尾蚴离开螺体，游于水中，遇到第二中间宿主即钻入其体内形成囊蚴(metacercariae)。终末宿主禽类摄入含囊蚴的螺蛳或蝌蚪(tadpole)后而遭感染。囊蚴进入消化道后，囊壁被消化，童虫(juvenile)逸出，吸附在肠壁上，经 16～22 d 即发育为成虫(adult)并产卵。

The echinostome adult attaches to the intestinal wall of the host and produces eggs that are passed in the feces. When the eggs reach water, miracidiae hatch and penetrate into the first intermediate hosts: snails. After 6 to 7 weeks, they develop into sporocysts, mother rediae, daughter rediae, and finally cercariae. At this stage, the cercariae leave the snails to find the second intermediate hosts, such as freshwater snails, fish, and tadpoles. Once a host is found, the cercariae encyst in the host to wait for an avian to ingest the second intermediate host.

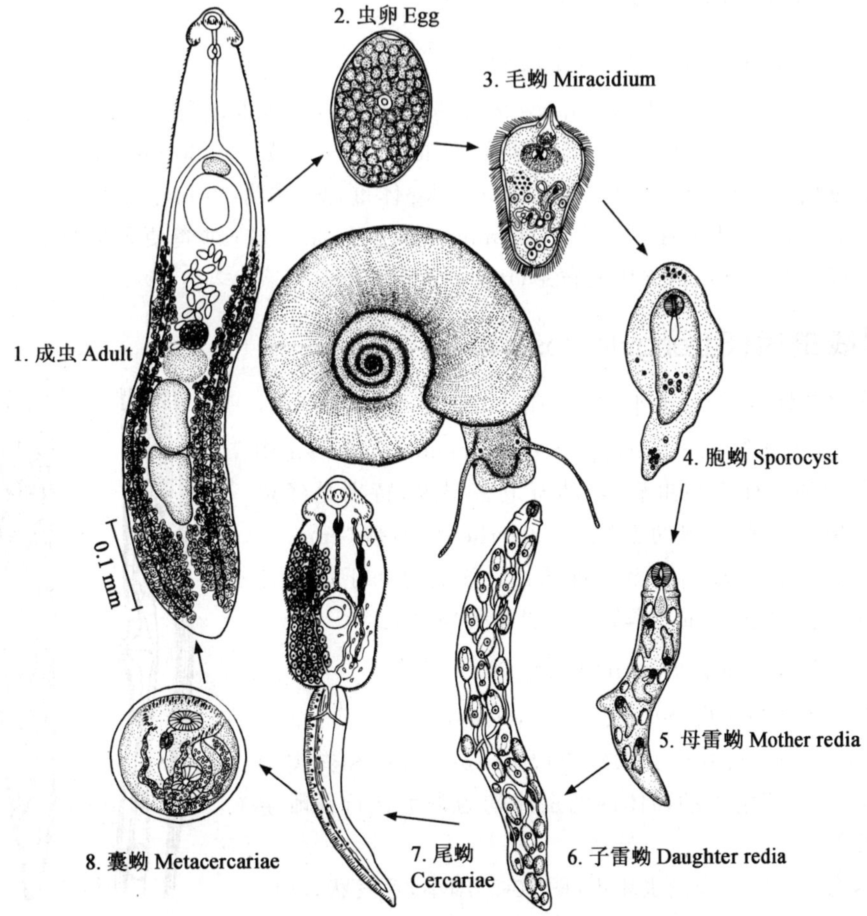

图 10-4 棘口吸虫生活史

Figure 10-4 The life cycle of echinostomes

（三）流行病学（Epidemiology）

棘口科的多种吸虫是人畜共患寄生虫，除寄生于家禽（domestic fowl）和鸟类（birds）外，多种哺乳动物（mammals）如猪（pig）、犬（dog）、猫（cat）及人（human）等都可以感染。在我国各地普遍流行，尤其在南方各省普遍发生。据资料报道，在福州检查鸭棘口吸虫感染率（infection rate）为 26.41%，感染强度（infection intensity）为 1～40；在昆明检查鸭卷棘口吸虫的感染率为 57.4%，感染强度为 1～20；广东鸡、鸭、鹅的感染率分别为 39.13%、62%和 46.6%；其感染强度分别为 1～137、1～48、1～56。造成家禽广泛感染棘口吸虫的主要原因是禽类常采食浮萍、水草等。螺常与这些水生植物（aquatic plants）共生，因而同时被吞食。犬、猫、人感染棘口吸虫病主要是因食入含囊蚴的生螺肉、贝类等所致。

（四）致病作用和症状（Pathogenesis and clinical signs）

由于虫体的吸盘、头棘和体棘的刺激，破坏肠黏膜，引起肠道出血（hemorrhage）、肠炎（enteritis）和下痢（diarrhoea），又由于虫体吸收大量营养物质和分泌毒素（toxin）的作用，使病禽消化机能发生障碍，营养吸收受阻，致使病禽食欲减退（decreased appetite）、下痢、消瘦（emaciation）、贫血（anemia）、发育受阻（impaired development），严重感染可致死亡。

（五）诊断（Diagnosis）

用直接涂片法（direct smear method）或离心沉淀法（sedimentation method）进行粪便检查找到虫卵（egg）或尸体剖检发现虫体即可确诊（final diagnosis）。

（六）防治（Treatment and prevention）

可采用下列药物：①阿苯达唑（albendazole）。按 15 mg/kg 体重，一次口服。②吡喹酮（praziquantel）。按 10 mg/kg 体重，一次口服。③氯硝柳胺（niclosamide）。按 50～60 mg/kg 体重，一次口服。④硫双二氯酚（Bitin，别丁）。鸡口服量为 100～200 mg/kg 体重，鹅、鸭为 30 mg/kg 体重。

在流行区对家禽进行计划性驱虫（deworming），减少病原扩散；对粪便采取堆积发酵以杀灭虫卵（egg）；应用药物或土壤改良以消灭中间宿主（intermediate host）。

三、类圆线虫病（Strongyloidosis）

类圆线虫病又称杆虫病，是由小杆科（Rhabditidae）类圆属（*Strongyloides*）的线虫寄生于宿主小肠黏膜（mucous membrane of small intestine）内所引起的一种寄生虫病，对幼畜危害很大，特别是仔猪（piglet）和幼驹（foal）。常引起幼畜腹泻（diarrhea）、消瘦（emaciation）、生长缓慢（poor growth），甚至大批死亡。该病分布于世界各地，在温热带地区流行更为严重。本病可从患畜传染给人。

（一）病原形态（Pathogen morphology）

主要病原有兰氏类圆线虫（*Strongyloides ransomi*）、韦氏类圆线虫（*S. westeri*）、乳突类圆线虫（*S. papillosus*）和粪类圆线虫（*S. stercoralis*）。寄生于动物体内的虫体均为寄生性行孤雌生殖的雌虫（female）。

寄生在猪体内的兰氏类圆线虫雌虫（图 10-5）细小，毛发状，乳白色。大小为 3.1～4.6 mm。口腔小，有两片唇（lips）。食道（esophagus）长约为体长的 1/3。子宫（uterus）与肠道（intestine）互相缠绕成麻花样。阴门（vulva）稍突出，似火山口样，位于虫体前 2/3 和后 1/3 交界处。

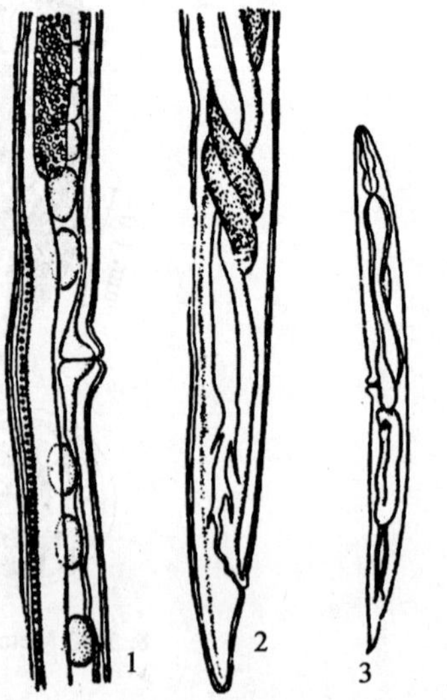

图 10-5　兰氏类圆线虫

Figure 10-5　*Strongyloides ransomi*

1. 雌虫阴门（Vulva of female）；2. 雌虫后端（Posterior end of female）；3. 自由生活的雌虫（Free-living female）

虫卵（egg）小、无色透明（colorless and transparent）、壳薄（thin

shell)、椭圆形(ellipse),内含折刀样幼虫(knife-like larva),大小为(42～53) μm×(24～32) μm。

Only females are parasitic. The long oesophagus may occupy up to one third of the body length and the uterus is intertwined with the intestine giving the appearance of twisted thread. The eggs are oval, thin-shelled and small, being half the size of typical strongyle eggs. In herbivores it is the larvated egg which is passed out in the feces but in other animals it is the hatched L_1.

(二)生活史(Life cycle)

寄生于小肠黏膜内的雌虫经孤雌生殖(parthenogenesis)产出含有幼虫的虫卵,虫卵随粪便排出后很快孵出第一期幼虫(L_1)。第一期幼虫食道短,有两个膨大部,称为杆虫型幼虫(rhabditiform larvae)。在外界环境条件适合其发育时,杆虫型幼虫在外界可以直接发育为成虫。自由生活的成虫有雌虫和雄虫之分。雌虫和雄虫交配后,雌虫产出虫卵,发育为第一期幼虫,然后重复上述过程。当外界环境不适合杆虫型幼虫发育时,杆虫型幼虫就发育为对猪等有感染性的丝虫型幼虫(filariform larvae)。丝虫型幼虫食道长,呈柱状,无膨大部。丝虫型幼虫可以经皮肤或口腔两种途径进入猪等体内。经皮肤侵入的感染性幼虫进入局部血管,然后随血液循环到心脏、肺脏并在肺脏短期停留。之后经肺泡、支气管、气管,最后经咽被吞咽到达小肠发育为寄生性雌虫(parasitic female)。经口腔感染的丝虫型幼虫,当幼虫到达胃时经胃黏膜进入血液循环,之后经上述同样的途径到达小肠发育为成虫。

Strongyloides is unique parasite which has alternate free-living and parasitic generations. The parasitic phase is composed entirely of female worms in the small intestine and these produce larvated eggs by parthenogenesis. After hatching, larvae may develop through four larval stages into free-living adult male and female worms and this can be followed by a succession of free-living generations. However under certain conditions, possibly related to temperature and moisture, the L_3 can become parasitic, infecting the host by skin penetration or ingestion and migrating via the venous system, the lungs and trachea to develop into adult female worms in the small intestine. Foals, lambs and piglets may acquire infection immediately after birth from the mobilization of arrested larvae in the tissues of the ventral abdominal wall on the dam which are subsequently excreted in the milk. In addition, prenatal infection has been demonstrated experimentally in pigs and cattle. The prepatent period is from 8 to 14 days.

(三)流行病学(Epidemiology)

兰氏类圆线虫(*S. ransomi*)寄生于猪的小肠,特别是十二指肠的黏膜内;韦氏类圆线虫(*S. westeri*)寄生于马属动物的十二指肠黏膜内;乳突类圆线虫(*S. papillosus*)寄生于牛羊的小肠黏膜内;粪类圆线虫(*S. stercoralis*)寄生于人、其他灵长类(primates)、犬、狐(fox)和猫的小肠内。人的感染主要发生在热带和亚热带地区,温带和寒带地区感染较少,且多为散发病例。

经皮肤感染(by skin infection)是主要的感染途径。仔猪可经初乳感染(by colostrum),在产后 4 d 发育为成虫。母猪初乳中的幼虫与外界自由生活的感染性幼虫在生理上不同,可经过胃到达小肠直接发育为成虫。哺乳仔猪也可发生胎盘感染(placental infection),在出生后 2～3 d 即可出现严重感染。母猪体内的幼虫可在妊娠后期在胎儿(fetus)的各种组织中聚集,在仔猪出生后迅速移行至新生仔猪的小肠中发育为成虫。幼犬和幼驹亦可从母乳中获得感染。

猪类圆线虫病分布广泛,尤其在温热带地区(temperate tropic zone)。该病的发生与季节(season)和气候(climate)有一定关系,在夏季和雨季(rainy season),当畜舍卫生状况不良和潮湿(moist)时,流行特别普遍。主要侵害仔猪,1 月龄左右的仔猪感染最严重,春产仔猪较秋产仔猪感染严重。未孵化的虫卵在外界适宜的环境中可以存活 6 个月以上,感染性幼虫在潮湿的环境下可以存活 2 个月。

(四)致病作用(Pathogenesis)

类圆线虫的致病作用表现在 2 个方面:一是幼虫移行(larval migration)所导致的机械性损伤(mechanical injury),二是成虫寄生所导致的损伤。幼虫移行穿过皮肤时,常引起湿疹(eczema);在肺脏移行时,常导致肺炎(pneumonia)、支气管炎(bronchitis)和胸膜炎(pleuritis);当误入心肌(cardiac muscle)、大脑(cerebrum)和脊髓(spinal cord)时,可引起急性死亡。成虫在小肠大量寄生时,小肠出现充血(congestion)、出血(hemorrhage)和溃疡(ulcer)。继发细菌感染时常出现卡他性炎症(catarrhal inflammation)。

(五)症状(Clinical signs)

仔猪感染首先出现皮肤湿疹(eczema),在仔猪的臀部(croup)、腹下和胸部(chest)可以见到零星的湿疹,以臀部居多。1～2 d后湿疹逐步蔓延至全身(the whole body),同时,皮肤出现瘙痒(pruritus),可见局部皮肤因在墙上摩擦而出现水肿(edema)或破溃(ulceration)。1～2周后,仔猪开始出现消化障碍(gastricism)、腹痛(stomachache)、腹泻(diarrhea)等症状,粪便带血和黏液。严重时仔猪因脱水(dehydration)而死亡。

The common clinical signs usually seen only in very young animals are diarrhoea, anorexia, dullness, loss of weight or reduced growth rate.

(六)诊断(Diagnosis)

结合年龄、卫生状况等流行病学资料和临床症状做出初步诊断,但确诊需要实验室检查。粪便检查可用饱和盐水漂浮法(flotation method)。由于类圆线虫是卵胎生,幼虫孵化较快,因此粪便虫卵检查一定要用新鲜粪便。也可用贝尔曼氏幼虫分离法分离幼虫。死后剖检时,用刀背刮取小肠黏膜压片镜检或放在清水中仔细检查,发现寄生的雌虫即可确诊。

The clinical signs in very young animals, usually within the first few weeks of life, together with the finding of large numbers of the characteristic eggs or larvae in the feces are suggestive of strongyloidosis. It should be emphasized however that high fecal egg counts may be found in apparently healthy animals.

(七)防治(Treatment and prevention)

1. 治疗(Treatment)

可采用苯丙咪唑类(benzimidazoles)和阿维菌素类(avermectins)药物进行驱虫。同时用抗菌药物治疗继发感染和补充生理盐水,防止仔猪因脱水死亡。

2. 预防(Prevention)

为了防止仔猪出生后即遭感染,可在母猪产前用药驱除母猪体内的类圆线虫。保持厩舍和运动场的清洁卫生和干燥,避免阴暗潮湿。因类圆线虫的幼虫不带鞘,对外界环境比较敏感,在雨季和潮湿的环境中应经常应用石炭酸(carbolic acid)、热碱水(hot alkaline water)或石灰水(limewater)等消毒药进行处理。

Specific control measures for *Strongyloides* infection are rarely called for. The benzimidazoles and the avermectins/milbemycins may be used for the treatment of clinical cases and a single dose of ivermectin 4-16 days prior to farrowing has been shown to suppress larval excretion in the milk of sows.

四、鞭虫病(Trichuriasis)

鞭虫病(或毛尾线虫病)是由毛尾科(Trichuridae)毛尾属(*Trichuris*)的猪毛尾线虫(*T. suis*)、绵羊毛尾线虫(*T. ovis*)、球鞘毛尾线虫(*T. globulosa*)和狐毛尾线虫(*T. vulpis*)等分别寄生于猪(pig)和羊(sheep)等动物的大肠(large intestine)(主要是结肠 colon)所引起的一种寄生虫病。该病分布广,对仔猪危害较大,严重者可引起大批死亡。

(一)病原形态(Pathogen morphology)

毛尾线虫虫体呈乳白色,外形像鞭子(whip),故称鞭虫(whipworm)。虫体前部细长像鞭梢,内含由一串单细胞围绕着的食道,后为短粗的体部,形似鞭杆,内有肠和生殖器官。雄虫后端弯曲,泄殖腔(cloaca)在尾端,一根交合刺(copulatory spicule)藏在有刺的交合刺鞘(sheath)内。雌虫后端钝圆,阴门(vulva)位于虫体粗细交界处。新鲜虫卵呈棕黄色，腰鼓形，卵壳厚，两端有栓塞(plug)，大小为(52～61) μm×(27～30) μm。

猪毛尾线虫(图 10-6)雄虫长 20～50 mm，雌虫长 39～52 mm，食道部占虫体全长的 2/3；绵羊毛尾线虫雄虫长 20～80 mm，雌虫长 35～70 mm，食道部占虫体全长的 2/3～4/5；球鞘毛尾线虫交合刺鞘的末端膨大呈球形。

The adults are 4. 0-6. 0 cm long with a thick posterior end tapering rapidly to a long filamentous anterior end. The male tail is coiled and possesses a single spicule in a sheath; the female tail is merely curved. The characteristic eggs are lemon shaped with a conspicuous plug at both ends; in the feces these eggs appear yellow or brown in colour.

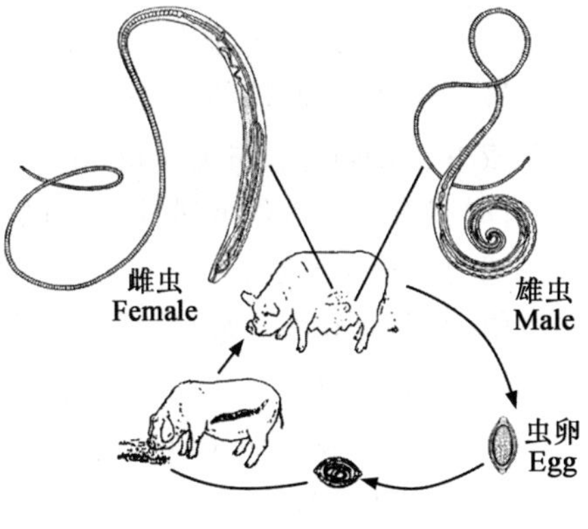

图 10-6　猪毛尾线虫的生活史

Figure 10-6　The life cycle of *Trichuris suis*

(二)生活史(Life cycle)

猪毛尾线虫的雌虫在盲肠(cecum)产卵，虫卵随粪便排出体外，在适宜温度条件下，经 22 d 至几个月发育为含有第 1 期幼虫(L_1)的感染性虫卵(infective egg)，感染性虫卵随饲料或饮水经口进入猪的小肠后，第 1 期幼虫孵出，钻入肠绒毛间发育，8 d 后，移行到盲肠和结肠(colon)内，钻入肠腺内，在其中进行 4 次蜕皮，发育为童虫(juvenile)并以头部固着在肠黏膜上，感染后 30～45 d 发育为成虫(图 10-6)。成虫寿命为 4～5 个月。绵羊毛尾线虫在盲肠内发育为成虫需要 12 周。

The adults of *Trichuris suis* live in cecum of pig, and the females produce eggs which are discharged into soil with feces. An infective first-stage larva develops inside the egg in about one month but does not hatch unless swallowed by pig. The infective egg is very resistant. Once infective eggs are ingested with contaminated food and water by pig, the mucoid plugs are promptly dissolved by the digestive juices of the duodenum, allowing the larvae to escape. Then the larvae are carried directly to the cecum and develop into adults after 4 molts. The prepatent period of *T. suis* is about 45 days and the life span is about 4 to 5 months.

(三)流行病学(Epidemiology)

猪毛尾线虫寄生于猪的盲肠，也寄生于人、野猪(boar)和猴(monkey)。绵羊毛尾线虫寄生于绵羊、牛、长颈鹿(giraffe)和骆驼(camel)等反刍兽的盲肠。球鞘毛尾线虫寄生于骆驼、绵羊、山羊和牛等反刍兽的盲肠。该病一年四季均可发生，夏季感染率最高。因卵壳厚，对外界的抵抗力强，可经受寒冷和冰冻，在土壤中自然状态下可生存 5 年。

鞭虫病在全球范围内流行，以卫生环境差(poor sanitation)和气候比较温暖的地区多见。主要感染途径是摄入粪便污染的土壤或饮水中的虫卵而感染。家蝇(*Musca domestica*)和蟑螂(cockroaches)等可以携带鞭虫和其他肠道寄生虫虫卵。人的感染主要是通过口-手接触或食入污染食物而感染，也有因性接触感染的报道。暴发病例主要是食入被污染的蔬菜而感染。

临床上小猪的感染率(infection rate)和发病率(morbidity)高。1. 5 月龄的猪即可检出虫卵；4 月龄的猪，虫卵数和感染率均急剧增高，以后渐减；14 月龄的猪极少感染。种猪是重要的传染源(infectious source)，近年来，可能是由于抗药性(drug resistance)的原因，临床上由于猪鞭虫感染引起种猪死亡的现象时有发生。

The most important feature is the longevity of the eggs which after three or four years may still survive as a reservoir of infection in piggeries or in kennels. On pasture this is less likely since the eggs tend to be washed into the soil.

(四)症状(Clinical signs)

感染轻者,一般无明显症状。若寄生几百条即可出现症状,表现为轻度贫血(light anemia)、腹部不适(abdominal discomfort)、胀气(flatulence)、间歇性腹泻(intermittent diarrhea)或便秘(constipation)。患病动物被毛粗乱,日渐消瘦(emaciation)。严重感染时(虫体可达数千条),表现精神沉郁(depression)、食欲逐渐减少、结膜苍白、贫血(anemia)、营养失调(malnutrition)、顽固性腹泻(refractory diarrhea)。粪便稀薄,有时夹有红色血丝或带棕色的血便,有时表现直肠脱垂(rectal prolapse)。动物发育受阻(impaired growth),身体极度衰弱(weakness),拱腰吊腹,行走摇摆,体温 39.5～40.5℃,病程 5～7 d。死前数日排水样血便,并伴有黏液。最后,呼吸困难(dyspnea)、脱水(dehydration)、体温降至常温以下,极度衰竭(extreme exhaustion)而死。

Sporadic disease due to heavy infections is more common in pigs and dogs and is associated with watery diarrhoea which usually contains blood.

(五)病变(Lesions)

病变主要局限于盲肠(cecum)和结肠(colon),引起广泛性的慢性卡他性炎症(chronic catarrhal inflammation)。盲肠、结肠充血(congestion)、出血(hemorrhage)、肿胀(swell),间有绿豆大小的坏死灶(focal necrosis),结肠内容物恶臭(cacosmis)。肠黏膜上布满乳白色细针尖样虫体(前部钻入黏膜内),钻入处形成结节(nodus)。结节呈圆形的囊状物,组织学检查时,可见结节内有虫体和虫卵,数量甚多,并伴有显著的淋巴细胞(lymphocyte)、浆细胞(plasmocyte)和嗜酸性粒细胞(eosinophil)浸润(infiltration)。

(六)诊断(Diagnosis)

根据流行病学资料和临床症状可作出初步诊断,进一步确诊需要实验室检查。生前诊断可用漂浮法(flotation method)检查虫卵,由于虫卵的形态、结构和颜色较为特殊,因此容易鉴别。剖检见到盲肠相应的病变和虫体也可确诊。

Since the clinical signs are not pathognomonic, diagnosis may depend on finding numbers of *Trichuris* eggs in the feces. However, since clinical signs may occur during the prepatent period, diagnosis in food animals may depend on necropsy and in dogs on a favourable response to anthelmintic treatment.

(七)防治(Treatment and prevention)

1. 治疗(Treatment)

一般采用下列药物进行治疗:①羟嘧啶(oxantel)。为治疗鞭虫病的特效药,剂量为 2～4 mg/kg 体重,口服或混饲。②阿苯达唑(albendazole)。剂量为 10 mg/kg 体重,口服或混饲。③伊维菌素(ivermectin)。针剂,剂量为 0.3 mg/kg 体重,一次皮下注射;预混剂,0.1 mg/d,连用 7 d。长期使用时,临床上有抗药性。

In ruminants the pro-benzimidazoles, the modern benzimidazoles, the avermectins/milbemycins or levamisole by injection are very effective against adult *Trichuris*, but less so against larval stages. In pigs, these drugs may be used, while in the dog, some of the benzimidazoles and milbemycins are the drugs of choice.

2. 预防(Prevention)

主要采取以下措施:①定期驱虫(periodic deworming)。在本病流行的猪场,每年定期进行两次全面驱虫。仔猪断奶时驱虫 1 次,经 1.5～2 个月后应再驱虫 1 次。②保持猪舍及周围环境卫生(sanitation)。猪圈要勤扫、勤冲洗,定期消毒(periodic sterilizing),粪便和垫草清除后要堆积发酵进行无害化处理。③保持饲料和饮水卫生(feed and drinking water hygiene),避免猪粪等污染。

Prophylaxis is rarely necessary, particularly in ruminants, but in the case of pigs or dogs attention should be given to areas where eggs might continue to survive for long periods. Such areas should be thoroughly cleaned and disinfected or sterilized by wet or dry heat.

第二节 原虫病
Section 2 Protozoosis

一、锥虫病(Trypanosomosis)

伊氏锥虫病(trypanosomosis evansi)是由锥虫科(Trypanosomatidae)锥虫属(*Trypanosoma*)的伊氏锥虫(*T. evansi*)寄生于马属动物(equines)、牛(cattle)、水牛(buffalo)、骆驼(camel)和猪(pig)等动物的血液(blood)、淋巴液(lymph)和造血器官(hematopoietic organ)中所引起的疾病,亦称苏拉病(surra)。马属动物感染后一般取急性经过,死亡率高。牛与其他动物感染多取慢性经过。

(一)病原形态(Pathogen morphology)

伊氏锥虫为单型锥虫(monomorphic trypanosome),细长柳叶形(图 10-7),长 18～34 μm,宽 1～2 μm,前端比后端尖,不同宿主和不同地理区域的虫株平均长度有所不同。细胞核位于虫体中央,椭圆形。距虫体后端约 1.5 μm 处有一小点状动基体(kinetoplast)。靠近动基体为一生毛体(blepharoplast),自生毛体生出鞭毛(flagellum)1 根,沿虫体伸向前方并以波动膜(undulating membrane)与虫体相连,最后游离,游离鞭毛长约 6 μm。在压滴标本中,可以看到虫体借波动膜的活动而使虫体活泼运动。

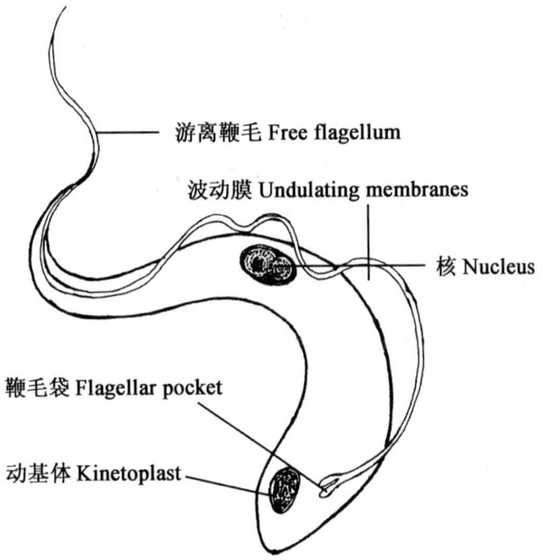

图 10-7 伊氏锥虫模式图

Figure 10-7 Diagrammatic drawing of *Trypanosoma evansi*

Elongated spindle-shaped protozoa range from 18 to 34 μm long. All possess a flagellum which arises at the posterior end of the trypanosome from a basal body at the foot of a flagellar pocket. The flagellum runs to the anterior end of the body and is attached along its length to the pellicle to form an undulating membrane. Thereafter the flagellum may continue forward as a free flagellum. Within a stained specimen a single centrally placed nucleus can be seen, and adjacent to the flagellar pocket, a small structure, the kinetoplast.

(二)生活史(Life cycle)

伊氏锥虫由虻(horsefly)和螯蝇(stable fly)等吸血昆虫(blood-sucking insects)机械性传播(mechanical transmission)。在媒介生物体内不进行循环发育(cyclic development),锥虫滞留在昆虫的喙中。常见

的媒介是虻属(*Tabanus*)的昆虫,螫蝇属(*Stomoxys*)、麻虻属(*Haematopota*)和角蝇属(*Lyperosia*)的昆虫也可传播伊氏锥虫。在中南美洲吸血蝙蝠(vampire bat)可作为传播媒介,传播的疾病称为马锥虫病(murrina)。伊氏锥虫寄生在宿主血液(包括淋巴液)和造血器官中以纵二分裂法(longitudinal binary fission)进行繁殖(图 10-8)。这种传播纯粹是机械性的,即虻等吸血后,锥虫进入虻体内并不进行任何发育,生存时间亦较短暂,而当虻等再吸食其他动物血时,即将虫体传入后者体内。人工抽取病畜的带虫血液,注入健畜体内,能成功地将本病传给健畜。

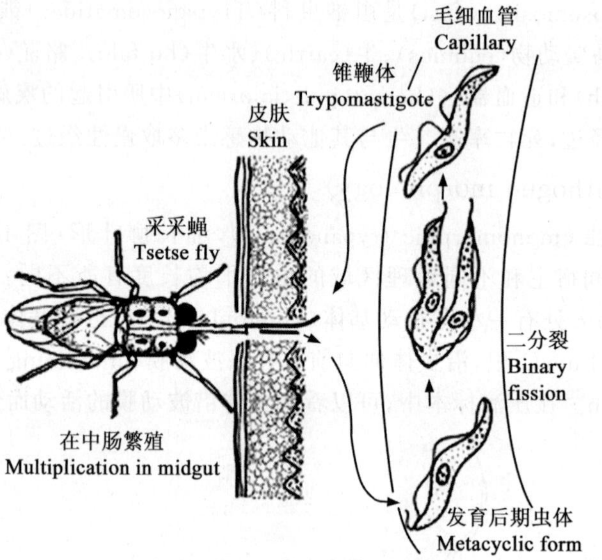

图 10-8 蝇传锥虫生活史

Figure 10-8 Generalized life cycle of fly-transmitted trypanosomes

(三)流行病学(Epidemiology)

早在 1925 年,本病即由缅甸传入我国云南边境。据不完全统计,从 1949 年到 1989 年的 40 年间,已有病畜 583 028 头,致死率平均达 10.44%,实际数据远高于此。20 世纪 70 年代和 80 年代均有发病高峰期出现。

1. 易感动物(Susceptible animals)

伊氏锥虫的宿主范围极为广泛。除了寄生于马、骡(mule)、驴(donkey)、骆驼、牛、羊、猪和犬等家畜之外,还能寄生于鹿(deer)、兔(rabbit)、虎(tiger)、大象(elephant)等野生动物,对马属动物和犬的易感性最强。大白鼠(rat)、小白鼠(mouse)也具有极强的易感性。小白鼠多在人工接种后 10 d 内发病死亡。

2. 传染源(Source of infection)

由于本虫宿主广泛,对不同种类的宿主,致病性差异很大,一些感染而不发病的动物可长期带虫,成为传染源。此外如骆驼、牛等,在感染而未发病阶段或药物治疗后未能完全杀灭其虫体时,亦可作为传染源。我国南方以水牛(buffalo)、黄牛(cattle)为主,北方牧区以骆驼(camel)为主。

3. 感染途径(Route of infection)

伊氏锥虫由吸血昆虫机械性传播,虻属昆虫是最重要的传播媒介(vector),在中南美洲吸血蝙蝠(Vampire bat)亦可传播。肉食兽(carnivore)因吃入带虫肉类食物而感染,曾有通过哺乳和性交而感染的报道。消毒不完全的手术器械包括注射用具,给病畜使用后,再用于健畜时,也可造成感染。

4. 流行季节(Epidemic season)

发病季节和媒介昆虫的活动季节相关。但在牛只和一些耐受性较强的动物,吸血昆虫传播后,动物常感染而不发病,待到枯草季节或劳役过度、抵抗力下降时,才引起发病。

(四)致病作用(Pathogenesis)

主要由锥虫毒素(trypanotoxin)引起发病，锥虫在血液中迅速增殖，产生大量有毒代谢产物(metabolites)，宿主亦产生溶解锥虫的抗体，使锥虫溶解死亡，释放出毒素(toxin)。伊氏锥虫体表的可变糖蛋白(variable surface glucoprotein，VSG)，具有极强的抗原变异(antigenic variation)特性，起到免疫逃避作用，使家畜体内的虫血症(parasitemia)出现周期性变化。

虫体毒素作用于中枢神经系统，引起体温升高(fervescence)和机能障碍(dysfunction)；侵害造血器官则引起贫血(anemia)。损伤血管壁渗透性，可导致皮下水肿(subcutaneous dropsy)。虫体对糖的大量消耗，家畜可出现低血糖症(hypoglycemia)和酸中毒(acidosis)现象。

(五)症状(Clinical signs)

1. 马属动物(Equus)

潜伏期(incubation period)为 4～7 d，体温升高到 40℃以上，典型的症状包括间歇热(intermittent fever)，嗜睡(lethargy)，虚弱(weakness)，体重下降(weight loss)，黏膜有瘀血点(petechiae)，鼻孔、眼睑和肛门部位黏膜皮肤结合部有血液渗出(hematopedesis)。荨麻疹(urticaria)、黄疸(jaundice)、贫血(anemia)表现明显，腿、腹和胸部出现水肿(edema)。冠状带可见到渗出(exudation)、脱毛(depilation)、坏死(necrosis)或溃疡(ulceration)，淋巴结肿大(lymphadenectasis)。血液检查，红细胞数急剧下降，粒细胞数变化无规律，有时血片中可见锥虫，锥虫的出现似有周期性(periodicity)，在体温升高时较易检出虫体。

2. 骆驼(Camel)

骆驼发病症状(图 10-9)类似于马，但慢性型更为常见，可长达数年，如不治疗常最终死亡。当地俗称"驼蝇疫"、"青干病"。病驼表现被毛干枯、脱落，眼结膜初充血，后瘀血，有黏液性到脓性分泌物，瞬膜上有时可见出血斑点。驼峰萎缩(hump atrophy)，淋巴结肿大，腹下四肢可见水肿。

图 10-9　伊氏锥虫慢性感染引起体重减轻和消瘦

Figure 10-9　Weight loss and emaciation due to a chronic *Trypanosoma evansi* infection

3. 牛(Cattle and buffalo)

多呈慢性经过或带虫而不发病。但当牛只抵抗力下降时，可出现散发病例。临床症状包括间歇热(intermittent fever)、贫血、消瘦、胸部水肿及后肢麻痹(posterior paralysis)。怀孕水牛可发生流产(abortion)。病程过长可出现"断尾(docked tail)"或"焦耳"现象。

4. 犬(Dog)

常常是急性和致死性。犬感染伊氏锥虫常见症状包括间歇热和头部、腿和腹壁水肿。犬也出现类似狂犬病(rabies)的神经症状(neurosis)。

5. 其他(Others)

猪感染伊氏锥虫通常无症状或温和型症状。山羊感染也呈慢性过程。鹿常呈慢性过程,其特征是水肿、贫血、消瘦和神经症状。

Depending on the virulence of the strain and the susceptibility of the individual host, the disease may be acute in horses, camels and dogs. Other domestic species such as cattle, buffalo and pigs are commonly infected, but overt disease is uncommon and their main significance is as reservoirs of infection. Apart from the fever, anemia and emaciation characteristic of trypanosomosis, horses develop oedematous swellings ranging from cutaneous plaques to frank oedema of the ventral abdomen and genitalia. In more chronic cases progressive paralysis of the hindquarters is common.

(六)病变(Lesions)

尸体(corpse)消瘦、贫血,某些内脏器官出现瘀血点,皮下水肿为本病的主要特征,多发部位是胸前、腹下、公畜的阴茎(penis)部分。有时可见到胸腔积液(hydrothorax)和腹水(ascites)。脾脏(spleen)和淋巴结(lymph node)肿大(swell),体表淋巴结断面呈髓样浸润,血液稀薄,凝固不良。反刍兽第 3、4 胃黏膜上有出血斑(ecchymosis)。有神经症状的病畜,脑腔积液,软脑膜下充血或出血,侧脑室扩大,室壁有出血点或出血斑。腰背部脊椎出现脊髓灰质炎(poliomyelitis)。

(七)诊断(Diagnosis)

可根据流行病学、临床症状、血液学检查、病原检查或血清学诊断,进行综合判断,但以病原检查最为可靠。在血液中查出锥虫,即可确诊。但由于虫体在末梢血液中周期性出现,且血液中虫体数量忽高忽低,因此,即使是病畜也必须多次检查,才能发现虫体。

1. 样品采集(Collection of samples)

在发热期采末梢静脉血制作几张厚的和薄的血片,晾干;或穿刺肩前淋巴结取活组织制作厚的和薄的涂片,或以皮肤渗出物制作涂片。死后剖检用肺、肝和肾脏制作压片。对病畜需要采集 10 mL 血液,加入肝素或 EDTA 抗凝;另采集 25 mL 血液用于血清学检测。这些样品均需冷冻运输。

2. 检查方法(Examination method)

薄血膜和涂片用姬姆萨染色,镜检。

直接检查常难以发现虫体;红细胞压积管离心技术(hematocrit tube centrifugation technique)或微型阴离子交换层析(mini anion-exchange chromatography)可提高检出率。伊氏锥虫(*T. evansi*)和马媾疫锥虫(*T. equiperdum*)从形态上难以区分。

用乳胶凝集试验(latex agglutination test)或酶联免疫吸附试验(ELISA)可检测伊氏锥虫抗原。也有报道用聚合酶链式反应(PCR)检测;我国已研制反向间接血凝试验(reverse indirect hemagglutination test)诊断试剂盒。血清学试验有诊断价值,但不能有效区分是现症感染还是既往感染。

可采用小鼠或大鼠进行动物接种(animal inoculation),非常易感,但比较耗时。

Most available diagnostic methods include the parasitological, serological, and polymerase chain reaction (PCR). The parasitological test is fast, but it lacks specificity and sensitivity due to low numbers of the parasite in the bloodstream. Serology, employing a card agglutination test kit known as CATT/*T. evansi*, has been a method used for disease surveillance in several countries. PCR testing on blood samples is a specific and sensitive method: however, it is not 100 percent reliable since *T. evansi* may only be present in the tissues.

(八)防治(Treatment and prevention)

1. 治疗(Treatment)

治疗要早,药量要足,观察时间要长,常用的药物有以下几种:

(1)萘磺苯酰脲或苏拉灭(Suramin) 商品名纳加诺(Naganol)或拜耳 205(Bayer205),以生理盐水配成 10%溶液，静脉注射。牛和骆驼可耐受，马出现不同程度副反应。用药后个别病畜有体表水肿、口炎、肛门及蹄冠糜烂、跛行、荨麻疹等副作用，静脉注射下列药物可以缓解：$CaCl_2$ 10.0 g，苯甲酸钠咖啡因 5.0 g，葡萄糖 30.0 g，生理盐水 1 000.0 mL，混合。

(2)喹嘧胺(Quinapyramine) 商品名为安锥赛(Antrycide)。硫酸甲基喹嘧胺(quinapyramine sulfate)易溶于水，易吸收，用药后能很快收到治疗效果，配成 10%水溶液，按 5 mg/kg 体重，皮下注射。预防时可用喹嘧胺预防盐(quinapyramine prosalt)，国外生产有 2 种不同比例产品，均由硫酸甲基喹嘧胺与氯化喹嘧胺混合而成，其混合比例为 3∶2 或 3∶4，使用时应以其中硫酸甲基喹嘧胺含量计算其用量，可同时收到治疗及预防效果。牛、绵羊、山羊和骆驼均能很好耐受，但马可能引起局部反应，犬出现全身反应。

(3)三氮脒(Diminazene aceturate) 亦称贝尼尔(Berenil)，国产品名为血虫净。配成 7%水溶液，皮下或深部肌肉注射，3.5 mg/kg 体重，每日 1 次，连用 2～3 d。牛、绵羊、山羊能很好耐受，马可能有局部反应，马、犬、骆驼可能出现全身反应。

(4)氯化氮胺菲啶盐酸盐(Isometamidium chloride) 商品名沙莫林(Samorin)，是非洲家畜锥虫病常用治疗药，按 0.25～1 mg/kg 体重，用生理盐水配成 2%溶液，深部肌肉注射。当药液总量超过 15 mL 时应分 2 点注射。牛、绵羊、山羊、马、犬能很好耐受，某些情况下，牛可能出现局部反应。

(5)锥净(PMQ) 是我国自己研制出的特效药，配成 0.5%～1%水溶液进行肌肉注射，剂量为黄牛 0.5 mg/kg，水牛 1.5 mg/kg。

对伊氏锥虫治疗，一般用 2 种以上药物配合使用疗效好，且不易产生抗药性。建议：曾用萘磺苯酰脲者改用喹嘧胺；曾用喹嘧胺或三氮脒者改用沙莫林；曾用沙莫林者改用三氮脒。

Suramin or quinapyramine (Trypacide) are the drugs of choice for treatment and also confer a short period of prophylaxis. For more prolonged protection a modified quinapyramine known as "Trypacide Pro-Salt" is also available. Unfortunately, drug resistance, at least to suramin, is not uncommon. Currently in camels, isometamidium is administered intravenously because of local tissue reactions.

2. 预防(Prevention)

控制媒介昆虫，防止其接触动物宿主，在预防伊氏锥虫感染中起着重要的作用，要尽可能地消灭环境中虻、吸血蝇等传播媒介。在临床上较实用的措施是药物预防。喹嘧胺的预防期最长，注射一次有 3～5 个月的预防效果；萘磺苯酰脲用药一次有 1.5～2 个月的预防效果；沙莫林预防期可达 4 个月。

二、贾第虫病(Giardiasis)

贾第虫病是由六鞭科(Hexamitidae)贾第属(*Giardia*)的蓝氏贾第虫(*G. lamblia*)或十二指肠贾第虫(*G. duodenalis*)寄生于人和犬、猫等家养动物以及野生动物肠道内引起的一种人畜共患原虫病，本病的主要症状是腹泻(diarrhea)和消化不良(indigestion)。自 20 世纪 70 年代以来，由于世界各地发生了本病的流行，甚至暴发流行，人们才认识到它的致病性，现已将其列入全世界危害人类健康的 10 种主要寄生虫病之一。

(一)病原形态(Pathogen morphology)

蓝氏贾第虫有滋养体(trophozoite)和包囊(cyst)两种形态(图 10-10)。滋养体状如纵切的半个梨形(pyriform)，两侧对称(bilaterally symmetrical)，前半部呈圆形，后部逐渐变尖，长 9～20 μm，宽 5～10 μm；腹面扁平，背面隆突，厚 2～4 μm。滋养体前 1/3 部有 2 个核(nucleus)，两核之间有两条纵贯虫体的轴柱(axostyle)，轴柱中有一对半月形的中体(median rods)。腹面前半部有向内凹陷的吸盘(sucker)。有 4 对鞭毛(flagella)，按位置分别称为前、中、腹、尾鞭毛，鲜活的虫体可借助鞭毛摆动作活泼的翻滚运动。包囊呈卵圆形，长 9～13 μm，宽 7～9 μm，经过碘液染色呈黄绿色，囊壁与虫体之间有明显的空隙，未成熟的包囊有 2 个核，成熟的包囊具 4 个核并具有感染性。

This organism is bilaterally symmetrical and possesses eight flagella, six of which emerge as free flagella at intervals around the body. It is unique in possessing a large adhesive disc on the flat ventral surface of the body which facilitates attachment to the epithelial cells of the intestinal mucosa. The organism is passed as multi-nucleated cysts, and occasionally as trophozoites in the feces. Detection of these is the basis of laboratory diagnosis.

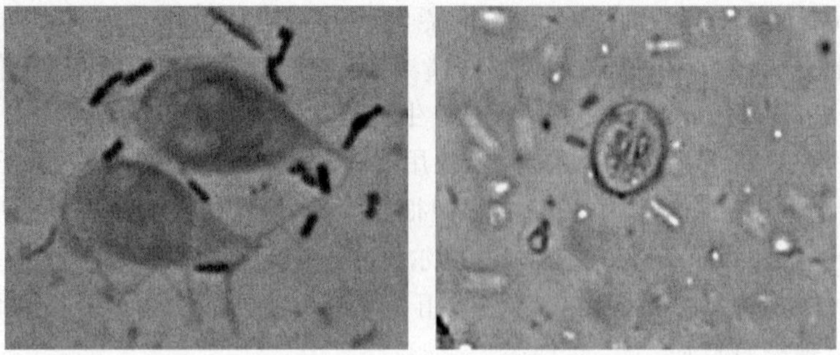

图 10-10 蓝氏贾第虫滋养体(左)和包囊(右)

Figure 10-10 Trophozoites(left) and cyst(right) of *Giardia lamblia*

(二)生活史(Life cycle)

本虫生活史简单,属直接发育型,包括滋养体和包囊 2 个阶段。滋养体为营养繁殖阶段,包囊为传播阶段。成熟的包囊被人、犬、猫和大多数家畜吞食后,在消化酶和胃酸作用下于十二指肠脱囊形成滋养体,滋养体借助吸盘吸附于小肠绒毛表面,通过体表渗透吸收营养,以纵二分裂(longitudinal binary fission)方式进行繁殖。当滋养体落入肠腔,便分泌一层厚的囊壁,形成包囊,随粪便排出。滋养体也可随腹泻物排出,但在外界环境中很快死亡。囊壁对外界抵抗力强,在低温下和水中可存活几天到数周。

Cysts are resistant forms and are responsible for transmission of giardiasis. Both cysts and trophozoites can be found in the feces. The cysts are hardy and can survive several months in cold water. Infection occurs by the ingestion of cysts in contaminated water, food, or by the fecal-oral route (hands or fomites). In the small intestine, excystation releases trophozoites (each cyst produces two trophozoites). Trophozoites multiply by longitudinal binary fission, remaining in the lumen of the proximal small bowel where they can be free or attached to the mucosa by a ventral sucking disk. Encystation occurs as the parasites transit toward the colon. The cyst is the stage found most commonly in nondiarrheal feces.

(三)流行病学(Epidemiology)

贾第虫病流行广泛,世界性分布,多见于温带和热带地区,WHO 估计全世界本虫感染率为 1%～20%,但与当地的经济条件和卫生状况密切相关。我国人的感染也相当普遍,其中以新疆、西藏感染率较高,尤其是儿童。其他动物,如犬、猫、牛、羊、马、兔、栗鼠(chinchilla)、猿猴(ape)、长尾鹅(long-tail goose)等均可发生感染,动物感染后多数无明显症状。犬贾第虫感染率大约为 10%,幼犬为 36%～50%,猫的感染率为 1.4%～11.0%。

蓝氏贾第虫是一个复合种(species complex),迄今已发现 8 种基因型(或集聚体 assemblages),分别命名为 A～H 型,其中 A 型和 B 型可感染包括人在内的大部分哺乳动物,称之为人畜共患基因型;而其他基因型(C～H 型)则宿主范围较窄,具体为:C 型和 D 型感染犬,F 型感染猫,E 型感染偶蹄类,G 型感染鼠,H 型感染鱼类。

本病的传染源为粪便中含有蓝氏贾第虫包囊的带虫者、患者及家养动物(如猫、犬、牛、马、羊、猪等)和野生动物,贾第虫包囊对人具有高度感染性,有报道已证实摄入 10 个活包囊就能引起人的感染。包囊对外界环境有一定的抵抗力,在潮湿粪便中可存活 3 周,在 4℃ 可存活 2 个月以上,37℃ 环境中尚能存活 4 d,但在 50℃ 或干燥环境中极易死亡。

蓝氏贾第虫主要通过"粪-口"途径传播。饮水污染是造成本病流行和暴发的主要因素。粪便中的包囊污染了人的饮水和食物而引起感染,在国外尤其是旅游者屡有报道。蝇和蟑螂有可能成为传播媒介。

任何年龄的人群和多种动物对贾第虫均易感，尤其是婴幼儿、年老体弱者、免疫功能缺陷者、外出旅游者、男性同性恋者、胃酸缺乏及胃切除的患者对本虫更易感。动物中以免疫缺陷的成年动物、幼龄动物和饲养动物贾第虫的感染率高。

（四）症状（Clinical signs）

当宿主健康、免疫功能正常时一般不致病；当宿主免疫功能受到抑制或破坏时，或肠黏膜受损时，则致病。绝大多数感染者虽然粪便中有包囊排出但无临床症状。幼龄动物感染后可出现急性腹泻（acute diarrhea）。犬感染后 5 d 开始出现腹泻，粪便呈浅褐色或褐色糊状，发出腐臭味，混有黏液和脂肪，表层带有黏液或混有血液，表现厌食（anorexia）、精神不振（lassitude）和生长发育不良（maldevelopment），严重者可发生死亡。猫感染贾第虫后，表现体重减轻（weight reduction），排出稀软的黏液性粪便。在犊牛，贾第虫可引起慢性腹泻，其特点是发病率高，易被忽略，使用抗生素和电解质治疗无效。猪的症状主要为体重减轻，排稀软黏液样粪便，粪便中含有脂肪组织。

The most common manifestations of giardiasis are diarrhea and abdominal pain, particularly cramping; however, diarrhea is not invariable and occurs in 60% to 90% of patients. Other common manifestations include bloating, nausea with or without vomiting, malaise, and fatigue. Fever is unusual. The severity of the symptoms may vary greatly from mild or no symptoms to severe symptoms. Stools may be foul smelling when the *Giardia* interferes with the absorption of fat from the intestine (malabsorption). The illness or the malabsorption may cause loss of weight.

（五）病变（Lesions）

病变多累及十二指肠（duodenum）及空肠（jejunum）上段，小肠黏膜呈现典型的卡他性炎症（catarrhal inflammation）。小肠黏膜充血（hyperaemia）、水肿（edema），炎症细胞浸润（inflammatory cell infiltration）及浅表性溃疡（superficial ulcer）。肠微绒毛水肿（edema），变性（degeneration）及空泡形成（vacuolization）。重度感染时微绒毛增厚（thickening）、萎缩（atrophy），黏膜下层（submucosa）和固有层（lamina propria）有大量中性粒细胞（neutrophil）和嗜酸性粒细胞（eosinophilia）浸润（infiltration）。

（六）诊断（Diagnosis）

对持续腹泻，粪便内无黏液和血的人或动物，可以怀疑本病，而确诊的依据是在粪便或小肠上段找到虫体。

1. 病原学检查（Etiological examination）

生理盐水直接涂片法（direct smear method）、碘液包囊染色法（cyst staining method with iodine solution）、十二指肠引流液检查法等都是通过涂片镜检滋养体或包囊的最常用的确诊方法。硫酸锌漂浮法（flotation method with zinc sulfate）是目前临床上使用广泛，操作简单、耗时短、较经济的检测技术。

2. 免疫学检查（Immunologic test）

酶联免疫吸附试验（ELISA）、直接荧光抗体试验（DFA）、间接荧光抗体试验（IFA）、对流免疫电泳（CIE）等免疫学方法已经成功用于蓝氏贾第虫病的检查，其中 ELISA 简单易行，检出率高达 92%～98.7%。

3. 分子生物学检查（Molecular biological examination）

许多新的分子生物学快速诊断方法相继被国内外科技工作者研发并应用。比如 PCR、半套式 PCR、逆转录 PCR（RT-PCR）、实时荧光定量 PCR（real-time PCR），PCR-限制性片段长度多态性（RCR-RFLP）等已成功用于贾第虫病的诊断。

The best single test for diagnosing giardiasis is antigen testing of the stool. For antigen testing, a small sample of stool is tested for the presence of Giardial proteins. The antigen test will identify more than 90% of people infected with *Giardia*. *Giardia* also can be diagnosed by examination of stool under the microscope for cysts or trophozoites; however, it takes three samples of stool to diagnose 90% of cases.

(七)防治(Treatment and prevention)

积极治疗患者,尤其是免疫功能缺陷的人或动物,要加强治疗。感染本虫的孕妇可用巴龙霉素(paromomycin),家养动物可用芬苯达唑(fenbendazole)、阿苯达唑(albendazole)、二甲硝咪唑(dimetridazole)进行治疗。加强人和动物粪便管理,防止水源、食物等受到贾第虫包囊污染。做好环境消毒工作,托儿所和幼儿园儿童共用的玩具应定期消毒。养成良好的卫生习惯,搞好个人卫生和饮食卫生,不饮生水,不吃不干净的蔬菜瓜果。

三、隐孢子虫病(Cryptosporidiosis)

隐孢子虫病是由隐孢子虫科(Cryptosporidiidae)隐孢子虫属(*Cryptosporidium*)的一种或多种隐孢子虫感染人、家畜、伴侣动物(companion animal)、野生动物(wildlife)、鸟类(birds)、爬行动物(reptiles)和鱼类(fishes)所引起的一种人畜共患原虫病。隐孢子虫感染可引起哺乳动物[特别是犊牛(calf)和羔羊(lamb)]的严重腹泻(severe diarrhea)和禽类剧烈的呼吸道症状(severe respiratory symptom),具有重要经济意义。隐孢子虫也能引起人(特别是免疫功能低下者)的严重腹泻,具有重要的公共卫生意义。

(一)病原形态(Pathogen morphology)

目前,国内研究者已在人、畜体内发现微小隐孢子虫(*C. parvum*)、安氏隐孢子虫(*C. andersoni*)、小鼠隐孢子虫(*C. muris*)、火鸡隐孢子虫(*C. meleagridis*)、贝氏隐孢子虫(*C. baileyi*)、猪隐孢子虫(*C. suis*)以及在蜥蜴、狐狸、鹿、鼠体内分离到隐孢子虫虫株。国外报道的还有人隐孢子虫(*C. hominis*)、猫隐孢子虫(*C. felis*)、牛隐孢子虫(*C. bovis*)等。各种隐孢子虫卵囊形态基本相似,呈圆形或椭圆形(图 10-11),囊壁光滑,其上有裂缝。无微孔、极粒和孢子囊。每个卵囊内含有 4 个裸露的香蕉形子孢子和 1 个残体,残体由 1 个折光体和一些颗粒组成。

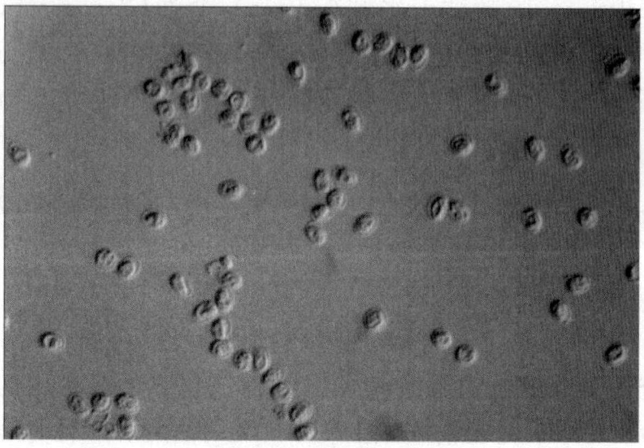

图 10-11 安氏隐孢子虫卵囊

Figure 10-11 Oocysts of *Cryptosporidum andersoni*

(二)生活史(Life cycle)

电镜观察发现,隐孢子虫的发育是在宿主上皮细胞刷状缘的带虫空泡内进行。根据对微小隐孢子虫在小鼠、鸡胚和各种培养细胞内发育过程的研究,证明微小隐孢子虫生活史(图 10-12)与球虫类似:包括裂殖生殖(schizogamy)、配子生殖(gametogony)和孢子生殖(sporogony)3 个阶段。所不同的是隐孢子虫的孢子生殖在体内进行,其孢子化卵囊有 2 种类型:薄壁型卵囊(thin-walled oocyst)在体内破裂释放子孢子,导致宿主自体感染(autoinfection);厚壁型卵囊(thick-walled oocyst)排出体外感染其他宿主。孢子化卵囊(sporulated oocyst)是唯一的外生性阶段(exogenous stage),随粪便排出体外,被适宜的宿主摄入之后,子孢子脱囊并侵入人、畜胃肠道或禽类呼吸道上皮细胞。

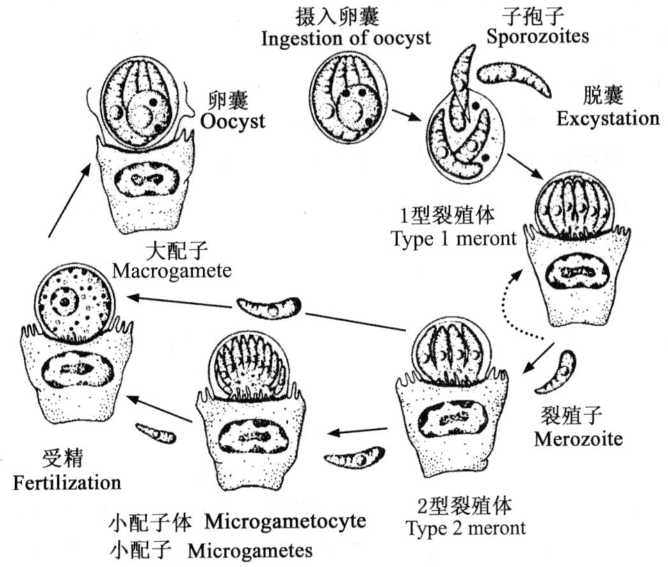

图 10-12 微小隐孢子虫生活史图解

Figure 10-12 The diagrammatic representation of *Cryptosporidium parvum* life cycle

The life cycle of *Cryptosporidium* is basically similar to those of other intestinal coccidia although, like *Sarcocystis*, sporulation takes place within the host. The minute oocysts (4.0-4.5 μm), each with four sporozoites, are liberated in the feces. Following ingestion, the sporozoites invade the microvillous brush border of the enterocytes and the trophozoites rapidly differentiate to form schizonts with 4-8 merozoites. Gametogony follows after one to two generations of schizonts and oocysts are produced in 72 hours. Two types of oocysts are produced. The first, the majority, are thick-walled and are passed in the feces. The remainders are thin-walled and release their sporozoites in the intestine, causing auto-infection.

(三)流行病学(Epidemiology)

1. 传染源(Infectious source)

隐孢子虫的传染源是患病动物或向外界排卵囊的动物或人。卵囊对外界环境有很强的抵抗力，对大多数消毒剂有明显的抵抗力，只有50%以上的氨水(aqueous ammonia)和30%以上的福尔马林(formalin)作用30 min才能杀死其卵囊。

2. 传播途径(Route of transmission)

宿主经口感染卵囊，一般通过污染的饲料和饮水而传播，也可经空气传播。

3. 易感动物(Susceptible animals)

隐孢子虫的宿主范围很广，可寄生于150多种哺乳动物和人，尤其是幼龄儿童和免疫抑制病人；还可感染30多种鸟类(birds)、淡水鱼和海鱼以及57种爬行动物(reptiles)。家畜中常见报道的有奶牛、黄牛、水牛、猪、绵羊、山羊、马以及宠物犬、猫；禽类常见报道的有鸡、鸭、鹅、火鸡(turkey)、鹌鹑(quail)、鸽子(pigeon)、珍珠鸡(guineafowl)，野生动物(wildlife)和野生禽类均有较多报道。

隐孢子虫不具有很明显的宿主特异性(host specificity)。如鹌鹑源火鸡隐孢子虫可以感染鹌鹑(quail)、鸡、鸭和小白鼠，自艾滋病人分离的火鸡隐孢子虫分离株可以感染仔猪、雏鸡、小白鼠、幼火鸡(turkey)、犊牛(calf)、鸽(pigeon)和兔(rabbit)。

4. 流行现状(Prevalence)

呈全球性分布，我国绝大多数省(市、自治区)均已报道人和畜禽隐孢子虫感染。北京、河南、广东、安徽、吉林等地先后从奶牛、猪、骆驼、小鼠、北京鸭、鹌鹑、鸡、鸽子、鸵鸟(ostrich)以及鹿(deer)、狐狸(fox)、蜥蜴(lizard)分离到隐孢子虫虫株。各种动物的感染率都很高。犊牛感染率高达80%,绵羊感染率4%~80%不等,肉鸡粪便阳性率为27%。

人隐孢子虫病在60多个国家有报道,欧美发达国家健康人群隐孢子虫卵囊检出率为1%~3%,亚洲发展中国家为5%,非洲国家则高达10%。腹泻病人粪便卵囊检出率更高。在HIV感染者中,2%~10%的粪便中检出隐孢子虫卵囊。水源污染是造成隐孢子虫病暴发的重要原因。

(四)症状(Clinical signs)

1. 反刍兽(Ruminant)

犊牛和羔羊感染隐孢子虫常出现腹泻(diarrhea)症状,未断奶犊牛隐孢子虫病腹泻伴随昏睡(lethargy)、食欲不振(inappetence)、发热(fever)、脱水(dehydration)、体况较差。腹泻粪样中卵囊高峰期OPG值可达10^5~10^7。试验性感染1.68×10^6个卵囊引起的腹泻持续4~18 d,通常6 d,但很少见到严重脱水,常混合感染ETEC-K99+或轮状病毒(rotavirus)。因为犊牛在最初几天对ETEC-K99+高度易感,在1~2周龄对轮状病毒和冠状病毒高度易感,犊牛腹泻调查总应考虑多重感染(multiple infection)的可能性。

胃型隐孢子虫(如安氏隐孢子虫)内生发育阶段在皱胃,主要感染青年牛和成年牛,奶牛感染之后排卵囊持续时间很长,产奶量显著降低。血浆胃蛋白酶原浓度显著升高,体重与相当年龄的未感染牛相比显著减轻。无腹泻症状。

2. 禽类(Poultry)

贝氏隐孢子虫感染鸡、鸭、火鸡、鹌鹑等禽类时,可表现精神沉郁、嗜睡、厌食、体重减轻、咳嗽、打喷嚏(sneeze)、咯咯叫(cluck)及呼吸困难(dyspnea)等症状。

Clinically the disease is characterized by anorexia and diarrhoea, often intermittent, which may result in poor growth rates. Vomiting and diarrhoea have been reported in young piglets with combined rotavirus and *Cryptosporidium* infections.

(五)病变(Lesions)

牛肠型隐孢子虫病主要见小肠远端肠绒毛(intestinal villi)萎缩、融合,表面上皮细胞转变为低柱状或立方形细胞,肠细胞变性或脱落,微绒毛变短。单核细胞、嗜中性粒细胞浸润固有层。盲肠、结肠和十二指肠也可感染。所有部位隐窝扩张,内含坏死组织碎片。

禽隐孢子虫病可出现呼吸道、肠道和肾脏的病理变化。呼吸道肉眼病变可见气管、鼻窦和鼻腔有过量黏液,气囊有分泌物。肾脏肉眼可见集合管、集合小管和输尿管的肥大和增生。

(六)诊断(Diagnosis)

由于隐孢子虫感染多呈隐性经过,感染者只向外界排出卵囊,而不出现任何临床症状。对一些发病的动物来说,即使有明显的症状,也常常属于非特异性的,故不能用以确诊。另外,由于动物在发病时常伴有许多条件性病原体的感染,因此,确诊只能依靠实验室手段观察隐孢子虫的各期虫体,或采用免疫学技术检测抗原或抗体。

1. 生前诊断(Prenatal diagnosis)

采用饱和蔗糖漂浮法(flotation method with saturated sucrose solution)收集粪便中的卵囊,再用显微镜检查。因隐孢子虫卵囊很小,往往容易被忽略,因此,需要放大至1 000倍的油镜观察。

2. 死后诊断(Postmortem diagnosis)

尸体剖检时可刮取消化道黏膜,做成涂片,用姬姆萨液染色,虫体的胞浆呈蓝色,内含数个致密的红色颗粒。最佳的染色方法是齐-尼氏染色法,在绿色的背景上可观察到多量红色的虫体,呈圆形或椭圆形,大小为3~5 μm。

3. 免疫学和分子生物学技术(Immunologic and molecular biologic techniques)

免疫荧光试验(IFT)、抗原捕获ELISA和聚合酶链反应(PCR)已成为实验室常规技术。许多健康动物有抗隐孢子虫抗体，血清学检测具有一定的参考价值。

4. 动物接种(Animal inoculation)

对可疑的病例也可接种实验动物加以确诊。

Oocysts may be demonstrated by using Ziehl-Nielsen stained fecal smears in which the sporozoites appear as bright red granules. More accurate diagnosis is based on sophisticated staining techniques including immunofluorescence.

(七)防治(Treatment and prevention)

1. 治疗(Treatment)

隐孢子虫病治疗尚无理想的药物。曾试用一些高效抗球虫药，如杀球灵(diclazuril)和马杜拉霉素(maduramicin)等，防治隐孢子虫病均未获得成功。因此，目前只能从加强卫生和提高免疫力来控制本病的发生，尚无可值得推荐的治疗方案。

2. 预防(Prevention)

隐孢子虫感染是因为摄入卵囊，有效控制措施必须针对减少或预防卵囊的传播。卵囊对很多环境因素和绝大多数消毒剂和防腐剂有显著的抵抗力。常规的水处理方法不能有效除去或杀死所有卵囊。免疫抑制病人应避免与任何湖水、溪水接触，不应饮用此类水，不应与幼龄动物接触。动物隐孢子虫病的控制目前最好的策略是迁移动物到清洁环境，注意粪便的有效处理和环境卫生措施。

据试验观察，64.2℃ 5 min，72.4℃ 1 min可使卵囊失活；采用实验室规格的巴斯德消毒器，卵囊悬浮在水和奶中71.7℃ 5、10和15 s，可使卵囊灭活。水溶性或气态氨(aqueous or gaseous ammonia)和过氧化氢(hydrogen peroxide)对卵囊的灭活效果好；臭氧(ozone)似乎是最为有效的化学消毒剂之一，可能对水中卵囊有很好的应用前景。

There is no known treatment, although spiramycin may be of some value, and the infection is difficult to control since the oocysts are highly resistant to most disinfectants except formol saline and ammonia.

四、新孢子虫病(Neosporosis)

新孢子虫病是由肉孢子虫科(Sarcocystidae)新孢子虫属(*Neospora*)的犬新孢子虫(*N. canium* Dubey, 1988)寄生于犬、绵羊、山羊、牛、马、鹿等中枢神经系统(central nervous system)、肌肉(muscle)、肝(liver)、脑(brain)及其他内脏组织引起的一种原虫病。它可引起孕畜的流产(abortion)或死胎(stillbirth)，以及新生胎儿的运动障碍和神经系统疾病。

(一)病原形态(Pathogen morphology)

1. 速殖子(Tachyzoite)

速殖子卵圆形，新月形，或小球形，大小为(3～7) μm×(1～5) μm，依分裂阶段而不同(图10-13)。宿主细胞内最多可见到100个速殖子。其典型细胞器(organelle)均与弓形虫速殖子相同。速殖子有3层质膜(plasmalemma)，22根膜下微管(subpellicular microtubules)，2个顶环(apical rings)，1个类锥体(conoid)，1个极环(polar ring)，1～3个线粒体(mitochondria)，多达150个微线(micronemes)，8～12个前棒状体(rhoptries)和4～6个后棒状体，1个高尔基复合体(Golgi complex)，粗面和滑面内质网(rough and smooth endoplasmic reticulum)以及核(nucleus)和核仁(nucleolus)。

2. 包囊(Cyst)

包囊呈圆形至卵圆形(图10-13)，直径可达107 μm，仅见于中枢神经系统。囊壁光滑，厚约4 μm，呈分支状类小管结构。慢殖子(bradyzoites)细长，大小为(6～8) μm×(1～1.8) μm，其内细胞器与速殖子基本一样，仅棒状体数量少，PAS阳性[支链淀粉(amylopectin)]颗粒更多。

3. 卵囊(Oocyst)

卵囊在犬科动物肠道中形成，随粪便排出体外。卵囊近圆形，直径 10～11 μm。卵囊的孢子化时间为 24 h。孢子化卵囊内含 2 个孢子囊，每个孢子囊内含 4 个子孢子。其形态与弓形虫(*Toxoplasm gondii*)卵囊相似。

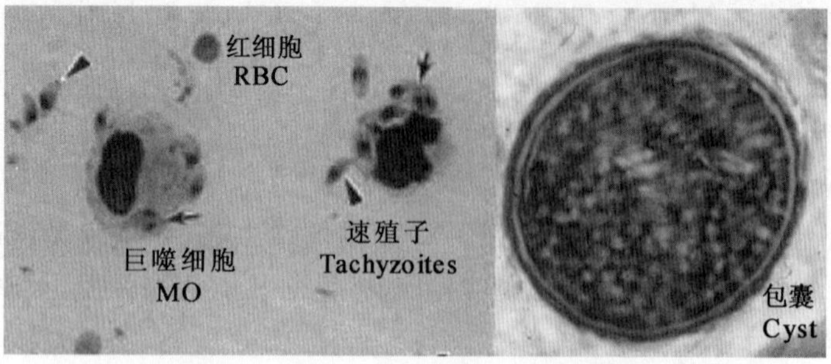

图 10-13　新孢子虫的速殖子和包囊

Figure 10-13　Tachyzoites and cyst of *Neospora caninum*

(引自 Dubey，2003)

左图为肺脏印片中的速殖子 Tachyzoites in an impression smear of lung (left)；

右图为脑组织切片中的包囊 Tissue cyst in section of brain (right)

(二)生活史(Life cycle)

犬既是犬新孢子虫的中间宿主又是终末宿主。生活史中包括 3 个典型的感染性阶段(infectious stages)(图 10-14)：速殖子、包囊和卵囊。速殖子见于中间宿主，寄生于细胞内，通过内出芽生殖(endodyogeny)方式繁殖。感染动物神经细胞、巨噬细胞、成纤维细胞、血管内皮细胞、肌细胞、肾小管上皮细胞、肝细胞和其他体细胞。组织包囊主要见于中间宿主的中枢神经系统(CNS)，囊壁厚度达 4 μm，包围着慢殖子。另一种薄壁组织包囊(0.3～1.0 μm)见于自然感染犬新孢子虫的牛和犬的肌肉(muscle)。犬是新孢子虫唯一的终末宿主，未孢子化卵囊(unsporulated oocyst)随粪便排出，在体外孢子化后形成孢子化卵囊。

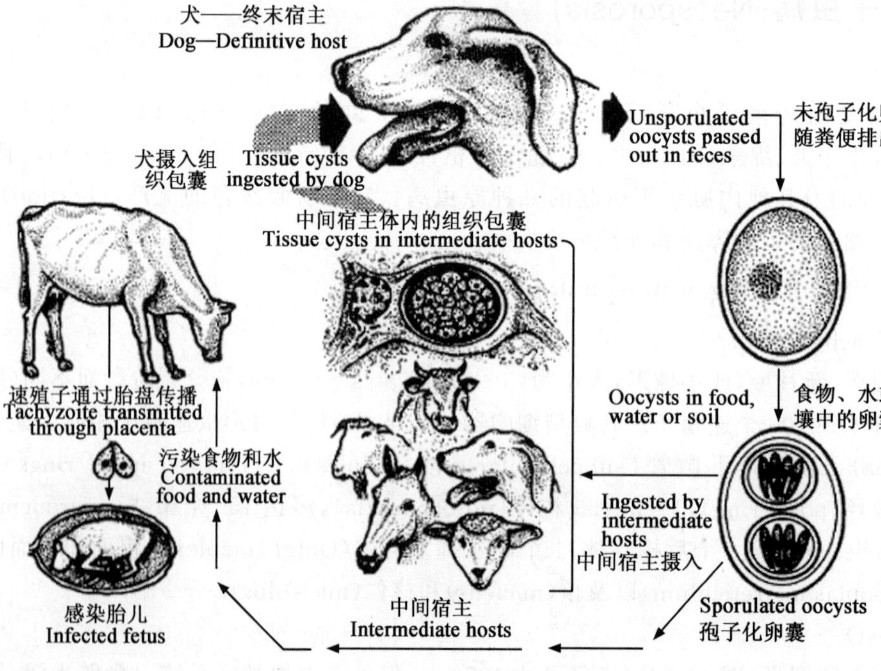

图 10-14　犬新孢子虫生活史

Figure 10-14　The life cycle of *Neospora caninum*

Horizontal transmission of the organism occurs when a cow consumes an oocyst passed in the feces of a domestic dog, coyote, or other wild canid. Once inside the cow, the oocyst opens and releases tachyzoites that multiply rapidly and enter the bloodstream. Either the tachyzoites are transmitted through the placenta to the fetus or the immune system of the cow slows down the multiplication of the organism and they become encased in a shell ("encysted"). These "tissue cysts" are primarily found in the brain, spinal cord and muscles of cows but are thought to exist in the placenta as well. If dogs (or other wild canids) ingest these tissue cysts by eating a placenta, aborted fetus, or carcass of an infected cow, the organism can reproduce and form oocysts in the intestines of dogs, beginning the cycle again.

(三)流行病学(Epidemiology)

本病分布于世界各地，对牛的危害最为严重。有些牛群血清抗体的阳性率高达80%，是引起牛流产的主要病原。国内北京、河北等地血清流行病学调查有较高的阳性率(25%)并分离到新孢子虫虫株。犬新孢子虫病可经胎盘传递，在牛体内垂直传播是主要传播方式。卵囊是造成水平传播的虫体阶段；肉食动物吞食感染组织而获得感染。

犬和狐狸等是新孢子虫的终末宿主，其他多种动物如牛、绵羊、山羊、马、鹿等均是其中间宿主。犬是如何自然感染尚不清楚。食用胎膜可能是犬感染犬新孢子虫的来源，犬在自然情况下散播犬新孢子虫卵囊的频率、卵囊的抵抗力、犬是否多次排卵囊目前知之甚少。

(四)症状(Clinical signs)

1. 牛(Cattle)

犬新孢子虫引起奶牛和肉牛流产(abortion)，任何年龄奶牛从妊娠3个月到足孕均可出现流产，但多发生于妊娠期的5～6个月。胎儿在子宫内死亡，被吸收、木乃伊化、自溶、死产，生下存活的有临床症状，或临床正常但慢性感染。一年四季均可发生，但以春末至初秋更多。血清学阳性的奶牛比隐性奶牛更易流产。然而，先天性感染的犊牛95%以上临床上表现正常。

犊牛(2月龄以内)感染犬新孢子虫后可出现神经症状(neurosis)、体重过轻、不能站立，或没有临床症状。后肢或前肢或前后肢可能弯曲或过伸。神经检查可出现共济失调(ataxia)、膝反射(patellar reflex)降低、本体感受意识(proprioceptive sense)丧失。犊牛可能出现眼球突出症(exophthalmia)或两眼不对称表现。有时引起出生缺陷(birth defects)，包括脑积水(hydrocephalus)和脊髓狭窄(spinal stenosis)。

2. 犬(Dogs)

最严重病例发生于青年犬和先天性感染幼犬。青年犬后肢轻瘫发展到渐进性麻痹。神经症状根据虫体寄生部位而不同。后肢比前肢更严重，时常呈强直状态。其他机能障碍(dysfunction)包括吞咽困难(acataposis)、下颌麻痹(gnathoparalysis)、肌肉松弛(muscular flaccidity)、肌肉萎缩(myophagism)，甚至心力衰竭(heart failure)。感染母犬妊娠后发生死胎或产出衰弱的胎儿。

其他动物感染新孢子虫后出现类似的临床症状，但一般没有牛和犬的症状严重。

(五)病变(Lesions)

对犬作病理剖检时可见多灶性心肌炎(myocarditis)和多灶性心内膜炎(endocarditis)，其特征为由1个中心坏死灶和大量浆细胞、巨噬细胞、淋巴细胞和少量嗜中性粒细胞浸润的黄色炎症区带。在病变的心肌细胞边缘和炎性细胞中，含有大量的新孢子虫速殖子群落。以坏死、严重血管炎、血管周围袖口状形成的，多灶性胶样变性为特征的脑膜脑脊髓炎，其病变从大脑一直延伸至腰部脊髓区。严重的多发性肌炎可见于骨骼肌(skeletal muscle)、颞肌(temporal muscle)、咬肌(masseter)、喉肌和食道肌等，在上述肌肉病变中可检查到新孢子虫。除上述病变外，还可见到以各种炎性细胞浸润为特征的坏死性肝炎、化脓性胰腺炎、肉芽肿性肺炎、肾盂肾炎、皮炎及眼部病变。并非每一条犬都具有上述病变，但可观察到一种或几种病变。

牛的病变有时为小脑发育不全(cerebellar hypoplasia)、脑膜脑炎(meningoencephalitis)、脊髓炎(myelitis)、脊髓中灰质少,形成灶性空洞,在病变中可检查到新孢子虫的组织包囊。心肌炎比较严重,心肌的单核细胞中寄生有大量的速殖子。肛门周围单核细胞浸润,出现不同程度的坏死灶。胎盘绒毛层绒毛坏死,并有虫体病灶。

(六)诊断(Diagnosis)

诊断犬新孢子虫流产有以下标准:首先,胎儿有病变,绝大多数有脑炎(encephalitis);其次,病变中发现犬新孢子虫。

流产奶牛的血清学检查是犬新孢子虫感染的唯一指征,用于检测犬新孢子虫抗体的血清学方法有ELISA、间接荧光抗体试验(IFAT)、凝集试验(AT)。亲和ELISA(avidity-ELISA)用于区别牛的近期和慢性感染有帮助。

胎儿组织学检查(histological examination)是本病确诊的必要手段。脑、心脏、肝、胎盘和体液或血清是诊断的最好样品(samples),如果检查多种组织会提高检出率(detection rate)。犬新孢子虫病特征性病变(characteristic lesion)是局灶性脑炎,其特征是坏死(necrosis)和非化脓性炎症(nonsuppurative inflammation)。

PCR诊断的有效性取决于实验室、胎儿的自溶阶段和取样过程。福尔马林固定、石蜡包埋的牛流产脑组织(brain tissue)可以通过PCR检测到犬新孢子虫DNA。

鉴别诊断(differential diagnosis)中应着重考虑刚第弓形虫(*Toxoplasma gondii*)和枯氏肉孢子虫(*Sarcocystis cruzi*)。免疫组织化学(IHC)和PCR检测技术可以鉴别新孢子虫和上述2种虫体。枯氏肉孢子虫在血管内皮细胞形成裂殖体,很少(<0.1%)见于流产胎儿脑内,而犬新孢子虫通常定位于血管外组织。此外,与枯氏肉孢子虫感染相比,犬新孢子虫感染没有成熟裂殖体。牛胎儿感染刚第弓形虫罕见。

Examination of the fetus is necessary for a definitive diagnosis of abortion due to neosporosis. The best tissues to sample include brain, heart, liver, placenta, and also body fluids. Fetal brain is the most consistently affected organ and has the most characteristic lesion. Tests are available that can distinguish *N. caninum* from the two other protozoans that cause abortion in cattle, *Toxoplasma gondii* and *Sarcocystis cruzi*. A positive blood test from an aborting cow is only indicative of exposure to *N. caninum* and not diagnostic for abortion. There are several commercial cELISA blood tests that detect antibody to *N. caninum* that are rapid, inexpensive and consistent.

(七)防治(Treatment and prevention)

尚未发现治疗新孢子虫病的特效药物(specific medicine),复方新诺明(SMZ)、羟基乙磺胺戊烷脒、四环素类(tetracyclines)以及离子载体类抗球虫药(ionophores)可能有一定的疗效。已经有商业化新孢子虫灭活疫苗(inactivated vaccine),目前仅在少数国家小范围应用。

淘汰病牛和血清抗体阳性牛是防止该病继续扩散的有效方法。此外,防止犬与牛等中间宿主接触可阻断外源性感染(水平传播),应采取的主要措施是禁止犬进入牛栏,禁止犬接触动物饲草、饲料和饮水,不让犬吃到流产的胎儿、胎膜或死犊牛。

To prevent horizontal transmission, it is important to prevent exposure of the cows to feed and water contaminated with feces from dogs that may contain oocysts. Dogs and coyotes should not be allowed to eat aborted fetuses, fetal membranes, or dead calves. There is a killed parasite commercial vaccine (NeoGuard, Intervet) but there is no convincing data about the efficacy of this vaccine in preventing *N. caninum* abortion in cattle.

五、肉孢子虫病(Sarcosporidiosis)

肉孢子虫病是由肉孢子虫科(Sarcocystidae)肉孢子虫属(*Sarcocystis*)的多种肉孢子虫寄生于各种家畜(马、牛、羊、猪、兔等)、鸟类、爬行类、鱼类等多种动物和人所引起的一种原虫病。该病分布广泛,感染率高，我国各地的牛、羊，尤其是南方的水牛和黄牛、北方的绵羊和山羊常有发现，有些地区的感染率可达100%，引起巨大的经济损失。人可以作为某些肉孢子虫的中间宿主或终末宿主而引起人畜共患肉孢子虫病(zoonotic sarcocystosis)。

(一)病原形态(Pathogen morphology)

肉孢子虫主要根据成熟包囊壁的厚度和形态特征、孢子囊的形态大小、宿主特异性、寄生部位等进行分类鉴定。常见种有米氏肉孢子虫(*Sarcocystis miescheriana*)、猪人肉孢子虫(*S. porcihominis*)、中华肉孢子虫(*S. sinensis*)、梭状肉孢子虫(*S. fusiformis*)、枯氏肉孢子虫(*S. cruzi*)、人肉孢子虫(*S. hominis*)、毛状肉孢子虫(*S. hirsute*)和神经肉孢子虫(*S. neurona*)。

肉孢子虫寄生于中间宿主的肌肉组织中，包囊(cyst)的纵轴与肌纤维平行，多呈纺锤形(图 10-15)、圆柱形或卵圆形，色灰白至乳白，包囊直径在 1～10 mm，外被囊壁。发育成熟的包囊，小室里包藏着许多肾形或香蕉形的慢殖子(滋养体)，长 10～12 μm，宽 4～9 μm，一端稍尖，一端偏钝。在终末宿主肠上皮细胞可见大配子、小配子、合子、卵囊等不同发育阶段的虫体。卵囊在肠壁上完成孢子化，孢子化卵囊内含有 2 个孢子囊，每个孢子囊内形成 4 个子孢子。卵囊壁薄而脆弱，常在肠内自行破裂，所以在终末宿主粪便中常见的虫体为含子孢子的孢子囊(sporocyst)。

Oocysts are sporulated when passed in the feces and contain two sporocysts each with four sporozoites; usually the sporulated sporocyst is found free in the feces. In the intermediate host the schizonts found in the endothelial cells are quite small measuring 2-8 μm in diameter. In contrast the bradyzoite cysts can be very large and visible to the naked eye as whitish streaks running in the direction of the muscle fibres. They have been reported as reaching several cm in length, but more commonly they range from 0.5 to 5.0 mm.

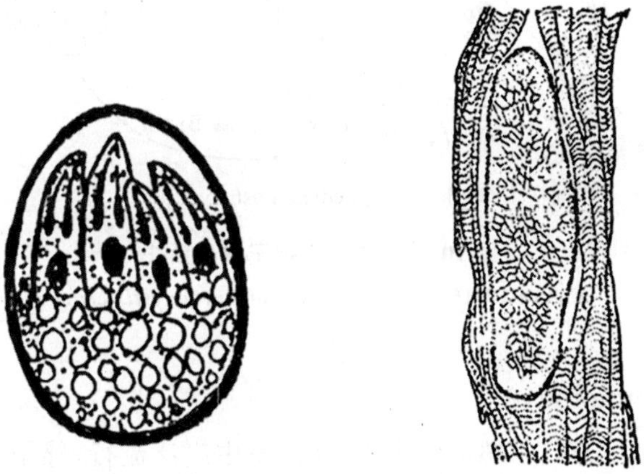

图 10-15 肉孢子虫孢子囊(左)与包囊纵切(右)

Figure 10-15 Sporocyst (left) and tissue cyst (right) of *Sarcocystis* sp.

(二)生活史(Life cycle)

肉孢子虫的发育需要两个宿主参与才能完成(图 10-16)。中间宿主是草食动物(herbivore)和杂食动物(omnivore)、禽类(poultry)、啮齿类(rodents)和爬行类(reptiles)等；终末宿主是肉食动物(carnivore)和猪、犬、人、猕猴等灵长类(primate)动物。

中间宿主的包囊被终末宿主吞食后，囊壁在机械和化学消化作用下破裂，释放出慢殖子(bradyzoite)，慢殖子钻入小肠黏膜固有层，在上皮细胞内进行球虫型发育，最后形成卵囊(oocyst)，卵囊经 8～10 d 发育成熟在肠壁上完成孢子化，孢子化卵囊内含有 2 个孢子囊(sporocysts)，卵囊壁薄和脆，极易破裂。孢子囊或者卵囊被中间宿主吞食后，子孢子(sporozoite)在小肠内溢出，经血液循环到达各脏器，在血管内皮细胞中进行 2 次裂殖生殖(schizogony)，产生裂殖子(merozoite)，然后裂殖子进入肌细胞发育为包囊(cyst)，经

1个月或数月发育成熟具备感染力。包囊多位于动物的舌肌、食道肌等横纹肌(striated muscle),心肌和平滑肌中也时有发现,偶见于大脑(brain)。包囊中慢殖子的感染性能够持续数月至数年。

Infection of final host is by ingestion of bradyzoite cysts in the muscles of the intermediate host. The bradyzoites are liberated in the intestine and the freed zoites pass to the sub-epithelial lamina propria and differentiate into micro- and macrogametocytes. Following conjugation of gametes, thin-walled oocysts are formed which sporulate within the body. Two sporocysts are formed, each containing four sporozoites. Usually the fragile oocyst wall ruptures and free sporocysts are found in the feces. Infection of intermediate host is by ingestion of the sporocysts and this is followed by at least three asexual generations. In the first, sporozoites, released from the sporocysts, invade the intestinal wall and enter the capillaries where they locate in endothelial cells and undergo two schizogonous cycles. A third asexual cycle occurs in the circulating lymphocytes, the resulting merozoites penetrating muscle cells. There they encyst and then divide by a process of budding or endodyogeny giving rise to broad banana-shaped bradyzoites contained within a cyst; this is the mature sarcocyst and is the infective stage for the carnivorous final host.

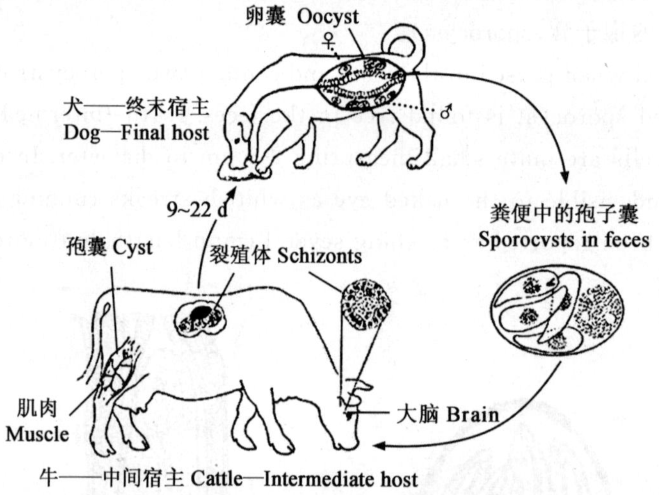

图 10-16 枯氏肉孢子虫生活史

Figure 10-16 The life cycle of *Sarcocystis cruzi*

(三)流行病学(Epidemiology)

肉孢子虫在世界各地广泛分布,易感动物很多,在家畜中广泛流行,感染率高达70%~100%,但不同地区不同动物的感染率各不相同。我国的云南、广西、青海地区猪肉孢子虫流行较多。肉孢子虫对中间宿主和终末宿主具有一定的特异性,犬粪便中的枯氏肉孢子虫卵囊和孢子囊对黄牛(*Bos taurus*)、水牛(*Bubalus bubalis*)和野牛(*Bison bison*)均具有感染性。人、猩猩(*Pan teoglodytes*)、恒河猴(*Macaca mulatta*)和食蟹猴(*M. irus*)可能成为猪人肉孢子虫的终末宿主。人、狒狒(*Papio cyoncephalus*)和猕猴(*M. rhesus*)可作为人肉孢子虫的终末宿主。

中间宿主吞食了终末宿主粪便中的孢子囊(或卵囊)引起感染。终末宿主犬、猫及人均是由于吞食了生的或未煮熟的含有慢殖子的包囊而感染。不同的肉孢子虫宿主不同,大多数肉孢子虫以犬、猫为终末宿主,在终末宿主体内均寄生于小肠;以草食动物、杂食动物及禽类作为中间宿主,寄生于心肌(myocardium)和骨骼肌(skeletal muscle)细胞内。

(四)症状(Clinical signs)

肉孢子虫的寄生部位因畜种的不同而不同,牛肉孢子虫寄生在横纹肌、心肌;羊肉孢子虫寄生在食道、膈肌(diaphragm)、咽肌(pharyngeal muscle);马肉孢子虫寄生在膈肌、横纹肌。

犊牛感染孢子囊后会出现食欲减退(anorexia)、虚弱(weakness)、贫血(anemia)、心跳加快、发热(fever)、淋巴结肿大(lymphadenectasis)、脱毛等症状。少数还出现肌肉僵硬(muscular rigidity)现象,孕牛可发生流产(abortion)。羔羊感染后呈现食欲减退、体温升高、贫血、眼眶及鼻分泌黏液。孕羊出现高热、共济失调(ataxia)和流产等症状。小猪感染后出现腹泻(diarrhea)和精神沉郁。感染 2.5～3 个月后出现后肢跛行(hind limb lameness)、截瘫(paraplegia)和消瘦。猪在严重感染时表现不安,出现肌肉僵硬等症状。

人肠道肉孢子虫病临床表现为恶心(nausea)、腹泻、头痛(headache)、发汗(sweat)、呕吐(vomit)、便秘(constipation)和水泻(watery diarrhea)等;人肌肉肉孢子虫病临床表现为肌肉疼痛(myalgia)、发烧(fever)、皮疹(rash)、心肌炎症、支气管痉挛(bronchial spasm)和皮下肿胀(subcutaneous swelling)等症状。

In heavy infections of the intermediate hosts there is anorexia, fever, anemia, loss of weight, a disinclination to move and sometimes recumbency; in lambs a dog-sitting posture has been recorded. In cattle there is often a marked loss of hair at the end of the tail. These signs may be accompanied by submandibular oedema, exophthalmia and enlargement of lymph nodes. Abortions may occur in breeding stock.

(五)病变(Lesions)

患病动物在心肌、骨骼肌及腰部肌肉较易发现病变;当严重感染时,肉检可见与肌纤维平行方向有很多白色线状条纹。显微镜检查时可见肌肉中有完整的包囊,压破包囊可见大量香蕉形慢殖子。镜检时也可见到机体包囊破裂释放出慢殖子导致心肌炎(myocarditis)而出现淋巴细胞(lymphocyte)、嗜酸性粒细胞(eosinophils)和巨噬细胞(macrophage)的浸润(infiltration)和钙化(calcification)等病理特征。

牛感染枯氏肉孢子虫死后剖检,可见全身淋巴结肿大和浆膜有出血点(petechia),虫体寄生部位肌纤维增生(hyperplasia),肌肉颜色由粉红到黄褐色。羊感染会发生脑脊髓炎(encephalomyelitis),脊髓软化,星状细胞内有裂殖体。猪重度感染时肌纤维肿胀、疏松,切面糜烂状,弹性减退,镜检肌纤维模糊不清。

(六)诊断(Diagnosis)

1. 肉眼观察(Visual inspection)

先将肉样的肌膜撕去,把肌肉拉平,于强光线下转换不同的角度进行肉眼观察,检查肌肉中肉孢子虫的包囊。

2. 显微镜检查 (Microscopic examination)

将小肉块放在两块载玻片之间挤压呈半透明状,然后将压片置于 40～100 倍显微镜下观察,或蛋白酶消化法检查慢殖子。

3. 血液学检验(Hematological examination)

主要测定血液中谷草转氨酶(SGOT)、乳酸脱氢酶(LDH)、磷酸肌酸酐激酶(CPK)的活性及血液常规数据。感染牛血液中红细胞减少,白细胞核左移及 SGOT、LDH、CPK 活性增强。

4. 血清学诊断(Serological diagnosis)

间接血凝试验(IHA)、酶联免疫吸附试验(ELISA)、间接荧光抗体试验(IFA)以及免疫组化(IHC)等。其中 ELISA 具有很强的敏感性和实用性,30 min 即可获得结果。

5. 粪便检查(Fecal examination)

人和动物作为终末宿主时还可检查粪便中的卵囊或孢子囊以作出诊断。

Most cases of *Sarcocystis* infection are only revealed at meat inspection when the grossly visible sarcocysts in the muscle are discovered. However, in heavy infections of the intermediate hosts, diagnosis is based on the clinical signs and on histological demonstration of schizonts in the blood vessels of organs, such as kidney or heart and the presence of cysts in the muscles at necropsy or biopsy.

(七)防治(Treatment and prevention)

1. 治疗(Treatment)

对于肉孢子虫病目前尚无特效药物,可用磺胺嘧啶(sanodiazine,SD)、复方新诺明(SMZ)和吡喹酮(praziquantel)以及抗球虫药(马杜拉霉素除外)等进行试治。有人试用氨丙啉(amprolium)、盐霉素(salinomycin)和常山酮(halofuginone)治疗绵羊急性肉孢子虫病取得了较好的效果。

2. 预防(Prevention)

加强宣传教育,使群众了解吃生肉或未熟的牛肉、猪肉的危害性;管理好粪便,防止粪便污染水源和饲料;健全肉食品检验制度,寄生有肉孢子虫的肌肉、内脏按检验规定处理;加强牛、猪等的饲养管理,寄生有肉孢子虫的动物肌肉、内脏和组织不要饲喂犬猫或其他动物;引进动物应进行检疫,防止从疫区引进家畜。

The only control measures possible are those of simple hygiene. Farm dogs and cats should not be housed in, or allowed access to, fodder stores nor should they be allowed to defaecate in pens where livestock are housed. It is also important that they are not fed un-cooked meat.

第三节　外寄生虫病
Section 3　Ectoparasitosis

一、疥螨病(Sarcoptic mange)

疥螨病是由疥螨科(Sarcoptidae)疥螨属(*Sarcoptes*)的疥螨(*Sarcoptes scabiei*)寄生于猪、马、牛、羊、骆驼和犬等动物的皮肤表皮内(epidermis)所引起的一种慢性皮肤病(chronic dermatosis)。本病以剧痒(intense itch)、湿疹性皮炎(eczematous dermatitis)、脱毛(depilation)、患部逐渐向周围扩展和具有接触传染性为特征。

(一)病原形态(Pathogen morphology)

寄生于不同家畜的疥螨具有宿主特异性,多认为是一些变种,根据宿主的不同称为猪疥螨(*Sarcoptes scabiei* var. *suis*)、马疥螨(*Sarcoptes scabiei* var. *equi*)、牛疥螨(*Sarcoptes scabiei* var. *bovis*)、山羊疥螨(*Sarcoptes scabiei* var. *caprae*)、绵羊疥螨(*Sarcoptes scabiei* var. *ovis*)、骆驼疥螨(*Sarcoptes scabiei* var. *cameli*)和犬疥螨(*Sarcoptes scabiei* var. *canis*)等,各个变种形态十分相似。

疥螨的体型很小(图 10-17),雌雄异体(dioecism),雄虫长 0.226～0.339 mm,宽 0.169～0.243 mm;雌虫长 0.339～0.509 mm,宽 0.283～0.358 mm,肉眼不易看到。虫体呈龟形(turtle-like),暗灰色,前端有蹄形的咀嚼式口器(chewing mouthpart),体背面有细横纹、锥突、圆锥形鳞片(scales)和刚毛(seta);腹面有 4 对足,前 2 对伸向前方,后 2 对较不发达,伸向后方。虫体腹面最显著的构造是两对角质支条。雌雄虫体的区别除大小外,雄虫的第 1、第 2、第 4 对足上有柄和吸盘(suckers),第 3 对足上只有 1 根刚毛;雌虫的第 1、第 2 对足上有柄和吸盘,第 3、第 4 对足上各有 1 根刚毛。吸盘喇叭形,柄长不分节。雌螨生殖孔(gonopore)位于虫体腹面中央,雄螨生殖孔位于虫体腹面第 4 对足之间。肛门(anus)位于躯体后缘正中。幼虫(larva)有 3 对足,前 2 对在前,1 对在后,后足上生有刚毛。若虫(nymph)和成虫相似。虫卵椭圆形,两端钝圆,透明,灰白色,平均长 150 μm,宽 100 μm,内含胚细胞或幼虫。

Sarcoptes is round in outline and up to 0.4 mm in diameter, with short legs which scarcely project beyond the body margin. Its most important recognition characters are the numerous transverse ridges and triangular scales on the dorsum.

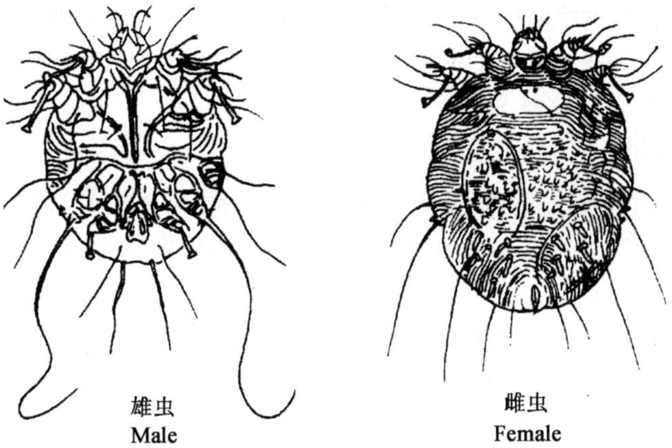

图 10-17 疥螨的外形

Figure 10-17 The shape of *Sarcoptes scabiei*

(二)生活史(Life cycle)

疥螨的发育属不完全变态(incomplete metamorphosis)。一生包括卵(egg)、幼螨(larva)、若螨(nymph)和成螨(adult)4个发育阶段。雄螨有一个若螨期,而雌螨有2个若螨期。雄成螨与第二期雌若螨交配后,雌若螨蜕皮变为雌成螨。此时雌螨行动十分活泼,钻入宿主表皮深层内挖掘虫道(tunnel),以宿主表皮深层的上皮细胞、组织液为食,并开始产卵,每天产1~2个,每次产卵后即在虫道中前进一次,可持续4~5周,一生可产卵40~50个(图10-18)。卵经3~8 d孵出幼螨,离开雌螨的虫道,爬到皮肤表面形成小穴(burrow),并在穴内蜕皮变为若螨,重复上述发育过程。一般在2~3周内完成整个发育,在3个月内可完成6个世代(generations)。雄螨交配后,很快就死亡。

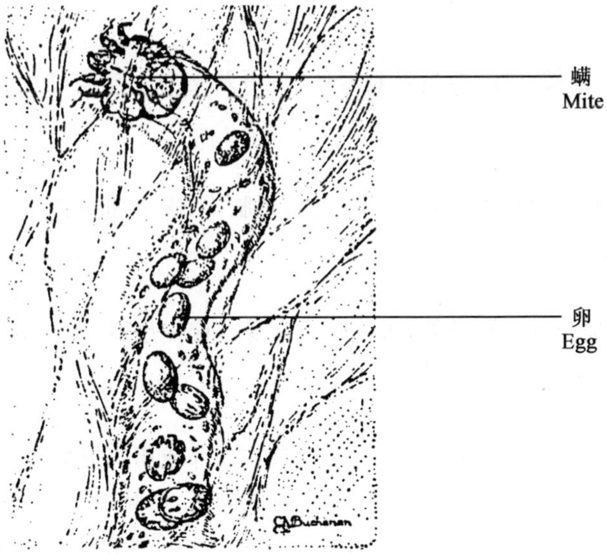

图 10-18 疥螨的生活史

Figure 10-18 The life cycle of *Sarcoptes scabiei*

The fertilized female creates a winding burrow or tunnel in the upper layers of the epidermis, feeding on liquid oozing from the damaged tissues. The eggs are laid in these tunnels, hatch in 3-5 days, and the six-legged larvae crawl on to the skin surface. These larvae, in turn, burrow into the superficial layers of the skin to create small 'moulting pockets' in which the moults to nymphs and adults are completed. The adult male then emerges and seeks a female either on the skin surface or in a moulting pocket. After fertilization the females produce new tunnels, either *de novo* or by extension of the moulting pocket. The entire life cycle is completed in 17-21 days.

（三）流行病学(Epidemiology)

疥螨呈世界性分布，具有宿主特异性，各种变种可以感染猪、马、牛、羊、骆驼和犬等家畜和人以及狐狸(fox)、狼(wolf)、虎(tiger)、猴(monkey)等野生动物，也可偶然传染给本宿主以外的其他动物，但在异宿主身上存留时间不长。

疥螨病是一种接触感染性疾病。健康动物(healthy animals)只要直接接触病畜(sick animals)或污染虫体的畜舍(stall)和用具(appliance)等物体都有可能感染。本病的发生往往以寒冷季节(cold season)为甚。此时畜舍阴暗，动物因彼此取暖常拥挤在一起，增加了接触感染的机会。一般来说，幼畜往往易患疥螨病，发病也较严重。随着年龄的增长，对螨的免疫力增强，即年龄免疫(age immunity)。免疫力的强弱，取决于动物的营养、健康状况以及有无其他疾病并发等。

（四）症状和病变(Clinical signs and lesions)

临床上主要表现为剧痒、结痂(scab)、脱毛、皮肤增厚(thicken skin)以及消瘦(emaciation)等。疥螨寄生时首先在寄生部位出现小结节(nodule)，而后变为小水疱(vesicle)，病变部奇痒。由于擦痒使皮肤破损，皮下渗出液体，形成痂块，被毛脱落，皮肤增厚，病变逐渐向四周蔓延扩散。各种家畜中猪、马、山羊、骆驼和兔等患病严重。

1. 猪(Pigs)

仔猪多发，病初从眼周、颊部和耳根开始，以后蔓延到背部、体侧、股内侧及全身。皮肤发炎发痒(itchy)，常在墙角、粗糙物体上擦痒，以致皮肤粗糙(pachulosis)、肥厚(pachynsis)、落屑(exfoliation)、皲裂(chap)、污秽不堪(intolerably dirty)等，俗称“猪癞(swine favus)”。病猪食欲减退(decreased appetite)、生长缓慢(poor growth)，逐渐消瘦(emaciation)，甚至死亡。

2. 马(Horses)

先由头部、体侧、躯干及颈部开始，再蔓延到肩部、髻甲及全身。痂皮硬固，不易剥离；勉强剥离时，创面凹凸不平，易出血。

3. 山羊(Goats)

主要发生于嘴唇四周、眼圈、鼻背和耳根部，可蔓延到腋下、腹下和四肢曲面等无毛及少毛部位。严重时，口唇皮肤皲裂，采食困难。

4. 骆驼(Camels)

先由头部、颈部和体侧皮薄的部位开始，再蔓延至全身。痂皮硬厚，不易脱落，患部皮肤往往还形成龟裂(chap)和脓疱(pustule)。

5. 兔(Rabbits)

先由嘴、鼻孔周围和脚爪部开始，病兔不停地用嘴啃咬脚部或用脚搔抓嘴、鼻等处解痒，严重瘙痒时呈现前、后脚抓地等特殊动作。病爪上出现灰白色痂皮，嘴唇肿胀，影响采食。

6. 犬(Dogs)

先从头部开始，后扩散至全身，小犬尤为严重。患部皮肤发红，有红色或脓性疱疹(herpes)，上有黄色痂皮；奇痒，脱毛，皮肤增厚而出现皱纹(wrinkle)。

（五）诊断(Diagnosis)

本病的诊断除临床症状外，必须通过皮屑检查，发现虫体，方可确诊。

1. 皮屑的采集(Collection of scales)

在患病部位与健康部位的交界处采取病料，先剪毛，再涂甘油以湿润皮肤，然后用外科刀(经火焰消毒)用力刮取表皮，直刮到皮肤轻微出血为止，将刮到的病料收集到培养皿(petri dish)或其他容器中，刮破处涂碘酊消毒。

2. 检查方法(Experimental method)

(1)直接检查法(Direct examination method)　将病料置于载玻片上，加1～2滴50%甘油水溶液或煤油，使皮屑散开，加上盖玻片，在低倍显微镜或解剖镜下检查。由于皮屑被透明，螨虫很容易看到。或者将病料置于玻璃皿中，在酒精灯或火炉边微微加热后，将平皿置于黑板上，用放大镜或低倍镜检查，可发现活动的螨虫。后一种方法在刮取材料时，采病料部位不能涂油。

(2)温水检查法(Warm water test method)　即用幼虫分离法装置，将刮取物放在盛有40℃左右温水漏斗上的铜筛中，经0.5～1 h，由于温热作用，螨从痂皮中爬出，集成小团沉于管底，取沉淀物进行镜检。

(3)皮屑溶解法(Scale dissolving method)　将病料置于烧杯中，加入10%氢氧化钠或氢氧化钾适量，浸泡2 h或置于酒精灯上加热煮沸2～3 min，使痂皮完全溶解，然后静置20 min或离心沉淀2～3 min，弃去上清液，吸取沉淀物检查。

(六)防治(Treatment and prevention)

1. 治疗(Treatment)

根据治疗对象不同可采用以下几种治疗方法。

(1)口服或注射药物(Oral or injectable drugs)　伊维菌素(ivermectin)或阿维菌素(abamectin)类药物，有效成分剂量为0.2～0.3 mg/kg体重，严重病畜间隔7～10 d重复用药1次。

(2)药浴(Dipping)　一般在温暖季节剪毛后的无风天气进行；可根据情况及条件选用药物及药浴容器；药液温度维持在36～38℃；成批家畜药浴时，要及时补充药液；药浴前让动物饮足水，以免误饮中毒；药浴时间1 min左右；注意浸泡头部；药浴后注意观察，加强护理。如一次药浴不彻底，过1周后可再次药浴，药浴药物可用溴氰菊酯[倍特(Butox)]、二嗪农[螨净(diazinon)]等。

(3)喷洒或涂抹药物(Spray or smear)　可用伊维菌素或阿维菌素类药物浇泼剂(pour-on solution)进行防治。如对局部病灶进行处理，也可进行局部药物喷洒或涂抹。为了使药物能充分接触虫体，治疗前最好用肥皂水或煤酚皂液(lysol)彻底洗刷患部，清除硬痂和污物后再用药。还可用溴氰菊酯(deltamethrin)，50 mg/kg体重，间隔10 d喷洒2次；或用螨净水乳液，剂量为750 mg/kg体重，间隔7～10 d喷淋2次。

治疗病畜的同时，应用杀螨药物彻底消毒畜舍和用具，治疗后的病畜应置于消毒过的畜舍内饲养。隔离治疗过程中，饲养管理人员应注意经常消毒，避免通过手、衣服和用具散布病原。

2. 预防(Prevention)

除定期有计划地进行药物预防之外，还要加强饲养管理，保持圈舍干燥清洁，勤换垫草，对圈舍采用10%～20%石灰乳(lime milk)定期消毒。发现患病动物后，立即隔离治疗。新引进的动物隔离观察一段时间后，方可合群饲养。

二、痒螨病(Psoroptic mange)

痒螨病是由痒螨科(Psoroptidae)痒螨属(*Psoroptes*)的痒螨(*Psoroptes communis*)寄生于多种动物体表(body surface)而引起的慢性接触性皮肤病(dermatosis)。多寄生于绵羊、牛、马、山羊和兔等家畜，对绵羊的危害特别严重。病畜以脱毛(depilation)和消瘦(emaciation)为主要特征。

(一)病原形态(Pathogen morphology)

一般认为痒螨(*Psoroptes communis*)只有一个种，寄生于各种动物为其变种。较常见的有：绵羊痒螨(*P. communis* var. *ovis*)、牛痒螨(*P. communis* var. *bovis*)、马痒螨(*P. communis* var. *equi*)、水牛痒螨(*P. communis* var. *natalensis*)、山羊痒螨(*P. communis* var. *caprae*)、兔痒螨(*P. communis* var. *cuniculi*)和犬耳痒螨(*Otodectes cynotis*)等。各种痒螨形态特征相似。

成虫呈长圆形(图10-19)，灰白色，大小为0.5～0.9 mm，肉眼可见。口器长，呈圆锥形，螯肢(chelicera)细长，两趾上有三角形齿，须肢(pedipalp)亦细长。虫体背面有细的条纹，无鳞片和棘，肛门位于躯体末端。腹面有 4 对足，较长，前 2 对较前，位于虫体前方，后 2 对向后，靠近虫体后方。雄虫的第 1、2、3 对足有吸盘(suckers)，第 4 对足很短，无吸盘及刚毛(seta)。雌虫则第 1、2、4 对足有吸盘，第 3 对足无吸盘但有 2 根长刚毛，各吸盘均有分 3 节的柄与足相连。雄虫末端有 2 个大结节(tubercles)，其上各长有数根毛，腹面后部有 2 个性吸盘。生殖器位于第 4 基节(coxa)之间。雌虫腹面前部有一个宽阔的生殖孔(gonopore)，后端有纵列的阴道，阴道背侧为肛门(anal opening)。幼虫(larva)形态与成虫相似，有 3 对足，第 3 对足上有 2 根长刚毛。若虫(nymph)有 4 对足，第 1 期若虫无生殖孔，第 2 期若虫的雌虫有 1 对后交合节。虫卵大小为 300 μm×400 μm，呈椭圆形，灰白色，卵内含有不均匀的卵细胞或幼虫。

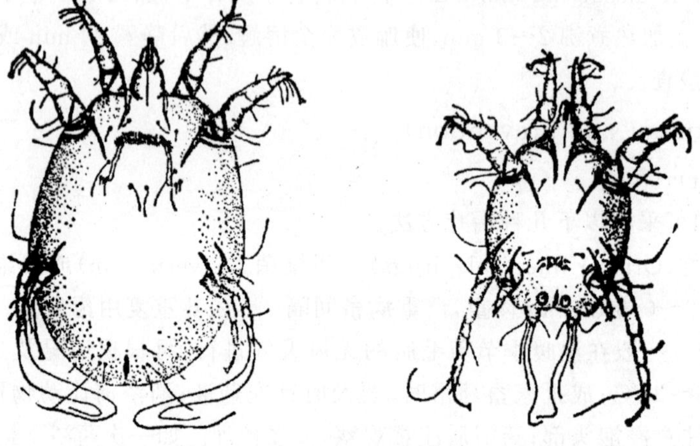

雌螨 Female　　雄螨 Male

图 10-19　痒螨成虫

Figure 10-19　Adult *Psoroptes communis*

Psoroptes is a typical non-burrowing mite, up to 0.75 mm, oval in shape, and with all the legs projecting beyond the body margin. Its most important recognition features are the pointed mouthparts, the rounded abdominal tubercles of the male and the three-jointed pedicels bearing funnel-shaped suckers on most of the legs.

(二)生活史(Life cycle)

痒螨的发育为不完全变态，其发育过程要经过卵、幼虫(larva)、若虫(nymph)和成虫 4 个阶段。痒螨的口器为刺吸式(piercing and sucking mouthparts)，寄生于宿主皮肤表面，以口器刺破皮肤，并以创口的渗出液(exudates)为食。从卵发育到成虫的时间，雄虫为 14～15 d，雌虫为 18～20 d。当第 2 期若虫发育为雌螨时，雌雄进行交配。雌螨交配后 1～2 d 开始产卵，一生可产卵 90 个，寿命约 42 d。

The female *P. communis* lays about 90 eggs during her lifetime of 4 to 6 weeks, and development from the egg, through the larval and nymphal stages to mature adult, takes about ten days. The greater pathogenicity of this mite is attributable to the fact that unlike most non-burrowing mites, it has piercing and chewing mouthparts which can severely damage the skin.

(三)流行病学(Epidemiology)

痒螨的感染途径为接触感染(contact infection)，既可以由病畜与健康家畜相互接触感染，也可以通过间接接触的方式感染。如螨及其虫卵污染了厩舍、用具、鞍挽具等，健康家畜与这些地方接触即可引起感染。另外，工作上不注意，可由饲养人员和兽医人员的衣服和手传播病原。

痒螨对外界的抵抗力较疥螨强，6～8℃温度和相对湿度 85%～100%时，在畜舍可存活 2 个月，在牧场可存活 35 d，在－2～－12℃时，4 d 死亡，在－25℃下 6 h 死亡。

痒螨病多发生于秋冬季节。因为这些季节，日光照射不足，家畜被毛增厚，绒毛增生，皮肤湿度增高，加之畜舍拥挤、阴暗，这些条件都有利于螨的发育与繁殖。夏季家畜绒毛大量脱落，皮肤表面常受阳光照射，皮温增高，经常保持干燥状态，加之饲养管理的改变，畜体抵抗力增强，这些条件都不利于螨的生存和繁殖，可引起大部分螨死亡，仅有少数螨潜伏在耳壳、系凹、蹄踵、腹股沟部以及被毛深处。

（四）症状与病变(Clinic signs and lesions)

痒螨寄生时，首先皮肤奇痒(intense pruritus)，进而出现针头大到米粒大的结节(nodule)，然后形成水疱(bubble)和脓疱(pustule)。由于擦痒而引起表皮损伤，被毛脱落。患部渗出液增多，最后形成浅黄色痂皮。病畜表现营养不良(malnutrition)，消瘦(emaciation)，贫血(anemia)，全身被毛脱光，最后死亡。

1. 绵羊(Sheep)

多发生于密毛的部位如背部、臀部，然后波及全身。在羊群中首先引起注意的是羊毛结成束和体躯下部泥泞不洁，零散的毛丛悬垂在羊体上，严重时全身被毛脱光。患部皮肤湿润，形成浅黄色痂皮。

2. 山羊(Goats)

主要发生于耳廓内面，在耳内生成黄色痂，将耳道堵塞，使羊变聋，食欲不振，甚至死亡。

3. 牛(Cattle)

初期见于颈、肩和垂肉，严重时蔓延到全身。奇痒，常在墙、柱等物体上摩擦，或以舌舔患部，被舔湿部的毛呈波浪状。脱毛，结痂，皮肤增厚。

4. 水牛(Buffalo)

多发生于角根、背部、腹侧及臀部，严重时头、颈、腹下及四肢内侧也可发生。体表形成很薄的“油漆起曝”状痂皮，此种痂皮薄似纸，干燥，表面平整，一端稍微翘起，另一端则与皮肤紧贴，若轻轻揭开，则在皮肤相连处痂皮下可见许多黄白色痒螨在爬动。

5. 马(Horses)

常发部位是鬃、尾、颌间、股内侧及腹股沟。乘、挽马常发于鞍具、颈轭、鞍褥接触部位，皮肤皱褶不明显。痂皮柔软、黄色脂肪样，易剥离。

6. 兔(Rabbits)

主要侵害耳部，引起外耳道炎(otitis externa)，渗出物干燥成黄色痂皮，塞满耳道如纸卷样。病兔耳朵下垂，不断摇头和用腿搔耳朵。严重时蔓延至脑部，引起癫痫症状。

7. 犬(Dogs)

主要侵害外耳道，引起大量耳脂分泌和淋巴液外溢，往往继发化脓。病犬不停地摇头、抓耳、鸣叫或摩擦耳部，后期可蔓延到额部及耳廓背面。

（五）诊断(Diagnosis)

根据临床症状如奇痒、皮肤增厚、有痂皮、脱毛和消瘦等特征作出初步诊断。确诊需进一步作病原检查。病料的采集和检查方法同疥螨。

本病的鉴别诊断(differential diagnosis)需要注意以下几种疾病。

(1)秃毛癣(Hairless tinea)　患部呈圆形、椭圆形，界线明显，表面有疏松干燥的浅灰色痂皮，易剥落，剥落后皮肤光滑，创面干燥，久之创面融合成大的癣斑，无痒觉，被毛常在近根部折断。镜检病料有癣菌芽孢或菌丝。

(2)湿疹(Eczema)　有痒觉，但不及螨病厉害，在温暖厩舍中痒觉亦不加剧，有大量皮屑(scurf)，常随被毛脱落，皮屑内无螨。若由饲料中毒引起的湿疹，则有体温升高(fervescence)的表现。

(3)过敏性皮炎(Allergic dermatitis)　多见于夏季，由小的吸血昆虫蚊、蠓等叮咬引起，初为小结节(lesser tubercle)，脱毛，以后形成溃烂面，多在天气凉爽后不治而愈。

(4)营养不良性脱毛(Depilation by malnutrition)　皮肤无炎症变化，一般不痒。

Initial diagnosis is based on the season of occurrence and the signs of wet, discoloured wool, debility, and intense pruritus, with an easily elicited nibbling reflex. Confirmatory diagnosis is made by identification of the mites. Material should be scraped from the edge of a lesion, placed in warm 10% potassium hydroxide, and examined microscopically.

（六）防治（Treatment and prevention）

1. 治疗（Treatment）

防治牛、羊螨病常用的药物可分为 4 大类：①有机磷类杀虫药，如敌百虫（dipterex）、辛硫磷（phoxim）、蝇毒磷（coumaphos）、螨净（二嗪农，diazinon）等；②拟除虫菊酯类，如溴氰菊酯（deltamethrin）；③甲脒类，如双甲脒（amitraz）；④伊维菌素（ivermectin）。用药方法有局部涂擦（inunction）、喷洒（spray）、药浴（dipping）及皮下注射（subcutaneous injection）等。治疗时应注意：由于一般杀虫剂都有毒性，在局部涂药时涂擦面积不应超过整个身体的 1/3，以免发生药物中毒；一般药物只对成螨有效，不能杀死虫卵。因此，应根据螨的发育规律，隔 5～7 d 应再次用药，这样收效更好。

2. 预防（Prevention）

可以从下列几个方面考虑。

①每年夏季对羊只进行药浴，既是治疗，又是预防。剪毛要剪净，不要在头、尾、胸部留一小撮毛，以免螨类隐藏。

②在夏季因水牛常下水，痒螨在躯体无法生存，只有隐藏在角缝、耳部等处的螨才能过夏，因此在盛夏之后，用杀螨药物处理角缝、耳部和头部，以杀死过夏的螨，对预防水牛痒螨病有很大作用，这样连续 2～3 年之后，必定收到良好的效果。

其他参考疥螨病。

第十一章　猪寄生虫病
Chapter 11　Swine Parasitosis

第一节　蠕　虫　病
Section 1　Helminthiasis

一、姜片吸虫病(Fasciolopsiasis)

姜片吸虫病是由片形科(Fasciolidae)姜片属(*Fasciolopsis*)的布氏姜片吸虫(*F. buski*)寄生于猪和人的小肠内引起的一种寄生虫病。本病主要流行于亚洲的温带(temperate zone)和亚热带地区(subtropical zone),在我国主要分布在长江流域以南各省和自治区,是影响儿童健康和仔猪生长发育的一种人畜共患病(zoonosis)。近年来,随着规模化养猪的发展,直接利用新鲜水生植物喂猪越来越少,因此许多地区猪的感染率明显下降。

(一)病原形态(Pathogen morphology)

姜片吸虫新鲜时为肉红色,固定后变为灰白色,虫体大而肥厚,形似斜切的姜片,故称姜片吸虫(图11-1)。成虫体长 20～75 mm,宽 8～20 mm,厚 0.5～3 mm。体表被有小棘,易脱落。口腹吸盘均在虫体前端,相距较近。腹吸盘(ventral sucker)呈漏斗状,大小是口吸盘(oral sucker)的 4～6 倍。消化器官有口(mouth)、咽(pharynx)、食管(esophagus)和肠管(cecum)。咽小,食道短,2 条肠管弯曲呈波浪状伸达虫体后端,末端为盲端。2 个睾丸(testes),高度分支,前后排列在虫体后部的中央。2 条输出管(vas efferens)合并为输精管(vas deferens),膨大为贮精囊(seminal vesicle)。雄茎囊(cirrus sac)发达。生殖孔

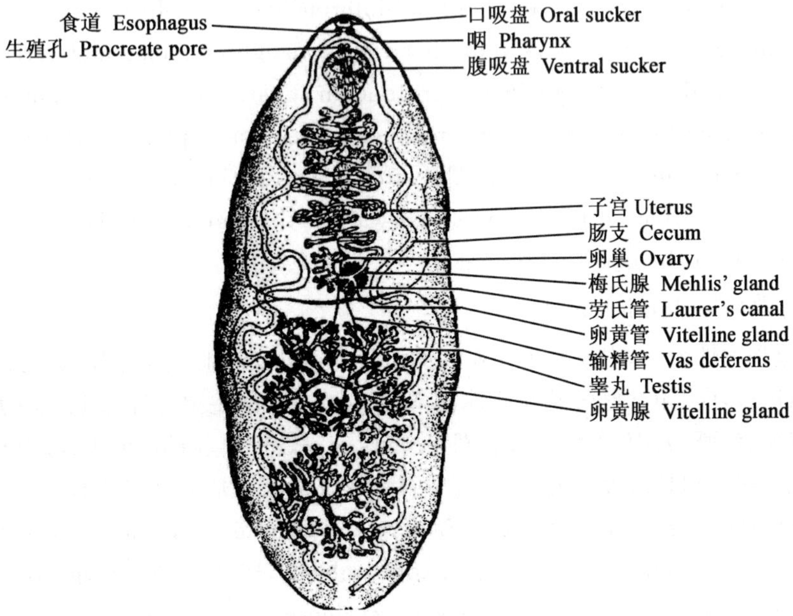

图 11-1　布氏姜片吸虫成虫

Figure 11-1　Adult *Fasciolopsis buski*

(genital pore)开口在腹吸盘的前方。卵巢(ovary) 1 个,呈短的佛手状分支,位于虫体中部稍偏前方。卵模(ootype)周围为梅氏腺(Mehlis' gland)。输卵管(oviduct)和卵黄总管均与卵模相通。卵黄腺(vitelline gland)位于虫体两侧呈颗粒状。无受精囊(seminal receptacle)。充满虫卵的子宫(uterus)弯曲在卵巢和腹吸盘之间。

The adult *Fasciolopsis buski* possesses two suckers for attachment. The oral sucker at the anterior end surrounds the mouth and the ventral sucker is on ventral surface. There is no body cavity and the organs are packed in a parenchyma. The digestive system is simple, the oral opening leading into a pharynx, oesophagus and a pair of branched intestinal caeca which end blindly. The male reproductive system consists of a pair of testes each leading into a vas deferens; these join to enter the cirrus sac containing a seminal vesicle and the cirrus, a primitive penis which terminates at the common genital opening. The female system has a single ovary leading into an oviduct which is expanded distally to form the ootype. There the ovum acquires a yolk from the secretion of the vitelline glands and ultimately a shell.

虫卵(egg)呈淡黄色,长椭圆形或卵圆形,大小为(130～145) $\mu m \times$(85～97)μm。卵壳很薄,有卵盖。卵内含有一个卵细胞(ovum),呈灰色,卵黄细胞 30～50 个,致密而相互重叠。

(二)生活史(Life cycle)

姜片吸虫需要一个中间宿主——扁卷螺(*Planorbis*),并以水生植物(aquatic plants)为媒介物完成其发育史(图 11-2)。成虫寄生在猪的小肠内,通过强大的吸盘吸附于黏膜或植入黏膜中。每条成虫大约每天产卵 25 000 个。虫卵随粪便排出,落入水中,在适宜的温度下,毛蚴(miracidia)发育并在 3～7 周逸出。毛蚴主动侵入扁卷螺体内,发育为胞蚴(sporocysts)、母雷蚴(mother rediae)、子雷蚴(daughter rediae)和尾蚴(cercariae)。尾蚴从扁卷螺体内逸出,很快地附在多种水生植物或水面,形成囊蚴(metacercariae)。由毛蚴侵入螺体至尾蚴逸出,在水生植物上形成囊蚴,平均需要 50 d。猪吞吃含有囊蚴的水生植物而感染。囊蚴在小肠内脱囊(excyst),并在 1～3 个月内发育到性成熟。虫体在猪体内的寿命为 9～13 个月。在人体内的寿命可达 4 年以上。

Fasciolopsis buski lives in the small intestine of pigs and humans. The worms produce eggs (up to 25 000 eggs per worm per day) that are passed in the host's feces. Eggs become embryonated in water and release miracidia, which invade a suitable snail intermediate host. In the snail the parasites undergo several developmental stages (sporocysts, mother rediae, daughter rediae and cercariae). The cercariae are released from the snail and encyst as metacercariae on aquatic plants. The mammalian hosts (humans and pigs) become infected by ingesting metacercariae on the aquatic plants. After ingestion, the metacercariae excyst in the duodenum and attach to the intestinal wall. There they develop into adult flukes in approximately 3 months, attached to the intestinal wall of the mammalian hosts. The adults have a life span of about one year in the intestine of pigs.

(三)流行病学(Epidemiology)

姜片吸虫病呈地方性流行,主要发生在亚洲的温带和亚热带地区,如越南、老挝、柬埔寨、泰国、缅甸、马来西亚、孟加拉国、印度、印度尼西亚和菲律宾等国家。在我国主要分布于长江流域和华南地区,如江苏、浙江、福建、安徽、江西、云南、上海、湖北、湖南、广西、广东、贵州、四川、重庆、海南和台湾省。长江以北的山东、河南、河北、陕西和甘肃等地也有发生。病猪、带虫猪和人是主要传染源。

Fasciolopsis buski is endemic in the Far Eastern and Southeast Asian countries of China (including Hong Kong and Taiwan), Thailand, Vietnam, Lao, Cambodia, Philippines, Singapore, Indonesia and Malaysia, as well as in India and Bangladesh. It has a prevalence of up to 60% in India and mainland China. Pigs are the most important reservoir.

中间宿主扁卷螺类广泛分布于池塘、沼泽、沟渠及水田,常栖息于植物的叶下。绝大多数水生植物都可以作为姜片吸虫囊蚴附着的媒介物。而常用于青饲料的一些水生植物如水浮莲(water lettuce)、菱角(water caltrop)、水葫芦(water hyacinth)等是猪感染的重要传播媒介。人的感染多因生食菱角和荸荠(water chestnut)而引起。

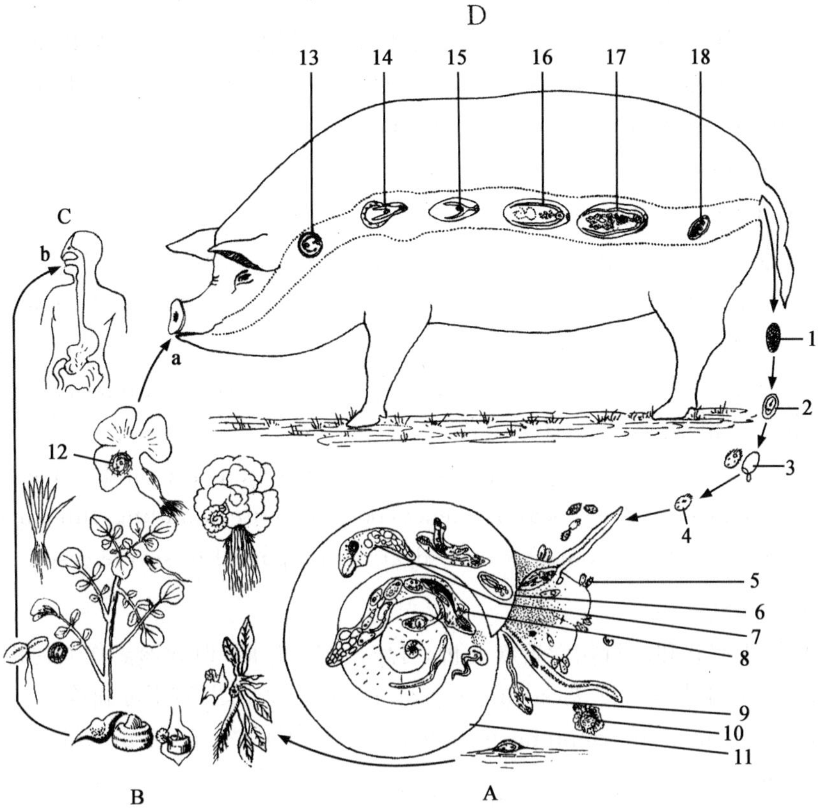

图 11-2　布氏姜片吸虫的生活史

Figure 11-2　The life cycle of *Fasciolopsis buski*

A. 虫卵、毛蚴与各期幼虫(Egg, miracidium, all stage larvae)　1. 卵随粪便排出(Egg passed in feces); 2. 发育成熟的虫卵(Developed egg); 3, 4. 毛蚴孵出、进入水中(Miracidium releasing into water); 5. 毛蚴钻入螺内(Miracidium penetrates snail); 6. 胞蚴(Sporocyst); 7. 母雷蚴(Mother redia); 8. 子雷蚴(Daughter redia); 9. 尾蚴(Cercaria); 10. 囊蚴(Metacercaria); 11. 中间宿主——扁卷螺(Intermediate host—*Segmentina*)　B. 各种水生植物(All kinds of aquatic plants)　12. 囊蚴附在水生植物上(Metacercaria attached on aquatic plant)　C. 感染途径(Infected pathway)　a. 猪吃了附在水生植物上的囊蚴而感染(Pigs are infected by eating metacercaria on raw aquatic plant); b. 人吃了生菱角等而感染(Humans are infected by eating water caltrop, etc)　D. 成虫寄生在猪的小肠(Adults in small intestine of pigs)　13. 囊蚴进入猪体(Metacercaria enter into pig's body); 14～16. 童虫(Young flukes); 17. 成虫(Adult); 18. 虫卵(Egg)

(四)致病作用(Pathogenesis)

1. 机械性损伤(Mechanical injury)

姜片吸虫以强大的口吸盘和腹吸盘紧紧吸住肠黏膜,使吸着部位发生机械性损伤,引起肠炎(enteritis),肠黏膜脱落(intestinal mucosa shedding),出血(hemorrhage),甚至发生脓肿(abscess)。当多量虫体寄生时,能引起小肠弥漫性出血、溃疡(ulceration)及坏死(necrosis)。

2. 机械性堵塞(Mechanical obstruction)

严重感染时可机械性阻塞肠道,影响消化和吸收,甚至引起肠破裂(enterorrhexis)或肠套叠(intussusception)而死亡。

3. 夺取营养(Nutrition lose)

由于虫体大,虫体吸取大量养料,使病畜生长发育迟缓(growth retardation),呈现贫血(anemia)、消瘦(emaciation)和营养不良(malnutrition)现象。

4. 虫体的毒素作用(Toxin of parasite)

虫体代谢产物(metabolites)被动物吸收后,可使动物发生贫血(anemia)和水肿(edema)。

The pathological changes may be traumatic, obstructive or toxic. Heavy infection causes extensive intestinal and duodenal erosion, ulceration, haemorrhage, abscess and catarrhal inflammation. Absorption of toxic and allergic worm metabolites causes facial oedema and generalised ascites.

(五)临床症状(Clinical signs)

姜片吸虫病多侵害幼猪,导致幼猪发育不良(maldevelopment),被毛稀疏无光泽;精神沉郁(depression),低头,流涎(sialorrhea),眼结膜苍白(pale mucosa),呆滞(dull)。食欲减退(decreased appetite),消化不良(indigestion),但有时有饥饿感(sense of hunger)。有下痢(diarrhoea)症状,粪便稀薄,混有黏液(mucus)。严重时表现腹痛(stomachache),水泻(watery diarrhea),浮肿(swollen)、腹水(ascites)等症状。患病母猪泌乳量(milk yield)减少,影响仔猪生长。

Clinical features are related to the parasitic load. Most infections are mild and asymptomatic. Heavy infection causes abdominal pain, diarrhoea, flatulence, poor appetite, vomiting, intestinal obstruction, eosionophilia and leucocytosis. Ascites, anasarca and death are reported in severe cases.

(六)诊断(Diagnosis)

在流行区,根据临床症状和流行病学资料分析,可作出初步诊断,但确诊需作粪便检查,应用直接涂片法(direct smear method)和水洗沉淀法(sedimentation method)查出虫卵便可确诊。

Diagnosis is based on clinical symptoms in endemic areas. Eggs in feces provide the final diagnosis by direct smear or sedimentation method.

(七)防治(Treatment and prevention)

1. 治疗(Treatment)

目前比较常用而疗效较好的药物有下列 6 种:①吡喹酮(praziquantel)。按 30～50 mg/kg 体重,一次口服。②硫双二氯酚[bithionol,别丁(bitin)]。剂量为 60～100 mg/kg 体重,混在少量精料中喂服。③敌百虫(dipterex)。剂量为 0.1 g/kg 体重,大猪每头最大量不超过 8 g,混在少量精料中,早晨空腹喂猪,隔日 1 次,2 次为 1 疗程。如有呕吐或卧地不起等副反应时,应及时皮下注射 0.5%硫酸阿托品(atropine sulphate)解毒。④硝硫氰酯(nitroscanate)。按 15～20 mg/kg 体重,1 次口服。⑤中草药。槟榔(betelnut) 15～30 g、木香(elecampane) 3 g(体重 25 kg 的用量)水煎,早晨空腹 1 次喂服,连用 2～3 次。

2. 预防(Prevention)

根据姜片吸虫的生活史和本病的流行病学特点,采取综合性的防治措施。

(1)粪便处理(Fecal treatment)　在流行区,病猪的粪便是主要的传播来源,应尽可能地将粪便堆积发酵后再作肥料。同时人粪也应同样加以处理,以免人畜互相传播。

(2)定期驱虫(Periodic deworming)　在流行区,每年应在春、秋两季进行定期驱虫。一般依感染情况而驱虫 1～2 次,最好选 2～3 种药物交替使用。

(3)消灭中间宿主扁卷螺(Snail control)　在每年秋末冬初比较干燥季节,挖塘泥积肥,晒干塘泥,以杀灭螺蛳。低洼地区,塘水不易排净时,则以化学药品灭螺,如用 1/500 000～1/100 000 浓度的硫酸铜(copper sulphate)、0.1%的生石灰(quicklime)、0.01%茶子饼(oiltea camellia dregs)以及硫酸氨(amonia sulphate)、石灰氮(lime nitrogen)等。也可采用生物学灭螺的办法,如定期向池塘放养鸭或在池塘内养鱼,不但嗜吃螺类的黑鲩鱼(青鱼)能吞食大量扁卷螺,而且杂食性的罗非鱼(非洲鲫鱼)和鲤鱼也可吞食扁卷螺。

(4)加强猪的饲养管理(Management of pig husbandry) 不要放猪到池塘边自由采食水生植物。水生植物少量饲喂可煮熟,大量利用则应青贮发酵以杀死囊蚴。

Fasciolopsiasis is most easily controllable by pharmacologic treatment and the institution of modern pig farming. The simplest control measures in endemic areas should include boiling raw water, the thorough cooking or steeping of aquatic plants in boiling water, restraining pigs from having access to ponds and canals, eliminating intermediate host snails, and prohibiting the use of unsterilized "night soil" as fertilizer and aquatic green fodder for pigs.

二、猪蛔虫病(Ascariasis suis)

猪蛔虫病是由蛔科(Ascaridae)蛔属(*Ascaris*)的猪蛔虫(*A. suum*)寄生于猪(pig)的小肠(small intestine)所引起的一种寄生虫病。该病分布广泛,在规模化养殖的猪群和散养猪中均广泛发生,尤其在不卫生的猪圈(insanitary pigsty)和营养不良的猪群中,感染率更高,一般都在50%以上。感染本病的仔猪生长发育不良,增长速度比正常猪要慢30%左右,严重者发育停滞,甚至造成死亡。

(一)病原形态(Pathogen morphology)

猪蛔虫是一种大型线虫(large nematode)。新鲜虫体呈淡红色或淡黄色,死后呈苍白色。圆柱形,前端细而钝,后端粗而尖,体表光滑具有横纹。前端有3个唇片(lip):1片背唇较大,另外2片腹唇较小,排列成品字形(图11-3)。背唇(dorsal lip)外缘两侧各有一个大乳突(papilla),两腹唇(ventral lips)外缘内侧各有一个大乳突,外侧各有一个小乳突。3个唇片的内缘各有一排小齿(denticle)。唇之间为口腔。口腔后为食道(esophagus),呈圆柱形(cylindrical)。雄虫比雌虫小,体长15~25 cm,宽约3 mm。尾端向腹面弯曲,形似钓鱼钩(fish-hook)。泄殖腔(cloaca)开口距尾端较近。有2根等长的交合刺(spicules),长2~2.5 mm。无引器。肛前和肛后有许多性乳突(sex papilla)。雌虫长20~40 cm,宽约5 mm。生殖器官为双管型,由后向前延伸,2条子宫(uterus)合为一个短小的阴道(vagina)。阴门(vulva)开口于虫体前1/3与中1/3交界处附近的腹面中线上。肛门(anus)距虫体末端较近。

Ascaris suum is by far the largest nematode of the pig. In addition to its large size, it also has the three prominent lips. Males are about 15 to 25 cm long, and 2 to 4 mm wide. The posterior end is curved toward the ventral side with a pointed tail. They have simple spicules that measure 2.0 to 2.5 mm long. Females are larger than males, measuring in 20 to 40 cm long and 3 to 6 mm in diameter. From the anterior end, the vulva occupy about one-third in body length.

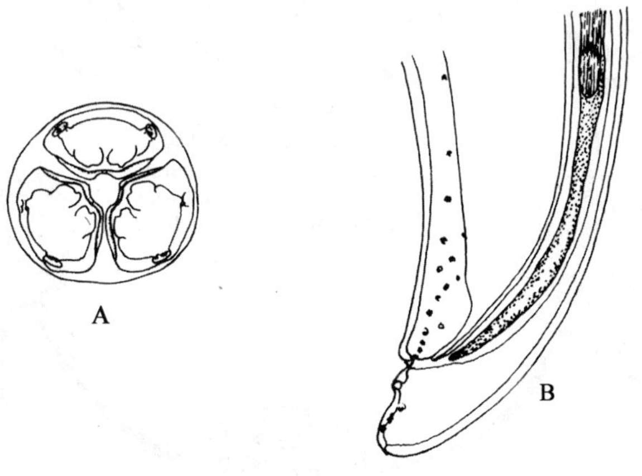

图 11-3 猪蛔虫

Figure 11-3 *Ascaris suum*

A. 成虫顶面观(Top view of adult);B. 雄虫尾端侧面观(Lateral view of posterior end of adult male)

受精卵(fertilized egg)和未受精卵(unfertilized egg)的形态有差异。受精卵为短椭圆形,大小为(50～75) μm×(40～50) μm,黄褐色或淡黄色。卵壳厚,由 4 层组成,最外一层为凹凸不平的蛋白膜(shaggy albuminous membrane),向内依次为真膜、几丁质膜和脂膜。随新鲜粪便排出的虫卵,内含一个圆形卵细胞,卵细胞与卵壳之间的两端形成新月形空隙。未受精卵较受精卵狭长,平均大小为 90 μm×40 μm。多数没有蛋白质膜,或蛋白质膜很薄,且不规则。整个卵壳较薄,内含不规则的屈光颗粒。

(二)生活史(Life cycle)

寄生于猪小肠内的雌虫所产虫卵随宿主粪便排至外界(图 11-4),在适宜的温度、湿度和氧气充足的环境中即可在卵壳内发育形成第一期和第二期幼虫。再经过 3～5 周的成熟过程,发育为感染性虫卵(infective egg)。猪在饮水、采食以及仔猪吸奶时将感染性虫卵吞食而感染。感染性幼虫在小肠内孵出,之后大多数幼虫随血液通过门静脉(portal vein)到达肝脏(liver)。少数幼虫随肠淋巴液进入乳糜管(lacteal vessels),到达肠系膜淋巴结(mesenteric nodes),此后它们再钻出淋巴结,由腹腔(abdominal cavity)进入肝脏;或者由腹腔再入门静脉进入肝脏;也有少数幼虫由胸导管(thoracic duct)经前腔静脉(precaval vein)、右心(right heart),不经肝脏而进入肺脏(lung)。一般在感染后 9～10 h,最多 1～2 d 内,可以在肝脏内查到幼虫。在感染后 4～5 d,幼虫在肝内进行第 2 次蜕皮变为第 3 期幼虫(L_3)。然后第 3 期幼虫随血液经肝静脉(hepatic vein)、后腔静脉(postcaval vein)进入右心房(right atrium)、右心室(right ventricle)和肺动脉(pulmonary artery)到肺部毛细血管(pulmonary capillary),最后穿破毛细血管进入肺泡(alveolus)。在感染后 6～8 d,在肺泡内即可发现少数第 3 期幼虫,感染后第 9 天达最多,甚至第 12 天还有幼虫进入肺泡。凡不能到达肺脏而误入其他组织器官的幼虫,都不能继续发育。幼虫在肺内经 5～6 d,进行第 3 次蜕皮,发育为第 4 期幼虫(L_4),之后第 4 期幼虫离开肺泡,进入细支气管(bronchiole)和支气管(bronchus),再上行到气管(trachea),随黏液到达咽部(pharynx),再经食道(esophagus)、胃(stomach)返

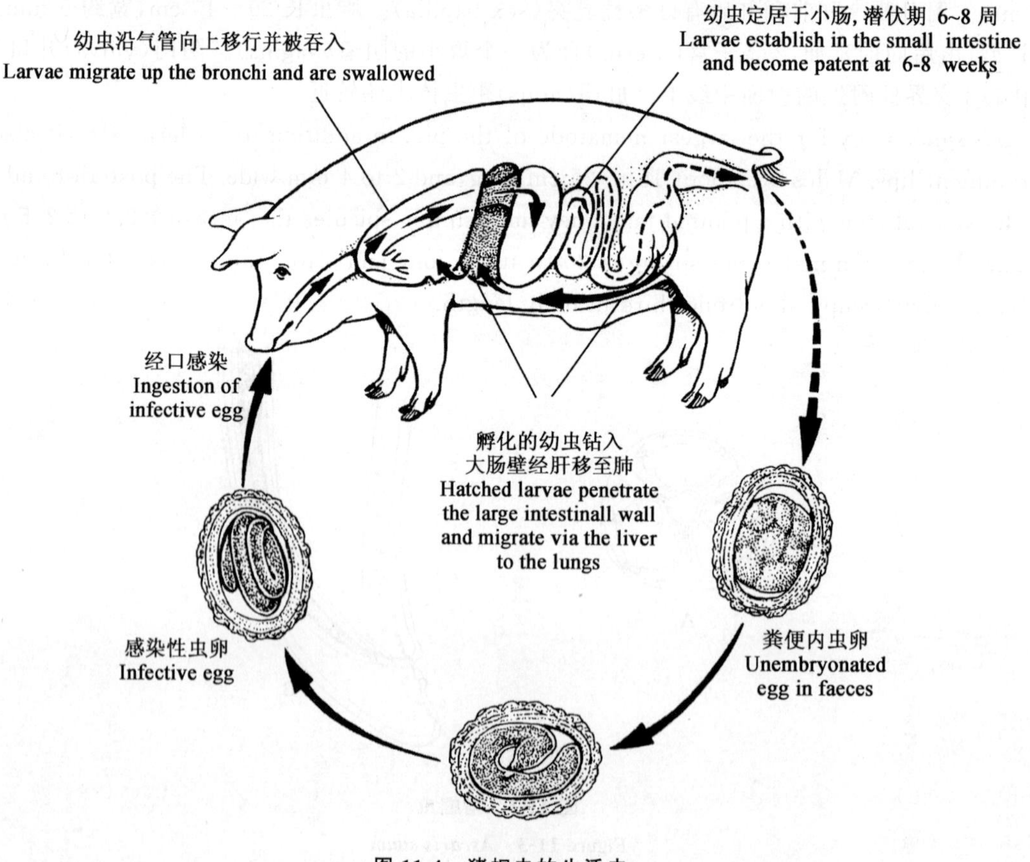

图 11-4　猪蛔虫的生活史

Figure 11-4　The life cycle of *Ascaris suum*

回小肠(small intestine)并进行第4次蜕皮(fourth molt)。随后逐渐长大,变为成虫(雄虫和雌虫)。从感染性虫卵被猪吞食,到达猪小肠内发育为成虫,需2～2.5个月。猪蛔虫在宿主体内寄生7～10个月后即随粪便排出。如果宿主不再感染,在第12～15个月可将蛔虫排尽。

The adults of *Ascaris suum* inhabit in small intestine of pigs, the females oviposit and the eggs are discharged into soil with feces. Under the appropriate moist and warm soil condition, the fertilized eggs develop into infective stage within 2 to 4 weeks. When the infective eggs are swallowed with contaminated food and water, they hatch in the stomach and small intestine, and release the larvae. Then the larvae enter the wall of the intestine and proceed to the liver, arrive there in a matter of hours by way of the portal vein. After tunneling about in the liver for several days, the larvae arrive in a pulmonary capillary by way of the caudal vena cava, heart, and pulmonary artery. At this point, the larvae lodge temporarily in the pulmonary capillary and then break out into an alveolus. The larvae typically proceed up the bronchial tree and trachea to the pharynx, where they are swallowed and arrive once again in the small intestine, where they mature. The adults have a life span of about 7 to 10 months in pig's intestine.

(三)流行病学(Epidemiology)

猪蛔虫病分布广泛,特别是仔猪蛔虫病,几乎到处都有。可以说只要养猪的地方就有猪蛔虫感染,其主要原因是:①生活史简单(simple life cycle)。猪蛔虫是土源性寄生虫,不需要中间宿主参与,因而不受中间宿主所限制;②蛔虫具有强大的繁殖能力(high fecundity of female adult)。寄生在猪小肠中的每条雌虫每天平均可产卵10万～20万个,产卵旺盛时期每天可达100万～200万个,一生可产卵3 000万个。因此,有蛔虫感染的猪场,地面受虫卵污染的情况十分严重;③虫卵对各种环境因素的抵抗力很强(high resistance of eggs)。猪蛔虫卵具有4层卵膜,内膜能保护胚胎不受外界各种化学物质的侵蚀;中间2层有隔水作用,能保持内部不受干燥影响;外层有阻止紫外线透过的作用,且对外界其他不良环境因素有很强的抵抗力。

Females of *Ascaris suum* lay 200 000 eggs per day, and the uteri can contain up to 27 million eggs at a time. When the parasites infect a pig, females stop producing eggs after two to three weeks, then resume egg production when a male worm is present. Infection of *Ascaris suum* occurs when its eggs, containing a third stage larva, are swallowed. The eggs are ingested via contaminated food and water. This contamination occurs when the host defecates in soil that is near habitations. The eggs remain viable anywhere from months to as many as four years, even in freezing conditions. The eggs are able to survive on their own for so long because they are resistant to strong chemicals, low temperatures, and dehydration.

温度(temperature)对虫卵的发育影响较大。在合适的湿度条件下,28～30℃时,只需10 d虫卵内即可发现第1期幼虫;18～24℃时,需要20 d左右;12～18℃时,需要40 d左右;高过40℃或低于-2℃时,虫卵停止发育;45～50℃时,虫卵在30 min内死亡;55℃时,15 min死亡;在低温环境中,如-27～-20℃,感染性虫卵需经3周才会死亡。

氧气(oxygen)也是虫卵发育必需的条件之一。虫卵在10 cm以上的深水中培养1个月,仍不能发育到感染性幼虫。不过,虫卵可以在缺氧的环境中保持存活。

猪蛔虫卵在疏松湿润的泥土中可以生存2～5年之久;但在热带砂土表层3 cm范围内,在夏季阳光直射下,可在一日或数日死亡。一般只有在粪便表面的虫卵才能发育;粪块内的虫卵,因为缺氧,不能发育,但能长期存活。

蛔虫卵对各种化学药品具有很强的抵抗力。在2%福尔马林(formalin)中,虫卵可以正常发育。对硫酸(sulphuric acid)与硝酸(nitric acid)溶液和苛性钠溶液(caustic soda solution)的抵抗力也很强。对克辽林(crcolinum)、漂白粉(chlorinated lime)、来苏儿(lysol)、石炭酸(carbolic acid)等消毒剂也具有很强的抵抗力。一般必须用60℃以上的3%～5%热碱水,20%～30%热草木灰水或新鲜石灰才能杀死蛔虫卵。

猪蛔虫病流行与饲养管理和环境卫生的关系密切。在饲养管理不良、卫生条件恶劣、猪只过于拥挤、营养缺乏(特别是饲料中缺少维生素和矿物质)的情况下,3～5 月龄的仔猪最容易大批地感染蛔虫,症状也较严重,且常发生死亡。

(四)致病作用(Pathogenesis)

幼虫在宿主体内移行,对移行的器官和组织造成损害,特别对肝和肺的损害较大。幼虫在肝脏移行,尤其在叶间静脉周围的毛细血管时,造成小点出血、肝细胞混浊肿胀、脂肪变性或坏死。幼虫由肺毛细血管进入肺泡时,使毛细血管破裂,导致大量的小点状出血。感染严重时会引起整个肺的出血性炎症[蛔虫性肺炎(pneumonia ascaris)]。

成虫对宿主的致病作用要比幼虫移行造成的损害轻。少量寄生时,一般不引起临床症状。但在严重感染时,亦可因虫体夺取营养,机械性刺激(mechanical irritation)和阻塞(obstruction)以及有毒物质(toxic substance)的吸收等而引起严重危害,甚至造成死亡。蛔虫在小肠内寄生时以半消化的物质为食,尤其是雌虫要产生大量虫卵,自然要消耗许多营养物质,导致宿主日益消瘦。蛔虫在寄生生活中产生的代谢产物,对宿主机体呈现剧烈毒害作用,能引起造血器官和神经系统中毒,发生过敏反应以及贫血、消化障碍等。

The migrating larval stages in large numbers may cause a transient pneumonia,but it is now recognized that many cases of so-called "Ascaris pneumonia" may be attributable to other infections. In the liver,the migrating L_2 and L_3 can cause "milk spot" which appears as cloudy whitish spots of up to 1.0 cm in diameter,and represents the fibrous repair of inflammatory reactions to the passage of larvae in the livers of previously sensitized pigs. The adult worms in the intestine cause little apparent damage to the mucosa,but occasionally,if large numbers are present,there may be obstruction,and rarely a worm may migrate into the bile duct,causing obstructive jaundice.

(五)临床症状(Clinical signs)

猪蛔虫病的临床症状与感染猪年龄大小、体质强弱、感染强度以及蛔虫所处的发育阶段密切相关。一般 3～6 个月的猪症状比较明显;成年猪往往不呈现明显的症状,但却是本病的传染源。

仔猪在感染早期,有轻度的湿咳(wet cough),体温可升高到 40℃左右,但临床不易观察。当继发其他细菌或病毒感染时常引起肺炎(pneumonia)症状。临床表现为精神沉郁(depression),呼吸及心跳加快,食欲不振(inappetence),异嗜(allotriophagic)等。感染严重时,呼吸困难(dyspnea)、急促而不规律,常伴发声音沉重而粗粝的咳嗽(cough),并有呕吐(vomiting)、流涎(sialorrhea)、拉稀等症状。可能经 1～2 周好转,或渐渐虚弱,趋于死亡。

当成虫大量寄生时,表现为营养不良(malnutrition),消瘦(emaciation),贫血(anemia),被毛粗乱,或有全身性黄疸(jaundice),有的病猪生长发育长期受阻,变为僵猪(cad pig)。蛔虫过多而阻塞肠道时,病猪表现疝痛(colic),有的可能发生肠破裂(enterorrhexis)而死亡。胆道蛔虫症也经常发生,开始时拉稀,体温升高(fervescence),食欲减退(decreased appetite),腹部剧痛(abdominal agonia),多经 6～8 d 死亡。6 月龄以上的猪,如寄生数量不多,营养良好,可不引起明显症状。但大多数因胃肠机能遭受破坏,常有食欲不振、磨牙(axletooth)和生长缓慢(poor growth)等现象。

The main effect of the adult worms is to cause production loss in terms of diminished weight gain. Otherwise,clinical signs are absent except in the occasional case of intestinal or biliary obstruction. In piglets under four months old,larval activity during the pulmonary phase of migration may cause a clinically evident pneumonia which is usually transient and rapidly resolving.

(六)病变(Lesions)

猪蛔虫病最明显的病理变化表现为幼虫移行后在肝脏表面所形成的直径约 1 cm 的云雾状蛔虫斑,也称"乳斑(milk spot)"。肺脏的病变主要在感染初期,表现为肺组织致密、表面有大量出血斑点(ecchymosis)等炎性病变。成虫少量寄生时没有可见病变,寄生多时可见肠道有卡他性炎症(catarrhal inflammation)、出血(hemorrhage)或溃疡(ulcer)。虫体大量寄生导致肠阻塞(enteremphraxia))和肠破裂(enterorrhexis)时,可见有腹膜炎(peritonitis)和腹腔内出血(intraabdominal hemorrhage)。蛔虫钻入胆管,病程较长的,有化脓性胆管炎(suppurative cholangitis)或胆管破裂(bile duct rupture),胆汁外流,胆囊内胆汁减少,肝脏黄染和变硬等病变。

(七)诊断(Diagnosis)

根据流行病学资料和临床症状可以作出初步判断,但确诊(final diagnosis)需做实验室检查。对2月龄以上的小猪,可用直接涂片法(direct smear method)或漂浮法(flotation method)检查虫卵(eggs)。猪感染蛔虫相当普遍,1 g粪便中虫卵数达1 000个以上时,方可诊断为蛔虫病。死后剖检时,须在小肠中发现虫体和相应的病变。但蛔虫是否为直接的致死原因,须根据虫体数量、病变程度、生前症状和流行病学资料以及有否其他原发或继发的疾病作出综合判断。

2月龄以内的仔猪因其体内尚无发育到性成熟的蛔虫,故不能用粪检法作出生前诊断。目前已有血清学诊断的报道。利用贝尔曼氏幼虫分离法也可确诊。

Diagnosis is based on clinical signs, and in infections with the adult worm, on the presence in feces of the yellow-brown ovoid eggs, with thick mamillated shells. Being dense, the eggs float more readily in saturated solutions of zinc sulphate or magnesium sulphate than in the saturated sodium chloride solution which is used in most fecal examination techniques.

(八)防治(Treatment and prevention)

1. 治疗(Treatment)

一般采用下列药物进行治疗:①左旋咪唑(levamisole)。粉剂、片剂剂量为8 mg/kg体重,口服或混饲;针剂剂量为5 mg/kg体重,皮下注射。②阿苯达唑(albendazole)。剂量为10 mg/kg体重,口服或混饲。③氯氰碘柳胺(closantel)。粉剂、片剂剂量为5 mg/kg体重,经口服或混饲;针剂剂量为2.5 mg/kg体重,皮下注射。④伊维菌素(ivermectin)。针剂剂量为0.3 mg/kg体重,一次皮下注射;预混剂每天0.1 mg,连用7 d。⑤氟苯达唑(flubendazole)。剂量5 mg/kg体重,经口服或混饲。⑥多拉菌素(doramectin)。针剂剂量为0.3 mg/kg体重,一次肌肉注射。⑦芬苯达唑(fenbendazole)。剂量为3 mg/kg体重,经口服或混饲,连用3 d。

2. 预防(Prevention)

对本病的预防必须采取如下综合性防治措施。

(1)定期驱虫(Periodic deworming) 对散养猪应在3月龄和5月龄各驱虫一次。一般建议在仔猪断奶时驱虫一次,4~6周后再次驱虫。怀孕母猪在怀孕前和产仔前1~2周各驱虫一次。对规模化养猪场,可以一次性全群同步驱虫,每年驱虫2~3次。也可结合猪场其他寄生虫病的发生情况按程序驱虫,如对小猪在断奶后驱虫,之后在60~70日龄和90~110日龄分别再次驱虫,对种猪则每年2~3次定期驱虫。

(2)加强饲养管理(Improvement of breeding and management) 尽量做好猪场各项饲养管理和防疫工作,减少感染,增加猪只抵抗力。供给猪只充足的维生素、矿物质和饮水,减少它们拱土和饮食污水的习惯。饲料、饮水要新鲜清洁,避免猪粪污染。

(3)保持猪舍和运动场清洁(Careful sanitation of the pigsty and playground) 猪舍应通风良好,阳光充足,避免阴暗、潮湿和拥挤。猪圈内和运动场要勤打扫,勤冲洗,勤换垫草。定期消毒。场内地面保持平整,周围须有排水沟,以防积水。

(4)猪粪的无害化处理(Harmless disposal of pig feces) 猪的粪便和垫草清除出圈后,要运到距猪舍较远的场所堆积发酵,或挖坑沤肥,以杀灭虫卵。

The chief problem in control is the great survival capacity of the eggs, but in housed pigs, strict hygiene in feeding and bedding, with frequent hosing of walls and floors, will limit the risk of infection. In pigs on free range the problem is greater, and where there is serious ascariosis it may be necessary to discontinue the use of paddocks for several years, since the eggs can survive cultivation. It is good practice to treat in-pig sows at entry to the farrowing pen, and young pigs should receive anthelmintic treatment when purchased or on entry to the finishing house and 8 weeks later; boars should be treated every 3-6 months.

三、食道口线虫病(Oesophagostomiasis)

食道口线虫病是由盅口科(Cyathostomidae)食道口属(*Oesophagostomum*)的多种线虫寄生于猪的结肠(colon)中引起的一种线虫病。由于幼虫能在宿主肠壁内形成结节(nodule),故又称结节虫(nodular worm)。该虫分布范围广,感染较为普遍,但虫体的致病力较弱,只有严重感染时可以引起结肠炎(colonitis)。该病是我国规模化养猪场(large-scale pig farm)流行的主要寄生虫病之一。

(一)病原形态(Pathogen morphology)

猪体内常见的食道口线虫主要有以下几种。

1. 有齿食道口线虫(*Oesophagostomum dentatum*)

有齿食道口线虫虫体(图 11-5)寄生于结肠,呈乳白色,口囊(buccal capsule)浅,头泡(cephalic vesicle)膨大。雄虫大小为(8～9) mm×(0.14～0.37) mm;交合刺(spicules)长(1.15～1.3) mm。雌虫大小为(8～11.3) mm×(0.416～0.566) mm;尾长 350 μm。

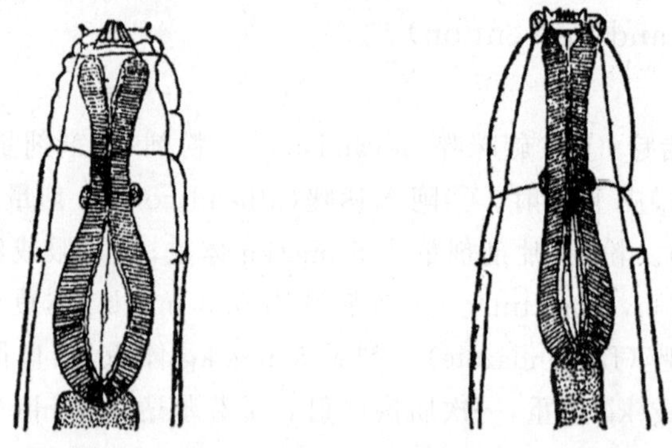

A　B

图 11-5　食道口线虫的前端

Figure 11-5　The anterior end of *Oesophagostomum*

A. 长尾食道口线虫(*Oesophagostomum longicaudum*);B. 有齿食道口线虫(*O. dentatum*)

2. 长尾食道口线虫(*O. longicaudum*)

长尾食道口线虫寄生于盲肠(cecum)和结肠,虫体呈暗灰色,口领膨大,口囊壁的下部向外倾斜。雄虫大小为(6.5～8.5) mm×(0.28～0.40) mm;交合刺长 0.9～0.95 mm。雌虫大小为(8.2～9.4) mm×(0.40～0.48) mm;尾长 400～460 μm。

3. 短尾食道口线虫(*O. brevicaudum*)

短尾食道口线虫寄生于结肠,雄虫大小为(6.2～6.8) mm×(0.310～0.449) mm;交合刺长 1.05～1.23 mm。雌虫大小为(6.4～8.5) mm×(0.31～0.45) mm;尾长 81～120 μm。

Both sexes of *Oesophagostomum* adults have a cephalic inflation and an oral opening lined with both internal and external leaf crowns. Female adults, which have a length range of 6.5～24 mm, are generally larger than their male counterparts, with a length range of 6-16.6 mm. Males can be distinguished by their bell-like copulatory bursa, located in the tail, and their paired rodlike spicules.

(二)生活史(Life cycle)

成虫寄生于宿主的盲肠和结肠,雌虫所产虫卵随粪便排出体外(图 11-6),虫卵在适宜条件下,1～2 d

孵出幼虫，3～6 d 内蜕皮 2 次，发育为带鞘的感染性幼虫(ensheathed infective larvae)。感染性幼虫随饲料或饮水经口进入猪的小肠后，幼虫在肠内蜕鞘，感染后 1～2 d，大部分幼虫在大肠黏膜下形成大小 1～6 mm 的结节；感染后 6～10 d，幼虫在结节内第 3 次蜕皮(third molt)，成为第 4 期幼虫(L_4)；之后返回大肠肠腔，第 4 次蜕皮(fourth molt)，成为第 5 期幼虫(L_5)。从进入宿主至发育为成虫需 5～7 周。成虫在体内的寿命(life span)为 8～10 个月。

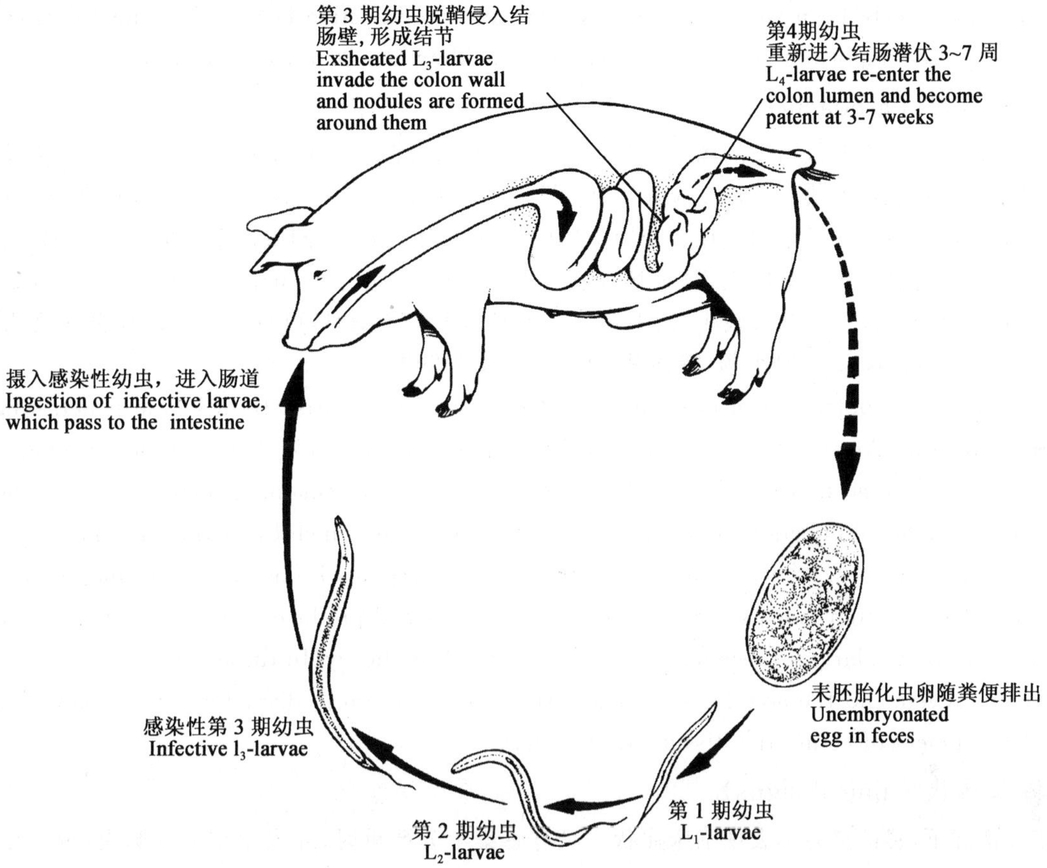

图 11-6 食道口线虫生活史

Figure 11-6 The life cycle of *Oesophagostomum*

Adults in the colon and cecum lay eggs in the early stages of cleavage. The eggs hatch into first stage rhabditiform larvae in 1 to 2 days after being voided in the feces. Then they develop into the third stage infective larvae with a free sheath in the external environment. Infection of pig is by swallowing third stage ensheathed larvae with contaminated food and water. In the stomach, the larvae escape from the loose cuticle and migrate to the intestine, where they enter the epithelial mucosa and undergo the third molt. Presence of the third stage larvae in the mucosa of the small intestine and the discarded cuticular sheaths left by them result in small gritty lesions. Within another 3 to 4 days, the larvae migrate from the nodules into the lumen of the intestine, where they molted last time and develop to adults in about 6 weeks after entering the host. The life span of adults in the pig is about 8 to 10 months.

(三)流行病学(Epidemiology)

该病在我国广泛分布(wide distribution)，尤其在规模化养猪场一年四季均可发生和流行，是一种常见的寄生虫病。感染性幼虫(infective larvae)具有较强的耐低温能力，在－20～－19℃可生存 1 个月以上，因此在我国许多地区可以顺利越冬(overwintering)。在自然状态下，可生存 10 个月左右。虫卵在

60℃高温下迅速死亡。虫卵和幼虫的抗干燥能力差。成年猪被寄生的较多，是主要的传染源。放牧猪在清晨、雨后和多雾时易遭感染。在通风不良和卫生条件较差的猪舍中，感染也较多。

Oesophagostomum are common in pigs in many parts of the world. Moisture and temperature have previously been shown to be abiotic factors that directly influence survival and development of its free-living stages. At 10℃ the development to the infective stage has been observed to take at least 28 days. Dessication has previously been shown to destroy eggs and pre-infective larvae. Freezing tolerance and longevity are the most important characters potentially enabling *Oesophagostomum* to overwinter.

（四）致病作用(Pathogenesis)

成虫在肠道寄生时，主要以宿主的肠道消化物为食，引起的损害一般不明显。致病作用主要由幼虫引起。当宿主第一次感染时，形成的炎症反应并不强烈。但反复多次感染后，由于肠道黏膜的免疫反应，形成明显的局部炎症，随后由成纤维细胞在病变周围形成结节(nodule)。不同虫体形成的结节不同：长尾食道口线虫形成的结节，高出于肠黏膜表面，具坏死性炎症(necrotizing inflammation)反应性质，感染 35 d 后开始消失；有齿食道口线虫的结节较小，消失较快。当机体大量感染时，可见大肠壁增厚并表现为卡他性肠炎(catarrhal enteritis)。有时小肠(特别是回肠)也有结节发生。

The most serious problems seen in *Oesophagostomum* infections arise from larvae penetrating the mucosa of the intestine. After initial infections, small nodules about 1 mm in diameter form around larvae in the mucosa. When larvae move back into the intestinal lumen the remaining nodules may be hemorrhagic particularly in acute infections but often they fill with pus, in which cases they are more properly described as small abscesses. In heavy infections, the mucosa becomes inflamed and edematous and regional lymph nodes are often much enlarged. Chronic infections will produce an intestinal mucosa that is filled with nodules particularly if these repeat infections have been heavy. In these chronic cases tissue reactions are more severe and the nodules are much larger (up to 6 mm in diameter) and creamy in color due to the development of connective tissue around them.

（五）临床症状(Clinical signs)

在大多数情况下，感染猪并不表现临床症状。只有感染十分严重时，才发生结节性肠炎(nodular enteritis)。临床上出现腹痛(stomachache)、腹泻(diarrhoea)或下痢(water diarrhoea)、日渐消瘦(emaciation)、贫血(anemia)、发育不良(maldevelopment)等症状。粪便中带有脱落的黏膜。当继发细菌感染时，则发生化脓性结节性大肠炎。

Oesophagostomum infections in the pig are less often associated with clinical disease, but heavy infections cause poor productivity. Damage to the intestine can be severe when the larvae enter and leave the mucosa. Large numbers of nodules interfere with digestion and cause enteritis and colitis with stomachache, diarrhoea or water diarrhoea. Affected pigs become pot-bellied. More severe infections have been associated with malabsorption and protein-calorie malnutrition.

（六）诊断(Diagnosis)

用漂浮法(flotation method)检查粪便中有无虫卵。虫卵呈椭圆形，卵壳薄，内有多个胚细胞，容易与红色猪圆线虫(*Hyostrongylus rubidus*)卵相混淆。必要时可培养检查幼虫。食道口线虫幼虫长 500～600 μm，尾部呈圆锥形，尾鞘(tail sheath)长。红色猪圆线虫幼虫大小在 800 μm 左右，尾鞘短。死后剖检时发现虫体和结节性病灶也可确诊。

Diagnosis is based on clinical signs and post-mortem examination. Since the acute disease occurs within the prepatent period, eggs of *Oesophagostomum* are not usually present in the feces. In the chronic disease eggs are present and L_3 can be indentified following fecal culture. Eggs checked in the feces by floating method are ovular in shape with thin shells and range from 50 to 100 μm in size; they closely resembles those of *Hyostrongylus rubidus*.

（七）防治（Treatment and prevention）

与猪蛔虫病相同。常用的驱线虫药对成虫均有效，但对组织中幼虫有效的药物很少。母猪分娩前 1 周用药，仔猪产后 1 个月驱虫，可有效防止仔猪感染。

四、冠尾线虫病（Stephanuriasis）

猪冠尾线虫病是由冠尾科（Stephanuridae）冠尾属（*Stephanurus*）的有齿冠尾线虫（*S. dentatus*）寄生于猪的肾盂（pelvis）、肾周围脂肪（perinephric fat）和输尿管（ureter）壁等处引起的，又称猪肾虫病。该病分布广泛，危害性大，常呈地方性流行，多发于热带和亚热带地区。

（一）病原形态（Pathogen morphology）

有齿冠尾线虫成虫虫体粗壮，红褐色，形似火柴杆（matchstick），体壁透明，内部器官隐约可见。口囊（buccal capsule）杯状，口缘肥厚，周围有 6 个角质隆起和细小的叶冠（leaf-like crown），口腔底部有 6～10 个小齿（denticle）。雄虫长 20～30 mm，交合伞（copulatory bursa）不发达，腹肋（ventral ray）短小，其基部为一总干，侧肋（lateral ray）基部亦为一总干。交合刺（spicules）2 根等长或稍不等。有引器和副引器。雌虫长 30～45 mm，阴门（vulva）开口靠近肛门（anus）。

Stephanurus dentatus is a large stout worm up to 4.5 cm long, has a prominent buccal capsule with teeth and transparent cuticle through which the internal organs may be seen. The colour is usually pinkish. Females occur almost 30-45 mm in length and the males are a little more than half this size (20-30 mm). The mouth capsule, which is thick-walled, is surmounted by a small external leaf-like crown and by six externally reflected lips of which the ventral and dorsal are more highly developed. At its base there are 6-10 denticle. In the male there is a feebly developed copulatory bursa with short stout rays, a pair of spicules which may be equal or unequal in length and an accessory piece shaped like a broad arrow-head. In the female the vulva is near the anus.

有齿冠尾线虫虫卵椭圆形，较大，灰白色，两端钝圆，卵壳薄，大小为（100～125）μm×（59～70）μm，内含 32～64 个胚细胞。

（二）生活史（Life cycle）

虫卵随病猪的尿液排到外界，在适宜的温度和湿度条件下，经 1～2 d 孵出第 1 期幼虫，随后经 2 次蜕皮发育为感染性幼虫（infective larva）。感染性幼虫侵入猪体的途径有 2 个：经皮肤和经口感染。经皮肤感染（skin penetration）时，幼虫钻入皮肤和肌肉并在此蜕皮发育为第 4 期幼虫（L_4），然后随血液循环到达肝脏。经口感染（by ingestion）的幼虫在胃内发育为第 4 期幼虫，然后随血液循环到达肝脏。幼虫在肝脏停留 3 个月或更长时间，经第 4 次蜕皮后穿过肝包膜进入腹腔，移行到肾脏（kidneys）周围或输尿管（ureters）壁组织中形成包囊并发育为成虫。从幼虫进入猪体到发育成熟产卵，需 6～12 个月。

The life history may be direct or could involve earthworms as facultative intermediate hosts, infection occurring by ingestion or skin penetration of third-stage larvae or by ingestion of infected earthworms. Once in the body of the pig, the larvae enter the liver and spend 4 to 9 months wandering destructively there. Some are trapped by an encapsulating tissue reaction, but the rest migrate to the retroperitoneal tissues surrounding the kidneys and ureters. Eggs appear in the urine 9 to 16 months after infection and persist for three years or longer.

（三）流行病学（Epidemiology）

猪肾虫病在我国各地均有报道，但以南方温热带地区多发。其发病的严重程度随各地气候条件而异。

一般温暖多雨的季节适宜幼虫发育，感染的机会也较多，而炎热干旱季节不适宜幼虫发育，感染机会明显减少。在我国南方该病多发于每年 3～5 月份和 9～11 月份。

虫卵和幼虫对干燥和阳光的抵抗力很弱。虫卵在 30℃以上，干燥 6 h 即不能孵化；在 32～40℃下，阳光照射 1～3 h 均告死亡。幼虫在完全干燥的环境中，仅能存活 35 min；在 36～40℃的高温下，阳光照射 3～5 min 全部死亡。

虫卵和幼虫对化学药物的抵抗力很强。1%浓度的硫酸铜(copper sulfate)、煤酚皂(lysol)、硼砂(borax)、氢氧化钾(KOH)、碘化钾(potassium iodide)等溶液不能杀死幼虫和虫卵。而 1%漂白粉(bleaching powder)或石炭酸(phenol)具有较强的杀虫力。

Stephanurus dentatus is found throughout the world but is more common in warm temperate, subtropical and tropical areas. It is of particular importance where pigs are raised outdoors because its preparasitic larvae are free living. Though the adult worms are never numerous, they are very fecund, and an infected pig may pass a million eggs per day. The larvae are susceptible to temperature extremes, desiccation, and sunlight.

The L_3 is susceptible to desiccation, so that stephanurousis is mainly associated with damp ground. Since it infects readily by skin penetration, the pigs' habit of lying around the feeding area when kept outside presents a risk, as does damp, unhygienic accommodation for housed animals.

(四)致病作用(Pathogenesis)

幼虫和成虫均有致病力。幼虫钻入皮肤，引起皮肤红肿，产生小结节，有时形成化脓性皮炎(suppurative dermatitis)，尤以腹部皮肤最常发生。幼虫在体内移行时，对移行经过的组织也有损伤。在肝脏移行时，可引起肝小叶间结缔组织增生(desmoplasia)，肝硬化(hepatocirrhosis)，肝机能障碍(dyshepatia)，并引起贫血(anemia)、黄疸(jaundice)和水肿(edema)，带入细菌时也会引起肝脓肿(liver abscess)。在肺脏的移行会引起卡他性肺炎(catarrhal pneumonia)。在腰椎形成包囊时，压迫神经，引起后躯麻痹(posterior paralysis)。成虫在肾盂(renal pelvis)寄生时，使肾盂肿大，结缔组织增生。在肾周围脂肪时，形成白色胶状的脓性糜烂物。在输尿管寄生时常形成包囊(cyst)，一旦管壁或包囊受损破裂时，尿液即流入腹腔，引起尿性腹膜炎(urine peritonitis)而死亡。

The main pathogenic effect is due to the larvae which have heavily sclerotized buccal capsules capable of tearing tissue and they cause much damage to the liver and occasionally other organs in their wanderings. The extensive migrations of the larvae during its parasitic phase result in considerable damage to host organs. Skin penetration by infecting L_3 may cause cutaneous lesions and swelling of superficial lymph nodes. In heavy infections there may be severe cirrhosis and ascites and, in rare cases, liver failure and death.

(五)临床症状(Clinical signs)

病初出现皮肤炎症，有丘疹(papule)和红色小结节，有时体表淋巴结肿大，一般 3～4 周后自愈。随后病猪出现食欲不振，精神委顿，渐瘦，贫血，黄疸，被毛粗乱等症状。随着病程的发展，病猪出现后肢无力、跛行，弓背，喜卧；后躯麻痹或僵硬，不能站立，拖地而行。尿频(frequent micturition)，尿淋漓，尿液混浊，常带有白色黏稠絮状物或脓液。仔猪发育不良；母猪不发情、不孕或流产；公猪性欲降低或失去交配能力。严重的病猪因极度衰弱而死亡。

Migrating larvae are particularly harmful for the liver, the kidneys and sometimes the lungs as well. The harmed tissues are replaced by connective tissues (fibrosis), which impairs the physiological performance of the affected pigs. These results in a general herd problem, with poor performance and wasting. Severe infections cause loss of appetite and reduced weight gains. Cirrhosis (replacement of liver tissue by connective tissue), peritonitis (inflammation of the peritoneum) and pleuritis (inflammation of the pleura, the lining of the lungs) can develop. Often a whole herd is affected by *Stephanurus* infections

(六)病变(Lesions)

病理变化主要见于肝脏、肾脏周围组织。肝内有包囊(cyst)和脓肿(abscess),内含幼虫。肝脏肿大变硬,结缔组织增生,切面可以见到幼虫钙化的结节。在肾盂或肾周围脂肪组织(perirenal fat)内可见到核桃大的包囊或脓肿,其中常含有虫体。虫体多时引起肾肿大(renomegaly),输尿管肥厚(ureter pachynsis)、弯曲(bending)或被堵塞(clogging)。在胸膜壁面和肺脏中均可见有结节或脓肿(abscesses)。

Often the most obvious lesion is a gray to white, cirrhotic liver which may contain small abscesses. Other less common lesions include peritonitis, pleuritis, and localized abscesses or abscess-like lesions in the spleen, lumbar muscles, retroperitoneum or spinal cord. Adult worms are most often found in or near the kidney, in walls of the ureters, or in the perirenal fat.

(七)诊断(Diagnosis)

对 5 月龄以上的可疑猪,可采尿(urine)进行虫卵检查,以清晨第一次尿的检出率较高。由于猪肾虫卵较大,且黏性较大,故可采用自然沉淀或离心沉淀法(sedimentation method),取尿沉渣镜检虫卵。对 5 月龄以下仔猪,只能依靠剖检时在肝、肾等处发现虫体而确诊。

Diagnosis is based on the general symptoms and is confirmed through eggs detected in the urine. However, due to the long prepatent period, the disease can break out in a herd before eggs are shed in the urine. In these cases diagnosis can only be confirmed through necropsy after slaughter.

(八)防治(Treatment and prevention)

1. 治疗(Treatment)

参见猪蛔虫病。

2. 预防(Prevention)

可采取以下措施:①对猪场进行有计划预防性和治疗性驱虫。②猪场建在高燥干爽处,猪舍、运动场应用坚实的地面,注意排水。保持猪舍和运动场的卫生,不同年龄段猪隔离饲养。③供应全价营养饲料,以增强猪体抵抗力,尤其应补充维生素、无机盐和矿物质,使猪不吃土,以减少感染机会。

One approach to control is based on the susceptibility of the L_3 to desiccation and on the fact that a major route of infection is percutaneous. It follows that the provision of impervious surfaces around the feeding areas for outdoor reared pigs, and simple hygiene, ensuring clean dry flooring, in pig houses will help to limit infection. This approach may be supplemented by segregating young pigs from those of more than nine months of age which will be excreting eggs. More commonly, anthelmintics and sanitation (rearing on concrete or in confinement) are used to control kidney worm. Regimes incorporating anthelmintic control recommend treatment of sows and gilts 1 to 2 weeks before putting to the boar, and again 1 to 2 weeks before farrowing.

五、后圆线虫病(Metastrongylosis)

猪后圆线虫病是由后圆科(Metastrongylidae)后圆属(*Metastrongylus*)的线虫寄生于猪的支气管(bronchus)和细支气管(bronchiole)所引起的寄生虫病,又称猪肺线虫病(pulmonary nematodosis)。本病在我国广泛分布,呈地方性流行,主要危害仔猪,影响仔猪生长发育和降低肉品质量。随着规模化养殖饲养条件的改善,大多数猪场地面硬化,猪肺线虫病的发生已经逐渐减少。

(一)病原形态(Pathogen morphology)

后圆线虫虫体呈白色丝状,故称肺线虫(lungworm)。口囊(buccal capsule)很小,口缘(peristome)有

1对三叶侧唇(lateral lip)。食道呈棍棒状(stick form)。雄虫交合伞(copulatory bursa)不发达,背叶(dorsal lobe)小,侧叶(lateral lobe)大。交合刺(spicules)一对,细长。末端有单钩或双钩。雌虫2条子宫并列,阴门(vulva)靠近肛门(anus),阴门前有一角质膨大部,后端有时弯向腹侧。卵胎生(ovoviviparity)。

我国常见的后圆线虫有以下3种。

1. 野猪后圆线虫(*M. apri*)

野猪后圆线虫又称长刺后圆线虫(*M. elongatus*)。该虫除寄生于猪外,还寄生于野猪,偶见于羊、鹿、牛和其他反刍兽,亦偶见于人。雄虫长11～25 mm,宽0.16～0.225 mm,交合伞小,前侧肋大,中后侧肋融合在一起,背肋极小。交合刺2根,线状,长达4～4.5 mm,末端呈单钩形(single hook)。雌虫长20～50 mm,宽0.4～0.45 mm。阴道长2 mm以上,尾长90 μm,稍弯向腹面,阴门前角质膨大,呈半球形。

2. 复阴后圆线虫(*M. pudendotectus*)

复阴后圆线虫雄虫长16～18 mm,宽0.27～0.295 mm。交合伞较大,交合刺短(1.2～1.4 mm),末端有锚状双钩(double hook)。雌虫长22～35 mm,宽0.35～0.425 mm。阴道短,不足1 mm,阴门前角质膨大呈球形。尾长175 μm,尾端直。

3. 萨氏后圆线虫(*M. salmi*)

萨氏后圆线虫雄虫长17～18 mm,宽0.225～0.255 mm。交合刺长2.1～2.4 mm,末端呈单钩形。雌虫长30～45 mm,宽0.32～0.385 mm。阴道长1～2 mm,尾长95 μm,尾端稍弯向腹面。

3种虫体的虫卵相似,椭圆形,大小为(40～60) μm×(30～40) μm,新鲜排出时卵内含有第1期幼虫。

The eggs are ovoid, measure about 50 micrometers×60 micrometers, have a thick shell, and contain a fully developed L_1-larva when shed.

(二)生活史(Life cycle)

寄生在支气管和细支气管内的雌虫所产虫卵随黏液一起,由于气管上皮的纤毛运动和咳嗽,被转运至口腔并咽下,随粪便排出体外。卵在潮湿的土壤中孵出第1期幼虫(L_1)。第1期幼虫或含有第1期幼虫的虫卵被蚯蚓(earthworm)吞食后,在蚯蚓的胃壁或食道壁经10～20 d通过2次蜕皮,发育成感染性幼虫(infective larvae),随粪排至土壤中。当蚯蚓受伤时,幼虫也可以逸出进入土壤。猪因吞食了土壤中的感染性幼虫或含有感染性幼虫的蚯蚓而被感染。感染性幼虫钻入猪肠壁,经1～5 d发育,进行第3、4次蜕皮(moult),经肠壁淋巴系统由静脉到肺,钻出毛细血管进入肺泡,再到细支气管、支气管和气管,约在感染后4周发育为成虫排卵。成虫在终末宿主体内的寿命(life span)约1年。

The larvated ova are coughed into the pharynx where they are swallowed and passed out through the feces. First stage lungworm larvae hatch from eggs in swine feces and survive in feces or moist soil for long periods of time. After being ingested by earthworms, larvae are able to develop to the third infective stage in about 10-20 days. Pigs ingest the parasitized earthworms and are infected by the larvae within them. The lungworm larvae penetrate the intestinal mucosa, migrate through lymphatics and venous blood and reach the lungs. There they localize, grow to maturity and produce larvated ova about 25 days after ingestion. The prepatent period is about 4 weeks.

(三)流行病学(Epidemiology)

本病的发生与蚯蚓的生活习性密切相关。在温暖潮湿季节蚯蚓最为活跃,猪在夏秋摄食蚯蚓的机会多,所以受感染的也较多,尤其是在雨后。在我国可作为后圆线虫中间宿主的蚯蚓有20多种,主要种类有湖北环毛蚓(*Pheretima hupeiensis*)和威廉环毛蚓(*P. guillelmi*)等。

本病的发生也与饲养管理方式有关,舍饲猪群比放牧的猪群感染率低。凡被虫卵污染并有蚯蚓的运动场、牧场、饲料和植物以及有感染性幼虫的水源,都可以使猪发生感染。近年来,随着规模化养猪圈舍的硬化,猪接触蚯蚓的机会较少,猪肺线虫病的危害已经越来越小。

虫卵对外界的抵抗力较强。在粪便中可以存活 6～8 个月，在牧场可以存活 9～13 个月。在 −20～−8℃ 可以生存 108 d，因此虫卵可以越冬。第 1 期幼虫的抵抗力也很强，在水中可以存活 6 个月以上，在潮湿的土壤中 4 个月以上。感染性幼虫在潮湿的土壤中可活 2～4 周；6～16℃ 水中，5～6 周；−8～−5℃，2 周。

蚯蚓体内第 3 期幼虫保持感染性的时间可能和蚯蚓的寿命一样长。蚯蚓的寿命随种类而异，为 1～4 年不等。

Metastrongylus in pigs requires an earthworm as intermediate host, especially if the soil is soft and moist; thus, infection is common in areas where pigs are raised outdoors with access to soil. All ages of swine are susceptible but heavy infections occur mostly in young pigs over six weeks of age.

（四）致病作用（Pathogenesis）

幼虫移行时能破坏肠壁、淋巴结和肺组织，引起机械性损伤。当带入细菌时，可引起支气管肺炎（bronchopneumonia）。成虫寄生在支气管和细支气管，由于刺激引起局部炎症并不断向支气管周围组织发展。大量虫体及其所引起的渗出物，可以阻塞细支气管和肺泡，从而引起肺膨胀不全，进一步导致周围组织代偿性肺气肿（emphysema）。虫体代谢产物能使猪体中毒，影响生长发育，降低抗病能力。猪肺线虫幼虫可以传播猪流感病毒（swine influenza virus）、猪瘟病毒（pestivirus suis）等，使猪群暴发病毒性疾病（virosis）。

（五）临床症状（Clinical signs）

轻度感染时一般不表现临床症状，但影响生长和发育。瘦弱的仔猪感染严重时，可引起支气管炎（bronchitis）和肺炎（pneumonia）。在早晚和运动时或遇冷空气袭击时可出现强力阵咳（paroxysmal cough），一次能咳 40～60 声，咳嗽（cough）停止时随即表现吞咽动作（swallowing act）。有时鼻孔流出脓性黏稠鼻液。呼吸困难（dyspnea），结膜苍白，肺部有啰音（rales）。食欲减少或废绝。表现进行性消瘦（emaciation），行动缓慢，严重者可引起死亡。

The main clinical sign of *M. apri* in pigs is a persistent cough that may become paroxysmal. Most infections are light and asymptomatic. However in heavy infections coughing is marked, and is accompanied by dyspnoea and nasal discharge. Secondary bacterial infection may complicate the signs.

（六）病变（Lesions）

病变主要见于肺脏（lung）。表面可见灰白色隆起呈肌肉样硬变的病灶（focus）。切开后从支气管流出黏稠分泌物及白色丝状虫体（white silk-like nematode）。膈叶腹面边缘有楔状肺气肿区，支气管增厚（thickening）、扩张（expansion）。

（七）诊断（Diagnosis）

根据临床症状，结合流行情况可以作出初步诊断，确诊需要实验室检查。粪便虫卵检查以饱和硫酸镁漂浮法（flotation method）为佳。死后剖检可在支气管和细支气管发现虫体。

Primary diagnosis is based on clinical signs, epidemiology. For fecal examination saturated magnesium sulphate should be used as the flotation solution because of the heavy density of the eggs. Postmortem exams have the advantage of permitting examination for other parasites and diseases.

（八）防治（Treatment and prevention）

1. 治疗（Treatment）

发现病猪及时确诊，及时治疗，可采用如下方法：①左旋咪唑（levamisole）。按粉剂、片剂剂量为 8 mg/kg 体重，口服或混饲；针剂为 5 mg/kg 体重，皮下注射。②伊维菌素（ivermectin）。针剂，剂量为 0.3 mg/kg 体重，一次皮下注射；预混剂，每天 0.1 mg，连用 7 d。③海群生（hetrazan）。按 0.1～0.2 g/kg

体重，配成30%溶液，皮下注射，或内服，隔3～5 d 1次，连用2～3次。④阿苯达唑（albendazole）。按10～20 mg/kg体重口服。

2. 预防（Prevention）

猪场应建在高燥干爽处，猪舍、运动场采用坚实的地面，注意排水。墙边角泥土要砸紧夯实或换上沙土，构成不适于蚯蚓滋生的环境。猪粪按时清除，进行堆肥发酵。应对猪场进行有计划的预防性和治疗性驱虫。

Prevention of heavy infection is possible by preventing access of pigs to soil that contains larvae or earthworms.

六、巨吻棘头虫病（Macracanthorhynchosis）

猪巨吻棘头虫病是由少棘科（Oligacanthorhynchidae）巨吻属（*Macracanthorhynchus*）的蛭形巨吻棘头虫（*M. hirudinaceus*）寄生于猪（pig）的小肠（small intestine）内引起的寄生虫病。巨吻棘头虫也可感染野猪（wild pig）、犬（dog）和猫（cat），偶见于人（human）。我国各地都有报道，有些地区本病的危害甚至大于猪蛔虫病，是值得注意的一种寄生虫病。

（一）病原形态（Pathogen morphology）

蛭形巨吻棘头虫（*M. hirudinaceus*）虫体大，呈长圆柱形，淡红色，前部较粗，向后逐渐变细，体表有明显的环状皱纹。头端有一个可伸缩的吻突（proboscis），吻突上有5～6列强大向后弯曲的小钩（hooklets），每列6个。雌雄虫体大小差别很大，雄虫长7～15 cm，呈长逗点状，尾端有一交合伞（copulatory bursa）。雌虫长30～68 cm。

虫卵呈橄榄球形（rugby form），深褐色，两端稍尖。卵壳（eggshell）由4层组成，外层薄而无色，易破裂；第2层厚，褐色，有皱纹；第3层为受精膜；第4层不明显。卵内含有棘头蚴（acanthor）。虫卵大小为（89～100）μm×（42～56）μm。

Macracanthorhynchus hirudinaceus is known as the giant thorny-headed worm of the hog. Generally they range from creamy white to yellow orange. The body is flat and gradually becomes smaller from the anterior to the posterior. Females are larger than males. Females can reach 30-68 cm long. Males range in size from 7 to 15 cm long. Each has a retractile proboscis that is cylindrical in shape. The proboscis has 6 backward-curved hooklets in each of six spiral rows. The male has a muscular bursa. The egg is oval, dark brown,(89-100) μm×(42-56) μm, with 4 shells and contains the acanthor larva when laid.

（二）生活史（Life cycle）

成虫寄生于猪的小肠，雌虫所产虫卵随粪便排出体外（图11-7），散布到外界环境中。如被中间宿主金龟子（cockchafer）的幼虫——蛴螬（grub）或其他甲虫的幼虫吞食后，棘头蚴在中间宿主的肠内孵化，然后穿过肠壁，进入体腔发育为棘头体（acanthella），然后逐渐形成棘头囊（cystacanth），到达感染阶段。当甲虫化蛹和变为成虫时，棘头囊一直停留在它们体内，并能保持感染力达2～3年。猪吞食含有棘头囊的甲虫幼虫、蛹或其成虫时均可感染，随后棘头囊在猪的消化道中脱囊，以吻突固着于肠壁上，经2.5～4个月发育为成虫。成虫在猪体内的寿命为10～24个月。

Macracanthorhynchus hirudinaceus lives in the small intestine of pigs. The female worms produce eggs that are passed in the host's feces. When the egg is laid, it contains a fully developed larva called acanthor. If the egg is ingested by a suitable arthropod intermediate host, the acanthor develops through an acanthella stage into an encysted infective larva called cystacanth. The pigs become infected by ingesting the infected arthropod. After ingestion, the cystacanth excysts in the intestine and attaches to the intestinal wall by proboscis. There they develops into adults in approximately 2. 5 to 4 months. The adults have a life span of about 10 to 24 months in pig's intestine.

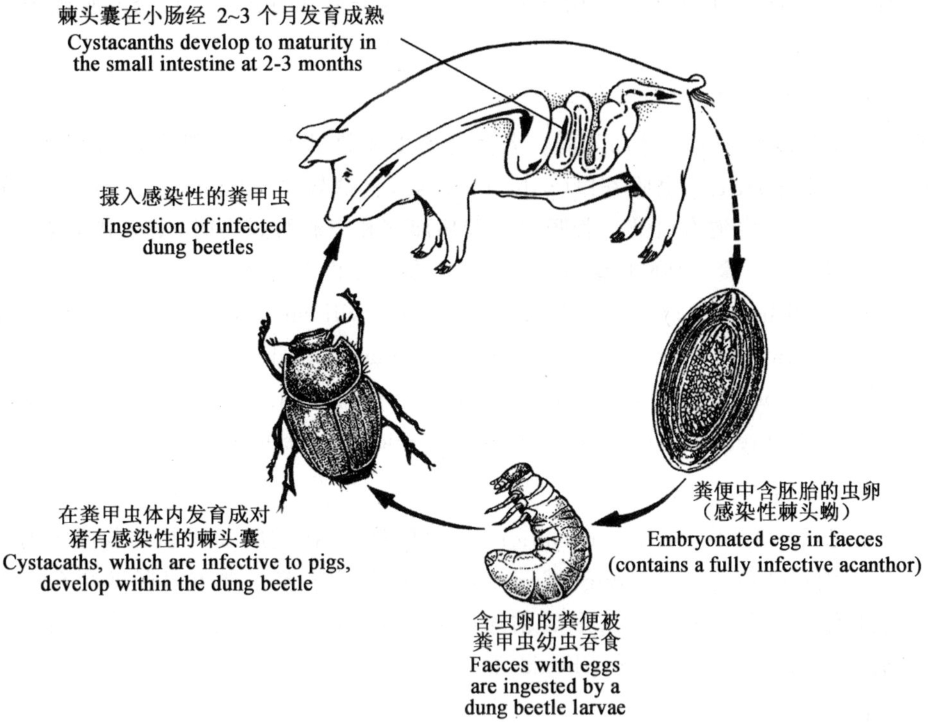

图 11-7 蛭形巨吻棘头虫的生活史

Figure 11-7 The life cycle of *Macracanthorhynchus hirudinaceus*

(三)流行病学(Epidemiology)

猪巨吻棘头虫病呈地方性流行,8～10 月龄的猪感染率较高。雌虫的繁殖力(productivity)很强,一条雌虫每天产卵 26 万～68 万个,持续时间可达 10 个月,使外界环境受虫卵的污染相当严重。虫卵对外界环境中各种不良因素的抵抗力(resistance)很强。在各种土壤中,无论是有光线与否均可存活达 3.5 年之久。在 45℃温度中,长时间不受影响;在干湿交替的土壤中,温度为 37～39℃时,可存活 365 d;在 5～9℃时,能存活 551 d;在－16～－10℃的低温下,仍能存活 140 d。

中间宿主为金花龟属的金龟子(*Cetonia aurata*)、鳃金龟属的金龟子(*Melolontha vulgaris* 和 *M. melolontha*)及其他甲虫。试验条件下,以大量成熟的虫卵人工感染蛴螬,可以从一个蛴螬上得到 2 852 个棘头囊。在自然情况下,一个蛴螬不超过 400 个棘头囊。猪的感染季节及感染率与甲虫出现时间和分布有直接关系,一般在春夏季感染。甲虫幼虫多存在于 12～15 cm 深的泥土中,由于仔猪拱土的能力差,故感染率低,后备猪则感染率高。放牧猪比舍饲猪感染率高。

猪的感染率(infection rate)和感染强度(intensity)与地理、气候条件、饲养管理方式等都有密切关系。在华南地区,气候温和,适于甲虫和棘头虫幼虫的发育。一般感染强度为数条至百条以上,有报道在一头猪的小肠中检出 200 多条虫体。

Pigs become infected by ingesting either grubs or adult beetles, and the infection is thus restricted to outdoor pigs. The prepatent period is 2-3 days and the female lays about 260 000 eggs/day for several months. Eggs with acanthors are found in the soil near domestic swine and can survive up to three and a half years and withstand subzero temperatures.

(四)致病作用(Pathogenesis)

棘头虫寄生在肠壁,其吻突深深埋在肠壁内,引起黏膜发炎。吻突钩可以使肠壁组织遭受严重的机械性损伤,附着部位发生坏死(necrosis)或溃疡(ulcer)。侵害若达浆膜层,即产生小结节,呈现坏死性炎症

(necrotizing inflammation)。有时虫体可引起肠穿孔(intestinal perforation),诱发腹膜炎(peritonitis)而死亡。

(五)症状(Clinical signs)

临床表现随感染强度和饲养条件而不同。若猪感染虫体数量不多,一般症状不明显;严重感染时,可见食欲减退(decreased appetite),黏膜苍白(pale mucosa),食欲异常(abnormal appetite),腹痛(stomachache)、拉稀(diarrhoea),粪内混有血液。若肠壁因溃疡而穿孔引起腹膜炎时,则症状加剧,体温升高(41～41.5℃),腹部紧张,疼痛,不食,起卧抽搐(convulsion),多以死亡而告终。

Mild infections will be asymptomatic, severe infections will cause slow growth and even emaciation. There will be inflammation and a granuloma in the intestinal wall around the site of attachment. On rare occasions the worm may perforate the gut and peritonitis may result. Large numbers can cause considerable damage to the small intestine and large numbers of nodules are formed.

(六)病变(Lesions)

病猪剖检时可见尸体消瘦(corpse emaciation),黏膜苍白。在空肠和回肠的浆膜上有灰黄或暗红色小结节(nodule),周围有红色充血带(congestion zone)。肠黏膜发炎。严重时肠壁穿孔(perforation),吻突穿过肠壁吸着在附近浆膜(serosa)上,形成粘连(conglutination)。肠壁增厚,有溃疡病灶。严重感染时,肠道充满虫体,有时因肠破裂(enterorrhexis)而致死。

(七)诊断(Diagnosis)

结合流行病学和症状,以直接涂片法(direct smear method)和水洗沉淀法(sedimentation method)检查粪便中的虫卵。

(八)防治(Treatment and prevention)

左旋咪唑(levamisole)和伊维菌素(ivermectin)可有效治疗本病。

预防本病应做到消灭传染源,对病猪定期进行驱虫,对平时和驱虫后排出的粪便进行堆积发酵处理;在甲虫活动季节 5～7 月份,猪场内不宜整夜用灯光照明,避免招引甲虫。

Levamisole and ivermectin are effective for treatment. Control depends on avoiding use of contaminated hog lots or pastures or by regular removal of feces when pigs are kept in sties or small runs.

第二节　原　虫　病

Section 2　Protozoosis

一、猪球虫病(Swine coccidiosis)

猪的球虫病是由艾美耳科(Eimeriidae)的艾美耳属(*Eimeria*)和等孢属(*Isospora*)多种球虫(coccidia)寄生于猪肠上皮细胞(intestinal epithelial cell)内引起的以肠黏膜出血(intestinal mucosa bleeding)和腹泻(diarrhea)等症状为主的寄生虫病。本病多发于 7～11 日龄的乳猪,是哺乳仔猪腹泻的重要原因。成年猪多为带虫者,是本病的传染源。

(一)病原形态(Pathogen morphology)

全世界报道的猪球虫有 17 个种,其中 5 个种尚有争议。我国报道有 13 个种。一般认为致病性较强的是猪等孢球虫(*Isospora suis*)、蒂氏艾美耳球虫(*Eimeria debliecki*)、粗糙艾美耳球虫(*E. scabra*)和有刺艾美耳球虫(*E. spinosa*)(图 11-8)。

1. 猪等孢球虫(*Isospora suis*)

猪等孢球虫卵囊(oocyst)呈球形或亚球形。囊壁光滑,无色,无卵膜孔。大小为(18.67～23.88) μm×

(16.9～20.67) μm。卵囊内有2个孢子囊(sporocysts),无极粒和卵囊残体。每个孢子囊内有4个子孢子(sporozoites),有孢子囊残体,无斯氏体。子孢子呈香蕉形,形成的最早时间为63 h。

2. 蒂氏艾美耳球虫(*Eimeria debliecki*)

蒂氏艾美耳球虫卵囊呈椭圆形或卵圆形。囊壁光滑,无色。大小为(21.64～31.52) μm×(15.6～21.54) μm。卵囊内有4个孢子囊,有极粒,无卵囊残体。每个孢子囊内有2个子孢子,孢子囊残体呈颗粒状,有斯氏体。子孢子呈香蕉形,一端偏尖,一端钝圆,有2个折光体,子孢子形成的最早时间为170 h。

3. 粗糙艾美耳球虫(*E. scabra*)

粗糙艾美耳球虫卵囊呈卵圆形,偶见椭圆形。囊壁粗糙,具有放射状条纹,黄色或褐色。卵膜孔明显,无极帽。大小为(23.01～35.10) μm×(16.0～25.13) μm。卵囊内有4个孢子囊,有极粒,无卵囊残体。每个孢子囊内有2个子孢子,孢子囊残体呈颗粒状,有斯氏体。子孢子呈香蕉形,一端偏尖,一端钝圆,有2个折光体,子孢子形成的最早时间为194 h。

4. 有刺艾美耳球虫(*E. spinosa*)

有刺艾美耳球虫卵囊呈卵圆形,少数椭圆形。囊壁粗糙,上有细刺,褐色,无卵膜孔。大小为(21.75～28.32) μm×(16.25～21.24) μm。卵囊内有4个孢子囊,有极粒,无卵囊残体。每个孢子囊内有2个子孢子,孢子囊残体呈粗颗粒状,有斯氏体。子孢子呈香蕉形,一端偏尖,一端钝圆,有1个折光体,子孢子形成的最早时间为260 h。

Swine coccidiosis is usually reserved for infections caused by *Eimeria* and *Isospora*. *Eimeria* species have four sporocysts, each with two sporozoites, and the *Isospora* have two sporocysts, each with four sporozoites. The sporozoites are thus protected by both the oocyst and sporocyst walls.

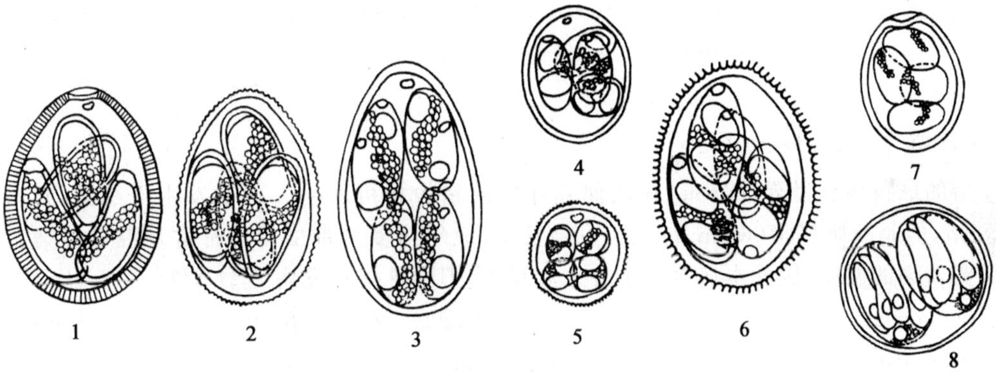

图 11-8 猪各种球虫的孢子化卵囊

Figure 11-8 Sporulated oocysts of swine coccidians

1. 粗糙艾美耳球虫(*Eimeria scabra*);2. 光滑艾美耳球虫(*E. cerdonis*);3. 蒂氏艾美耳球虫(*E. debliecki*);4. 猪艾美耳球虫(*E. suis*);5. 极细艾美耳球虫(*E. perminuta*);6 有刺艾美耳球虫(*E. spinosa*);7. 豚艾美耳球虫(*E. porci*);8. 猪等孢球虫(*Isospora suis*)

(二)生活史(Life cycle)

猪球虫在宿主体内进行裂殖生殖(schizogony)和配子生殖(gametogony),在外界环境中进行孢子生殖(sporogony)。现以猪等孢球虫为例进行描述。

卵囊随粪便排出时尚未孢子化。在温、湿度合适的环境中,卵囊经孢子生殖发育至孢子化卵囊(sporulated oocyst),被猪吞入后,卵囊内子孢子(sporozoites)在小肠内逸出,进入肠腔,钻入肠上皮细胞(epithelial cell),在上皮细胞内发育为滋养体(trophozoites)。滋养体在上皮细胞内经裂殖生殖发育为裂殖体(schizonts),裂殖体成熟后释放裂殖子(merozoites),进入其他肠上皮细胞,形成新一代裂殖体。裂殖生殖的代数依球虫种类而异。一般进行2～3代裂殖生殖后形成大小配子,进行配子生殖。大配子体(macrogametocyte)体积较大,通常在一个细胞内仅有一个大配子(macrogamete);小配子体(microgametocyte)一般数量较少，但含有许多能运动、带鞭毛的小配子(microgametes)。含有小配子体的细胞最后崩解，小配子逸出，进而钻入含有大配子的肠细胞，使大配子受精形成合子(zygotes)，然后形成卵囊壁，发育为卵囊(oocysts)。当卵囊成熟后，宿主细胞崩解，卵囊进入肠腔并随粪便排出体外。

The general form of swine coccidian life history is represented by the genus *Isospora*. This life history includes both asexual multiplication and sexual multiplication. Sexual multiplication culminates in the formation of oocysts, which are discharged with the feces.

When sporulated oocyst is ingested by pig, the sporozoites emerge, and each may enter an epithelial cell, round up as a trophozoite, grow larger, and become a first generation schizont. This schizont produces first generation merozoites that burst the cell and invade fresh cells to become second generation schizonts. There may be several more schizogonic generations, but two or three is the common. A merozoite produced by the final schizogony enters a fresh host cell and develops into either a male or female gametocyte. The female gametocyte (macrogametocyte) enlarges, stores food materials, and induces hypertrophy of both cytoplasm and nucleus of its host cell. When mature, it is called a macrogamete. The male gametocyte (microgametocyte) undergoes repeated nuclear division and becomes multinucleate. Each nucleus is finally incorporated into a biflagellate microgamete. Of the many microgametes formed by the microgametocyte, only a small fraction find and fertilize macrogametes to form zygotes. A wall forms about the zygote by the coalescence of hyaline granules at its periphery to form an oocyst. The oocyst is released by rupture of the host cell and passes out with the feces to undergo sporulation. Within one or two days, if provided with adequate moisture, moderate temperatures, and sufficient oxygen, the single cell (sporont) in the oocyst divides into two sporoblasts. Each sporoblast develops into a sporocyst, which contains four haploid sporozoites, thus becoming an infective, sporulated oocyst and completing the cycle.

(三)流行病学(Epidemiology)

新生仔猪的球虫病呈世界性分布，在任何养仔猪的猪舍均可发生。主要发生于小猪，且多发于6～15日龄的乳猪，但是断奶仔猪(weaning pig)也会发生，成年猪多为带虫者且常常是混合感染。由于球虫卵囊发育需要较高的温度，因此本病多发于春末和夏季，但哺乳仔猪发病无季节性。

Coccidiosis occurs most frequently in piglets 6 to 15 days old. Deep litter piggeries offer optimal conditions of temperature and humidity for oocyst sporulation; with overcrowding, the risk of heavy infection is further increased.

(四)症状(Clinical signs)

主要的临床症状是腹泻(diarrhea)，粪便呈黄色(yellow)到灰色(gray)。开始时粪便松软或呈糊状，随着病情加重粪便呈液状，偶尔由于潜血而呈棕色(brown)。仔猪常常粘满液状粪便，并且会发出腐败乳汁样的酸臭味。一般情况下，仔猪会继续吃奶，但被毛粗乱，脱水(dehydration)，消瘦(emaciation)，增重缓慢。不同窝的仔猪症状的严重程度往往不同，即使同窝仔猪不同个体受影响的程度也不尽相同。本病发病率通常很高(50%～75%)，但死亡率一般较低。

The disease is characterized by a yellowish, fetid diarrhea with a watery or greasy consistency, and by dehydration, rough hair coat and retarded growth mainly in piglets between five and 15 days of age with a peak occurrence between seven and ten days. Morbidity can be high, but mortality is usually low except for cases with secondary bacterial infections.

(五)病变(Lesions)

仔猪球虫病的病理变化主要是急性肠炎(acute enteritis)，局限于空肠和回肠，出现绒毛萎缩与变钝、局灶性溃疡，有时可见严重的纤维素性坏死性肠炎(fibrinonecrotic enteritis)，黄色纤维素性坏死性假膜

(pseudomembrane)松弛地附着在充血的黏膜上。乳糜的吸收随病情的严重性而变化。

Microscopic lesions are confined to the jejunum and ileum and consist of a multifocal villous atrophy and blunting with focal ulceration to severe fibrinonecrotic enteritis;coccidial organisms are present in variable numbers of epithelial cells covering normal or affected villi.

(六)诊断(Diagnosis)

当临床上6～15日龄仔猪出现腹泻,用一般抗生素治疗无效时可怀疑球虫病。但确诊要在粪便中采用饱和盐水漂浮法找到卵囊,或利用空肠和回肠的涂片或抹片染色,查出内生性发育阶段的虫体[裂殖子(merozoite)、裂殖体(schizont)和配子体(gametocyte)]。

Diagnosis is best based on postmortem examination. Although oocysts may be detected on fecal examination it would be wrong to diagnose solely on such evidence for two reasons. First,the major pathogenic effect usually occurs prior to oocyst production,and secondly,depending on the species involved, the presence of large numbers of oocysts is not necessarily correlated with severe pathological changes in the gut. At necropsy the location and type of lesions present provide a good guide to the species which can be confirmed by examination of the oocysts in the feces and the schizonts and oocysts present in scrapings of the gut.

(七)防治(Treatment and prevention)

1. 治疗(Treatment)

据报道,百球清(toltrazuril)按每千克体重20～30 mg一次口服,对猪球虫病的治疗效果较好。该药安全性好,5倍剂量仔猪也能完全耐受,且与补铁剂(口服或非肠道给药)、恩诺沙星(enrofloxacin)、庆大霉素(gentamicin)、硫酸抗敌素(colistin sulfate)、增效磺胺(trimethoprim)等无任何相互干扰,也不影响仔猪免疫力的产生,在生产中已得到广泛应用。

2. 预防(Prevention)

①保持猪舍清洁干燥是迄今减少新生仔猪感染的最好方法。要将产房彻底清除干净,由于一般的消毒药不能杀死卵囊,所以用甲醛(formaldehyde)、戊二醛(glutaral)、环氧乙烷(ethylene oxide)熏蒸法消毒,或过氧乙酸(peracetic acid)喷雾法、加热火焰法消毒。

②尽量减少因断奶、突然改变饲料和运输产生的应激因素。

③母猪在分娩前1周和产后的哺乳期给予氨丙啉(amprolium),剂量为25～65 mg/kg体重,拌料或混饮喂服,具有良好的预防效果。

Prevention of coccidiosis is based on a combination of good management and the use of anticoccidial compounds in the feed or water. The best way is to keep pigpens dry and clean. Treatment with amprolium given orally to affected piglets is usually effective while prevention can be achieved by the in-feed administration of amprolium to sows during the periparturient period,that is,from one week prior to farrowing until three weeks post farrowing.

二、小袋纤毛虫病(Balantidiasis)

猪小袋纤毛虫病是由小袋科(Balantidiidae)小袋属(*Balantidium*)的结肠小袋纤毛虫(*B. coli*)寄生于猪大肠主要是结肠(colon)所引起的一种寄生虫病。结肠小袋纤毛虫也可感染人。猪轻度感染时无异常表现,严重感染时有肠炎(enteritis)等症状,甚至可导致死亡。

(一)病原形态(Pathogen morphology)

结肠小袋纤毛虫生活史中有滋养体(trophozoite)和包囊(cyst)2个发育阶段(图11-9)。

滋养体能运动,一般呈椭圆形或卵圆形,无色透明或淡灰色,大小为(30～180) μm ×(25～120) μm。虫体表膜上有许多纤毛(cilia),活的滋养体可借助纤毛的摆动作快速旋转式运动。虫体富弹性,极易变形。滋养体前端略尖，其腹面有一凹陷的胞口(cytostome)，下接漏斗状胞咽(cytopharynx)，颗粒状食物借胞口纤毛的运动进入虫体。胞质内含食物泡(food vacuole)，消化后的残渣经胞肛(cytopyge)排出体外。虫体中、后部各有一伸缩泡(contractile vacuole)，具有调节渗透压的功能。苏木素染色后可见一个肾形的大核(macronucleus)和一个圆形的小核(micronucleus)，小核位于大核的凹陷处。

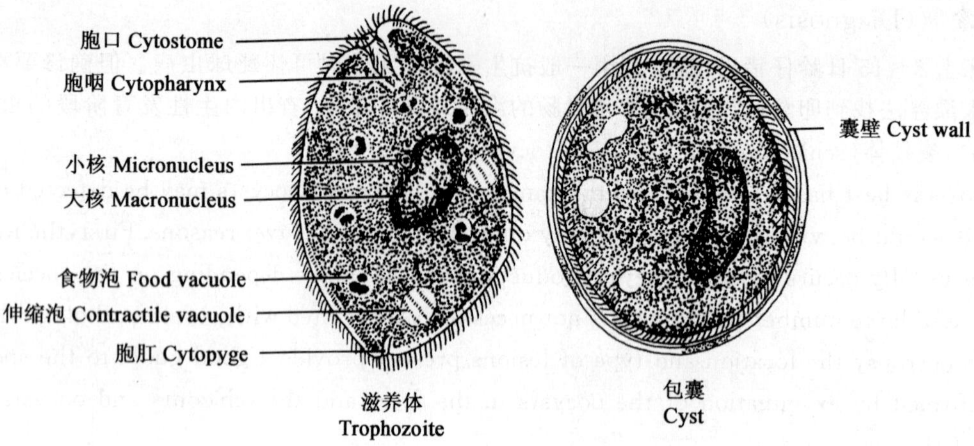

图 11-9　结肠小袋纤毛虫

Figure 11-9　*Balantidium coli*

包囊呈圆形或卵圆形，直径为 40～60 μm，淡黄或淡绿色，囊壁厚而透明，有 2 层囊膜，囊内包含 1 个虫体，染色后可见胞核(nucleus)。

Balantidium coli has two developmental stages, a trophozoite stage and a cyst stage. In trophozoites, the pellicle possesses rows of longitudinally arranged cilia. At the anterior end there is a funnel-shaped depression, the peristome, which leads to the cytostome. Internally there are two nuclei, a reniform macronucleus and adjacent micronucleus, and two contractile vacuoles which regulate osmotic pressure. Cysts are smaller than trophozoites and are round and have a tough, heavy cyst wall made of one or two layers. Usually only the macronucleus and sometimes cilia and contractile vacuoles are visible in the cyst. Living trophozoites and cysts are yellowish or greenish in color.

(二)生活史(Life cycle)

猪或其他动物因吞食了被包囊污染的食物、饮水而感染，在胃肠道脱囊逸出滋养体并在大肠定居。滋养体在结肠内以淀粉颗粒、细菌、细胞、碳水化合物、红细胞和白细胞为食，以横二分裂法(transverse binary fission)增殖，即小核首先分裂，继而大核分裂，最后胞质分开，形成两个新个体。经过一定时期的无性繁殖后，虫体进行接合生殖(conjugation)，然后又进行横二分裂法繁殖。滋养体在不良环境或其他因素的刺激下变圆，分泌坚韧的囊壁包围虫体，成为包囊，随宿主粪便排出体外。包囊在外界不再进行分裂增殖。滋养体若随粪便排出，也可在外界环境中形成包囊。

Infection takes place when mature cysts are swallowed along with food and water contaminated with feces of parasitized animals. In the intestine, the young trophozoites are liberated by the action of digestive juice on the cysts. Freed trophozoites go to the cecum and large intestine where they settle on the surface of the mucosal lining. They feed on particulate matter and bacteria. During this time they multiply by transverse binary fission and conjugation. As trophozoites are carried posteriorly with the flow of the intestinal contents, encystment begins as dehydration of the fecal material proceeds. In case of trophozoites that fail to encyst in the intestine, encystment may occur outside the host.

（三）流行病学（Epidemiology）

小袋纤毛虫病呈世界性分布，主要流行于热带和亚热带地区（tropical and subtropical zone），以菲律宾、新几内亚、中美洲地区为多见。猪的感染率较高，如福建莆田地区猪的感染率达 33.8%，辽宁地区猪的感染率达 61.02%，吉林地区猪的感染率达 80%。一般认为人体的大肠环境对结肠小袋纤毛虫不甚适合，因此人体的感染较少见。我国人群的感染率普遍较低，平均为 0.04%，但部分地区可达 3.9%～8.1%。

滋养体对外界环境有一定的抵抗力，如在厌氧环境和室温条件下能生活至 10 d，但在胃酸中很快被杀死，因此，滋养体不是主要的传播期。包囊的抵抗力较强，在室温下可活 2 周至 2 个月，在潮湿环境里能生活 2 个月，在干燥而阴暗的环境里能活 1～2 周，在直射阳光下经 3 h 后才死亡，对于化学药物也有较强的抵抗力，在 10%福尔马林中能活 4 h。

Balantidium coli is prevalent in many part of the word, especially in subtropical and tropical zone favoring survival of cysts. The trophozoite from pig intestine has been reported to survive room temperature and exposure to air for 24 h to as long as 10 days.

（四）致病作用（Pathogenesis）

猪结肠内的小袋纤毛虫，一般情况下为共生生物（symbiont），以肠内容物为食，对肠黏膜并无损害，但当宿主的消化功能紊乱或因种种原因肠黏膜受损时，虫体就趁机侵入肠壁，破坏肠组织，造成严重疾病，并可引起死亡。致病作用主要表现为滋养体在寄生部位的大量增殖，引起宿主消化功能紊乱，同时虫体分泌透明质酸酶（alidase）并借助机械运动侵入结肠黏膜甚至黏膜下层，引起溃疡；严重病例可出现大面积结肠黏膜的破坏和脱落。

Normally non-pathogenic, these protozoa may, for reasons unknown, occasionally cause ulceration of the mucosa and accompanying dysentery in the pig. The most severe presentation of *B. coli* occurs with weight loss, tenesmus, and bloody stools. Intestinal hemorrhage and perforation can also occur and are mediated by the production of *B. coli* proteolytic enzymes.

（五）症状（Clinical signs）

本病可因宿主的种类、年龄、饲养管理条件、季节及其他因素而有很大差异，其临床症状有 3 种类型。①潜在型（potential type）。感染动物无症状，但可成为带虫者。主要发生在成年猪。②急性型（acute type）。多发生在幼猪，特别是断奶仔猪。主要表现为水样腹泻（watery diarrhea），粪稀如水，混有血液，恶臭（cacosmia）。粪便中有滋养体和包囊 2 种虫体存在。病猪表现为食欲不振（inappetence），渴欲增加，喜欢饮水，消瘦（emaciation），被毛粗乱无光，严重者 2～3 d 死亡。③慢性型（chronic type）。常由急性转变而来，可持续数周至数月，患猪表现消化机能障碍、贫血（anemia）、消瘦（emaciation）、脱水（dehydration）、发育障碍（developmental disorder）等症状。

Balantidiosis has a range of mild to severe clinical presentations. The following three clinical manifestations of balantidiosis can occur: (1) asymptomatic hosts who are carriers of disease and serve as reservoirs of infection in the community; (2) chronic infection that presents with nonbloody diarrhea, halitosis, and abdominal pain secondary to trophozoite invasion of the large intestine; and (3) patients with fulminating balantidiosis passing watery, mucoid, bloody stools.

（六）诊断（Diagnosis）

常用生理盐水直接涂片（direct smear）检查粪便中的滋养体和包囊。由于虫体较大，一般不易漏检。由于滋养体排出后易死亡，且其排出呈间歇性，因此检查时标本应新鲜。采用新鲜粪便并反复送检可提高检出率。在急性型病例，粪便中常有大量能运动的滋养体；慢性型病例，粪中以包囊为主。尸体剖检时，着重观察结肠和直肠上有无溃疡性肠炎，并刮取肠黏膜涂片检查，查到虫体即可确诊。

Freshly collected diarrheic stool samples are likely to contain actively swimming trophozoites. Stool samples for examination should be collected over several days because excretion of parasites can be erratic. Cyst stages are more common in formed stools.

（七）防治（Treatment and prevention）

预防主要在于改善饲养管理，保持饲料、饮水的清洁卫生。对病猪要及时进行隔离治疗。治疗可试用甲硝哒唑[灭滴灵（metronidazole）]每头按 0.25 g 口服，1 d 2 次，连用 3 d 有效。0.1%福尔马林（formalin）灌肠可收到暂时的效果，虫体在 1～2 d 内消失，但不久再次出现。其他如黄连素（berberine）、乙酰胂胺（acetarsol）等也可应用。

Pigs should not be allowed to roam in and around feeder streams or rivers that empty into reservoirs that are used for providing municipal water supplies. Likewise, spreading of sludge from sewage processing as fertilizer can lead to contamination of produce or water sources with cysts of *Balantidium*. Pigs should not have access to areas where crops are being raised. Tetracyclines and metronidazole are effective in treatments of *Balantidium* infection.

第三节　外寄生虫病

Section 3　Ectoparasitosis

猪外寄生虫病主要是猪血虱病（pediculosis），其寄生虫为猪血虱（*Haematopinus suis*）。猪血虱寄生于猪（pig）的体表（body surface），以吸食猪血液为营养，损害猪体健康，影响生长发育，并可传播疾病。猪血虱的分布呈世界性，饲养管理不良的猪场，大小猪都有不同程度的寄生。

（一）病原形态（Pathogen morphology）

猪血虱是家畜虱中体型最大的一种（图 11-10）。雌虱长 4～6 mm，雄虱长 3.5～4.15 mm，虫体扁平而宽，灰黄色。身体由头、胸、腹 3 部分组成，外皮角质，体表有毛。头部狭长，前端是刺吸式口器（piercing-sucking mouthparts），由上颚（mandible）、下颚（maxilla）和下咽（hypopharynx）所组成；有触角（antenna）1 对，分 5 节。胸部（thorax）稍宽，分为 3 节，无明显界线，整个胸部比头部还短，每一胸节的腹面，有 1 对足，足由 5 节组成，末端有坚强的爪（claw），可以牢固地固定在猪毛上。腹部（abdomen）卵圆形，比胸部宽，分为 9 节。雌虫腹部明显比雄虫大，虫体末节有凹陷，雄虫的末节圆钝。虫体胸、腹每节两侧，各有气孔（stoma）1 个，以作呼吸之用，内连气管，相互联通。虫卵椭圆形，长 133～159 μm，黄白色。牢固地黏附在猪毛上，不易脱落。

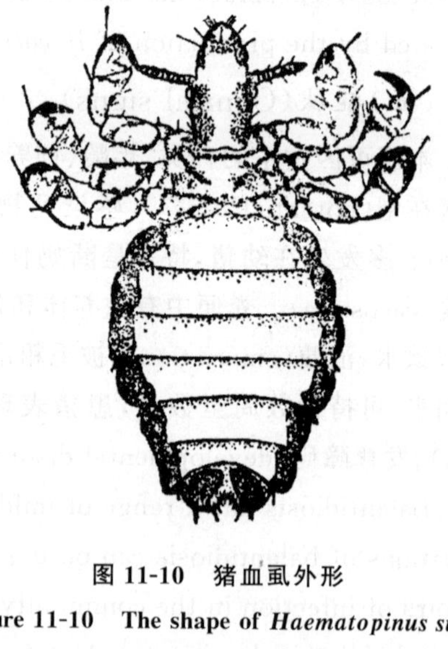

图 11-10　猪血虱外形

Figure 11-10　The shape of *Haematopinus suis*

Haematopinus suis, is 4-6 mm long and grayish-brown in colour with brown and black markings. It is the largest blood-sucking louse found on domestic animals and is characterized by a long, narrow head and long mouthparts. The legs bear large claws for clasping hairs.

(二)生活史(Life cycle)

雌雄虱交配后,雌虱吸饱血液,然后产卵,每日产卵 3～4 个。用分泌的黏液附着在被毛上。虫卵在 12～15 d 内孵出若虫(nymph),若虫酷似母体,唯身体较小,颜色较光亮,无生殖器官。若虫采食力强,生长迅速,经 3 次蜕皮,平均经过 10～14 d 变为成虫(adult)。雌虱产卵期持续 2～3 周,共产 50～80 个虫卵,产完虫卵后死去。雄虫生活期更短。

猪虱终身寄生于猪体上,离开猪体仅能生存 5～7 d。据资料介绍,饥饿的猪虱如有机会,也可以吸人血,但不能长期寄生。

Haematopinus suis lays three to six eggs per day, producing up to 90 eggs over 25 to 30 days. These are glued to the hairs of the host and hatch in 1 to 2 weeks. The emerging nymphs resemble the adult lice except in size. In about 12 days, the nymphs mature into adults and within 4 days, after feeding and mating, the female lice may begin to lay eggs. Adults die after about 10 to 15 days of oviposition.

(三)流行病学(Epidemiology)

猪虱主要是接触传染(contact infection),当场地狭窄,猪只饲养密集,管理不良时最易相互传染。寄生于母猪(sow)体表各发育阶段的虱子,由于哺乳关系,能使乳猪(suckling pig)全部感染猪虱。肥育猪栏,只要有少数猪虱存在,可迅速波及全群。其他方式如通过褥草、用具等也可间接传播。

猪虱一年四季都可生存,但以寒冷季节感染严重,这与冬季舍饲、拥挤、运动少、褥草长期不更换、空气湿度增加等原因有关。在温暖季节,猪只运动机会多,活动范围广,日晒、干燥或洗澡,猪体上的虱子显著减少。

Infection is transferred between pigs mainly by contact, in closely confined fattening animals and in suckling sows penned with their piglets, but lice may also be acquired when animals are put into recently vacated dirty accommodation.

(四)致病作用和症状(Pathogenesis and clinical signs)

猪虱以耳根、颈下、体侧及后肢内侧最多见。以吸食猪血液为营养,一只猪虱 1 d 能吸血 0.1～0.2 mL。在吸血时,还分泌有毒的唾液,刺激神经末梢,引起皮肤发痒(pruritus)。患猪在硬物上摩擦止痒,使皮肤损伤,常常发生弥漫性细胞浸润(cellular infiltration)。临床上病猪因经常擦痒,烦躁不安(restless),导致饮食减少,营养不良和消瘦等症状,这些表现以仔猪为甚。当有些毛囊、汗腺、皮脂腺遭受破坏,导致皮肤粗糙落屑(exfoliation),机能损害,甚至形成皲裂(chap),引入细菌感染,并可发生湿疹(eczema)。猪虱还可机械性地传播非洲猪瘟(African swine fever)、猪附红细胞体(*Eperythrozoon suis*)、猪痘(swine pox)等疫病。

Haematopinus suis lives especially around the ears, axillae and groin of pigs. The clinical signs associated with lice infestation are pruritus, scale crusts, and desquamate from scratching and rubbing. In heavy infestations pigs are restless and fail to thrive, but though *Haematopinus* is a blood sucker, anemia is hardly ever seen. *H. suis* infestation may delay growth. This louse is also a vector of African swine fever, *Eperythrozoon suis* and the virus of swine pox.

(五)诊断(Diagnosis)

根据临床表现,在猪的体表找到猪虱即可做出诊断。

Diagnosis is made on the basis of clinical signs and identification to lice on the skin.

(六)防治(Treatment and prevention)

猪虱的防治与猪疥螨病相同。对猪只应经常检查,特别是从外地购入的猪要仔细检查。在猪群中发现猪虱,全群猪只都要药物驱杀,才能消灭干净。对猪疥螨病有效的药物如敌百虫(dipterex)、双甲脒

(amitraz)、螨净(diazinon)、伊维菌素(ivermectin)等都可杀灭猪虱,因此,可同猪疥螨病同时治疗。对散养猪的虱病也可用烟草(tobacco)30 g、水 1 kg,煎水涂擦患部;或百部(stemonae)30 g,水 0.5 kg,煎煮 0.5 h,用药液涂擦患部。

Control was based on the application of insecticides either as a powder or as a wash. These included the organochlorine, gamma HCH, and organophosphates such as diazinon. Currently, ivermectin given parenterally or the organophosphate, phosmet, administered as a pour-on have both proved highly effective as a single treatment. Amitraz and deltamethrin are also effective against pig lice. For herd prophylaxis, gilts and sows should be treated before farrowing to prevent spread of infection to their piglets, and boars treated twice annually.

第十二章　反刍动物寄生虫病
Chapter 12　Parasitosis of Ruminants

第一节　吸　虫　病
Section 1　Trematodiasis

一、片形吸虫病(Fasciolosis)

片形吸虫病是由片形科(Fasciolidae)片形属(*Fasciola*)的肝片形吸虫(*F. hepatica*)和大片形吸虫(*F. gigantica*)寄生于牛、羊、骆驼等反刍动物(ruminants)的肝脏胆管(bile duct)和胆囊(gall bladder)内引起的寄生虫病。猪(pig)、马属动物(equines)、兔(rabbit)及一些野生动物(wildlife)也可感染,人也有被感染的报道。该病呈地方性流行,能引起急性或慢性肝炎和胆管炎(hepatitis and cholangitis),并伴发全身性中毒现象和营养障碍,危害相当严重,尤其对幼畜和绵羊,可以引起大批死亡。在其慢性病程中,使牛、羊消瘦(emaciation),发育障碍,生产力下降,病肝成为废弃物,往往给畜牧业带来巨大经济损失。

(一)病原形态(Pathogen morphology)

1. 肝片形吸虫(*F. hepatica*)

肝片形吸虫虫体长 20～30 mm,宽 5～13 mm,呈扁平叶片状(图 12-1)。表皮覆有细刺,前端伸展呈圆锥状突出,称为头锥(cephalic cone)。头锥的基部扩展,犹如一对阔肩。虫体后端逐渐缩小。鲜活虫体呈棕红色,固定后变为灰白色。口吸盘(oral sucker)在虫体的前端,呈圆形,直径 1 mm;口吸盘稍后方是腹吸盘(ventral sucker),直径 1.6 mm。肠管(intestine)主干有许多内外侧分支。雄性生殖器官(male reproductive organ)的 2 个睾丸前后排列于虫体中后部,呈树枝状。雌性生殖器官(female reproductive organ)的卵巢位于睾丸的右上方,呈鹿角状。子宫位于卵模与腹吸盘之间,曲折重叠的子宫内充满虫卵。卵黄腺由许多褐色颗粒组成,分布于虫体两侧。

Fasciola hepatica is one of the largest flukes in the world. The adult worm has a very characteristic leaf shape with the anterior end being broader than the posterior end and an anterior cone-shaped projection. The fluke possesses a powerful oral sucker at the end the anterior cone and a ventral sucker at the base of the cone which allow it to attach to the lining of the biliary ducts. Each worm possesses ovaries and testes which are highly branched and allow for individual flukes to produce eggs independently.

2. 大片形吸虫(*F. gigantica*)

大片形吸虫虫体长 37～76 mm,宽 5～10 mm,竹叶状。大片形吸虫与肝片形吸虫的区别在于:虫体呈长叶片状,更大一些;体长与宽之比大于 3∶1,虫体两侧缘较平行,肩部不明显,其内部构造和肝片形吸虫相似。

大片形吸虫虫卵(egg)呈椭圆形(图 12-1),黄褐色,有卵盖,卵内充满卵黄细胞和 1 个胚细胞。虫卵长 120～150 μm,宽 70～80 μm。

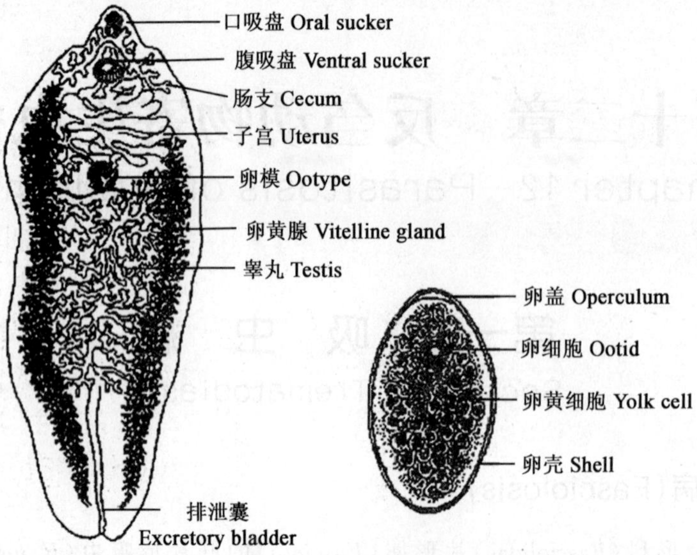

图 12-1 肝片形吸虫成虫和虫卵

Figure 12-1 Adult and egg of *Fasciola hepatica*

（二）生活史（Life cycle）

片形吸虫的终末宿主主要为反刍动物，中间宿主为椎实螺科（Lymnaeidae）的淡水螺（freshwater snail）。肝片形吸虫的中间宿主主要为小土蜗（*Galba pervia*），还有斯氏萝卜螺（*Radix swinhoei*）。大片形吸虫的中间宿主主要为耳萝卜螺（*R. auricularia*），不少地区还证实小土蜗也可作其中间宿主。成虫寄生于终末宿主的胆管内。虫卵在适宜的温度（25～26℃）、氧气和水分及光线条件下，经 10～20 d 孵出毛蚴（miracidium）。毛蚴在水中游动，遇到适宜的中间宿主即钻入其体内。毛蚴在外界环境中，通常只能生存 6～36 h，如遇不到适宜的中间宿主则死亡。毛蚴在螺体内无性繁殖，经历胞蚴（sporocyst）、母雷蚴（mother redia）、子雷蚴（daughter redia）和尾蚴（cercaria）几个阶段，最后尾蚴逸出螺体，这一过程需 35～50 d。侵入螺体内的一个毛蚴经无性繁殖可以发育形成数百个甚至上千个尾蚴。尾蚴在水中游动，在水中或附在水生植物上形成囊蚴（metacercaria）。终末宿主饮水或吃草时，连同囊蚴一起吞食而遭感染（图 12-2）。囊蚴在十二指肠脱囊，一部分童虫穿过肠壁，到达腹腔（abdominal cavity），经肝包膜（liver capsule）钻入肝脏，随后移行（migration）到达胆管（bile duct）。另一部分童虫钻入肠黏膜，经肠系膜静脉（mesenteric veins）进入肝脏。囊蚴由牛、羊自吞食到发育为成虫（粪便内查到虫卵）需 2～3 个月，潜伏期 10～12 周。成虫的寿命，最短为 17～18 周，长可达 3～5 年。

Eggs passed in the feces of the mammalian host hatch and release motile ciliated miracidia. This takes nine days at optimal temperatures of 25-26℃. The free miracidium has a short life span and must locate in a suitable snail within 6-36 hours if successful penetration of the latter occurs. In infected snails, development proceeds through the sporocyst and redial stages to the final stage, the cercaria in the intermediate host; these are shed from the snail as motile forms which attach themselves to firm surfaces, such as grass blades, and encyst there to form the infective metacercaria. It takes a minimum of 6 to 7 weeks for completion of development from miracidium to metacercaria, although under unfavourable circumstances a period of several months is required. Infection of a snail with one miracidium can produce thousands of metacercariae.

Metacercariae ingested by the definitive host excyst in the small intestine, migrate through the gut wall, cross the peritoneum and penetrate the liver capsule. The young flukes tunnel through the parenchyma for 2 to 3 months, then enter the small bile ducts where they migrate to the larger ducts and occasionally the gall bladder. The prepatent period is 10 to 12 weeks. The minimal period for completion of one entire life cycle of *F. hepatica* is therefore 17 to 18 weeks. The longevity of *F. hepatica* in untreated sheep may be 3 to 5 years; in cattle it is usually less than one year.

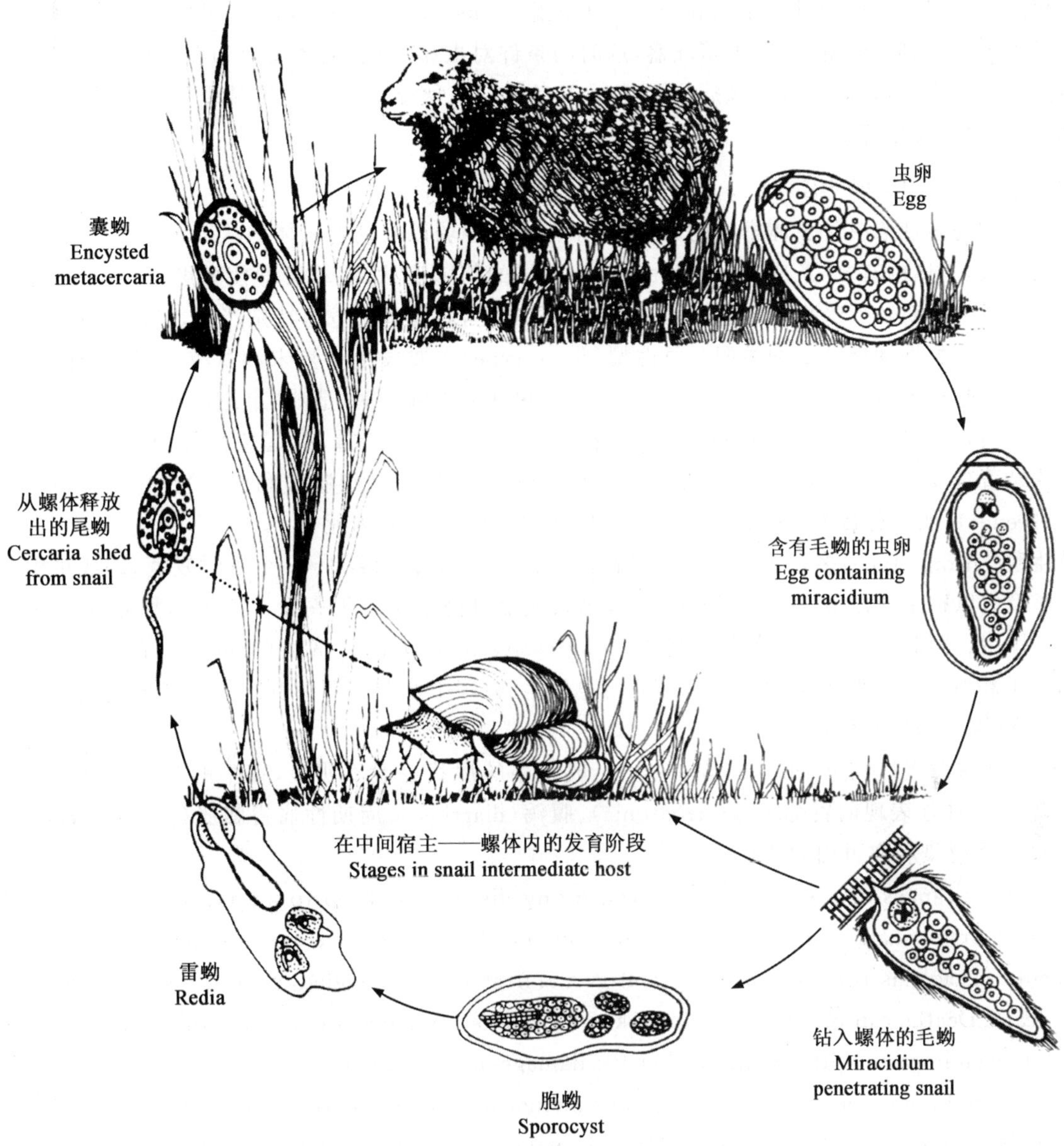

图 12-2 肝片形吸虫生活史

Figure 12-2 The life cycle of *Fasciola hepatica*

(仿自 Urquhart 等,2003)

(三)流行病学(Epidemiology)

片形吸虫病呈世界性分布(worldwide),是我国分布最广泛、危害最严重的寄生虫病之一。其宿主范围广泛。患畜和带虫者不断地向外界排出大量虫卵,污染环境,成为本病的感染源。

片形吸虫病呈地方性流行,多发生在低洼(low-lying)、潮湿(moisture)和多沼泽(swamp)的放牧地区。牛、羊最易感染,绵羊是最主要的终末宿主。舍饲的牛、羊也可因采食从低洼、潮湿地带采割的牧草而遭受感染。

该病的流行与外界自然条件关系密切。虫卵在低于 12℃时便停止发育，但对高温和干燥敏感。40～50℃时，几分钟死亡，在干燥的环境中迅速死亡。虫卵在潮湿的环境中可生存 8 个月以上。虫卵对低温的抵抗力较强（strong resistance to low temperature），在冰箱（2～4℃）中放置水里 17 个月仍有 60%以上的孵化率，但结冰后很快死亡。虫卵在结冰的冬季是不能越冬的。囊蚴对外界环境的抵抗力较强，在潮湿的环境中可生存 3～5 个月，但其对干燥和阳光直射敏感（sensitive to sunshine）。椎实螺类在气候温和、雨量充足的季节繁殖，晚春、夏、秋季繁殖旺盛，这时的条件对虫卵孵化、毛蚴发育和在螺体内的增殖及尾蚴在牧草上的发育也很适宜。因此，该病主要流行于春末、夏、秋季节。南方的温暖季节较长，感染季节也长，有时冬季也可发生感染。

（四）症状（Clinical signs）

临床症状的表现取决于虫体寄生的数量、毒素作用的强弱以及动物机体的状况。一般来说，牛体寄生有 250 条成虫，羊体内有 50 条成虫时，就会表现出明显的临床症状，但幼畜即使轻度感染，也可能表现症状。家畜中以绵羊对片形吸虫最敏感，山羊、牛和骆驼次之，对幼畜的危害特别严重，可以引起大批死亡。

症状可分为急性和慢性 2 种类型。急性型（acute type）主要发生于夏末和秋季，多发于绵羊，是由于短时间内随草吃进大量囊蚴（2 000 个以上）所致。童虫在体内移行时，造成“虫道（tunnel）”。引起移行路线上各组织器官的严重损伤和出血（hemorrhage），尤其肝脏受损严重，引起急性肝炎（acute hepatitis）。患羊食欲显著减少或废绝，精神沉郁（depression），可视黏膜苍白，红细胞数和血红蛋白显著降低，体温升高（fervescence），偶尔有腹泻（diarrhea），通常在出现症状后 3～5 d 内死亡。

慢性型（chronic type）多发于冬、春季，在吞食 200～500 个囊蚴后 4～5 个月时发病，即成虫引起的症状。片形吸虫以宿主的血液、胆汁和细胞为食，每条成虫可使宿主每天失血 0.5 mL，加之其毒素（toxin）具有溶血作用。因此，患羊表现渐进性消瘦（progressive marasmus），贫血（anemia），食欲不振（inappetence），被毛粗乱，眼睑、颌下水肿（edema），有时也发生胸、腹下水肿。叩诊肝脏的浊音界扩大。后期可能卧地不起，终因恶病质而死亡。

牛的症状多取慢性经过（chronic process）。成年牛的症状一般不明显，犊牛的症状明显。除了上述羊的症状以外，往往表现前胃弛缓（gastroatonia）、腹泻（diarrhea）、周期性瘤胃臌胀（periodic rumen tympanitis）。严重感染者亦可引起死亡。

Fasciolosis ranges in severity from a devastating disease in sheep to an asymptomatic infection in cattle. The course usually is determined by the number of metacercariae ingested over a short period. In sheep, acute fasciolosis occurs seasonally and is manifest by a distended, painful abdomen; anemia; and sudden death. Deaths can occur within 6 weeks of infection. In subacute disease, survival is longer (7 to 10 weeks), even in cases with significant hepatic damage, but deaths occur due to hemorrhage and anemia. Chronic fasciolosis is seen in all seasons; signs include anemia, unthriftiness, submandibular edema, and reduced milk secretion, but even heavily infected cattle may show no clinical signs.

（五）病变（Lesions）

急性型病理变化包括肠壁（intestinal wall）和肝组织（hepatic tissue）的严重损伤、出血，出现肝脏肿大（hepatomegaly）。其他器官也因幼虫移行出现浆膜（serosa）和组织损伤（tissue damage）、出血（hemorrhage），“虫道”内有童虫。黏膜苍白，血液稀薄，血中嗜酸性粒细胞明显增多（eosinophilia）。慢性感染，由于虫体的刺激和代谢物的毒素作用，引起慢性胆管炎（chronic cholangitis）、慢性肝炎（chronic hepatitis）和贫血（anemia）现象。肝脏肿大，胆管如绳索一样增粗，常凸出于肝脏表面，胆管壁发炎、粗糙，常在粗大变硬的胆管内发现有磷酸（钙、镁）盐等的沉积，肝实质（liver parenchyma）变硬。

Immature, wandering flukes destroy liver tissue and cause hemorrhage. In acute fasciolosis, damage is extensive; the liver is enlarged and friable with fibrinous deposits on the capsule. Migratory tracts can be seen, and the surface has an uneven appearance. In chronic cases, cirrhosis develops. Mature flukes damage the bile ducts, which become enlarged, or even cystic, and have thickened, fibrosed walls. In cattle, the duct walls become greatly thickened and often calcified. Flukes may be found in aberrant sites, eg, lungs.

（六）诊断(Diagnosis)

片形吸虫病的诊断要根据临床症状、流行病学资料、粪便检查及死后剖检等进行综合判定。粪便检查多采用反复水洗沉淀法(sedimentation method)和尼龙筛兜集卵法来检查虫卵。急性病例时，可在腹腔和肝实质等处发现童虫，慢性病例可在胆管内检获多量成虫。此外，免疫诊断法(immunological diagnosis method)，如ELISA、IHA等近年来均有使用，可用于家畜片形吸虫病的普查。也可用血浆酶含量检测法作为诊断该病的一个指标。在急性病例时，由于童虫损伤实质细胞，使谷氨酸脱氢酶(GDH)活性升高；慢性病例时，成虫损伤胆管上皮细胞，使7-谷氨酰转肽酶(7-GT)活性升高，持续时间可长达9个月之久。

Eggs of *F. hepatica* cannot be demonstrated in feces during acute fasciolosis. In subacute or chronic disease in cattle, the number varies from day to day, and repeated fecal examination may be required. Diagnosis can be aided by an ELISA that enables diagnosis 2 to 3 weeks after infection and well before the prepatent period. Plasma concentrations of γ-glutamyltransferase, which are increased with bile duct damage, are also helpful during the late maturation period when flukes are in the bile ducts. At necropsy, the nature of the liver damage is diagnostic. Adult flukes are readily seen in the bile ducts, and immature stages may be squeezed or teased from the cut surface.

（七）防治(Treatment and prevention)

1. 治疗(Treatment)

应在早期诊断的基础上及时治疗患病家畜，方能取得较好的效果。目前常用的药物如下，各地可根据药源和具体情况加以选用。

(1)三氯苯达唑[Triclabendazole，肝蛭净(fasinex)] 牛用10%的混悬液或含900 mg的丸剂，按10 mg/kg体重，经口投服；羊用5%的混悬液或含250 mg的丸剂，按12 mg/kg体重，经口投服。该药对成虫、幼虫和童虫均有高效驱杀作用，亦可用于治疗急性病例。患畜治疗后14 d肉才能食用，乳10 d后才能食用。

(2)阿苯达唑[Albendazole，抗蠕敏(zetal)] 牛按10 mg/kg体重，羊按15 mg/kg体重，一次口服，对成虫有良效，但对童虫效果较差。该药为广谱驱虫药，亦可用于驱除胃肠道线虫、肺线虫和绦虫。

(3)氯氰碘柳胺(Closantel) 牛按5 mg/kg体重，羊按10 mg/kg体重，一次口服。或牛按2.5～5 mg/kg体重，羊按5～10 mg/kg体重，皮下或肌肉注射。注射液对局部组织有一定的刺激性，应深层肌肉注射。为防止中毒，不得同时使用其他含氰化合物。牛、羊的休药期为28 d。

(4)溴酚磷(Bromofenofos，蛭得净) 牛按12 mg/kg体重，羊按16 mg/kg体重，一次口服，对成虫和童虫均有良好的驱杀效果，因此，可用于治疗急性病例。

(5)碘硝酚腈(Nitroxynil) 牛按10 mg/kg体重，羊按15 mg/kg体重皮下注射；或牛按20 mg/kg体重，羊按30 mg/kg体重一次口服。该药对成虫和童虫均有较好的驱杀作用，但在畜体内残留时间较长，用药1个月后肉、乳才能食用。

2. 预防(Prevention)

应根据该病的流行病学特点，制订出适合于本地区行之有效的综合性预防措施。

(1)定期驱虫(Periodic deworming) 驱虫的时间和次数可根据流行区的具体情况而定。针对急性病例，可在夏、秋季选用肝蛭净等对童虫效果好的药物。针对慢性病例，北方全年可进行2次驱虫，第1次在冬末初春，由舍饲转为放牧之前进行，第2次在秋末冬初，由放牧转为舍饲之前进行。大面积的预防性驱虫，应统一时间和地点，对于驱虫后的家畜粪便可应用堆积发酵法杀死虫卵，以免污染环境。南方终年放牧，每年可进行3次驱虫。

(2)消灭椎实螺(Eliminating lymnaeid snails) 利用兴修水利,改造低洼地,使螺无法生存;大量养殖水禽,以消灭螺蛳(但应注意防止禽吸虫病的流行,因为禽的许多吸虫的中间宿主也是螺类);亦可采用化学灭螺法,如从每年的3~5月份,气候转暖,螺类开始活动起,利用1∶50 000的硫酸铜(copper sulfate)或氨水(aqueous ammonia),2.5 mg/L的血防67,或在草地上小范围的死水内用生石灰(calcined lime)等灭螺。

(3)安全放牧(Safe grazing) 不要在低洼、潮湿地带放牧;在牧区有条件的地方,实行划地轮牧,可将牧地划分为4块,每月1块(3~11月份),这样间隔3个月方能轮牧1次(从片形吸虫卵发育到囊蚴一般需55~75 d),就可以大大降低牛、羊感染的机会;保持牛、羊的饮水和饲草卫生,最好饮用井水或质量好的流水,低洼潮湿地的牧草采割晒干后才能饲喂家畜。

Control measures for *F. hepatica* ideally should involve removal of flukes in affected animals, reduction of the intermediate host snail population, and prevention of livestock access to snail-infested pasture. In practice, only the first of these is used in most cases. While molluscicides can be used to reduce lymnaea snail populations, those that are available all have drawbacks that restrict their use. Copper sulfate, if applied before the snail population multiplies each year, is effective but toxic to sheep, which must be kept off treated pasture for 6 weeks after application. Other such chemicals are generally too expensive and have ecologically undesirable effects. Prevention of livestock access to snail-infested pasture is frequently impractical because of the size of the areas involved and the consequent expense of erecting adequate fencing. Several drugs are available to treat infected ruminants, including triclabendazole, clorsulon (cattle and sheep only), albendazole, netobimin, closantel, rafoxanide, and oxyclozanide. Not all are approved in all countries (eg, only clorsulon and albendazole are approved in the USA), and most have long withdrawal periods before slaughter if used in meat-producing animals and before milk from treated livestock can be used for human consumption.

二、双腔吸虫病(Dicrocoeliasis)

双腔吸虫病是由双腔科(Dicrocoeliidae)双腔属(*Dicrocoelium*)的矛形双腔吸虫(*D. lanceatum*)、东方双腔吸虫(*D. orientalis*)或中华双腔吸虫(*D. chinensis*)寄生于牛、羊、骆驼和鹿的胆管(bile duct)和胆囊(gall bladder)内引起的寄生虫病。双腔吸虫也可感染马属动物(equines)、猪(pig)、犬(dog)、兔(rabbit)、猴(monkey)及其他动物,偶见于人(human)。该病分布广泛,在我国各地都有发生,北方及西南地区较常见,尤其西北诸省区和内蒙古流行严重,能引起胆管炎(cholangitis)、肝硬变(hepatic cirrhosis),并导致代谢障碍(dysbolism)和营养不良(malnutrition)。双腔吸虫常和片形吸虫混合感染(mixed infection)。

(一)病原形态(Pathogen morphology)

1. 矛形双腔吸虫(*D. lanceatum*)

矛形双腔吸虫虫体长5~15 mm,宽1.5~2.5 mm,呈柳叶状(图12-3)。前部狭小,中央部以后最宽,表皮光滑。肠管为分支的盲肠。腹吸盘比口吸盘大,位于肠叉稍后方。2个睾丸(testis)前后斜列于腹吸盘的后方,近圆形,边缘不齐或分叶状。睾丸之后依次排列着卵巢、受精囊和梅氏腺。生殖孔开口于腹吸盘的前方,肠管分叉处附近有雄茎囊。卵黄腺呈颗粒状分布于体中部的两侧,子宫弯曲,内含大量虫卵,位于虫体后半部。

2. 中华双腔吸虫(*D. chinensis*)

中华双腔吸虫体长3.54~8.96 mm,宽2.63~3.09 mm。体较宽扁,在腹吸盘前方的体部呈头锥状,其后体的两侧作肩样突起而较宽。2个睾丸近圆形,边缘不整齐或稍分叶,并列于腹吸盘之后;卵巢位于一睾丸之后,略靠体中线。

双腔吸虫的虫卵为不对称的卵圆形,少数为椭圆形;一端有稍倾斜的卵盖,壳口边缘有齿状缺刻。整个虫卵为暗褐色,长38~45 μm,宽22~30 μm,内含毛蚴。

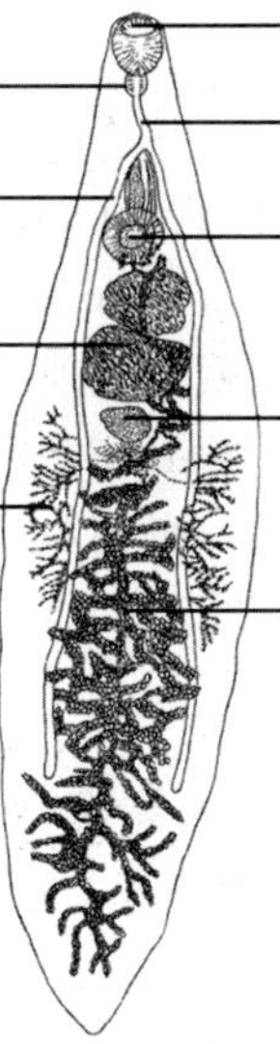

图 12-3 矛形双腔吸虫成虫

Figure 12-3 Adult *Dicrocoelium lanceatum*

(二)生活史(Life cycle)

双腔吸虫在其生活史中需要 2 个中间宿主:第一中间宿主为陆地螺(land snail),第二中间宿主为蚂蚁(ant)。我国各地报道的中间宿主种类有所不同。卵被蜗牛吞食后开始孵化,并在其体内发育为母胞蚴(mother sporocyst)和子胞蚴(daughter sporocyst)2 个阶段,最后产生尾蚴(cercaria)。尾蚴和黏土黏合在一起。这个过程需要 82～150 d。黏附有尾蚴的黏球被蚂蚁食入,大多数尾蚴在蚂蚁体腔中发育为囊蚴(metacercaria),少数在蚂蚁大脑中发育为囊蚴。囊蚴伤害蚂蚁的脑,促使蚂蚁爬向并停留在植物顶端。这就增加了终宿主的感染机会。在夏季,蚂蚁体内的发育过程 1 个月就可以完成。囊蚴在终宿主的小肠内逸出童虫,后者移行至胆总管内,随后进入肝内的一些小胆管。潜伏期(prepatent period)是 10～12 周。成虫的寿命很长,可以在终宿主体内生存几年。

The egg does not hatch until ingested by the first intermediate host, the land snail, in which two generations of sporocysts develop, and then produce cercariae. The latter are extruded in masses cemented together by slime. This phase of development takes 82 to 150 days. The slime balls of cercariae are ingested by ants in which they develop into metacercariae mainly in the body cavity and occasionally the brain. The presence of a brain lesion in the ant, induced by metacercariae, impels the ant to climb up and remain on the tips of the herbage, thus increasing the chance of ingestion by the final host. This phase in the ant is completed in just over one month in summer temperatures. In the definitive host, the metacercariae hatch in the small intestine and the young flukes migrate up the main bile duct and then to the smaller ducts in the liver. There is no parenchymal migration and the prepatent period is 10 to 12 weeks. The flukes are long-lived and can survive in the definitive host for several years.

(三)流行病学(Epidemiology)

本病的分布几乎遍及世界各地(worldwide),多呈地方性流行。在我国的分布极其广泛,其流行与陆地螺和蚂蚁的广泛存在有关。双腔吸虫的终末宿主众多,有记载的哺乳动物达 70 余种,除牛、羊、鹿、骆驼、马、猪、兔等外,许多野生的偶蹄类动物(ungulates)均可感染。在温暖潮湿的南方地区,陆地螺和蚂蚁可全年活动,因此,动物几乎全年都可感染;而在寒冷干燥的北方地区,中间宿主要冬眠(hibernation),动物的感染明显具有春、秋两季特点,但动物发病多在冬、春季节。动物随年龄的增加,其感染率和感染强度也逐渐增加,感染的虫体数可达数千条,甚至上万条。虫卵和在第一、二中间宿主体内的各期幼虫均可越冬(overwintering),且不丧失感染性。

(四)症状和病变(Clinical signs and lesions)

双腔吸虫在胆管内寄生,由于虫体的机械性刺激(mechanical irritation)和毒素作用,可引起胆管卡他性炎症(catarrhal inflammation)、胆管壁增厚(thickening)、肝脏肿大(hepatomegalia)。但多数牛、羊症状轻微或不表现症状。严重感染时,尤其在早春,就会表现出严重的症状。一般表现为慢性消耗性疾病的临床特征,如精神沉郁(depression)、食欲不振(inappetence)、渐进性消瘦(progressive marasmus)、可视黏膜黄染(stained yellow)、贫血(anemia)、颌下水肿、腹泻(diarrhoea)、行动迟缓、喜卧等。严重病例可导致死亡。

(五)诊断(Diagnosis)

在流行病学调查的基础上,结合临床症状进行粪便检查(fecal examination),发现多量虫卵可作出确诊;死后剖检,可在胆管中发现大量虫体,以资确诊。

Diagnosis is done by egg detection in the feces or by identification of the flukes after necropsy. However,since the eggs are passed to the intestine only when the gall bladder is emptied,a negative fecal egg count is not conclusive,i. e. there can be false negatives.

(六)防治(Treatment and prevention)

1. 治疗(Treatment)

双腔吸虫病可用下列药物:①阿苯达唑(albendazole)。可用于驱动物线虫、绦虫、肝片形吸虫等,但驱除双腔吸虫剂量要加大。羊按30~40 mg/kg体重,牛按10~15 mg/kg体重,一次口服,疗效甚好。或用其油剂腹腔注射,疗效可达96%~100%。②吡喹酮(praziquantel)。羊按60~70 mg/kg体重,牛按35~45 mg/kg体重,一次口服。③海涛林(hetolin,三氯苯丙酰嗪)。羊按40~50 mg/kg体重,牛按30~40 mg/kg体重,配成2%的混悬液,经口灌服有特效。

2. 预防(Prevention)

可以采取定期驱虫(periodic deforming),最好在每年的秋末和冬季进行,对所有在同一牧地上放牧的牛、羊同时驱虫,以防虫卵污染草场,如此坚持数年,可达到净化草场的目的。还应采取其他措施,如结合改良牧地,除去杂草、灌木丛等,以消灭其中间宿主——陆地螺,也可用人工捕捉或在草地养鸡灭螺。

The most important preventative measure is to keep the snail population as low as possible. The snails that act as intermediate hosts are terrestrial,but need humidity for development and survival. Effective drainage or anything else that keeps the pastures dry will reduce the snail population. A few anthelmintics may have a label claim against *Dicrocoelium* spp. on livestock. There are reports on effective control with albendazole (1×15 mg/kg or 2×7.5 mg/kg for on consecutive days for sheep and cattle, 10 mg/kg for cattle),triclabendazole,netobimin (20 mg/kg) and praziquantel (20 mg/kg for 2 days).

三、阔盘吸虫病(Eurytrematosis)

阔盘吸虫病是由双腔科(Dicrocoeliidae)阔盘属(*Eurytrema*)的多种吸虫寄生于牛、羊等反刍动物的胰管(pancreatic duct),少见于胆管(bile duct)及十二指肠(duodenum)引起。兔(rabbit)、猪(pig)及人亦可感染。本病在我国各地均有报道,东北某些地区的牛、羊感染率可达60%~70%,江南水牛的感染率也在60%~80%。本病以营养障碍、腹泻、消瘦(emaciation)、贫血(anemia)、水肿(edema)为特征,严重的可引起大批死亡。

(一)病原形态(Pathogen morphology)

阔盘吸虫为小型吸虫(图12-4),活时呈棕红色,固定后为灰白色。虫体扁平,较厚,呈长卵圆形,表皮上有细刺,成虫时常已脱落。口吸盘(oral sucker)位于亚顶端,腹吸盘(ventral sucker)位于体中线附近。咽小,食道短。2个睾丸(testes)横列于腹吸盘的稍后方。生殖孔(genital pore)开口于肠叉的后方,雄茎囊(cirrus sac)呈管状,达于腹吸盘的前缘。卵巢位于中线附近、睾丸之后。子宫(uterus)弯曲,内充满棕色虫卵,位于虫体的后半部。卵黄腺(vitelline gland)呈颗粒状,位于虫体中部两侧。排泄囊(excretory vesicle)呈"T"状,排泄孔(excretory pore)开口于体后端尾突的中央。

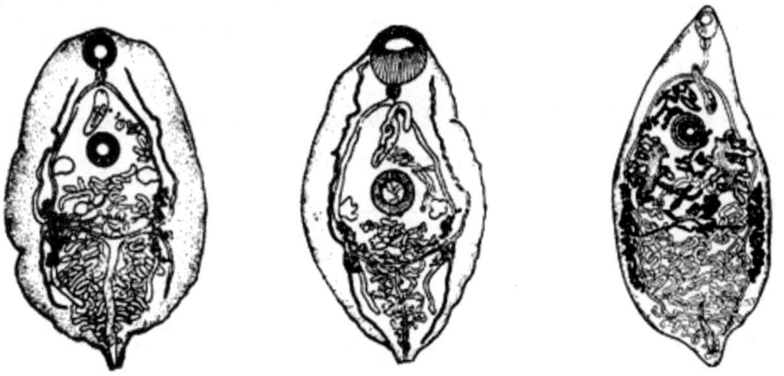

腔阔盘吸虫 *E. coelomaticum*　　胰阔盘吸虫 *E. pancreaticum*　　支睾阔盘吸虫 *E. cladorchis*

图 12-4 阔盘吸虫的成虫

Figure 12-4 Adult *Eurytrema* spp.

虫卵呈黄棕色或深褐色,椭圆形,两侧稍不对称,一端有卵盖(operculum)。虫卵长 41～52 μm,宽 30～34 μm。卵壳厚,卵内含毛蚴。毛蚴呈椭圆形,前端有一锥刺,神经团呈横方形,位于毛蚴中部稍前方;2 个排泄囊为卵圆形,对称分布于毛蚴后部两侧。

(二)生活史(Life cycle)

阔盘吸虫生活史中都要经过虫卵(egg)、毛蚴(miracidium)、母胞蚴(mother sporocys)、子胞蚴(daughter sporocyst)、尾蚴(cercaria)、囊蚴(metacercariae)、童虫(young flukes)及成虫(adult)等发育阶段。这里以胰阔盘吸虫(*E. pancreaticum*)的发育为例叙述如下:成虫寄生于终末宿主的胰管等处,虫卵随粪便排出体外,被陆地螺(land snail)吞食后,虫卵内的毛蚴孵出,进而发育为母胞蚴、子胞蚴和尾蚴,许多尾蚴位于成熟子胞蚴内,子胞蚴黏团逸出螺体,被草螽(grasshopper)吞食后,尾蚴发育成囊蚴,牛、羊等终末宿主吞食含有囊蚴的草螽而感染。囊蚴在其十二指肠内脱囊,并顺胰管口进入胰脏。从陆地螺吞食虫卵到发育为成熟的子胞蚴排出螺体,需 5～6 个月(有报道认为,夏末以后感染的螺,这一时间可延长至 1 年),从草螽吞食子胞蚴到发育为囊蚴需要 23～30 d,牛、羊自吞食囊蚴至发育为成虫需要 80～100 d。胰阔盘吸虫完成整个生活史需要 10～16 个月。

The fluke *Eurytrema pancreaticum* is found in the pancreatic ducts of ruminants in parts of Asia, Brazil and Venezuela. It has two consecutive intermediate hosts, a land snail followed by a grasshopper. Infection of the definitive host is by ingestion of the grasshopper and migration of the fluke from the small intestine to the final site in the pancreatic duct. It takes 80 to 100 days. Heavy infections are reported as causing fibrosis and atrophy of the pancreas. This whole phase of development takes 10 to 16 months.

(三)流行病学(Epidemiology)

阔盘吸虫在我国分布很广,以胰阔盘吸虫和腔阔盘吸虫流行最广。阔盘吸虫的生活史中有 2 个中间宿主。第一中间宿主为陆地螺,第二中间宿主为草螽。我国各地所报道的中间宿主种类有所不同。本病的流行与其中间宿主陆地螺、草螽等的分布密切相关。从各地报道看,牛、羊等家畜感染囊蚴多在 7～10 月份。此时,被感染的草螽活动性降低,很容易被终末宿主随草吞食而受感染。牛、羊发病多在冬、春季。

(四)症状和病变(Clinical signs and lesions)

阔盘吸虫病的症状取决于虫体寄生的数量和动物的体质。寄生数量少时,不表现临床症状。严重感染时,常发生代谢失调(metabolic disorder)和营养障碍(dystrophia),表现为消化不良(indigestion)、精神沉郁(depression)、消瘦(emaciation)、贫血(anemia)、颌下、胸前水肿(edema)、腹泻(diarrhoea)、粪便中带有黏液,最终可因恶病质(cachexia)而死亡。

剖检可见胰脏肿大,粉红色胰脏内有紫色斑块或条索,切开胰脏,可见多量红色虫体。胰管增厚(thickening),呈现增生性炎症(proliferative inflammation),管腔黏膜有乳头状小结节(lesser tubercle),有时管腔闭塞(obliteration)。有弥漫性或局限性的淋巴细胞、嗜酸性粒细胞和巨噬细胞浸润(infiltration of lymphocyte,eosinophil and macrophage)。

(五)诊断(Diagnosis)

患病家畜临床上虽有症状,但缺乏特征性。应采用水洗沉淀法(sedimentation method)检查粪便中的虫卵,或剖检时发现大量虫体可以做出确诊。

(六)防治(Treatment and prevention)

1. 治疗(Treatment)

可用吡喹酮(praziquantel),羊按 60～70 mg/kg 体重,牛按 35～45 mg/kg 体重,一次口服;或按 30～50 mg/kg 体重,用液体石蜡(liquid paraffin)或植物油(vegetable oil)配成灭菌油剂,腹腔注射(intraperitoneal injection)。上述方法均有较好的疗效。

2. 预防(Prevention)

应根据当地情况采取综合措施。定期驱虫(periodical deworming)以杀灭病原体;消灭中间宿主(to eliminate the intermediate host),切断其生活史;有条件的地方,实行划地轮牧(rotation grazing),以净化草场;加强饲养管理,防止牛、羊等家畜感染等。如此坚持数年,就能控制本病的发生和流行。

四、东毕吸虫病(Orientobilharziasis)

东毕吸虫病是由分体科东毕属(*Orientobilharzia*)的吸虫寄生于牛、羊、骆驼(camel)等反刍动物的门静脉系统(portal vein system)和肠系膜静脉(mesenteric veins)内引起的寄生虫病。该病在我国分布较为广泛,可以引起牛、羊的大批死亡。

(一)病原形态(Pathogen morphology)

我国已报道的寄生于牛、羊体内的东毕吸虫主要有土耳其斯坦东毕吸虫(*O. turkestanicum*)、彭氏东毕吸虫(*O. bomfordi*)、程氏东毕吸虫(*O. cheni*)以及土耳其斯坦东毕吸虫变种(*O. turkestanicum* var. *tuberculata*),其中前 2 种较为常见。

1. 土耳其斯坦东毕吸虫(*O. turkestanicum*)

土耳其斯坦东毕吸虫虫体呈线形,雌雄异体,但常为合抱状态。雄虫为乳白色,大小为(4.39～4.56) mm×(0.36～0.42) mm。腹面有抱雌沟。睾丸数目为 78～80 个,细小,呈颗粒状,位于腹吸盘后侧上方。呈不规则的双行排列。生殖孔开口于腹吸盘后方。雌虫为暗褐色,较雄虫纤细,大小为(3.95～5.73) mm×(0.07～0.116) mm。卵巢呈螺旋状扭曲,位于两肠管合并处之前。卵黄腺在肠单支的两侧。子宫短,在卵巢前方,其内通常只有 1 个虫卵,虫卵大小为(72～74) μm×(22～26) μm。无卵盖,两端各有 1 个附属物,一端较尖,另一端钝圆。

2. 程氏东毕吸虫(*O. cheni*)

程氏东毕吸虫雄虫为乳白色,粗大,大小为(3.12～4.99) mm×(0.23～0.34) mm。腹面抱雌沟较土耳其斯坦东毕吸虫明显。睾丸数目为 53～99 个,一般在 60 个以上,拥挤重叠,单行排列。雌虫较雄虫细小,暗褐色,大小为(2.63～3.00) mm×(0.09～0.14) mm。两肠管在虫体后半部合并。虫卵大小为(80～130) μm×(30～50) μm。

（二）生活史（Life cycle）

东毕吸虫的生活史和日本血吸虫基本相似。雌虫在牛、羊等动物的肠系膜静脉内产卵。虫卵随血液循环到肠壁或肝脏内形成结节。胚细胞在卵壳内发育形成毛蚴（miracidium），毛蚴分泌溶细胞物质并透过卵壳破坏血管壁和肠壁从而使虫卵进入肠道随粪便排出体外。虫卵在适宜的条件下逸出毛蚴。毛蚴在水中遇到适宜的中间宿主淡水螺即钻入其体内，经过母胞蚴（mother sporocyst）、子胞蚴（daughter sporocyst）发育为尾蚴（cercariae）。尾蚴从螺体逸出，遇到终末宿主后通过皮肤钻入体内，移行到寄生部位发育为成虫（adult）。

（三）流行病学（Epidemiology）

东毕吸虫主要分布于我国东北、西北、华北、西南等地，呈地方性流行（endemic）。终末宿主主要为牛、羊等反刍动物。马属动物和一些野生的哺乳动物（wild mammals）常作为保虫宿主（reservoir host）。中间宿主是椎实螺类（Lymnaeidae），包括耳萝卜螺（*Radix auricularia*）、卵萝卜螺（*R. ovata*）和小土窝螺（*Galba pervia*）等。东毕吸虫病的流行具有季节性（seasonality），一般在每年的 5～10 月份发生和流行。成年牛、羊的感染率（infection rate）往往比幼年的高。

（四）致病作用（Pathogenesis）

东毕吸虫的尾蚴在移行（migration）过程中会引起一系列的组织损伤（tissue damage），出血（hemorrhage）和局部炎症。在非终末宿主人体内移行时不能发育为成虫，但会引起人尾蚴性皮炎（cercarial dermatitis）。成虫的致病作用表现在 2 个方面：机械性损伤（mechanical injury）导致门静脉循环（portal circulation）受阻和肝细胞的破坏，从而引起腹水（ascites）和肝硬化（hepatic cirrhosis）；毒素（toxin）的危害则表现为对机体生理功能的影响。

（五）症状（Clinical signs）

临床上常呈慢性经过（chronic process）。病畜表现为腹泻（diarrhoea）、贫血（anemia），下颌和腹下水肿（edema），体瘦毛焦，发育不良（cacoepy）。饲养管理不善时常因恶病质（cachexia）而死亡。怀孕母畜流产（abortion）。

（六）病变（Lesions）

患畜尸体（corpse）消瘦（emaciation），贫血（anemia），腹腔（abdominal cavity）内有大量腹水（ascites）。肠系膜淋巴结（mesenteric lymph node）严重水肿（edema）。肝脏表面凹凸不平，质硬，上有大小不等的灰白色虫卵结节（egg nodule），肿大或硬化。

诊断和防控措施可参考日本血吸虫病。

五、前后盘吸虫病（Paramphistomiasis）

前后盘吸虫病是由前后盘科（Paramphistomatidae）的各属虫体所引起的吸虫病的总称。前后盘吸虫主要有同盘属（*Paramphistomum*）、殖盘属（*Cotyloporon*）、腹袋属（*Gastrothylax*）、菲策属（*Fischoederius*）、卡妙属（*Carmyerius*）及平腹属（*Homalogaster*）等。除平腹属的成虫寄生于牛、羊等反刍动物的盲肠（cecum）、结肠（colon）外，其余各属成虫均寄生于瘤胃（rumen）。成虫的感染强度往往较大，但危害一般较轻。如果大量童虫在移行过程中寄生在皱胃（abomasum）、小肠（small intestine）、胆管（bile duct）和胆囊（gall bladder）时，可引起严重的疾病，甚至导致死亡。

（一）病原形态（Pathogen morphology）

前后盘吸虫（paramphistomes）的种类繁多，虫体的大小、颜色、形状及内部构造均因种类不同而有差异。总的特征是虫体肥厚，呈长椭圆形或圆锥形，口吸盘在前端，腹吸盘很发达，位于虫体亚末端，好似虫体两端有口，故又名双口吸虫。下面以鹿同盘吸虫（*P. cervi*）为代表加以描述。

鹿同盘吸虫呈圆锥形（图 12-5），乳白色，大小为（8.8～9.6）mm×（4.0～6.4）mm。口、腹吸盘大小之比为 1∶2,缺咽,肠支甚长,经 3～4 个回旋弯曲,伸达腹吸盘边缘。睾丸 2 个,呈横椭圆形,前后相接排列,位于虫体中部。储精囊长而弯曲。生殖孔开口于肠支起始部的后方。卵巢呈圆形,位于睾丸后侧缘,通过输卵管经卵模接子宫。子宫盘绕,大部分在两肠之间。卵黄腺呈滤泡状,分布于肠支两侧。

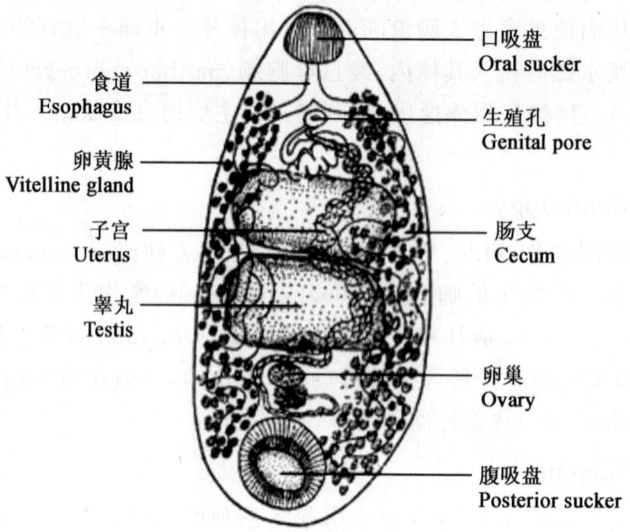

图 12-5　鹿同盘吸虫成虫

Figure 12-5　Adult *Paramphistomum cervi*

(二)生活史(Life cycle)

前后盘吸虫种类繁多,有的生活史已被阐明,有的尚待进一步研究。兹以鹿同盘吸虫(*P. cervi*)为例,将其生活史简述如下:成虫(adult)寄生于反刍动物的瘤胃(rumen),虫卵(egg)随粪便排至外界,虫卵在适宜的条件下约经 2 周孵出毛蚴。毛蚴(miracidium)在水中游动,遇到适宜的中间宿主淡水螺类,如扁卷螺(planorbid snails),即钻入其体内,发育为胞蚴(sporocyst)、雷蚴(redia)和尾蚴(cercaria)。尾蚴大约在螺感染后 43 d 开始逸出螺体,附着在水草上形成囊蚴(metacercaria)。牛、羊等反刍动物吞食含有囊蚴的水草而感染。囊蚴在肠道脱囊,童虫(young flukes)在小肠、皱胃(abomasum)和其黏膜下组织及其胆管、胆囊和腹腔(abdominal cavity)等处移行寄生,经数十天到达瘤胃,在瘤胃内需要 3 个月发育为成虫。潜伏期 7～10 周。

Development of *Paramphistomum* in the snail intermediate host is similar to that of *Fasciola* and under favourable conditions (26-30℃) can be completed for 43 d. After ingestion of encysted metacercariae with herbage, development in the final host occurs entirely in the alimentary tract. Following excystment in the duodenum the young flukes attach and feed there for about 3 month before migrating forward to the fore stomachs where they mature. The prepatent period is between 7 and 10 weeks.

(三)流行病学(Epidemiology)

前后盘吸虫在我国各地广泛流行,不仅感染率(infection rate)高,而且感染强度(infection intensity)大,常见成千上万的虫体寄生,而且几属多种虫体混合感染。流行季节主要取决于当地气温和中间宿主的繁殖发育季节以及牛、羊等放牧情况。南方可常年感染,北方主要在 5～10 月份感染。多雨年份易造成本病的流行。

(四)症状(Clinical signs)

童虫的移行(migration)和寄生往往引起急性、严重的临床症状,如精神委顿(depression),顽固性下痢(fulminating diarrhoea),粪便带血、恶臭,有时可见幼虫。严重的贫血(anemia)、消瘦(emaciation),有时食欲减退(decreased appetite),体温升高(fervescence)。嗜中性粒细胞增多并且核左移,嗜酸性粒细胞和淋巴细胞增多，最后卧地不起，衰竭死亡。大量成虫寄生时，往往表现为慢性消耗性疾病的症状(chronic consumptive symptom)，如食欲减退、消瘦(emaciation)、贫血(anemia)、颌下水肿(edema)、腹泻(diarrhoea)，但体温一般正常。急性病例以犊牛常见。

The adult flukes in the stomach are usually not very harmful, despite the high numbers that can congregate there. However, masses of young flukes attaching to the gut wall and feeding on it are very harmful. The major clinical sign of stomach fluke infection is enteritis (inflammation of the small intestine) and strong diarrhea (watery scour) with blood traces, and as a consequence dehydration, dullness, weight loss, etc. Anemia and *bottle jaw* can also develop.

(五)病变(Lesions)

可见瘤胃壁上有大量成虫寄生，瘤胃黏膜肿胀、损伤。童虫移行时可造成"虫道"，使胃肠黏膜和其他脏器受损，有多量出血点(petechia)，肝脏瘀血(liver congestion)，胆汁稀薄，颜色变淡，病变各处均有多量童虫。

(六)诊断(Diagnosis)

根据上述临床症状，检查粪便中的虫卵。死后剖检，在瘤胃等处发现大量成虫、幼虫和相应的病理变化，可以确诊。

Diagnosis requires fecal examination, which can reveal either eggs (not easy to distinguish from *Fasciola hepatica* eggs) or young flukes. A history of *Paramphistomum* infections in the region supports the diagnosis.

(七)防治(Treatment and prevention)

1. 治疗(Treatment)

可用氯硝柳胺(niclosamide)，牛按 50～60 mg/kg 体重，羊按 70～80 mg/kg 体重，一次口服。该药对成虫有很好的杀灭作用，对童虫和幼虫亦有较好的作用。

2. 预防(Prevention)

前后盘吸虫的预防应根据当地情况来进行，可采取以下措施：如改良土壤，使潮湿或沼泽地区干燥，造成不利于淡水螺类生存的环境；不在低洼、潮湿地带放牧、饮水，以避免牛、羊感染；利用水禽或化学药物灭螺；舍饲期间进行预防性驱虫等。

第二节　绦 虫 病
Section 2　Cestodiasis

一、莫尼茨绦虫病(Monieziosis)

莫尼茨绦虫病是由裸头科(Anoplocephalidae)莫尼茨属(*Moniezia*)的扩展莫尼茨绦虫(*M. expansa*)和贝氏莫尼茨绦虫(*M. benedeni*)寄生于牛、羊、骆驼等反刍兽的小肠(small intestine)内引起的一种寄生虫病。该病是反刍兽最主要的蠕虫病之一，分布非常广泛，多呈地方性流行。对羔羊和犊牛的危害尤为严重，可以造成大批死亡。

(一)病原形态(Pathogen morphology)

1. 扩展莫尼茨绦虫(*M. expansa*)

扩展莫尼茨绦虫体长 1～6 m，宽 12～16 mm，呈乳白色。头节细小呈球形，具有 4 个吸盘而无顶突和钩。链体节片宽度大于长度，越往后长宽相差越小。成熟节片每节含 2 套生殖器官，两侧对称分布，生殖孔开口于节片两侧。每套雌性生殖器官各有 1 个卵巢和 1 个卵黄腺。卵巢与卵黄腺围绕着卵模构成圆环形。雄性生殖器官有睾丸(testes)300～400 个，散布于整个节片之中，向两侧较密集，其输精管、雄茎囊和雄茎均与雌性生殖管并列。每个成熟节片的后缘附近有 5～28 个泡状节间腺(interproglottidal glands),排成一行。孕节中,2 个子宫互相会合成网状。

2. 贝氏莫尼茨绦虫(*M. benedeni*)

贝氏莫尼茨绦虫体长可达 6 m,最宽处为 26 mm;生殖孔开口于两侧缘的前 1/3 处。睾丸数较多(340～500 个)。节片后缘附近的节间腺呈小点状分布,呈横带状,仅有扩展莫尼茨绦虫节间腺分布范围的 1/3 长(图 12-6),这是和扩张莫尼茨绦虫的主要区别点。

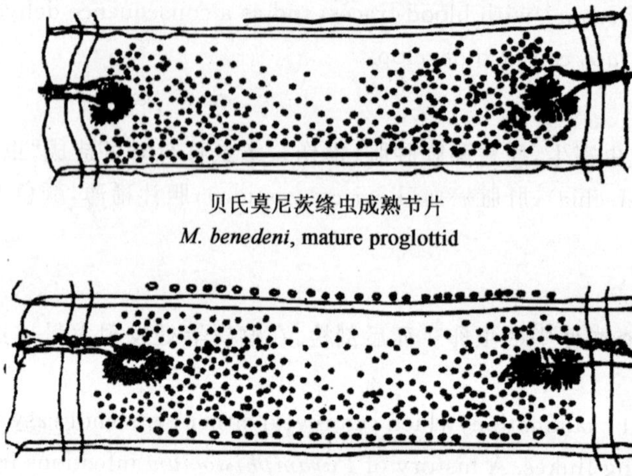

贝氏莫尼茨绦虫成熟节片

M. benedeni, mature proglottid

扩展莫尼茨绦虫成熟节片

M. expansa, mature proglottid

图 12-6 莫尼茨绦虫成熟节片

Figure 12-6 Mature proglottids of *Moniezia* spp.

裸头绦虫的虫卵特征是卵形不一,呈三角形、卵圆形、方形或圆形,直径 50～60 μm,卵内有 1 个含六钩蚴的梨形器。2 种绦虫卵容易区别:扩展莫尼茨绦虫虫卵近似三角形,贝氏莫尼茨绦虫虫卵为四方形。

(二)生活史(Life cycle)

莫尼茨绦虫的成虫寄生于牛、羊、骆驼等终末宿主小肠(图 12-7),孕节(gravid proglottids)和虫卵(egg)随宿主粪便排出体外。虫卵被中间宿主——地螨(forage mite)吞食,虫卵内的六钩蚴(oncosphere)

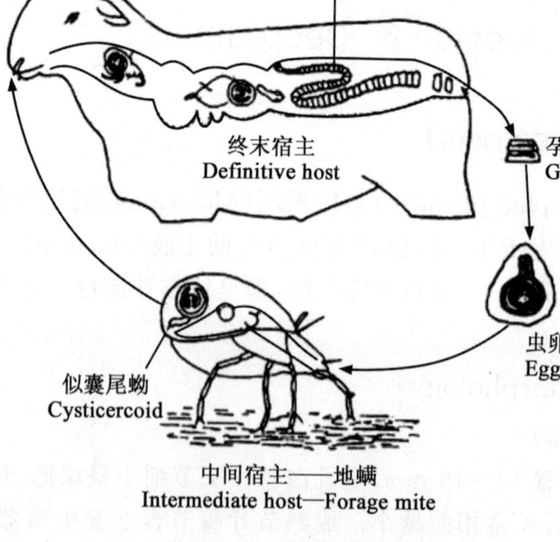

图 12-7 莫尼茨绦虫生活史

Figure 12-7 The life cycle of *Moniezia* sp.

孵出。在适宜的外界温度、湿度条件下，经 40 d 以上发育为似囊尾蚴(cysticercoids)。反刍兽吃草时，连同含有似囊尾蚴的地螨一起吞食而受感染。地螨在终末宿主体内被消化，释放出的似囊尾蚴以其头节附着在肠壁，经 45～60 d 发育为成虫。成虫在牛、羊体内的寄生期一般为 3 个月。

Gravid proglottids or eggs are passed in the feces and on pasture the onchospheres are ingested by forage mites. The embryos migrate into the body cavity of the mite where they develop into cysticercoids for at least 40 days and infection of the definitive host is by ingestion of infected mites during grazing. The prepatent period is approximately 45 to 60 days, but the adult worms appear to be short-lived, patent infections persist for only three months.

（三）流行病学(Epidemiology)

莫尼茨绦虫病呈世界性分布(worldwide distribution)，我国各地均有报道，我国北方，尤其是广大牧区严重流行，每年都有大批牛、羊死于该病。该病主要危害羔羊(lamb)和犊牛(calf)。随着年龄的增加，牛羊的感染率(infection rate)和感染强度(infection intensity)逐渐下降。

本病流行有明显的季节性(seasonality)，这与中间宿主地螨(forage mite)的分布、习性有密切的关系。目前已报道的地螨有 30 余种。大量的地螨分布在潮湿、肥沃的土壤里，耕种 3～5 年的土壤里地螨数量很少。在雨后的牧场上，地螨的数量显著增加。地螨耐寒，可以越冬，春天气温回升后，地螨开始活动，但对干燥和炎热很敏感，气温在 30℃以上、地面干燥或日光照射时，地螨多从草上钻入地下。一般认为，地螨在早晨和黄昏时活动较多；晴天少，阴天多。各地的主要感染期有所不同。南方气温回升早，当年生的羔羊、犊牛的感染高峰一般在 4～6 月份。北方气温回升晚，其感染高峰一般在 5～8 月份。

（四）症状(Clinical signs)

莫尼茨绦虫生长速度很快，一条虫体一昼夜可增长 8 cm，在羔羊体内一昼夜可生长 12 cm，要夺取大量的营养。虫体大，寄生数量多时可造成肠阻塞(enteremphraxia)，甚至肠破裂(rupture)。虫体的毒素作用(toxin)可以引起幼畜出现神经症状(neurosis)，如回旋运动(walking in circles)、痉挛(spasm)、抽搐(hyperspasmia)、空口咀嚼(non-food mastication)等。

莫尼茨绦虫主要危害羔羊、犊牛和其他幼龄反刍动物。其主要症状为食欲减退(decreased appetite)，饮欲增加，消瘦(emaciation)，贫血(anemia)，精神不振(listless)，腹泻(diarrhea)，粪便中有时可见孕节(gravid proglottid)。症状逐渐加剧，后期有明显的神经症状，最后卧地不起，衰竭(exhaustion)死亡。

（五）病变(Lesions)

可见尸体消瘦(corpse emaciation)、肌肉(muscle)色淡，胸腹腔渗出液(exudates)增多。有时可见肠阻塞或扭转(contortion)，肠黏膜受损出血(hemorrhage)，小肠内有绦虫。

（六）诊断(Diagnosis)

首先要考虑流行病学因素，如发病时间，是否多为放牧牛羊，尤其是羔羊、犊牛。牧草上是否有多量阳性的地螨等。再考虑临床症状，然后仔细观察患病动物粪便中有无节片排出。未发现节片时，应用饱和盐水漂浮法(flotation method)检查粪便中的虫卵。未发现节片或虫卵时，应考虑绦虫未发育成熟。死后剖检，在小肠内找到多量虫体和相应的病变即可确诊。

Diagnosis is done by analyzing stool sample in which eggs can be detected, or often observation of the gravid proglottids in feces and anus.

（七）防治(Prevention and treatment)

1. 治疗(Treatment)

可采用下列药物：①吡喹酮(praziquantel)。牛按 5～10 mg/kg 体重，羊按 10～15 mg/kg 体重，一次口服。②氯硝柳胺(niclosamide，灭绦灵)。牛按 50 mg/kg 体重，羊按 60～75 mg/kg 体重，一次口服。③甲苯达唑(mebendazole)。牛按 10 mg/kg 体重，羊按 15 mg/kg 体重，一次口服。④阿苯达唑(albendazole)。牛按 5 mg/kg 体重,羊按 20 mg/kg 体重,一次口服。

Niclosamide is most often used. Praziquantel is also 99%-100% effective while albendazole is 19%-75% effective; and praziquantel + levamisole combination is very effective in reducing worm burden and improvement of weight.

2. 预防(Prevention)

由于莫尼茨绦虫病主要危害羔羊和犊牛,对幼畜应在春季放牧后 4～5 周时进行"成熟前驱虫"(deworm before mature),间隔 2～3 周后,最好进行第 2 次驱虫。成年动物是重要的感染源,因此,在流行区,也应有计划的驱虫。驱虫后的粪便要集中处理,杀死其中的虫卵,以免污染草场。根据当地情况,实行轮牧轮种(rotational grazing and seeding),即种一年生牧草,土地经过几年耕种后,地螨可大大减少。加强安全放牧,尽量避免在阴湿牧场或清晨、黄昏等地螨活动高峰时放牧,经常检测草场阳性地螨的情况,防止牛、羊的严重感染。

二、多头蚴病(Coenurosis)

多头蚴病是由带科(Taeniidae)多头属(*Multiceps*)的多头多头绦虫(*M. multiceps*)的幼虫——多头蚴(coenurus)寄生于牛(cattle)、羊(goat/sheep)的中枢神经系统[脑(brain)、脊髓(spinal cord)]而引起的重要寄生虫病。其成虫寄生在犬及其他野生肉食兽小肠。该病对羊的危害特别严重,是羊场中羊只死亡率较高的寄生虫病。

(一)病原形态(Pathogen morphology)

多头蚴(coenurus)为乳白色半透明的囊泡,囊内充满透明的液体。从豌豆大到皮球大不等。在囊壁内层簇生有许多原头节(protoscolex),其数目可达 100～250 个,其大小为 2～3 mm。

多头绦虫成虫(图 12-8)长 40～100 cm,宽 3～6 mm。整个虫体由 150～250 个节片组成。头节呈梨形,头节上有 4 个圆形吸盘。头节的吻突(rostrum)具有 22～32 个大、小吻钩(rostellar hooks),分两圈排列。虫体未成熟节片和成熟节片宽大于长。成节内有睾丸(testes)166 个,长圆形,主要分布在节片两侧排泄管(excretory ducts)的内侧。卵巢(ovary)分左右两叶,在生殖孔一侧为小叶,反侧的卵巢为大叶。卵

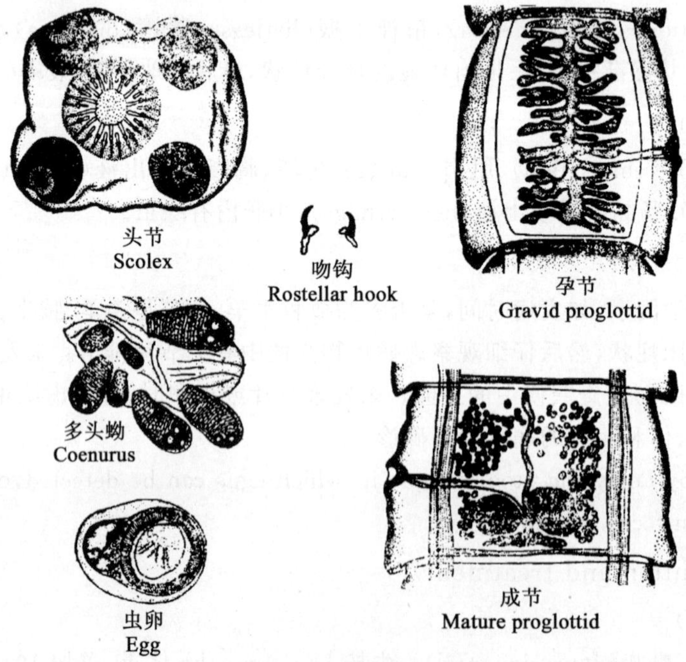

图 12-8 多头多头绦虫

Figure 12-8 *Multiceps multiceps*

黄腺(vitelline gland)位于卵巢之后。成节内子宫呈棒状，直列在节片的中央。生殖孔不规则地交替开口于节片侧缘中点的稍后方。孕卵节片长大于宽，孕节内子宫每侧分出 14～17 个侧支。虫卵近圆形，直径为 0.041～0.051 mm。

（二）生活史(Life cycle)

成虫寄生于犬、狼、豺、狐等肉食动物的小肠。孕节排出体外后，虫卵散布在牧场上或污染饲料和饮水，被中间宿主绵羊和牛等动物吞食后，六钩蚴(onchosphere)在胃肠内逸出并钻入肠黏膜血管内，随血流带到脑内，经 2～3 个月发育为多头蚴(coenurus)。随血流带到其他部位的六钩蚴，不能继续发育而迅速死亡。从动物脑内取得的多头蚴对犬做人工感染，经 40～84 d 发育为成虫，亦有学者报道，在犬体内的正常发育期为 41～73 d。

In a typical cycle, the egg of *M. multiceps* in dog feces is ingested by sheep. The oncosphere hatches in the small intestine and the larval tapeworm burrows through the intestinal wall migrating through vessels and tissues until it reaches the central nervous system (CNS). There the larva develops, forming a fluid-filled, bladder-like cyst within which multiple protoscoleces develop. Such a structure is called a "coenurus". In the CNS the coenurus enlarges slowly (reaching infective stage in about 6-8 months), causing a fatal disease in sheep called "blind staggers". When the dog eats the sheep and ingests the coenurus, the scolices attach to the small intestinal wall and the worms begin to form proglottids. Proglottids containing the eggs, detach from the end of the worm and pass out in the feces. The sheep (or other intermediate hosts) eat these eggs and the cycle repeats.

（三）流行病学(Epidemiology)

本病分布(distribution)于北京、黑龙江、吉林、辽宁、内蒙古、新疆、青海、甘肃、宁夏、山西、陕西、江苏、四川、云南、贵州、福建。国外在亚洲、欧洲、美洲和非洲都有分布。目前所知寄生于山羊、绵羊的多头蚴除多头多头绦虫(*M. multiceps*)外，尚报道有斯氏多头绦虫(*M. skrjabini*)和格氏多头绦虫(*M. galgeri*)，后 2 种疑是多头多头绦虫的同物异名。

（四）症状和病变(Clinical signs and lesions)

在慢性病例中，可看到运动失调(ataxia)及特殊的转圈运动(walking in circles)(图 12-9)。由于虫体寄生部位的不同，其临床症状也有区别，寄生在大脑额叶(frontal lobe)、顶叶(parietal lobe)时，病畜低头前奔，顶住它物不动，或向患侧作强迫运动(forced movement)，多头蚴越大转圈越小，对侧视觉发生障碍，瞳孔(pupil)对光反射消失；寄生在大脑枕叶(occipital lobe)时，表现运动不协调，常卧地不能行走，头常后仰(hypsokinesis)，寄生对侧眼睛失明(blindness)，瞳孔较另侧稍大；寄生在小脑(cerebellum)时，表现运动失调，常卧地不能行走，发生后肢麻痹(posterior paralysis)。

图 12-9　多头蚴病羊转圈运动

Figure 12-9　Sheep infected with coenurus, circling movement

剖开患畜脑部时，在急性死亡的病畜见有脑膜炎(meningitis)及脑炎(encephalitis)病变，后期病程中剖检时，可找到一个或多个虫体。有时在大脑、小脑或脊髓表面，有时嵌入脑组织中，与病变或虫体接触的头骨骨质变薄、松软，甚至穿孔，致使皮肤向表面隆起。

（五）诊断(Diagnosis)

由于多头蚴病的症状相对特殊，因此在临床上容易和其他疾病区别，但仍须与莫尼茨绦虫病、脑部肿瘤或炎症相鉴别。莫尼茨绦虫病(moniezosis)与脑多头蚴区别：前者在粪便中可以查到虫卵，患牛应用驱虫药后症状立即消失。脑部肿瘤(tumor)或炎症与脑多头蚴区别:前者一般不会出现头骨变薄、变软和皮肤隆起的现象,叩诊时头部无半浊音区,转圈运动不明显。

(六)防治(Prevention and treatment)

1. 治疗(Treatment)

患病初期尚无有效疗法,只能对症治疗。在后期出现神经症状时,可借助 X 光或超声波诊断确定寄生部位,然后用外科手术将头骨开一圆口,先用注射器吸去囊中液体使囊体缩小,然后摘除。手术摘除(surgical extraction)脑表面的多头蚴效果尚好;若多头蚴过多或在深部不能取出时,可在囊腔内注射酒精等杀死多头蚴。

The only recognized treatment for coenurosis is surgical removal of cysts. However, although their effectiveness has not been proven, glucocorticoids and anthelmintics have been used to treat coenurosis.

2. 预防(Prevention)

本病预防从理论上讲并非难事,只要不让犬等肉食兽吃到带有多头蚴的牛、羊等动物的脑和脊髓,则可控制本病。患病动物的头颅脊柱应予以烧毁;患多头绦虫的犬必须驱虫(deworming);对野犬、豺、狼、狐狸等终末宿主应予以捕杀。

第三节 线 虫 病
Section 3 Nematodiasis

一、血矛线虫病(Haemonchosis)

血矛线虫病是由毛圆科(Trichostrongylidae)血矛属(*Haemonchus*)的捻转血矛线虫(*H. contortus*)寄生于牛、羊、骆驼和其他反刍兽真胃(abomasums)和小肠(small intestine)内引起的疾病。该病的分布遍及全国各地,危害十分严重,是草食动物(herbivores)(尤其是羊)最重要的一种线虫病。

(一)病原形态(Pathogen morphology)

捻转血矛线虫(*H. contortus*)亦称捻转胃虫,主要寄生于皱胃,虫体因吸血而呈淡红色。头端尖细,口囊(buccal capsule)小,内有一矛状刺。颈乳突(cervical papillae)显著,呈锥形,伸向后侧方。雄虫长 15~19 mm,交合伞(copulatory bursa)有由细长的肋支持着的长侧叶和偏于左侧的一个由倒"Y"形背肋(dorsal ray)支持着的小背叶。2 根交合刺(spicules)等长,近末端各有一个小的倒钩(barb)。引器(gubernaculum)呈梭形。雌虫长 27~30 mm,因白色的生殖器官环绕于红色含血的消化道周围,形成了红白相间的麻花状外观,故称捻转血矛线虫。阴门位于虫体后半部,有一显著的瓣状阴门盖(vulval flap)(图 12-10)。虫卵(75~95) μm×(40~50) μm。

(二)生活史(Life cycle)

雌虫产出的桑葚期(morula stage)卵随粪便排入外界后,需 1 周左右,发育为带鞘的第 3 期感染性幼虫(ensheathed infective larva),然后经口感染宿主,到达皱胃(abomasum)后钻入黏膜(mucosa)发育蜕皮(moult)1 次,再返回胃腔经最后 1 次蜕皮逐渐发育为成虫。从感染至成熟约需 20 d (图 12-11)。

The life cycle of *Haemonchus contortus* is direct and the preparasitic phase is typically trichostrongyloid. Females are prolific egg layers. The eggs hatch to L_1 on the pasture and may develop to L_3 in as short a period as five days but development may be delayed for weeks or months under cool conditions. After ingestion, and exsheathment in the rumen, the larvae moult twice in close apposition to the gastric glands. Just before the final moult they develop the piercing lancet which enables them to obtain blood from the mucosal vessels. As adults they move freely on the surface of the mucosa. The prepatent period is 2 to 3 weeks in sheep and 4 weeks in cattle.

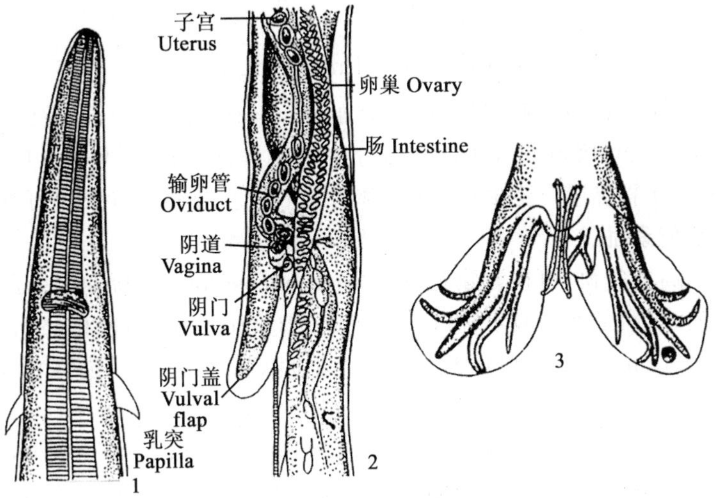

图 12-10 捻转血矛线虫

Figure 12-10 *Haemonchus contortus*

(引自杨光友,2005)

1. 头端(Anterior end);2. 雌虫生殖孔(Genital pore of female);
3. 雄虫交合伞(Copulatory bursa)

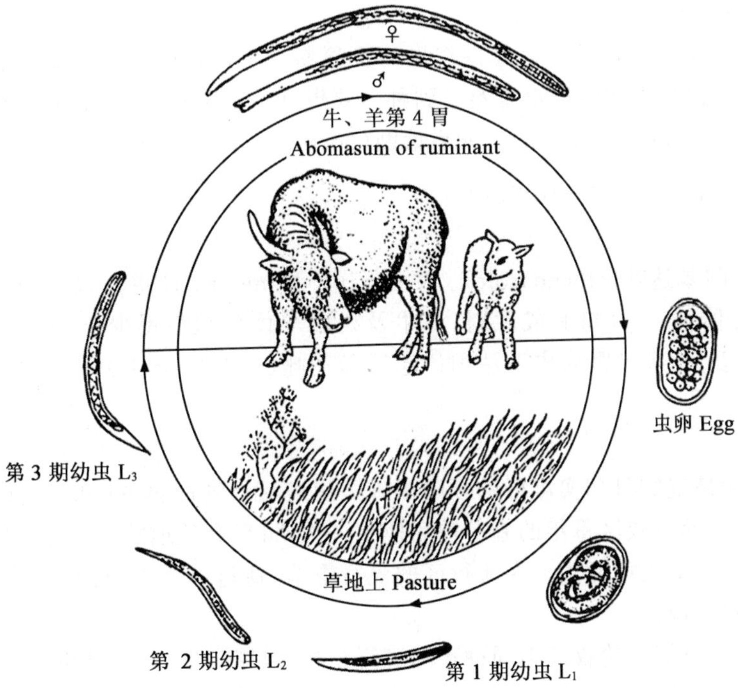

图 12-11 捻转血矛线虫生活史

Figure 12-11 The life cycle of *Haemonchus contortus*

(引自汪明,2003)

(三)流行病学(Epidemiology)

捻转血矛线虫成虫寿命(life span)大约为 1 年。雌虫每天可产卵 5 000～10 000 个,卵在北方地区不能越冬。第 3 期幼虫抵抗力强,在一般草场上可存活 3 个月,不良环境中可休眠(dormancy)达 1 年;该期幼虫有向植物茎叶爬行的习性及对弱光的趋向性,温暖时活性增强。此病流行甚广,各地普遍存在,多与其他毛圆科(Trichostrongylidae)线虫混合感染,危害家畜。羊对捻转血矛线虫的再次感染有“自愈

(self-cure)”现象。

（四）致病作用和症状(Pathogenesis and clinical signs)

捻转血矛线虫的口矛可刺破胃黏膜，且分泌抗凝血酶(antithrombase)，以吸血(sucking blood)夺取营养，据统计，2 000 条虫体每天可吸血 30 mL，同时，分泌的毒素(toxin)干扰造血功能，因而导致宿主贫血(anemia)。大量寄生时可使胃黏膜广泛损伤，发生溃疡(ulcer)。分泌的毒素还可抑制宿主神经系统的活动，并使宿主消化吸收机能紊乱。

急性型多见于羔羊，高度贫血，可视黏膜苍白(visual mucosa pale)，短期内引起大批死亡。亚急性型表现为黏膜苍白，下颌间、下腹部及四肢水肿(edema)，下痢(diarrhoea)与便秘(constipation)相交替，衰弱(weakness)、消瘦(emaciation)。慢性型病程长，发育不良(cacoepy)，渐进性消瘦(progressive marasmus)。

Stomach worms cause the loss of large quantities of blood and protein, which results in weakness and anemia. Anemia is characterized by paleness of the gums and the linings of the eyelids. When there is a rapid build-up in the number of parasites, sheep may die suddenly due to excessive blood loss, even if they are in good body condition and appear healthy. When the build-up is slower, sheep lose weight, become anemic, and their wool becomes brittle and may fall out. Weak animals may go down, develop pneumonia, and eventually die. A condition known as “bottle jaw” (where fluid accumulates under the skin of the lower jaw) may develop as a symptom of low protein levels.

（五）诊断(Diagnosis)

结合上述临床症状和当地的流行病学资料作出初步诊断。生前诊断可采用饱和盐水漂浮法(flotation method)检查虫卵，但根据虫卵特征很难鉴定到种。要想进一步鉴别，需作幼虫培养(larval culture)，对第 3 期幼虫(L_3)进行鉴定(identification)。死后诊断(postmortem diagnosis)可剖检查找虫体而确诊。

（六）防治(Prevention and treatment)

1. 治疗(Treatment)

可采用下列药物：①阿苯达唑(albendazole)。牛、羊 10～15 mg/kg 体重，一次口服。②左旋咪唑(levamisole)。6～8 mg/kg 体重，一次口服或注射，奶牛及奶山羊休药期不得少于 3 d。③伊维菌素(ivermectin)。0.2 mg/kg 体重，一次口服或皮下注射。④甲苯达唑(mebendazole)。牛、羊 10～15 mg/kg 体重，一次口服。

2. 预防(Prevention)

根据当地的流行病学情况制订切实可行的预防措施。应进行计划性驱虫(planning deworming)。一般是在春、秋各进行一次。北方牧区每年的春节前后驱虫一次，可以有效地防止“春季高潮”(成虫高潮)的到来，避免“春乏”造成牛、羊的大批死亡。在流行区的流行季节，通过粪便检查，经常检测牛、羊畜群的荷虫情况，防治结合，减少感染源。

有条件的地方，可以实行划地轮牧或不同种畜间进行轮牧，以减少牛、羊感染机会。舍饲期间，加强粪便管理，及时清除粪便，进行堆积发酵，以杀死虫卵和幼虫；加强饲养管理，提高营养水平，尤其在冬春季节应合理补充精料和矿物质，提高畜体自身的抵抗力。放牧牛、羊应尽可能避开潮湿地带，避开幼虫活跃的时间，以减少感染机会。注意饲料、饮水的清洁卫生。

二、弓首蛔虫病(Toxocariasis)

犊弓首蛔虫病(旧称犊新蛔虫病)是由弓首科(Toxocaridae)弓首属(*Toxocara*)的犊弓首蛔虫(*T. vitulorum*)寄生于犊牛(calf)小肠(small intestine)内引起的一种寄生虫病，临床上以肠炎(enteritis)、腹泻(diarrhoea)、腹部膨大(abdominal distension)和腹痛(stomachache)等为主要特征，感染严重时可导致犊牛死亡。在南方地区的水牛较为多见。

(一)病原形态(Pathogen morphology)

犊弓首蛔虫(图 12-12)是寄生于牛体最大的肠道线虫。虫体粗大、新鲜时呈粉红色;表皮透明,可以透过表皮看到内脏器官。头端有 3 片唇,唇基部宽而前窄。食道呈圆柱形,后端以一小胃与肠管相连。雄虫长 11～26 cm,有 3～5 对肛后乳突,有许多肛前乳突;尾部有一小锥突,弯向腹面;有形状相似的交合刺 1 对。雌虫长 14～30 cm,尾直。生殖孔开口于虫体前部 1/8～1/6 处。虫卵呈亚球形,卵壳厚,外层凹凸不平,大小为(70～80) μm×(60～66) μm。

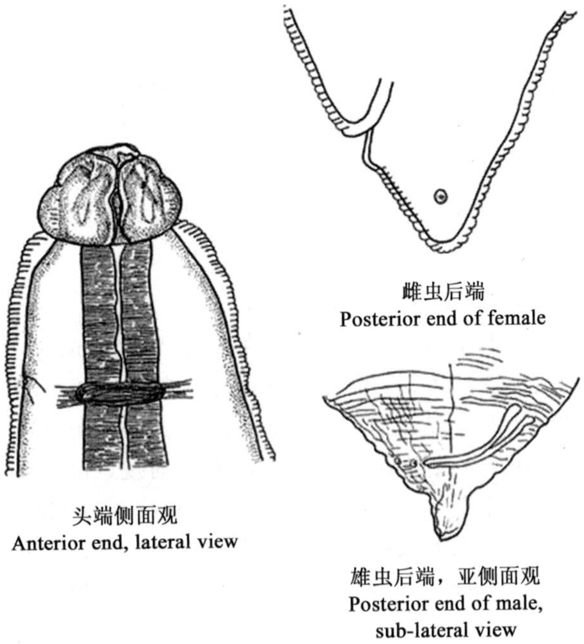

图 12-12　犊弓首蛔虫

Figure 12-4　*Toxocara vitulorum*

(引自蒋学良,2004)

(二)生活史(Life cycle)

犊弓首蛔虫的生活史比较特殊。成虫只寄生于 6 月龄以下犊牛的小肠内;雌虫所产虫卵随粪便排出体外,在适宜的温度(27℃)和湿度条件下,经 20～30 d 发育为感染性虫卵(infective egg),内含第 2 期幼虫(L_2)。感染性虫卵被母牛摄食后,幼虫在小肠内孵出,穿过肠壁移行(migration)至肝(liver)、肺(lung)、肾(kidney)等器官,发育为第 3 期幼虫(L_3)。待母牛妊娠 8.5 个月左右时,幼虫便移行至子宫(uterus),进入胎盘羊水液(placenta amniotic fluid)中,变为第 4 期幼虫(L_4),被胎牛吞入体内。犊牛出生后,幼虫在犊牛小肠内进行第 4 次蜕皮并经 25～31 d 发育为成虫。幼虫移行时除到子宫以外,还有一部分幼虫经循环系统到达乳腺(mammary gland),犊牛因吸吮母乳而感染并在小肠内发育为成虫。另有一条途径是幼虫从胎盘移行到胎儿的肝和肺,再转入小肠发育为成虫。

Adult females lay eggs in the small intestine of the host that are shed with the feces. Once in the environment L_2-larvae develop inside the eggs in about 7 to 15 days at 27 to 30℃, the ideal temperature. These eggs are infective and contaminate the pastures. Adult livestock becomes infected after ingesting embryonated eggs. Larvae emerge from the eggs in the gut, penetrate the gut's wall and migrate through the bloodstream either to the liver, lungs, trachea, mouth, esophagus and back to the small intestine where they complete development to adult worms; or they migrate to other tissues, including the mammary glands and the placenta of pregnant cows from where they can be transmitted to the calves or to unborn embryos, respectively.

(三)流行病学(Epidemiology)

本病主要发生于 5 月龄以下的犊牛,以 1～2 月龄的犊牛受害最为严重,6 月龄以上牛很少发生。安徽省皖北地区犊牛弓首蛔虫感染率(infection rate)可高达 44.7%,死亡率(death rate)高达 21.6%;福建漳州地区犊牛的平均感染率高达 48.3%。感染率与饲养管理水平及季节都有一定的关系:饲养管理条件越差、饲料单一,犊牛感染率越高;在每年的 2～5 月份出生的犊牛以及在阴雨连绵的季节,犊牛弓首蛔虫的感染率、发病率和死亡率都很高。

水牛、黄牛和奶牛均可感染,尤以水牛多发。该病主要分布于热带和温暖地区,在我国多见于南方各省的犊牛。幼虫储存在母牛组织器官中,可通过胎盘(placenta)和乳汁(milk)传播给犊牛。而小牛体内排出的虫卵污染饲料和饮水,母牛经口食入后发生感染,因此患病和带虫的小牛是母牛的传染源。

虫卵对干燥和高温的耐受力较差;土壤表面的虫卵,在阳光直接照射下,经 4 h 全部死亡;在干燥的环境里,虫卵经 48～72 h 死亡;感染期的虫卵需有 80%的相对湿度才能生存。但虫卵对消毒药的抵抗力较强,虫卵在 2%的福尔马林溶液中仍能正常发育;29℃时,虫卵在 2%克辽林(crcolinum)或 2%来苏儿溶液中可存活约 20 h。

(四)症状与病变(Clinical signs and lesions)

幼虫移行可造成肠壁、肺脏、肝脏等组织的损伤,导致点状出血(punctate hemorrhage)、发炎;血液及组织中嗜酸性粒细胞(eosinophils)显著增多。虫体的机械性刺激可损伤小肠黏膜,引起黏膜出血(hemorrhage)或溃疡(ulcer)。成虫大量寄生时可造成肠阻塞(enteremphraxia)或肠穿孔(intestinal perforation)。

轻度感染时症状不明显;但中度及较严重感染时畜体出现消瘦(emaciation),虚弱(weakness),被毛粗乱无光泽,精神迟钝(hyponoia),体温升高(fervescence),咳嗽(cough)和呼吸困难(dyspnea)。口腔有特殊臭味,后肢无力,站立不稳。吮乳无力或不食,腹泻(diarrhoea),排灰白色或黄白色稀粥状粪便,有特殊的腥臭味,腹胀和出现回视腹部等腹痛(stomachache)症状。重症感染者因衰竭或虫体引起的肠阻塞、穿孔而死亡。

Migrating larvae can seriously damage numerous organs in adult cattle, particularly the lungs, where they can cause infections with secondary bacteria and subsequent pneumonia. In calves, the adult worms in the small intestine compete for nutrients with the host, and can cause diarrhea (often putrid), colic, enteritis, loss of appetite and weight. Due to the large size of the worms massive infections can obstruct the gut and even perforate it. Fatalities are not infrequent. Occasionally worms may also migrate through the bile duct and obstruct it causing cholangitis.

(五)诊断(Diagnosis)

临床上犊牛若出现腹泻、有时混有血液,有特殊恶臭、软弱无力、被毛粗乱等症状,结合流行病学资料可疑为犊弓首蛔虫病,但确诊需采用饱和盐水漂浮法(flotation method)在粪便中检出虫卵或尸体剖检时在小肠发现多量虫体及相应的病变。此外,还可口服或注射驱虫药物进行治疗性诊断。

Diagnosis is based on detection of typical eggs in the feces. However, pregnant cows without any detectable eggs in their feces may be infected with dormant larvae in the tissues that will be passed to their offspring. In some countries immunoassay (e. g. ELISA) are available for serological diagnosis. A typical sign of *Toxocara vitulorum* infections in calves is a characteristic butyric acid or acetone odor on breath and/or urine.

(六)防治(Prevention and treatment)

1. 治疗(Treatment)

大多数的驱线虫药对本虫均有良好的驱除效果。①左旋咪唑(levamisole)。按 8 mg/kg 体重 1 次口服(PO)或肌肉注射(IM)。②阿苯达唑(albendazole)。片剂可按 10～15 mg/kg 体重口服。③伊维菌素(ivermectin)。按 0.3 mg/kg,一次皮下注射(SI)或口服。

Numerous broad spectrum anthelmintics are effective against adult worms and larvae in the gut, e.

g. several benzimidazoles (albendazole, febantel, fenbendazole, oxfendazole, etc.), levamisole, as well as several macrocyclic lactones (e. g. abamectin, doramectin, eprinomectin, ivermectin, moxidectin). But not all of them are effective against migrating larvae and/or arrested larvae in the tissues. Read the product label carefully to find it out.

2. 预防(Prevention)

搞好牛舍清洁卫生，勤换垫草，勤扫粪便进行堆积发酵以杀死虫卵。犊牛与母牛应隔离饲养，以减少感染机会。可通过对 20 日龄以内的犊牛进行预防性驱虫以阻止幼虫发育成熟。流行地区，提倡对 6 月龄以下犊牛全部驱虫(deworming)。

三、食道口线虫病(Oesophagostomiasis)

反刍兽食道口线虫病是由食道口科(Oesophagostomatidae)食道口属(*Oesophagostomum*)的哥伦比亚食道口线虫(*O. columbianum*)、辐射食道口线虫(*O. radiatum*)、微管食道口线虫(*O. venulosum*)、粗纹食道口线虫(*O. asperum*)和甘肃食道口线虫(*O. kansuensis*)寄生于反刍兽的大肠(large intestine)[(主要是结肠(colon)]所引起的一类线虫病。由于食道口线虫幼虫可在寄生部位的肠壁上形成结节(nodule)，故又称为结节虫病，病变的肠管因不能制作肠衣而降低其经济价值，给畜牧业造成较大的经济损失。

(一)病原形态(Pathogen morphology)

食道口属线虫的特征是：口囊较小，口孔周围有 1～2 圈叶冠；有的尚有头泡(cephalic vesicle)、颈沟(cervical groove)、颈乳突(cervical papilla)，有的还有侧翼膜(lateral ala)。雄虫交合伞(copulatory bursa)较发达，有 1 对等长的交合刺。雌虫阴门位于肛门前方不远处，排卵器(ovijector)发达，呈肾形。虫卵呈椭圆形，大小为(73～89) μm×(34～45) μm。各虫种主要根据叶冠的圈数，头泡、侧翼膜的有无，颈乳突的位置、形状及神经环的位置等进行区别。

1. 哥伦比亚食道口线虫(*O. columbianum*)

哥伦比亚食道口线虫有发达的侧翼膜(图 12-13)，致使虫体前部弯曲；头泡不甚膨大；颈乳突在颈沟的稍后方，其尖端突出于侧翼膜之外；雄虫长 12.0～13.5 mm，交合伞发达；雌虫长 16.7～18.6 mm，阴道短，排卵器呈肾形；尾部长。

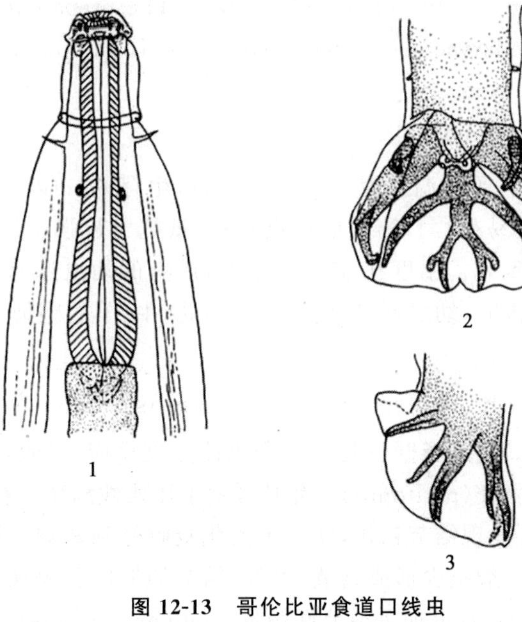

图 12-13 哥伦比亚食道口线虫

Figure 12-13 *Oesophagostomum columbianum*

(引自汪明，2003)

1. 头端(Anterior end)；2. 雄虫后端(Posterior end of male)；
3. 雄虫后端侧面观(Posterior end of male, lateral view)

2. 辐射食道口线虫(*O. radiatum*)

辐射食道口线虫侧翼膜发达,前部弯曲;缺外叶冠,内叶冠也只是口囊前缘的一小圈细小的突起,38~40叶;头泡膨大,上有一横沟,将头泡区分为前后2部分;颈乳突位于颈沟的后方;雄虫长13.9~15.2 mm;雌虫长14.7~18.0 mm。

3. 微管食道口线虫(*O. venulosum*)

微管食道口线虫无侧翼膜,前部直;口囊较宽而浅;颈乳突位于食道后面;雄虫长12~14 mm;雌虫长16~20 mm。

4. 粗纹食道口线虫(*O. asperum*)

粗纹食道口线虫无侧翼膜;口囊较深,头泡显著膨大;颈乳突位于食道后方;雄虫长13~15 mm;雌虫长17.3~20.3 mm。

5. 甘肃食道口线虫(*O. kansuensis*)

有发达的侧翼膜,前部弯曲;头泡膨大;颈乳突位于食道末端或前或后的侧翼膜内,尖端稍突出于膜外;雄虫长14.5~16.5 mm;雌虫长18~22 mm。

(二)生活史(Life cycle)

虫卵随粪便排出体外,在外界适宜的条件下,经10~17 h孵出第1期幼虫;经7~8 d蜕皮2次变为第3期幼虫,即感染性幼虫。牛、羊摄入被感染性幼虫污染的青草和饮水而遭感染。感染后36 h,大部分幼虫钻入结肠固有层的深处形成卵圆形结节,幼虫在结节内进行第3次蜕皮变为第4期幼虫。幼虫在结节内停留的时间,常因家畜的年龄和抵抗力(免疫力)而不同,短的经过6~8 d,长的需1~3个月或更长,甚至不能完成其发育。幼虫从结节内返回肠腔后,经第4次蜕皮发育为第5期幼虫,进而发育为成虫。哥伦比亚食道口线虫和辐射食道口线虫的幼虫可在肠壁上形成结节。

The preparasitic phase is typically strongyloid and infection is by ingestion of L_3 although there is limited evidence that skin penetration is possible. The L_3 enter the mucosa of any part of the small or large intestine and in some species (*O. columbianum*, *O. radiatum* and *O. quadrispinulatum*) become enclosed in obvious nodules in which the moult to L_4 takes place. These L_4 then emerge on to the mucosal surface, migrate to the colon, and develop to the adult stage. The prepatent period is about 45 days. On reinfection with most species the larvae may remain arrested as L_4 in nodules for up to one year, however with *O. venulosum* nodules are absent.

(三)流行病学(Epidemiology)

虫卵在相对湿度48%~50%,平均温度为11~12℃时,可生存60 d以上;在低于9℃时,虫卵不能发育;第1、2期幼虫对干燥敏感,极易死亡。第3期幼虫有鞘,抵抗力较强(strong resistance),在适宜条件下可存活几个月,但冰冻可使之致死。温度在35℃以上时,所有的幼虫迅速死亡。感染性幼虫适宜于潮湿的环境,尤其是在有露水或小雨时,幼虫便爬到青草上;因此,牛、羊的感染主要发生在春秋季;且主要侵害羔羊和犊牛。

(四)致病作用和症状(Pathogenesis and clinical signs)

食道口线虫幼虫危害较大,其钻入肠壁引起炎症和机体免疫反应,导致局部形成结节(nodule),结节在肠管浆膜面破溃时,可引发腹膜炎(peritonitis);有时可发生坏死性病变。在新形成的小结节(lesser tubercle)中,常可发现幼虫;有时可发现结节钙化,使宿主消化吸收受到影响。结节主要是在成年动物多次感染后形成,幼龄动物初次感染一般很少形成结节;另外,结节的形成和表现形式与虫种有关。食道口线虫成虫寄生于肠道,分泌毒素(toxin),可加重结节性肠炎(nodular enteritis)的发生。

临床症状的有无及严重程度与感染虫体的数量和机体的抵抗力有关。如1岁以内的羊寄生80~90条,年龄较大的羊寄生200~300条虫体时,即为严重感染。重度感染可使羔羊发生持续性腹泻。粪便呈暗绿色,含有多量黏液,有时带血,严重时引起死亡。慢性病例则表现为便秘(constipation)和腹泻

(diarrhoea)交替发生，渐进性消瘦(progressive marasmus)，下颌水肿，最后可因机体衰竭(exhaustion)而死亡。

Oesophagostomum radiatum is very harmful for cattle, especially for stock younger than 2 years; massive infections can be fatal. The same applies to *Oesophagostomum columbianum* for lambs. Infective larvae penetrate the intestinal wall and the host's organism reacts building nodules the size of a pea. This disturbs considerably the physiology of the gut, particularly the absorption of liquids, which causes diarrhea, but also the peristaltic movements.

(五)诊断(Diagnosis)

根据临床症状，进行粪便检查，可检出大量虫卵；虫种鉴别则需进行幼虫培养(larval culture)。结合剖检在肠壁发现大量结节(nodule)，在肠腔内找到虫体，即可确诊。

Diagnosis is confirmed through detection of characteristic eggs in the feces.

(六)防治(Treatment and prevention)

可选用下列药物进行驱虫(deworming)，对重症患畜应进行对症治疗(symptomatic treatment)。①阿苯达唑(albendazole)。牛、羊 10～15 mg/kg 体重，一次口服。②左旋咪唑(levamisole)。6～8 mg/kg 体重，一次口服或注射，奶牛及奶山羊休药期不得少于 3 d。③伊维菌素(ivermectin)。0.2 mg/kg 体重，一次口服或皮下注射。④甲苯达唑(mebendazole)。牛、羊 10～15 mg/kg 体重，一次口服。

预防措施包括定期驱虫(periodic deworming)，加强营养，及时清理粪便，保持饲草和饮水卫生，改善牧场环境，避免牛、羊在感染季节到污染严重的牧场放牧等。

四、仰口线虫病(Bunostomiasis)

牛、羊仰口线虫病也称钩虫病，是由钩口科(Ancylostomatidae)仰口属(*Bunostomum*)的羊仰口线虫(*B. trigonocephalum*)和牛仰口线虫(*B. phlebotomum*)所引起的一类线虫病，以贫血(anemia)为主要特征。前者主要寄生于羊的小肠(small intestine)，后者主要寄生于牛的小肠(主要是十二指肠 duodenum)。该病广泛流行于我国各地，对牛、羊的危害很大，并可以引起死亡，是危害草食动物的主要线虫病之一。

(一)病原形态(Pathogen morphology)

仰口线虫的特点是头部向背侧弯曲(仰口)。口囊(buccal capsule)大呈漏斗状，口孔腹缘有 1 对半月形切板(cutting plate)，口囊内有背齿 1 个，亚腹齿若干，随种类不同而异。雄虫交合伞的外背肋不对称。雌虫的阴门在虫体中部之前。虫卵具有一定特征性：色深，大小为(79～97) μm×(47～50) μm，两端钝圆，两侧平直，内有 8～16 个胚细胞。

1. 羊仰口线虫(*B. trigonocephalum*)

羊仰口线虫虫体乳白色或淡红色。口囊底部有 1 对小的亚腹齿(图 12-14)。雄虫长 12.5～17.0 mm。交合伞发达，外背肋不对称，右外背肋细长，由背肋的基部伸出；左外背肋短，由背肋的中部伸出。交合刺短，长度为 0.57～0.71 mm。无引器。雌虫长 15.5～21.0 mm，尾端钝圆。阴门位于虫体中部前方不远处。

2. 牛仰口线虫(*B. phlebotomum*)

牛仰口线虫形态和羊仰口线虫相似，但口囊底部腹侧有 2 对亚腹齿(图 12-14)；雄虫的交合刺长 3.5～4.0 mm，为羊仰口线虫的 5～6 倍。雄虫长 10～18 mm，雌虫长 24～28 mm。

(二)生活史(Life cycle)

虫卵随粪便排出体外，在适宜的温度和湿度条件下，经 4～8 d 形成第 1 期幼虫；幼虫从卵内逸出，经 2 次蜕皮变为感染性幼虫。感染性幼虫可经 2 种途径进入牛、羊体内。一是感染性幼虫随污染的饲草、饮水等经口感染，在小肠内直接发育为成虫，此过程约需 25 d。二是感染性幼虫经皮肤钻入血管，进入血液循环，随血流到达肺脏，再由肺毛细血管进入肺泡，在此进行第 3 次蜕皮发育为第 4 期幼虫，然后幼虫上行到支气管、气管、咽、口腔，再返回小肠，进行第 4 次蜕皮，发育为第 5 期幼虫，逐渐发育为成虫，此过程需 50～60 d。实验表明，经皮肤感染时，可以有 85%的幼虫得到发育；而经口感染时，只有 12%～14%的幼虫得到发育(图 12-15)。

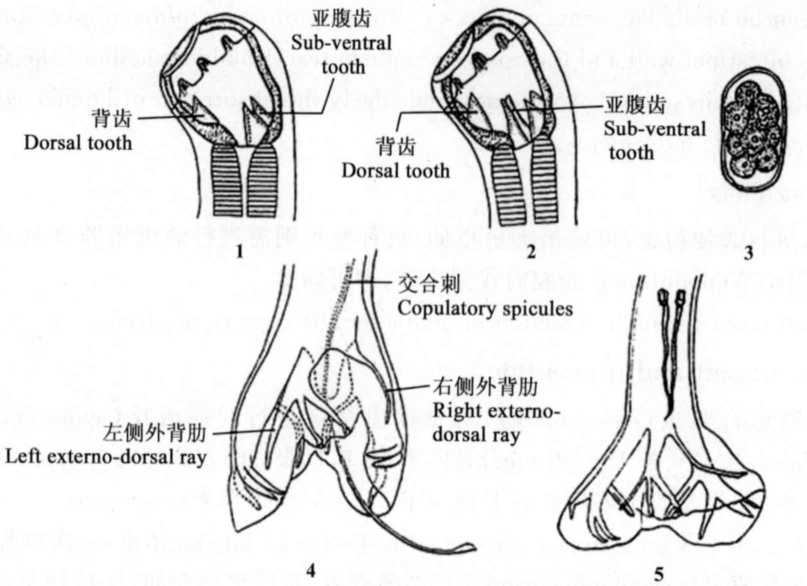

图 12-14　牛(羊)仰口线虫

Figure 12-14　*Bunostomum phlebotomum* and *B. trigonocephalum*

(引自杨光友，2005)

1. 羊仰口线虫头部(Anterior end of *B. trigonocephalum*)；2. 牛仰口线虫头部(Anterior end of *B. phlebotomum*)；
3. 卵 (Egg)；4. 牛仰口线虫雄虫尾部 (Posterior end of *B. phlebotomum*, male)；
5. 羊仰口线虫雄虫尾部(Posterior end of *B. trigonocephalum*, male)

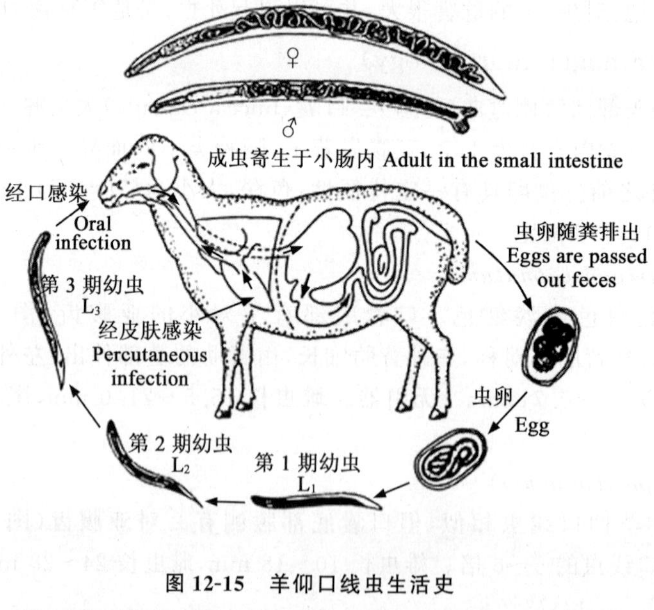

图 12-15　羊仰口线虫生活史

Figure 12-15　The life cycle of *Bunostomum trigonocephalum*

(引自汪明，2003)

The eggs of *Bunostomum* hatch to L_1 on the pasture in 4 to 8 days, then the larvae moult twice and develop to L_3. Infection with the L_3 may be percutaneous or oral, only the former being followed by pulmonary migration. The prepatent period ranges from 1 to 2 months.

(三)流行病学(Epidemiology)

仰口线虫病分布于全国各地，在比较潮湿的草场放牧的牛羊流行更为严重。一般是秋季感染，春季发病。虫卵和幼虫在外界环境中的发育与温度和湿度有密切的关系，最适宜的条件是潮湿的环境和 14～31℃的温度。温度低于 8℃，幼虫不能发育；35～38℃时，仅能发育成第 1 期幼虫；感染性幼虫在夏季牧场上可以存活 2～3 个月；在春秋季节生活时间较长。

牛羊可以对仰口线虫产生一定的免疫力，产生免疫后，粪便中的虫卵数减少，即使放牧于严重污染的牧场，虫卵数亦不增高。

(四)致病作用和症状(Pathogenesis and clinical signs)

虫体不同发育期对宿主的致病作用不同。幼虫侵入皮肤时，引起发痒(itching)和皮炎(dermatitis)。幼虫移行到肺时引起肺出血(pulmonary hemorrhage)。寄生在小肠的虫体危害最大，成虫以其强大的口囊吸附在小肠壁上，用切板和齿刺破肠黏膜，大量吸血，据统计每 100 条虫体每天可吸血 8 mL，失去 4 μg 铁。且吸血过程中频繁移位，同时分泌抗凝血酶(antithrombase)，造成肠黏膜多处持续出血。此外，虫体分泌的毒素(toxin)，可以抑制红细胞的生成，从而导致宿主的贫血(anemia)。

临床上可见患病牛、羊进行性贫血(progressive anemia)，严重消瘦(emaciation)，下颌水肿(submandibular edema)，顽固性下痢(fulminating diarrhoea)，粪便带血。幼畜发育受阻，有时出现神经症状(neurological sign)，如后躯无力或麻痹，最后陷入恶病质而死亡。据试验，牛体内有 1 000 条虫体时，即可引起死亡。

The strong buccal capsule of adult worms causes heavy lesions in the intestinal wall, often with rupture of intestinal blood vessels, with the subsequent blood loss. Larvae that penetrate the skin (mainly through the feet and limbs) can be highly irritating for livestock. *Bunostomum* worms belong to the most harmful in warm and moist regions. Unweaned calves and lambs are particularly at risk during the rainy season; already 50 to 200 worms can cause anemia. Over 2 000 worms can be fatal for calves, and over 300 worms for lambs.

Typical symptoms are diarrhea (often mucous or hemorrhagic), dehydration, loss of appetite, weakness, weight loss or reduced growth, bottle jaw (submandibular edema). Larvae that penetrate the skin can cause dermatitis (including itching, swelling, redness, thickening), hair loss, rough coat and damaged hooves. Affected lungs can cause coughing.

(五)诊断(Diagnosis)

根据临床症状进行粪便检查(fecal examination)，发现大量虫卵时即可确诊。剖检时，在十二指肠和空肠找到多量虫体和相应的病变。

Diagnosis is based on the clinical signs and confirmed after detection of characteristic eggs in the feces. However, it is difficult to distinguish the eggs of *Bunostomum* from other gastrointestinal roundworms. L_3 larvae obtained after in-vitro culture of eggs may be required for specific diagnosis.

(六)防治(Prevention and treatment)

治疗药物和方法与食道口线虫病相同。

预防措施包括定期驱虫(periodic deworming)，保持厩舍清洁干燥，严防粪便污染饲料和饮水，避免牛、羊在低洼潮湿地放牧，注意牧场的排水等。

五、肺线虫病(Pulmonary nematodiasis)

反刍兽肺线虫病是由网尾科(Dictyocaulidae)网尾属(*Dictyocaulus*)或原圆科(Protostrongylidae)原圆属(*Protostrongylus*)及缪勒属(*Muellerius*)等线虫(nematodes)寄生于牛(cattle)、羊(sheep/goats)等

呼吸器官而引起的疾病。网尾科的虫体较大，又叫大型肺线虫(large lungworm)，主要包括胎生网尾线虫(*D. viviparus*)和丝状网尾线虫(*D. filaria*)；原圆科的虫体较小，又叫小型肺线虫(small lungworm)，包括原圆属、缪勒属、囊尾属(*Cystocaulus*)、刺尾属(*Spiculocaulus*)和新圆属(*Neostrongylus*)等线虫。我国牛、羊肺线虫病分布较广，危害亦大，不仅造成家畜发育障碍，畜产品质量降低，并能引起死亡。

(一)病原形态(Pathogen morphology)

1. 丝状网尾线虫(*D. filaria*)

丝状网尾线虫寄生于羊的支气管(bronchus)和细支气管(bronchiole)内。虫体较大，呈细线状，乳白色，肠管好像一条黑线穿行体内。雄虫(male)长 25～80 mm，交合伞(copulatory bursa)发达，后侧肋和中侧肋合二为一，只在末端稍分开，2 个背肋末端有 3 个小分支。交合刺(spicule)靴状，黄褐色，为多孔性结构。雌虫(female)长 43～112 mm，阴门(valva)位于虫体中部附近。虫卵(eggs)椭圆形，大小为(120～130) μm×(80～90) μm，内含第 1 期幼虫。

2. 胎生网尾线虫(*D. viviparus*)

胎生网尾线虫寄生于牛的支气管和细支气管内。雄虫长 40～50 mm，交合伞的中侧肋与后侧肋完全融合；交合刺黄褐色，为多孔性组织；引器(gubernaculum)椭圆形，为多泡性结构。雌虫长 60～80 mm，阴门位于虫体中央部分，其表面略突起呈唇状。

3. 骆驼网尾线虫(*D. cameli*)

骆驼网尾线虫寄生于骆驼气管(trachea)和细支气管内。雄虫长 32～55 mm，交合伞的中、后侧肋完全融合，仅末端稍膨大；外背肋短；背肋 1 对，粗大，末端有呈梯状的 3 个分支；交合刺的构造与胎生网尾线虫相似。雌虫长 46～68 mm。

4. 柯氏原圆线虫(*P. kochi*)

柯氏原圆线虫寄生于羊的细支气管和支气管。为褐色纤细的线虫，雄虫长 24.3～30 mm，雌虫长 28～40 mm，交合伞小，交合刺呈暗褐色。阴门(valva)位于肛门(anus)附近，虫卵大小为(69～98) μm×(36～54) μm。

5. 毛样缪勒线虫(*M. capillaris*)

寄生于羊的肺泡(alveoli)、细支气管、胸膜(pleura)下结缔组织(connective tissue)和肺实质(lung parenchyma)中。雄虫长 11～26 mm，雌虫长 18～30 mm。交合伞高度退化，雄虫尾部呈螺旋状卷曲(spiral curls)，生殖孔(genital pore)周围有很多乳突(papillae)；阴门距肛门甚近，虫卵呈褐色，大小为(82～104) μm×(28～40) μm，产出时细胞尚未分裂。

(二)生活史(Life cycle)

1. 大型肺线虫(Large lungworm)

大型肺线虫雌虫产卵于反刍兽的支气管内，当羊咳嗽时，卵即随黏液一起进入口腔，大多数被咽入消化道，并在卵内形成第 1 期幼虫，随粪便排出体外。在适宜的温度和湿度条件下，幼虫经 2 次蜕皮变为感染性幼虫。宿主在吃草或者饮水时，摄入感染性幼虫，后者在小肠内脱鞘，钻入肠壁，在淋巴结内蜕皮变为第 4 期幼虫，经移行到达肺部，寄生在细支气管和支气管，从羊感染到发育为成虫，大约需要 18 d。感染 26 d 后开始产卵。成虫在宿主体内的寄生期随其宿主的营养、年龄有所不同，由 2 个月到 1 年不等。

The adult worms are found in the trachea and the bronchi. The female lays embryonated eggs, which are later coughed up and swallowed. The eggs hatch during the passage through the intestinal system. First stage larvae are passed in the feces of the host. Development into L_2, and later L_3, occurs within the feces on the pasture. A new host is infected by ingestion of infective larvae whilst grazing. These infective larvae are passed through the alimentary tract, where they penetrate the wall of the intestine. The larvae then migrate to the lungs, via the lymphatic system, or the blood circulation. These ascend the respiratory tree, where they mature into adult lungworms. The prepatent period is 3.5 weeks.

2. 小型肺线虫(Small lungworm)

原圆线虫的发育需要多种陆地螺(land snails)和蛞蝓(slugs)作为中间宿主(intermediate host)。第1期幼虫随粪便排出后，钻入中间宿主体内，发育到感染期的时间，随温度和螺的种类而异，原圆线虫一般为15～49 d，缪勒线虫为8～98 d。感染性幼虫可自行逸出或留在中间宿主体内。羊吃草或饮水时，摄入感染性幼虫或含有感染性幼虫的中间宿主而感染。幼虫钻入肠壁，经发育并随血流移行至肺，在肺泡、细支气管以及肺实质中发育为成虫。从感染到发育为成虫的时间为35～60 d。

(三)流行病学(Epidemiology)

网尾线虫耐低温，在4～5℃环境下就可发育；第3期幼虫在积雪覆盖下仍能生存。胎生网尾线虫还可寄生于骆驼(camels)和多种野牛(buffalo)体内，广泛流行于我国西北、西南的许多地方，是放牧牛群，尤其是牛春乏死亡的重要原因之一。

原圆线虫幼虫对低温、干燥的抵抗力较强。自然条件下，在粪便和土壤中可生存几个月。在干粪中可生存数周，在湿粪中生存期较长。幼虫在3～6℃时，比在高温下生活得好。冰冻3 d后仍有活力，12 d死亡。由于螺类以羊粪为食，因而幼虫有更多的机会感染中间宿主。在螺体内的感染性幼虫，其寿命与螺的寿命同长，为12～18个月。除严冬软体动物休眠外，几乎全年均可发生感染。4月龄以上的羊，几乎都有虫体寄生。

(四)致病作用与病变(Pathogenesis and lesions)

感染初期，由于幼虫的移行(migration)，引起肠黏膜(intestinal mucosa)和肺组织(lung tissue)的损伤，有细菌(bacteria)侵入时，引起广泛性肺炎(pneumonia)。成虫寄生时，由于虫体刺激(irritation)，引起细支气管和支气管的炎症(inflammation)。大量虫体及其黏液(mucus)、脓性物质(purulent material)、混有血丝的分泌物团块可以阻塞细支气管，引起局部肺组织膨胀不全(atelectasis)和周围肺组织的代偿性气肿(emphysema compensatory)。有虫体寄生的部位，肺表面稍隆起，呈灰白色，触诊时有坚硬感，切开时常有虫体。虫体分泌物、排泄物的毒素作用(toxic effect)可引起羊只的再生不良性贫血(aplastic anemia)。肺组织中可见大量中性粒细胞(neutrophile granulocyte)、嗜酸性粒细胞(eosinophilic granulocyte)及巨噬细胞(macrophagocyte)、浆细胞(plasmocyte)的浸润(infiltration)。

(五)临床症状(Clinical signs)

感染的首发症状为咳嗽(cough)。最初为干咳、后变为湿咳，而且咳嗽次数逐渐频繁。中度感染时，咳嗽强烈而粗粝；严重感染时呼吸浅表(hypopnea)，迫促。羊被驱赶和夜间休息时咳嗽最为明显，在羊圈附近可以听到羊群的咳嗽声和拉风箱似的呼吸声。阵发性咳嗽发作时，常咳出黏性团块，镜检时有虫卵和幼虫。患羊常打喷嚏(sneeze)，逐渐消瘦(emaciation)，被毛枯干，贫血(anemia)，头胸部和四肢水肿(edema)，呼吸加快(accelerated breathing)、困难(dyspnea)，体温一般不升高。羔羊症状较严重，可以引起死亡。感染轻微的羊和成年羊常为慢性，症状不明显。

Signs include coughing and tachypnoea (depending on the number of worms) and an increased respiratory rate. In calves it can cause weight loss and even death in severe cases. In adult cattle, infection will tend to cause reduced milk yields and mild respiratory signs.

(六)诊断(Diagnosis)

根据临床症状(咳嗽)和发病季节(春季)，可怀疑为本病。进一步确诊，需检查粪便中的虫卵和幼虫。常用幼虫分离法(larval isolation)对第1期幼虫进行检查。丝状网尾线虫第1期幼虫长为550～585 μm，头端较粗，有一特殊的扣状结节；胎生网尾线虫第1期幼虫头端钝圆，无扣状突。必要时还可进行寄生虫学剖检，在支气管和细支气管内发现一定量的虫体和相应的病变时，即可确诊。

Diagnosis is based on seasonal incidence, previous grazing history and clinical signs. Definitive diagnosis can be achieved by fecal examination using the Baerman technique to identity larvae.

(七)防治(Treatment and prevention)

1. 治疗(Treatment)

可选用下列药物:①左旋咪唑(levamisole),按 8~10 mg/kg 体重,或阿苯达唑(albendazole),按 8~10 mg/kg 体重,口服。②伊维菌素(ivermectin),按 0.2 mg/kg 体重,口服或皮下注射。产奶牛、临产 1 个月内的牛及小于 3 月龄的犊牛禁用;牛、羊屠宰前休药期不少于 14 d。

2. 预防(Prevention)

由放牧改为舍饲的前后进行 1~2 次驱虫;保持牧场清洁干燥,防止潮湿积水,注意饮水卫生;成年羊与羔羊分群放牧,为羔羊设置专门的牧场;加强粪便管理,粪便应堆积发酵进行生物热处理;放牧羊只尽可能地避开中间宿主活跃时间,如雾天、清晨和傍晚;国外有接种致弱幼虫疫苗(attenuated larvae vaccine, Huskvac)的报道。

六、副柔线虫病(Parabronemosis)

副柔线虫病由华首科(Acuariidae)副柔线属(*Parabronema*)的斯氏副柔线虫(*P. skrjabini*)引起。除骆驼(camels)以外,绵羊(sheep)、山羊(goats)、牛(cattle)及其他反刍兽(ruminants)亦可感染,均寄生于皱胃(abomasum)。病畜表现为消瘦(emaciation),生产及使役能力降低,甚至引起死亡。本病在我国内蒙古养驼地区多见。据调查,骆驼斯氏副柔线虫的感染率(infection rate)达 90%以上,感染强度(infection density)可达数千条。

(一)病原形态(Pathogen morphology)

虫体前端有 6 个耳状悬垂物(auricular overhangs),2 个在亚背侧(subdorsal),2 个在亚腹侧(subventral),其余两侧各 1 个(图 12-16)。角皮(cuticle)厚,有横纹(cross striation)。口孔(oral pore)由两个侧唇(lateral lips)围绕;食道(esophagus))长而狭细,分为短细的前肌质部(presarcoplasm)和较粗的后腺质部(glandar part)。雄虫(male)长 9.5~10.6 mm,尾部(tail)呈螺旋状弯曲(spiral bending)。泄殖孔(cloacal pore)前乳突(papillae)4 对,有细长的蒂(pedicel);肛后乳突 2 对,蒂短而粗呈蘑菇状(mushroom);乳突分布基本对称。虫体有尾翼膜(caudal ala),上有栉状横纹,虫体尾端钝圆。交合刺(spicules)不等长,不同形,短的 0.237~0.287 mm,末端呈钩状(hook);长的 0.545~0.656 mm。引器为不规则多边形,棕黄色,较粗糙。雌虫(female)长 18.78~34 mm,尾端向背面弯曲;阴门(valve)位于体前部,尾长 0.146 mm,末端钝圆。

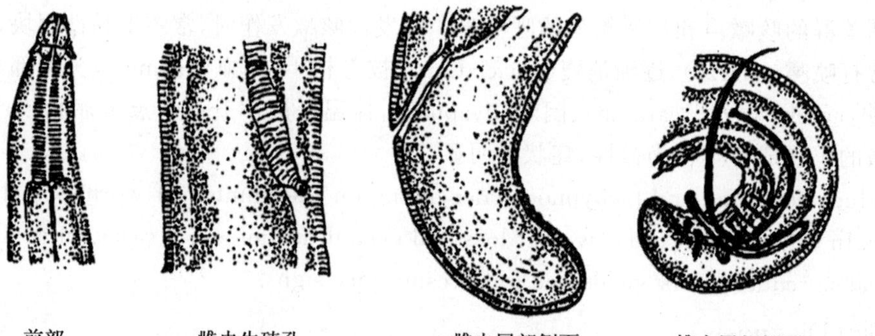

图 12-16 斯氏副柔线虫

Figure 12-16 *Parabronema skrjabini*

(二)生活史(Life cycle)

据国外资料认为某些吸血蝇(bloodsucking flies)在反刍兽粪便上产卵(ovipositing),继之孵化为幼虫；后者吞食了斯氏副柔线虫的卵时，其幼虫即在它们体内发育。研究者观察到，在蝇蛆(maggots)体内可以发现第1期幼虫(L_1)，在蛹(pupas)体内可以发现第2期幼虫(L_2)，在成蝇体内可以发现感染性幼虫(infective larvae)。宿主经口感染(peroral infection)。感染性幼虫进入宿主皱胃后，钻入黏膜(mucosa)内继续发育，直至次年4～5月间发育成熟。雌虫在整个夏季期间产卵，并随宿主粪便排出。卵产完后虫体死亡。每年6～11月份以至12月份，在宿主体内可同时寄生有斯氏副柔线虫的成虫和幼虫。

(三)流行病学(Epidemiology)

骆驼感染斯氏副柔线虫主要在夏季，因为只有这个时期才有携带斯氏副柔线虫感染性幼虫的吸血蝇存在。斯氏副柔线虫的感染强度随外界吸血蝇之多少而异，6月前及9月后，蝇较少，动物感染较轻；7月中旬至8月中旬这类蝇最多，动物感染强度最高。自感染性幼虫进入宿主体内到发育为成虫约需11个月，虫体在宿主体内的寿命约为11个月。骆驼的感染强度较其他反刍兽为高，1岁骆驼比2岁的高；其次是牛(cattle)，再次为绵羊(sheep)和山羊(goats)。

(四)诊断(Diagnosis)

根据临床症状结合粪便检查作出诊断。虫卵呈卵圆形，卵壳薄，卵内含有卷曲的幼虫。死后剖检可在皱胃幽门部(pylorus)发现斯氏副柔线虫的幼虫或成虫。

(五)防治(Treatment and prevention)

主要是在春季(吸血蝇出现前)进行驱虫(deworming)，可试用左旋咪唑(levamisole)、阿苯达唑(albendazole)或阿维菌素(avermectin)等药物。一方面可收到治疗之效，另一方面可减少吸血蝇的感染。

第四节　原　虫　病
Section 4　Protozoosis

一、巴贝斯虫病(Babesiosis)

反刍兽巴贝斯虫病，又称蜱热(tick fever)、红尿症(red water)、得克萨斯热(Texas fever)等，属于梨形虫病(piroplasmosis)的一种。它是由巴贝斯科(Babesiidae)巴贝斯属(*Babesia*)的多种巴贝斯虫寄生于反刍动物红细胞内引起的蜱传性(tick-borne)血液原虫病。临床上主要以发热(fever)、血红蛋白尿(hemoglobinuria)、溶血性贫血(haemolytic anemia)和死亡(death)为特征。

(一)病原形态(Pathogen morphology)

牛巴贝斯虫在我国报道的有4种，即双芽巴贝斯虫(*Babesia bigemina*)、牛巴贝斯虫(*B. bovis*)、卵形巴贝斯虫(*B. ovata*)和东方巴贝斯虫(*B. orientalis*)。羊巴贝斯虫主要有莫氏巴贝斯虫(*B. motasi*)和羊巴贝斯虫(*B. ovis*)。

1. 双芽巴贝斯虫(*Babesia bigemina*)

双芽巴贝斯虫为大型虫体(图12-17)，大小为4.5 μm×2.0 μm，虫体长度大于红细胞半径；其形态有梨籽形、圆形、椭圆形及不规则形等。典型形态是成双的梨籽形虫体以尖端相连成锐角，每个虫体内有一团染色质。虫体多位于红细胞的中央，每个红细胞内虫体数目为1～2个。虫体经姬氏染色后，胞浆呈淡蓝色，染色质呈紫红色。

2. 牛巴贝斯虫(*B. bovis*)

牛巴贝斯虫小型虫体(图12-18)，大小为2.0 μm×1.5 μm，虫体长度小于红细胞半径；形态有梨籽形、圆形、椭圆形、不规则形和圆点形等。典型形态为成双的梨籽形虫体以尖端相连成钝角，位于红细胞边缘或偏中央，每个虫体内含有一团染色质。每个红细胞内有1～3个虫体。

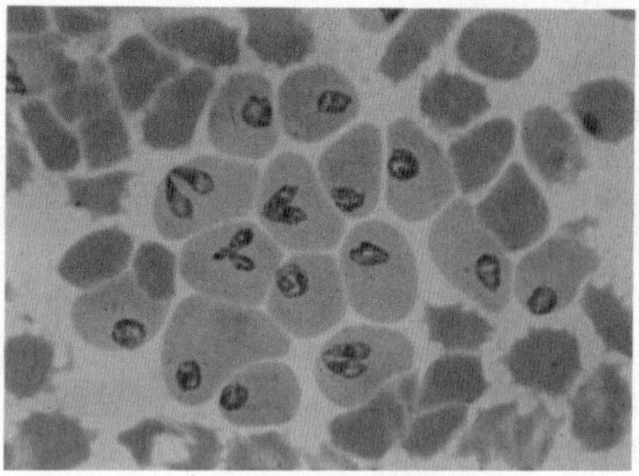

图 12-17　红细胞内的双芽巴贝斯虫

Figure 12-17　*Babesia bigemina* in erythrocytes

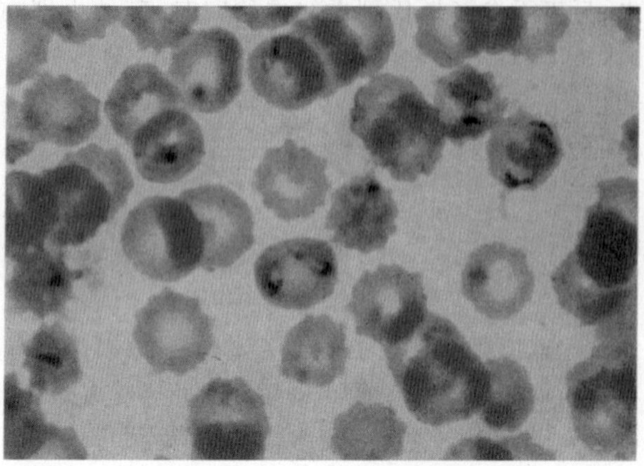

图 12-18　红细胞内的牛巴贝斯虫

Figure 12-18　*Babesia bovis* in erythrocytes

3. 卵形巴贝斯虫(*B. ovata*)

卵形巴贝斯虫大型虫体,平均大小为 3.57 μm×1.71 μm,虫体长度大于红细胞半径,呈梨籽形,卵形、卵圆形等。形态特征为虫体中央往往不着色,形成空泡,双梨籽形虫体较宽大,位于红细胞中央,两尖端成锐角相连或不相连。染虫红细胞内一般寄生 1~2 个虫体,个别可寄生 4 个。

4. 东方巴贝斯虫(*B. orientalis*)

东方巴贝斯虫小型虫体,大小为(1.2~1.5) μm×(2.0~2.6) μm,呈梨籽形、环形、椭圆形、边虫形及杆状。双梨籽形虫体尖端相连呈钝角,虫体位于红细胞近中央处。环形虫体呈指环形。边虫形虫体呈圆球形,色深蓝。椭圆形虫体两端钝圆。杆形虫体呈长杆形,有 1~2 团红色染色质位于其一端或两端。

5. 莫氏巴贝斯虫(*B. motasi*)

莫氏巴贝斯虫为大型虫体,典型形态为细长的双梨籽形,大小为(1.6~2.0) μm×(2.5~2.9) μm,虫体尖端相连呈锐角,单个虫体大于红细胞半径。每个虫体内含有 1~2 团染色质,呈深紫红色。单个虫体大小为(1.6~2.4) μm×(3.0~4.2) μm,靠近虫体较宽的一端有 1~2 团染色质。

6. 羊巴贝斯虫(*B. ovis*)

羊巴贝斯虫为小型虫体,大小为(1.3~1.8) μm×(1.8~2.4) μm,虫体小于红细胞半径,大部分虫体两尖端相连,呈钝角或平角。单个虫体大小为(1.5~2.0) μm×(2.5~2.8) μm,通常有 2 个染色质团,位于虫体较宽的一端。

(二)生活史(Life cycle)

巴贝斯虫需要通过 2 个宿主的转换才能完成其生活史(图 12-19),且只能由硬蜱传播。当蜱叮咬牛时,子孢子(sporozoite)随蜱的唾液进入牛体,随即由血流进入红细胞,在红细胞内以二分裂或成对出芽的方式进行繁殖。当蜱吸了含虫的血液后,巴贝斯虫进入蜱的肠管内,大部分虫体死亡,部分虫体发育成为长棒状能动的虫体,称为虫样体(vermicules),虫样体被认为是配子(gamete)。由 2 个形态相似而电子密度不同的虫样体配对形成合子(zygote)。球形的合子转变为长形能动的动合子(ookinete)。动合子侵入蜱的肠上皮、血淋巴细胞、马氏管、肌纤维等各个器官内进行复分裂,形成更多的动合子;动合子侵入蜱卵母细胞后保持休眠状态,必须等子蜱发育成熟或采食时,才开始出现与成蜱体内相似的过程;在蜱叮咬吸血 24 h 内,动合子进入蜱的唾腺细胞转为多形的孢子体(sporont),反复进行孢子生殖,形成成千上万个对哺乳动物宿主有感染性的子孢子(sporozoites)。

The organism divides asexually, by binary fission to form two, or sometimes four, individuals within the red cell. Eventually, the host cell ruptures and the organisms are liberated to penetrate new red cells.

When the parasitaemic blood is ingested by the appropriate ixodid tick, usually the engorging adult female, a sexual phase occurs in the tick gut followed by schizogony which results in the production of elongated, motile, club-shaped bodies, called vermicules. These migrate to the tissues of the tick, especially the ovary, and undergo further multiplication to produce more vermicules. The entire process takes around seven days. In the ovary of the tick the vermicules invade the eggs and, subsequently, continue to multiply in the tissues of the hatched larvae. When the larvae first feed, the vermicules enter the salivary acini and form, within a few days, the infective sporozoites, which are inoculated into the new host before feeding ceases. When stage-to-stage transmission occurs, vermicules again reach the salivary glands of the next stage of the tick when feeding commences, and mature to become infective forms. There is ample evidence that some species of *Babesia* may be transmitted through the ovary for two or more generations of female ticks; this is known as vertical transmission.

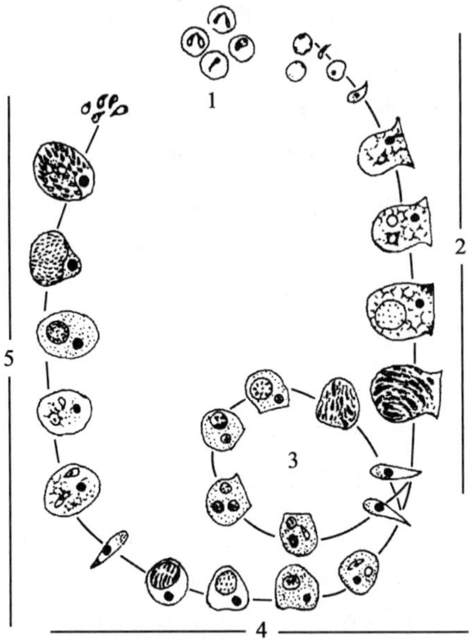

图 12-19 双芽巴贝斯虫在环形牛蜱体内的发育

Figure 12-19 The development of *B. bigemina* in the body of *Boophilus annulatus*

1. 双芽巴贝斯虫在牛的红细胞内发育(*B. bigemina* in bovine erythrocyte);
2. 双芽巴贝斯虫在成蜱肠上皮细胞内发育(The development of *B. bigemina* in adult tick's intestinal epithelium);
3. 双芽巴贝斯虫在成蜱马氏管和血淋巴细胞内发育(The development of *B. bigemina* in Malpighian tubules and hemolymph);
4. 双芽巴贝斯虫在幼蜱肠上皮细胞和卵内发育(Details of development in intestinal epithelium of larval ticks and eggs);
5. 双芽巴贝斯虫在若蜱唾液腺细胞内发育(Details of developmental forms in salivary cells in nymphal stages)

(三)流行病学(Epidemiology)

该病的发生和流行与蜱的消长、活动密切相关。由于蜱的活动具有明显的季节性、分布具有地区性,因此该病的发生和流行也具有明显的季节性和地区性。我国巴贝斯虫流行地区有甘肃、河南、陕西、浙江、江苏、西藏、云南、贵州、湖北、湖南、江西、福建、广东、广西、安徽、山东和辽宁。牛巴贝斯虫常和双芽巴贝斯虫混合感染,其宿主为黄牛、水牛和乳牛,传播媒介为微小牛蜱(*Boophilus microplus*),以经卵方式传播(transovarian transmission)。双芽巴贝斯虫由次代若虫和成虫阶段传播,幼蜱阶段无传播能力。牛巴贝斯虫由次代幼虫传播,次代若虫和成虫阶段无传播能力。全沟硬蜱(*Ixodes ersulcatus*)有可能起传播作用。

不同年龄和品种的牛易感性有差异,本病多发生于1~7月龄的犊牛,8月龄以上者较少发病,成年牛多系带虫者,带虫现象可持续2~3年。犊牛发病率(morbidity)高,但症状轻微,死亡率(death rate)低。成年牛发病率低,但症状明显,死亡率高。纯种牛和非疫区引进牛发病率高,疫区牛有带虫免疫现象,发病率低。

东方巴贝斯虫病主要流行于我国的湖北、湖南、江西、江苏、安徽等省区。传播媒介为镰形扇头蜱(*Rhipicephalus haemaphysaloides*),以经卵传播方式由次代成虫传播。在水牛巴贝斯虫病流行地区未见有黄牛发病,用感染水牛巴贝斯虫的镰形扇头蜱成蜱叮咬黄牛或用患病水牛染虫血液给黄牛皮下注射,均不出现临床症状。

1986年白启在河南卢氏县犊牛体内分离到1株大型巴贝斯虫。依据虫体形态特征,媒介蜱种类,临床症状及荧光抗体试验结果,鉴定为卵形巴贝斯虫。传播媒介为长角血蜱(*Haemaphysalis longicornis*)。以经卵方式由次代幼蜱、若蜱和成蜱传播。

我国羊巴贝斯虫病主要分布在四川、甘肃、云南。寄生的动物为绵羊和山羊。青海血蜱(*Haemaphysalis qinghaiensis*)、微小牛蜱(*Boophilus microplus*)和阿坝革蜱(*Dermacentor abaensis*)可以传播此病。研究表明，本虫在蜱体内既可经卵传递，也可在蜱的同一世代经不同发育阶段传播(stage to stage transmission)。发病季节为每年 4～6 月份和 9～10 月份。

All *Babesia* are transmitted by ticks with a limited host range. The principal vectors of *B. bovis* and *B. bigemina* are *Rhipicephalus* spp. ticks and these are widespread in tropical and subtropical countries. *Babesia* sp. is principally maintained by subclinically infected cattle that have recovered from disease. Morbidity and mortality vary greatly and are influenced by prevailing treatments employed in an area, previous exposure to a species/strain of parasite, and vaccination status. In endemic areas, cattle become infected at a young age and develop a long-term immunity. However, outbreaks can occur in these endemic areas if exposure to ticks by young animals is interrupted. The introduction of *Babesia* infected ticks into previously tick-free areas may also lead to outbreaks of disease.

(四)致病作用(Pathogenesis)

虫体在红细胞内繁殖的过程中，因机械性损伤(mechanical injury)和掠夺营养，可造成动物红细胞大量破坏，发生溶血性贫血(hemolytic anemia)，致使病畜结膜苍白和黄染；染虫红细胞和非染虫红细胞大量发生凝集及附着毛细血管内皮细胞，致使循环血液中红细胞数和血红蛋白量显著降低，血液稀薄，血内胆红素增多而导致黄疸(jaundice)。红细胞数目减少、血红蛋白量降低，会引起动物机体组织供氧不足，正常的氧化-还原过程破坏，全身代谢障碍和酸碱平衡失调，因而出现实质细胞如肝细胞、心肌细胞、肾小管上皮细胞变性，甚至坏死，某些组织瘀血、水肿；加之虫体毒素(toxin)和代谢产物(metabolites)在体内蓄积，可作用于中枢神经系统和植物神经系统，引起动物体温中枢的调节功能障碍及植物神经机能紊乱，动物出现高热、昏迷。上述病变和症状随高温的持续和虫体的进一步增殖而加重，最后因严重贫血、缺氧、全身中毒和肺水肿而死亡。

(五)症状(Clinical signs)

潜伏期一般为 10～15 d。病牛首先表现为高热稽留，体温高达 40～42℃，精神沉郁(depression)，食欲减退(decreased appetite)，脉搏和呼吸加快，轻度腹泻(diarrhoea)，反刍迟缓或停止。病牛迅速消瘦(emaciation)，可视黏膜苍白(pale mucosa)并逐渐发展为黄染。后期出现血红蛋白尿(haemoglobinuria)，尿色由浅红变为酱油色。乳牛泌乳减少或停止，怀孕母牛常发生流产(abortion)。耐过急性期的牛转为慢性并逐渐康复成为带虫者。

Typically the acute disease occurs 1 to 2 weeks after the tick commences to feed and is characterized by fever and haemoglobinuria ("redwater"). The mucous membranes, at first congested, become jaundiced, the respiratory and pulse rates are increased, the heart beat is usually very audible, and in cattle ruminal movements cease and abortion may occur. If untreated, death commonly occurs in this phase. Otherwise convalescence is prolonged, there is loss of weight and milk production and diarrhoea followed by constipation is common. In animals previously exposed to infection, or infected with a *Babesia* species of low pathogenicity, clinical signs may be mild or even inapparent.

(六)病变(Lesions)

主要表现为：病尸大多消瘦，结膜苍白或黄染，血液稀薄如水。皮下组织(subcutaneous tissue)、浆膜、脂肪及肌间结缔组织(connective tissue)水肿、黄染。胃肠道黏膜肿胀、潮红并有小点状出血；第 3 胃干涸，似足球状。各内脏被膜均黄染，脾脏(spleen)明显肿胀，甚至比正常肿大 4～5 倍，脾髓变软，呈暗红色，白髓肿大呈颗粒状突出于表面。肝脏肿大(hepatomegalia)呈黄褐色，切面具豆蔻状花纹，胆囊扩张，内充盈暗绿色浓稠胆汁。肾脏肿大，呈淡红色或深红褐色，有时可见有点状出血。肺瘀血、水肿。膀胱膨大，内充盈大量红色尿液，黏膜有出血点(petechia)。心肌(cardiac muscle)柔软，呈黄红色；心内外膜有出血斑。牛巴贝斯虫感染病例脑灰质充血明显，与白质呈鲜明对比。

显微病变表现为严重的溶血性贫血的特征，并表现出不同程度的血红蛋白尿性肾病与低氧性肝细胞坏死，胆小管被致密的胆汁沉淀物所堵塞。在内脏各器官，特别是在脑和视网膜毛细血管内可见大量虫体。该虫体位于红细胞内或游离于血浆中。

（七）诊断（Diagnosis）

根据特征性临床症状（如高热、贫血、血红蛋白尿）和流行病学分析（包括发病地点、季节、年龄、来源等）可作出初步诊断。但确诊必须结合实验室检查。

1. 血涂片检查（Stained blood smear）

采集外周血液（一般为牛耳静脉）制成薄血涂片，甲醇固定后染色镜检，若发现红细胞内有典型虫体，即可确诊。为了提高检出率，也可采用集虫的方法。即将可疑血液经抗凝处理后，低速离心，取上层红细胞涂片检查。

2. 血清学试验（Serological test）

其中以间接荧光抗体试验（IFA）、酶联免疫吸附试验（ELISA）、间接血凝试验（IFA）和乳胶凝集试验（LAT）等方法显示出较强的特异性和敏感性而得到了较广泛的应用。多用来检测自然感染或人工感染巴贝斯虫的体液免疫状况，即检测血清内特异性抗体来判断动物是否感染巴贝斯虫。

3. 死后剖检（Postmortem autopsy）

脑涂片在巴贝斯虫病的死后诊断上具有重要意义。具体方法是用巴斯德吸管从牛的脑皮层中吸取材料，然后涂片、染色和镜检虫体。

4. 基因诊断（Gene diagnosis）

近年来，核酸探针技术和 PCR 技术均已成功地用于巴贝斯虫病的诊断。

The history and clinical signs are usually sufficient to justify a diagnosis of babesiosis. For confirmation, the examination of blood films, stained with Giemsa, will reveal the parasites in the red cells. However, once the acute febrile phase has subsided they are often impossible to find since they are rapidly removed from the circulation.

（八）防治（Treatment and prevention）

1. 治疗（Treatment）

发现病畜后，要及时确诊，尽快治疗。同时应结合对症治疗。常用的特效药有以下几种。

（1）三氮脒（Diminazene aceturate） 即贝尼尔（Berenil）或血虫净。临用时将粉剂用蒸馏水配成 5% 溶液作深部肌肉注射和皮下注射。黄牛剂量 3～7 mg/kg 体重，水牛剂量 1 mg/kg 体重，乳牛剂量 2～5 mg/kg 体重。除水牛仅一次用药外，黄牛、乳牛可根据情况重复应用，但不得超过 3 次，每次用药要间隔 24 h。

（2）吖啶黄（Acriflavine） 又名黄色素，锥黄素。牛、羊剂量为 3～4 mg/kg 体重、极量为 2 g/头。用生理盐水或蒸馏水配成 0.5%～1.0%溶液，静脉注射。注射前加温至 37℃。必要时 24 h 后再次用药。

（3）咪唑苯脲（Imidocarb） 又名咪唑啉卡普。配成 10% 的水溶液肌肉注射或皮下注射。牛 1～3 mg/kg 体重，必要时每天 1～2 次，连续 2～4 次。

（4）硫酸喹啉脲（Quinuronium sulfate） 又名阿卡普林（acaprin），抗焦虫素。配成 5% 溶液，按 1 mg/kg 体重作皮下或肌肉注射。如疑有代谢失调或有心脏和血液循环疾患时，应分 2～3 次注射，每隔数小时注射 1 次。

2. 预防（Prevention）

（1）灭蜱（Tick control） 关键在于消灭动物体及周围环境中的蜱。可根据蜱的活动规律，有计划地采取一些灭蜱措施，如药浴，人工摘除牛身上的蜱等。但热带和亚热带国家试图通过根除蜱来控制蜱媒疾病时，遇到了很大困难，影响蜱根除的原因主要有：蜱对杀螨剂产生了耐药性；新型杀螨剂价格昂贵；另外，蜱在家养动物和野生动物体上均能存活。澳大利亚研制出蜱的疫苗，通过降低蜱的繁殖力来控制蜱的数量也取得了一定的成功。

(2)药物预防(Medicine prevention)　由于咪唑苯脲在体内代谢缓慢，导致它长期在体内残留，因此常将该药用于药物预防。据报道，该药的保护期可达 21～60 d。罗建勋等将该药制成缓释剂应用于临床也取得了很好的效果。

(3)免疫预防(Vaccination)　澳大利亚抗巴贝斯虫弱毒虫苗已在临床应用半个世纪，分泌性抗原疫苗也已在多个国家应用。我国也有东方巴贝斯虫分泌性抗原疫苗的应用报道。

二、泰勒虫病(Theileriosis)

泰勒虫病是由泰勒科(Theileriidae)泰勒属(*Theileria*)的各种蜱传性原虫(tick-transmitted protozoans)寄生于牛(cattle)、羊(goat/sheep)和其他野生动物(wild animals)巨噬细胞(macrophages)、淋巴细胞(lymphocytes)和红细胞(erythrocytes)内所引起的疾病。该病对亚洲、非洲和中东地区畜牧业发展影响很大。多呈急性经过，以高热(hyperpyrexia)，贫血(anemia)，出血(hemorrhage)，消瘦(emaciation)和体表淋巴结肿胀(adenophyma)为特征，具有较高的发病率和死亡率，给养牛业造成巨大的经济损失。

(一)病原形态(Pathogen morphology)

1. 环形泰勒虫(*Theileria annulata*)

寄生于红细胞内的虫体称为血液型虫体，虫体很小，形态多样，以环形和卵圆形为主；典型虫体为环形，呈戒指状(图 12-20)。

在淋巴结(lymph node)和脾脏(scpleen)的淋巴细胞中，可见裂殖体(schizonts)，有时称作柯赫氏蓝体(Koch's blue bodies)，有时叫石榴体(图 12-21)。用姬姆萨染色可看到 2 种类型裂殖体，一种为大裂殖体(macroschizont)(无性生殖体)，直径大约 8.0 μm，呈蓝色，内含 8 个核，并产生直径为 2～2.5 μm 的大裂殖子(macromerozoite)；小裂殖体(microschizont)(有性生殖体)，比前者小，含 36 个小核，并产生直径为 0.7～1.0 μm 的小裂殖子(micromerozoite)。小裂殖体破裂后，小裂殖子侵入红细胞，发育为配子体(gametophyte)。

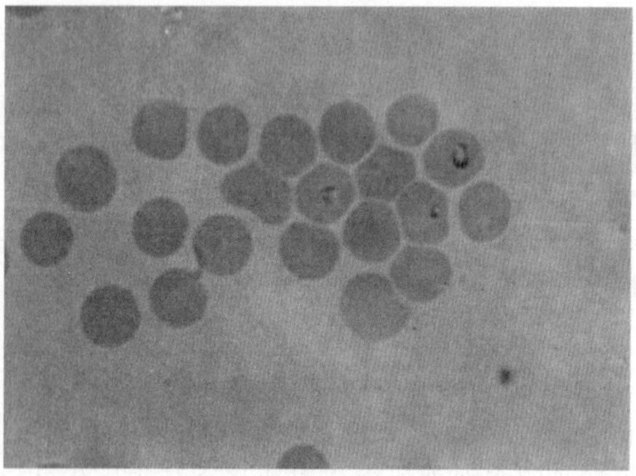

图 12-20　环形泰勒虫血液型虫体

Figure 12-20　The ring stage of *Theileria annulata* in erythrocytes

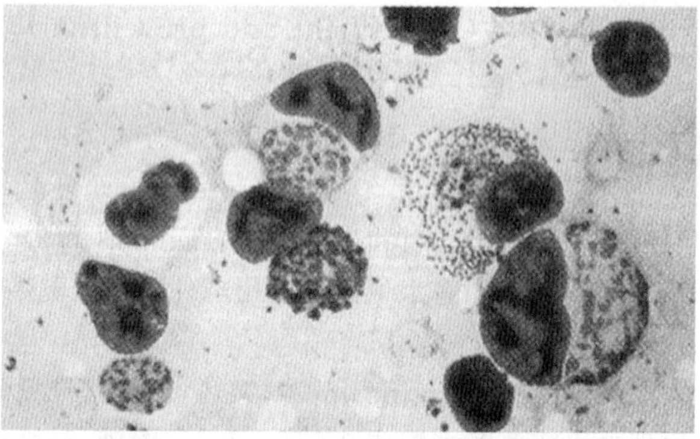

图 12-21　淋巴结抹片中的泰勒虫大裂殖体(柯赫氏蓝体)和小裂殖体

Figure 12-21　*Theileria* sp.：macroschizonts (Koch's blue bodies) and microschizonts in lymph node smears

2. 瑟氏泰勒虫(*T. sergenti*)

瑟氏泰勒虫寄生于红细胞内的虫体，除有特别长的杆状形外，其他的形态和大小与环形泰勒虫相似，也具有多形性。它与环形泰勒虫的主要区别是各种形态中以杆形和梨籽形为主，占 67%～90%。

3. 山羊泰勒虫(*T. hirci*)

羊的泰勒虫有 2 种：山羊泰勒虫和绵羊泰勒虫(*T. ovis*)，我国羊泰勒虫病的病原为山羊泰勒虫。其形态与环形泰勒虫相似，有环形、椭圆形、短杆形、逗点形、钉子形、圆点形等各种形态。以圆形虫体最多见，其直径为 0.6～1.6 μm。一个红细胞内一般只有 1 个虫体，有时可见到 2～3 个。红细胞染虫率 0.5%～

30%，最高达90%以上。裂殖体的形态与牛环形泰勒虫相似，可在淋巴结、脾、肝等的涂片中查到。

（二）生活史（Life cycle）

带虫蜱吸血时，子孢子（sporozoite）随蜱的唾液进入牛体，首先侵入局部淋巴结巨噬细胞和淋巴细胞，并在其中进行裂殖生殖（schizogony），形成无性的大裂殖体（large schizont）。成熟的裂殖体释放出裂殖子（merozoites），重复上述增殖过程。在这一过程中，虫体随淋巴和血液循环向全身扩散，并侵袭到其他的内脏器官。裂殖生殖进行到一定的代数后，部分形成小裂殖体，成熟的小裂殖体释放出小裂殖子，侵入红细胞内发育成为环形的配子体（circular gametophyte）。

幼蜱和若蜱吸血时，把带有配子体的红细胞吸入胃内，配子体逸出并发育成大、小配子，二者受精结合成合子，进一步发育成棍棒状能动的动合子。当蜱完成蜕皮时，动合子进入蜱的唾液腺并开始孢子生殖，产生许多感染性子孢子。当蜱吸血时，子孢子被接种到牛体内，重新开始其在牛体内的发育过程（图12-22）。环形泰勒虫由璃眼蜱期间传递（transracial transmission）。

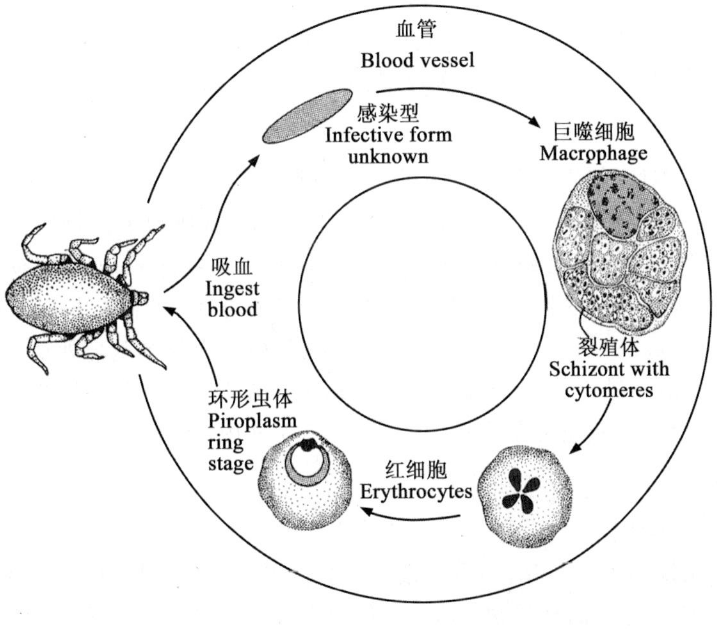

图 12-22 环形泰勒虫生活史

Figure 12-22 The life cycle of *Theileria annulata*

Theileria are transmitted via the *Haemaphysalis* species of tick vectors. Sporozoites enter mononuclear cells of the host and develop into trophozoites and multinucleate schizonts by asexual reproduction. This process stimulates proliferation of the host cells, allowing further multiplication of the parasite. The local lymph nodes are first infected. Schizonts then disseminate through the lymphoid tissues before differentiating into merozoites. The merozoites enter the erythrocytes and form piroplasms which are infective to ticks and capable of sexual reproduction. Sexual reproduction occurs within the nymph and larval stages of the tick and the final infective stage is present within the salivary glands and is transmitted to mammalian hosts when bloodfeeding. Transmission in the tick is then trans-stadial.

（三）流行病学（Epidemiology）

环形泰勒虫病在我国的传播者主要是残缘璃眼蜱（*Hyalomma detritum*），其次是小亚璃眼蜱（*H. anatolicum*），仅见于新疆南部。残缘璃眼蜱是二宿主蜱（two-host tick），经期间传递方式传播环形泰勒虫，即幼虫或若虫吸食了带虫的血液后，泰勒虫在蜱体内发育繁殖，当蜱的下一个阶段（若虫或成虫）吸血时即可传播本病。这种蜱主要在牛圈内生活，因此，本病主要在舍饲条件下发生。在内蒙古及西北地区，本病于6月份开始发生，7月份达高峰，8月份逐渐平息。耐过的牛成为带虫者，带虫免疫可达2.5～6年，但在抵抗力下降时仍可复发。1～3岁的牛易发病，外地牛和土种牛易感且发病严重，死亡率（mortality）依虫株和动物易感性不同而异（3%～90%）。易感牛引进到流行地区会出现高死亡率，没有年龄或品种差异，除非采取严格的预防措施。

目前已知能传播瑟氏泰勒虫的蜱有3种，即长角血蜱（*Haemaphysalis longicornis*）、嗜群血蜱（*H. concinna*）和日本血蜱（*H. japonica*）。在我国，瑟氏泰勒虫病的主要传播者是长角血蜱；牦牛瑟氏泰勒虫病的传播者为青海血蜱（*H. qinghaiensis*）。长角血蜱为三宿主蜱（three-host tick），在自然条件下，其若蜱和成蜱均有传播瑟氏泰勒虫的能力。长角血蜱生活在山野或农区，因此，本病主要在放牧条件下发生。据河南报道，本病始发于5月份，终止于10月份，6～7月份为发病高峰。吉林省本病流行情况基本与此相似。

我国羊泰勒虫病的传播者为青海血蜱（*Haemaphysalis qinghaiensis*），幼蜱和若蜱吸食了含有虫体的血液，在成蜱阶段传播本病。本病发生于4～6月份，5月份为高峰。1～6月龄羔羊发病率高，病死率也高；1～2岁羊次之，3～4岁羊很少发病。我国甘肃、四川和青海陆续发现，呈地方性流行，可引起羊只大批死亡。有的地区发病率高达36%～100%，病死率高达13.3%～92.3%。

（四）致病作用（Pathogensis）

泰勒虫子孢子进入牛体后，侵入局部淋巴结的巨噬细胞和淋巴细胞内反复进行裂殖生殖，形成大量的裂殖子，在虫体本身及其产生的毒素（toxin）作用下，局部淋巴结出现肿胀、疼痛，宿主体温开始升高。继而虫体随淋巴和血液循环，由局部组织向全身扩散，使宿主许多组织器官受到损伤，在淋巴结（lymph node）、脾、肝（liver）、肾、皱胃等一些器官出现相应的病变，临床上呈现体温升高（fervescence），精神不振（lassitude），食欲减退（decreased appetite）等前期症状。病牛由于大量细胞坏死所产生的组织崩解产物以及虫体代谢产物（metabolites）进入血液，导致严重的毒血症，临床上呈现高热稽留，精神高度沉郁，贫血（anemia），出血等症状。重症病例通常在这些症状出现5～7 d内，由于重要器官机能进一步紊乱和全身物质代谢严重障碍而死亡。

（五）症状（Clinical signs）

环形泰勒虫病的潜伏期为10～25 d，病程持续4～20 d（平均10 d），超急性、急性、亚急性、温和性和慢性病型均有报道。急性型常见。病初发热（fever），体温升高达40～42℃，热型为稽留热（continuous fever）或间歇热（intermittent fever），持续5～20 d。随后出现食欲不振（inappetence），反刍停止（cessation of rumination），心跳加快，虚弱（weakness），产乳量下降，浅表淋巴结和眼睑肿胀。几天之内即发生明显贫血，可能有血红蛋白尿（hemoglobinuria）。也常见胆红素血症（bilirubinemia）和胆红素尿（bilirubinuria）。出现腹泻（diarrhoea），粪便内含血液和黏膜。眼结膜黄染，点状出血。感染动物极为瘦弱，红细胞数下降至100万/mm^3以下，发病后8～15 d常发生死亡。超急性型，动物发病后3～4 d即出现死亡。在亚急性型，发热常呈不规则的间歇热并持续10～15 d，之后动物常恢复；怀孕动物有时流产（abortion）。在慢性型，间歇热型，食欲不振（inappetence），显著消瘦（emaciation），贫血（anemia）和黄疸（jaundice）可能持续4周或更长时间，但动物恢复正常需要2个月时间；在一些慢性型可能突然并发急性型，病畜在1或2 d内死亡。在温和型，除了低热，其他病症少见，食欲不振（inappetence），倦怠，轻度消化紊乱和流泪持续几天时间。可能有中度贫血。

瑟氏泰勒虫病症状基本与环形泰勒虫病相似。特点是病程较长（一般10 d以上；个别可长达数十天），症状缓和，死亡率较低，仅在过度使役、饲养管理不当和长途运输等不良条件下促使病情迅速恶化。

羊泰勒虫病的潜伏期为4～12 d。病羊精神沉郁（depression），食欲减退（decreased appetite），体温升高达40～42℃，稽留4～7 d，呼吸促迫，反刍及胃肠蠕动减弱或停止。有的病羊排恶臭稀粥样粪，杂有黏液或血液。个别羊尿液浑浊或血尿。结膜初充血，继而出现贫血和轻度黄疸，体表淋巴结肿大，有痛感。肢体僵硬，以羔羊最为明显，有的羊行走时前肢提举困难或后肢僵硬，举步困难；有的羔羊四肢（limbs）发软，卧地不起。病程 6～12 d。

About one week after infection, in a fully susceptible animal, the lymph node draining the area of tick bite, usually the parotid, becomes enlarged and the animal becomes pyrexic. Within a few days there is generalized swelling of the superficial lymph nodes, the animal rapidly loses condition, becomes dyspnoeic and there is terminal diarrhoea, often blood-stained. Petechial haemorrhages may occur under the tongue and on the vulva. Recumbency and death almost invariably occur, usually within three weeks of infection.

（六）病变（Lesions）

超急性病型，死后剖检常见淋巴组织超常增生（hyperplasia）和广泛出血。典型急性病型，皮下组织（subcutaneous tissue）有较多出血点（petechia）、出血斑（ecchymosis）和瘀血点；这种出血很常见。淋巴结（lymph node）常肿大，但慢性病例可能萎缩（atrophy）。肝（liver）、脾（spleen）呈典型肿大，肝、肾出现淋巴样组织浸润[假梗死（pseudoinfarct）]。常见出血性心肌变性（myocardial degeneration）。胃肠道有出血或溃疡（ulcer），尤其见于小肠和皱胃，内脏器官浆膜面也可见到瘀血点和瘀斑状出血。皱胃病变明显，具有诊断意义。皱胃黏膜肿胀、充血，有针头至黄豆大、暗红色或黄白色的结节（nodule）。结节部上皮细胞坏死后形成糜烂或溃疡（ulcer）。溃疡由针头大、粟粒大乃至高粱米大，其中央凹下呈暗红色或褐红色；疡缘不整稍隆起，周围黏膜有出血点。

瑟氏泰勒虫病牛以全身各器官广泛出血，网状内皮细胞增生，特别是以形成瑟氏泰勒虫结节（淋巴结、肝脏、肾、皱胃等脏器较为普遍）为特征性病理变化。

羊泰勒虫病病羊尸体消瘦（corpse emaciation），血液稀薄，皮下脂肪胶冻样。有点状出血。全身淋巴结（lymph node）呈不同程度肿胀，以肩前、肠系膜（mesentery）、肝、肺等处较显著；切面多汁、充血，有一些淋巴结呈灰白色，有时可见颗粒状突起。肝、脾肿大。肾呈黄褐色，表面有结节和小点出血。皱胃黏膜上有溃疡斑，肠系膜上有少量出血点。

（七）诊断（Diagnosis）

根据流行病学资料（当地有无本病、媒介蜱的有无及活动情况等）、临床症状（高热、贫血及体表淋巴结肿大）和病变特征（全身性出血、淋巴结肿大及第四胃黏膜溃疡斑）做出初步诊断，在血片（blood smear）和淋巴结（lymph node）或脾脏（spleen）涂片上发现虫体即可确诊。

聚合酶链式反应（PCR）和 DNA 探针可用于检测和鉴别泰勒虫种类。酶联吸附试验（ELISA）或间接荧光抗体试验（indirect flurescent antibody test, IFA）可用于检测环形泰勒虫抗体，但其敏感性不足以检出所有感染动物，存在着交叉反应现象。

鉴别诊断（Differential diagnosis）应与水心病（heartwater）、锥虫病（trypanosomiasis）、巴贝斯虫病（babesiosis）、边虫病（anaplasmosis）以及恶性卡他热（malignant catarrhal fever）相区别。

Diagnosis depends on the detection of schizonts in both lymph node biopsies and in blood smears. A low-grade piroplasm parasitaemia, in the absence of schizonts, is usually indicative of a recovered carrier animal.

（八）防治（Treatment and prevention）

1. 治疗（Treatment）

早期应用比较有效的杀虫药，再配合对症治疗，特别是输血疗法以及加强饲养管理可以大大降低病死率。

（1）三氮脒（Diminazene aceturate）　亦称贝尼尔（Berenil）或血虫净。剂量为 7 mg/kg 体重，配成 7% 溶液肌肉注射，每日 1 次，连用 3 d，如红细胞染虫率不下降，还可继续治疗 2 次。

（2）布帕伐醌（Buparvaquone）　对环形泰勒虫和瑟氏泰勒虫均有很好的效果，5%注射剂（Butalex）按 2.5 mg/kg 肌肉注射安全而有效。

(3)硫酸喹啉脲(Quinuronium sulfate)　剂量为0.6～1 mg/kg,配成5%溶液,皮下或肌肉注射,一般1次即可,必要时隔日再注射1次。

为了促使临床症状缓解,还应根据症状配合给予强心、补液、补血、健胃、缓泻、舒肝利胆等中西药物以及抗生素类药物。对红细胞数、血红蛋白量显著下降的牛可进行输血。每天输血量,犊牛不少于500～2 000 mL,成年牛不少于1 500～2 000 mL,每天或隔2 d输血1次,连续3～5次,直至血红蛋白稳定在25%左右为止。

2.预防(Prevention)

关键在于灭蜱。可根据流行地区蜱的活动规律,使用杀蜱药消灭牛体上和牛舍内及环境中的蜱。避免动物之间的输血,尤其是感染泰勒虫的动物。在发病季节可应用三氮脒、咪唑苯脲进行药物预防。在本病流行区还可用"环形泰勒虫裂殖体胶冻细胞苗"对牛进行预防接种。接种后20 d即产生免疫力,免疫力持续期为1年以上。此种虫苗对瑟氏泰勒虫病无交叉免疫保护作用。

三、牛、羊球虫病(Coccidiosis)

牛、羊球虫病是由艾美耳科(Eimeriidae)的艾美耳属(*Eimeria*)或等孢属(*Isospora*)球虫寄生于牛羊的肠上皮细胞(intestinal epithelial cell)内所引起的一种原虫病(protozoosis)。该病以犊牛和羔羊最易感,且发病严重。临床症状以贫血(anemia)、消瘦(emaciation)、血痢(blood dysentery)和发育不良(hypogenesis)为特征。

(一)病原形态(Pathogen morphology)

牛的球虫有10种,其中9种为艾美耳球虫(*Eimeria* spp.),另外1种为阿沙卡等孢球虫(*I. akscaica*),以邱氏艾美耳球虫(*E. zuernii*)和牛艾美耳球虫(*E. bovis*)常见且致病力最强。绵羊球虫有14种,山羊球虫有15种,其中阿沙塔艾美耳球虫(*E. ahsata*)对绵羊致病力最强;雅氏艾美耳球虫(*E. ninakohlyakimovae*)对山羊致病力最强。

1.邱氏艾美耳球虫(*E. zuernii*)

邱氏艾美耳球虫卵囊(oocyst)为圆形或椭圆形,低倍镜下观察为无色,高倍镜下呈淡玫瑰色。原生质团(protoplast)几乎充满卵囊。卵囊壁光滑,分2层,厚0.8～1.6 μm,外壁无色,内壁为淡绿色。无卵膜孔(micropyle),无内外残体(residues)。卵囊大小(17～20) μm×(14～17) μm。孢子化时间是48～72 h。

2.牛艾美耳球虫(*E. bovis*)

牛艾美耳球虫卵囊呈卵圆形,低倍镜下呈淡黄玫瑰色。卵囊壁光滑,内壁为淡褐色,厚0.4 μm;外壁无色,厚1.3 μm。卵膜孔不明显,有内残体,无外残体。卵囊大小为(27～29) μm×(20～21) μm。孢子化时间是2～3 h。

3.阿沙塔艾美耳球虫(*E. ahsata*)

阿沙塔艾美耳球虫卵囊呈卵圆形或椭圆形,平均大小为27 μm×18 μm。有卵膜孔和极帽(polar cap)。卵囊壁光滑,外层无色,厚1 μm;内层褐黄色,厚0.4～0.5 μm。无外残体而有内残体。孢子化时间为48～72 h。

4.雅氏艾美耳球虫(*E. ninakohlyakimovae*)

雅氏艾美耳球虫卵囊呈卵圆形或椭圆形,平均大小为23 μm×18 μm。卵囊壁光滑,外层无色或稍呈淡黄色,厚1 μm;内层淡黄褐色,厚0.4 μm。无卵膜孔,也无极帽,无内外残体。孢子化时间是24～48 h。

(二)生活史(Life cycle)

生活史与鸡艾美耳球虫基本相似,均为直接发育型。内生性发育过程有裂殖生殖(schizogony)和配子生殖(gametogony),外生性发育过程为孢子生殖(sporogony)。只有在外界发育为孢子化卵囊(sporulated oocysts)才具有感染性。

(三)流行病学(Epidemiology)

各种品种的牛羊对球虫都有易感性。2岁以内的犊牛发病率高,死亡率亦高;老龄牛常呈隐形感染

(suppressive infection)。羔羊极易感染，有时死亡。成年羊都是带虫者，也有因球虫病引起死亡的报道。感染来源主要是成年带虫牛、羊及临诊治愈牛、羊，它们不断地向外界排泄卵囊而使病原广泛存在。舍饲牛羊主要由于饲料、垫草、母畜乳房被粪便污染，使犊牛或羔羊遭受感染。自然条件下，一般都是几种球虫混合感染(mixed infections)，且各种球虫的感染率(infection rate)也不完全相同。

本病多发于温暖多雨的放牧季节，特别是在潮湿、多沼泽的牧场上最易发病，因为潮湿的环境有利于球虫卵囊的发育与存活。据报道北京、天津、长春等地乳牛球虫病多发生于 6～9 月份。卵囊对外界环境的抵抗力特别强，在土壤中可存活半年以上。不良环境条件及患某些传染病(如口蹄疫等)、寄生虫病(消化道线虫)时，容易诱发球虫病。牛群拥挤和卫生条件差的牧场容易发生球虫病。

(四)致病作用与病变(Pathogenesis and lesions)

当牛球虫在上皮细胞内进行裂殖生殖时，使黏膜上皮(epithelium mucosae)大量遭受破坏，黏膜下层(submucosa)出现淋巴细胞浸润(lymphocytic infiltration)，并发生溃疡(ulceration)和出血(hemorrhage)。肠黏膜被大量破坏之后，造成了有利于肠道腐败细菌生长繁殖的环境，其所产生的毒素(toxin)和肠道中的其他有毒物质被吸收后，引起全身性中毒，导致中枢神经和各个器官的机能失调(dysfunction)。

病理变化可见尸体极度消瘦(emaciation)，可视黏膜贫血(anemia)；肛门(anus)敞开，外翻，后肢和肛门周围为血粪污染。直肠(rectum)黏膜肥厚，有出血性炎症变化；淋巴滤泡肿大突出，有白色和灰色的小病灶，同时在这些部位出现直径 4～5 mm 的溃疡，其表面覆有凝乳样薄膜。直肠内容物呈褐色，带恶臭，有纤维性薄膜(fibrous membrane)和黏膜碎片。肠系膜淋巴结肿大(swelling)和发炎(inflammation)。

(五)症状(Clinical signs)

牛球虫病的潜伏期(latent period)为 2～3 周，有时达 1 个月。急性型病程通常为 10～15 d，个别情况时，发病后 1～2 d 犊牛死亡。初期精神沉郁，被毛松乱，体温升至 40～41℃，瘤胃蠕动及反刍停止，肠蠕动增强，排带血稀便，有恶臭。病的后期，粪便呈黑色，几乎全为血便，体温下降，极度贫血和衰弱。慢性病牛一般在发病后 3～5 d 逐渐好转，但下痢和贫血症状持续存在数月。牛艾美耳球虫引起的严重病变出现在盲肠(cecum)、结肠(colon)和回肠(ileum)后段处。肠黏膜充血(hyperemia)、水肿(edema)，有出血斑和弥散性出血点，肠腔中含大量血液。病牛有时伴发神经症状，其发病率占球虫病牛的 20%～50%，表现为肌肉震颤(muscle tremor)、痉挛(spasm)、角弓反张(opisthotonus)，眼球震颤(nystagmus)且偶有失明(blindness)。具有神经症状的球虫病病牛，死亡率(mortality)高达 50%～80%。

1 岁以内的羔羊症状最为明显。病羊精神不振，食欲减退或消失，渴欲增加，被毛粗乱，可视黏膜苍白，腹泻，粪便中常杂有血液、黏膜和脱落的上皮，有恶臭，含大量卵囊。有时见病羊肚胀，被毛脱落，眼和鼻的黏膜有卡他性炎症，消瘦迅速，常发生死亡，死亡率通常在 10%～25%，有时高达 80%。急性经过为 2～7 d，慢性者可迁延数周。

(六)诊断(Diagnosis)

生前诊断可用饱和盐水漂浮法(floatation method)检查粪便中的卵囊(oocysts)；死后剖检(necropsy)可做寄生部位肠黏膜抹片，观察裂殖子(schizozoite)(香蕉形)和卵囊。确诊要结合虫体种类、流行病学资料(季节、饲养条件及感染强度)、临诊症状(下痢、血便、粪便恶臭)及病理变化(直肠出血性炎症和溃疡)等进行综合判断。

(七)防治(Treatment and prevention)

1. 治疗(Treatment)

可选用下列药物：①氨丙啉(amprolium)。按 20～50 mg/kg 体重，口服，连用 5～6 d，可抑制球虫的繁殖和发育，并有促进增重和饲料转化的效果。②莫能菌素(monensin)。按 20～30 mg/kg 饲料添加混饲。③磺胺类药(sulfonamide)。如磺胺二甲基嘧啶(sulfamethazine)、磺胺六甲氧嘧啶(SMM)等，剂量按 140 mg/kg 体重，口服，一日 2 次，连服 3 d。

2. 预防(Prevention)

①定期消毒,用3%~5%热碱水消毒地面、牛栏、饲槽、饮水槽等,一般每周1次。②加强粪便管理,粪便要及时清除,集中进行生物热发酵处理。③幼畜与成年牛、羊分群饲养管理,放牧场也应分开。④药物预防,氨丙啉,按5 mg/kg体重混入饲料,连用21 d;莫能菌素,按1 mg/kg体重混入饲料,连用33 d。

四、胎儿毛滴虫病(Trichomoniasis)

胎儿毛滴虫病是由毛滴虫科(Trichomonadidae)三毛滴虫属(*Tritrichomonas*)的胎儿毛滴虫(*T. foetus*)寄生于牛生殖器官所引起的一种原虫病。该病的主要特征是在乳牛群中引起生殖系统炎症(reproductive system inflammation)、早期流产(early abortion)和不孕(sterility),给养牛业带来很大经济损失。该病呈世界性分布,我国亦有发生。

(一)病原形态(Pathogen morphology)

虫体呈纺锤形或梨形,长9~25 μm,宽3~16 μm;细胞核近似圆形,位于虫体前半部;核前有毛基体(blepharoplast),由此伸出4根鞭毛(flagella),3根向前延伸,即前鞭毛(tractellum),长度大约与体长相等;另外1根则沿波动膜(undulating membrane)边缘向后延伸,至虫体后部呈游离鞭毛(free flagellum)。波动膜有3~6个弯曲。虫体中央有一轴柱(axone),起于虫体前部,沿虫体中线向后,其末端突出于虫体后端(图12-23)。

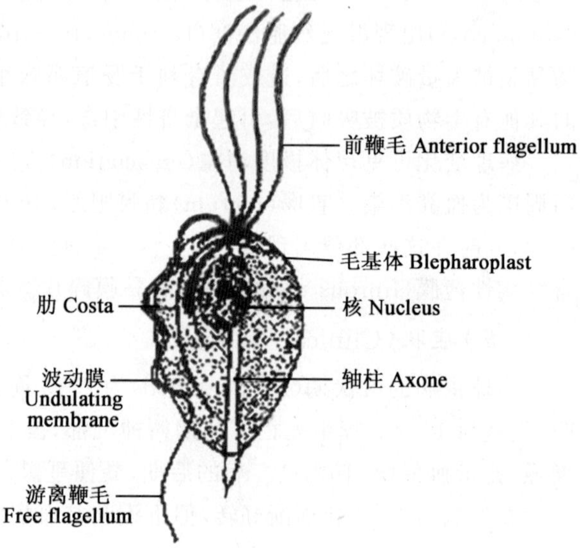

图12-23 胎儿毛滴虫

Figure 12-23 *Tritrichomonas foetus*

新鲜虫体呈瓜子形、短纺锤形、梨形或长卵圆形,混杂于上皮细胞与白细胞之间,进行活泼的蛇形运动,不易看出虫体鞭毛;运动减弱时始能察见。在吉姆萨染色标本(stained specimens with Giemsa)中,原生质呈淡蓝色,细胞核和毛基体呈红色,鞭毛则呈暗红色或黑色,轴柱的颜色比原生质浅。

The organism is pear-shaped, approximately 20 μm×10 μm and has a single nucleus and four flagella, each arising from a basal body situated at the anterior rounded end. Three of the flagella are free anteriorly, while the fourth extends backwards to form an undulating membrane along the length of the organism and then continues posteriorly as a free flagellum. The axostyle, a hyaline rod with a skeletal function, extends the length of the cell and usually projects posteriorly.

(二)生活史(Life cycle)

胎儿毛滴虫主要寄生于母牛的阴道(vagina)、子宫(uterus)内,或寄生在公牛的包皮腔(preputial cavity)、阴茎黏膜(penile mucosa)及输精管(vas deferens)等处。母牛怀孕后,在胎儿的胃(abomasum)和体腔(coelom)内、胎盘(placenta)和胎液中,均有大量虫体。主要以纵二分裂方式(longitudinal binary division)繁殖,以黏液、黏膜碎片、微生物、红细胞等为食,经胞口摄入体内或以内渗方式吸收营养。

(三)流行病学(Epidemiology)

该病主要是通过病牛与健康牛的直接交配(natural mating),或在人工授精(artificial insemination)时使用带虫精液或沾染虫体的输精器械而传播。因此,该病多发于配种季节(breeding season)。此外也可通过被病畜生殖器分泌物污染的垫草和护理用具以及家蝇搬运而传播。种公牛在临床上常不表现症状,但带虫可达3年之久,是危险的感染源,在该病的传播上起很重要的作用。胎儿毛滴虫对外界的抵抗力较弱,对热及消毒药敏感,但对冷的耐受性较强,大部分消毒剂在推荐的使用浓度下很容易杀灭该病原。

Normally one might expect the overall prevalence of Trichomonosis to be high since it is venereally transmitted by bulls which show no clinical signs. In fact, the advent of supervised schemes of artificial insemination has largely eradicated the disease, and today it is limited to areas where there are many small farms each with their own bulls, or to countries where veterinary supervision is limited.

(四)致病作用与病变(Pathogenesis and lesions)

侵入公牛生殖器内的虫体，先在包皮腔和阴茎黏膜上繁殖，引起包皮和阴茎炎(penitis)，继而侵入尿道、输精管、前列腺(prostate)和睾丸(testis)，影响性机能，导致性欲减退(hyposexuality)，交配时不射精。

侵入母牛生殖器的毛滴虫，首先在阴道黏膜上进行繁殖，继而经子宫颈(cervix)到子宫，引起炎症(inflammation)。当与化脓菌(pyogenic bacteria)混合感染时，则发生化脓性炎症(suppurative inflammation)。于是生殖道分泌物增多，影响发情周期(estrous cycle)。并造成长期不育等生殖机能障碍(reproductive dysfunction)。虫体在怀孕的子宫内，繁殖尤其迅速，先在胎液中繁殖，以后侵入胎儿机体，约经数日或数周即导致胎儿死亡或流产(abortion)。

(五)症状(Clinical signs)

公牛感染后 12 d，发生黏液脓性包皮炎(acrobystitis)，包皮肿胀，在包皮和阴茎黏膜上出现粟粒大的小结节，公牛有痛感，不愿交配。随着病情的发展，症状由急性转为慢性乃至消失，但仍带虫，而且虫体可侵入到输精管、睾丸等部位，成为该病传播的主要来源。

母牛感染后 1～3 d，首先出现阴道卡他性炎症(catarrhal inflammation)，阴道红肿，黏膜上可见粟粒大或更大一些的小结节，排出黏液性或黏液脓性分泌物。多数牛只于怀孕后 1～3 个月发生流产(abortion)，流产后母牛发生子宫内膜炎(endometritis)，子宫蓄脓(pyometra)，发情期延长或不孕，部分病牛发生死胎(stillbirth)。

In the bull, there are no clinical signs once the infection is established. In the cow, early abortion is a characteristic feature although this is often undetected because of the small size of the foetus and the case may present as one of an irregular oestrus cycle. Other clinical signs are those of purulent endometritis or a closed pyometra and, in these cases, the cow may become permanently sterile.

(六)诊断(Diagnosis)

首先应调查牛群的整体繁殖情况，凡出现繁殖异常、早期流产、不孕、死胎、阴道黏液脓性分泌物增加、子宫蓄脓或公牛生殖器发炎等情况时，应怀疑为本病。可采取病畜的生殖道分泌物或冲洗液、胎液、流产胎儿的四胃内容物等，及时在显微镜下检查，发现虫体即可确诊。

Diagnosis depends on the demonstration of the organism. Vaginal mucus collected from the anterior end of the vagina by suction into a sterile tube, or preputial washings from the bull, may be examined using a warm-stage microscope for the presence of organisms. However, since the organism is often only present intermittently, the examination may require to be repeated several times.

(七)防治(Treatment and prevention)

1. 治疗(Treatment)

可选用下列药物：①0.2%碘溶液(iodine solution)、1%三氮脒或 0.1%黄色素溶液。洗涤患部，每日 1 次，连用数天。②1%大蒜乙醇浸液(garlic ethanol immersion)，0.5%硝酸银溶液。洗涤患部，5～6 d 内洗 2～3 次为 1 个疗程，进行 2～3 个疗程。③甲硝达唑(metronidazole，又称灭滴灵)。按 100 mg/kg 体重配成 5%溶液，静脉注射。每天 1 次，连用 3 d。

2. 预防(Prevention)

①我国该病已得到基本控制，在引进公牛时要做好检疫工作。②在牛群开展人工授精，人工授精前应仔细检查公牛精液，确保无毛滴虫感染。③发现新病例时应淘汰公牛。

Since the disease is self-limiting in the female only symptomatic treatment and sexual rest for three months is normally necessary. In the bull, slaughter is the best policy, although dimetridazole orally or intravenously has been reported to be effective.

第五节　外寄生虫病
Section 5　Ectoparasitosis

一、牛皮蝇蛆病(Hypodermiasis)

牛皮蝇蛆病是由皮蝇科(Hypodermatidae)皮蝇属(*Hypoderma*)的幼虫寄生于牛或牦牛(yak)背部皮下组织(subcutaneous tissue)引起的疾病。牛皮蝇偶尔寄生于马、驴和野生动物,也可寄生于人,个别地区人的感染率可高达7%,成为人畜共患病之一。本虫在我国西北、东北、内蒙古牧区广为分布,其他地区由流行区引进的牛只也有发生。

(一)病原形态(Pathogen morphology)

成蝇较大,有足3对及翅1对,体表被有长绒毛,故外形似蜂;复眼不大,有3个单眼;触角芒简单,无分支;口器退化,不能采食,也不叮咬牛只。牛皮蝇主要有2种:

1. 牛皮蝇(*Hypoderma bovis*)

牛皮蝇成蝇较大(图12-24),长约15 mm。体表被有长绒毛,头部绒毛浅黄色;胸部的前部和后部绒毛淡黄色,中间部分为黑色;腹部绒毛前端为白色,中间为黑色,末端为橙黄色。第3期幼虫长可达28 mm,体粗壮,色泽随虫体成熟由淡黄、黄褐变为棕褐色,体分11节,无口前钩,体表具有很多结节和小刺,最后两节腹面无刺;有2个后气孔,气门板呈漏斗状。卵的大小为(0.76～0.8) mm×(0.22～0.29) mm,长圆形,一端有柄,以柄附着在牛毛上。

2. 纹皮蝇(*H. lineatum*)

纹皮蝇成蝇体长13 mm,体表被毛稍短。胸部毛呈灰白色或淡黄色,并具有4条黑色纵纹;腹部绒毛前端灰白色,中间黑色,末端橙黄色。第3期幼虫长可达26 mm,与牛皮蝇相似,但最后一节腹面无刺;有2个较平的后气门板。卵与牛皮蝇的相似,但一根牛毛上可见一列虫卵。

除上述2种外,在我国尚报道有中华皮蝇(*H. sinense*)寄生于牦牛,鹿皮蝇(*H. diana*)寄生于鹿(deer)。

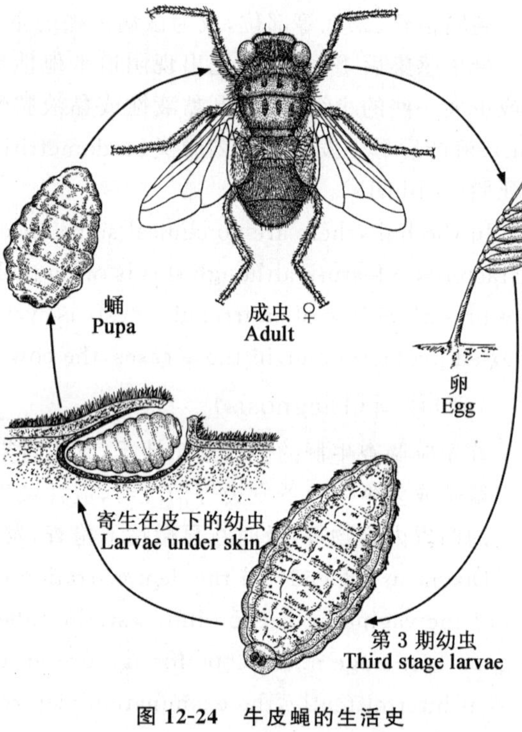

图 12-24　牛皮蝇的生活史

Figure 12-24　The life cycle of *Hypoderma* sp.

Adults *H. bovis* and *H. lineatum* resemble bees, but have only one pair of wings; the abdomen is covered with yellow-orange hairs with a broad band of black hairs around the middle. The mature larvae are thick and somewhat barrel-shaped, tapering anteriorly; when mature they are 2.5 to 3.0 cm long, and most segments bear short spines. The colour is dirty white when newly emerged from the host, but rapidly turns to dark brown; the pupa is almost black. Third-stage larvae can be easily differentiated. *H. bovis* is generally larger and has no spines on the tenth segment and a funnel-shaped spiracular plate; *H. lineatum* is smaller and has spines on the tenth segment and typically a flat spiracular plate.

（二）生活史和习性（Life cycle and habit）

牛皮蝇的发育属完全变态（complete metamorphosis），整个发育过程需经卵、幼虫、蛹和成蝇4个阶段（图12-24）。成蝇营自由生活，不采食，也不叮咬动物，只是飞翔、交配、产卵。一般多在夏季出现，在晴朗无风的白天，侵袭牛只。成蝇只生活5～6 d，产完卵后即死亡。产卵部位：牛皮蝇在牛体的四肢上部、腹部、乳房和体侧，每根毛上黏附虫卵1枚。纹皮蝇则在牛只的后肢球节附近和前胸及前腿部，每根毛上可见数枚多至20枚。每一雌蝇一生可产卵400～800枚。卵经4～7 d孵出第1期幼虫，幼虫由毛囊钻入皮下。牛皮蝇第2期幼虫沿外围神经的外膜组织移行2个月后到椎管硬膜的脂肪组织中，在此停留约5个月；而后从椎间孔爬出，到腰背部皮下（少数到臀部或肩部皮下）成为第3期幼虫，在皮下形成指头大瘤状突起，上有一0.1～0.2 mm的小孔。第3期幼虫在其中逐步长大成熟，后离开牛体，落入泥土中化蛹，蛹期1～2个月，羽化为成虫。整个发育期为1年。纹皮蝇发育和牛皮蝇基本相似，但第2期幼虫寄生在食道壁上。成蝇的出现季节随气候条件不同而略有差异，一般牛皮蝇成虫出现于6～8月份，纹皮蝇则出现于4～6月份。

The adult flies are active only in warm weather. The females attach their eggs to hairs, *H. bovis* singly on the lower parts of the body and on the legs above the hocks, and *H. lineatum* in rows of six or more on individual hairs below the hocks. The first stage larvae hatch in a few days and crawl down the hairs, penetrate the hair follicles and migrate towards the region of the diaphragm. Migration is aided by the use of paired mouth hooks and the secretion of proteolytic enzymes, and the larvae feed as they travel to the resting sites where they will spend the winter, *H. lineatum* to the submucosa of the oesophagus and *H. bovis* to the epidural fat in the spinal canal. These sites are reached in late autumn, usually after the end of November in Europe, and the moult to the second stage occurs there. In February and March migration is resumed, and the L_2 arrive under the skin of the back where they moult to the L_3, which can be palpated as distinct swellings ("warbles"). A cutaneous perforation is made by the L_3 and the larvae breathe by applying their spiracles to the aperture. After about 4 to 6 weeks in this site they emerge, and fall to the ground where they pupate under leaves and loose vegetation for about 5 weeks. The adults then emerge, copulate and the females lay their eggs and die, all within 1 to 2 weeks. Oviposition can take place as soon as 24 hours after emergence from the puparium.

（三）致病作用和症状（Pathogenesis and clinical signs）

成虫虽不叮咬牛，但雌蝇飞翔产卵时可以引起牛只不安、踢蹴、恐惧而使正常的生活和采食受到影响，有时牛只出现"发狂"症状，偶尔跌伤或孕畜流产。幼虫初钻入牛皮肤，引起皮肤痛痒，精神不安。幼虫在体内移行，造成移行部组织损伤。特别是第3期幼虫在背部皮下时，引起局部结缔组织（connective tissue）增生和皮下蜂窝组织炎（cellulitis），有时继发细菌感染可化脓形成瘘管。患畜表现消瘦，生长缓慢，肉质降低，乳畜产乳量下降。背部幼虫寄生后，留有瘢痕，影响皮革价值。个别患畜，幼虫误入延脑或大脑脚寄生，可引起神经症状（neurosis），甚至造成死亡。

（四）诊断（Diagnosis）

幼虫出现于背部皮下时，易于诊断。可触诊（palpation）到隆起（apophysis），上有小孔，内含幼虫，用力挤压，可挤出虫体，即可确诊。此外，流行病学资料，包括当地流行情况和病畜来源等，对本病的诊断也有重要的参考价值。

（五）防治（Treatment and prevention）

可用化学药物或机械的方法消灭幼虫。化学治疗多用有机磷杀虫药（organophosphorus insecticides），可用药液沿背线浇注。在流行地区，可在4～11月份的任何时间进行；12月份到翌年3月份因幼虫在食道或脊椎，幼虫在该处死亡后可引起相应的局部严重反应，故此期间不宜用药。常用的药物浓度和剂量是：蝇毒磷（coumaphos），4%溶液，0.3 mL/kg体重；皮蝇磷（korlan），8%溶液，0.33 mL/kg体重；倍硫磷(fenthion),3%乳剂,0.3 mL/kg 体重。伊维菌素(ivermectin)皮下注射,对本虫有良好的治疗效果,剂量为 0.2 mg/kg 体重。

少量在背部出现的幼虫,可用机械法,即用手指压迫皮孔周围,将幼虫挤出,并将其杀死。但需注意勿将虫体挤破,以免引起过敏反应。

Hypoderma is susceptible to systemically active organophosphorus insecticides and to ivermectin. The organophosphorus preparations are applied as "pour-ons" to the backs of cattle and are absorbed systemically from there;ivermectin is given by subcutaneous injection.

二、羊狂蝇蛆病(Oestriasis)

羊狂蝇蛆病是由狂蝇科(Oestridae)狂蝇属(*Oestrus*)的羊狂蝇(*O. ovis*)幼虫寄生于羊的鼻腔或其附近的腔窦引起。主要寄生于绵羊,间或寄生于山羊,人亦有被寄生的报道。在我国西北、内蒙古、华北、东北地区较为常见,流行严重地区感染率可高达 80%。

(一)病原形态(Pathogen morphology)

成蝇长 10～12 mm,淡灰色,略带金属光泽,形似蜜蜂。头大呈黄色,口器退化。第 3 期幼虫背面隆起,腹面扁平,长 28～30 mm,前端尖,有 2 个黑色口前钩。虫体背面无刺,成熟后各节上具有深褐色带斑,腹面各节前缘具有小刺数列,虫体后端平齐,凹入处有 2 个"D"形气门板,中央有钮孔。

Adults:Grey flies about 1.0 cm long,with small black spots on the abdomen and a covering of short brown hairs. Mature larvae in the nasal passages are about 3.0 cm long,yellowish-white,tapering anteriorly with a prominent "step" posteriorly. Each segment has a dark transverse band dorsally.

(二)生活史和习性(Life cycle and habit)

羊狂蝇为胎生,发育过程经幼虫、蛹和成虫 3 个阶段。成蝇不采食,不营寄生生活。出现于每年的 5～9 月份,尤以 7～9 月份较多。雌雄交配后,雄蝇即死亡。雌蝇生活至体内幼虫形成后,在炎热晴朗无风的白天活动,遇羊时即突然冲向羊鼻,将幼虫产于羊的鼻孔内或鼻孔周围,一次能产下 20～40 个幼虫。每只雌蝇在数日内可产幼虫 500～600 个,产完幼虫后死亡。刚产下的第 1 期幼虫以口前钩固着于鼻黏膜上,爬入鼻腔,并渐向深部移行,在鼻腔、额窦或鼻窦内经 2 次蜕化变为第 3 期幼虫。幼虫在鼻腔和额窦等处寄生 9～10 个月。到翌年春天,发育成熟的第 3 期幼虫由深部向浅部移行,当患羊打喷嚏时,幼虫被喷落地面,钻入泥土化蛹。蛹期 1～2 个月,其后羽化为成蝇。成蝇寿命为 2～3 周。本虫在北方较冷地方每年仅繁殖 1 代;而在温暖地区,每年可繁殖 2 代。绵羊的感染率比山羊高。

The females are viviparous and infect the sheep by squirting a jet of liquid containing larvae at the nostrils during flight,up to 25 larvae being delivered at a time. The newly deposited L_1 are about 1.0 mm long,and migrate through the nasal passages to the frontal sinuses feeding on mucus whose secretion is stimulated by their movements. The first moult occurs in the nasal passages,and the L_2 crawl into the frontal sinuses where the final moult to L_3 takes place. In the sinuses,the larvae complete their growth and then migrate back to the nostrils. Where flies are active throughout the year,two or three generations are possible,but in cool or cold weather the small L_1 and L_2 become dormant and remain in recesses of the nasal passages over winter;they move to the frontal sinuses only in the warmer spring weather, and then complete their development,the L_3 emerging from the nostrils and pupating on the ground to give a further generation of adults. The females survive only 2 weeks,but during this time each can deposit 500 larvae in the nasal passages of sheep.

(三)致病作用和症状(Pathogenesis and clinical signs)

成蝇侵袭羊群产幼虫时,可引起羊群骚动,惊慌不安,互相拥挤,频频摇头,喷鼻,低头或以鼻孔抵于地面,严重扰乱羊的正常生活和采食,使羊生长发育不良(poor growth)且消瘦。

当狂蝇幼虫在羊鼻腔内固着或移行时，以口前钩和体表小刺机械地刺激损伤鼻黏膜，引起黏膜肿胀、发炎和出血，鼻液增多，在鼻孔周围干涸时，形成硬痂，并使鼻孔堵塞，呼吸困难(dyspnea)。患羊表现流脓性鼻涕，打喷嚏，摇头，甩鼻子，磨牙(molars)，磨鼻，眼睑浮肿(eyelid swollen)，流泪(dacryorrhea)，食欲减退(decreased appetite)，日益消瘦。数月后症状逐步减轻，但到发育为第3期幼虫，虫体变硬，增大，并逐步向鼻孔移行，症状又有所加剧。少数第1期幼虫可进入颅腔或因鼻窦发炎而累及脑膜，此时可出现神经症状，即所谓“假旋回症”，患羊表现运动失调，做旋转运动。

Most infections are light, sheep showing nasal discharge sneezing, and rubbing their noses on fixed objects. In the rare heavier infections, there is unthriftiness and sheep may circle and show incoordination, these signs being often termed “false gid”. If a larva dies in the sinuses there may be secondary bacterial invasion and cerebral involvement.

(四)诊断(Diagnosis)

根据症状、流行病学和尸体剖检，可做出诊断。早期诊断时，可用药液喷入羊鼻腔，收集用药后的鼻腔喷出物，发现死亡幼虫，即可确诊。出现神经症状时，应与羊多头蚴病和莫尼茨绦虫病相区别。

(五)防治(Treatment and prevention)

治疗可用以下药物：①伊维菌素(ivermectin)。按0.2 mg/kg体重，1%溶液皮下注射。②敌百虫(dipterex)。按75 mg/kg体重，兑水口服，或以5%溶液肌肉注射，或以2%溶液喷入鼻腔或用气雾法(在密室中)给药，均可收到驱虫效果，特别是对第1期幼虫效果较理想。③氯氰碘柳胺(closantel)。按5 mg/kg体重口服，或2.5 mg/kg体重皮下注射，可杀死各期幼虫。

三、喉蝇蛆病(Cephalopinosis)

骆驼喉蝇蛆病是由狂蝇科(Oestridae)喉蝇属(*Cephalopina*)的骆驼喉蝇(*C. titillator*)幼虫寄生于骆驼(camels)的鼻腔(nasal cavity)、鼻窦(paranasal sinus)及咽喉部位(laryngeal part of pharynx)引起的一种蝇蛆病，该病在我国产驼地区相当普遍。

(一)病原形态(Pathogen morphology)

成蝇(adults flies)体长9～11 mm。形态上与羊狂蝇(*Oestrus ovis*)很相似。二者最明显的区别是翅脉(vein)：驼喉蝇 M_{1+2} 脉末端向上呈蛇行弯曲(snake curve)，该弯曲呈云雾状黑色模糊线条，其与 R_{4+5} 脉汇合后，形成闭合的，约呈直角梯形的 $2R_5$ 室(cell)。室末端上方具柄，该柄短于r-m横脉(transverse vein)，几乎呈直角自 R_{4+5} 脉弯向翅前缘。而羊狂蝇闭合的 $2R_5$ 室呈等腰三角形，$2R_5$ 室的柄与翅纵轴(longitudinal axis)相倾斜，该柄长于r-m横脉。

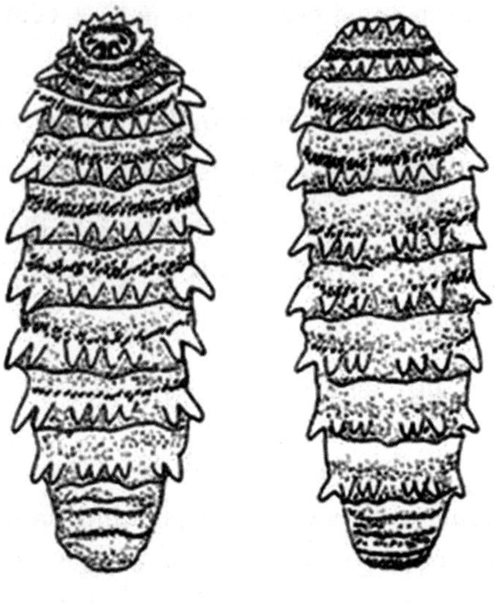

图12-25 骆驼喉蝇第3期幼虫
Figure 12-25 The third-stage larvae of *Cephalopina titillator*

喉蝇第3期幼虫呈梭形(spindle)(图12-25)，黄白色，大小为23 mm×17 mm左右；虫体前端有1对黑色锐利的口前钩(anoral hooks)；体节上都有一圈环绕背腹面的，大而扁平的，尖端指向后方的锥状突。每节前缘都有一些棕褐色小刺(spinules)，尤其是腹面较为密集；在体前部第2、3胸节(thoracic segment)间两侧靠近背面的凹陷(depression)中，左、右各有1个直径约0.32 mm的前气门，色彩为黄褐色，上有许多指状突出(digitation)。虫体后部有1对肾形(reniform)后气门，位于尾端凹窝(hollowness)内。

根据扫描电镜(scanning electron microscope, SEM)观察：

双峰骆驼喉蝇蛆前气门呈一向外突出的铃铛状集合体(aggregation),“铃铛”数目约 20 多个,每个“铃铛”中央有一裂缝(slit)。后气门在光镜下所谓圆形或椭圆形的气孔(stoma)并非是真正的孔,而是一较薄的膜,膜中央有一缝隙,呈锯齿状(hackly)。光镜下之所以将其看成是孔,是由于该处膜较薄,光线通过多造成透亮的缘故。牛皮蝇、羊鼻蝇后气门的构造也是如此。

(二)生活史(Life cycle)

骆驼喉蝇的生活史与羊狂蝇相似,生殖方式为胎生(viviparity)。第 1 期幼虫被雌蝇产于骆驼的鼻孔(nostrils)及其周围后,借助于口钩(oral hooks)和体表的小刺(spinules),通过蠕动进入鼻腔(nasal cavity)。而后深入鼻窦(paranasal sinus)及额窦(frontal sinus)内,在黏膜上寄生发育。该龄幼虫以每年的 7～12 月份及来年的 1～2 月份为多,在驼体内经 8～9 个月,发育为第 2 期幼虫;第 2 期幼虫以 2～3 月份为多,成熟的第 2 期幼虫主要存在于鼻腔深处及咽喉部;第 3 期幼虫出现于 4 月上旬到中旬,主要寄生于咽喉部,发育成熟后则向鼻腔移行。由于其口钩及体表小刺、锥状突(conules)对宿主鼻黏膜的刺激,引起患驼打喷嚏,导致幼虫被喷出,钻入外界松土中化为蛹(pupas);后羽化为成蝇(adult)。

(三)流行病学(Epidemiology)

驼喉蝇及各龄幼虫以骆驼作为唯一宿主,在我国北方地区每年繁殖 1 代。雄蝇寿命约 3.5 d,雌蝇约 10 d。成熟雌蝇 1 次产幼虫 137～248 个,一生可产 3～7 次,共产幼虫 800 个左右。在当地 5～6 月份,土深为 6～10 cm、地温 28～30℃、地表温度(surface temperature) 35～40℃、空气相对湿度(relative humidity) 24%～48%的条件下,第 3 期幼虫羽化为成蝇所需的时间为 19～21 d。成蝇每年 6 月初出现,9 月末消失,7～8 月份为侵袭高峰期(infectious climax)。本病在养骆驼地区普遍存在,感染率(infection rate)为 95%以上,最高感染强度为 36 个,死亡率(death rate)为 2.8%。

(四)致病作用和症状(Pathogenesis and clinical signs)

成蝇产幼虫时,反复侵袭骚扰驼群,严重影响骆驼的采食(ingestion)、饮水(drinking)、休息(rest),造成渐进性消瘦(progressive marasmus);幼虫寄生引起骆驼鼻腔及咽部黏膜损伤(pharyngeal mucous membrane injury),鼻孔流出浆液性(serous)或黏液性(mucous)鼻液,并常混有血液。严重感染时可见呼吸困难(dyspnea),吞咽时有痛感(nociceptive sensation)或吞咽困难(dysphagia),精神不安(dotty),体力衰退(manual decline),病畜消瘦(emaciation)。严重者呼吸困难、衰竭(exhaustion)、窒息死亡(death from suffocation)。其乳(milk)、肉(meat)、毛(fur)、绒(pashm)产量和质量下降。

(五)诊断和防治(Diagnosis and control)

诊断和防治参照羊鼻蝇蛆病。治疗按牛羊常规剂量(conventional dose),可使用阿维菌素(avermectin)或伊维菌素(ivermectin)类药物皮下注射(subcutaneous injection);或用其他治疗药物,如碘硝酚(disophenol)等。为确保杀虫效果,用药时间应选择在第 1 期幼虫期(first stage larvae),即每年的 10 月份到第 2 年的 1 月份期间进行。

四、虱病(Pediculosis)

牛羊虱病是由毛虱科(Trichodectidae)毛虱属(*Damalinia*)、血虱科(Haematopinidae)血虱属(*Haematopinus*)和颚虱科(Linognathidae)颚虱属(*Linognathus*)的各种虱(lice)寄生于牛、羊体表引起的。临诊上以皮肤发痒、不安、脱毛、皮肤发炎以及消瘦等为特征。本病分布很广,是牛羊最常见的外寄生虫病。虱有严格的宿主特异性,各种家畜的虱,不能相互感染而寄生,例如牛虱只寄生于牛,而不寄生于羊。

(一)病原形态(Pathogen morphology)

1. 毛虱(*Damalinia*)

毛虱成虫长 0.5～6 mm,雌虫比雄虫大。头端钝圆,头部的宽度大于胸部。头前端通常圆而阔,腹部比胸部宽。3 对足较短,咀嚼式口器。卵长椭圆形,附着在毛上。

(1)牛毛虱(*D. bovis*)　体长 1.5～1.8 mm。雄虱略小于雌虱，头部红色，体部黄白色，但其侧缘和背板上的纹带呈赤黄色或赤褐色，因此肉眼见虱体呈赤褐色。头部四角形，触角 3 节(图 12-26)。多寄生于牛的头顶部、颈部和肩胛部。

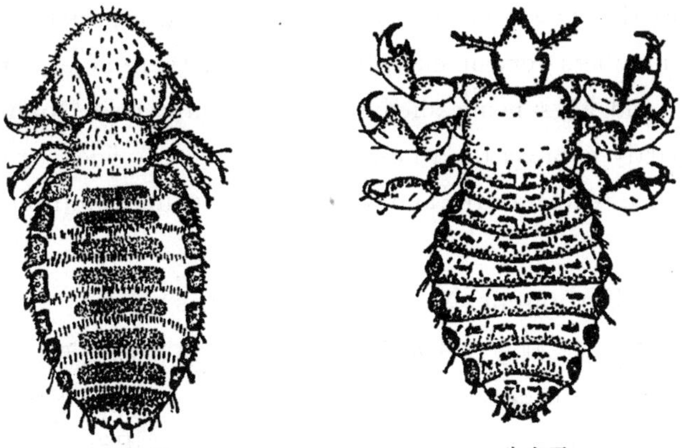

图 12-26　牛毛虱和牛血虱

Figure 12-26　*Damalinia bovis* and *Haematopinus eurystemus*

(2)羊毛虱(*D. ovis*)　雌虱体长 1.6 mm，雄虱长 1.4 mm。头部前端较宽而圆，腹部长椭圆形，密生短毛，各腹节背面有淡棕色横带形斑。多寄生于绵羊颈部、肩部和背部。

2. 血虱(*Haematopinus*)

血虱与毛虱的区别是头部窄于胸部，头部呈圆锥形，具刺吸式口器，触角 3～5 节。胸部宽，由 3 节组成，每节上有足 1 对。腹部更宽，呈椭圆形，由 8～9 节组成，雌虫腹部后端有一缺刻，雄虫后端钝圆。常见种有：

(1)牛血虱(*H. eurystemus*)　雄虫长 2 mm，雌虫长 4.75 mm。头部五角形，长度与宽度几乎相等，中部最宽，在最宽部有触角。胸部呈扁的长方形。腹部椭圆形，每一腹节侧面边缘有深色隆起(图 12-26)。寄生于黄牛背部、头顶部、前胸和尾根周围。

(2)水牛血虱(*H. tuberculatus*)　寄生于水牛。形态与牛血虱相似，但腹部各节背板中央有 2 对小黑纹和 1 对圆形的亚侧纹。雄虱体长 3 mm，雌虱体长 4 mm。

(3)山羊颚虱(*Linognathus stenopsis*)　寄生于山羊。虫体长 1.5～2 mm，头部呈细长圆锥形，后方陷入于胸部内，胸部略呈四方形，腹部呈长椭圆形，气门不显著，虫体色淡。

(二)生活史(Life cycle)

虱的发育属不完全变态，即经过卵、若虫、成虫 3 个发育阶段，而且只能在家畜身上发育，整个发育期为 1 个月。成熟的雌虫一昼夜内产 1～4 个卵，以特殊的胶质牢固地黏附在家畜的被毛上，毛虱的卵经 5～10 d，兽虱的卵约经 2 周孵化为若虫，若虫吸血或食毛、皮屑等，再经 2～3 周蜕皮 3 次发育为成虫，1 年可繁殖数代至十余代，雌虫产卵期为 2～3 周，共产卵 50～80 个，产完卵后死亡，雄虫寿命更短。虱离开畜体，由于得不到食料，通常于 1～10 d 死亡，如温度在 35～38℃时经一昼夜死亡；温度在 0～6℃时经 10 d 死亡。阳光对虱有杀害作用，在食料充足的情况下，耐寒力很强。

(三)流行病学(Epidemiology)

虱病是通过直接或间接接触而感染，即患畜与健畜直接接触或通过工具、褥草等而感染。畜舍、畜体不洁，卫生条件差和饲养管理不良的畜群则容易患虱病。一般在秋冬舍饲期间最容易发生，因为这期间，家畜的被毛长，绒毛厚密，皮肤表面的湿度增加，这些都有利于虱的生存和繁殖，因此虱病常较严重。反之，在夏季尤其是转为放牧后，家畜体上的虱就显著减少。

In warm countries there is no marked seasonality of bovine pediculosis, but in cold and temperate regions the heaviest infestations are in late winter and early spring, when the coat is at its thickest, giving a sheltered, bulky and humid habitat for optimal multiplication. The most rapid annual increase in louse populations is seen when cattle are winter-housed, and *Damalinia* especially, with its faculty for parthenogenesis, can build up in numbers very quickly. In late spring there is an abrupt fall in the numbers of lice, most of the parasites and eggs being shed with the winter coat. Numbers generally remain low throughout the summer, partly because the thinness of the coat provides a restricted habitat, but partly also because high skin surface temperatures and direct sunlight limit multiplication and may even be lethal, especially to *Damalinia*.

（四）致病作用和症状（Pathogenesis and clinical signs）

虱类栖息活动于体表被毛之间，刺激皮肤神经，吸血虱分泌有毒的唾液，均能使家畜产生痒觉、不安、自身啃咬或擦痒，造成皮肤损伤，还可继发细菌感染和伤口蛆等。当虱过于密集时，则可引起皮炎、脱毛。犊牛因常舐吮患部，可能造成在胃内形成毛球，而转为严重疾病。羊因虱寄生后，羊毛受损而脱落，因此影响羊毛产量和质量。由于虱的骚扰，家畜不安，影响采食和休息，患畜表现消瘦，生长发育不良，对其他疾病的抵抗力下降。

In heavier infestations there is pruritus, more marked in *Damalinia* infestation, with rubbing and licking, while if sucking lice are present in large numbers there may be anemia and weakness. In these infections the lice and eggs are easily found by parting the hair, especially along the back.

（五）诊断（Diagnosis）

结合临床症状，在畜体发现虱或虱卵即可确诊。

（六）防治（Treatment and prevention）

防治虱病要加强饲养管理，改善卫生条件。要经常打扫畜舍，垫草勤换、勤晒。管理用具要经常用热碱水或开水烫洗，以杀死虱卵。秋冬季节要特别注意饲养管理，给予丰富营养，以提高家畜的抵抗力。要定期并系统地检查畜群，一旦发现虱病，应及时隔离治疗，防止蔓延。对新进的家畜应加以检查，有虱者要先行灭虱，然后合群。

药物灭虱，方法很多。但要注意及早灭虱和彻底灭虱，畜体灭虱和环境灭虱相结合，才能达到彻底灭虱的目的。畜体灭虱应根据种类和气候的不同，选用不同的方法。如寒冷季节可撒粉，气候温和可采用喷洒、洗刷和药浴法。常用的灭虱药物有敌百虫（dipterex）、辛硫磷（phoxim）、蝇毒磷（coumafos）和伊维菌素（ivermectin）等，使用方法可参照螨病和猪虱病。

The organophosphorus insecticides, applied usually as pour-ons, are effective in killing all lice. A second treatment is recommended 2 weeks later to kill newly emergent lice. Alternatively, pour-on or spot-on synthetic pyrethroids, such as cypermethrin, or parenteral avermectins may be used; the latter are particularly effective against sucking lice.

第十三章　家禽寄生虫病

Chapter 13　Avian Parasitosis

第一节　吸　虫　病

Section 1　Trematodiasis

一、前殖吸虫病(Prosthogonimosis)

前殖吸虫病是由前殖科(Prosthogonimidae)前殖属(*Prosthogonimus*)的多种吸虫寄生于鸡(chicken)、鸭(duck)、鹅(goose)、野鸭(wild duck)及其他鸟类的输卵管(oviduct)、法氏囊(bursa of Fabricius)、泄殖腔(cloaca)和直肠(recta)内引起的一种吸虫病。该虫偶见于蛋(egg)内。常引起输卵管发炎,使卵的形成和产卵功能发生紊乱,是家禽常见的吸虫病之一。

(一)病原形态(Pathogen morphology)

国内发现的前殖吸虫大约有 20 种,寄生于家禽的约有 16 种,以卵圆前殖吸虫(*Prosthogonimus ovatus*)、透明前殖吸虫(*P. pellucidus*)、楔形前殖吸虫(*P. cuneatus*)、鲁氏前殖吸虫(*P. rudolphi*)和家鸭前殖吸虫(*P. anatinus*)最常见。

1. 卵圆前殖吸虫(*P. ovatus*)

卵圆前殖吸虫虫体呈梨形,新鲜时呈鲜红色,体表有小棘(clavula)。虫体长 3～6 mm,宽 1～2 mm。口吸盘(oral sucker)呈椭圆形,腹吸盘(ventral sucker)大于口吸盘,位于虫体前 1/3 处。咽(pharynx)小,食道(esophagus)长 0.25～0.4 mm。盲肠(ceca)末端止于虫体后 1/4 处。睾丸(testes) 2 个,呈不规则椭圆形,位于虫体的后半部。卵巢分叶,位于腹吸盘的背面。卵黄腺(vitellaria)位于虫体中部的两侧。子宫(uterus)环不但越出肠管,其上行支还分布于腹吸盘与肠叉之间,形成腹吸盘环。子宫末端与雄茎(cirrus)并列,雌雄性生殖孔(genital pore)开口于口吸盘的左侧。虫卵(egg)小,壳薄,大小为(22～24) μm×13 μm,具卵盖,另一端有小刺。

2. 透明前殖吸虫(*P. pellucidus*)

透明前殖吸虫虫体呈长梨形(图 13-1),体长 5.85～8.67 mm,宽 2.96～3.86 mm。体表小棘仅分布在虫体前半部。口吸盘与腹吸盘近圆形,大小相近。盲肠的末端伸达虫体后部。睾丸呈卵圆形,位于虫体中央的两侧,左右并列。卵巢分叶,位于腹吸盘与睾丸之间。卵黄腺起自腹吸盘之后缘,后端止于睾丸之后。子宫盘曲于虫体的后部并越出肠管的外侧,虫卵大小为(25～29) μm×(11～15) μm。

3. 楔形前殖吸虫(*P. cuneatus*)

楔形前殖吸虫虫体呈梨形,体长 2.89～7.14 mm,宽 1.7～3.71 mm。体表被小棘。口吸盘小于腹吸盘。咽呈球状,盲肠末端伸达虫体后部 1/5 处。睾丸呈卵圆形,贮精囊(seminal vesicle)越过肠叉。卵巢(ovary)分 3 叶以上。卵黄腺自肠管分叉处,伸达睾丸之后,每侧 7～8 簇。子宫越出盲肠之外。虫卵大小为(22～28) μm×13 μm。

4. 鲁氏前殖吸虫(*P. rudolphi*)

鲁氏前殖吸虫呈椭圆形,长 1.35～5.75 mm,宽 1.2～3.0 mm。口吸盘小于腹吸盘。食道长 0.26 mm。睾丸位于虫体中部的两侧,贮精囊伸过肠叉。卵巢分为 5 叶,位于腹吸盘后。卵黄腺前缘起自腹吸盘,后缘越过睾丸,伸达肠管的末端。子宫分布于两盲肠之间。虫卵大小为(24～30) μm×(12～15) μm。

5. 家鸭前殖吸虫(*P. anatinus*)

家鸭前殖吸虫呈梨形，大小为 3.8 mm×2.3 mm。口吸盘与腹吸盘的比例为 1∶1.5。盲肠伸达虫体后 1/4 处。睾丸大小为 0.27 mm×0.21 mm。贮精囊呈窦状，伸达肠叉与腹吸盘之间。卵巢分 5 叶，位于腹吸盘下方。卵黄腺每侧有 6～7 簇。子宫环不越出肠管。虫卵大小平均为 23 μm×13 μm。

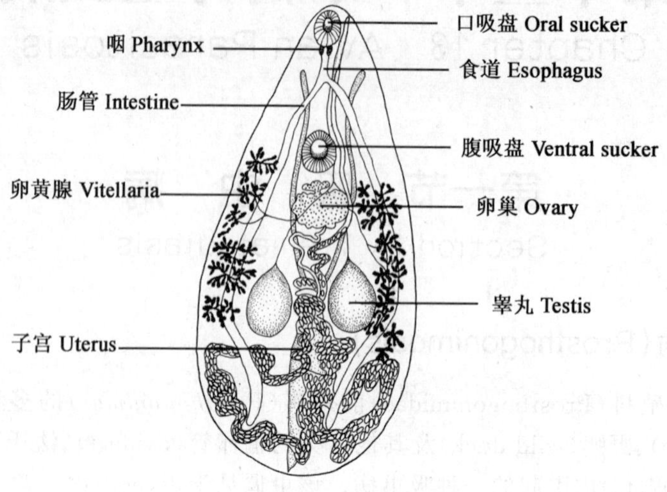

图 13-1　透明前殖吸虫成虫

Figure 13-1　Adult *Prosthogonimus pellucidus*

(二)生活史(Life cycle)

前殖吸虫的发育需要 2 个中间宿主(图 13-2)，第一中间宿主为淡水螺(freshwater snail)，如豆螺(*Bithynia leachi*)和白旋螺(*Gyraulus albus*)等；第二中间宿主为各种蜻蜓(dragonfly)的成虫及其稚虫(nymph)，如 *Libellula quadrimaculata*、*L. brunea* 等。

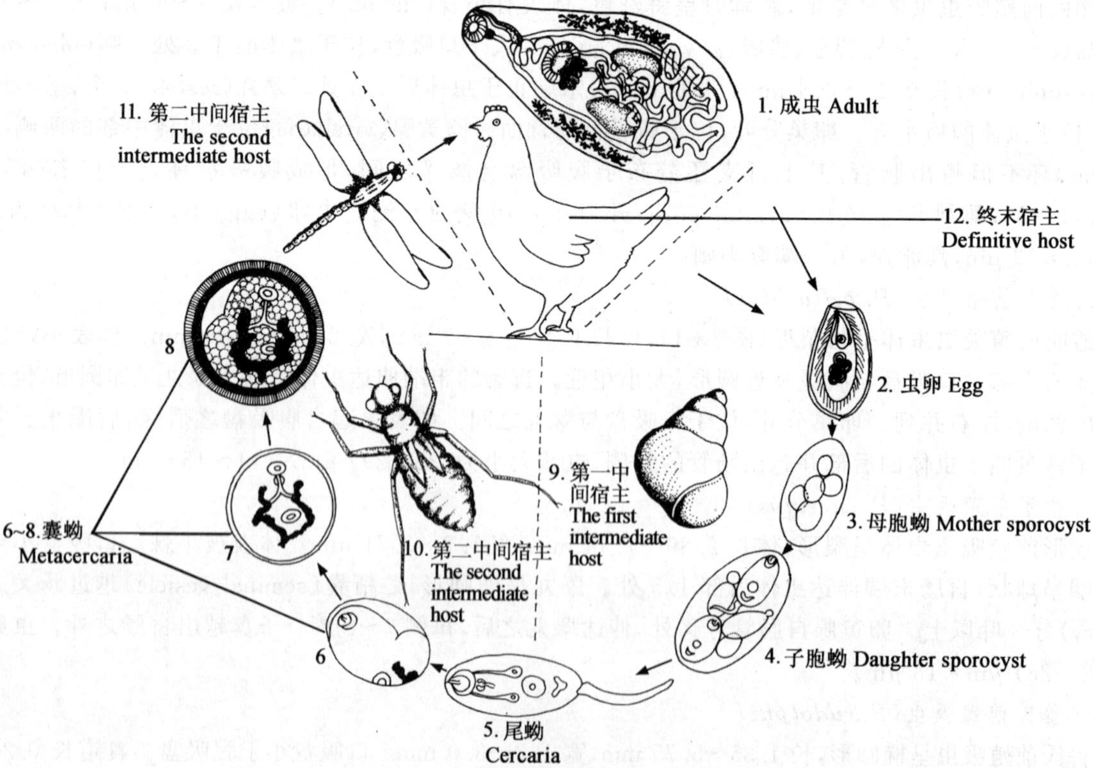

图 13-2　前殖吸虫生活史

Figure 13-2　The life cycle of *Prosthogonimus* sp.

成虫产出的虫卵随粪便及泄殖腔的排泄物排出体外。虫卵被螺蛳吞食或虫卵遇水孵出毛蚴(miracidia),毛蚴钻入螺体,在螺体内发育为胞蚴(sporocysts)和尾蚴(cercariae),无雷蚴阶段。成熟的尾蚴离开螺体游于水中,遇到蜻蜓稚虫时钻入肛孔,在其体内发育为囊蚴(metacercariae)。家禽由于啄食含有囊蚴的蜻蜓稚虫或成虫而感染。囊壁被家禽的消化液所溶解,于是童虫(juvenile)脱囊而出,经肠进入泄殖腔,再转入输卵管或法氏囊,经1～2周发育为成虫(adult)。

There are two intermediate hosts in *Prosthogonimus* life cycle (Figure 13-2). The immature worm migrates down the intestine into the cloaca, and finally into the oviduct or bursa. The parasites reach sexual maturity in the oviducts or bursas. Eggs are passed out with the host's feces. The eggs are ingested by the first intermediate host, and cercariae are released. The cercaria infects a dragonfly and encysts forming a metacercaria. The definitive host becomes infected always due to the ingestion of the dragonfly containing metacercariae.

(三)流行病学(Epidemiology)

前殖吸虫病流行广泛,其流行季节与蜻蜓(dragonfly)出现的季节相一致。每年4～5月份蜻蜓的稚虫聚集在水塘岸旁,并爬到水草上变为成虫。农村多放养家禽,极易捕到感染前殖吸虫的蜻蜓稚虫或成虫,从而感染此病。夏秋季天气变化时,或台风之后,蜻蜓群飞,家禽常去捕食蜻蜓而受到广泛感染。当带有病原体的鸡在水边放养或水禽下水时,含虫卵的粪便排入水中,从而造成本病的流行。

Prosthogonimus is usually more harmful for chicken and turkey than for ducks and geese. It is not an issue in industrial indoor operations, but can be very harmful in free ranging birds with acces to humid environments. The occurrence of this disease is seasonal with the main peak of infection in the spring and summer in temperate regions.

(四)致病作用(Pathogenesis)

前殖吸虫寄生于家禽的输卵管内,以吸盘和体表小刺刺激输卵管的腺体,影响正常的功能。首先破坏壳腺,致使形成蛋壳石灰质的机能亢进或降低,进而破坏蛋白腺的功能,引起蛋白质分泌过多。由于过多的蛋白积聚,扰乱输卵管的正常收缩,影响卵的通过,从而产生各种畸形蛋或排出石灰质、蛋白等半液体状物质。由于输卵管炎症(salpingitis)的加剧,严重时可能造成输卵管破裂或逆蠕动,致使输卵管内的炎性渗出物或蛋白或石灰质等落入腹腔,引起腹膜炎(peritonitis)而死亡。禽类感染后,可产生免疫力,当再次感染时,虫体不再侵害输卵管,而随卵黄经输卵管的卵黄腺部分与蛋白一起包入蛋内。所以蛋内常见有前殖吸虫存在。

A few flukes do not cause clinical signs. But severe infections can be very harmful for the hens and substantially impair egg laying; soft eggs, eggs with no shells at all, or even amorphous masses full of flukes. Most harm is caused by the flukes' cuticular spines that damage the birds' oviduct tissues and disturb its peristaltic motility. The inflammation can spread to the whole abdomen and cause peritonitis. Secondary infections with bacteria are not unusual and can significantly worsen the situation.

(五)症状(Clinical signs)

感染初期,患禽症状不明显,食欲、产蛋和活动均正常,外观正常,但开始蛋壳粗糙或产薄壳蛋、软壳蛋、无壳蛋,或仅排蛋黄或少量蛋清,继而患禽食欲下降,消瘦(emaciation),羽毛蓬乱,脱落。精神萎靡(listless),蹲卧墙角,滞留空巢,或排乳白色石灰水(limewater)样液体,有的腹部膨大,步态不稳,两腿叉开,肛门(anus)潮红、突出,泄殖腔(cloaca)周围沾满污物,严重者因输卵管破坏,导致泛发性腹膜炎而死亡。

(六)病变(Lesions)

主要是输卵管发炎,输卵管黏膜充血(mucosal hyperemia),极度增厚,在黏膜上可找到虫体。此外,病情严重的还可出现腹膜炎,腹腔(abdominal cavity)内含有大量黄色浑浊的液体。脏器被干酪样凝结物黏着在一起，肠管间可见到浓缩的卵黄(yolk)，浆膜呈现明显的充血(congestion)和出血(hemorrhage)。有时出现干性腹膜炎。

(七)诊断(Diagnosis)

可根据临床症状和剖检所见病变，发现虫体或用沉淀法(sedimentation method)检查粪便发现虫卵，即可确诊(definitive diagnosis)。

Diagnosis can be confirmed through eggs found in the cloacal discharge. Adult flukes can be detected in the oviducts, cloaca or bursa of Fabricius after necropsy of sick or dead birds.

(八)防治(Treatment and prevention)

治疗或预防性驱虫(deworming)可用下列药物：①阿苯达唑(albendazole)(抗蠕敏)。80～100 mg/kg 体重，一次口服。②硫双二氯酚(bithionol)。100 mg/kg 体重，一次口服。③吡喹酮(praziquantel)。30～50 mg/kg 体重，一次口服。

预防本病可采取下列措施：①定期驱虫(periodic deworming)，在流行区根据发病季节进行有计划的驱虫。②消灭中间宿主淡水螺(eliminating the freshwater snail)，有条件的地方可选用药物杀灭。③防止鸡群啄食蜻蜓及其稚虫(preventing chickens from ingesting dragonflies and their nymphs)。在蜻蜓出现季节，不要在清晨或傍晚以及雨后到池塘边放牧。

There are reports that praziquantel (5 to 10 mg/kg) and mebendazole (10 to 50 mg/kg) may be effective. Other broad-spectrum benzimidazoles (e. g. albendazole, fenbendazole) may show some efficacy. Reduction of snails and their habitats will limit infection in the final hosts and possible flocks should be denied access to the margins of ponds and lakes.

二、后睾吸虫病(Opisthorchiasis)

禽类后睾吸虫病是由后睾科(Opisthorchiidae)的后睾属(*Opisthorchis*)、次睾属(*Metorchis*)和对体属(*Amphimerus*)的多种吸虫，寄生于鸭、鹅和其他野禽(wild fowl)的肝脏胆管(bile duct)或胆囊(gall bladder)内引起的一类吸虫病。多见于放养的家鸭，严重者可引起死亡。

(一)病原形态(Pathogen morphology)

在我国家禽体内已发现 12 种后睾吸虫，其中以鸭后睾吸虫(*O. anatis*)、鸭对体吸虫(*A. anatis*)、东方次睾吸虫(*M. orientalis*)和台湾次睾吸虫(*M. taiwanensis*)分布较广。

1. 鸭后睾吸虫(*Opisthorchis anatinus*)

鸭后睾吸虫虫体较长(图 13-3)，大小为(7～23) mm×(1.0～1.5) mm，前端尖细，后端稍钝圆。口吸盘(oral sucker)位于虫体前端，直径为 0.5 mm。腹吸盘(ventral sucker)小于口吸盘，直径为 0.2 mm，位于虫体前 1/5 处。体表光滑。咽的直径为 0.3 mm。食道短或付缺，肠管伸达虫体的后端。睾丸(testes) 2 个，分叶，位于虫体后部，前后排列。雄茎囊付缺，生殖孔在腹吸盘之前。卵巢(ovary)分许多小叶。受精囊(spermatheca)小。子宫发达。梅氏腺(Mehlis' gland)不明显。卵黄腺(vitellaria)起自虫体中部，伸达卵巢的上缘。虫卵呈椭圆形，前端有卵盖，后端有一个小突起，大小为(28～29) μm×(16～18) μm。

2. 鸭对体吸虫(*Amphimerus anatis*)

鸭对体吸虫虫体细长，前端稍钝，后端尖细，大小为(19.58～24.63) mm×(1.14～1.39) mm。口吸盘位于虫体前端，腹吸盘位于虫体前 1/7 处。口腹吸盘大小比例为 2∶1。睾丸呈长椭圆形，边缘稍有缺刻，前后排列在虫体的后方。生殖孔(genital pore)位于腹吸盘的前缘。卵巢分叶，位于睾丸之前。受精囊膨大呈梨形，紧接卵巢之后。子宫(uterus)位于肠支间，从卵巢处曲折前行，直达腹吸盘。卵黄腺分布于虫体两侧，每侧 8～9 簇，自虫体中部伸达睾丸之后。卵呈卵圆形，大小为 25～28 μm。

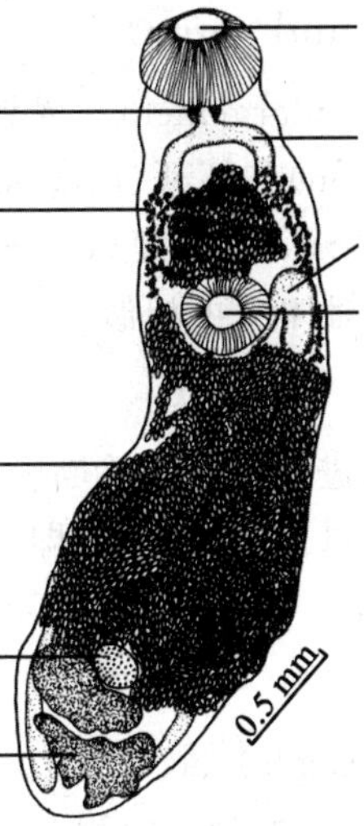

图 13-3 鸭后睾吸虫成虫

Figure 13-3 Adult *Opisthorchis anatinus*

3. 东方次睾吸虫(*Metorchis orientalis*)

东方次睾吸虫呈叶状,长 2.4～4.7 mm,宽 0.5～1.2 mm,体表有小刺。口吸盘位于虫体前端,腹吸盘位于虫体前 1/4 处的中央。两条肠管伸达虫体末端。睾丸大而分叶,前后排列于虫体的后端。生殖孔位于腹吸盘正前方。卵巢椭圆形,位于睾丸前方,受精囊位于前睾丸之前,卵巢的右侧。卵黄腺起自肠叉的稍后方,止于前睾丸的前缘。子宫在卵巢和肠叉之间盘曲。卵呈椭圆形,大小为(29～32) μm×(15～17) μm。

4. 台湾次睾吸虫(*M. taiwanensis*)

台湾次睾吸虫虫体小而细长,长 2.3～3.0 mm,宽 0.35～0.48 mm。口吸盘呈杯状;腹吸盘位于虫体前端 1/3 处,大小与腹吸盘相似。睾丸呈圆形或椭圆形,边缘略有分叶,前后排列。贮精囊呈弯曲的长囊状,伸向腹吸盘的前方,末端开口为生殖孔。卵巢呈圆形或椭圆形,位于睾丸的前方。受精囊发达,呈弯曲的囊状,位于卵巢的一侧。卵黄腺分布在肠管的外侧。子宫弯曲。卵呈椭圆形,大小为(26～28) μm×(13～15) μm。

(二)生活史(Life cycle)

后睾吸虫的发育需要 2 个中间宿主,第一中间宿主为纹沼螺(*Parafossarulus striatulus*),第二中间宿主为麦穗鱼(*Pseudorasbora parva*)及爬虎鱼(*Pseudogobis rivularis*)等。成虫在胆管和胆囊内产卵,卵随胆汁进入肠腔随粪便排出,落入水中,孵出毛蚴(miracidium);毛蚴钻入第一中间宿主体内,发育为胞蚴(sporocysts)、雷蚴(rediae)和尾蚴(cercariae);成熟尾蚴离开螺体,进入第二中间宿主体内,在其肌肉或皮层内形成囊蚴(metacercariae);鸭、鹅等食入含囊蚴的鱼而感染。囊蚴主要寄生于鱼的肌肉和皮层,呈椭圆形。除家禽之外,其他食鱼的水禽和鸟类都可以感染。

There are two intermediate hosts in Opisthorchiidae life cycle. The eggs are passed in the host's feces and hatch to miracidia. After penetrating the first intermediate hosts, the miracidia develop into sporocysts, rediae and cercariae. The mature cercariae develop into metacercariae in the muscle or cortex of subsequent intermediate hosts. The adult worms often can be found in the bile ducts.

(三)流行病学(Epidemiology)

放养的禽或用生鱼喂养的禽类多发,主要危害 1 月龄以上的雏鸭,感染虫数可达数百条。次睾吸虫多见于胆囊,后睾吸虫和对体吸虫多见于胆管,一般 7～8 月份发病较多。

(四)致病作用和症状(Pathogenesis and signs)

次睾吸虫可引起鸭胆囊肿大(gallbladder enlargement),囊壁增厚,胆汁变质或消失。被鸭对体吸虫寄生的鸭肝,表现不同程度的炎症(inflammation)和坏死(necrosis),常呈现橙黄色,有花斑;胆管被堵塞,胆汁分泌受影响,肝功能破坏;表现贫血(anemia)、消瘦(emaciation)等全身症状,严重感染时死亡率(death rate)很高。后睾吸虫的致病作用与鸭对体吸虫相似。

(五)诊断(Diagnosis)

根据流行病学特点、临床症状和病理剖检进行综合性诊断。生前诊断主要采用沉淀法检查粪便,根据虫卵特点做出判断。死后剖检,在肝脏发现大量虫体及病变,即可确诊。

(六)防治(Treatment and prevention)

1. 治疗(Treatment)

治疗可采用如下方法:①阿苯达唑(albendazole)(抗蠕敏)。按 10～20 mg/kg 体重,一次口服。②硫双二氯酚(bithionol)。鸭 20～30 mg/kg 体重,一次为一疗程。

2. 预防(Prevention)

预防可采用如下方法:①对患禽进行全面驱虫(deworming),以免粪便中的虫卵污染池塘和沟渠。②加强禽粪管理,应堆积发酵,生物热处理以杀灭虫卵。③流行区的家禽应避免到水塘或稻田放养,勿以生的或未煮熟的淡水鱼类饲喂家禽。

第二节 绦虫病
Section 2 Cestodiasis

一、瑞利绦虫病(Raillietinosis)

瑞利绦虫病是由戴文科(Davaineidae)瑞利属(*Raillietina*)的四角瑞利绦虫(*R. tetragona*)、棘沟瑞利绦虫(*R. echinobothrida*)和有轮瑞利绦虫(*R. cesticillus*)寄生于家鸡(chicken)、火鸡(turkey)、鸽(pigeon)、孔雀(peacock)和野生雉鸡类(wild pheasant)的小肠(small intestine)内所引起的疾病。多见于放养的雏鸡,我国各地均有发病的报道,对养鸡业危害较大。

(一)病原形态(Pathogen morphology)

1. 棘钩瑞利绦虫(*R. echinobothrida*)

棘钩瑞利绦虫虫体白色,长 25 cm,宽 1～4 mm,是鸡体内最大的绦虫。头节(scolex)小,顶突(rostellum)上有 200～240 个小钩(hooks),排成 2 圈。吸盘(sucker)4 个,呈圆形,其上有 8～10 排小钩(图 13-4)。颈节(neck)肥短。每个成熟节片通常有一组生殖器官,偶尔也有两组。生殖孔(genital pore)位于虫体一侧。睾丸(testes)20～40 个,位于排泄管内侧。卵巢(ovary)位于节片中央,卵黄腺(vitellaria)在卵巢后方。孕节中子宫(uterus)分裂为 90～150 个卵袋(egg capsules),每个卵袋内有 6～12 个的虫卵(eggs)。虫卵直径 25～48 μm,内含六钩蚴(oncosphere)。

2. 四角瑞利绦虫(*R. tetragona*)

四角瑞利绦虫虫体外形、大小及内部构造与棘钩瑞利绦虫相似,但本虫的头节纤弱,头节上的吸盘为卵圆形,且颈节较细长(图 13-4),可与之相区别。

3. 有轮瑞利绦虫(*R. cesticillus*)

有轮瑞利绦虫虫体较小,长 40～130 mm。头节上有一个宽大的顶突(rostellum),形似车轮状突出于前端,顶突上有 400～500 个小钩,排成两圈,位于顶突近基部处(图 13-4)。4 个吸盘上无小钩。孕节(gravid segment)中含许多卵袋,每个卵袋内仅含 1 个虫卵。虫卵直径为 75～88 μm。

The scolex of *Raillietina tetragona* is smaller than that of *R. echinobothridia*. The oval suckers

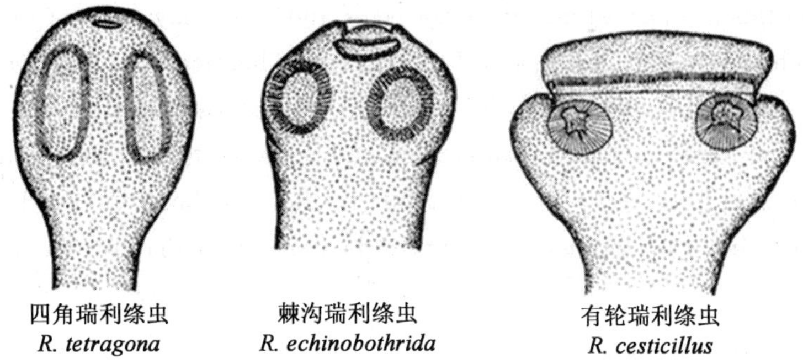

图 13-4 瑞利绦虫头节

Figure 13-4 Scolex of *Raillietina*

(引自孔繁瑶,1997)

are armed and the rostellum bears one or two rows of hooks. The gravid proglottids contain multiple fibrous-walled egg capsules, each housing many eggs. Eggs measure approximately 65 μm × 90 μm. *R. tetragona* has a larger number of egg capsules in the gravid proglottid than either *R. cesticillus* or *R. echinobothrida*.

(二)生活史(Life cycle)

棘钩瑞利绦虫和四角瑞利绦虫的中间宿主为蚂蚁(ant)。有轮瑞利绦虫的中间宿主为多种鞘翅目(Coleoptera)昆虫[即甲虫(beetle)],如步行虫科(Carabidae)、金龟子科(Scarabaeidae)和伪步行虫科(Tenebrionidae)的甲虫。成虫(adult)寄生于鸡、火鸡、鸽、孔雀和野生雉鸡类的小肠内。孕节和卵袋随粪便排出,被中间宿主蚂蚁或甲虫吞食后,约经 2 周,六钩蚴(oncosphere)发育为似囊尾蚴(cysticercoid)。鸡吞食了带有似囊尾蚴的蚂蚁或甲虫后,似囊尾蚴用吸盘和小钩吸附于终宿主的小肠壁上,经过 20 d 左右发育为成虫(图 13-5)。

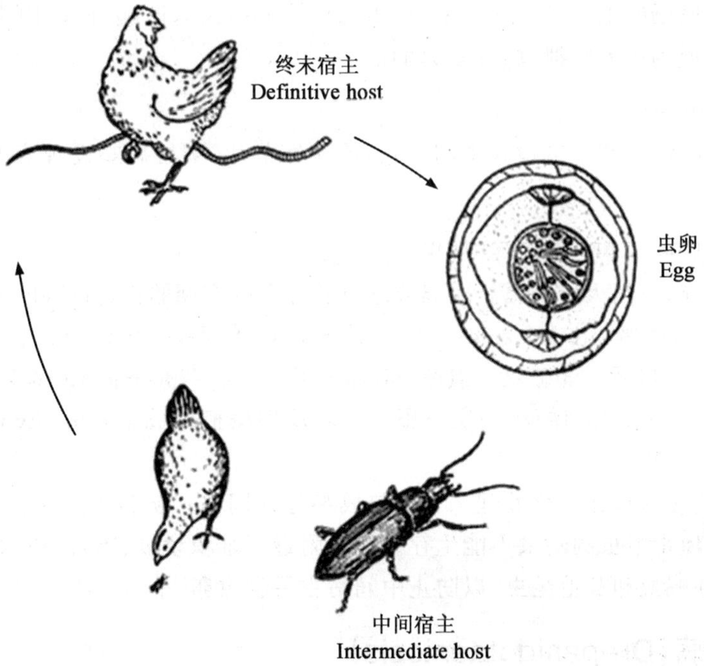

图 13-5 有轮瑞利绦虫生活史

Figure 13-5 The life cycle of *Raillietina cesticillus*

(仿自陈淑玉,1994)

The gravid proglottids are passed out with the feces and eggs may survive for a considerable time. Intermediate hosts such as ants (*Pheidole* and *Tetramorium*), beetles (*Calathus* and *Amara*) and others become infected by ingesting individual eggs. The embryo (larva) hatches from the egg in the intestine of the intermediate host, and develops into a cysticercoid and remains in the body cavity of the intermediate host until eaten by the final host. Activated by the bile in the final host, the cysticercoid attaches to the mucosa in the small intestine. Development of proglottids starts immediately. The prepatent period varies between 2 to 3 weeks.

(三)流行病学(Epidemiology)

本病是陆生禽类最常见的一类绦虫病,常见于平养或散养的鸡,而笼养鸡则较少发生。各种年龄的鸡均可感染,但17～40日龄鸡易感性强,死亡率(mortality)高。

(四)致病作用(Pathogenesis)

3种绦虫常发生混合感染。虫体固着处由于小钩和吸盘的机械性刺激(mechanical stimulation)引起肠炎(enteritis),出血(hemorrhage)。虫体聚集成团时导致肠阻塞(enteremphraxia),甚至腹膜炎(peritonitis)等。其代谢产物(metabolites)的毒素(toxin)作用,引起神经中毒症状(neurotoxicosis),有时出现神经性痉挛(neurospasm)。棘钩瑞利绦虫的顶突(rostellum)能深入肠黏膜,引起肠壁出现结核样结节(nodule)或溃疡(ulcer)病变。

(五)症状(Clinical signs)

病鸡表现为消化不良(maldigestion),腹泻(diarrhea);食欲减退(decreased appetite),饮欲增加;消瘦(emaciation),倦怠(lassitude);羽毛逆立,两翅下垂,有时两腿麻痹(paralysis),头颈扭曲。母鸡产蛋减少或停产,雏鸡发育迟缓或停止。

(六)病变(Lesions)

剖检可见病鸡肠黏膜增厚,出血(hemorrhage),粪便中含有大量黏液(mucus),常带血色。棘钩瑞利绦虫寄生时,在十二指肠肠壁上有结核样结节(nodule),结节中央有凹陷,凹陷内常有虫体存在或填充着黄褐色凝乳样栓塞物,或为凝乳状溃疡(ulcer)病灶。

(七)诊断(Diagnosis)

根据鸡群的临床症状,粪便检查检获虫卵(egg)或孕卵节片,剖检病鸡发现病变或虫体即可确诊(definitive diagnosis)。

(八)防治(Treatment and prevention)

发现病鸡,及时治疗,以消灭传染源。对鸡群进行有计划的定期驱虫(periodic deworming),驱虫药物可选用以下几种:①阿苯达唑(albendazole)。10～25 mg/kg 体重,一次口服。②吡喹酮(praziquantel)。10～20 mg/kg 体重,一次口服。③硫双二氯酚(bithionol)。100～200 mg/kg 体重,一次口服。④氯硝柳胺(niclosamide)。50～60 mg/kg 体重,一次口服。⑤氢溴酸槟榔碱(arecoline hydrobromide)。3 mg/kg 体重,配成10%水溶液口服。

驱虫后及时清除粪便并作无害化处理。雏鸡与成鸡分开饲养。新购入的鸡应先隔离驱虫后再并群。鸡舍内外地面要坚实,使得甲虫的幼虫不能生存。禽舍附近不堆积垃圾、碎石、朽木等,以减少蚂蚁建筑巢穴。定期杀灭鸡舍内外蚂蚁和其他昆虫,以防止中间宿主吞食虫卵。

二、剑带绦虫病(Drepanidotaeniosis)

剑带绦虫病主要是由膜壳科(Hymenolepididae)剑带属(*Drepanidotaenia*)的矛形剑带绦虫(*D. lanceolata*)寄生于鹅(goose)、鸭(duck)等水禽(waterfowl)以及野生雁形目(Anseriformes)鸟类的小肠(small intestine)而引起的疾病。本病呈世界性分布,多呈地方性流行。在我国南方,本虫是鹅类重要而常见的绦虫，家鸭、野鸭体内也有发现。对2周龄至3月龄的雏鹅危害严重，可引起大量死亡。

（一）病原形态（Pathogen morphology）

矛形剑带绦虫是禽类的大型绦虫（图13-6）。虫体乳白色，体长6～16 cm，前窄后宽，形似矛头。链体（strobila）由20～40个节片组成，所有节片宽度大于长度，最宽处14 mm。头节（scolex）小，新鲜时缩于节片之间，顶突（rostellum）上有8个小钩（hooks），4个吸盘（suckers）呈圆形或椭圆形。颈节（neck）短。生殖孔（genital pore）均开口于同侧，位于节片上方的侧缘。成熟节片内睾丸（testes）3个，横列于节片内偏向生殖孔的一侧；卵巢（ovary）分为左右两叶；卵黄腺（vitellaria）在卵巢下方；子宫（uterus）呈细管状，横穿节片中央。虫卵（egg）无色，卵圆形，大小为100 μm×（82～83）μm。

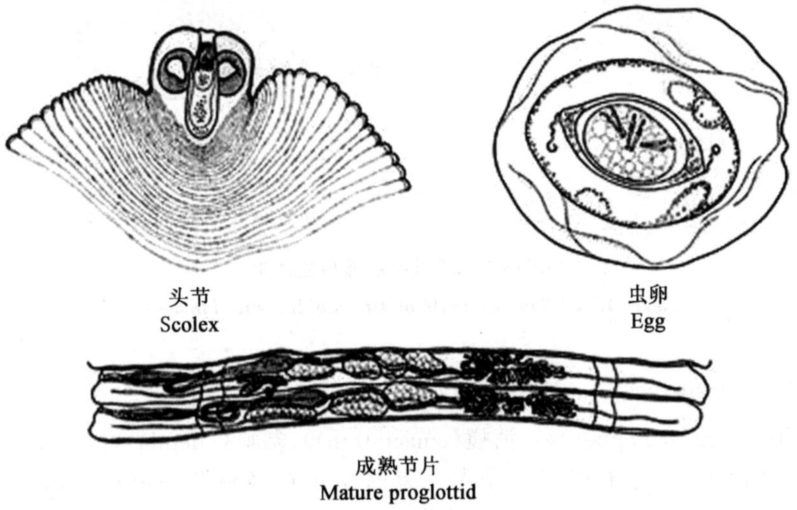

图13-6 矛形剑带绦虫

Figure 13-6 *Drepanidotaenia lanceolata*

（二）生活史（Life cycle）

矛形剑带绦虫的中间宿主为剑水蚤（*Cyclops*）和镖水蚤（*Diaptomus*）。成虫（adult）寄生于终末宿主的小肠内，孕节在肠道内破坏或排至外界破裂，虫卵（egg）散出。虫卵如果落入水中，被剑水蚤吞食后，在其胃内六钩蚴（oncosphere）破卵壳逸出，钻过肠壁到血腔中发育；在18～32℃条件下，经7～13 d发育为成熟的似囊尾蚴（cysticercoid）。鹅、鸭吞食含有似囊尾蚴的剑水蚤后，剑水蚤在其肠中被消化，似囊尾蚴伸出头节，借助于吸盘和小钩固着于肠黏膜上，约经20 d发育为成虫（adult），并排出孕卵节片（图13-7）。

The gravid proglottids are passed out with the feces. Intermediate hosts such as *Cyclops* and *Diaptomus* become infected by ingesting individual eggs. The embryo (larva) hatches from the egg in the intestine of the intermediate host. In 7 to 13 days, the larva changes into a cysticercoid at 18 to 23℃ and remains in the body cavity of the intermediate host until eaten by the final host. Activated by the bile in the final host, the cysticercoid attaches to the mucosa in the small intestine. Development of proglottids starts immediately. The prepatent period is about 20 days.

（三）流行病学（Epidemiology）

中间宿主剑水蚤常大量滋生于水塘、稻田、沟渠、沼泽和江河湖泊及支流等处覆有植物的近岸水域中，每年春、夏季是剑水蚤大量繁殖的季节。除病鹅和带虫鹅以外，野生雁形目鸟类也是使剑水蚤感染似囊尾蚴的一个重要来源，这更增加了家鹅获得感染的机会。剑水蚤的寿命为一年，似囊尾蚴可在剑水蚤体内越冬并生活到春季。因此，感染季节多在早春以后，雏鹅放牧于水塘内而获得感染。近年来，在湖南、江西、上海、江苏、四川、福建、广西、山东等省市的家鸭体内亦发现有本虫寄生。

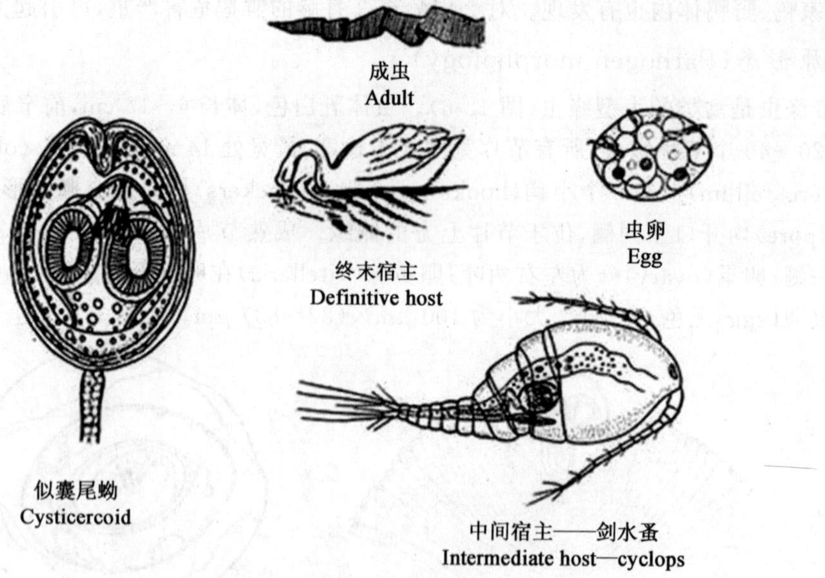

图 13-7　矛形剑带绦虫生活史

Figure 13-7　The life cycle of *Drepanidotaenia lanceolata*

(四)症状(Clinical signs)

常见有食欲减退(decreased appetite),消瘦(emaciation))、贫血(anemia),生长发育不良(cacoepy),下痢(diarrhoea),排绿色粪便,粪中有时带有孕节。有时出现神经症状(neurosis),病鹅夜间伸颈,张口(gape),钟摆状摇头;或头向后仰,行走摇晃;有时失去平衡而摔倒;或做划水动作等。雏鹅严重感染时常引起死亡。

Large numbers of tapeworms may cause diarrhoea. Moderate to heavy infections can induce a catarrhal enteritis and necrosis of the mucosa. Heavy infections can be fatal.

(五)诊断(Diagnosis)

结合症状,检查粪便中的孕节和虫卵(egg)或解剖尸体在肠道查到多量虫体可确诊(definitive diagnosis)。也可进行诊断性驱虫。

(六)防治(Treatment and prevention)

首先应对家鹅进行定期驱虫(periodic deworming),驱虫药物可选用以下几种:①吡喹酮(praziquantel)。10～20 mg/kg 体重,一次口服。②阿苯达唑(albendazole)。20～25 mg/kg 体重,一次口服,每天1次,连用 2 d。③硫双二氯酚(bithionol)。100～200 mg/kg 体重,一次口服。④氯硝柳胺(niclosamide)。50～60 mg/kg 体重,一次口服。

对于放牧的鹅,应进行成熟前驱虫,即在早春幼鹅放牧开始后第 18 天,全群驱虫 1 次。同时注意水池的消毒(sterilization)和轮换使用,必要时可停用 1 年后再用。幼禽与成禽分开饲养,以防止成禽排出的病原在中间宿主体内发育后感染幼禽。

三、戴文绦虫病(Davainiasis)

戴文绦虫病是由戴文科(Davaineidae)戴文属(*Davainea*)的节片戴文绦虫(*D. proglottina*)寄生于鸡(chicken)、火鸡(turkey)、鹌鹑(quail)、鸽(pigeon)及野生鸡形目鸟类的小肠(small intestine)内所引起的疾病。本病几乎分布于世界各地,我国南、北方各省区均有报道,但感染率相对较低。

(一)病原形态(Pathogen morphology)

虫体外观呈舌状,体长 0.5～3.0 mm,宽 0.18～0.60 mm,仅有 4～9 个节片(图 13-8)。头节(scolex)

小，顶突（rostellum）和吸盘（suckers）上有小钩（hooklets），吸盘上的小钩易脱落，故不常见。节片由前向后逐渐增大。生殖孔（genital pore）规则地交替开口于每个节片侧缘的前部。雄茎囊长，其长度达节片宽度的 2/3。睾丸（testes）12～15 个，分为 2 列位于节片后部。卵巢（ovary）发达，边缘分叶，卵黄腺（vitellaria）位于卵巢下缘，子宫（uterus）短。孕卵节片的子宫分裂为许多卵袋，每个卵袋只含有 1 个虫卵（egg）。虫卵直径 35～40 μm。

Davainea proglottina is a very small cestode up to 0. 5 to 3. 0 mm long and usually possesses only four to nine segments. Both the rostellum and suckers bear hooks.

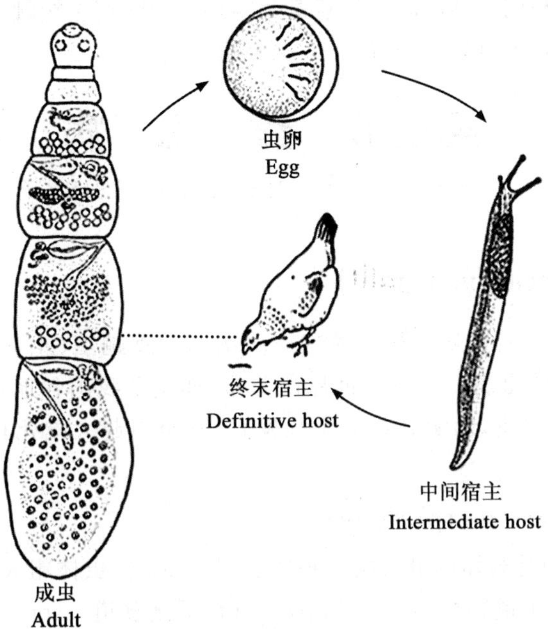

图 13-8　节片戴文绦虫生活史

Figure 13-8　The life cycle of *Davainea proglottina*

（二）生活史（Life cycle）

节片戴文绦虫的中间宿主为软体动物（mollusk）：陆地螺（*Limax*、*Arion*、*Cepaea*、*Milax*、*Agriolimax* 等属）和蛞蝓（*Polygytra* 和 *Zonitoides*）。它们吞食了虫卵（egg）后，在温暖的气候条件下，六钩蚴（oncosphere）逸出，在其体内需要 21～22 d 的发育，变为成熟的似囊尾蚴（cysticercoid）。鸡吃了带有病原的陆地螺或蛞蝓，似囊尾蚴在鸡的十二指肠内经 17～21 d 发育为成虫，并排出孕节。

The gravid proglottids are passed out with the feces. The eggs hatch after being swallowed by various species of gastropod molluscs such as *Limax*, *Cepaea*, *Agriolimax* and *Arion*. Cysticercoids develop after 3 weeks and develop into adult tapeworms in 17 to 21 days upon ingestion by the final hosts.

（三）症状和病变（Clinical signs and lesions）

本虫对鸡危害较大，虫体头节深入肠壁，可引起急性肠炎（acute enteritis）。感染后 8 d 病鸡便开始出现精神萎靡，行动迟缓，羽毛蓬乱等症状。严重感染时出现贫血（anemia）、肠炎（enteritis）与消瘦（emaciation）。虫体分泌的毒素（toxin）会引起病禽渐进性麻痹，有时从两腿开始，逐渐波及全身，并可导致死亡。

剖检病鸡可见尸体消瘦，可视黏膜苍白（pale mucosa）和黄疸（jaundice），小肠增粗，肠壁增厚、充血。肠腔中充满黏液（mucus）和大量脱落的黏膜并带血，常发恶臭，有虫体。

This is one of the most pathogenic poultry cestode, the doubly armed scolex penetrate deeply between the duodenal villi. Heavy infections may cause haemorrhagic enteritis, and light infections cause retarded growth and weakness. Moderate infections can lead to reduced weight gain, inappetence and lowered egg production.

(四)诊断(Diagnosis)

结合症状,在粪便检查时发现虫卵、孕卵节片或剖检时发现虫体即可确诊。

This is best achieved at necropsy through microscopic examination of mucosal scrapings from the duodenum and anterior small intestine. The tapeworm can easily be overlooked due to its minute size.

(五)防治(Treatment and prevention)

治疗药物与瑞利绦虫病相同。预防时应注意避免雏鸡与中间宿主接触,鸡舍和运动场要保持干燥,及时清除粪便。有本病流行的鸡场每年应进行 2~3 次定期驱虫。

第三节　线　虫　病
Section 3　Nematodiasis

一、鸡蛔虫病(Ascaridiosis galli)

鸡蛔虫病是由禽蛔科(Ascaridiidae)禽蛔属(*Ascaridia*)的鸡蛔虫(*A. galli*)寄生于鸡(chicken)的小肠(small intestine)内引起的线虫病。本病呈世界性分布,亦遍及我国各地,是一种常见寄生虫病。在地面大群饲养的情况下,常感染严重,影响雏鸡的生长发育,甚至引起大批死亡,给养鸡业造成严重的经济损失。

(一)病原形态(Pathogen morphology)

鸡蛔虫(*Ascaridia galli*)是鸡体内最大的一种线虫(图 13-9),虫体粗大,黄白色,体表角质层具有横纹,口孔周围有 1 个背唇和 2 个侧腹唇(ventral lip)。口孔下接食道(esophagus),在食道前方 1/4 处,有神经环(nerve ring)。雄虫长 26~70 mm,尾部有尾翼和性乳突(sex papilla)10 对,泄殖孔(cloacal pore)前方有近似椭圆形的肛前吸盘(preanal sucker),吸盘上有明显的角质环。交合刺(spicules)1 对,几乎等长。雌虫长 65~110 mm,阴门开口于虫体的中部,肛门(anus)位于虫体的亚末端。虫卵(egg)呈椭圆形,大小为(70~90) μm×(47~51) μm,深灰色,卵壳(shell)厚而光滑,刚排出时内含单个胚细胞。

Ascaridia galli is by far the largest nematode of poultry. The worm is stout and densely white, the females measuring up to 12. 0 cm in length. The egg is distinctly oval, with a smooth shell, and cannot easily be distinguished from that of the other common poultry nematode, *Heterakis*.

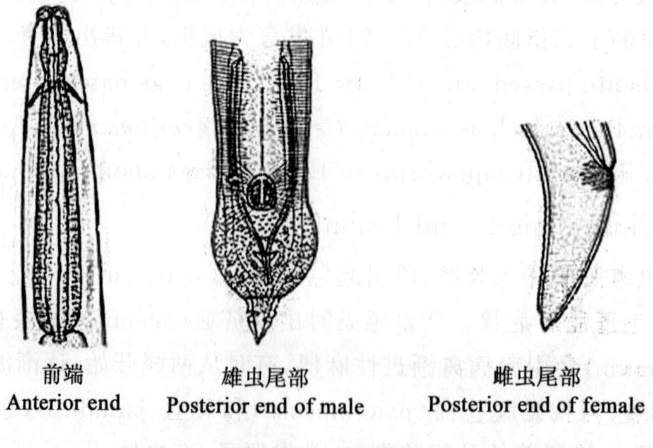

图 13-9　鸡蛔虫

Figure 13-9　*Ascaridia galli*

(引自卢俊杰等,2002)

（二）生活史（Life cycle）

鸡蛔虫的发育不需要中间宿主，寄生期不发生移行。虫卵（egg）随粪便排出体外，在适宜的环境下，经3周左右发育为感染性虫卵（infective egg）。鸡吞食了被感染性虫卵污染的饲料或饮水后，幼虫（larva）在腺胃（glandular stomach）或肌胃（gizzard）处逸出，移行（migration）到十二指肠后段，钻进肠黏膜发育一段时间后，重返肠腔发育为成虫（adult）。从感染虫卵至发育为成虫需5～8周。成虫寿命（life span）约1年。蚯蚓可吞食其虫卵而充当储藏宿主。

The life cycle of *A. galli* is direct, involving two principal populations: the sexually mature parasite in the gastrointestinal tract and the infective stage (L_2) in the form of an embryonated resistant egg in the environment. The eggs are passed out with the feces of the host and develop in the open, reaching the infective stage (L_2) in 10 to 20 days or longer depending on temperature and relative humidity. Occasionally earthworms can ingest *A. galli* eggs and transmit these to chickens.

The life cycle is completed when the infective eggs are ingested by new hosts through contaminated water or feed. The eggs containing the L_2-larvae are mechanically transported to the duodenum, where they hatch within 24 hours. During hatching the coiled larvae emerge from the anterior end of the egg through an opening in the shell moving out into the lumen of the intestine. The larvae then enter the histotropic phase where they embed themselves into the mucosal layer of the intestine. The histotropic phase has duration of 3 to 54 days before the final maturation in the lumen. The prepatent period ranges from 5 to 6 weeks in chicks to 8 weeks or more in adult birds. The worms live for about 1 year.

（三）流行病学（Epidemiology）

本病主要发生于平养或散养、放养的鸡，而笼养鸡较少发生。3～4月龄的雏鸡最易感，5月龄以上的鸡抵抗力较强，一岁龄以上的鸡常为带虫者。不同品种的鸡易感性有差异，肉鸡比蛋鸡抵抗力强；土种鸡比良种鸡抵抗力强。除鸡外，鸡蛔虫还可感染吐绶鸡（turkey）、珍珠鸡（guineafowl）、山鹑（partridge）、鹧鸪（francolin）、雉鸡（pheasant）、灰雁（greylag goose）、针尾鸭（pintail duck）、番鸭（Muscovy duck）等家禽及野禽。

鸡主要是因吞食了感染性虫卵（infective egg）污染的饲料、饮水或蚯蚓等而受到感染。由于虫卵比较适合在温度适宜、阴雨潮湿的环境中发育，在温度19～29℃和90%～100%的相对湿度时，最容易发育到感染期。因此，本虫的感染季节一般在春、夏与秋季。

虫卵对不良的外界环境和常用的消毒药抵抗力较强，感染性虫卵可在土壤中存活6～6.5个月；虫卵亦耐低温，温度在10℃以下或相对湿度在60%以下，可存活2个月以上。但对高温和干燥敏感，温度超过40℃或阳光直射下1～1.5 h即可死亡。

鸡的易感性与饲养条件有很大关系。饲料营养全价，含有足量维生素A和维生素B的饲料，鸡群营养状况良好，那么鸡就有较强的抵抗力；鸡饲料中缺乏维生素A、维生素B时，易遭受感染。另外，鸡群管理粗放，卫生条件差，鸡也易患蛔虫病。

（四）致病作用与病变（Pathogenesis and lesions）

幼虫侵入肠黏膜时，破坏黏膜及肠绒毛，引起卡他性肠炎；严重时导致出血性肠炎（hemorrhagic enteritis），并易招致病原菌继发感染；此时在肠壁上常见有颗粒状化脓灶或结节（nodule）形成。成虫寄生于小肠时，损伤肠黏膜，造成肠黏膜发炎、出血（hemorrhage）。大量虫体聚集时，相互缠结成团，可发生肠阻塞（enteremphraxia）甚至引起腹膜炎（peritonitis），最后导致死亡。虫体大量吸收宿主的营养，并产生有毒的代谢产物（metabolites），常使雏鸡发育迟缓，成年鸡产蛋量下降（decreased egg production）。

Ascaridia is not a highly pathogenic worm, and any effects are usually seen in young birds around 1 to 2 months of age. The main effect is seen during the prepatent phase, when the larvae are in the duodenal/intestinal mucosa. There they cause enteritis, which is usually catarrhal. When considerable numbers are present the large size of these worms may cause intestinal occlusion and death. Nutritional deficiency may predispose birds to the establishment of infection.

（五）症状（Clinical signs）

雏鸡生长发育不良（poor growth），精神沉郁（depression），行动迟缓，有的病鸡长时间卧伏不动，翅膀下垂（drooping wings），羽毛蓬乱（ruffled feathers），鸡冠苍白（pale comb），黏膜贫血（anemia），消化机能紊乱，食欲减退（decreased appetite），顽固性下痢（refractory diarrhoea），偶见稀粪中混有带血黏液（bloody mucus），严重者逐渐衰弱（weakness）而死亡。成年鸡多数属轻度感染，一般不表现症状，严重时表现为食欲不振，嗉囊积食，下痢，产蛋量下降和贫血等症状。

（六）诊断（Diagnosis）

本病症状缺乏特征性，诊断时应通过粪检发现大量虫卵（eggs）或剖检时在小肠内容物或黏膜碎屑中找到幼虫或成虫即可确诊（final diagnosis）。应注意鸡蛔虫虫卵与异刺线虫虫卵的区别。

In infections with adult worms, the eggs will be found in feces, but since it is often difficult to distinguish these from the slightly smaller eggs of *Heterakis*, confirmation must be made by postmortem examination of casualty when the large white worms will be found, In the prepatent period, larvae will be found in the intestinal contents and in scrapings of the mucosa. PCR amplification of the ITS-2 region of ribosomal DNA and sequence analysis of the amplicons can be used for detection.

（七）防治（Treatment and prevention）

治疗（treatment）或预防性驱虫可选用下列药物：①左旋咪唑（levamisole）。20～25 mg/kg 体重，一次口服。②阿苯达唑（albendazole）。10～20 mg/kg 体重，一次口服。③芬苯达唑（fenbendazole）。10～20 mg/kg 体重，一次口服。④枸橼酸哌嗪（piperazine citrate）（驱蛔灵）。150～200 mg/kg 体重拌入饲料或配成 1% 的水溶液让鸡自由饮水。

预防（prevention）可采取定期驱虫（periodic deworming），每年进行 2～3 次驱虫，雏鸡在 2 月龄左右驱虫 1 次，冬季再驱虫 1 次；成年鸡秋末冬初驱虫 1 次，蛋鸡产蛋前驱虫 1 次。成年鸡多系带虫者，应与雏鸡严格分群饲养，不使用公共运动场或牧场。搞好清洁卫生（sanitation），及时清除鸡粪和垫草，并集中堆沤进行生物热发酵处理。加强饲养管理，饲喂全价饲料，适量补充多种维生素或维生素 A、维生素 B 等可提高抵抗力。

二、异刺线虫病（Heterakiasis）

异刺线虫病主要是由异刺科（Heterakidae）异刺属（*Heterakis*）的鸡异刺线虫（*H. gallinarum*）寄生于鸡（chicken）、火鸡（turkey）、鹌鹑（quail）、鸭（duck）、鹅（goose）、孔雀（peacock）、雉鸡（pheasant）等禽类的盲肠（ceca）内引起的疾病。鸡异刺线虫还可以传播火鸡组织滴虫病。

（一）病原形态（Pathogen morphology）

虫体细线状，淡黄色，头端略向背面弯曲，有侧翼。头端有 3 片唇（lips），1 个背唇，2 个亚腹侧唇。食道（esophagus）后端具有食道球。雄虫长 7～13 mm，宽约 0.3 mm。尾部末端尖细，泄殖孔前有一个圆形的肛前吸盘（preanal sucker）。左、右交合刺（spicules）不等长，左交合刺后部狭而尖，右交合刺较粗短。尾翼发达，有性乳突（sex papillae）12～13 对，其中肛前吸盘周围 2～3 对，泄殖孔周围 6 对，肛后 3～5 对。雌虫长 10～15 mm，宽约 0.4 mm，尾部细长，阴门开口于虫体中部略后，不隆起（图 13-10）。卵椭圆形，淡灰色，一端较明亮，内含未发育的胚细

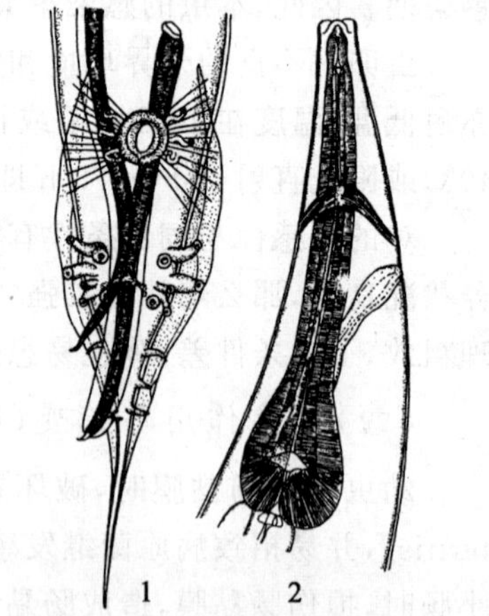

图 13-10　鸡异刺线虫

Figure 13-10　*Heterakis gallinarum*

1. 雄虫尾部（Posterior end of male）；
2. 雌虫前部（Anterior end of female）

胞,大小为(65～80) μm×(35～46) μm。

（二）生活史(Life cycle)

异刺线虫为直接发育型,虫卵(eggs)随粪便排出,在外界适宜温度(20～30℃)和湿度条件下,经 12～14 d,33℃时 9～11 d 发育为感染性虫卵(infective egg)(内含第 2 期幼虫),鸡吃到受污染的饲料、饮水而感染。蚯蚓(earthworm)及一些昆虫[如鼠妇(pillworm)]可为作贮藏宿主,当蚯蚓吞食感染性虫卵后,虫卵能在蚯蚓体内长期生存,成为一个重要的感染来源。感染后,第 2 期幼虫在鸡小肠内孵出。幼虫大约经 24 h 移行(migration)到盲肠,钻入盲肠壁,发育 4～5 d,蜕皮变为第 3 期幼虫。以后再返回肠腔蜕皮 2 次,变为第 5 期幼虫,逐渐发育为成虫(adult)。从鸡感染虫卵到发育为成虫需 25～34 d。成虫寿命为 10～12 个月。

The life cycle is direct. Earthworms and houseflies can act as mechanical transport hosts. The non-embryonated eggs pass out with the feces and develop into infective eggs in approximately 2 weeks, depending on temperature and humidity. When infective eggs are ingested by susceptible hosts, the eggs hatch in the small intestine. Within 24 hours the larvae have reached the caeca through the lumen of the intestine where they develop into adult worms. The prepatent time is 24-30 days.

（三）流行病学(Epidemiology)

鸡因吞食感染性虫卵而感染。蚯蚓和鼠妇可作为贮藏宿主,分布广,当鸡吞食了这些动物亦可感染。蚯蚓吞食异刺线虫虫卵后,第 2 期幼虫在蚯蚓体内可保持活力 1 年以上。主要感染季节在 6～9 月份。虫卵对外界抵抗力较强,在阴暗潮湿处可保持活力达 10 个月;0℃时存活 67～172 d;温度升高后能继续发育;阳光直射下易死亡;在 10%硫酸(sulphuric acid)溶液中可正常发育。异刺线虫是火鸡组织滴虫(*Histomonas meleagridis*)的传播者(transmitter)。

H. gallinarum is widespread in most poultry flocks and is of little pathogenic significance in itself, but is of great importance in the epidemiology of *Histomonas*. Larvated eggs can remain viable in soil for about 1 year and can be a source of infection in free-range birds. Additionally, paratenic hosts such as earthworms can transmit infection.

（四）致病作用和症状(Pathogenesis and clinical signs)

鸡异刺线虫寄生数量多时可损伤肠黏膜,引起出血(hemorrhage)。代谢产物(metabolites)可使鸡中毒。幼虫(larva)寄生时,在盲肠壁上形成结节(nodule)。病鸡表现食欲不振(inappetence)或废绝(loss of appetite)、贫血(anemia)、消瘦(emaciation)、下痢(diarrhoea)。成鸡产蛋率下降,雏鸡生长发育不良(poor growth),逐渐衰弱(weakness)而死亡。当鸡盲肠内同时有异刺线虫和火鸡组织滴虫寄生时,后者可进入异刺线虫虫卵内,并随之排出体外。当鸡摄入这种虫卵时,就可同时感染异刺线虫和火鸡组织滴虫,这种病鸡极易死亡。

（五）诊断(Diagnosis)

病原检查可采用饱和盐水漂浮法(flotation method)检查虫卵,注意与鸡蛔虫虫卵区别,鸡异刺线虫虫卵呈长椭圆形,小于鸡蛔虫虫卵,灰褐色,壳厚,内含未分裂的卵细胞;或尸体剖检在盲肠中发现虫体即可确诊(final diagnosis)。

H. gallinarum infection is usually only diagnosed accidentally, by the finding of eggs in feces or the presence of worms at necropsy.

（六）防治(Treatment and prevention)

驱虫(deworming)药物与鸡蛔虫病基本相同。此外,还应注意防止鸡摄入蚯蚓和鼠妇等贮藏宿主,运动场采用沙土,保持干燥。

三、禽胃线虫病(Stomach nematodiasis)

禽胃线虫病是由裂口科(Amidostomatidae)裂口属(*Amidostomum*)、锐形科(Acuariidae)锐形属(*Acuaria*)及四棱科(*Tetrameridae*)四棱属(*Tetrameres*)的线虫寄生于禽类的腺胃、肌胃、食道和肠道内引起的线虫病。该病对雏禽的生长发育可造成严重影响,在全国均有分布。

(一)病原形态(Pathogen morphology)

1. 鹅裂口线虫(*Amidostomum anseris*)

鹅裂口线虫寄生于鹅、鸭和野鸭的肌胃角质膜下。新鲜时虫体呈淡红色,体表具有细横纹。口囊(buccal capsule)呈杯状,底部有3枚长三角形尖齿。雄虫长10～17 mm,交合伞侧叶较大;交合刺等长,末端分两支。雌虫长15～25 mm,尾部呈指状;生殖孔(genital pore)位于虫体后部,由椭圆形的瓣膜覆盖(图13-11)。虫卵(eggs)呈椭圆形,卵壳厚而光滑,大小为(68～80) μm×(45～52) μm。

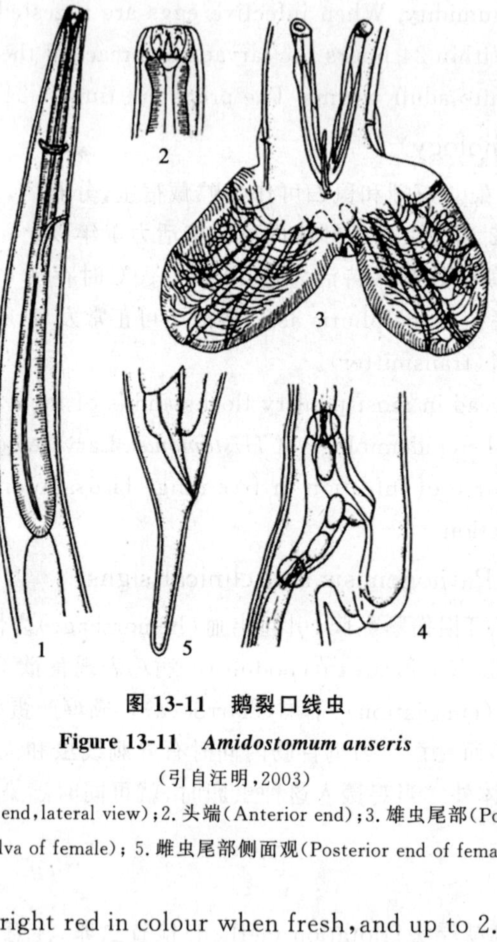

图 13-11　鹅裂口线虫

Figure 13-11　*Amidostomum anseris*

(引自汪明,2003)

1. 头部侧面观(Anterior end,lateral view);2. 头端(Anterior end);3. 雄虫尾部(Posterior end of male);4. 雌虫阴门部(Vulva of female);5. 雌虫尾部侧面观(Posterior end of female,lateral view)

The slender adult worms,bright red in colour when fresh,and up to 2.5 cm in length,are easily recognized at necropsy where they predominate in the horny lining of the gizzard. Males measure about 10 to 17 mm and females 15 to 25 mm.

2. 小钩锐形线虫(*Acuaria hamulosa*)

小钩锐形线虫寄生于鸡、火鸡等肌胃角质膜下。虫体粗壮,淡黄色,前部有4条饰带,两两并列,呈不整齐的波浪形,由前向后延伸,几达虫体后部,但不折回,亦不相吻合。雄虫长9～14 mm,肛前乳突4对,肛后乳突6对。交合刺1对,不等长,左侧的纤细,长1.63～1.08 mm;右侧的扁平,长0.23～0.25 mm。雌虫长16～19 mm,阴门位于虫体中部的稍后方。卵的大小为(40～45) μm×(24～27) μm。

3. 美洲四棱线虫(*Tetrameres americana*)

美洲四棱线虫寄生于鸡、火鸡、鸭、鸽、鹌鹑的腺胃。该线虫无饰带;雌雄异形。雄虫纤细,长5～

5.5 mm,游离于前胃腔中。雌虫呈亚球形,长 3.5～4.5 mm,宽 3 mm,并在纵线部位形成 4 条深沟,其前端和后端自球体部突出,看上去好像是梭子两端的附属物。虫体深藏在禽类前胃的腺体内。

(二)生活史(Life cycle)

鹅裂口线虫的发育不需要中间宿主。虫卵(egg)随粪便排出后,在适宜的温、湿度条件下,逐渐发育为感染性第 3 期幼虫(L_3)。幼虫很活泼,能沿牧草爬行,易被鹅或鸭连同牧草或水一起将其吞食。幼虫进入宿主消化道后,在腺胃内停留一段时间,变成第 4 期幼虫(L_4),然后从腺胃沿肌层移行到肌胃,经 14～25 d 发育为成虫(adult)。

The life cycle is direct with a prepatent time of 14 to 25 days. After being deposited in the environment with the feces, the eggs develop into the infective 3rd stage larvae under suitable conditions. Susceptible animals become infected by ingesting or drinking contaminated food or water.

锐形线虫和四棱线虫的发育需要中间宿主,虫卵随宿主粪便排至外界,被中间宿主吞食后发育至感染性幼虫,终末宿主摄食了中间宿主而遭受感染。中间宿主为蚱蜢(grasshopper)、甲虫(beetle)、象鼻虫(weevil)、钩虾(gammarid)、水蚤(water flea)和蟑螂(cockroach)等。

(三)流行病学(Epidemiology)

鹅裂口线虫主要危害雏鹅和雏鸭,主要见于 2 月龄左右的幼鹅,常发生在夏秋季节,感染后发病严重,常呈地方性流行,具有较高的死亡率。

锐形线虫主要感染散养和平养的鸡,发病季节与中间宿主的活动季节基本一致。四棱线虫主要见于散养的鸭和鹅,且以 3 月龄以上的鸭、鹅多见。

(四)症状和病变(Clinical signs and lesions)

禽类轻度感染时症状不明显,严重感染时出现消瘦(emaciation)、贫血、食欲减退(decreased appetite)或完全废绝,精神萎靡(listless),羽毛松乱,缩头垂翅和下痢等症状;幼禽严重感染时,死亡率很高。剖检可见肌胃角质膜有黑色溃疡病变,虫体潜于坏死灶内。

(五)诊断(Diagnosis)

根据临床症状,采用漂浮法(flotation method)检查粪便内的虫卵;剖检在肌胃角质膜发现溃疡病变,角质膜下见到虫体即可确诊(final diagnosis)。

(六)防治(Treatment and prevention)

可选用下列药物进行驱虫(deworming):①左旋咪唑(levamisole)。20～25 mg/kg 体重,一次口服。②阿苯达唑(albendazole)。10～20 mg/kg 体重,一次口服。③芬苯达唑(fenbendazole)。10～20 mg/kg 体重,一次口服。④甲苯达唑(mebendazole)。10～20 mg/kg 体重,一次口服。⑤枸橼酸哌嗪(piperazine citrate)(驱蛔灵)。0.15～0.30 g/kg 体重拌入饲料或配成 1%的水溶液让鸡自由饮水。

发现病禽,应及时隔离治疗,并对全群家禽进行预防性驱虫。在流行区,尤其是对放牧的家禽应定期驱虫,每年可进行 2～3 次。成年禽与雏禽应分开饲养,防止雏禽感染。消灭中间宿主;做好禽舍的清洁卫生,对禽粪应堆积发酵进行无害化处理。

四、毛细线虫病(Capillariasis)

禽毛细线虫病系由毛细科(Capillariidae)毛细属(*Capillaria*)的多种线虫寄生于禽类食道(esophagus)、嗉囊(crop)、肠道(intestinal tract)等处所引起的一类线虫病。主要虫种有有轮毛细线虫(*C. annulata*)、鸽毛细线虫(*C. columbae*)、膨尾毛细线虫(*C. caudinflata*)和鹅毛细线虫(*C. anseris*)。我国各地都有分布,严重感染时,可引起家禽死亡。各种饲养方式均可发生本病。

(一)病原形态(Pathogen morphology)

成虫(adult)细长呈毛发状,长 10～50 mm,虫体前部稍细,为食道部(esophagus),短于或等于身体后部。雄虫交合刺(spicule)1根,细长有刺鞘(spine sheath);有的无交合刺,而仅有刺鞘。雌虫阴门位于虫体前后交界处。虫卵(egg)呈桶形,两端具塞(图13-12),色淡。不同种类寄生部位严格,有轮毛细线虫寄生于鸡的嗉囊和食道,鸽毛细线虫寄生于鸽、鸡和吐绶鸡的小肠,膨尾毛细线虫寄生于鸡、鸽的小肠,鹅毛细线虫寄生于家鹅和野鹅的小肠,可据此对虫种作出初步判断。

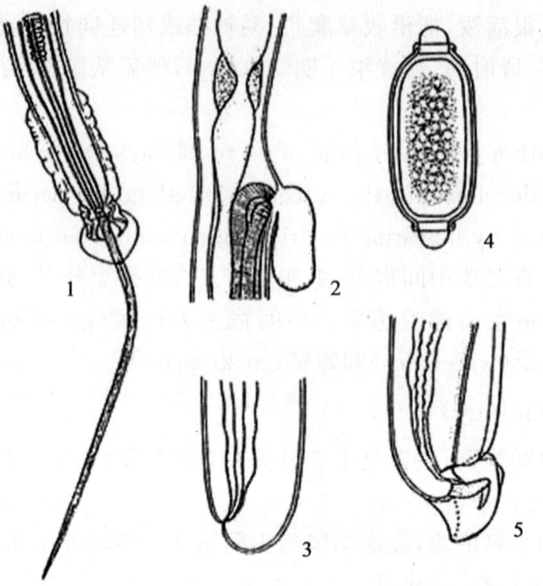

图13-12　膨尾毛细线虫

Figure 13-12　*Capillaria caudinflata*

(引自陈淑玉,1994)

1.雄虫尾部腹面(Posterior end of male, ventral view);2.阴门(Vulva);3.雌虫尾部侧面(Posterior end of female, lateral view);4.虫卵(Egg);5.雄虫尾部侧面(Posterior end of male, lateral view)

(二)生活史(Life cycle)

毛细线虫的发育有直接和间接发育两种类型。鸽毛细线虫属直接发育型,其雌虫产卵,卵随粪便排出后,发育到感染性虫卵(infective egg)(内含第1期幼虫),经口感染宿主,幼虫进入十二指肠黏膜内发育,在感染后20～26 d发育为成虫。而膨尾毛细线虫和有轮毛细线虫则需要中间宿主——蚯蚓(earthworm)的参与才能完成其生活史。感染性虫卵被中间宿主吞食后,在中间宿主体内孵出幼虫,蜕皮一次,变为第2期幼虫,即具有感染性。禽类食入含感染性幼虫的蚯蚓,即遭受感染,虫体在终末宿主的寄生部位逐渐发育为成虫(adult)。

The life cycles of the *Capillaria* species may be direct or indirect. The unembryonated eggs are deposited with the feces and develop into the first larval stage in 9 to 14 days. For *C. obsignata*, *C. anatis* and *C. contorta*, the life cycle is direct, which means that the eggs are infective to susceptible hosts as embryonated L_1. After ingestion, the eggs hatch at their predilection site and develop into adult worms without migration in the host. Eggs of the species *C. caudinflata*, *C. bursata* and *C. annulata* are swallowed by earthworms and develop into infective stages in 14 to 21 days. Birds are infected while ingesting the earthworms. The prepatent time for *Capillaria* spp. is approximately 3 weeks.

(三)流行病学(Epidemiology)

成虫的寿命为9～10个月。毛细线虫虫卵耐低温,发育慢,在外界可存活很长时间。如膨尾毛细线虫卵在普通冰箱中可存活344 d。虫卵在外界发育成感染性虫卵(infective egg)的时间:有轮毛细线虫在28～32℃下,需24～32 d;鹅毛细线虫在22～27℃下,需8 d。

Young birds are most susceptible to *Capillaria* infections while adults may serve as carriers. The epidemiology is largely based on the ubiquity of the earthworm intermediate host.

（四）症状和病变（Clinical signs and lesions）

轻度感染时，局部出现轻微炎症（inflammation）和增生（proliferation）；严重感染时，炎症加剧，出现黏液（mucus）或脓性分泌物，局部黏膜溶解、坏死（necrosis）、脱落（slough）。剖检可见寄生部位消化道出血（alimentary tract hemorrhage），黏膜上有大量虫体。患禽食欲不振（inappetence），下痢（diarrhoea），贫血（anemia），消瘦（emaciation）。严重感染时，雏鸡和成年鸡均可发生死亡。

Capillaria spp. parasitize in various part of alimentary system; mainly in intestine, stomach, duodenum, rarely in oesophagus, rectum or bursa of Fabricius and liver as well as respiratory and excretory systems. Pathogenicity depends on localization of nematodes and the age of the hosts, and on infection intensity.

（五）诊断（Diagnosis）

根据临床症状，结合病禽剖检，发现虫体及相应病变或粪便中检出虫卵即可确诊。

Because of the non-specific nature of the clinical signs and the fact that, in heavy infections, these may appear before *Capillaria* eggs are present in the feces, diagnosis depends on necropsy and careful examination of the worms. This may be carried out by microscopic examination of mucosal scrapings squeezed should be gently washed through a fine sieve and the retained material resuspended in water and examined against a black background.

（六）防治（Treatment and prevention）

治疗可用：①甲苯达唑（mebendazole），70～100 mg/kg 体重，口服。②左旋咪唑（levamisole），25 mg/kg 体重，口服。

严重感染地区应有计划地进行预防性驱虫（deworming）。要定期清洁禽舍，粪便堆积发酵。禽舍应建在通风干燥的地方，以抑制虫卵的发育和中间宿主蚯蚓的滋生。

五、鸟蛇线虫病（Avioserpensosis）

鸭鸟蛇线虫病是由龙线科（Dracunculidae）鸟蛇属（*Avioserpens*）的线虫寄生于鸭（duck）颌下（lower jaw）、颈（neck）、腿（leg）等处皮下结缔组织（subcutaneous connective tissue），形成以瘤样肿胀为特征的一种线虫病，俗称鸭腮丝虫病。在我国已发现 2 个虫种：四川鸟蛇线虫（*A. sichuanensis*），寄生于鸭、野鸭及鸡，分布于四川、重庆、贵州、安徽、江苏等地；台湾鸟蛇线虫（*A. taiwana*），寄生于鸭、野鸭，分布于我国广西、广东、福建、台湾等地。

（一）病原形态（Pathogen morphology）

1. 四川鸟蛇线虫（*A. sichuanensis*）

四川鸟蛇线虫虫体呈丝线状（图 13-13），淡黄白色。虫体头端钝圆，口周围有角质环。头乳突 14 个，呈两圈同心圆排列，背乳突和腹乳突成对，较大；两侧各有 1 个单乳突，另有 4 对亚中乳突。食道（esophagus）分肌质部和腺体部两部分。雄虫很短小，长 8.71～10.99 mm。交合刺（spicules）1 对，褐色，略不等长。引器褐色，犁形。尾弯向腹面，尾尖有 1 个刺状突起。雌虫长 32.6～63.5 cm，比雄虫长 30～60 倍。尾尖锐，腹面有乳突 1 对，尾尖有一小结节。卵巢（ovary）2 个，双子宫型。肛门（anus）呈横缝状，阴门（vulva）唇状，开口于虫体中部。子宫（uterus）内充满胚细胞；随着虫体的成熟，阴门及阴道（vagina）、肛门均萎缩不见，而子宫向虫体前后伸展，后部的卵巢可伸达肛门后方。

2. 台湾鸟蛇线虫（*A. taiwana*）

台湾鸟蛇线虫形态构造似四川鸟龙线虫。雄虫长 6.0 mm，交合刺不等长，引器三角形。雌虫长 11～18 mm，尾弯曲呈钩状。生殖孔位于虫体后半部。

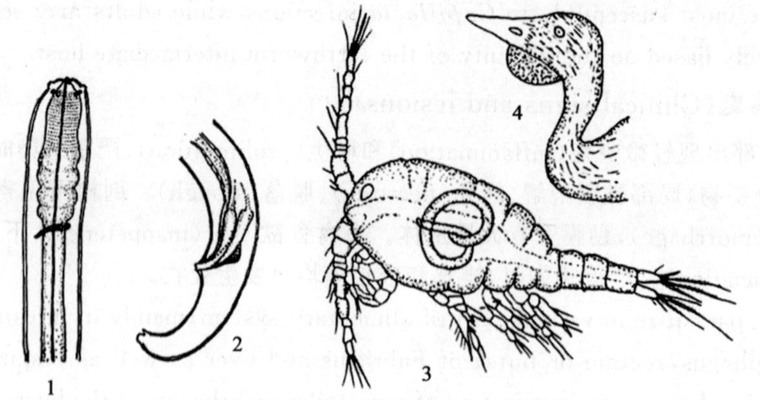

图 13-13　四川鸟蛇线虫

Figure 13-13　*Avioserpens sichuanensis*

(引自杨光友,2005)

1. 虫体头部(Anterior end);2. 雄虫尾部(Posterior end of male);3. 中间宿主剑水蚤(Intermediate host, cyclops);4. 患病鸭的颌下病灶(Tumour-like swelling in lower jaw of duckling)

(二)生活史(Life cycle)

鸟蛇线虫为胎生,属间接发育类型。中间宿主为剑水蚤(cyclops)。四川鸟蛇线虫的雌虫成熟后在寄生部位钻一小孔,当鸭下水游泳与觅食时,虫体头部破裂,子宫与表皮一起破溃,释放出大量幼虫,落入水中。第1期幼虫(L_1)到水中被中间宿主剑水蚤吞食,在适宜温度下(28～32℃),在剑水蚤的血腔中约经7 d,2次蜕皮后发育为感染性幼虫(L_3)。含第3期幼虫的剑水蚤被鸭吞食后,幼虫在腺胃内逸出,穿过腺胃壁,逐渐移行(migration)到皮下结缔组织寄生。感染后14 d出现症状,在皮下结缔组织检得雌虫(未成熟)。移行到皮下寄生的虫体均为雌虫,而雄虫则寄生于腹壁。感染后26～28 d,雌虫成熟,寄生部位的肿胀达最大。此时,雌虫头部穿破皮肤,体壁破裂,幼虫逸出。以后雌虫逐渐死去。整个生活史在气温26～32℃时需36～40 d。

台湾鸟蛇线虫的雄虫寄生于肠系膜(mesentery),生活史与四川鸟蛇线虫相似。

Cyclops serve as intermediate host of *Avioserpens*. Larvae escape from the mature females and get eaten off by cyclops, then they penetrate through gut wall into haemocoel within 20-30 minutes. They develop into 2nd-stage larvae through 1st moult on the 3rd-5th day and into 3rd-stage larvae through 2nd moult on the 5th-7th day. Duck appears with symptom on the 14th day after infection, the males live in the muscle of abdominal wall of duck. The females parasitize in the connective tissue under the skin of neck, lower jaw, leg, eye, forehead and abdominal portion to form the tumor-like swellings. On the 29th days after infection, the females become fully mature and larvae escape from the broken head of the females and penetrated out of the host's skin. Then the female gradually shrivel and die, the signs disappeared slowly. At 26-32℃, the whole process of life cycle of this worm takes 36-40 days.

(三)流行病学(Epidemiology)

鸟蛇线虫的中间宿主—剑水蚤主要滋生在比较肥沃的稻田、水塘和流动较缓的河流。本病常发生于我国南方地区的放牧鸭群,主要侵害3～8周龄的雏鸭及青年鸭,未见成年鸭发病。发病季节3～10月份,7～9月份为高峰期。鸡亦偶见感染与发病。

(四)症状和病变(Clinical signs and lesions)

雌虫主要寄生在鸭的颌下及腿部皮下结缔组织内,在腹下、颈、眼等处皮下亦有寄生。症状以颌下、腿部出现瘤结(tumor-like nodule)为特征。起初寄生部位充血肿胀,瘤结小而柔软,以后逐渐变大、变硬,瘤结上有小孔，孔上有线头样虫体断片。轻度感染时症状不明显；中、重度感染时可见幼鸭皮下有多处瘤结，步态踉跄，或不能行走，呼吸与吞咽困难，结节外翻。病鸭在饥饿、疲惫下急剧消瘦(emaciation)，陷入恶病质而死亡。在病变部的瘤结中可见有缠绕成团的虫体，后期虫体逐渐被吸收，病变部黄褐色胶样浸润，新旧病变中都混有大量新生血管，患部发红。尸体消瘦、贫血(anemia)。

(五)诊断(Diagnosis)

根据流行季节以及鸭的颌下、腿部等处出现瘤结易于诊断，必要时可切开瘤结找到虫体或用手指按压肿胀部，将挤出的液体涂片镜检，查到幼虫(larva)即可确诊。

(六)防治(Treatment and prevention)

1. 治疗(Treatment)

可用1%左旋咪唑(levamisole)水溶液或1%阿苯达唑(albendazole)油悬浮液，每个结节内注射0.3～0.5 mL，做扇形注射，安全有效，结节一般在1周左右消失。也可在结节内注射1～3 mL 0.5%高锰酸钾液(potassium permanganate)、1%碘溶液(iodine solution)、75%酒精(alcohol)、2%食盐溶液(salt solution)等以杀死虫体。

2. 预防(Prevention)

育雏场地应选择流动较大的水面或清洁的池塘，不要到疑有病原的水域放养雏鸭；育雏水域可用杀虫药杀灭中间宿主剑水蚤；放牧后10 d用左旋咪唑(levamisole)或阿苯达唑(albendazole)进行药物预防，2种药物均按50～70 mg/kg体重，拌料，每日2次，连服1周。

六、比翼线虫病(Syngamiasis)

禽比翼线虫病是由比翼科(Syngamidae)比翼属(*Syngamus*)的气管比翼线虫(*S. trachea*)和斯氏比翼线虫(*S. skrjabinomorpha*)寄生于鸡(chicken)、鹅(goose)、鸭(duck)、火鸡(turkey)、雉(pheasant)、吐绶鸡(*Numida meleagris*)、珍珠鸡(guinea fowl)和多种野禽(wild fowl)的气管(trachea)内所引起的呼吸系统疾病。发病特点为张口呼吸，因而又称为开口虫病。主要侵害幼禽，患鸡常因呼吸困难(dyspnea)而导致窒息死亡。

(一)病原形态(Pathogen morphology)

虫体呈红色。头端膨大，呈半球形。口囊(buccal capsule)宽阔呈杯状，其外缘形成1个较厚的角质环，底部有三角形小齿(denticle)。雌虫远比雄虫大，阴门(vulva)位于体前部。雄虫细小，交合伞(copulatory bursa)厚，肋粗短，交合刺(spicules)短小。雄虫通常以其交合伞附着于雌虫阴门部，构成“Y”形外观，故得名比翼线虫。虫卵两端有厚的卵盖(operculum)。

1. 气管比翼线虫(*S. trachea*)

气管比翼线虫雄虫长2～4 mm，雌虫长7～20 mm。口囊底部有齿6～10个(图13-14)。虫卵大小为(78～110) μm×(43～46) μm，内有16个卵细胞。

2. 斯氏比翼线虫(*S. skrjabinomorpha*)

斯氏比翼线虫雄虫长2～4 mm，雌虫长9～26 mm。口囊底部有6个齿。卵椭圆形，大小为90 μm×49 μm。

(二)生活史(Life cycle)

雌虫在支气管(bronchus)产卵，卵随咳嗽进入口腔，被咽入消化道后，随粪便排出体外(卵也可直接由口腔咳出体外)。在适宜的温度(25℃)和湿度(85%～90%)下，幼虫在卵壳内蜕皮2次发育为第3期幼虫(L_3)，即形成感染性虫卵(infective egg)，这种虫卵在土壤中可生存8～9个月。感染宿主的方式有3种：一是感染性虫卵被终末宿主啄食感染；二是感染性幼虫从卵内孵出，终末宿主摄食了感染性幼虫而感染；三是感染性虫卵或感染性幼虫被贮藏宿主[蛞蝓(land slug)、蜗牛(land snail)、蝇(fly)和蚯蚓(earthworm)等无脊椎动物]摄食，终末宿主再啄食贮藏宿主而感染。终末宿主经口感染后，幼虫(larva)钻入肠壁，经血流到肺(lung)，再转至肺泡(alveolus)。感染后 6 h，可在肺泡内见到幼虫；感染后第 3 天，可在肺泡内见到第 4 期幼虫(L_4)，之后幼虫上行到细支气管(bronchiole)和支气管；感染后第 5 天，在细支气管和支气管内蜕最后一次皮，变为第 5 期幼虫(L_5)；感染后第 7 天，可在气管(trachea)中见到虫体；感染后第 18～20 天，气管中的虫体发育至性成熟。

Infection happens when infective eggs or larvae are ingested. The life cycle may be direct or indirect as the larvae may be swallowed by earthworms, snails, flies or other anthropods. When these "storage" hosts are swallowed by poultry the infection is passed on. The larvae migrate through the intestinal wall and are carried by the blood to the lungs. There they develop into adult stage. The prepatent period is 18 to 20 days. Eggs are coughed up, swallowed and passed with the feces. Depending on the temperature and humidity, the eggs become infective in 2 to 7 days.

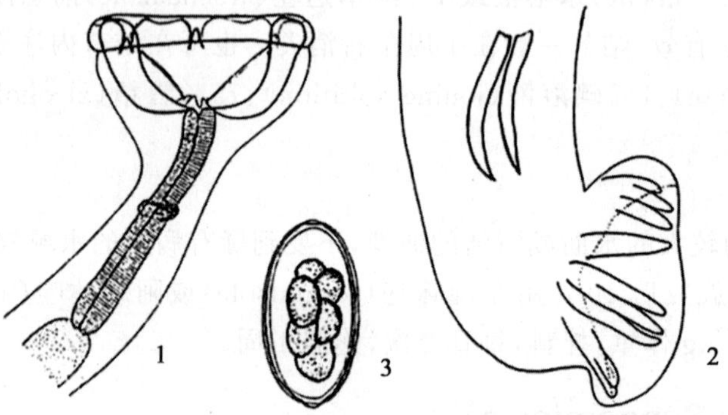

图 13-14　气管比翼线虫

Figure 13-14　*Syngamus trachea*

1. 头部侧面(Anterior end, lateral view)；2. 交合伞侧面 (Lateral view of copulatory busa)；3. 虫卵(Egg)

(三)流行病学(Epidemiology)

本病呈地方性流行，主要发生于放养的鸡群，各年龄鸡均易感，但主要危害雏鸡。缺乏维生素 A、钙和磷时易感。外界环境中的虫卵和感染性幼虫抵抗力较弱；但感染性幼虫在蚯蚓体内可保持感染力达 4 年多；在蛞蝓和蜗牛体内可存活 1 年以上。来自野鸟的幼虫通过蚯蚓后，对鸡的易感性增强，有助于本病的散布和流行。成虫的寿命随终末宿主的种类不同而不同，在鸡和吐绶鸡为 147 d。

Grapeworm primarily affects young domestic chickens of less than 2 to 3 months of age, but turkeys of all ages are susceptible, the adults often acting as carrier. All ages of other passeriform and galliform species are susceptible to infection. Infrequently *S. trachea* can infect anseriform birds. Eggs may survive for up to 9 months in soil and L_3 for years within the earthworm or other transport hosts. Disease is seen most frequently in breeding and rearing establishments where outdoor pens, such as are used for breeding pheasants, are in use. Eggs, passed by wild birds such as rooks and blackbirds, may initiate infection; these may also infect earthworms. Infection is usually highest during the summer when earthworms are active. Infected chicks normally develop an age resistance by 2-3 months of age and markedly reduce their worm burdens. Partial immunity to reinfection is established.

(四)症状和病变(Clinical signs and lesions)

成年禽一般症状不明显。幼禽感染 3～6 条虫体，即出现临床症状。幼虫(larva)在肺(lung)部移行(migration)，严重感染时，可引起大叶性肺炎、肺瘀血和肺水肿。成虫(adult)寄生在家禽的气管(trachea)或支气管(bronchus)黏膜，导致卡他性气管炎(catarrhal tracheitis)，分泌大量黏液(mucus)，影响气管通畅。本病的特征性症状是伸颈，张口呼吸，头左右摇甩，力图排出黏性分泌物，有时在甩出的分泌物中可见少量虫体。病初食欲减退(decreased appetite),消瘦(emaciation),口内充满多泡沫的黏液,其后可发生呼吸困难(dyspnea),窒息而死。

剖检可见:气管黏膜潮红、出血(hemorrhage),有多量黏液,上有虫体附着;肺部有炎性病变;尸体贫血(anemia),消瘦。

(五)诊断(Diagnosis)

根据特异性临床症状和粪便检查结果可以作出诊断;打开病禽口腔,常能发现喉头附近有不断蠕动的红色虫体。

This is based on clinical signs and the finding of eggs in the feces. Disease is probably best confirmed by postmortem examination of selected cases when reddish worms will be found attached to the tracheal mucosa.

(六)防治(Treatment and prevention)

治疗本病可选用下列药物:①左旋咪唑(levamisole)。20~25 mg/kg 体重,一次口服。②阿苯达唑(albendazole)。10~20 mg/kg 体重,一次口服。③芬苯达唑(fenbendazole)。10~20 mg/kg 体重,一次口服。④甲苯达唑(mebendazole)。10~20 mg/kg 体重,一次口服。⑤伊维菌素(ivermectin)。0.3 mg/kg 体重,一次口服。也可用 1∶1 500 的稀碘液经喉裂注入气管,每只 1~1.5 mL。还可用棉签插入气管将虫体裹出;或用小镊子经喉裂伸入气管将虫体夹出。

预防措施有:及时清扫禽粪并堆积发酵,以杀灭虫卵;禽舍和运动场应保持干燥,定期消毒(sterilization);尽可能改自由放牧为舍饲,防止野鸟进入禽舍;消灭蚯蚓和蜗牛等贮藏宿主,避免在储藏宿主多的地方放养家禽。

第四节 原 虫 病
Section 4 Protozoosis

一、鸡球虫病(Chicken coccidiosis)

鸡球虫病是由艾美耳科(Eimeriidae)艾美耳属(*Eimeria*)的多种球虫寄生于鸡的肠上皮细胞内引起的一种疾病,对鸡的危害十分严重。世界各地普遍发生,15~50 日龄的雏鸡发病率高,死亡率(mortality)可达 80%,病愈的雏鸡,生长发育受阻,长期不能康复。成年蛋鸡多为带虫者,但增重和产蛋受到一定的影响。全世界每年用于预防鸡球虫病的费用已超过数亿美元。

(一)病原形态(Pathogen morphology)

艾美耳球虫(*Eimeria* spp.)孢子化卵囊结构见图 13-15。囊壁分内外 2 层,可能有卵膜孔,孔上有一盖,称极帽(polar cap)。卵囊内有 4 个孢子囊(sporocysts),每个孢子囊内含 2 个子孢子(sporozoites)。卵囊和孢子囊内分别有卵囊残体(residue of oocyst)和孢子囊残体(residue of sporocyst),分别为孢子囊和子孢子形成后的剩余物质。孢子囊一端有一突起,称斯氏体(Stieda body)。子孢子一端钝,一端(前端)尖,呈香蕉形,常有一蛋白性质的明亮球体,称折光体(refractile globule),其功能不详。鸡的艾美耳球虫全世界报道的有 9 种,但公认的有 7 种。

1. 柔嫩艾美耳球虫(*Eimeria tenella*)

柔嫩艾美耳球虫寄生于盲肠(cecum),致病力最强。卵囊(oocyst)为宽卵圆形,少数为椭圆形,大小为(19.5~26.0) μm×(16.5~22.8) μm,平均 22.0 μm×19.0 μm,卵囊指数(oocyst index)为 1.16。孢子发育的最短时间为 18 h,最长为 30 h,最短的潜在期为 115 h。

2. 巨型艾美耳球虫(*E. maxima*)

巨型艾美耳球虫寄生于小肠(small intestine),以中段为主,有较强的致病力。卵囊大,卵圆形,大小为(21.5～42.5) μm×(16.5～29.8) μm，平均为 30.5 μm×20.7 μm。卵囊指数为 1.47。孢子发育的最短时间为 30 h。最短的潜在期为 121 h。

3. 堆型艾美耳球虫(*E. acervulina*)

堆型艾美耳球虫寄生于十二指肠(duodenum)和小肠前段，主要在十二指肠。有较强的致病力。卵囊中等大小，卵圆形，大小为(17.7～20.2) μm×(13.7～16.3) μm，平均为 18.3 μm×14.6 μm，卵囊指数 1.25。原生质无色，卵囊呈浅绿黄色，厚度约 1 μm。孢子发育的最短时间为 17 h。最短的潜在期为 97 h。

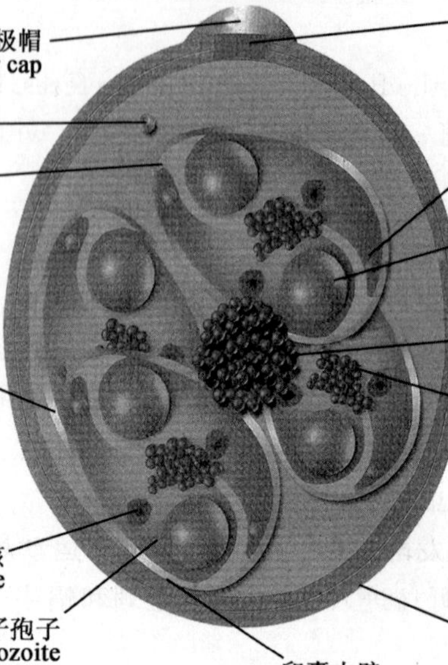

图 13-15　艾美耳球虫孢子化卵囊

Figure 13-15　The sporulated oocyst of *Eimeria*

4. 毒害艾美耳球虫(*E. necatrix*)

毒害艾美耳球虫寄生于小肠前 1/3 段，致病力强，在肠壁浆膜上可见到许多圆形的裂殖体(schizont)(图 13-16)。卵囊(oocyst)中等大小，呈长卵圆性，大小为(13.2～22.7) μm×(11.3～18.3) μm，平均为 20.4 μm×17.2 μm，卵囊指数为 1.19。孢子发育的最短时间为 18 h。最短的潜在期为 138 h。

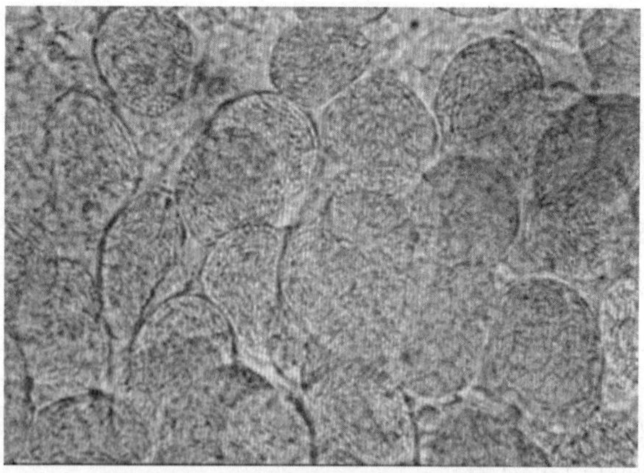

图 13-16　毒害艾美耳球虫裂殖体

Figure 13-16　Schizonts of *Eimeria necatrix*

5. 布氏艾美耳球虫(*E. brunetti*)

布氏艾美耳球虫寄生于小肠后段(posterior segment of small intestine)、直肠(rectum)和盲肠(cecum)近端区。致病力较强。卵囊(oocyst)较大，仅次于巨型艾美耳球虫，呈卵圆形，大小为(20.7～

30.3) μm×(18.1～24.2) μm，平均大小为 24.6 μm×18.8 μm，卵囊指数为 1.31。孢子发育时间为 18 h。最短的潜在期为 120 h。

6. 和缓艾美耳球虫(*E. mitis*)

和缓艾美耳球虫寄生于小肠前段(anterior segment of small intestine)，致病力弱。卵囊小，近圆形，大小为(11.7～18.7) μm×(11.0～18.0) μm，平均 15.6 μm×14.2 μm，卵囊指数 1.09。孢子发育的最短时间为 15 h。最短的潜在期为 93 h。

7. 早熟艾美耳球虫(*E. praecox*)

早熟艾美耳球虫寄生于十二指肠和小肠的前 1/3 段，致病力弱。卵囊较大，多数为卵圆形，其次为椭圆形，大小为(19.8～24.7) μm×(15.7～19.8) μm，平均 21.3 μm×17.1 μm，卵囊指数为 1.24。孢子发育的最短时间为 12 h。潜在期最短为 84 h。

(二)生活史(Life cycle)

球虫的发育不需要中间宿主(图 13-17)，鸡吃到饲料、饮水或土壤中的孢子化卵囊(sporulated oocyst)后感染，孢子化卵囊在肠腔内脱囊。该过程需要胰蛋白酶、胆汁和二氧化碳的参与。释放出的子孢子(sporozoites)钻入肠上皮细胞。某些种类(布氏艾美耳球虫和早熟艾美耳球虫)的子孢子在钻入部位的细胞内发育；其他种类(堆型艾美耳球虫、巨型艾美耳球虫、毒害艾美耳球虫和柔嫩艾美耳球虫)的子孢子被运输到其他部位，例如在隐窝上皮细胞内发育。在宿主细胞内子孢子经历裂殖生殖(schizogony)，即在核分裂之后进行细胞质分化，最终裂殖子(merozoites)逸出并钻入新的肠上皮细胞，可能经历几代裂殖生殖。最后一代裂殖生殖之后，进行配子生殖(gametogeny)。裂殖子进入宿主细胞并发育为小配子体(microgametocyte)或大配子体(macrogametocyte)。小配子体产生许多小配子(microgametes)，逸出、寻找并钻入大配子体(macrogametocyte)内受精，然后发育为卵囊(oocyst)，随粪便排出体外。刚排出的卵囊不具有感染性，需在体外进行孢子生殖(sporogony)，形成孢子化卵囊后才具有感染性。此过程需要适宜的温度(22～30℃)、湿度和充足的氧气(oxygen)等条件。鸡吃到孢子化卵囊到排出新一代卵囊仅需 5～6 d。一个卵囊经鸡体繁殖后可产生数万甚至数十万个子代卵囊。

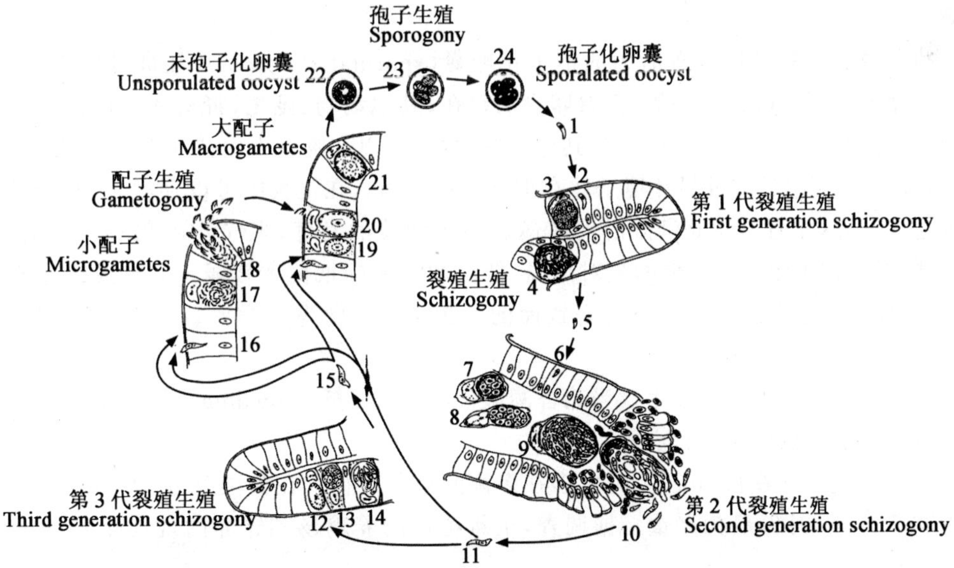

图 13-17　艾美耳球虫的生活史

Figure 13-17　The life cycle of *Eimeria*

1,2. 子孢子(Sporozoite)；3,4. 第 1 代裂殖体(First schizont)；5,6. 第 1 代裂殖子(First schizoite)；7～9. 第 2 代裂殖体(Second schizont)；10,11. 第 2 代裂殖子(Second schizoite)；12～14. 第 3 代裂殖体(Third schizont)；15,16. 第 3 代裂殖子(Third schizoite)；17. 小配子母细胞(Microgametocyte)；18. 小配子(Microgamete)；19,20. 大配子母细胞(Macrogametocyte)；21. 大配子(Macrogamete)；22. 未孢子化卵囊(Unsporulated oocyst)；23,24. 孢子化卵囊(Sporalated oocyst)

Infection occurs when a susceptible chicken ingests a sporulated oocyst from its environment. The sporozoites are released by mechanical and biochemical action in the digestive tract of the chicken. The liberated sporozoites invade epithelial cells in a specific zone of the intestine or ceca depending on the species involved. Upon entering the host cell, the sporozoite transforms in 12 to 48 hours to a feeding stage called a trophozoite. The trophozoite begins to enlarge, and the parasite nucleus divides by a process of asexual multiple division known as schizogony (merogony). At this point, the parasite stage is referred to as a schizont or meront. The small parasitic stages forming within the schizont are called merozoites. The schizont ruptures when mature, releasing the merozoites. Most of these invade other epithelial cells to repeat the process of development through the trophozoite and schizogonous stages. The merozoites from the second schizogonous cycle again penetrate the epithelial cell of the host. Some or all may go through a third schizogonous cycle, depending on the species, before formation of male (microgametocytes) or female (macrogametocytes) gametocytes. The male gametocyte matures and ruptures, releasing a large number of minute biflagellate microgametes. The macrogametocyte grows to form a macrogamete. A thickened wall forms around the macrogamete, forming a zygote when the macrogamete is fertilized by a microgamete. This stage is the immature oocyst. The prepatent period varies with each species depending on the time required for each schizogonous cycle and the number of cycles. The immature oocyst passes out of the bird in the droppings. Under suitable environmental conditions, four sporocysts, each containing two sporozoites, are formed within the oocyst after about 24 hours.

（三）流行病学(Epidemiology)

鸡是上述各种球虫的唯一天然宿主。所有日龄和品种的鸡对球虫都有易感性，但其免疫力发展很快，并能控制其再感染。刚孵出的小鸡由于小肠内没有足够的胰凝乳蛋白酶和胆汁使球虫脱去孢子囊，因而对球虫是不易感的。球虫病一般暴发于 3～6 周龄的雏鸡，很少见于 2 周龄以内的鸡群。堆型艾美耳球虫、巨型艾美耳球虫、柔嫩艾美耳球虫的感染常发生于 21～50 日龄的鸡，而毒害艾美耳球虫常见于 8～18 周龄的鸡。

鸡球虫的感染途径是摄入有活力的孢子化卵囊(sporulated oocyst)，凡被带虫鸡的粪便污染过的饲料、饮水、土壤和用具(appliance)等，都有卵囊的存在；其他动物、昆虫、野鸟和尘埃以及管理人员，都可以成为球虫病的机械传播者。被苍蝇吸吮到体内的虫卵，可以在肠管中保持活力达 24 h 之久。

卵囊(oocyst)对恶劣的外界环境条件有很强的抵抗力。在土壤中可以存活 4～9 个月，在有树荫的运动场上可达 15～18 个月。温暖潮湿的地区最有利于卵囊的发育，当气温在 22～30℃时，一般只需 18～36 h，就可以形成孢子化卵囊。但卵囊对高温、低温和干燥的抵抗力较弱。55℃或冰冻能很快杀死卵囊，即使在 37℃情况下连续保持 2～3 d 也是致命的。在相对湿度为 21%～30%时，柔嫩艾美耳球虫的卵囊在 18～40℃下，经 1～5 d 死亡。

饲养管理差可促使本病的发生。当鸡舍潮湿(moist)、拥挤(crowding)、饲养不当或卫生条件恶劣时，最易发病，而且往往可迅速波及全群。

发病时间与气温有着密切关系，通常多在多雨的季节流行。在我国北方，大约从 4 月份开始，到 9 月末为流行季节，7～8 月份最为严重。据调查，全年孵化的养鸡场和笼养的现代化养鸡场，一年四季均有发病。

（四）致病作用(Pathogenesis)

孢子化卵囊进入消化道，在肌胃中由于机械性作用释放孢子囊，进入肠道，在胰酶和胆汁共同作用下，子孢子脱囊而出，钻入肠上皮细胞(intestinal epithelial cell)内发育成为滋养体，经裂殖生殖产生裂殖体和裂殖子。当裂殖体大量繁殖时，破坏肠上皮细胞，导致血管破裂，肠上皮细胞崩解，从而影响肠黏膜的完整性，失去屏障作用，引起消化机能紊乱，营养物质不能吸收，从而出现贫血(anemia)、消瘦(emaciation)、血痢(bloody diarrhea)等症状。感染严重时，由于肠道继发感染，引起炎症(inflammation)，以及肠道出血，可出现肠芯、肠壁变薄等病理变化。大量破坏的肠上皮细胞，在微生物作用下发生腐败分解，以及虫体死亡、崩解等产生大量有毒物质(toxic substance)，被机体吸收后常造成自体中毒，从而在临床上表现为精神委顿、食欲下降、运动失调、昏迷等全身中毒现象。当轻度感染时，肠上皮细胞及微绒毛损害不严重，常引起组织细胞浸润、增厚、组织炎症等病理变化。

Development of the parasite in the host cells involves both asexual and sexual stages of multiplication. Destruction of host tissue as a result of parasite development and multiplication leads to the various clinical manifestations observed in outbreaks of disease.

(五)症状(Clinical signs)

鸡球虫病的发生，往往是在短期内遭到球虫的强感染，也就是说感染球虫卵囊量在鸡球虫病的发生过程中起着非常重要的作用。即使强致病虫种轻度感染也不呈现明显的临床症状，同时能自行康复。球虫最能发挥其致病性的时期为裂殖生殖阶段。如柔嫩艾美耳球虫在这一时期，因虫体增殖而损伤肠黏膜组织、毛细血管及小血管，短时期内引起大量出血(hemorrhage)，这是造成鸡只死亡的重要原因。

Clinical disease occurs when large numbers of oocysts are ingested over a short period and is characterised by the presence of soft feces often containing blood. The chickens are dull and listless, with drooping feathers. Symtoms seen include diarrhoea, dejection, ruffled feathers and drooping wings, inappetence, weight loss and depressed weight gain.

1. 柔嫩艾美耳球虫(*E. tenella*)

柔嫩艾美耳球虫感染后有 4 d 的潜伏期，从第 4 天末到第 5 天，雏鸡突然排血便(bloody stool)。受感染鸡只明显贫血(anemia)(血液中红细胞数和红细胞压积值可降低 50%)，如果不采取治疗措施，死亡率(death rate)可达到 50%～80%。病鸡起初精神委顿，羽毛逆立，缩头闭眼，嗉囊涨满，喜饮水，无食欲，体温下降或正常，喜扎堆，排血便，肛门周围羽毛被血液污染，继而由于自体中毒而呈现共济失调、两翅下垂、麻痹、痉挛等神经症状(neurosis)。多数于排血便后 1～2 d 死亡。感染后第 5、6、7 天有血便。病鸡皮肤、鸡冠、泄殖腔、口腔黏膜和眼结膜苍白。感染后第 7 天出现最严重的生长率降低或体重损失。因腹泻(diarrhea)而引起严重脱水(dehydration)，腿部皮肤的皱缩明显。多数于第 7 天停止出血，第 8 天即不再继续出血。感染 8 d 后尚存活的雏鸡，如管理良好即转向康复，感染 10 d 后鸡只不死便可耐过。由于脱水造成的那一部分的体重减轻，在恢复期可迅速恢复。

2. 毒害艾美耳球虫(*E. necatrix*)

毒害艾美耳球虫感染后第 4、5 天，排泄大量带黏液的血便。临床症状与柔嫩艾美耳球虫相似，但毒害艾美耳球虫常感染较大周龄雏鸡，有时引起条纹状血便。发病后数天内存活的鸡，体质衰弱(weakness)，不能迅速恢复，多数因继发感染细菌或病毒而死亡。自然病例多见于大雏，青年鸡及成年蛋鸡也往往成群发病，死亡率较高。

3. 堆型艾美耳球虫(*E. acervulina*)

堆型艾美耳球虫重度感染病例，感染后第 4 天开始，排泄水样粪便，并混有未消化的饲料。第 6 天左右食欲减退(decreased appetite)，粪便呈细长面条状，外裹有黏液。从此时起，鸡有强烈的饮水欲。感染后 4～6 d，大量卵囊随粪便排出，容易检出。但从第 7 天开始，卵囊数急剧减少，第 8～10 天后，常难以见到卵囊。这种情况持续数天鸡逐渐衰弱，胸部肌肉消瘦(emaciation)，体重比正常的低 25%以上。这一阶段鸡的体温降低，羽毛蓬乱逆立，并明显地粘有粪便。

4. 巨型艾美耳球虫(*E. maxima*)

巨型艾美耳球虫感染后第 5 天出现轻度下痢，从第 6 天起，出现与堆型艾美耳球虫感染相同的症状。故仅凭症状无法区别两者。但是第 6 天后，巨型艾美耳球虫感染出现排泄带黏液粪便的症状较多，有时出现轻微血便。

（六）病变（Lesions）

1. 盲肠球虫病（Caecal coccidiosis）

盲肠球虫病主要由柔嫩艾美耳球虫引起。肉眼病变通常仅局限于盲肠，可见大量出血（hemorrhage），个别情况下出血部位超越回-盲连接处扩展到其他部位的消化道黏膜。盲肠肿大如拇指大小（图13-18），内有液状或部分凝固的血液而且从浆膜面看非常明显，外观为暗色的瘀点。更严重的病例，病灶逐渐连成片，盲肠黏膜出血灶明显可见，大小不一，从针尖到大的融合灶，而且急性阶段在某个部位可能发生毛细血管溢血。后期坏死的纤维蛋白形成肠芯，初期猩红色，然后黄色，最后变为白色。盲肠壁由于水肿（edema）、细胞浸润和后期出现的疤痕组织而往往高度增厚。病变物质最后从盲肠脱落随粪便排出。

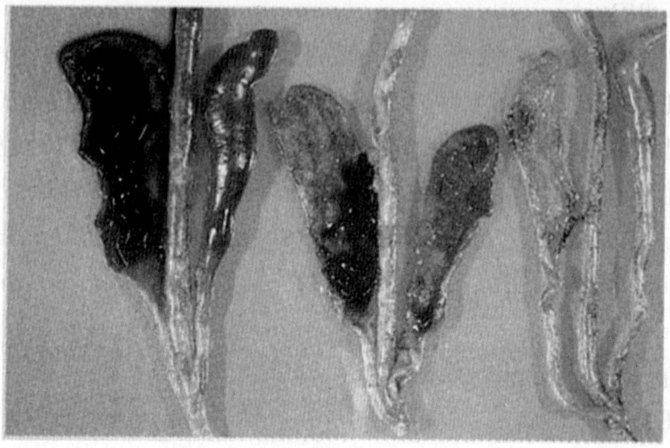

图 13-18　柔嫩艾美耳球虫感染引起鸡盲肠出血、肿胀（左和中）以及正常鸡盲肠（右）

Figure 13-18　Caeca of chicken, distended by blood due to *Eimeria tenella* infection (left and middle) and normal caecum (right)

At postmortem of infection with *E. tenella*, the caeca are often found to be dilated and contain a mixture of clothed, and unclotted blood. In longer-standing infections, the caecal contents become caseous and adherent to the mucosa. As regeneration of the mucosa occurs these caecal plugs are detached and caseous material is shed in the feces.

2. 毒害艾美耳球虫病（Coccidiosis due to *E. necatrix*）

毒害艾美耳球虫病突出特征是小肠（small intestine）的长度缩短到约为正常长度的1/2，而其直径为正常的2倍以上。最显著的炎症反应见于小肠中段，尽管该种的配子生殖部位在盲肠，但盲肠至多有中度炎症反应，这一点绝不会与柔嫩艾美耳球虫病的盲肠出血相混淆。即使从浆膜面观察，黏膜的绯红色也非常显著，肠壁充血，可见到黏膜出血斑点和灰白色针尖大到针帽大的坏死灶，呈“盐和胡椒”状外观。坏死灶可延伸到黏膜深处，实际上从浆膜面观察比黏膜面观察更易看清。坏死灶周围黏膜呈红色，有充血及出血，出血从坏死灶中央开始逐渐向外扩展。病变早期弥散性炎症反应和毛细血管出血占优势，肠内容物暗红色或猩红色而且含血凝块或纤维蛋白，其他脏器仅因贫血（anemia）而苍白，脏器轻度萎缩（atrophy）。

For *Eimeria necatrix*, the principal lesions are in the small intestine, especially the middle third. Small, white opaque foci are seen by the fourth day after infection. These are the second-generation meronts, and they are often deep in the mucosa that they are most visible from the serosal surface. Severe haemorrhage may occur by day 5 or 6 and the small intestine may be markedly swollen and filled with clotted or unclothed blood. The wall is thickened, dull red and petechiae are present in the white foci as a result of release of the second-generation merozoites.

3. 巨型艾美耳球虫病（Coccidiosis due to *E. maxima*）

巨型艾美耳球虫病可见小肠近端和中部的黏膜发炎、水肿（edema）和细胞浸润。黏膜炎症区域通常与正常部分截然分开。十二指肠和空肠的肿胀部黏膜可能出血(hemorrhage),肠内容物为稀薄状橙红色液体。

The principal lesions are haemorrhages in the mid small intestine. The intestinal muscles lose their tone and the intestine becomes flaccid and dilated with a somewhat thickened wall. There is catarrhal enteritis; the intestinal contents are viscid and mucoid, and are grey-brown or pink-orange in colour. Occasionally there are blood flecks in the intestinal contents, but in heavy infections, haemorrhage may be pronounced and blood may pass into caeca. Gametophytes or characteristic large yellowish oocysts may be seen in smears from the intestinal mucosa.

4. 堆型艾美耳球虫病(Coccidiosis due to *E. acervulina*)

眼观病理变化主要见于十二指肠袢。极少出血,但是在小肠的中央区域白色病变横越黏膜表面,增厚的肠壁表面显现白色梯状外观。严重感染情况下有非常显著的充血,而且可能有出血瘀斑。但是,这种特征性的病状,只有在中雏阶段受到中等程度的感染时才能看清楚,在幼雏一般难以看清。另外,在极重度感染时,病灶相互融合,小肠前段到中段完全成为白色面条样,肠壁弹性丧失,黏膜层变薄,黏膜上皮组织广泛脱落。

The lesions caused by *Eimeria acervulina* in light infections consist of white transverse streaks in the duodenum and upper small intestine. In heavier infections the lesions coalesce and the intestinal wall becomes thickened and congested with marked whitish mucoid exudates. Very large numbers of characteristic small ovoid oocysts can be seen in smears from the duodenum and on histopathology.

(七)诊断(Diagnosis)

成年鸡和雏鸡的带虫现象极为普遍,所以不能只根据从粪便和肠壁刮取物中发现卵囊(oocyst),就确定为球虫病。正确的诊断,需根据粪便检查、临床症状、流行病学调查和病理变化等多方面加以综合判断。

鉴定球虫的种类,可取鸡的粪便或病变部位的刮取物少许,放在载玻片上,与甘油水溶液(等量混合液)1～2 滴调和均匀,加盖玻片,置显微镜下观察。可根据卵囊特征做出初步的鉴定。也可用饱和盐水漂浮法(flotation method)检查粪便中的卵囊。

虫种鉴定一般根据临床症状、在鸡肠道寄生部位的特征性病变、潜隐期的长短、卵囊大小和内生发育阶段的形态等作出判断。然而,致病性低的种类如和缓艾美耳球虫和早熟艾美耳球虫可能被忽略掉。目前对球虫种类鉴别已开始采用同工酶谱、限制性内切酶谱、DNA 探针、随机扩增多态性 DNA、PCR、PCR-RFLP 等新的技术。

(八)防治(Treatment and prevention)

1. 治疗(Treatment)

鸡场一旦暴发球虫病,应立即进行治疗。实施治疗,若不晚于感染后 96 h 给药,有时可降低鸡的死亡率。在一个大型养鸡场中,应随时储备一些治疗效果好的药物,以防鸡球虫病的突然暴发,常用的治疗药物有以下几种。

(1)磺胺二甲氧嘧啶(Sulfadimethoxine, SM_2)　按 0.1%混入饮水,连用 2 d;或按 0.05%混入饮水,连用 4 d,休药期为 10 d。

(2)磺胺喹噁啉(SQ)　按 0.1%混入饲料,喂 2～3 d,停药 3 d 后用 0.05%混入饲料,用药 2 d,停药 3 d,再给药 2 d,无休药期。

(3)氨丙啉(Amprolium)　按 0.012%～0.024%混入饮水,连用 3 d,无休药期。

(4)磺胺氯吡嗪(Sulfaclozine, Esb_3,商品名为三字球虫粉)　按 0.03%混入饮水,连用 3 d,休药期为 5 d。

(5)磺胺二甲氧嘧啶(Sulfadimethoxine, SDM)　按 0.05%混入饮水,连用 6 d,休药期为 5 d。

(6)百球清(Baycox)　2.5%溶液。按 0.002 5%混入饮水,即 1 L 水中用 1 mL。在后备母鸡群可用此剂量混饲或混饮 3 d。

2. 药物预防(Prevention with medicine)

常用的抗球虫药有 2 类。一类是化学合成的抗球虫药，常用的有：①氨丙啉(amprolium)，按 0.012 5% 混入饲料，从雏鸡出壳第 1 天用到屠宰上市为止，无休药期。②尼卡巴嗪(nicarbazinum)，按 0.012 5%混入饲料，休药期为 4 d。③球痢灵(zoalene)，按 0.012 5%混入饲料，休药期为 5 d。④克球多(clopidol)，按 0.012 5%混入饲料，无休药期；按 0.025%混饲，休药期为 5 d。⑤氯苯胍(robenidine)，按 0.003 3% 混入饲料，休药期为 5 d。⑥常山酮(halofuginone)，按 0.000 3%混入饲料，休药期为 5 d。⑦杀球灵，又名地克珠利(diclazuril)、伏球，按 0.000 1%混入饲料，无休药期。

另一类是离子载体类抗球虫药，主要有：①莫能菌素(monensin)，按 0.01%～0.012 1%混入饲料，无休药期。②拉沙菌素(lasalocid)，按 0.007 5%～0.012 5%混入饲料，休药期为 3 d。③盐霉素(salinomycin)，按 0.005%～0.006%混入饲料，无休药期。④那拉菌素(narasin)，按 0.005%～0.007%混入饲料，无休药期。⑤马杜拉霉素(maduramycin)，按 0.000 5%～0.000 6%混入饲料，无休药期。⑥山杜霉素(semduramycin)，按 0.002 5%混入饲料，无休药期。

各种抗球虫药连续使用一段时间后，都会产生不同程度的耐药性。合理使用抗球虫药，可以减缓耐药性的产生，延长抗球虫药物的使用寿命，从而提高防治效果。在肉鸡生产上常采用下列用药方案来防止球虫产生抗药性(drug resistance)。

(1)穿梭方案(Shuttle programme)　在同一批鸡内变换用药。即在开始时使用一种药物，至生长期时使用另一种药物。如在 1～4 周龄时使用一种化药(如球痢灵或尼卡巴嗪)，自 4 周龄至屠宰前使用一种离子载体类抗生素(如盐霉素或马杜拉霉素)。

(2)轮换方案(Rotation programme)　在不同批次的鸡群内变换用药。即合理的变换使用不同类型的抗球虫药，在春季和秋季变换药物可避免抗药性的产生，从而改善鸡群的生产性能。

对于一直饲养在金属网上的后备母鸡和蛋鸡，不需采用药物预防。对于从平养移至笼养的后备母鸡，在上笼之前，需使用常规用量的抗球虫药进行预防，但在上笼之后就不需再使用药物预防。

3. 免疫预防(Vaccination)

为了避免药物残留对环境和食品的污染以及抗药虫株的产生，现已研制了数种球虫疫苗，一类是直接利用野外分离的少量未致弱的活卵囊制成的强毒虫苗(如 Coccivac 或 Immucox)，包装在藻珠中，混入幼雏的饲料中或是将虫苗直接喷入鸡的饲料或饮水中服用。另一类是连续选育的早熟弱毒虫株制成的虫苗，已选育出 7 种早熟虫株并配成疫苗(如 Paracox、Livacox)。通过饲料或饮水免疫 1～10 日龄雏鸡，现主要用于种鸡和后备母鸡，已取得了较好的预防效果。

二、鸭球虫病(Duck coccidiosis)

鸭寄生的球虫种类包括艾美耳属(*Eimeria*)、泰泽属(*Tyzzeria*)、温扬属(*Wenyonella*)和等孢属(*Isospora*)的多种球虫，文献报道有 18 种球虫寄生于鸭肠道上皮细胞。我国北京鸭的主要致病虫种是毁灭泰泽球虫(*T. perniciosa*)和菲莱氏温扬球虫(*W. philiplevinei*)，临床上多为混合感染，其发病率为 30%～90%，死亡率为 29%～70%，耐过的病鸭生长发育受阻，增重缓慢，对养鸭业造成巨大的经济损失。

(一)病原形态(Pathogen morphology)

1. 毁灭泰泽球虫(*Tyzzeria perniciosa*)

毁灭泰泽球虫寄生于小肠(small intestine)。卵囊(oocyst)小，短椭圆形，呈浅绿色。无卵膜孔。卵囊的大小为(9.2～13.2) μm×(7.2～9.9) μm，平均为 1 1 μm×8.8 μm，卵囊指数为 1.2。孢子化卵囊中不形成孢子囊(sporocyst)，8 个子孢子(sporozoites)游离于卵囊中，子孢子呈香蕉形。有 1 个大的卵囊残体。

2. 菲莱氏温扬球虫(*Wenyonella philiplevinei*)

菲莱氏温扬球虫寄生于小肠。卵囊较大，卵圆形。有卵膜孔。卵囊的大小为(13.3～22) μm×(10～

12) μm,平均为 17.2 μm×11.4 μm。卵囊指数为 1.5。孢子化卵囊内有 4 个呈瓜籽形的孢子囊,每个孢子囊内含 4 个子孢子。无卵囊残体。

发育过程和流行特点与鸡球虫类似。

(二)症状(Clinical signs)

感染球虫后第 4 天,雏鸭出现精神委顿、缩脖、不食、喜卧、渴欲增加等症状,病初拉稀,随后排血便,粪便呈暗红色。多数于第 4、5 天发生死亡;第 6 天以后耐过的病鸭逐步恢复食欲,但生长发育受阻,增重缓慢。慢性球虫病虽不显症状,偶见有拉稀,往往成为球虫的携带者和传染源。

(三)病变(Lesions)

毁灭泰泽球虫引起的病变严重,肉眼可见小肠呈广泛的出血性肠炎(hemorrhagic enteritis),尤以小肠中段更为严重。肠壁肿胀,出血(hemorrhage);黏膜上密布针尖大小的出血点,有的黏膜上覆盖着一层麸糠样或奶酪状黏液(mucus),或有淡红色或深红色胶冻状血样黏液,但不形成肠芯。菲莱氏温扬球虫的致病力较弱,肉眼病变仅见于回肠后部和直肠,轻度充血,偶尔在回肠后部黏膜上见有散在的出血点,直肠黏膜呈现弥漫性充血。

(四)诊断(Diagnosis)

成年鸭和雏鸭带虫现象极为普遍,所以不能仅根据粪便中有无卵囊做出诊断。必须根据临床症状、流行病学资料和病理变化等进行综合判断。急性死亡的病例可根据病理变化和镜检肠黏膜涂片做出诊断。从病变部位刮取少量黏膜,制成涂片,可在显微镜下观察到大量裂殖体和裂殖子(图 13-19)。

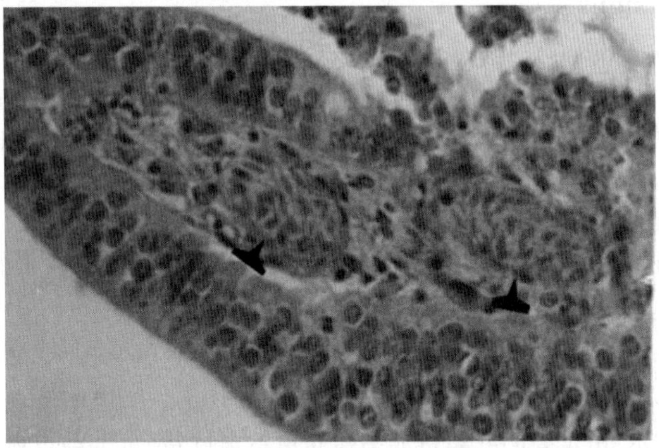

图 13-19 毁灭泰泽球虫裂殖体

Figure 13-19 Schizonts of *Tyzzeria perniciosa*

Diagnosis is best based on postmortem examination and by examination of oocysts in the feces. Masses of very small rounded oocysts are present in smears and scrapings of the gut.

(五)防治(Treatment and prevention)

1. 药物预防(Medicine prevention)

当雏鸭由网上转为地面饲养时,或已在地面饲养 2 周龄时,可用下列药物进行预防:①磺胺甲基异噁唑(SMZ)。以 0.1%混入饲料,或复方新诺明(SMZ+TMP,比例为 5∶1)按 0.02%混入饲料,连喂 5 d,停 3 d,再喂 5 d。②磺胺间甲氧嘧啶(SMM)。按 0.1%混入饲料,连喂 5 d,停 3 d,再用 7 d。③杀球灵(diclazuril)。1 mg/kg 混入饲料,连喂 4~5 d。当发现地面污染的卵囊过多时,或有个别鸭发病时,应立即对全群进行药物预防。用预防量的 2 倍进行治疗,连用 7 d,停 3 d,再用 7 d。

2. 加强饲养管理和环境卫生(Raising management and sanitation)

保持鸭舍干燥和清洁,定期清除鸭粪,防止饲料和饮水及其用具被鸭粪污染。

三、鹅球虫病(Goose coccidiosis)

鹅球虫病是由艾美耳属(*Eimeria*)、等孢属(*Isospora*)和泰泽属(*Tyzzeria*)的球虫引起的疾病。已报道的鹅球虫有16种,其中以截形艾美耳球虫(*E. truncata*)致病力最强,寄生在肾小管上皮,使肾组织遭到严重损伤。3周至3月龄的幼鹅最易感,常呈急性经过,病程为2～3 d,死亡率(death rate)颇高。其余15种球虫均寄生于肠道,致病力不等,有的球虫,如鹅艾美耳球虫(*E. anseris*)和柯氏艾美耳球虫(*E. kotlani*)可引起严重发病;另一些种类单独感染时,相对危害很小,但混合感染时可能严重致病。

(一)病原形态(Pathogen morphology)

1. 截形艾美耳球虫(*Emeria truncata*)

截形艾美耳球虫寄生于肾脏的肾小管上皮细胞。卵囊呈椭圆形,大小为(14～27) μm×(12～22) μm,前端截平,较狭窄。囊壁光滑,具卵膜孔和极帽。孢子囊具有残体。

2. 鹅艾美耳球虫(*E. anseris*)

鹅艾美耳球虫寄生于小肠后段,严重时可延至盲肠和直肠。卵囊呈梨形,大小为(16～24) μm×(13～19) μm,囊壁单层,光滑无色,具卵膜孔。孢子囊呈卵圆形,大小为(8～12) μm×(7～9) μm。

3. 柯氏艾美耳球虫(*E. kotlani*)

柯氏艾美耳球虫寄生于小肠后段、直肠,严重时可延至盲肠、泄殖腔和小肠中段。卵囊呈椭圆形,一端较狭小,淡黄色,大小为(27～32.8) μm×(20～22) μm,形状指数为1.37。囊壁2层,具卵膜孔和极粒。无外残体,内残体呈散开的颗粒状。孢子囊大小为14.9 μm×9.4 μm。

(二)症状(Clinical signs)

1. 肾球虫病(Renal coccidiosis)

3～12周龄的小鹅通常呈急性经过,表现为精神不振(listless),食欲减退,消瘦(emaciation),腹泻(diarrhea),粪带白色。眼迟钝和下陷,翅膀下垂,极度衰弱(weakness),发病后1～2 d死亡,幼鹅死亡率(death rate)可高达87%。

2. 肠道球虫病(Intestinal coccidiosis)

可引起鹅的出血性肠炎(hemorrhagic enteritis),临床症状为食欲缺乏,步态摇摆,虚弱和腹泻(diarrhea),甚至发生死亡。

(三)病变(Lesions)

1. 肾球虫病(Renal coccidiosis)

可见肾肿大至拇指大小,由正常的红褐色变为淡灰黑色或红色,可见到出血斑和针尖大小的灰白色病灶或条纹。在这些病灶中含有尿酸盐沉积物和大量的卵囊,涨满的肾小管中含有将要排出的卵囊、崩解的宿主细胞和尿酸盐,使其体积比正常增大5～10倍。病灶区还出现嗜伊红细胞和坏死。

2. 肠道球虫病(Intestinal coccidiosis)

可见小肠肿胀,其中充满稀薄的红褐色液体。小肠中段和下段的卡他性炎症(catarrhal inflammation)严重,在肠壁上可出现大的白色结节(white nodule)或纤维素性类白喉坏死性肠炎(necrotic enteritis)。在干燥的假膜下面有大量的卵囊(oocyst)、裂殖体(schizont)和配子体(gametocyte)。

(四)防治(Treatment and prevention)

1. 治疗(Treatment)

多种磺胺药已用于治疗鹅球虫病,尤以磺胺间甲氧嘧啶(SMM)和磺胺喹噁啉(SQ)值得推荐,用量可参照鸭球虫病。其他药物如氨丙啉(amprolium)、克球粉(clopidol)、尼卡巴嗪(nicarbazin)、盐霉素(salinomycin)等也有较好的效果。

2. 预防(Prevention)

将鹅群从高度污染的地区移开,幼鹅和成年鹅分群饲养。在小鹅未产生免疫力之前,应避开靠近有水的、含有大量卵囊的潮湿地区。

四、住白细胞虫病(Leucocytozoonosis)

住白细胞虫病是由住白细胞虫科(Leucocytozoidae)住白细胞虫属(*Leucocytozoon*)的原虫寄生于鸡的血细胞(blood cell)和内脏器官组织细胞(tissue cell)内引起的一种血孢子虫病。在我国南方的福建、广东相当普遍,常呈地方性流行,近年来山东、河北、河南等北方地区也曾广泛流行。对雏鸡和童鸡危害严重,症状明显,发病率高,能引起大批死亡。

(一)病原形态(Pathogen morphology)

1. 卡氏住白细胞虫(*L. caulleryi*)

卡氏住白细胞虫成熟配子体(gametocyte)近圆形(图 13-20),大小为 15.5 μm×15.0 μm。大配子体(macrogametocyte)大小为 13.05 μm×11.60 μm,细胞质较丰富,呈深蓝色;核居中较透明,红色,大小为 5.8 μm×2.9 μm,核仁多为圆点状。小配子体(microgametocyte)呈不规则圆形,大小为 10.9 μm×9.42 μm;细胞质少,呈浅蓝色,核几乎占去虫体的全部体积,浅红色,核仁紫红色,圆点状。被寄生细胞增大呈圆形,大小为 17.1 μm×20.9 μm,细胞核被挤压成一深色狭带,围绕虫体。

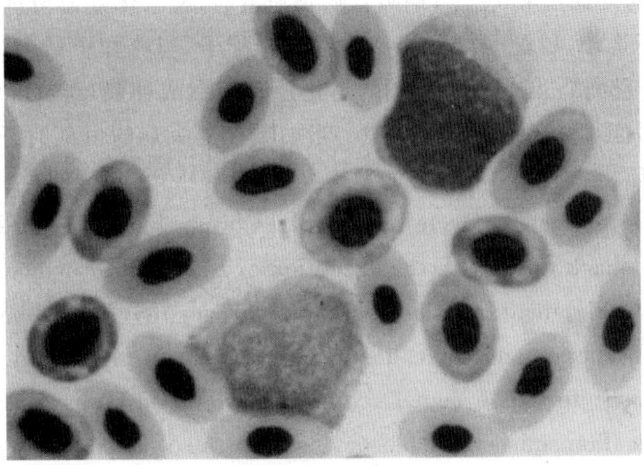

图 13-20 卡氏住白细胞虫配子体

Figure 13-20 Gametocytes of *Leucytozoon caulleryi*

2. 沙氏住白细胞虫(*L. sabrazesi*)

沙氏住白细胞虫成熟配子体为长形(图 13-21),大配子体大小为 22 μm×6.5 μm,着色深蓝,色素颗粒

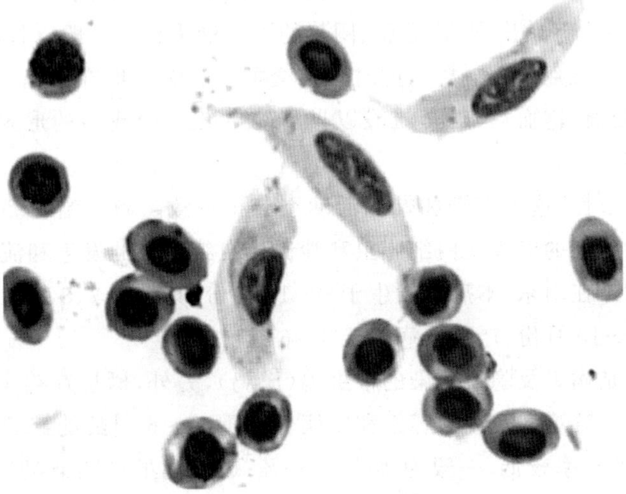

图 13-21 沙氏住白细胞虫配子体

Figure 13-21 Gametocytes of *Leucocytozoon sabrazesi*

密集，褐红色的核仁明显；小配子体大小为 20 μm×6 μm，着色淡蓝，色素颗粒稀疏，核仁不明显。宿主细胞呈纺锤形，大小约为 67 μm×6 μm，细胞核呈深色狭长带状，围绕于虫体一侧。

（二）生活史(Life cycle)

住白细胞虫的发育需要吸血昆虫作为传播媒介，卡氏住白细胞虫的传播者为库蠓(biting midge)，沙氏住白细胞虫为蚋(blackfly)。生活史中包括裂殖生殖(schizogony)、配子生殖(gametogony)和孢子生殖(sporogony) 3 个阶段，其中裂殖生殖和配子生殖的一部分在鸡体内进行，其余部分在媒介昆虫体内发育。

以沙氏住白细胞虫为例叙述如下：当带有子孢子(sporozoite)的蚋吸血时，子孢子随蚋的唾液进入鸡的皮内，随即经血液循环到达肝脏(liver)，侵入肝细胞内寄生，发育为裂殖体(schizont)，称肝裂殖体。成熟的裂殖体内含有许多裂殖子(merozoite)，裂殖体破裂后一部分裂殖子重新侵入肝细胞，另一部分裂殖子随血循环到各内脏器官，被吞噬细胞吞噬，发育为大裂殖体(macroschizont)；成熟的大裂殖体内含有许多裂殖子，破裂释出后，侵入血细胞(主要是单核细胞)内发育为配子体。被配子体寄生的细胞膨大为梭形，随血液循环进入宿主的外周血液中。当蚋吸食病鸡血液时，配子体随血液进入蚋的消化管，雌、雄配子体在蚋的消化液的作用下逸出，雄配子体形成有鞭毛的雄配子，与雌配子结合为合子(zygote)；合子变为动合子(ookinete)，动合子移行(migration)到蚋的消化道壁上形成卵囊(oocyst)，发育成熟的卵囊中含有许多子孢子；子孢子破囊而出，移行到蚋的唾腺中。当蚋吸食健康鸡的血液时，子孢子即随着蚋的唾液进入鸡体内，开始下一个循环。

Leucocytozoon has an indirect life cycle that involves biting fies of the order Diptera as vectors. All are species of Simuliidae (black fies), with the exception of *L. caulleryi*, which uses biting midges of the genus *Culicoides*. While development of all leucocytozoid species that have been studied in vectors is similar, it varies depending on species and avian host. First-generation meronts develop in the parenchymal cells of the liver in all leucocytozoids except *L. caulleryi*, which develops in the endothelial cells of the capillaries of many organs. Transmission of leucocytozoon is also dependent on a number of abiotic factors including favorable environmental conditions, particularly temperature, rainfall, humidity, and the presence or absence of running water.

（三）流行病学(Epidemiology)

卡氏住白细胞虫的传播媒介已报道的有荒川库蠓(*Culicoides arakawae*)、尖喙库蠓(*C. schultzei*)、环斑库蠓(*C. circumscriptus*)、恶敌库蠓(*C. odibilis*)等。库蠓为双翅目、蠓科的小型昆虫，嗅觉灵敏，飞翔速度快，多在外界气温 20℃以上开始出现，且低压、闷热的天气最猖狂。一般以日出或日落前 1～2 h 最为活跃，常在鸡舍门、窗上空成群飞翔，称"群舞"，此时雌雄交配。成蠓一般在阴暗、潮湿处栖息，雄蠓不吸血，交配后死亡；只有雌蠓才吸血，饱血后产卵，雌蠓以Ⅳ龄幼虫(larva)或卵的形式越冬，但吸血后雌蠓也可在温暖缝隙或洞穴内生存。

本病发生有一定的季节性，这与库蠓和蚋的活动季节相一致。当气温在 20℃以上时，库蠓和蚋繁殖快，活力强，而分别由它们传播的卡氏住白细胞虫和沙氏住白细胞虫的发生和流行也就严重。热带和亚热带地区全年都可发生该病。在山东，本病多发生于 6～11 月份，其中以 7、8、9 及 10 月中旬前发病率最高。福建及广州地区多发于 4～10 月份，严重发病见于 4～6 月份。

本病的感染来源主要是病鸡及隐形感染的带虫鸡(成鸡)，另外，栖息在鸡舍周围的鸟类如雀、鸦等也可能成为本病的感染来源。雏鸡和童鸡的感染和发病较严重，3～6 周龄的雏鸡病死率高达 50%～80%；青年鸡感染较雏鸡高，但死亡率较低，一般为 10%～30%；成年鸡虽可感染，但发病率低，症状轻微；耐过的鸡有一定免疫力。

(四)症状(Clinical signs)

自然感染的潜伏期为 6～10 d。由于虫体的寄生破坏了各器官组织微血管内皮细胞,引起机体广泛性出血(hemorrhage)。雏鸡和仔鸡的症状明显,发病率和死亡率高。感染 12～14 d 后,突然因咯血(hemoptysis)、呼吸困难(dyspnea)而死亡;有的呈现鸡冠苍白(pale comb),食欲不振(inappetence),羽毛松乱,伏地不动,1～2 d 后因出血而死亡。本病的特征性症状是死前口流鲜血,贫血(anemia),鸡冠和肉垂苍白,常因呼吸困难而死亡。中鸡和大鸡感染后病情较轻,呈现鸡冠苍白、消瘦(emaciation)、拉水样的白色或绿色稀粪(green loose stool)。中鸡发育受阻,成鸡产蛋率下降,甚至停产。

Acutely affected birds are listless and have anemia, leukocytosis, tachypnea, anorexia, diarrhea with green droppings, and often CNS signs. Egg production is impaired in laying chickens infected with *L. caulleryi*. Signs are evident 1 week after infection and coincide with the onset of parasitemia. Visibly affected birds die after 7-10 days or may recover with sequelae of poor growth and egg production.

(五)病变(Lesions)

肉眼病变特征是:全身性出血(hemorrhage),肝脾肿大(hepatosplenomegaly),血液稀薄,尸体消瘦(emaciation),白冠;全身皮下出血,肌肉尤其是胸肌(pectorales)、腿肌(crureus)、心肌(myocardium)有大小不等的出血点(petechia),各内脏器官大出血,尤其是肾(kidney)、肺(lung)出血最严重;胸肌、腿肌、心肌及肝脾等器官上有灰白色或稍带黄色的、针尖至粟粒大与周围组织有明显分界的小结节(tubercule)。将这些结节挑出涂片、染色,可见许多裂殖体(schizonts)散出。

Clinical disease and mortality result from anemia caused by anti-erythrocytic factors produced by the parasite, high numbers of the large gametocytes blocking pulmonary capillaries, or parasites invading the endothelium of vessels in vital tissues (brain, heart, etc) where they form megalomeronts that occlude vessels and result in multifocal necrosis.

(六)诊断(Diagnosis)

可根据流行病学、临床症状、剖检病变和病原检查进行综合诊断。病原诊断可用血片检查法,以消毒的注射针头从鸡的翅下小静脉或鸡冠采血一滴,涂成薄片,用瑞氏或姬氏液染色,在高倍镜下观察,发现虫体即可确诊。或者挑选病鸡的心脏或肠系膜上的白色结节,置于载玻片上,加生理盐水 1 滴,盖上盖玻片,置显微镜下观察,见到卡氏住白细胞虫裂殖体。近年来,PCR 技术已成为诊断住白细胞虫病的一种快速、敏感、高效诊断方法。

Diagnosis of leucocytozoonosis should include observation of appropriate clinical signs (especially anemia), the presence of typical gross and histologic lesions, and the identification of gametocytes of *Leucocytozoon* spp. in the blood. Infections by *Leucocytozoon* spp. can be diagnosed readily by examining stained thin films made from peripheral blood and finding the characteristic gametocytes.

(七)防治(Treatment and prevention)

1. 治疗(Treatment)

临床上常用的防治药物有以下几种。

(1)磺胺间甲氧嘧啶(Sulfamonomethoxine, SMM)　商品名泰灭净。目前普遍认为是治疗该病的特效药,预防用 25～75 mg/kg 拌料,连用 5 d 停 2 d 为 1 个疗程。治疗时可按 100 mg/kg 拌料连用 2 周或 0.5%连用 3 d,再 0.05%连用 2 周,视病情选用。

(2)磺胺二甲氧嘧啶(Sulfadimethoxine, SDM)　又名制菌磺,预防用 25～75 mg/kg,混于饲料或饮水。治疗用 0.05%饮水 2 d,然后再用 0.03%饮水 2 d。

(3)磺胺喹噁啉(Sulfaquinoxaline, SQ)　预防用 50 mg/kg,混于饲料或饮水。

(4)氯羟吡啶(Clopidol)　预防用 125 mg/kg 混于饲料。治疗用 250 mg/kg 混于饲料连续服用。

(5)氯苯胍(Robenidine)　预防用 33 mg/kg 混于饲料。治疗用 66 mg/kg 饲料连续服用。

磺胺类和呋喃类药物连续服用时，个别鸡因食入药量过大，可能会发生中毒现象。为了防止药物中毒，可连续用药5 d，停药2～3 d，然后再服用。在同一鸡场，连续多年使用同一药物，可能产生抗药性，可改用另一种药物或同时使用2种有效药物，即可获得良好效果。

2. 预防(Prevention)

(1)防止库蠓进入鸡舍(Preventing midge into chicken house)　鸡舍应建在高燥、向阳、通风的地方，远离垃圾场、污水沟、荒草坡等库蠓滋生、繁殖的场所；在流行季节，鸡舍的门、窗、风机口、通风口等要用100目以上的纱布封起来，以防库蠓进入鸡舍；库蠓出现季节，鸡舍周围堆放艾叶、蒿枝、烟杆等闷烟，以使库蠓不能栖息。

(2)消灭库蠓(Killing biting midge)　净化鸡舍周围环境，清除垃圾、杂草，填平废水沟，雨后及时排除积水。流行季节，对鸡舍环境用0.1%敌杀死(deltamethrin)、0.05%辛硫磷(phoxim)或0.01%的速杀灭丁定期喷雾，可每3～5 d 1次。在每日库蠓出现的时间(早晨6～7时，黄昏18～20时)，对鸡舍内部墙壁、门窗及笼具等用50 mg/kg敌杀死喷雾消毒，也可在黄昏时用黑光灯诱杀库蠓。

(3)淘汰病鸡(Eliminating sick chicken)　住白细胞虫需要在鸡体组织中以裂殖体的形式越冬，故可在冬季对当年患病鸡群予以彻底淘汰，以免来年再次发病，扩散病原。

(4)药物预防(Prevention with medicine)　在流行季节到来之前采用药物进行预防，注意药物要轮换使用，以防产生耐药性。近年来研究发现"五味地黄汤"可以有效治疗鸡住白细胞病，采用"桉菊合剂"消毒鸡舍及场地，应用"艾蒿蚊香"熏驱蚋、蠓等传播昆虫，均取得了良好的防治效果。

五、组织滴虫病(Histomoniasis)

组织滴虫病亦称传染性盲肠肝炎或黑头病(black head disease)，是由单尾滴虫科(Monocercomonadidae)组织滴虫属(*Histomonas*)的火鸡组织滴虫(*H. meleagridis*)寄生于禽类(birds)盲肠(ceca)和肝脏(liver)引起的疾病。多发于火鸡(turkey)和雏鸡，成年鸡也能感染。孔雀(peacock)、珍珠鸡(guineafowl)、鹌鹑(quail)、野鸭(wild duck)等野禽也有本病流行。

(一)病原形态(Pathogen morphology)

火鸡组织滴虫为多形性虫体，大小不一，近圆形(图13-22)，无包囊阶段。盲肠腔中虫体的直径为5～16 μm，常见一根鞭毛，长6～11 μm。虫体内有一个小盾(pelta)和一根完全包在体内的轴柱(axostyle)。副基体呈"V"形，位于核的前方。细胞核为球形、椭圆形或卵圆形，平均大小为2.2 μm×1.7 μm。在肠和肝组织中的虫体无鞭毛，初侵入者8～17 μm，生长后可达12～21 μm，陈旧病灶中的虫体仅4～11 μm，存在于吞噬细胞中。

(二)生活史(Life cycle)

虫体以二分裂法(binary fission)繁殖。寄生于盲肠内的组织滴虫，被盲肠内寄生的鸡异刺线虫(*Heterakis gallinarum*)吞食，进入其卵巢(ovary)中，转入其虫卵(egg)内；当异刺线虫排卵时，组织滴虫即存在卵中，并受卵壳的保护。当鸡感染异刺线虫时，同时感染组织滴虫。此外，蚯蚓可以充当储藏宿主，组织滴虫可以随鸡异刺线虫卵一起在蚯蚓体内存活并保持感染性。因此，蚯蚓起到从养鸡场周围环境中收集和集中异刺线虫卵并传播组织滴虫的作用。在没有异刺线虫卵和蚯蚓的保护时，组织滴虫在宿主体外经数分钟即可死亡。

(三)流行病学(Epidemiology)

在自然感染情况下，火鸡最易感，尤其是3～12周龄的雏火鸡。鸡和火鸡的易感性随年龄而变化，鸡在4～6周龄易感性最强，火鸡3～12周龄的易感性最强。许多鹑鸡类(galinacean)都是火鸡组织滴虫的宿主。火鸡组织滴虫感染禽类后，多与肠道细菌协同作用而致病，单一感染时，多不显致病性。死亡率(death rate)常在感染后第17天达高峰，第4周末下降。饲养在高污染区的火鸡，其死亡率超过30%。鸡常常作为组织滴虫的带虫宿主，可以散播组织滴虫给其他更易感的禽类，如火鸡，引起发病。

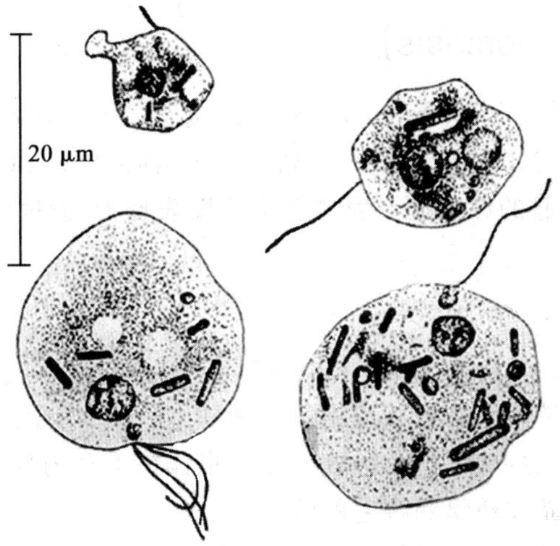

图 13-22　火鸡组织滴虫各种形态

Figure 13-22　Various shapes of *Histomonas meleagridis*

(四)症状(Clinical signs)

潜伏期 7～12 d,以幼火鸡易感性最强。病鸡表现精神不振,食欲减少以致停止,羽毛蓬松粗乱,翅膀下垂,身体蜷缩,怕冷,常呆立一角,不愿走动。病鸡下痢,排淡黄色或淡绿色粪便。急性严重的病例,排出的粪便带血或完全是血液。部分病鸡因血液循环障碍,鸡冠呈暗黑色,因而有"黑头病"之称。病程 1～3 周,病愈康复鸡带虫可达几周甚至几个月。

Clinical signs of histomoniasis are well described for domestic poultry, especially turkeys, and typically appear from 1 to 3 weeks following infection. Alterations of serum enzymes, serum proteins, and histochemical changes in the ceca and liver have been described in infected domestic poultry.

(五)病变(Lesions)

病变主要发生在盲肠和肝脏,剖检见一侧或两侧盲肠肿胀,肠壁肥厚(pachynsis),内腔有干酪状的盲肠肠芯,间或盲肠穿孔(cecal perforation),引起腹膜炎(peritonitis)。典型病变为肝脏肿大,表面有圆形或不规则的黄色或黄绿色的凹陷坏死灶,边缘整齐或稍隆起,从豆粒大到指头大,有时散发,有时密发于整个肝脏表面,俗称"铜钱肝(copper liver)"。

(六)诊断(Diagnosis)

根据流行病学及病理变化,特别是肝脏的特征性病变,再结合观察盲肠病变,可做出确诊。检查盲肠内容物时,以温生理盐水(40℃)稀释,做悬滴标本检查,可在显微镜下发现活动的虫体。

(七)防治(Treatment and prevention)

1. 治疗(Treatment)

可选用下列药物进行防治:①甲硝达唑(metronidazole)(灭滴灵)。250 mg/kg 混于饲料中,有良好的治疗效果。预防可用 200 mg/kg 混入饲料中,连用 3 d 为 1 个疗程,停药 3 d,再进行下 1 个疗程,连续 5 个疗程。②呋喃唑酮(furazolidone)(痢特灵)。治疗剂量为 0.04%混饲,连用 7 d;预防用 0.011%～0.022%混饲,休药 5 d。③洛硝达唑(ronidazole)。预防按 500 mg/kg 的比例混于饲料中,休药 5 d。④二甲硝达唑(dimetridazole)。0.015%～0.02%或 0.16%～0.08%,休药期 5 d。⑤硝苯胂酸(nitarsone)。0.018 75%,休药期 5 d。

2. 预防(Prevention)

由于本病主要由鸡异刺线虫所传播,因此,定期驱除异刺线虫是防治本病的根本措施。鸡和火鸡隔离饲养(isolated feeding);成年禽和幼禽单独饲养。

六、毛滴虫病(Trichomoniasis)

禽类毛滴虫病是由毛滴虫科(Trichomonadidae)毛滴虫属(*Trichomonas*)的禽毛滴虫(*T. gallinae*)寄生于鸽(pigeon)、斑鸠(ringdove)、火鸡(turkey)、鸡(chicken)、鹰(eagle)等禽鸟类上消化道[包括食道(oseophagus)和嗉囊(crop)]引起的原虫病。家鸽感染主要表现为"溃疡(ulcer)",而寄生于其他禽类和野生鸟类则致病性不同。

(一)病原形态(Pathogen morphology)

虫体呈圆形、长椭圆形或梨形(图 13-23),大小为(5～9) μm×(2～9) μm。前端有 4 根游离的前鞭毛,起源于虫体前端毛基体,毛基体呈腊肠状或钩状。轴柱细长,突出于虫体后缘之外。波动膜呈鳍状,伸达虫体 2/3 处。肋纤细杆状,伸达虫体后 1/3～3/4 处。虫体鞭毛和内部结构只有用相差显微镜或特殊染色方法才能观察到。虫体运动靠波动膜和鞭毛的活动。

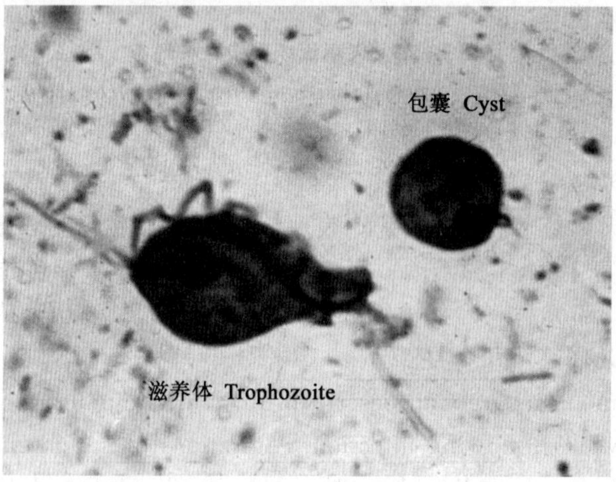

图 13-23 禽毛滴虫

Figure 13-23 *Trichomonas gallinae*

(二)生活史(Life cycle)

禽毛滴虫通过纵二分裂法(longitudinal binary fission)繁殖,有包囊(cyst)和滋养体(trophozoite)2 个阶段。乳鸽由于吞食成年鸽的"鸽乳"而被感染。鸡和火鸡群的感染是通过被污染的饮水,也许是通过饲料传播的。

(三)流行病学(Epidemiology)

任何品种和年龄的鸽均易感,其中 2～5 周龄乳鸽、童鸽发病率最高,死亡率可高达 50%。7 日龄内的乳鸽由于从带虫母鸽获得母源抗体受到保护而较少发病。成年鸽也常感染,也是该病的主要传染源之一。除鸽子外,火鸡、鸡以及许多野生鸟类也会感染发病。

鸽毛滴虫病主要通过接触传染,约 20%野鸽和 60%家鸽都是该病的带虫者和传染源。雏鸽往往通过吞咽亲鸽嗉囊中的鸽乳而直接传染;成年鸽在婚恋接吻时也易相互受到感染。此外,由于乳鸽和童鸽的抵抗力差,也可通过被污染的饲料或饮水、垫草以及局部创伤而受到感染。火鸡和鸡的毛滴虫病常常是由鸽传染的,猛禽捕食鸽也是一种传播途径。

该病无明显的季节性,一年四季均可发生,其中在春季由于环境潮湿,故鸽毛滴虫病的发病率高于其他季节。

(四)症状(Clinical signs)

病鸽绝食(fast)、精神倦怠(listlessness)、羽毛松乱(ruffled feathers)、逐渐消瘦(emaciation)。在口腔

内可见浅绿色至浅黄色的黏液(mucus),并从口腔中流出。

Most of the clinical signs of infected columbiformes are related to the oral lesions which prevent or impair feeding. These include weight loss,listlessness,and ruffled feathers. Yellowish caseous lesions can be seen around the beak or eyes of infected birds and their faces look swollen. Also,there can be an excess of watery saliva and a foul cheese-like smell.

(五)病变(Lesions)

病初在口腔黏膜的表面出现小的、界线明显的干酪样病灶,病变可扩展融合。由于干酪样物的堆积,可部分或完全堵塞食道。最后这些病变可穿透组织并扩展到头颈部的其他部位,包括鼻咽部、眼眶和颈部软组织。肝病变开始出现于表面,后扩展到肝实质(liver parenchyma),表现为硬的、白色至黄色圆形或球形病灶。主要的组织病理学变化是带有干酪样坏死的脓性炎症(purulent inflammation),虫体感染后第4天发生口腔黏膜溃疡(ulcer)和以异嗜性白细胞为主的剧烈炎性反应。在肝小叶区出现局灶样坏死性脓肿及以单核细胞和异嗜性白细胞为主的炎性反应。

(六)诊断(Diagnosis)

临床症状和病变特点有很大参考价值,再取口腔或嗉囊黏液直接涂片镜检,查到虫体即可确诊(final diagnosis)。

鉴别诊断:在临床上鸽毛滴虫病要与鸽念珠菌病、维生素A缺乏症、大肠杆菌脐炎等进行鉴别诊断。其中鸽念珠菌病会导致口腔、食道、嗉囊等上消化道黏膜表面形成乳白色病变,与黏膜结合牢固,不易剥离,在显微镜下镜检可见念珠状的真菌孢子。维生素A缺乏症在鸽子消化道黏膜表面形成白色小脓疱且突出黏膜表面,中心部位出现凹陷。大肠杆菌脐炎可在脐部检出大肠杆菌。

The presence of trichomonads can be determined by microscopic examination of wet smears prepared with sterile cotton-tipped swabs from the mucus of the mouth and oropharyngeal area for the presence of motile,flagellated protozoans. A definitive diagnosis of the disease is made by demonstrating the presence of the organism or by PCR assay and by observing the typical lesions.

(七)防治(Treatment and prevention)

1. 治疗(Treatment)

可选用下列药物:①甲紫(methyl violet)。配成0.05%溶液,自由饮水,连用7 d;②二甲硝达唑(dimetridazole)。配成0.05%水溶液,连用3 d,间隔3 d后再重复1个疗程;③甲硝达唑(metronidazole)。配成0.05%水溶液饮水,连用7 d,停用3 d后再重复1个疗程;④硫酸铜(copper sulfate)。配成1∶2 000水溶液,饮水2~3 d。此外,对个别严重患鸽使用碘甘油(idoglycerin)或金霉素软膏(chlorotetracycline ointment)对口腔溃疡面进行局部处理。对全身症状比较明显的患鸽还要配合肌肉注射庆大霉素(gentamicin)进行治疗。

2. 预防(Prevention)

(1)定期对鸽群进行抽样检查(Sampling inspection to pigeon population at regular intervals) 注意虫体数量多少,以便确定用药方案。具体如下:用0.05%甲硝达唑,每月1次,每次连用5~7 d。一旦该场乳鸽发生该病造成严重死亡,则用0.05%甲硝达唑饮水,并用0.02%环丙沙星(ciprofloxacin)饮水防止继发感染,连用7 d,停药3 d,再用甲硝达唑7 d。此外,0.05%二甲硝达唑饮水对鸽毛滴虫病亦有效。

(2)加强日常饲养管理(Strengthening daily management) 做好鸽舍的清洁卫生工作,定期检查鸽群,特别是成年鸽的口腔(可采用肉眼观察和取黏液镜检),对患鸽要及时隔离治疗。在饲料中要多添加维生素。在该病多发日龄,可定期使用抗毛滴虫药物进行预防。

第五节　外寄生虫病
Section 5　Ectoparasitosis

一、膝螨病(Scaly leg)

鸡膝螨病是由疥螨科(Sarcoptidae)膝螨属(*Cnemidocoptes*)的突变膝螨(*C. mutans*)和鸡膝螨(*C. gallinae*)寄生于鸡的皮肤表层所引起的疾病,是鸡的重要外寄生虫病之一。

(一)病原形态(Pathogen morphology)

虫体近球形,背面无鳞片及棒状刚毛(seta);第1对足(leg)基节的支条延至体背面;雄螨各足末端均有柄状吸盘(sucker),雌螨则全无吸盘;肛门(anus)位于虫体末端。

1. 突变膝螨(*Cnemidocoptes mutans*)

突变膝螨又称鳞脚螨(图13-24)。雄螨卵圆形,大小为(0.195～0.2) mm×(0.12～0.13) mm,足较长,呈圆锥形,足均有吸盘,背部的皱纹横向不间断,体末端有1对鞭状长毛;雌螨近圆形,大小为(0.41～0.44) mm×(0.33～0.38) mm,足极短,足端全无吸盘。主要寄生在鸡和火鸡腿上无羽毛处及足趾皮肤鳞片(scales)下,偶见侵害冠和颈部。

2. 鸡膝螨(*C. gallinae*)

鸡膝螨又称脱羽螨。形态与突变膝螨相似,不同之处是背部的横纹间断并形成隆起的刻痕。主要寄生在鸡的羽毛根部皮肤(skin)及羽干(shaft)内,有时野鸡、鹅、鸽子也见寄生。

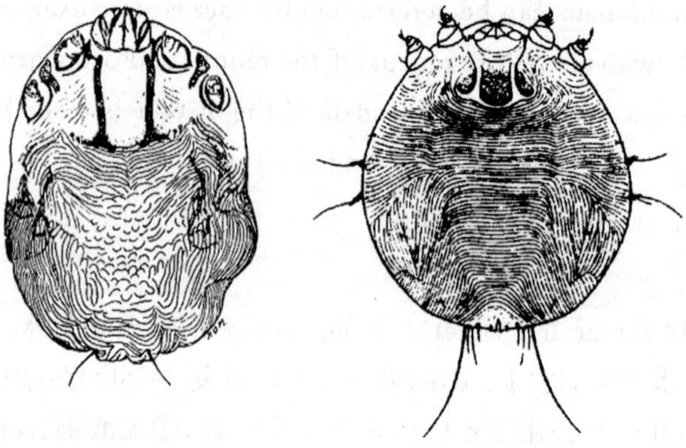

突变膝螨 *Cnemidocoptes mutans*　　鸡膝螨 *C. gallinae*

图13-24　膝螨的形态

Figure 13-24　The shapes of *Cnemidocoptes*

(二)生活史(Life cycle)

生活史与疥螨相似,属不完全变态(incomplete metamorphosis),整个发育过程全部在鸡体上完成。突变膝螨成虫在鸡脚皮肤隧道里产卵,孵出幼虫(larva)经发育蜕化为若虫(nymph),再发育为成虫(adult),隐居于皮肤的鳞片下面。鸡膝螨则沿羽干掘洞至皮肤。

Similar to *Sarcoptes*, the fertilized females burrow into the dermis and lay eggs in tunnels.

(三)流行病学(Epidemiology)

本病的传播主要由健康鸡与病鸡和带螨鸡的直接接触(direct contact),也可经接触被螨污染的笼舍、用具(appliance)、衣物等而遭受感染。鸡感染突变膝螨与饲养方式及鸡的品种、年龄有关。据调查感染鸡主要为农户散养的蛋鸡和抱窝鸡，舍内笼养及平养的蛋鸡和肉鸡极少见。本病在春、夏季多发。

（四）症状和病变（Clinical signs and lesions）

鸡感染突变膝螨从脚接触地面处开始，自脚趾向上发展。由于虫体钻入皮肤挖掘隧道，首先引起患部皮肤伴有渗出物的炎症（inflammation），足上先起鳞片状屑，接着表皮增生导致皮肤增厚、粗糙（pachulosis）并发生裂缝（fissure），渗出物干燥后形成灰白色痂皮（crust），使鳞片的结构疏松隆起，鸡脚肿大，好像涂有一层石灰样，俗称“石灰脚（scaly leg）”病。患肢发痒（itchy），可因擦痒而致患部创伤或出血（hemorrhage），重者可因关节炎、趾骨坏死而致脚跛和变形，行动困难。病鸡食欲减退（decreased appetite），生长和产蛋均受到影响。

鸡膝螨沿羽干掘洞至皮肤，引起痒感（gargalesthesia），患部皮肤炎症（skin inflammation）和发红，羽毛变脆、脱落，有的病鸡因发痒（itchy）而自啄羽毛，造成“脱羽病”。多发生于翅膀和尾部的大羽，罕见于头部和颈部，严重时鸡体大面积光裸无毛。

（五）诊断（Diagnosis）

根据临床症状和患部病变可作出初步诊断，如检查到病原即可确诊。

Confirmation is achieved by finding the mites in skin scrapings taken from lesions. Mature adult mites are often found beneath the crusts.

（六）防治（Treatment and prevention）

1. 治疗（Treatment）

一旦发现病鸡应迅速隔离治疗，将病鸡脚部浸入温热肥皂水，待痂皮软化后用刷子刷去，干燥后在整个脚部涂抹杀螨剂。针对突变膝螨病，先除去痂皮，再用杀螨药涂擦或浸浴病鸡脚。对鸡膝螨病，可用杀螨药涂擦、药浴或喷洒。常用杀螨剂有：0.025%～0.05%蝇毒磷（coumaphos）溶液；500 mg/L 双甲脒（amitraz）溶液；50 mg/L 溴氰菊酯（deltamethrin）；1%鱼藤酮（rotenone）软膏；伊维菌素（ivermectin）等。

2. 预防（Prevention）

搞好鸡舍的清洁卫生（sanitation），定期清理粪便，鸡舍和用具要定期消毒（sterilization）；注意不引进带螨的鸡；平时注意观察鸡群，发现病鸡应及时隔离治疗；本病流行的鸡场要定期使用杀螨剂，杀灭鸡体和环境中的螨。

If chicken has scaly leg, you must isolate the affected bird(s) as scaly leg is extremely contagious. Most vets will advise regular, gentle washing (baby shampoo and a soft babies toothbrush are good for this) of the legs to remove the surface layer and then an application of a suitable treatment to allow the leg to heal. A commonly used treatment is to rub a petroleum jelly like Vaseline onto the legs, which softens the legs and makes them less painful, in addition the Vaseline will also suffocate and kill the scaly leg mites.

二、皮刺螨病（Dermanyssosis）

鸡皮刺螨（*Dermanyssus gallinae*）又称为家禽红螨，属于皮刺螨科（Dermanyssidae）皮刺螨属（*Dermanyssus*），是吸食鸡等禽类和鸟类血液的外寄生虫，有时也吸人血，并传播一些重要疾病。世界各大洲和我国大多数省、区均有分布，是常见螨类之一。

（一）病原形态（Pathogen morphology）

虫体呈长椭圆形（图 13-25），后部略宽，体表密布短细绒毛，吸饱血后虫体由灰白色转为红色。雌螨大小为（0.72～0.75）mm×0.4 mm，饱血后可长达 1.5 mm。雄螨大小为 0.6 mm×0.32 mm，假头（capitulum）长，螯肢（chelicera）呈细针状，螯钳短而小，适宜叮刺吸血。足 4 对，细长，具吸盘（sucker）。背板窄长，不完全覆盖背部（back），其前部较宽，后部稍窄，后缘平直。雌螨胸板宽大于长，前缘凸出后缘钝圆，具 2 对刚毛（setae）；生殖腹板呈舌状，后缘钝圆，具 1 对刚毛；肛板圆三角形，前缘宽阔，具 3 根刚毛。

雄虫胸板与生殖板愈合为胸殖板；腹板与肛板愈合为腹肛板，两板相接，在第 4 对足基节后方以一横线相隔。

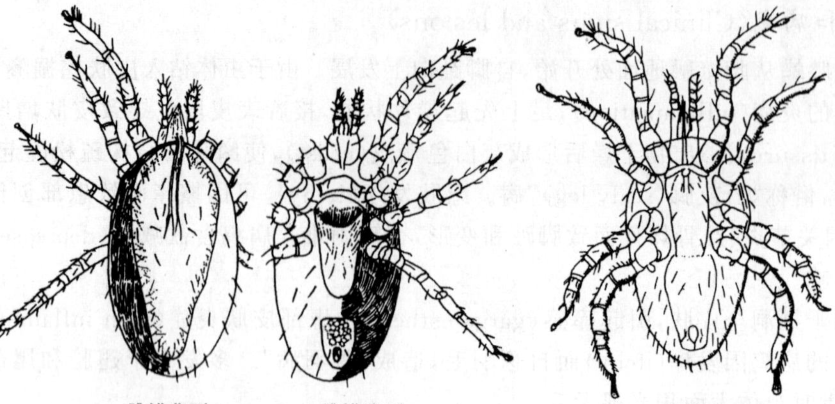

图 13-25　鸡皮刺螨的外形

Figure 13-25　The shapes of *Dermanyssus gallinae*

(二)生活史(Life cycle)

鸡皮刺螨的发育属不完全变态(incomplete metamorphosis)，经卵、幼螨(larva)、两期若螨(nymph)和成螨(adult)4 个阶段。雌螨每次饱血后 12～24 h 在宿主窝巢内产卵，每雌螨一昼夜可产 4 个虫卵(egg)，每次产卵后又到宿主体上吸血，饱血后再行产卵，一生可产 30～40 个卵。在 20～25℃的情况下，卵经 2～3 d 孵出 3 对足的幼螨，幼螨不吸血，1～2 d 内蜕化为 4 对足的第 1 若螨，吸血后经 1～2 d 蜕化为第 2 若螨，再吸血后经 1～2 d 蜕化为成螨。自卵发育至成螨为 7～9 d，较寒冷天气需要 2～3 周。

鸡皮刺螨为专性吸血的寄生螨类。第 1、2 若螨须经吸血后进行下一阶段的发育；雌螨一次大量吸血后产卵，吸血量大，产卵亦多。若螨和成螨均多次反复吸血，同时适于一次大量吸血，一次吸血量可达螨本身体重的 8～12 倍。鸡皮刺螨为避光种类，在黑暗中活动和进食，主要在夜间吸血，一般吸血 1～2 h。白天则隐藏于禽舍、鸟巢的缝隙中，但宿主白天留居舍内窝巢时，亦能遭受侵袭。成螨的耐饥能力较强，4～5 个月不吸血仍能生存。

Red mite spends much of its life cycle away from its host, the adult and nymph only visiting birds to feed, mainly at night. The favoured habitats are poultry houses, usually of timber construction, in the crevices of which the eggs are laid, the cycle being completed in a minimum of 1 week. The adult can survive for several months without feeding, so that a reservoir population can persist in unoccupied poultry houses and aviaries.

(三)致病作用和症状(Pathogenesis and clinical signs)

受螨严重侵袭的鸡，瘙痒不安(itching)，贫血(anemia)、消瘦(emaciation)，产蛋量下降，雏鸡常因失血严重而死亡。侵袭人体时，引起螨性皮炎，皮肤上出现红疹。鸡皮刺螨还是圣路易脑炎(St. Louis encephalitis)、Q 热、立克次体(rickettsia)、鸡螺旋体(*Spirochaeta gallinarum*)等的传播媒介和保毒宿主。

The mites normally feed around the breast and legs of hens, causing pain, irritation, and a decrease in egg production. Pustules, scabs, hyperpigmentation and feather loss may develop.

(四)诊断(Diagnosis)

该螨较大，色红，因此在检查鸡体、鸡窝时肉眼或借助放大镜就能发现，夜间检查鸡体更易发现。

(五)防治(Treatment and prevention)

防治本病可在白天将杀螨剂喷洒鸡舍，尤其是栖架、地板、墙壁和缝隙等处更应彻底消毒(sterilization)处理，更换垫草并将换下的垫草销毁，产蛋箱等用具(appliance)用沸水浇烫，再在阳光下曝晒；鸡体用杀螨剂涂擦或喷洒，如 0.005％溴氰菊酯（deltamethrin）或 0.006％杀灭菊酯（fenvalerate），同时用 1 mg/kg 的阿维菌素（avermectin）预混剂拌料饲喂，每周 2 次，至少连用 2 周。

Systemic control with repeated treatment with ivermectin (1.8-5.4 mg/kg) or moxidectin (8 mg/kg) is effective for short periods.

三、禽虱病(Avian pediculosis)

禽虱为长角羽虱科（Philopteridae）和短角羽虱科（Menoponidae）的一些虫种。它们是寄生在鸡、鸭、鹅等家禽体表（body surface）的外寄生虫。在世界各地和国内各省、区分布广泛，尤其在鸡群中极为普遍。

（一）病原形态（Pathogen morphology）

禽虱种类很多，在我国已发现 20 余种，在鸡体上常见的有鸡羽虱（*Menopon gallinae*）、鸡体虱（*Menacanthus stramineus*）、广幅长羽虱（*Lipeurus heterographus*）、鸡翅长羽虱（*L. variabilis*）、鸡圆羽虱（*Goniocotes gallinae*）和巨角羽虱（*G. gigas*）。在鸭、鹅体上分别有鸭巨毛虱（*Trinoton querquedulae*）和鹅细虱（*Esthiopterum anseris*）等。

禽虱较小（图 13-26），长 0.5～10 mm，背腹扁平，体型宽短或细长，呈淡黄色或灰色，头胸腹分界明显。头端钝圆，头端的宽度大于胸部（thorax），咀嚼式口器（chewing mouthpart）。触角一对，由 3～5 节组成。足短粗。腹部由 11 节组成，每一腹节的背、腹后缘均有成列的毛。雄性尾端钝圆，雌性尾端分叉。

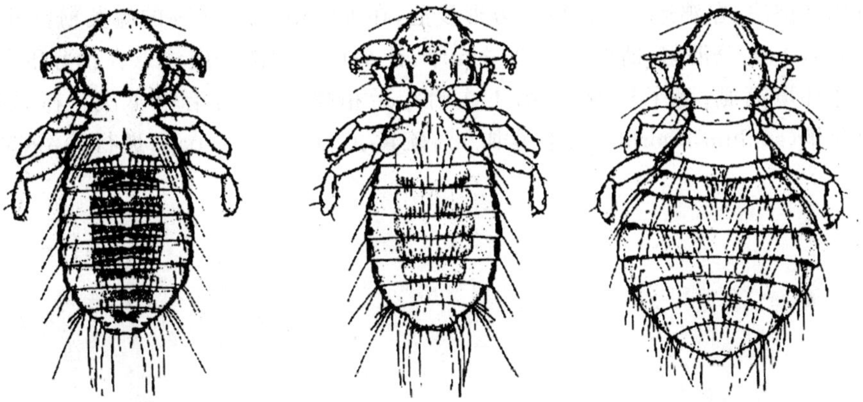

图 13-26　广幅长羽虱的外形

Figure 13-26　The shapes of *Lipeurus heterographus*

各种禽虱有严格的宿主特异性，即每种禽虱均有其特定的宿主，但一种宿主常可被数种禽虱混合寄生。禽虱的寄生部位也有一定的特异性，如广幅长羽虱寄生在头、颈部；鸡翅长羽虱寄生在鸡的翅膀下面；鸡圆羽虱多寄生于鸡的背部、臀部的绒毛上；鸡体虱寄生于鸡羽毛较稀的皮肤上；有的虱则寄生在羽干上。

（二）生活史（Life cycle）

禽羽虱的发育属于不完全变态（incomplete metamorphosis），发育过程包括卵、幼虫（larva）、若虫（nymph）和成虫（adult）几个阶段，均在家禽体表进行。雌虫产出的卵常集合成块，粘在羽毛基部，经 5～7 d 孵化出幼虫，幼虫在 2～3 周内经 3～5 次蜕化变为成虫。禽羽虱终生不离开宿主，主要是啮食宿主的羽毛和皮屑，一般不吸血。正常寿命几个月。一旦离开宿主，只能存活数日，若不能取得食物，经 2～3 d 死亡。

During a life span of about a month, the female lays 200 to 300 operculated eggs ("nits"). These are usually whitish, and are glued to the hair or feathers where they may be seen with the naked eye. There is no true metamorphosis and the egg hatches a nymph, similar to, though much smaller than, the adult. After three moults the fully grown adult is present. The whole cycle from egg to adult takes 2 to 3 weeks.

（三）流行病学（Epidemiology）

禽虱的传播主要是通过禽与禽的直接接触，或通过禽舍、饲养用具和垫料等间接传染。如禽舍过于拥挤（crowding），容易互相感染蔓延。家禽一年四季均可感染，但冬季较为严重，这是因为秋冬季节家禽羽毛浓密，体表温度较高，适合虱卵发育繁殖。

（四）症状（Clinical signs）

由于禽虱啮食羽毛（feather）和皮屑（scurf），刺激神经末梢，引起奇痒不安。患鸡常用喙啄痒而伤及羽毛和皮肉，引起羽毛折断脱落、皮炎或皮肤出血（hemorrhage）。患禽精神不安，食欲不佳，消瘦（emaciation），生长发育阻滞，产蛋减少等。对幼雏危害较大，尤以鸡头虱和鸡体虱对雏鸡危害最大，严重时可引起死亡。

（五）诊断（Diagnosis）

根据禽体发痒（itchy），羽毛折断脱落等症状，并在体表毛根和羽毛上见到灰色或淡黄色的虱，即可作出诊断。

（六）防治（Treatment and prevention）

防治措施主要是灭虱。可选用马拉硫磷（malathion）、溴氰菊酯（deltamethrin）、双甲脒（amitraz）、25%百部（stemonae）浸出液等喷洒或药浴，或伊维菌素（ivermectin）皮下注射。

对鸡虱也可用沙浴法：在鸡运动场内建一方形浅池，在细沙中拌入 10%的硫黄粉（sulphur）或 0.05%的蝇毒磷（coumaphos），充分混匀，铺成 10～20 cm 厚，让鸡自行沙浴。应注意在治疗的同时用上述药物喷洒禽舍和用具作环境灭虱；为了根治，在第 1 次治疗后相隔 10 d 再治疗 1 次。在温暖天气，可采用 0.7%～1.0%氟化钠（sodium fluoride）水溶液加 1%硫黄、0.3%肥皂（soap）进行药浴（37～38℃），消灭羽虱。

第十四章 马属动物寄生虫病
Chapter 14 Equine Parasitosis

第一节 蠕虫病
Section 1 Helminthiasis

一、裸头绦虫病(Anoplocephalosis)

裸头绦虫病是由裸头科(Anoplocephalidae)的裸头属(*Anoplocephala*)和副裸头属(*Paranoplocephala*)绦虫寄生于马属动物小肠(small intestine)内引起的疾病。对幼驹危害较大,可导致高度消瘦,甚至因肠破裂而死亡。

(一)病原形态(Pathogen morphology)

常见的种类有:叶状裸头绦虫(*Anoplocephala perfoliata*),寄生于马(horse)、驴(donkey)小肠的后半部,也见于盲肠(cecum),常在回盲结合部(ileo-caecal junction)群集寄生。其次是大裸头绦虫(*A. magna*),寄生于马、驴的小肠,特别是空肠(jejunum),偶见于胃(stomach)中。侏儒副裸头绦虫(*P. mamillana*)常寄生于马的十二指肠(duodenum),较少见。

1. 叶状裸头绦虫(*Anoplocephala perfoliata*)

叶状裸头绦虫的虫体呈乳白色,大小为(2.5~5.2) cm×(0.8~1.4) cm,头节(scolex)小,上有4个吸盘(suckers),每一吸盘后方各有一个特征性的耳垂状附属物(lappet)。无顶突和小钩。体节短而宽,前后体节仅以中央部相连,而侧缘游离,重叠如书状。成节有一套生殖器官,卵巢(ovary)较宽大,充满整个体节,睾丸(testes)数约200个,生殖孔开口于体节侧缘的前半部。虫卵近圆形(图14-1),被有灰黑色外膜,中部较边缘薄,呈月饼状,直径为65~80 μm,卵内有梨形器(pyriform apparatus),内含六钩蚴(oncosphere)。

头节 Scolex

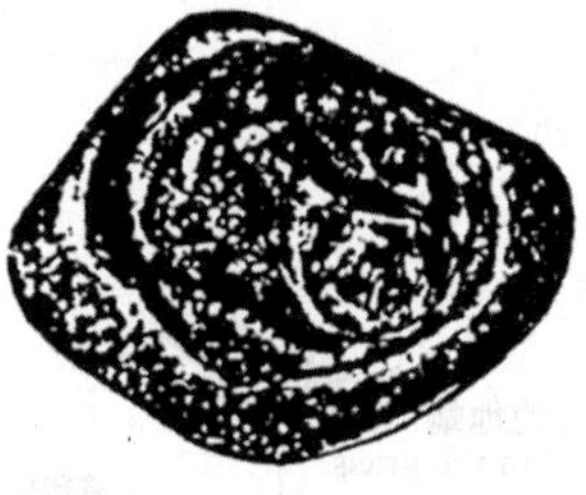

虫卵 Egg

图14-1 叶状裸头绦虫

Figure 14-1 *Anoplocephala perfoliata*

2. 大裸头绦虫(*A. magna*)

大裸头绦虫的虫体大小为8.0 cm×2.5 cm。头节大,上有4个粗壮的吸盘,无顶突和小钩(图14-2)。颈节(neck)极短或无。体节短而宽,成节有一套生殖器官,生殖孔开口于一侧。子宫横行,睾丸在体中部。孕节子宫内充满虫卵,虫卵近似圆形,卵内有梨形器,内含六钩蚴,直径为50~60 μm。

3. 侏儒副裸头绦虫(*Paranoplocephala mamillana*)

侏儒副裸头绦虫的虫体短小(图 14-3),大小为(10～50) mm×(4～6) mm,头节小,大小为 0.7～0.8 mm,吸盘呈裂隙样,无耳垂状附属物。虫卵大小为 51 μm×37 μm,梨形器很发达,其长度超过虫卵的半径。

图 14-2 大裸头绦虫

Figure 14-2 *A. magna*

图 14-3 侏儒副裸头绦虫

Figure 14-3 *Paranoplocephala mamillana*

(二)生活史(Life cycle)

裸头绦虫的发育需要地螨超科的尖棱甲螨科(Ceratozetidae)和大翼甲螨科(Galumnidae)的地螨(forage mite)作为其中间宿主(图 14-4)。孕节(gravid segment)或虫卵随马粪排至体外,被地螨吞食后,六钩蚴(oncosphere)在 19～21℃的条件下,需 140～150 d,经过钩球蚴、原腔期(体积增大,原始体腔出现)、囊腔期(分化为尾体或小尾球,头节在囊内逐渐形成),最后在地螨体腔内发育为似囊尾蚴(cysticercoid)。马等食入含似囊尾蚴的地螨后,似囊尾蚴在马小肠内经 4～6 周发育为成虫(adult)。

Mature segments are passed in the faces and disintegrate, releasing the eggs. The eggs are ingested by forage mites in which they develop to the cysticercoid stage in 2 to 4 months. One or two months after the ingestion of infected mites in the herbage, the adult tapeworms are found in the intestine of horses.

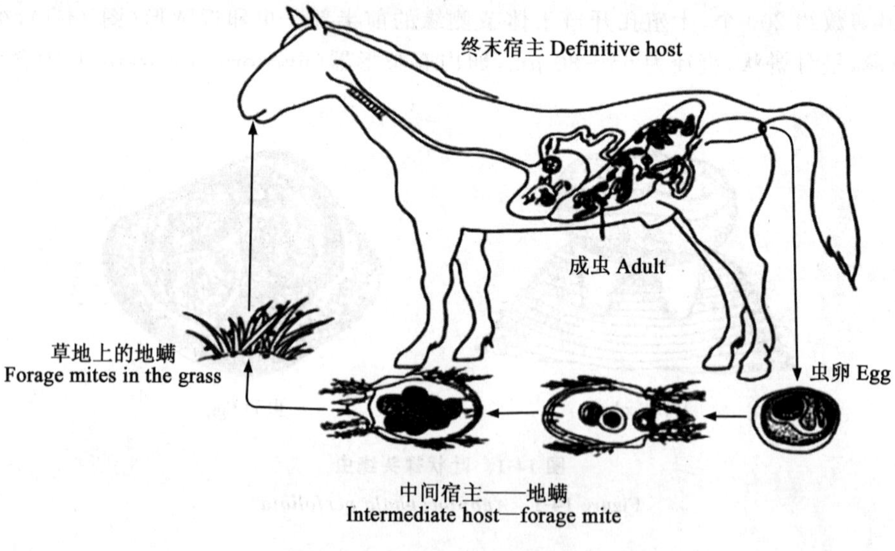

图 14-4 裸头绦虫生活史

Figure 14-4 The life cycle of *Anoplocephala*

（三）流行病学（Epidemiology）

该病呈世界性分布，在我国各地均有报道，特别在西北和内蒙古牧区，经常呈地方性流行（endemic）。有明显的季节性，8月份感染率最高。5～7月龄幼驹到1～2岁的小马最易感，动物随年龄的增长而获免疫力。

该病的流行与地螨（forage mites）的分布情况和气温条件有关。地螨主要生活在阴暗潮湿有丰富腐殖质的林区、草原或灌木丛生的场所。有畏光喜温的特性。在牧地上地螨的数量随着季节更换而有明显的差异，一般秋季出现高峰，冬季及初春数量下降，晚春及初夏又有增加，至炎夏季节下降。在不同天气中，晴天数量最少，阴天较多，雨天则最多。在一天之中清晨和晚间数量增多，中午较少。地螨的寿命较长，能生存一年半之久，因此给马增加了感染的机会。

Horses of all ages may be infected, but clinical cases have been reported mainly in animals up to 3 to 4 years of age. There appears to be slight seasonal fluctuation in *A. perfoliata*, worm numbers being lowest in the spring and then accumulating until winter.

（四）致病作用及症状（Pathogenesis and clinical signs）

虫体寄生的部位可引起黏膜炎症、水肿（edema）、损伤，形成组织增生的环形出血性溃疡（ulceration），一旦溃疡穿孔（perforation），便引起急性腹膜炎（peritonitis），导致死亡。大量感染叶状裸头绦虫时，回肠、盲肠、结肠均遍布溃疡，回盲口堵塞（blocking），发生急性卡他性肠炎（catarrhal enteritis）和黏膜脱落，往往导致死亡。重度感染大裸头绦虫和侏儒副裸头绦虫时，可引起卡他性或出血性肠炎（hemorrhagic enteritis）。临床可见消化不良（maldigestion），渐进性消瘦（emaciation）和贫血（anemia）。

In most infections, there are no clinical signs. However, when there are significant lesions in the intestine there may be unthriftiness, enteritis and colic. Perforation of the intestine will prove rapidly fatal.

（五）病变（Lesions）

病理变化主要见于回盲口，常可见环形出血性溃疡，重剧感染时由于肉芽组织形成，可见形似网球的肿块。在少量急性和大量感染的病例，可见回肠、盲肠、结肠均遍布溃疡。重剧感染大裸头绦虫时，可见卡他性、出血性肠炎。

A. perfoliata is usually found around the ileo-caecal junction and causes ulceration of the mucosa at its site of attachment; these lesions have been incriminated as a cause of intussusception. *A. magna* is more commonly found in the jejunum, and when present in large numbers, may result in catarrhal or haemorrhagic enteritis.

（六）诊断（Diagnosis）

结合临床症状，进行粪便检查，发现大量虫卵（eggs）或孕节（gravid segment）可确诊。

Where clinical signs occur they may be difficult to differentiate from more common causes of unthriftiness and digestive upsets. However, it may be possible to confirm the presence of *Anoplocephala* by the demonstration of the typical eggs on fecal examination.

（七）防治（Treatment and prevention）

轻度感染地区无须定期驱虫，只有在严重感染时才进行药物治疗。常用下列药物：①氯硝柳胺（niclosamide），剂量为88～100 mg/kg体重，灌服，安全有效。②南瓜籽＋槟榔（pumpkin seed＋betelnut），给药前绝食12 h，先投服炒熟碾碎的南瓜子粉末400 g，经1 h后，灌服槟榔末50 g，再经1 h投服硫酸钠250～500 g。还可选用阿苯达唑（albendazole）、吡喹酮（praziquantel）等药物。

对马匹进行预防性驱虫，驱虫后的粪便应集中堆积发酵，以杀灭虫卵；马匹勿在地螨容易滋生的低洼、潮湿地带放牧，最好在人工种植牧草的牧地上放牧，以减少感染机会。

二、副蛔虫病(Parascariasis)

马副蛔虫病是由蛔科(Ascaridae)副蛔属(*Parascaris*)的马副蛔虫(*P. equorum*)寄生于马属动物(equines)的小肠(small intestine)内引起的疾病,是马属动物常见的一种寄生虫病,对幼驹(foal)危害很大。

(一)病原形态(Pathogen morphology)

马副蛔虫的虫体近似圆柱形(cylindrical),两端较细,外形与猪蛔虫(*Ascaris suum*)相似。黄白色。雄虫长 15～28 cm,雌虫长 18～37 cm。头端(图 14-5)有 3 个发达的唇片(lips),唇片之间有间唇(interlabium),在唇片后方虫体稍狭窄,因而使头部显著膨大,故又称大头蛔虫。雄虫尾端向腹面弯曲,有小侧翼;有肛后乳突(postanal papillae) 7 对,肛前乳突(preanal papillae) 80～100 对。2 根交合刺(spicules)等长。雌虫尾部直,末端钝圆,阴门开口于虫体腹面前 1/4 部分,阴门附近表皮形成一个特殊的环状构造。虫卵(eggs)近似圆形,直径 90～100 μm,呈黄色或黄褐色;卵壳厚(thick-shelled),表面不光滑;卵内含一圆形未分裂的胚细胞。

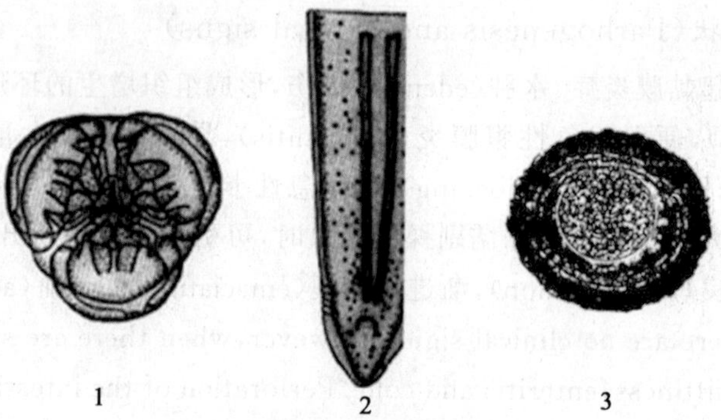

图 14-5　马副蛔虫

Figure 14-5　*Parascaris equorum*

1. 头端唇片(Lips of anterior end);2. 雄虫后端(Posterior end of male adult);3. 虫卵(Egg)

(二)生活史(Life cycle)

成虫在小肠内[有时在胃(stomach)内]寄生。雌虫产出大量虫卵(每昼夜约产 20 万个)。卵随粪便排出体外,在适宜的温度、湿度和有充分氧气的条件下,经 10～15 d 发育为感染性虫卵(infective egg)。马属动物在采食或饮水时吞食感染性虫卵而感染。幼虫(larva)在体内移行(migration)时,需经过肝脏、心脏和肺脏,而后进入口腔经咽部、食道、胃重新到达小肠。蛔虫幼虫在小肠内最后一次蜕化,进而发育为成虫。自感染虫卵到发育为成虫,需 2～2.5 个月。

The life cycle is direct. Eggs produced by the adult female worms are passed in the feces and can reach the infective stage containing the L_2 in as little as 10 to 14 days, although the development may be delayed at low temperatures. After ingestion and hatching, the larvae penetrate the intestinal wall, and within 48 hours, have reached the liver. By 2 weeks, they have arrived in the lungs where they migrate up the bronchi and trachea, are swallowed and return to the small intestine. The site of occurrence and timing of the parasitic larval moults of *P. equorum* are not precisely known, but it would appear that the moult from L_2 to L_3 occurs between the intestinal mucosa and the liver and the two subsequent moults in the small intestine. The minimum prepatent period of *P. equorum* is 10 weeks.

(三)流行病学(Epidemiology)

本病流行甚广,以幼驹易感染性最强。但老马也有感染,多为带虫者。感染多发生于秋冬季。其感染率和感染强度与饲养管理有关,厩舍内的感染机会一般多于牧场,特别是把饲料任意散放在厩舍地面上让马采食时，更能增加感染的机会。

虫卵对外界不利因素抵抗力较强。虫卵发育所需的适宜温度为 10～37℃，温度为 39℃时虫卵停止发育并变性死亡；温度低于 10℃时，虫卵发育停止，但较长时间保持活力。干燥对虫卵的生存不利。

There are two important factors. First, the high fecundity of the adult female, some infected foals passing millions of eggs in the feces each day. Secondly, the extreme resistance of the egg in the environment ensures its persistence for several years. The sticky nature of the outer shell may also facilitate passive spread of eggs.

(四)致病作用(Pathogenesis)

寄生于小肠的成虫对宿主造成机械性损伤，可引起卡他性肠炎，有时引起肠壁出血；严重时可发生肠阻塞(enteremphraxia)，甚至肠破裂(enterorrhexis)。有时虫体钻入胆管或胰管，并引起相应的病症。幼虫移行时，损伤肠壁、肝肺毛细血管，可引起肝细胞变性、肺出血(hemorrhage)及炎症(inflammation)。

马副蛔虫的代谢产物(metabolite)及其他有毒物质(toxic substance)被宿主吸收后，可导致造血器官和神经系统中毒，发生过敏反应。据报道，0.1 mL 的马副蛔虫体腔液即能引起马匹的严重过敏性休克(allergic shock)，甚至造成死亡。幼虫(larva)钻进肠黏膜移行时，可能带入其他病原微生物，造成继发感染。

(五)症状(Clinical signs)

马副蛔虫主要危害幼驹。病初(幼虫移行期)可能出现程度不同和持续时间不等的咳嗽(cough)；常自鼻孔流出浆液或黏液性鼻液(nasal discharge)，有短暂的体温升高(fever)。以后(成虫寄生期)呈现肠炎症状，腹泻与便秘交替出现。严重病例发生肠阻塞或肠穿孔(enterobrosis)，病畜精神迟钝，被毛粗干，发育停滞。

Highly significant, mostly in foals of 6 months or less, in which untreated parascariasis causes severe debilitation, poor growth, and even death. Adult worms in heavy infections can cause bile duct and intestinal obstructions, as well as occasional gut perforation. Damage is more widespread in foals, which have low resistance and may quickly accumulate massive worm burdens. Large numbers of larvae breaking into the lungs cause haemorrhages. Acute parascariasis is also accompanied by severe enteritis. Entcritis results in alternating constipation and foul-smelling diarrhoea. Infected foals become debilitated and lethargic and lose weight. Lung damage in foals causes "summer colds," with coughing, fever, and anorexia.

(六)诊断(Diagnosis)

结合临床症状和流行病学特点，通过粪便检查发现特征性虫卵即可确诊。

Diagnosis is determined by clinical signs augmented by identification of round, pitted thick-walled eggs in the feces.

(七)防治(Treatment and prevention)

驱虫可用精制敌百虫(dipterex)、噻苯达唑(tiabendazole)、阿苯达唑(albendazole)、驱蛔灵(piperazine)、左旋咪唑(levamisol)、氯氢碘柳胺钠、伊维菌素(ivermetcin)等药物。

Treatment should be started when foals are 8 weeks old and repeated at 6 to 8 weeks intervals until they are yearlings. All broad-spectrum equine anthelmintics are effective against the adult and immature worms in the small intestine and, therefore, ascarids are readily controlled by routine anthelmintic administration.

预防本病要做到：①注意厩舍(stable)内的清洁卫生工作。粪便应逐日清除并运到远离厩舍和草场的空地堆积发酵。定期对饲槽、水槽等消毒(sterilization)。②注意饲料及饮水的清洁卫生。饲草应放于饲槽或草架上饲喂，饮水最好用井水或自来水。③每年对马群进行 1～2 次预防性驱虫。驱虫后 3～5 d 内不要放牧，以便将排出的虫体及虫卵集中消毒处理。孕马在产前 2 个月实施驱虫。对幼驹应经常检查，发现蛔虫病应及时驱虫。

三、圆线虫病(Strongylosis)

马圆线虫病是由圆线科(Strongylidae)和毛线科(Trichonematidae)的许多线虫寄生于马属动物的大肠(large intestine)内所引起的线虫病。我国各地马匹的感染率平均为87.2%，在患马体内寄生的虫体最多可达10万条。本病常为幼驹发育不良的原因；在成年马则引起慢性肠卡他，使役能力降低，尤其是当幼虫移行时引起动脉瘤(aneurysm)，血栓栓塞性疝痛(colic)，可导致马匹死亡。

(一)病原形态(Pathogen morphology)

根据虫体大小可分为大型圆线虫(large strongyles)和小型圆线虫(small strongyles)两大类。大型圆线虫体型大，危害严重，主要有马圆线虫(*S. equinus*)、无齿圆线虫(*S. edentatus*)和普通圆线虫(*S. vulgaris*)3种(图14-6)。小型圆线虫体型小，种类繁多，包括圆线科的三齿属(*Triodontophorus*)、盆口属(*Craterostomum*)和食道齿属(*Oesophagodontus*)，毛线科的毛线属(*Trichonema*)、杯口属(*Poteriostomum*)和辐首属(*Gyalocephalus*)的多种线虫。

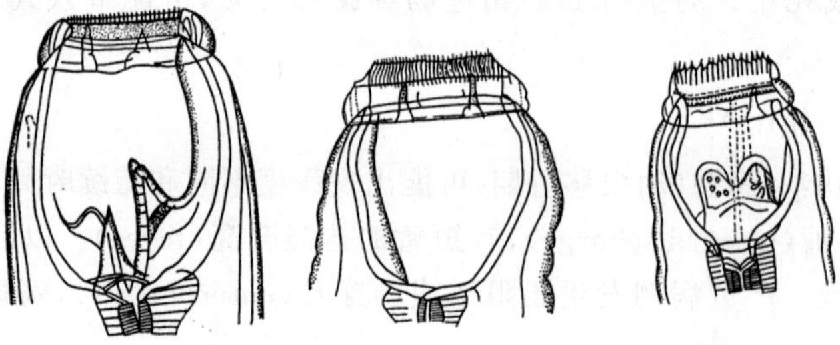

图14-6　圆线虫头端

Figure 14-6　The head end of *Strongylus* spp.

1. 马圆线虫左侧面(*S. equines*, left lateral view)；2. 无齿圆线虫右侧面(*S. edentatus*, right lateral view)；3. 普通圆线虫腹面(*S. vulgaris*, ventral view)

1. 马圆线虫(*S. equinus*)

我国各地均有分布。马圆线虫雄虫长25～35 mm；雌虫长38～47 mm。口囊基部背侧有一大型尖端分叉的大背齿，腹侧有2个亚腹齿。阴门(vulva)开口于离尾端11.5～14 mm处。虫卵呈椭圆形，卵壳薄，大小为(70～85) μm×(40～47) μm。

2. 无齿圆线虫(*S. edentatus*)

无齿圆线虫又名无齿阿尔夫线虫(*Alfortia edentatus*)，世界性分布。雄虫长23～28 mm，雌虫长33～44 mm。形状与马圆线虫极相似，但头部稍膨大而显出颈部，口囊前宽后狭，内无齿为其特征。阴门距尾端9～10 mm处。

3. 普通圆线虫(*S. vulgaris*)

普通圆线虫又名普通戴拉风线虫(*Delafondia vulgaris*)，世界性分布。虫体比前2种小，呈深灰色或血红色。雄虫长14～16 mm，雌虫长20～24 mm。其特点是口囊底部有两个耳状亚背侧齿；外叶冠边缘呈花边状构造。阴门距尾端6～7 mm。

Robust dark-red worms which are easily seen against the intestinal mucosa. The well developed buccal capsule of the adult parasite is prominent as is the bursa of the male. Species differentiation is based on size and the presence and shape of the teeth in the base of the buccal capsule.

(二)生活史(Life cycle)

马圆线虫的生活史可分感染前后2个阶段(图14-7)。在外界环境中(感染前)的发育大体相同，而其幼虫在马体内(感染后)则采取不同的移行(migration)途径。分别叙述如下。

1. 虫卵及幼虫在外界环境中的发育(The development of egg and larva in external environment)

成虫在大肠内产卵并随粪排出,在夏季遇有适当的温度、湿度并有充足的氧气时,2～8 d 后虫卵内形成幼虫,再经十几小时后虫卵孵化,逸出第 1 期幼虫(L_1),20 h 后蜕化为第 2 期幼虫(L_2),再经 20 h 后蜕化为披鞘的第 3 期幼虫(L_3),即感染性幼虫(infective larva)。感染性幼虫主要附着于草叶、草茎上或积水中,其活动规律如下:幼虫有背地性,在适宜条件下,向牧草叶片上爬行;幼虫对弱光有向光性,常于清晨、傍晚或阴天爬上草叶;幼虫对温度有敏感性,温暖时活动力增强;幼虫必须在具有液面的草叶上爬行;幼虫具有鞘膜的保护,对恶劣环境抵抗力较强;落入水中的幼虫常沉于底部,可存活 1 个月或更久。因此,当马匹吃草或饮水吞食感染性幼虫而受感染,幼虫在肠内脱鞘,开始移行。

2. 各种圆线虫幼虫在动物体内的移行发育(The migration and development of all kinds of Strongylus larvae in animals)

(1)普通圆线虫(*S. vulgaris*)　被马属动物吞咽的幼虫钻入肠黏膜(主要是小肠后段、盲肠及腹结肠)进入肠壁小动脉,在其内膜下继续移行,逆血流向前移行到较大的动脉(主要为髂动脉,盲肠动脉及腹结肠动脉),约 2 周后到达肠系膜根,幼虫积集在肠系膜前动脉根部管壁;部分幼虫向前进入主动脉到达心脏,向后移行到肾动脉和髂动脉。因此,普遍圆线虫幼虫常在肠系膜动脉根部引起动脉瘤,并在此发育为童虫;在盲肠及结肠壁上常见到含有童虫的结节。然后,各自通过动脉的分支往回移行到盲肠和结肠的黏膜下,在此蜕皮发育到第 5 期幼虫,最后返回肠腔成熟。其潜在期为 5 个月。

(2)无齿圆线虫(*S. edentatus*)　其幼虫的移行不同于普通圆线虫,它们移行远,时间长。幼虫钻入盲肠、大结肠黏膜后,经门脉进入肝脏,到达肝韧带后沿腹膜下移行。故其童虫主要见于此处的特殊包囊(cyst)中,再继续移行到达肠壁便形成典型的水肿病灶,然后进入肠腔发育成熟。整个发育需时 11 个月。

(3)马圆线虫(*S. equines*)　其幼虫在腹腔脏器及组织内广泛移行,幼虫穿通盲肠和结肠黏膜,先在浆膜下结节内停留,后经腹腔到达肝脏,然后到胰脏寄生,最后回到肠腔。整个发育期为 10 个月。

(4)小型圆线虫(Small strongyles)　其幼虫的发育过程较简单,只在肠壁移行,部分幼虫刺激黏膜形成结节,成虫多见于盲肠及结肠,但不吸着于肠壁。整个发育需时 6～12 个月。

此外,某种圆线虫的感染性幼虫,可能进入肠壁毛细血管,然后进入门脉系统和小循环,幼虫常在肝、肺内死亡,以致在幼虫周围形成寄生性结节。在盆腔,阴囊等处常发现移行的幼虫或童虫,在眼前房,脑脊髓等处也往往能见到圆线虫幼虫及其所引起的病变。

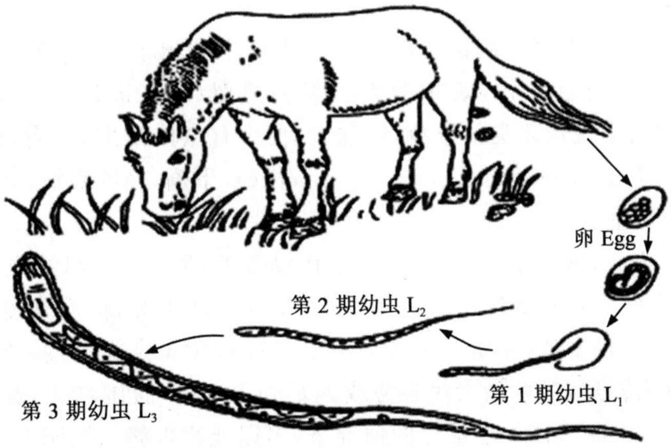

图 14-7　马圆线虫生活史

Figure 14-7　The life cycle of equine *Strongylus*

The adult parasites live in the caecum and colon. Eggs are passed in the feces, and the development from egg to the L_3 under summer conditions in temperate climates requires approximately 2 weeks. Infection is by ingestion of the L_3. Subsequently, parasitic larval development of the three species differs. For example, the *S. vulgaris* L_3 penetrate the intestinal mucosa and moult to L_4 in the submucosa. These then enter small arteries and migrate on the endothelium to their predilection site in the cranial mesenteric artery and its main branches. After a period of development of several months, the larvae moult to L_5 and return to the intestinal wall via the arterial lumina. Nodules are formed around the larvae mainly in the wall of the caecum and colon when, due to their size, they can travel no further within the arteries, and subsequent rupture of these nodules releases the young adult parasites into the lumen of the intestine. The prepatent period is 6-7 months.

（三）流行病学（Epidemiology）

在低温下，卵内幼虫呈休眠状态，遇温度升高时，即在数分钟内孵化。如虫卵落入水中，在距水面3 mm以下时，因氧气不足而不能发育。感染性幼虫的抵抗力很强，在含水量8%～12%的马粪中能存活1年以上，在撒布成薄层的马粪中需经65～75 d才死亡。在青饲料上能保持感染力达2年之久，但在直射阳光下容易死亡。该病既可发生于放牧的马群，也可发生于舍饲的马匹。特别是阴雨、多雾和多露的天气，清晨和傍晚放牧是马匹最易感染的时机。

（四）致病作用（Pathogenesis）

马体内常有多种圆线虫混杂寄生，其中以3种大型圆线虫致病性最强。其成虫吸血时以强大的口囊吸附于肠黏膜上引起出血性溃疡（hemorrhagic ulcer）和炎症（inflammation）而导致贫血（anemia）。成虫还可分泌毒素如溶血素（hemolysin）和抗凝血素（anticoagulin）等，可造成马匹失血。幼虫在体内具有复杂的移行过程，其危害更为严重。普通圆线虫幼虫移行的危害最大，在动脉管特别是在肠系膜前动脉及其分支内，能引起动脉瘤（aneurysm）等剧烈病变。幼虫有时移行到主动脉、髂动脉引起动脉炎。形成的动脉瘤、血栓的碎片，可能进入腹主动脉阻塞一侧或两侧髂动脉，甚至引起血管破裂。肠系膜前动脉发生病变后，供应肠管的血量不足，并压迫肠系膜神经丛引起反复发作的腹痛。如血管完全阻塞则能引起肠系膜血管栓塞，急性肠出血或肠段坏死。小型圆线虫、马圆线虫及无齿圆线虫的幼虫寄生时均能引起肠壁结节和溃疡，在结肠发生溃疡时，又易引起脾脓肿（splenic abscess）的发生。马圆线虫幼虫的移行阶段可导致肝和胰的损伤，肠壁结节和溃疡；无齿圆线虫幼虫在腹膜下移行时可引起腹膜炎（peritonitis），在腹膜形成大的出血性结节，可成为腹痛及贫血的原因。

（五）症状（Clinical signs）

（1）成虫（Parasitic adult）　寄生引起的症状多发生于夏末和秋季，更常在冬季饲养条件变化时转为严重。虫体大量寄生时，可呈急性发作，表现为大肠炎和消瘦（emaciation）。开始时食欲不振（inappetence），易疲倦，异嗜；数周后出现带恶臭的下痢，腹痛，粪便中有虫体排出；消瘦，浮肿，最后陷于恶病质而死亡。少量寄生时呈慢性经过，食欲减退（decreased appetite），下痢，轻度腹痛（stomachache）和贫血（anemia），如不治疗，可能逐渐加重。

（2）幼虫移行期（Larval migration）　所引起的症状以普通圆线虫引起的血栓性疝痛（colic）最为多见，且最为严重。常在没有任何觉察的情况下突然发作，持续时间不等，但经常复发；不发时，表现完全正常。疝痛的程度，轻重不等。轻型者，开始时表现为不安，打滚，频频排粪，但脉搏与呼吸正常；数小时后，症状自然消失。重型者疼痛剧烈，病畜做犬坐姿势或四足朝天仰卧，腹围增大，腹壁极度紧张，排粪频繁，呼吸加快，体温升高（fervescence），在不加治疗的情况下，多以死亡告终。马圆线虫幼虫的移行引起肝、胰损伤，临床表现为疝痛，食欲减退和精神抑郁（deprementia）。无齿圆线虫幼虫则引起腹膜炎，急性毒血症（acute toxemia）、黄疸（jaundice）和体温升高等。

Adult large strongyles have large buccal capsules and are active blood feeders; they ingest mucosal plugs as they move about in the intestine. The associated blood loss may lead to anemia. Weakness, emaciation, and diarrhea are also common. *S. vulgaris* is important because of the damage it does to the cranial mesenteric artery and its branches. As a result of the interference with the flow of blood to the intestine and thromboembolism, any of several conditions may follow, including colic; gangrenous enteritis; or intestinal stasis, torsion or intussusception, and possibly rupture.

(六)病变(Lesions)

病畜消瘦(emaciation)、贫血(anemia)、有腹水(ascites),全身水肿(anasarca),恶病质(cachexia)。肠管内可见大量虫体吸附于黏膜上,被吸附的地方可见有小出血点,小齿痕或溃疡(ulcer)。肠壁上有大小不等的结节。普通圆线虫幼虫移行阶段,可在前肠系膜动脉和回盲结肠动脉上形成动脉瘤(aneurysm)(图 14-8)。动脉瘤呈圆柱形、棱形、椭圆形或其他不规则的形状,大小不等,最大者可达拳头到小孩儿头大,外层坚硬,管壁增厚;内层常有钙盐沉着,内腔含有血栓块(clot),血栓块内包埋着幼虫。无齿圆线虫幼虫所引起的病变为:腹腔内有大量淡黄-红色腹水;腹膜下可见有许多红黑色斑块状的幼虫结节。马圆线虫幼虫在肝内造成出血性虫道(hemorrhagic tunnel),引起肝细胞损伤,胰脏则由于肉芽组织的侵入而形成纤维性病灶。

图 14-8 幼虫移行引起的肠系膜动脉瘤

Figure 14-8 Mesenteric artery aneurysm due to larval migration

(七)诊断(Diagnosis)

根据临床症状和流行病学特点可以做出初步诊断,在粪便中查到虫卵可证实有此类圆线虫寄生。但应考虑感染强度,一般认为每克粪便虫卵数(epg)在 1 000 个以上时应驱虫。各种圆线虫虫卵难以区分,可根据第 3 期幼虫形态进行鉴别。幼虫寄生期诊断困难,只有尸体剖检才能确诊。

Diagnosis of mixed strongyle infection is based on demonstration of eggs in the feces. Specific diagnosis can be made by identifying the infective larvae after fecal culture. Serologic diagnosis based on a rise in β-globulins has been recommended, but is not specific for *S. vulgaris*. Parasitic arterial lesions have been demonstrated using arteriography in ponies and small horses.

(八)防治(Treatment and prevention)

1. 治疗(Treatment)

对于肠道内寄生的圆线虫成虫可用阿苯达唑(albendazole)、噻苯达唑(thiabendazole)、酒石酸噻嘧啶(pyrantel tartrate)和伊维菌素(ivermectin)等药物驱虫。对幼虫引起的疾病,特别是马的栓塞性疝痛,除采用一般的疝痛治疗方法外,尚可用 10%樟脑(camphor)(每次 20～30 mL)或苯甲酸钠咖啡因(caffeine sodium benzoate) 3.0～5.0 g 以升高血压,促使侧支循环的形成。还可以注射肝素(heparin)(350 kg 的马给 500 mg)等抗凝血剂以减少血栓的形成。

Colic due to arterial lesions has been successfully controlled by anthelmintic treatments. Ivermectin and moxidectin at standard dosages are effective against the larval stages (L_4 and L_5) of *S. vulgaris*; fenbendazole and oxfendazole, at dosages higher than that for adult parasites, are also effective against larval infections. Daily administration of pyrantel tartrate is effective in preventing the establishment of arterial stages of *S. vulgaris*. A number of anthelmintics, including the benzimidazoles, pyrantel, and ivermectin, are active against adult large strongyles.

2. 预防(Prevention)

许多学者推荐经常给马匹服用小剂量(1～2 g)硫化二苯胺(phenothiazine)可降低感染强度,此法尽管不能驱除成虫,但能抑制雌虫的产卵和虫卵的活力。如果第 1 次用治疗剂量,然后持续使用小剂量,数月后,可以使此病得到控制。牧场(pasture)应避免载畜量过多,有条件时可与牛羊轮牧;幼驹与成年马分群放牧；定期对马匹驱虫；搞好马厩卫生，粪便及时清理，堆积发酵。

四、马胃线虫病(Habronemiasis)

马胃线虫病是由旋尾科(Spiruridae)柔线属(*Habronema*)的大口柔线虫(*H. megastoma*)、小口柔线虫(*H. microstoma*)和蝇柔线虫(*H. muscae*)的成虫寄生于马属动物胃内引起的寄生虫病，可致马匹全身性慢性中毒、慢性胃肠炎、营养不良及贫血。有时发生寄生性皮肤炎[夏疮(summer sore)]及肺炎。

(一) 病原形态(Pathogen morphology)

1. 大口柔线虫(*H. megastoma*)

大口柔线虫又名大口德拉西线虫(*Drascheia megastoma*)。虫体白色线状，表面有横纹，无齿，其特征是咽呈漏斗状。雄虫长 7～10 mm，尾部短、呈螺旋状蜷曲。雌虫长 10～15 mm，尾部直或稍微弯曲。虫卵呈圆柱形，大小为(40～60) μm×(8～17) μm，卵胎生。

2. 蝇柔线虫(*H. muscae*)

蝇柔线虫虫体黄色或橙红色，角皮有柔细横纹，咽呈圆筒状，唇部与体部分界不明，头部有 2 个较小的三叶唇，无齿。雄虫长 9～16 mm；雌虫 13～23 mm。虫卵与大口柔线虫虫卵相似。

3. 小口柔线虫(*H. microstoma*)

小口柔线虫较少见，形态与蝇柔线虫相似，但较大，咽前部有 1 个背齿和 1 个腹齿。虫卵与大口柔线虫虫卵相似。

(二) 生活史(Life cycle)

3 种胃线虫的生活史基本相同，均以蝇类作为中间宿主。大口柔线虫和蝇柔线虫的中间宿主为家蝇和厩螯蝇，小口柔线虫的中间宿主为厩螯蝇。雌虫在胃腺部产卵，虫卵排至外界，被家蝇或厩螯蝇的幼虫采食后，在蝇蛆化蛹时发育为感染性幼虫。马匹采食或饮水时吞食含有感染性幼虫的蝇而感染，也可在蝇吸血时经伤口感染。当含感染性幼虫的蝇落到马唇、鼻孔或伤口处，其体内幼虫也可逸出，自行爬入或随饲料饮水进入马体。感染性幼虫进入马胃内，经 1.5～2 个月发育为成虫。蝇柔线虫及小口柔线虫以头端钻入胃腺腔内寄生；大口柔线虫钻入胃壁深层在形成的肿瘤内寄生。

Habronema microstoma and *H. megastoma* deposit larvae, but *H. muscae* lays eggs containing larvae. The larvae are ingested by housefly (*Musca*) or stable fly (*Stomoxys*) maggots which develop in manure. The larval worms develop inside the maggot, becoming infective third-stage larvae at about the time that the adult fly emerges from its pupa. Larvae are deposited on the lips, nostrils, and wounds of horses as the flies feed. If licked and swallowed by the host, the larvae mature in the stomach. If larvae are deposited in wounds they do not complete their development. Another method of infection is by ingestion of infected flies with the water or feed.

(三) 致病作用与症状(Pathogenesis and clinical signs)

3 种柔线虫均以机械性刺激和代谢产物作用于宿主。大口柔线虫致病力最强，在胃腺部形成肿瘤，严重时化脓，引起胃破裂、腹膜炎。蝇柔线虫和小口柔线虫引起胃黏膜创伤至溃疡，破坏胃功能。虫体的毒性产物被吸收后机体发生继发性病理过程，如心肌炎、肠炎、肝功能异常，造血机能受到影响。幼虫侵入伤口可引起皮肤病，侵入肺脏能引起结节性支气管周围炎。

本病临诊表现为渐进性消瘦，食欲不振，消化不良，周期性腹痛等慢性胃肠炎症状。皮肤柔线虫病主要发生于四肢、下腹部、颊部、臀腰部、跗关节等部位，伤口难愈合，并有颗粒性肉芽增生，伤口周围变硬，常发于春末，故称为夏疮(summer sores)。病情夏季加重，秋季好转，冬季平息，来年夏季可复发。

Adult *Habronema* are of little concern, but ocular and cutaneous larvae cause annoyance and disfigurement. Also tumours which develop in gastric mucosa may subsequently rupture. *H. megastoma* provokes the formation of tumour-like growths on the stomach wall which may rupture or occasionally block the passage of food from the stomach. Ocular or cutaneous habronemiasis (summer sores) are of much greater significance. Larvae deposited in wounds migrate and feed, extending the wound and preventing healing. These infections tend to heal spontaneously in the following winter but often recur in subsequent warm seasons when flies are prevalent. Larvae deposited in the eye cause wart-like lesions of the conjunctiva accompanied by watering eyes and sometimes photophobia (sensitivity to sunlight). Mild digestive disorders may result from gastric habronemiasis.

(四)诊断(Diagnosis)

生前诊断比较困难,粪便中难以查到虫卵。根据临诊症状可怀疑为本病,确诊要找到虫卵或幼虫。建议给马洗胃,检查胃液中有无虫体或虫卵。皮肤胃虫症可取创面病料或剪小块皮肤检查有无虫体。

This is based on the finding of non-healing, reddish cutaneous granulomas. The larvae, recognized by spiny knobs on their tails, may be found in material from these lesions. Gastric infection is not easily diagnosed since *Habronema* eggs and larvae are not readily demonstrable in the feces by routine techniques.

(五)防治(Treatment and prevention)

1. 治疗(Treatment)

可采用下列方法:①绝食 16 h 后用 2%重碳酸钠溶液洗胃,皮下注射盐酸吗啡 0.2～0.3 g,使幽门括约肌收缩,15～20 min 后投服碘溶液(碘或碘化钾、水的比例为 1∶1 500) 4～4.5 L。②敌敌畏(dichlorvos)10 mL(适用于 200 kg 左右的马)做成糊剂涂于口腔内,让其舐服有效。③对皮肤胃虫病,可用九一四甘油合剂涂于创面。

2. 预防(Prevention)

疫区马匹应进行夏、秋两次计划性驱虫;加强厩舍及周围环境的清洁卫生,妥善处理粪便,注意防蝇、灭蝇;夏秋季注意保护马体皮肤的创伤,如覆盖防蝇绷带等。

A number of modern broad spectrum anthelmintics have been shown to have activity against the adult parasites in the stomach. Cutaneous lesions are best treated with ivermectin. The use of insect repellents has some benefit, and radiation therapy and cryosurgery have been used in more chronic cases. Obviously any measures taken to prevent injuries and to control fly populations will be beneficial.

五、尖尾线虫病(Oxyuriasis)

马尖尾线虫病是由尖尾科(Oxyuridae)尖尾属(*Oxyuris*)的马尖尾线虫(*O. equi*)寄生于马(horse)、骡(mule)、驴(donkey)的大肠(large intestine)引起的疾病。该病以尾臀部瘙痒(intense anal pruritis)为特征,为马属动物常见的线虫病。

(一)病原形态(Pathogen morphology)

马尖尾线虫又称马蛲虫(horse pinworm),寄生于马属动物的盲肠和结肠内。虫体头端(图 14-9)有 6 个乳突(papillae),口孔呈六边形,由 6 个小唇片(lips)组成。口囊(buccal capsule)短浅。食道(esophagus)前部宽,中部窄,后部膨大形成食道球。雌雄虫的大小差异很大而且颜色也不同。雄虫白色,体长 9～12 mm;有 1 根交合刺(spicule),呈大头针状,长 120～160 μm;尾端有外观呈四角形的伪囊,有 2 个大的和一些小的乳突。雌虫长约 150 mm,尾部细长而尖。阴门(vulva)位于体前部 1/4 附近。虫卵呈长卵圆形,大小为(80～90) μm×(40～45) μm,两侧不对称(一侧较平直),一端有卵塞(plug)。

The mature females are large white worms with pointed tails which may reach 10.0 cm in length whereas the mature males are generally less than 1.0 cm long. There is a double oesophageal bulb and the tiny males have caudal alae and a single spicule. In the female, the vulva is situated anteriorly. *O. equi* eggs are ovoid, yellow and slightly flattened on one side with a mucoid plug at one end.

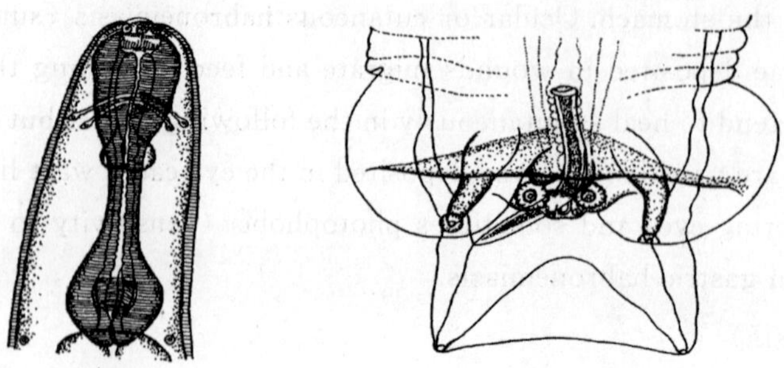

图 14-9 马尖尾线虫

Figure 14-9 *Oxyuris equi*

（二）生活史（Life cycle）

雄虫交配后死亡，雌虫受精后移向直肠，经肛门到达会阴部，产出成堆的虫卵和黄白色胶样物质，将虫卵黏附于皮肤上，产完卵的雌虫，大多数落地死亡，部分雌虫退缩到直肠内，继续生存。由于肛门具有适宜的温度、湿度和氧气等条件，故虫卵能迅速发育，于 24～36 h 内在卵壳内形成 L_1，经 3～5 d 幼虫在卵内行第 1 次蜕皮（moult）成为感染性虫卵（infective egg）。由于卵块的干燥或马的擦痒等动作，卵块落入外界，并沾污饲料、饮水和各种用具等；马因采食被虫卵污染的饲料、饮水及舔食被虫卵污染的场地、饲槽等都可感染。幼虫在小肠内逸出，移行到结肠和盲肠的黏膜腺窝内寄生。感染后 3～10 d 形成第 4 期幼虫（L_4），并以大肠黏膜为食，此期幼虫常呈红褐色。大约在感染后第 50 天行最后一次蜕皮，形成第 5 期幼虫（L_5）。感染后 5 个月发育为成虫。

The adult worms are found in the lumen of the colon. After fertilization, the gravid female migrates to the anus, extrudes her anterior end and lays her eggs in clumps, seen grossly as yellowish white gelatinous streaks on the perineal skin. Development is rapid and within 4-5 days the egg contains the infective L_3. Infection is by ingestion of the eggs, and the larvae are released in the small intestine, move into the large intestine and migrate into the mucosal crypts of the caecum and colon where development to L_4 takes place within 10 days. The L_4 then emerge and feed on the mucosa before maturing to adult stages which feed on intestinal contents. The prepatent period of *O. equi* is 5 months.

（三）流行病学（Epidemiology）

虫卵在潮湿环境中能生存数周。干燥时虫卵的寿命（life span）不超过 12 h 即告死亡；在冰冻条件下 20 h 死亡。虫卵在外界环境中，26℃时经 4 昼夜，37℃时经 2 昼夜即可发育到感染性阶段。本病多见于幼驹和老马，特别是卫生状况恶劣的厩舍和不作刷拭、个体卫生不良的马匹，常普遍发生感染。

（四）致病作用及症状（Pathogenesis and clinical signs）

成虫寄生于大肠时致病作用不强，危害不大。主要致病作用表现为雌虫在肛门周围产卵时分泌的胶样物质有强烈的刺激作用，能引起剧烈肛痒，会阴部发炎，甚至皮肤破溃，引起继发感染和深部组织损伤。发痒可使动物不安，采食不佳，精神萎靡，营养不良，消瘦等。

The presence of parasites in the intestine rarely causes any clinical signs. However, intense pruritis around the anus causes the animal to rub, resulting in broken hairs, bare patches and inflammation of the skin over the rump.

（五）诊断（Diagnosis）

根据其特有症状——经常摩擦尾部，肛门周围、会阴部有污秽不洁的卵块，可建立初诊印象。对可疑病例可取肛门周围的污物检查，看是否有虫卵。粪便检查很难发现虫卵。严重感染时可在粪便中发现虫体。

This is based on signs of anal pruritis and the finding of greyish-yellow eggs masses on the perineal skin. The large white long-tailed female worms are often seen in the feces. *O. equi* eggs are rarely found on fecal examination of samples taken from the rectum, but may be observed in material from the perineum or in fecal material taken from the ground.

（六）防治（Treatment and prevention）

采用一般的驱线虫药均有显著效果，如精制敌百虫（dipterex）、噻苯唑（tiabendazole）、阿苯达唑（albendazole）、左旋咪唑（levamisole）、氯氢碘柳胺钠（closal sodim）、伊维菌素（ivermetcin）等。驱虫的同时，应用消毒液洗拭肛门周围皮肤，清除卵块，以防止再感染。

马蛲虫病的预防主要是搞好厩舍及马体卫生，发现病马及时驱虫，并做好用具和周围环境的消毒与杀灭虫卵的工作。

六、脑脊髓丝虫病（Cerebrospinal setariosis）

本病是由寄生于牛腹腔（abdominal cavity）的指形丝状线虫（*Seteria digitata*）和唇乳突丝状线虫（*S. labiatopapillosa*）的晚期幼虫迷路侵入马、羊的脑（brain）或脊髓（spinal cord）的硬膜下或实质中而引起的疾病。此病多发于东南亚及东北亚一些国家，我国多发于长江流域和华东沿海地区，给农牧业生产带来一定的损失。

（一）病原形态（Pathogen morphology）

病原体是丝状科（Setariidae）丝状属（*Setaria*）的指形丝状线虫和唇乳突丝状线虫的晚期幼虫（图 14-10），为乳白色小线虫，长 1.5～5.8 cm，宽 0.078～0.108 mm，其形态特征近似成虫；多寄生于脑底部，颈椎（cervical vertebra）和腰椎（lumbar vertebra）膨大部的硬膜下腔（subdural cavity）、蛛网膜下腔

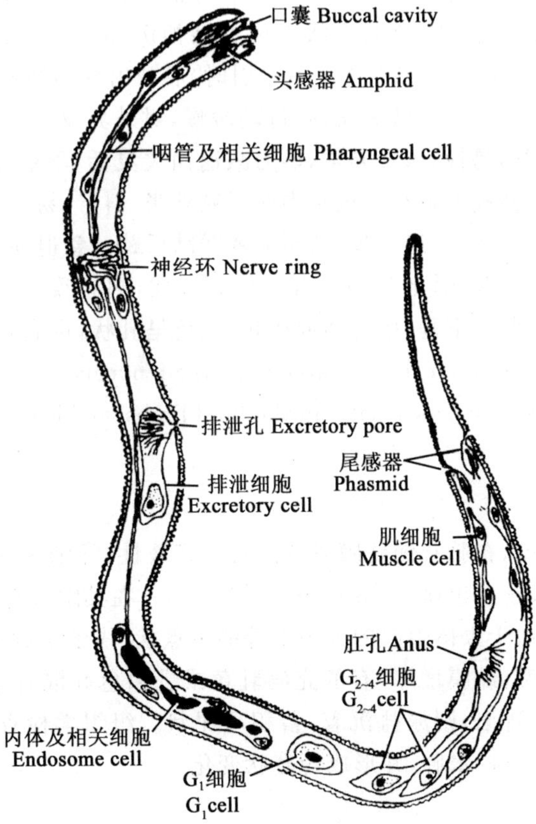

图 14-10 指形丝状线虫晚期幼虫

Figure 14-10 The later larva of *Seteria digitata*

(subarachnoid cavity)或蛛网膜(arachnoid)与硬膜下腔之间。

(二)生活史(Life cycle)

指形丝状线虫的成虫寄生于黄牛和牦牛的腹腔,所产的微丝蚴(microfilariae)进入宿主的血液循环。当中间宿主蚊子(mosquitoes)吸食终末宿主的外周血液时,将微丝蚴吸入体内经 15 d 左右发育为感染性幼虫 (infective larva),集中到蚊子的口器(mouthparts)内,当带有此类虫体的蚊子刺吸终末宿主的血液时,感染性幼虫进入终末宿主,经 8～10 个月发育为成虫。

当带有感染性幼虫的蚊子刺吸非固有宿主——马或羊血液时,幼虫进入马或羊体内,随着淋巴或血液进入脑脊髓,停留于童虫阶段,引起马或羊的脑脊髓丝虫病。

The microfilariae in the bloodstream are taken up by mosquitoes in which development to L_3 takes about 12 days. The prepatent period is 8 to 10 months.

(三)流行病学(Epidemiology)

本病主要流行于东北亚和东南亚国家,我国多发于长江流域和华东沿海地区。就畜种来看,马比骡多发,驴未见报道;山羊、绵羊也常发生;牛本身有时也可因指形丝状线虫幼虫迷路进入其脑脊髓而发生本病。本病有明显的季节性,多发生于夏末秋初,其发病时间常比蚊子出现的时间晚 1 个月。因此,本病多发于 7～9 月份,尤以 8 月份为甚。本病的发病率与环境因素较为密切,凡低湿、沼泽、水网和稻田地区一般多发,因为这些环境均适合蚊子滋生。各种年龄的马匹均可发病,但饲养在地势低洼、多蚊、距牛圈近的马匹多发,传播本病的蚊子为中华按蚊(*Anopheles sinensis*)和雷氏按蚊(*A. lesteri*)。

(四)症状(Clinical signs)

临床症状主要表现为腰髓所支配的后躯运动神经障碍,故通常称作"腰痿"或"腰麻痹(lumbar paralysis)"。该病也可突然发作,导致动物在数天内死亡。早期症状主要表现为一后肢(hind limb)或两后肢提举不充分,运动时,蹄尖轻微拖地。中晚期症状表现为精神沉郁(depression),有的患马意识障碍(conscious disturbance),后躯无力,后肢强拘。久立后牵引时,后肢出现鸡伸腿样动作和黏着步样。从腰荐部开始,出现知觉迟钝或消失。此时病马低头无神,行动缓慢,对外界反应降低,有时耳根、额部出汗。出现痴呆样,磨牙(axletooth),凝视,易惊,采食异常,尾力减退而欠灵活,不能驱赶蚊蝇;腰、臀、内股部针刺反应迟钝或消失,弓腰、腰硬,突然高度跛行。运步中两后肢外张、斜行、易打前失,或后肢出现木脚步样。强制小跑,步幅缩短,后躯摇摆,转弯,后退少步,甚至前蹄践踏后蹄。急退易坐倒,起立困难。强制站立时后坐瞌睡,后坐到一定程度猛然立起;后坐时如果臀端倚靠墙柱,则导致上下反复摩擦尾根,使尾根被毛脱落。随着病情加重,病马阴茎脱出下垂,尿淋漓或尿频,尿色呈乳状,重症者甚至尿闭、粪闭。

There are no clinical signs when the worms are in their normal site, but when nervous tissue is involved, there is locomoter disturbance, usually in the hind limbs, and if the parasites are high in the spinal canal, there may be paraplegia.

(五)病变(Lesions)

病变常局限于脑脊髓系统,在脑脊髓硬膜或蛛网膜有浆液性、纤维素性炎症和胶样浸润灶,以及大小不等的呈红褐色、暗红色或绛红色出血灶(hemorrhagic focus),在其附近有时可发现虫体。脑脊髓实质病变明显,以白质区多见,可见由于虫体引起的大小不等的斑点状、线条状黄褐色病灶,以及损伤性空洞和液化坏死灶。有时出现膀胱病变,黏膜增厚,有的充满乳黄或乳白色并混有絮状物的尿液(urine)。若膀胱麻痹(cystidoplegia)尿液不能排出,则尿盐沉着,蓄积呈泥状。组织学检查,患部脑脊髓呈现非化脓性炎症,神经细胞变性,血管周围出血、水肿,并形成管套状变化。

(六)诊断(Diagnosis)

病马出现临床症状时,才能做出诊断,但治疗已为时过晚,难以治愈。早期诊断需用免疫学方法,目前已有皮内反应试验的报道。

In cases of cerebrospinal nematodosis confirmatory diagnosis is only possibly by microscopic examination of the spinal cord, since the parasites exist only as larval forms in their aberrant site.

(七)防治(Treatment and prevention)

1. 治疗(Treatment)

应在早期诊断的基础上,进行早期治疗。常用药如下:①海群生(hetrazan),按 50～100 mg/kg 体重内服和制成 20%～30%注射液作肌肉多点注射(按 50 mg/kg 体重的用量)连续用药 4 d 为 1 个疗程。即第 1 天肌肉注射 50 mL,后 3 d 每天内服 10～15 g,共进行 3 个疗程,每个疗程间隔 5 d,全部治疗时间为 12 d。对仅有早期症状的患马,可取得较满意的效果。②阿苯达唑(albendazole),剂量为 20 mg/kg 体重,内服,每日 1 次,用 3～5 次。③伊维菌素(ivermectin),按 0.2 mg/kg 体重,每天 1 次,连用 5 d。

2. 预防(Prevention)

马厩应建在高燥、通风、远离牛舍 1～1.5 km 的地方,在蚊虫出现季节尽量避免马、羊与牛接触。有条件时普查牛群,对带虫牛可按 50 mg/kg 体重隔日服用海群生,连服 4 次,可大大减少病原。搞好厩舍卫生,铲除蚊虫滋生地,采用杀蚊药灭蚊、驱蚊。对新马及幼龄马,在发病季节应用 20%海群生液,肌肉注射 50 mL,每月 1 次,连用 4 个月,或按 40 mg/kg 体重剂量口服,连续 5 d。加强饲养管理,增强马的抗病能力。

第二节　原　虫　病
Section 2　Protozoosis

一、马媾疫(Dourine)

马媾疫是由锥虫属(*Trypanosoma*)的马媾疫锥虫(*T. eguiperdum*)寄生于马属动物的生殖器官(reproductive organ)而引起的慢性原虫病。世界上许多国家和地区均有流行。我国的西北、内蒙古、河南、安徽、河北等省区也有发生。

(一)病原形态(Pathogen morphology)

马媾疫锥虫在形态上与伊氏锥虫相同。

This trypanosome is morphologically similar to *T. evansi*.

(二)流行病学(Epidemiology)

自然情况下,仅马属动物对马媾疫锥虫有易感性。本病主要是健马与病马交配时发生感染,有时也可通过未经严格消毒的人工授精器械和用具等感染,故本病多发于配种季节之后。马媾疫锥虫进入马体后,如果马匹抵抗力强,则不出现明显临床症状,而成为带虫马。带虫马是马媾疫的主要传染来源。

(三)致病作用及症状(Pathogenesis and clinical signs)

马媾疫锥虫侵入公马尿道或母马阴道黏膜后,在黏膜上进行繁殖,产生毒素(toxin),引起局部炎症(inflammation)。马匹在虫体及毒素的刺激下,产生一系列防御反应,如局部炎症和抗体形成等;如果马体抵抗力弱,锥虫乘机大量繁殖,毒素增多,被机体吸收,便出现一系列临床症状,特别是神经系统症状最为明显,因此认为马媾疫是一种多发性神经炎。

本病的潜伏期一般为 8～28 d,少数长达 3 个月。主要症状有:①生殖器官急性炎症(acute inflammation)。②皮肤轮状丘疹(rotiform papule),病马胸腹和臀部等处的皮肤上出现无热、无痛的扁平丘疹,直径 5～15 cm,呈圆形或马蹄形,中央凹陷,周边隆起,界线明显。其特点是突然出现,迅速消失(数小时到一昼夜),然后再出现。③神经症状(nervous signs),出现腰神经与后肢神经麻痹(neural paralysis),表现为步样强拘,后躯摇晃,跛行(lameness)等,症状时轻时重,反复发作,容易误诊为风湿病。少数病马有面神经麻痹,如唇歪斜,一侧耳及眼睑下垂。

Classically, there are three stages. During the first stage the genitalia become swollen and in mares there is a discharge from the vagina, and loss of pigment in the mucosa of the vulva or penis; this depigmentation occurs in patches. Slight fever and a loss of appetite may be noticeable. After a month or so the second stage starts with round urticarial eruptions, plaques (patches), on the neck, the chest, the flanks and the rump. A plaque looks "as if a coin has been inserted under the skin". They are visible for a few days and then disappear, but may come back. In the third stage, a paralysis sets in, involving various muscles, and spreading to the hind legs, causing incoordination. Complete paralysis of the four legs may finally occur.

(四)诊断(Diagnosis)

如有以上症状可怀疑为本病,确诊应采取尿道或阴道分泌物或丘疹部组织液进行虫体检查。血清学检查或动物接种试验也可采用。常用的血清学反应为酶联免疫吸附试验(ELISA)和补体结合反应(CF)等。

(五)防治(Treatment and prevention)

1. 治疗(Treatment)

可参考伊氏锥虫病。

2. 预防(Prevention)

目前,我国基本消灭本病,如发现病畜,应淘汰处理,除非特别名贵种马。大力开展人工授精,用具和工作人员的手及手套应注意彻底消毒。对新调入的种公马或繁殖母马,须进行严格的隔离检疫,每隔 1 个月 1 次,共 3 次。1 岁以上或阉割不久的公马,应与母马分开饲养。没有种用价值的公马,应早日阉割。

二、马巴贝斯虫病(Equine babesiosis)

马巴贝斯虫病是由巴贝斯科(Babesiidae)巴贝斯属(*Babesia*)的驽巴贝斯虫(*B. caballi*)和马巴贝斯虫(*B. equi*)寄生于马属动物的红细胞内所引起的血液原虫病。临床呈现高热、贫血、黄疸、出血和呼吸困难等重剧症状,如诊治不及时死亡率极高。

(一)病原形态(Pathogen morphology)

1. 驽巴贝斯虫(*B. caballi*)

驽巴贝斯虫为大型虫体,虫体长度大于红细胞半径。其形状为梨籽形(单个或成双)、椭圆形、环形等,典型虫体为成对的梨籽形虫体,以其尖端呈锐角相连(图 14-11)。每个虫体内有两团染色质块。在一个红细胞内通常只有 1～2 个虫体,偶见 3 或 4 个。

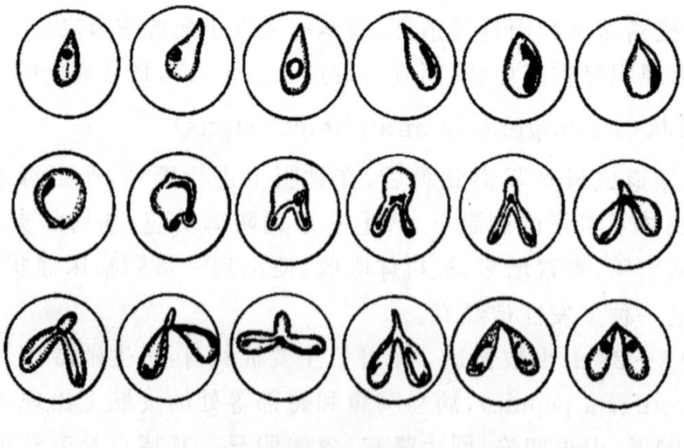

图 14-11　红细胞内的驽巴贝斯虫

Figure 14-11　*Babesia caballi* in erythocytes

2. 马巴贝斯虫(*B. equi*)

马巴贝斯虫为小型虫体,虫体长度不超过红细胞的半径。其形状为圆形、椭圆形、单梨籽形、钉子形、逗点形、短杆形、圆点形等,以圆形、椭圆形虫体为多,典型虫体为 4 个梨籽形虫体以尖端相连构呈十字形(图 14-12)。

The small *B. equi* is readily recognized in blood smears from acute cases, since apart from size, the piroplasms characteristically form a Maltese cross of four organisms.

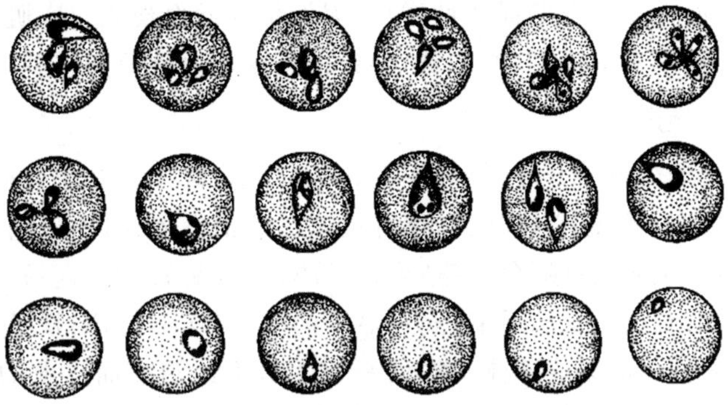

图 14-12 红细胞内的马巴贝斯虫

Figure 14-12 *Babesia equi* in erythocytes

(二)生活史(Life cycle)

Holbrook(1968)描述了驽巴贝斯虫在闪光革蜱(*Dermacentor nites*)体内的发育情况。成蜱吸血时,把含有驽巴贝斯虫的红细胞吸入肠内,大部分虫体被破坏,一部分在肠内容物中释出,为直径 4～6 μm 的微小球体,而后变为(10～14) μm×(4～6) μm 的棍棒形虫体,它们发育长大为直径 12～16 μm 的球形虫体,随后分裂为长 8～12 μm,宽 2～4 μm 的蠕虫样虫体(vermicules)。它们钻入肠壁和蜱的其他细胞。在马氏管、血淋巴和卵巢中,经过复分裂形成新一代蠕虫样虫体。侵入蜱卵的蠕虫样虫体在幼蜱体内也经历类似的复分裂过程。形成的蠕虫样虫体侵入唾液腺,继续复分裂产生大量长为 2.5～3 μm 的卵圆形或梨籽形虫体。当若蜱或成蜱吸血时,虫体随着唾液进入马体,侵入马的红细胞,以二分裂(binary fission)或成对出芽(budding in pairs)方式进行繁殖。

(三)流行病学(Epidemiology)

本病由硬蜱传播,具有一定的地区性和季节性。我国已查明传播驽巴贝斯虫的蜱有草原革蜱(*Dermacentor nuttalli*)、森林革蜱(*D. silvarum*)、银盾革蜱(*D. niveus*)、中华革蜱(*D. sinicus*);传播马巴贝斯虫的蜱有草原革蜱、森林革蜱、银盾革蜱、镰形扇头蜱(*Rhipicephalus haemaphysaloides*)。驽巴贝斯虫病主要流行于东北、内蒙古东部及青海等地。马巴贝斯虫病主要流行于新疆、内蒙古西部及南方各省。驽巴贝斯虫病一般从 2 月下旬开始出现,3、4 月份达高潮,5 月下旬逐渐停止流行。马巴贝斯虫病比驽巴贝斯虫病出现时间稍晚。

革蜱 1 年繁殖 1 代,以饥饿成虫越冬,成蜱出现于春季草刚冒尖出芽时。革蜱以经卵传递(transovarian transmission)方式传播驽巴贝斯虫。此外,还有经期间传播(transtadial transmission)和经胎盘垂直传播的报道。驽巴贝斯虫可在革蜱体内通过经卵传递若干世代而不失去感染能力。因此,在发病牧场,即使把全部马匹转移到其他地区,这种牧场在短期内也不能变为安全场地,因为带虫蜱能依靠吸食其他家畜及野生动物的血液而生存;而且蜱类还有很强的耐饥饿能力,短时间内不采食也不至于死亡。

(四)致病作用(Pathogenesis)

虫体代谢产物是一种剧烈的毒素,它使调节内脏及整个机体活动的中枢神经系统和植物性神经系统紊乱,首先表现为体温升高,抑郁和昏迷。

由于梨形虫在红细胞内大量繁殖使红细胞大量破坏而发生溶血性贫血；红细胞破坏而游离出来的血红蛋白，一部分被健康红细胞利用；大部分血红蛋白蓄积于内脏，主要是在肝脏内，并在此转化成胆色素。大量胆色素（胆红素）进入血流，最后引起黏膜、腱膜及皮下蜂窝组织的黄染。在患驽巴贝斯虫病时黄疸比贫血明显。黄疸着染的程度决定于溶血程度，也决定于肝脏和肾脏的健康状态。

红细胞的减少引起机体所有组织供氧不足，造成正常的氧化—还原过程破坏，因而病马表现代偿性呼吸和脉搏增数。心肌营养障碍和血液内钙量降低，引起严重的心脏衰弱。稀血症、组织缺氧及血液中特异性和非特异性毒素的作用使毛细血管壁通透性增加，因而呈现溢血现象。心脏衰弱、血管系统紧张度降低及稀血症与全身代谢和酸碱平衡的障碍（酸中毒）导致机体内瘀血现象和水肿的发生。

（五）症状（Clinical signs）

驽巴贝斯虫病初期，病马体温稍升高，精神不振，食欲减退，眼结膜充血或稍黄染。随后体温逐渐升高（39.5～41.5℃），呈稽留热型，呼吸、心跳加快，精神沉郁。病情发展很快，最明显的症状是黄疸现象：眼结膜初为潮红、黄染，以后则呈明显的黄疸色；其他可视黏膜，尤其是唇、舌、直肠、阴道黏膜黄染更为明显，有时黏膜上出现大小不等的出血点。发病后期，病马显著消瘦，步样不稳，黏膜呈苍白黄染。后心力衰竭，潮式呼吸，由鼻孔流出多量黄色带泡沫的液体。病程 8～12 d，不经治疗而自愈的病例很少。病马血液稀薄色淡（高度脱水时血液黏稠发黑），红细胞急剧减少（常降至 200 万左右），血红蛋白量相应减少，血沉快（初速达 70°以上）。白细胞数变化不大，常见单核细胞增多。静脉血液中出现吞铁细胞。常发现大小不均或有核的红细胞。

马巴贝斯虫病分为急性、亚急性和慢性 3 型。急性型症状与驽巴贝斯虫病相似，但病程稍长，热型多为间歇热或不定热型，病马常出现血红蛋白尿和肢体下部水肿。亚急性型症状基本与驽巴贝斯虫病相似，但程度较轻，病程可达 30～40 d，其间有一定的缓解期。慢性型马巴贝斯虫病，临床上不易被发现，体温正常或出现黄疸症状时稍高于常温，病马逐渐消瘦、贫血，病程约 3 个月，然后病势加剧或转为长期的带虫者。

驽巴贝斯虫与马巴贝斯虫也可混合感染。

Clinical signs are generally dependent on the causative parasite. Infection with *B. caballi* tends to result in a milder form of disease that is often clinically unapparent whereas *T. equi* results in a more serious disease. The clinical presentation of the disease is variable and dependent on the immunological status of the affected animal. In rare cases, the presentation may be peracute with animals found dead within 24 to 48 hours of the onset of clinical signs. More often cases occur acutely with clinical signs including depression, pyrexia, inappetance, icterus, haemoglobinuria, conjunctival petechial haemorrhages amd anemia. Small and dry feces are often reported. Other common clinical signs include tachypnoea, ataxia and oedema of the head. The subacute form of the disease has a similar but less severe presentation, characterised by intermittent fever, anorexia, weight loss, signs of mild colic and oedema of the distal limbs. Chronic infections are typically accompanied by varying clinical presentations including mild inappetance, weakness, weight loss and mild anemia.

（六）病变（Lesions）

在外观上，可见尸体消瘦、黄疸、贫血和水肿。常见的内脏病变：心包及体腔有积水；脂肪变为胶体，并黄染；脾肿大，软化，髓质呈暗紫色；淋巴结肿大；肝脏肿大，充血，呈褐黄色，肝小叶中央呈黄色，边缘带绿黄色；肾呈白黄色，有时有瘀血；肠道和胃黏膜上有红色条纹。

At post mortem, the acutely affected horse is usually emaciated, icteric and anaemic. Gross lesions include hepatomegaly and splenomegaly, pericardial effusion and a pale, flabby heart. Petechial haemorrhages may be present on the kidneys with oedema of the renal capsule a common feature.

（七）诊断（Diagnosis）

在疫区的流行季节，如病马呈现高热、贫血、黄疸等症状应怀疑本病。血液检查发现虫体即可确诊。

虫体检查一般在病马发热时进行,但有时体温不高也可检出虫体。一次未检出,应反复或集虫检查。根据虫体的典型形态,确诊为驽巴贝斯虫还是马巴贝斯虫。

Babesiosis should be considered in any horse that is pyrexic and icteric and has been imported from an endemic area. Direct identification of the parasites in blood using a Giemsa-stained blood smear is a commonly used method of diagnosis but is not suitable for identification of babesiosis in carrier horses. For these animals, serology using an indirect fluorescent antibody test or ELISA is recommended and these are the basis of pre-import tests required by many countries. PCR in combination with reverse line blot (RLB) allows simultaneous detection and identification of different species infecting horses.

(八)防治(Treatment and prevention)

1. 治疗(Treatment)

应停止病马的使役,给予易消化的饲料和加盐的清水,仔细检查和消灭体表的蜱。根据病情,按"急则治其标,缓则治其本"的原则,制订治疗方案。初发或病势较轻的,可立即注射下列药物;病重的应同时强心、补液。

(1)咪唑苯脲(Imidocarb)　剂量为 2 mg/kg 体重,配成 10%溶液,一次肌肉注射或间隔 24 h 再用 1 次。

(2)三氮咪(Diminazene)　剂量为 3～4 mg/kg 体重,配成 5%溶液深部肌肉注射。可根据具体情况用 1～3 次,每次间隔 24 h。有些病马注射后可出现出汗、流涎、肌肉震颤、腹痛等副作用,一般经 1 h 左右自行恢复。

(3)台盼蓝(Trypan blue)　只对驽巴贝斯虫有特效。剂量为 5 mg/kg 体重,以生理盐水配成 1%溶液(过滤、灭菌),当年驹按 25～40 mL、1 岁驹按 50～70 mL、2 岁驹按 100～120 mL、成年马按 120～150 mL 静脉注射。

(4)锥黄素(Acriflavine)　剂量为 3～4 mg/kg 体重,用 0.5%浓度,成年马按 120～150 mL 静脉注射。

(5)阿卡普林(Acaprin)　剂量为 0.6～1 mg/kg 体重,配成 5%水溶液,皮下或静脉注射。48 h 后重复 1 次。

Amicarbalide or imidocarb may be used for the treatment of either infection. Otherwise pentamidine is suitable for *B. equi* infections and quinuronium sulphate and diminazene aceturate for those of *B. caballi*. In each case, the manufacturers' instructions should be carefully observed.

2. 预防(Prevention)

在梨形虫病疫区,要做好防蜱工作。在出现第 1 批病例后,为了防止易感马匹发病,可采取药物预防注射(与治疗剂量同)。在没有疫情但有蜱类活动的地区,对外来马匹要严格进行检疫,防止带虫马进入,并要消灭马匹体表的蜱。

第三节　外寄生虫病
Section 3　Ectoparasitosis

马胃蝇蛆病(gastricmyiasis)是由胃蝇科(Gasterophilidae)胃蝇属(*Gasterophilus*)的各种胃蝇幼虫(larvae)寄生于马属动物(equines)胃(stomach)内所引起的一种慢性寄生虫病。宿主高度贫血(anemia)、消瘦(emaciation)、中毒(intoxication),使役力下降,严重感染时可使马匹衰竭死亡。

(一)病原形态(Pathogen morphology)

我国常见的马胃蝇有 4 种:①肠胃蝇(*G. intestinalis*);②红尾胃蝇(*G. haemorrhoidalis*);③兽胃蝇(*G. pecorum*);④鼻胃蝇(*G. nasalis*)。4 种马胃蝇在形态上基本相似。成蝇全身密布绒毛,形似蜜蜂。口器(mouthparts)退化,两复眼(ommateum)小,触角短小,陷入触角窝内,触角芒简单,翅透明或有褐色斑纹,或不透明呈烟雾色。雄蝇尾端钝圆,雌蝇尾端具有较长的产卵管,并向腹面弯曲。

第 3 期幼虫(third stage larva, L_3)呈红色或黄色,分节明显,每节有 1～2 列刺(spines),前端稍尖,有 1 对发达的口前钩(preoral hooks),后端齐平,有 1 对后气孔(stoma)(图 14-13)。

Bot flies are robust dark flies 1 to 2 cm long. The most common species, *G. intestinalis*, has irregular, dark, transverse bands on the wings, but species differentiation of adult flies is rarely necessary. When larvae mature and present in the stomach or passed in feces, these are cylindrical, 16 to 20 mm long and reddish-orange with posterior spiracles, the morphology of which is different from those of *Oestrus* and *Hypoderma* larvae. Differentiation of mature larvae of the various species can be made on the numbers and distribution of the spines present on various segments.

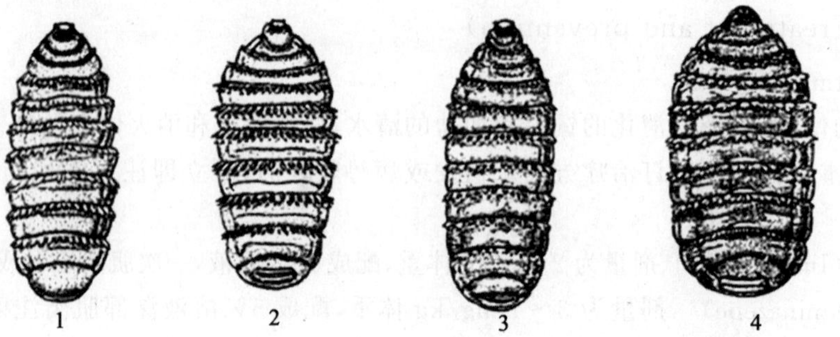

图 14-13 马胃蝇第 3 期幼虫

Figure 14-13 The third stage larvae of equine *Gasterophilus*

1. 鼻胃蝇(*G. nasalis*);2. 肠胃蝇(*G. intestinalis*);3. 红尾胃蝇(*G. haemorrhoidalis*);4. 兽胃蝇(*G. pecorum*)

(二)生活史(Life cycle)

马胃蝇的发育属完全变态(complete metamorphosis)(图 14-14),每年完成 1 个发育周期。成蝇不采食,在外界环境中仅能存活数天,雄蝇交配后很快死去,雌蝇产完卵后死亡。

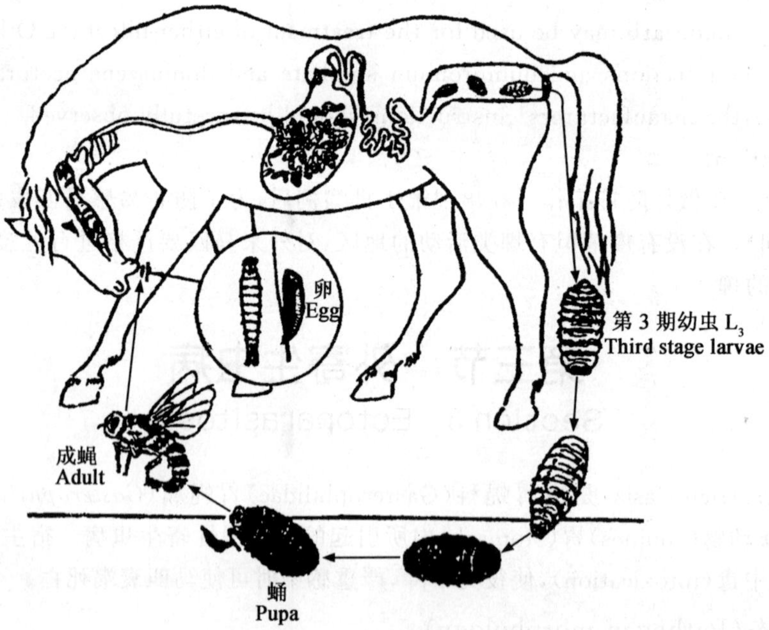

图 14-14 马胃蝇生活史

Figure 14-14 The life cycle of *Gasterophilus* spp.

1. 肠胃蝇(*G. intestinalis*)

肠胃蝇雌蝇于炎热的白天飞近马体周围，将卵产在马的背部、背鬃、胸、腹及腿部被毛上，一生产卵700枚左右。卵多粘在毛的上半部，每根毛上附卵1枚，约经5 d形成幼虫。虫卵在外力作用下(如摩擦、啃咬)使卵盖打开，幼虫逸出，在马体上移动，引起发痒。马啃痒时食入第1期幼虫，在口腔黏膜下或舌表层组织内寄生3～4周，蜕皮为第2期幼虫，随吞咽进入胃内，以口前钩固着在胃的贲门部或腺体部吸血，再经一次蜕皮变为第3期幼虫。幼虫在胃壁上寄生的时间很长，9～10个月，到翌年春季发育成熟后，自动脱离胃壁，随粪排到外界，钻入土中化蛹，经1～2个月，羽化为成蝇。

2. 红尾胃蝇(*G. haemorrhoidalis*)

红尾胃蝇产卵于口周围及颊部的短毛上，孵出幼虫后，钻入口腔黏膜，最后到达胃内继续发育为成熟幼虫(L_3)，在它排出体外前，又在直肠黏膜上固着停留数日，然后排出体外。

3. 兽胃蝇(*G. pecorum*)

兽胃蝇产卵在马蹄上或石块、植物上，经数日后发育为含幼虫的虫卵，马匹采食时感染，在口腔内幼虫由卵逸出并钻入黏膜，寄生于咽喉部，以后移入胃内继续发育成熟；兽胃蝇幼虫在离开马体前，也要在直肠内停留一段时间。

4. 鼻胃蝇(*G. nasalis*)

鼻胃蝇产卵于马的下颌间隙和上颈部被毛上，经数日后幼虫主动由卵内逸出进入口腔，以后移行到胃的幽门部或十二指肠发育为成熟幼虫。

There are four stages in the life cycle of bot fly: egg, larva, pupa and adult. The male and female mate in the surrounding. After mating, the male dies and the female lays eggs in the clothing hair of back, bristle, chest, abdomen and limb. The larvae emerge from the eggs after the eggs mature and drill into tongue mucosa when horses nibble the clothing hair. After the first moult, the larva enters the gastrointestinal tract and has its blood meal. After the second moult, the larva leaves the gastric wall and moves into the soil just before becoming a pupa. The adult appears after one to two months. It may take about one year for the cycle to be completed.

(三)流行病学(Epidemiology)

本病在我国各地普遍存在，尤其是东北、西北、内蒙古等地草原马感染率高达100%。马胃蝇幼虫除寄生于马属动物以外，偶尔也寄生于兔(rabbit)、犬(dog)、猪(pig)和人(human)的胃内。干旱、炎热的气候和饲养管理不良、马匹消瘦都是有利于本病严重流行的条件。成虫出现于6月上旬到10月上旬，以7、8月份最多。多雨和阴沉的天气对马胃蝇发育不利，因为不但成蝇在阴雨天气不能飞翔产卵，而且蛹在高湿条件下易受真菌侵袭而死亡。

(四)致病作用(Pathogenesis)

马胃蝇幼虫在寄生期间均有致病作用，但其严重程度与马匹的体质、幼虫的数量以及虫体寄生部位有关。如果只有少数幼虫寄生在贲门部，马的体质好，则不出现症状。但是如果有多量幼虫(几百个至上千个)寄生在胃腺部，马的体质又差时，则出现严重的症状。初期，由于幼虫口前钩损伤齿龈、舌和咽喉黏膜而引起这些部位的水肿、炎症，甚至溃疡。幼虫移行到胃及十二指肠后，由于损伤胃肠黏膜，引起胃肠壁水肿、发炎和溃疡；幼虫吸血，加之虫体毒素作用，使动物出现营养障碍。有时幼虫堵塞幽门部和十二指肠。

(五)症状(Clinical signs)

成蝇产卵时，影响马的采食与休息。患马病初表现为咀嚼和吞咽困难(dysphagia)，咳嗽(cough)，流涎(sialorrhea)，打喷嚏(sneeze)，有时饮水从鼻孔流出。当幼虫寄生于胃和十二指肠时，常引起胃炎(gastritis)和胃溃疡(gastric ulcer)。由于幼虫分泌毒素致使患马出现以营养障碍(nutritional disturbance)为主的症状，表现为食欲减退、消化不良、贫血、消瘦、腹痛、多汗等，使役力下降，有的因渐进性衰竭而死亡。幼虫在直肠寄生时，病马频频排粪或努责，又因幼虫刺激而发痒，患畜摩擦尾根，导致尾根损伤、发炎和尾根被毛逆立。

Bots cause a mild gastritis, but large numbers may be present with no clinical signs. The first instars migrating in the mouth can cause stomatitis and may produce pain on eating. The adult flies may annoy horses when they lay their eggs.

（六）病变（Lesions）

由于幼虫口前钩损伤齿龈、舌、咽喉黏膜而引起这些部位的水肿（edema）、炎症（inflammation），甚至溃疡（ulcer）。幼虫移行到胃及十二指肠后，引起胃肠壁水肿、发炎和溃疡，被幼虫叮着的部位呈火山口状，伴以周围组织的慢性炎症和嗜酸性细胞浸润，甚至造成胃穿孔和较大血管损伤以及继发细菌感染。有时幼虫堵塞幽门部和十二指肠。有的幼虫排出前，还要在直肠寄生一段时间，引起直肠充血、发炎。

（七）诊断（Diagnosis）

本病无特殊症状，许多症状又与消化系统其他疾病相似，因此诊断本病时，要结合流行特点和幼虫检查再做判断。具体有：了解既往病史，马是否从流行地区引进。夏季可检查马体被毛上有无胃蝇卵。检查口腔、齿龈、舌和咽喉黏膜有无幼虫寄生。春季注意观察马粪中有无幼虫，发现尾毛逆立、频频排粪的马匹，详细检查肛门和直肠上有无幼虫寄生。必要时进行诊断性驱虫。尸体剖检时，在胃和十二指肠等部位找到幼虫也可确诊。还可采用胃蝇幼虫无菌水浸液进行变态反应诊断。

Specific diagnosis of *Gasterophilus* infection is difficult and can be made by demonstrating larvae as they pass in the feces.

（八）防治（Treatment and prevention）

1. 治疗（Treatment）

精制敌百虫（metrifonate），成马 9～15 g，幼驹 5～8 g，驴 7～9 g，配成 10%～20%水溶液，一次用胃管投服，用药后 4 h 内禁饮水。伊维菌素（ivermectin），按 0.2 mg/kg 体重的剂量皮下注射。亦可用敌敌畏每千克体重 40 mg，一次投服。对口腔内的幼虫，可涂擦 5%敌百虫豆油（敌百虫加于豆油内加温溶解），涂 1～3 次即可，也可用镊子摘除虫体。

2. 预防（Prevention）

可采取以下措施：①在本病严重流行地区，于每年秋、冬两季用兽用精制敌百虫进行预防性驱虫，这样既能保证马匹的健康，安全度过冬春，又能消灭未成熟的幼虫，达到消灭病原的目的。②为了杀灭体表的第 1 期幼虫，可用 1%～2%敌百虫水溶液喷洒或涂擦畜体，每 6～10 d 重复 1 次。③为了消除马毛上的虫卵，可重复用热醋洗刷，使幼虫提早脱离卵壳，并使卵上的黏胶物质溶解。④在有条件的情况下，可采取夜间放牧，以防成蝇侵袭产卵。⑤在患马排出成熟幼虫的季节，应随时摘除附着在直肠黏膜上或肛门上的幼虫，予以消灭，并撒放家禽啄食随马粪排出的幼虫。

From the life cycle, it is obvious that in temperate areas, almost the entire *Gasterophilus* population will be present as larvae in the stomach during the winter since adult fly activity ceases with the advent of the first frosts in autumn. A single treatment during the winter, therefore, should effectively break the cycle. In certain areas, where adult fly activity is prolonged by mild conditions, additional treatments may be required. The most widely used specific drugs include trichlorfon, dichlorvos and ivermectin. If, during the summer and autumn, eggs are found on the coat, subsequent infection can be prevented by vigorously sponging with warm water containing an insecticide. The warmth stimulates hatching and the insecticide kills the newly-hatched larvae.

第十五章　犬猫寄生虫病

Chapter 15　Parasitic Diseases of Dogs and Cats

第一节　蠕　虫　病

Section 1　Helminthiasis

一、复孔绦虫病(Dipylidiosis)

犬复孔绦虫病(dipylidiosis caninum)是由双壳科(Dilepididae)复孔属(*Dipylidium*)的犬复孔绦虫(*D. caninum*)寄生于犬(dog)、猫(cat)的小肠(small intestine)内引起的一种常见绦虫病(cestodiasis),人偶尔也可感染,特别是儿童。

(一) 病原形态(Pathogen morphology)

犬复孔绦虫(*D. caninum*)为中型绦虫,新鲜时为淡红色,固定后为乳白色,虫体长 15～70 cm,宽 2～3 mm。头节小,直径小于 0.5 mm,其上有 4 个肌质吸盘和顶突,顶突上有 4～7 圈小钩。每一成节内含 2 套生殖器官(genital organs),睾丸(testes)100～200 个,位于纵排泄管的内侧,生殖孔(genital pore)开口于两侧的中央稍后(图 15-1)。成节(mature segment)与孕节均长大于宽,形似黄瓜籽,故又称瓜籽绦虫。2 个生殖孔分别位于节片两侧的中央稍后。孕卵节片内的子宫(uterus)初为网状,后分化为许多卵袋(cocoon)(图 15-2)。每个卵袋内大约含 20 个虫卵(eggs)。虫卵呈球形,直径为 35～50 μm,卵壳薄,内含六钩蚴(oncosphere)。

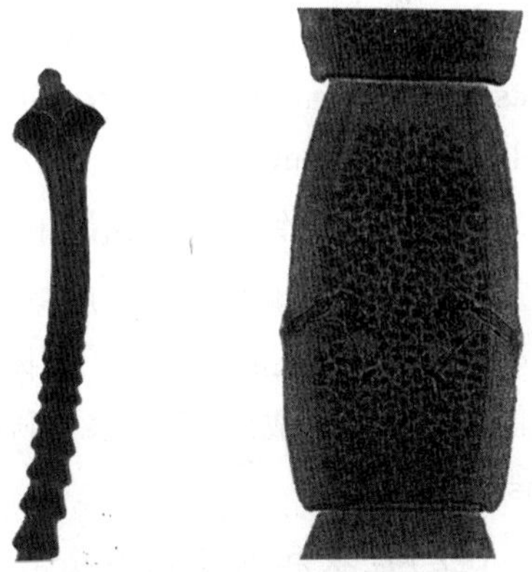

图 15-1　犬复孔绦虫头节(左)和成节(右)

Figure 15-1　Scolex (left) and mature segment (right) of *Dipylidium caninum*

(引自 Bowman,2002)

Dipylidium is a much shorter tapeworm than *Taenia*, the maximum length being about 50 cm. The scolex has a protrusible rostellum which is armed with four or five rows of small hooks (Figure 15-1). The proglottid is easily recognized, being elongate, like a large rice grain, and has two sets of genital organs, with a pore opening on each margin.

(二)生活史(Life cycle)

复孔绦虫的中间宿主主要是蚤类(fleas),如犬栉首蚤(*Ctenocephalides canis*)、猫栉首蚤(*C. felis*)。其次是食毛目的犬毛虱(*Trichodectes canis*)。成虫的孕节随粪便排出体外或主动爬出犬肛门外,破裂后虫卵逸出,污染外界环境,被蚤类幼虫吞食后,六钩蚴在其肠内孵出,移行至血腔内发育,约经 18 d 发育为似囊尾蚴(cysticercoids)。后者随幼蚤发育为成蚤而寄生于成蚤体内。犬、猫等动物因舔被毛时吞入含有似囊尾蚴的跳蚤而感染。似囊尾蚴在终末宿主小肠内约经 3 周发育为成虫。

The larval flea ingests the egg. The cysticercoid develops in the flea, reaching infectivity in the adult flea about 1 day after the flea has found a host. When the dog ingests an infected flea while grooming, the cysticercoid is digested out, the protoscolex attaches to the small intestinal wall and the worms begin to form proglottids. Gravid proglottids, containing the eggs, detach from the end of the worm and pass out in the feces. The prepatent period is about 3 weeks.

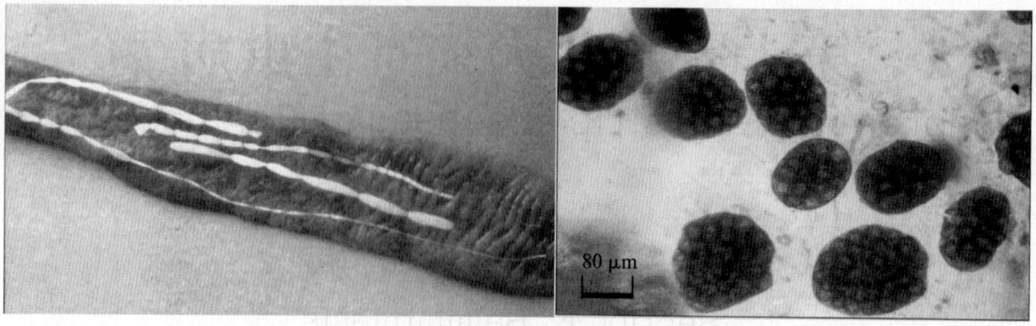

图 15-2　犬复孔绦虫成虫(左)和卵袋(右)

Figure 15-2　Adult(left) and cocoon(right) of *Dipylidium caninum*

(引自 Fisher, 2005)

（三）流行病学(Epidemiology)

本病广泛分布于世界各地，在我国各地均有流行，感染无明显季节性。犬和猫的感染率(infection rate)较高，狐(fox)和狼(wolf)等野生动物(wildlife)也可感染；人体主要是儿童受到感染。

Dipylidium infection is very common and, being dependent on the continuous presence of ectoparasites for its local endemicity, it is more prevalent in neglected animals, though infestations are also seen in well kept dogs and cats.

（四）致病作用(Pathogenesis)

虫体少量寄生时致病作用轻微，大量寄生时，以其小钩(hooklet)和吸盘(sucker)损伤宿主的肠黏膜，常引起炎症(inflammation)。虫体夺取营养，给宿主生长发育造成障碍；虫体分泌的毒素(toxin)引起宿主中毒。虫体聚集成团，可堵塞小肠腔，导致腹痛(stomachache)、肠扭转(volvulus)，甚至肠破裂(enterorrhexis)。

（五）症状和病变(Clinical signs and lesions)

犬、猫轻度感染时一般无症状。幼犬严重感染时，可引起食欲不振(inappetence)、消化不良(indigestion)、腹痛(stomachache)、腹泻(diarrhea)或便秘(constipation)、肛门瘙痒(pruritus ani)等症状。儿童感染后，有时有腹痛、肛门瘙痒、轻度消化障碍以及中毒性神经症状。

少量虫体只引起轻微的损伤，寄生量大时，可见肠黏膜炎症。剖检可在小肠内发现虫体。

（六）诊断(Diagnosis)

诊断时，检查犬、猫肛门周围被毛上是否有犬复孔绦虫孕节(gravid segment)；检查粪便中的孕节、虫卵和卵袋。若节片为新排出的，可用放大镜观察进行初步诊断。若节片已干缩，可用解剖针挑碎，在显微镜下观察其卵袋，检查到卵袋即可确诊。

If the segment is freshly passed, preliminary identification may be made on the elongate shape, and the double genital organs which may be seen with a hand lens. If it is dried and distorted it will be necessary to break it up with mounted needles in water, where the egg packets are easily seen under the microscope.

（七）防治(Treatment and prevention)

1. 治疗(Treatment)

可选用下列药物：①吡喹酮(praziquantel)，犬按 5 mg/kg 体重，猫按 2 mg/kg 体重，1 次内服。②氢溴酸槟榔素(arecoline hydrobromide)，犬按 1～2 mg/kg 体重，1 次内服。③阿苯达唑(albendazole)，犬按

10～20 mg/kg 体重，每天口服 1 次，连用 3～4 d。

2. 预防(Prevention)

对犬、猫要定期驱虫(periodic deworming)，驱虫以后的粪便要及时清除，堆积发酵，防止虫卵污染环境。可用蝇毒灵(coumafos)、倍硫磷(baycid)、溴氰菊酯(decis)等药物定期杀灭犬、猫体表的虱和蚤类，以切断本病传播途径。猫、犬的圈舍也要定期进行消毒和灭虫。要大力开展宣传教育工作，不要抚玩犬、猫，以防感染。

二、恶丝虫病(Dirofilariasis)

犬恶丝虫病(dirofilariasis)是由丝虫科(Filariidae)恶丝虫属(*Dirofilaria*)的犬恶丝虫(*D. immitis*)寄生于犬(dog)的右心室(right ventricle)和肺动脉(pulmonary artery)所引起的一种丝虫病。以循环障碍(circulatory disturbance)、呼吸困难(dyspnea)及贫血(anemia)等症状为特征。除犬外，猫(cat)、狼(wolf)、狐(fox)及小熊猫(lesser panda)等野生肉食动物也能感染。

(一)病原形态(Pathogen morphology)

犬恶丝虫虫体细长，呈丝线状，白色(图 15-3)。雄虫长 12～20 cm，后端螺旋状卷曲，有窄的尾翼膜(caudal ala)，末端有尾乳突 11 对(肛前 5 对、肛后 6 对)，交合刺(spicules)2 根，不等长。雌虫长 25～30 cm，尾部平直，阴门(vulva)开口于食道后端处。微丝蚴(microfilariae)长约 315 μm，宽度大于 6 μm，前端尖细，后端平直。

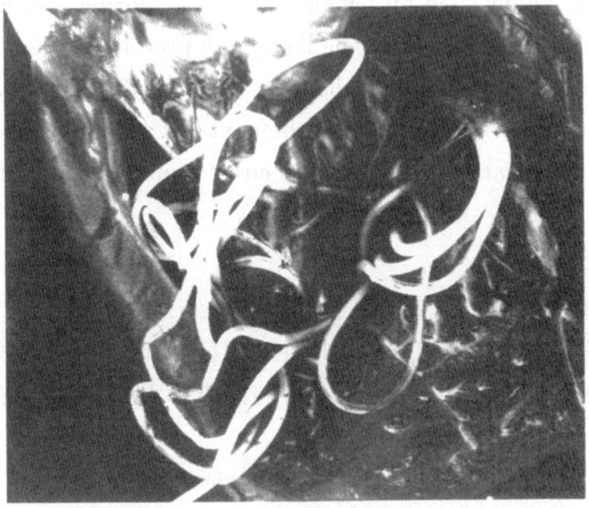

图 15-3 犬右心室中的犬恶丝虫

Figure 15-3 Adult *Dirofilaria immitis* in right ventricle of dog heart

(引自 Urquhart 等，1996)

Long slender worms 20 to 30 cm long (Figure 15-3). The male tail has the typical loose spiral common to the filarioids. The size and site are diagnostic for *D. immitis*. The microfilariae in the blood are not ensheathed and are 307 to 332 μm in length by 6. 8 μm wide. They have a tapered anterior end and blunt posterior end.

(二)生活史(Life cycle)

犬恶丝虫为间接发育型，中间宿主为蚊(mosquitoes)(中华按蚊、白纹伊蚊、淡色库蚊)和蚤(fleas)(犬蚤、猫蚤)。雌虫产出的微丝蚴(microfilariae)进入宿主的外周血液，在血液中可生存 1 年以上。蚊等吸血时，微丝蚴进入蚊体内，约 2 周发育为感染性幼虫(L_3)，并移行到蚊的口器内。蚊等再次吸血时，将虫体带入宿主体内。第 3 期幼虫在皮下或浆膜下层发育约 2 个月，经 2 次蜕皮变为童虫，然后经 2～4 个月的移行到达右心室及大血管内，继续发育为成虫(adult)(图 15-4)。从蚊叮咬感染到发育为成虫需 6～7 个月。

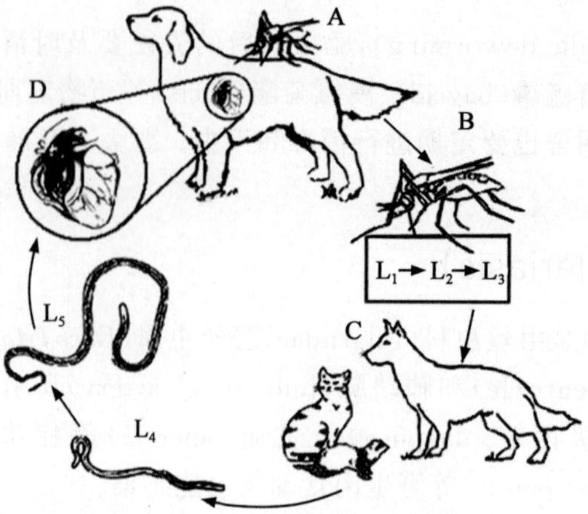

图 15-4 犬恶丝虫的生活史

Figure 15-4 The life cycle of *Dirofilaria immitis*

A. 蚊叮咬犬(Mosquito bites dog)；B. 中间宿主(Intermediate host)；C. 终末宿主(Final host)；D. 寄生部位(Predilection site)

The adults live in the heart and adjacent blood vessels and the females release microfilariae directly into the bloodstream. These are ingested by female mosquitoes during feeding. Development to L_3 in the mosquito takes about 2 weeks, by which time the larvae are present in the mouthparts and the final host is infected when the mosquito takes a further blood meal. In the dog the L_3 migrate to the subcutaneous or subserosal tissues and undergo two moults over the next few months; only after the final moult do the young *D. immitis* pass to the heart via the venous circulation. The minimum prepatent period is six months.

(三)流行病学(Epidemiology)

本病呈世界性分布。我国各地犬的感染率(infection rate)很高，感染季节一般为蚊最活跃的 6～10 月份，感染高峰期为 7～9 月份。微丝蚴出现的周期性不明显，但以夜间出现较多。感染率与年龄呈正比，年龄越大则感染率越高。犬的性别、被毛长短、毛色等与感染率无关，但饲养在室外的犬感染率高于室内犬。

The important factors in the spread of heartworm disease can be divided into those affecting the host and those affecting the vector. Host factors include a high density of dogs in areas where the vectors exist, the lengthy prepatent period of up to five years during which time circulating microfilariae are present, and the lack of an effective immune response against established parasites. Vector factors include the ubiquity of the mosquito intermediate hosts, their capacity for rapid population increase and the short development period from microfilariae to L_3.

(四)致病作用(Pathogenesis)

成虫寄生于犬的右心室及肺动脉中，由于虫体刺激心内膜，可引起心内膜炎(endocarditis)并继发心肥大和右心室扩张；虫体寄生于肺动脉中，出现动脉内膜炎(endarteritis)。严重感染时可因静脉淤血(venous congestion)而导致腹水(ascites)和肝脏肿大等病变；肺因幼虫的刺激而发炎，造成上呼吸道感染。

(五)症状(Clinical signs)

初期症状是慢性咳嗽(chronic cough)，运动时加重，或运动时病犬易疲劳。随着病情的发展，病犬出现慢性支气管炎(chronic bronchitis)，心悸亢进(cardiopalmus accentuation)，脉细弱并有间歇，心内有杂音，肝脏区触诊疼痛，肝脏肿大，胸、腹腔积水(hydroabdomen)，全身浮肿，呼吸困难(dyspnea)，咳嗽剧烈。长期受感染的病例，肺源性心脏病症状十分明显。末期，由于全身衰弱(weakness)或运动时虚脱(collapse)而死亡。

当病犬出现肺动脉高压症(pulmonary hypertension)及肺动脉瓣障碍时，X 光摄影可见右心室扩张，主动脉(aorta)与肺动脉(pulmonary artery)扩张。并发急性腔静脉综合征时，突然出现血色素尿(hemoglobin urine)、贫血(anemia)、黄疸(icterus)、虚脱和尿毒症(toxuria)等症状。

猫最常见的症状为食欲减退(decreased appetite)、嗜睡(lethargy)、咳嗽(cough)、呼吸痛苦和呕吐(vomiting)。

Heavily infected dogs are listless and there is a gradual loss of condition and exercise intolerance. They have a chronic soft cough with haemoptysis and in the later stages of the disease become dyspnoeic and may develop oedema and ascites. The acute vena caval syndrome is characterized by haemoglobinuria, icterus and collapse. Lighter infections in working dogs may be responsible for poor performance during periods of sustained exercise.

(六)病变(Lesions)

剖检时可见心脏肥大(cardiomegaly)、右心室扩张、瓣膜病变、心内膜肥厚等。犬恶丝虫的成虫常纠缠成团，也可游离或被包裹而寄生于右心室和肺动脉中，也有个别的寄生于肺动脉支和肺组织中。肺脏贫血，扩张不全(incomplete dilation)，肺动脉内膜炎、脓肿(abscess)及坏死(necrosis)等。肝脏(liver)硬变，呈肉豆蔻样。肾脏实质和间质均有炎症变化。

(七)诊断(Diagnosis)

根据临床症状，并在外周血液内发现微丝蚴即可确诊。检查微丝蚴较好的方法是改良 Knott 氏试验或毛细管离心法。

1. 改良 Knott 氏试验(Modified Knott's test)

取全血 1 mL 加 2%甲醛 9 mL，混合后 1 000～1 500 r/min 离心 5～8 min，弃上清液，取 1 滴沉渣和 1 滴 0.1%美蓝(亚甲蓝)溶液混合，显微镜下检查微丝蚴。

2. 毛细管离心法(Capillary centrifugation)

取抗凝血，吸入特制的毛细管内，用橡皮泥封住下端，离心后在显微镜下于红细胞和血浆交界处直接观察微丝蚴，或将毛细管切断，将所要检查的部分血浆置载玻片上镜检。

对疑似本病而查不出微丝蚴时，可用超声波、X 射线摄影或免疫学方法检查。

This is based on the clinical signs of cardiovascular dysfunction and the demonstration of the appropriate microfilariae in the blood. The identification of the microfilariae in the blood is aided by concentrating the parasites following lysis, filtration and then staining with methylene blue.

(八)防治(Treatment and prevention)

1. 药物治疗(Treatment by medicine)

犬的治疗主要针对成虫，其次针对微丝蚴，可用如下药物：①左旋咪唑(levamisole)。按 10 mg/kg 体重，口服，每天 1 次，连用 7～14 d。②伊维菌素(ivermectin)。按 0.2～0.3 mg/kg 体重，一次皮下注射。③枸橼酸乙胺嗪(diethylcarbamazine citrate)。按 60～70 mg/kg 体重，内服或配成 30%溶液一次皮下或肌肉注射，连用 3～5 周，或以 6 mg/kg 体重，混入食物内，在感染期和以后 2 个月饲喂。④倍硫磷(fenthion)。倍硫磷最有效的杀微丝蚴药物。7%倍硫磷溶液按每千克体重 0.2 mL，皮下注射，必要时隔 2 周重复 1～2 次。倍硫磷是一种胆碱酯酶抑制剂，使用前后不要用任何杀虫剂或具有抑制胆碱酯酶活性的药物。

2. 手术治疗(Surgical treatment)

对于虫体寄生数量多，肺动脉内膜病变严重，肝肾功能不全，用药会对犬体产生毒性的病例，尤其是并发腔静脉综合征者，需采取外科手术治疗。

3. 预防(Prevention)

消灭中间宿主(蚊、蚤)是预防本病的重要措施。在蚊虫活动季节,可用药物进行预防。对流行区的犬,应定期血检,发现微丝蚴,及时治疗。

The most up to date methods of preventing heartworm infection involve monthly administration, throughout the mosquito season, of ivermectin or milbemycin especially formulated for this use in dogs.

三、钩虫病(Ancylostomiasis)

犬、猫钩虫病是由钩口科(Ancylostomatidae)的犬钩口线虫(*Ancylostoma caninum*)、狭头弯口线虫(*Uncinaria stenocephala*)、巴西钩口线虫(*A. braziliense*)、锡兰钩口线虫(*A. ceylanicum*)和美洲板口线虫(*Necator americanus*)寄生于犬和猫的小肠所引起的寄生虫病。本病在我国各地广泛流行,主要危害1岁以内的幼犬和幼猫。

(一)病原形态(Pathogen morphology)

以犬钩口线虫及狭头弯口线虫为常见种。

1. 犬钩口线虫(*Ancylostoma caninum*)

犬钩口线虫简称犬钩虫,寄生于犬、猫、狐,偶尔寄生于人。虫体呈淡红色,前端向背面弯曲,口囊大,腹侧口缘上有3对大齿。口囊深部有1对背齿和1对侧腹齿(图15-5)。雄虫体长10～12 mm,交合伞由对称排列的2个侧叶和1个背叶组成,有1对等长的交合刺(spicules)。雌虫体长14～16 mm,尾端呈细刺状。虫卵为浅褐色、椭圆形,大小为(55～76) μm×(34～45) μm,刚排出虫卵内含8个卵细胞。

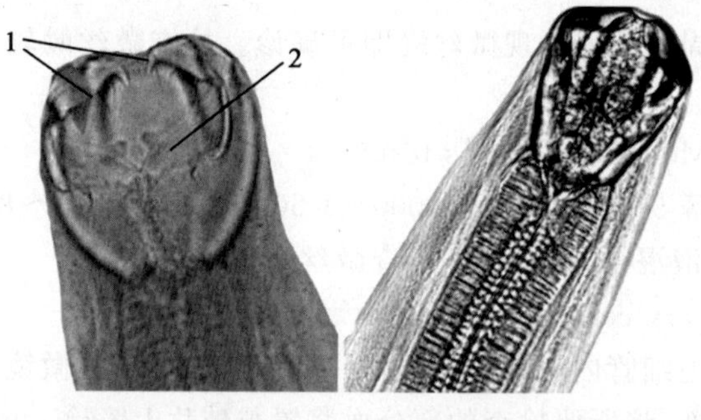

图15-5　犬钩口线虫(左)和狭头弯口线虫(右)口囊

Figure 15-5　Buccal capsule of *Ancylostoma caninum* (left) and *Uncinaria stenocephala* (right)

(引自 Fisher,2005; Urquhart 等,1996)

1. 有齿切板 Cutting plates with teeth; 2. 口囊 Buccal capsule

2. 狭头弯口线虫(*Uncinaria stenocephala*)

狭头弯口线虫简称狭头钩虫,主要寄生于犬的小肠内。虫体呈淡黄色,较犬钩虫小,口弯向背面,口囊发达,其腹面前缘有1对半月形切板,靠近口囊底部有1对亚腹侧齿(图15-5)。口囊内的切板是弯口线虫区别于钩口线虫的主要特征之一。雄虫长5～8.5 mm,交合伞发达,有2根等长的交合刺。雌虫长7～10 mm,尾端尖细。虫卵较大,大小为(65～80) μm×(40～50) μm。

(二)生活史(Life cycle)

以犬钩虫为例:虫卵随粪便排出体外,在外界适宜条件下(温度25～30℃、相对湿度60%～80%、荫蔽、含氧充足的疏松土壤为其发育的最佳场所)经12～30 h,第1期杆状蚴(rhabditiform larva)即可破壳孵出,在48 h内进行第1次蜕皮,发育为第2期杆状蚴。此后,虫体继续增长,并可将摄取的食物贮存于肠内。经5～6 d后,虫体口腔封闭,停止摄食,咽管变长,进行第2次蜕皮后发育为丝状蚴(filariform larva),即感染期。

经皮肤感染时,感染性幼虫通过毛囊或薄嫩的皮肤侵入宿主体内,随血流经右心至肺,穿出毛细血管进入肺泡。此后，幼虫沿肺泡、小支气管、支气管移行至咽，随吞咽活动经食管、胃到达小肠。幼虫在小肠内迅速发育，并在感染后 3～4 d 进行第 3 次蜕皮发育为第 4 期幼虫，再经 10 d 左右，进行第 4 次蜕皮，逐渐发育为成虫。自丝状蚴钻入皮肤至成虫交配产卵，需 5～7 周。经口感染时，幼虫可能经肺移行，但多系钻进消化道管壁，经一段时间的发育重返肠腔发育为成虫。

The eggs of *Ancylostoma caninum* pass through several larval stages before becoming an adult. In an environment of 23 degrees Celsius, the egg hatches into the first-stage larva in the soil in approximately one day. Within four to five days, the cuticle is molted twice and the infective third-stage larva emerges. Infection of the host can occur through ingestion or by penetration of the unbroken skin but either way, the parasite ends up in the small intestine of the host. If ingested, *A. caninum* travels to the stomach of its host, molts, migrates to the small intestine, molts a fourth and final time, and develops to maturity in about 5 weeks. If entrance is via the skin, *A. caninum* makes its way through the dermal layers and enters the circulatory system which takes it to the lungs. Once in the lungs, *A. caninum* leaves the capillaries and travels up the trachea where it is swallowed. It then goes through the same cycle that ingested *A. caninum* go through until it reaches the small intestine.

(三)流行病学(Epidemiology)

犬钩虫是犬最常见的寄生虫之一，呈全球性分布，在我国亦分布很广。本病多发于夏季，尤其是狭小、潮湿和阴暗的犬舍更易发生。感染途径有 3 种：一是经皮肤感染，丝状蚴具有明显的向温性，当其与皮肤接触并受到体温的刺激后，虫体活力显著增强，经毛囊、汗腺或皮肤破损处主动钻入犬、猫体内。二是经口感染，犬、猫食入感染性幼虫后，幼虫侵入食道等处黏膜而进入血液循环。三是经胎盘感染，幼虫移行经血液循环进入胎盘，从而使胎犬感染，此途径少见。狭头钩虫主要是经口感染，幼虫移行不经过肺。

(四)致病作用和症状(Pathogenesis and clinical signs)

犬钩虫和狭头钩虫以其强大的口囊吸附在宿主的肠黏膜上，利用牙齿或切板刺破黏膜而大量吸血，造成黏膜出血、溃疡；虫体可分泌抗凝血素(anticoagulin)，延长凝血时间，便于吸血。幼虫侵入皮肤时可引起皮炎，移行时可导致肺组织损伤而引起肺炎。

1. 急性型(Acute type)

幼犬或猫在短时间内被大量虫体感染所引起，表现为机体消瘦(emaciation)，黏膜苍白，被毛粗糙无光泽、易脱落；食欲减退(decreased appetite)，异嗜，呕吐(vomiting)，消化障碍(gastricism)，下痢(diarrhoea)和便秘(constipation)交替发作；粪便带血或呈黑色，严重时如柏油状，并带有腐臭气味。经胎盘或初乳感染犬钩虫的 3 周龄内仔犬，可表现严重贫血(anemia)，并因继发感染其他疾病而死亡。

2. 慢性型(Chronic type)

成年犬感染少量虫体时，一般只出现轻度贫血(mild anemia)、营养不良(malnutrition)和胃肠功能紊乱(gastrointestinal dysfunction)的症状。

3. 钩虫性皮炎(Hookworm dermatitis)

钩虫性皮炎由感染性幼虫大量侵入皮肤引起。多发于四肢，出现瘙痒、脱毛、肿胀和角质化等。

In acute infections, there is anemia and lassitude and occasionally respiratory embarrassment. In suckled pups the anemia is often severe and is accompanied by diarrhoea which may contain blood and mucus. Respiratory signs may be due to larval damage in the lungs or to the anoxic effects of anemia. In more chronic infections, the animal is usually underweight, the coat is poor, and there is loss of appetite and perhaps pica. Inconsistently there are signs of respiratory embarrassment, skin lesions and lameness.

(五)诊断(Diagnosis)

根据临床症状、粪便检查做出诊断。粪便检查一般采用漂浮法(flotation method)或贝尔曼分离法，检出钩虫卵或分离出幼虫即可确诊。

This depends on the clinical signs and fecal examination. High fecal worm egg counts are valuable confirmation of diagnosis, but it should be noted that suckled pups may show severe clinical signs before eggs are detected in the feces.

（六）防治(Treatment and prevention)

1. 治疗(Treatment)

可选用下列药物：①二碘硝基酚(dimphenol)，此药不需要停食，不会引起应激反应，可用于幼龄犬，是治疗本病的首选药物。按 0.2～0.23 mg/kg 体重，一次皮下注射。对犬的各种钩虫驱虫效果接近 100%。②左旋咪唑(levamisole)，按 10 mg/kg 体重，一次口服。③阿苯达唑(albendazole)，按 50 mg/kg 体重，口服，连用 3 d，对组织中移行的幼虫也具有较好的驱杀效果。④伊维菌素(ivermectin)，按 0.2～0.3 mg/kg 体重，皮下注射，隔 3～4 d 注射 1 次，连用 3 次。重症贫血犬可通过补铁或输血以改善症状。

Affected dogs should be treated with an anthelmintic, such as mebendazole, fenbendazole and nitroscanate, all of which will kill both adult and developing intestinal stages; several of the avermectins have similar activity. If the disease is severe, it is advisable to give parenteral iron and to ensure that the dog has a protein-rich diet. Young pups may require a blood transfusion.

2. 预防(Prevention)

主要是保持犬、猫舍的干燥和清洁卫生，粪便要及时清除，定点堆放，并进行无害化处理；对木制笼舍可用开水浇烫，铁制部分或地面可用喷灯喷烧，能搬动的用具可移到室外在阳光下曝晒，以杀死虫卵或幼虫。要及时治疗病犬、猫和带虫者；饲喂的食物要干净，不喂生食。

四、蛔虫病(Toxocariasis)

犬猫蛔虫病是由弓首科(Toxocaridae)的犬弓首蛔虫(*Toxocara canis*)、猫弓首蛔虫(*T. cati*)及狮弓蛔虫(*Toxascaris leonina*)寄生于犬、猫的小肠所引起的寄生虫病，广泛分布于世界各地。犬弓首蛔虫不仅可造成幼犬生长缓慢(poor growth)、发育不良(dysplasia)，严重感染时可引起幼犬死亡；而且它的幼虫也可感染人，引起人体内脏幼虫移行症(visceral larva migrans, VLM)及眼部幼虫移行症(ocular larva migrans, OLM)。

（一）病原形态(Pathogen morphology)

1. 犬弓首蛔虫(*Toxocara canis*)

犬弓首蛔虫寄生于犬的小肠内，头端有 3 片唇(lips)，虫体前端两侧有向后延伸的颈翼(cervical alae)。食道与肠管连接处有小胃。雄虫长 5～11 cm，尾端弯曲，有 1 小锥突，有尾翼。雌虫长 9～18 cm，尾端直，阴门(vulva)开口于虫体前半部。虫卵呈亚球形(subglobular)，大小为(68～85) μm×(64～72) μm，卵壳厚，表面有许多点状凹陷(图 15-6)。

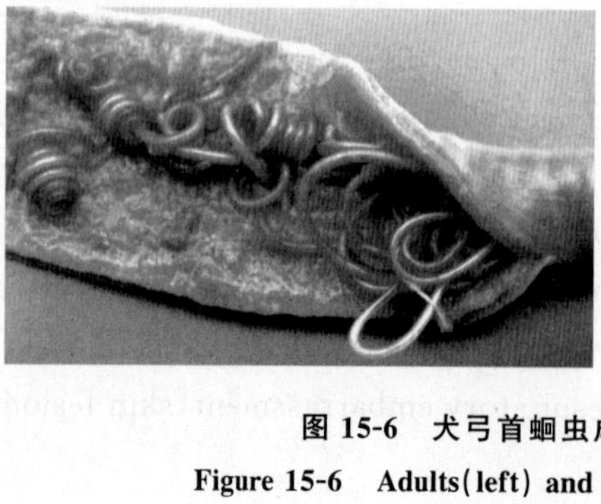

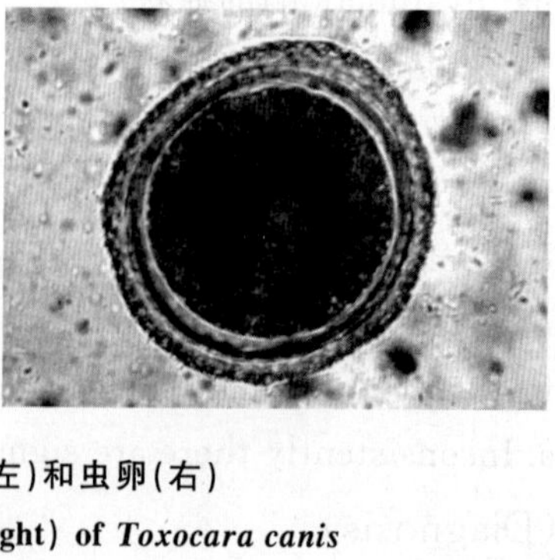

图 15-6 犬弓首蛔虫成虫(左)和虫卵(右)

Figure 15-6 Adults(left) and egg(right) of *Toxocara canis*

(引自 Fisher, 2005)

2. 猫弓首蛔虫(*T. cati*)

猫弓首蛔虫外形与犬弓首蛔虫相似,颈翼前窄后宽,使虫体前端如箭镞状(图 15-7)。雄虫长 3～6 cm,尾部有一小的指状突起。交合刺(spicules)不均等,长为 1.7～1.9 mm。雌虫长 4～12 cm。虫卵呈亚球形,具有厚的凹凸不平的卵壳,大小为 65 μm×70 μm。

3. 狮弓蛔虫(*Toxascaris leonina*)

狮弓蛔虫成虫头端向背侧弯曲,颈翼呈柳叶刀形(图 15-7)。无小胃。雄虫长 3～7 cm,交合刺0.7～1.5 mm;雌虫长 3～10 cm,阴门开口于虫体前 1/3 与中 1/3 的交接处。虫卵呈偏卵圆形,表面光滑,大小为(49～61) μm×(74～86) μm。

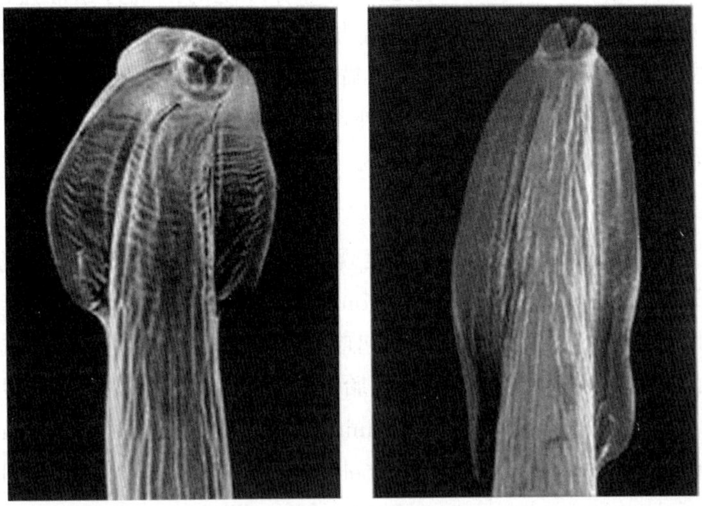

图 15-7 猫弓首蛔虫(左)和狮弓蛔虫(右)颈翼比较

Figure 15-7 Comparison of cervical alae between *Toxocara cati*(left) and *Toxasacris leonine*(right)

(引自 Fisher,2005)

Toxocara canis is a large white worm up to 10.0 cm in length, and in the dog can be confused only with *Toxascaris leonina*. Differentiation of these two species is difficult, as the only useful character, visible with a hand lens, is the presence of a small finger-like process on the tail of the male *T. canis*. The egg is dark brown and subglobular, with a thick, pitted shell.

(二)生活史(Life cycle)

犬弓首蛔虫和猫弓首蛔虫的发育过程类似于猪蛔虫,摄食感染性虫卵后,需在宿主体内经过复杂的移行过程,经 4～5 周发育为成虫。年龄较大的犬感染犬弓首蛔虫后,幼虫可随血流到达各种组织器官(包括肝脏、肺、脑、心、骨骼肌、消化管壁)中,形成包囊,但不进一步发育。如被其他肉食兽摄食后,包囊中幼虫可发育为成虫。此外,母犬怀孕后,幼虫还可经胎盘感染胎儿或产后经母乳感染幼犬。狮弓蛔虫的生活史简单,幼虫孵出后进入肠壁发育,后返回肠腔发育为成虫。

感染性虫卵可被储藏宿主摄入,在其体内形成含有第 3 期幼虫的包囊,犬、猫摄食储藏宿主后感染。犬弓首蛔虫的储藏宿主为啮齿类动物;猫弓首蛔虫的储藏宿主为蚯蚓、蟑螂、某些鸟类和啮齿类动物;狮弓蛔虫的储藏宿主为啮齿类动物、食虫目动物和小型肉食兽。

The basic form is typical to all ascaroides, with the egg containing the L_2 being infective, at optimal temperature and humidity, 4 weeks after secreted in the feces to the environment. After ingestion and hatching in the small intestine, the L_2 larvae travel through the portal blood stream into the liver and lungs. The second molt takes place in the lungs, the now L_3 larvae return via the trachea and into the intestines, where the final two molts take place. This form of infection occurs regularly only in dogs up to three months of age.

In older dogs, the L_2 travel to a wide range of organs, including the liver, lungs, brain, heart and skeletal muscles, as well as to the walls of the gastrointestinal tract. In pregnant bitches, prenatal infection can occur, where larvae become mobilized and migrate to the lungs of the fetus, here molting into the L_3 stage just prior to birth. In the newborn pup, the cycle is completed when the larvae migrate through the trachea and into the intestinal lumen, where the final molts take place.

(三)流行病学(Epidemiology)

犬蛔虫病主要发生于6月龄以下幼犬,感染率在5%～80%。其主要原因:一是雌虫繁殖力强,每条雌虫每天在每克粪便中可排虫卵约700个;二是虫卵对外界环境的抵抗力非常强,可在土壤中存活数年;三是妊娠母犬的组织中藏匿着一些幼虫的包囊,可抵抗药物的作用,而成为幼犬感染的一个重要来源。

猫蛔虫病流行主要是由于感染性幼虫储存在母猫的组织器官中,并在怀孕后期开始活动,整个泌乳期随乳汁排出,幼猫因摄入乳汁中的幼虫而感染。此外,由于猫具有很强的猎食本能,受感染的贮藏宿主在猫弓首蛔虫病流行上所起的作用也很重要。

(四)症状(Clinical signs)

犬轻度、中度感染犬弓首蛔虫时,幼虫移行不表现任何临床症状。寄生于小肠的成虫可引起发育迟缓、被毛粗乱、精神沉郁(depression)、消瘦(emaciation),并偶见拉稀。有时可见幼犬、猫呕出或在粪便中排出虫体。严重感染时,幼虫移行导致肺损伤,引起咳嗽(cough)、呼吸加快和泡沫状鼻漏(frothy nasal discharge)。大部分死亡病例发生于肺部感染期,经胎盘严重感染的幼犬在分娩后几天内即可发生死亡。

In mild to moderate infections, there are no clinical signs during the pulmonary phase of larval migration. The adults in the intestine may cause pot-belly, with failure to thrive, and occasional diarrhoea. Entire worms are sometimes vomited or passed in the feces. The signs in heavy infections during larval migration result from pulmonary damage and include coughing, increased respiratory rate, and a frothy nasal discharge. Most fatalities from *T. canis* infection occur during the pulmonary phase, and pups which have been heavily infected transplacentally may die within a few days of birth.

猫患弓首蛔虫病时,临床上表现为食欲不振(inappetence)、被毛粗乱、渐进性消瘦(progressive marasmus),贫血(anemia)、呕吐(vomiting)、异嗜(allotriophagy),先下痢(diarrhoea)后便秘(constipation),偶伴发癫痫性痉挛(epileptic spasm),幼猫生长发育缓慢。

(五)病变(Lesions)

轻度及中度感染时,虫体对组织器官不造成明显的损伤。但严重感染时,幼虫在肺部移行可引起肺炎,有时伴发肺水肿;成虫可引起卡他性肠炎(catarrhal enteritis)、肠黏膜出血或溃疡(ulcer),肠道部分或完全阻塞。严重时出现肠穿孔(intestinal perforation)、腹膜炎(peritonitis)或胆管阻塞、胆管化脓、破裂、肝脏黄染、变硬。

(六)诊断(Diagnosis)

根据临床症状和病原检查作出诊断。确诊需在粪便中发现特征性虫卵或虫体,尸检时在小肠或胆道发现虫体。

The eggs in feces, subglobular and brown with thick pitted shells, are species-diagnostic. The egg production of the worms is so high that there is no need to use flotation methods, and they are readily found in simple fecal smears to which a drop of water has been added.

(七)防治(Treatment and prevention)

1. 治疗(Treatment)

可选用以下药物:①阿苯达唑(albendazole),按10～25 mg/kg体重,一次口服,7 d后再重复1次。②左旋咪唑(levamisole),按10 mg/kg体重,一次口服。③芬苯达唑(fenbendazole),按每天50 mg/kg体重,连喂 3 d;少数病例在用药后可能出现呕吐。④伊维菌素(ivermectin),按 0.2~0.3 mg/kg 体重,皮下注射或口服。注意,柯利犬及有柯利犬血统的犬禁用该药。

The adult worms are easily removed by anthelmintic treatment. The most popular drug used has been piperazine, although this is being superseded by the benzimidazoles, fenbendazole and mebendazole and by nitroscanate.

2. 预防(Prevention)

由于地面上的虫卵及母犬体内的幼虫是感染的主要来源,因此,预防需做到环境、食具及食物的清洁卫生,及时清除粪便并进行生物热处理。犬、猫要定期驱虫:所有幼犬在 2 周龄时驱虫 1 次,2~3 周后再驱虫 1 次,母犬和幼犬同时给药效果更好;新购进的幼犬间隔 14 d 驱虫 2 次;成年犬每隔 3~6 个月驱虫 1 次。

由于猫开始吮乳后才发生感染,因此小猫与母猫应尽早隔开并人工饲养。可参照对犬弓首蛔虫病的预防措施来控制猫弓首蛔虫病。

第二节 原 虫 病
Section 2 Protozoosis

一、巴贝斯虫病(Babesiasis)

犬猫巴贝斯虫病是由巴贝斯科(Babesiidae)巴贝斯属(*Babesia*)的原虫寄生于犬、猫的红细胞内引起的一种虫媒性血液原虫病。该病对犬的危害仅次于病毒性传染病。患犬常表现出高热(ardent fever)、贫血(anemia)、黄疸(jaundice)、血红蛋白尿(haemoglobinuria)等多种症状,甚至死亡。

(一)病原形态(Pathogen morphology)

主要病原为犬巴贝斯虫(*Babesia canis*)、吉氏巴贝斯虫(*B. gibsoni*)、韦氏巴贝斯虫(*B. vogeli*),我国报道的为吉氏巴贝斯虫,对良种犬尤其是军犬、警犬和猎犬危害很大。

1. 吉氏巴贝斯虫(*B. gibsoni*)

吉氏巴贝斯虫在红细胞内呈多形性,多位于红细胞边缘或偏中央,以圆点状、指环形及小杆形多见,偶尔可见十字形虫体和成对的小梨籽形虫体(图 15-8)。圆点状和指环形虫体的直径分别为 0.5~1.5 和 1.5~2.5 μm;小杆形虫体的宽和长分别为 1.5 和 2.08 μm。

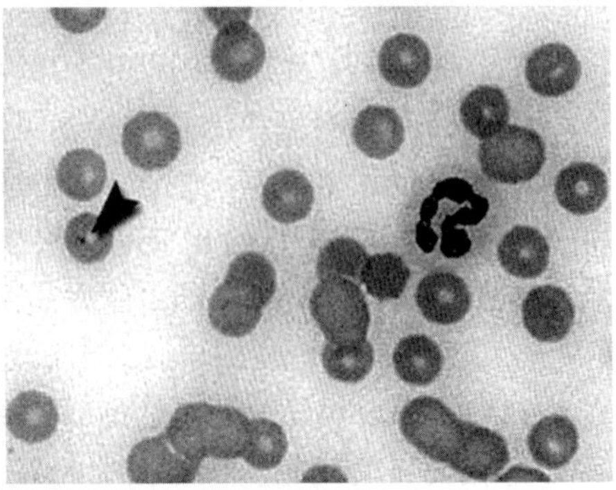

图 15-8 犬红细胞内的吉氏巴贝斯虫
Figure 15-8 *Babesia gibsoni* in dog erythrocytes

2. 犬巴贝斯虫(*B. canis*)

犬巴贝斯虫为大型虫体,一般长 4~5 μm,虫体形态有梨籽形、圆形、椭圆形等多种形状。典型虫体呈双梨籽形,以尖端相连成锐角,虫体内有一团染色质。

(二)生活史(Life cycle)

巴贝斯虫发育过程中需要硬蜱(hard tick)作为传播媒介。当蜱叮咬犬吸血时,存在于唾液腺中感染性子孢子(sporozoites)随蜱的唾液进入宿主体内,主要是红细胞内,以二分裂(binary fission)或出芽(budding)方式进行裂殖生殖(schizogony),形成裂殖体和裂殖子(merozoites)。此时红细胞破裂,虫体又侵入新的红细胞。反复几代后形成大、小配子体。当蜱再次吸血时,配子体在蜱的肠上皮细胞内进行有性生殖,形成合子(zygote)、动合子(ookinete)。当子代蜱发育成熟和采食时,进入子代蜱的唾液腺进一步发育为多核的母孢子(sporoblast)和子孢子(sporozoite)。当子代蜱吸血时，将巴贝斯虫子孢子传给下一个动物(图 15-9)。

Dogs become infected with *Babesia* spp. when they are inoculated with sporozoites in tick saliva. After inoculation, *Babesia* sporozoites invade erythrocytes where they multiply asexually by binary fission. The resultant merozoites rupture the red blood cell and go on to invade additional erythrocytes. Following ingestion by the tick, *Babesia* undergoes sexual reproduction (gamogony) followed by asexual reproduction (often schizogony and always sporogony), resulting in numerous sporozoites (in the tick salivary glands) that are infective to vertebrate hosts.

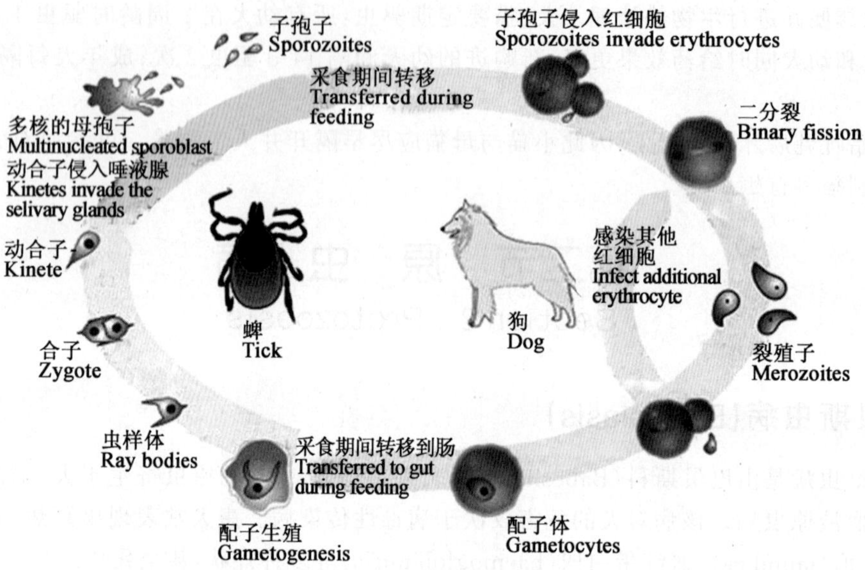

图 15-9　犬巴贝斯虫生活史

Figure 15-9　The life cycle of *Babesia canis*

(三)流行病学(Epidemiology)

犬的吉氏巴贝斯虫感染较为多见，在江苏、河南和湖北的部分地区呈地方性流行，对军犬和警犬危害特别严重。幼犬和成年犬对巴贝斯虫同样易感。该病的分布和发病季节往往与蜱的分布和活动季节密切相关。蜱多在春季开始出现，冬季消失，其传播包括期间传播(transracial transmission)和经卵传递(transovarial transmission)2 种方式。不同巴贝斯虫的优势蜱种不同，吉氏巴贝斯虫主要为长角血蜱(*Haemaphysalia longicornis*)，韦氏巴贝斯虫为血红扇头蜱(*Rhipicephalus sanguineus*)，犬巴贝斯虫为革蜱属(*Dermacentor* spp.)的蜱。近来研究发现，吉氏巴贝斯虫在亚洲以外地区的蔓延并非由媒介传播，主要是在犬只之间相互打斗撕咬时经血液传播。

(四)致病作用(Pathogenesis)

巴贝斯虫的致病作用首先是对红细胞的破坏。虫体在红细胞内寄生和繁殖的过程中，造成红细胞大量破坏，发生溶血性贫血(hemolytic anemia)，蛋白量显著降低，血液稀薄，进一步引起动物机体组织供氧不足，正常的氧化-还原过程破坏，全身代谢障碍和酸碱平衡失调。其次是虫体毒素和代谢产物作用于中枢神经系统和植物神经系统，引起动物体温中枢的调节功能障碍及植物神经机能紊乱。

(五)症状(Clinical signs)

吉氏巴贝斯虫病常呈慢性经过，潜伏期为 14～28 d。发病初期，患犬精神沉郁(depression)，不愿运动，走路时四肢无力(general fatigue)，身躯摇晃。体温升高至 40～41℃，持续 3～5 d 后转至正常，5～7 d 后再次升高，呈不规则间歇热型(irregular intermittent fever)。病犬食欲逐渐减少或废绝，可视黏膜苍白至黄染。尿呈黄色，有时出现血红蛋白尿(hemoglobinuria)。部分病犬有呕吐(vomiting)症状，眼有炎性分泌物。触诊脾肿大(splenomegaly);肾脏(单或双侧)肿大且有痛感。

Although the commonest clinical signs of *B. canis* are those of fever, anemia, jaundice and haemoglobinuria, peracute cases may occur in dogs imported into an endemic area with collapse and profound anemia leading to death in 1 to 2 days. Less commonly hyperexcitability, associated with cerebral babesiosis, may occur. A variety of other signs and syndromes such as ascites, bronchitis, purpura haemorrhagica and severe muscular pains have been associated with *B. canis* infection, in that they respond to treatment with babesicidal drugs.

(六)病变(Lesions)

巴贝斯虫病主要表现为结膜苍白、黄染,血红蛋白尿。肝脏、脾脏、双侧或单侧肾肿大。显微镜下可见病犬大脑、肝脏、骨骼肌(skeletal muscle)、脾脏和淋巴结出现局灶性水肿(focal edema)、坏死(necrosis)。部分病犬出现肝炎、动脉炎及增生性肾小球性肾炎。

(七)诊断(Diagnosis)

根据流行病学资料和临床症状可以做出初步诊断,但确诊需进行病原学检查,采用血涂片染色,如在红细胞内发现特征性虫体即可确诊。此外,体外培养技术、血清学诊断和特异PCR技术均可用于犬巴贝斯虫病的诊断。

Definitive diagnosis of *Babesia* spp. infection relies on identification of piroplasms in erythrocytes on stained blood smears. Serology may be helpful in identifying the presence of antibodies to *B. canis*, which cross-react with those to *B. gibsoni*, thereby allowing indirect detection of previous infection with either organism. Molecular diagnosis of *Babesia* spp. infection in dogs and cats via polymerase chain reaction (PCR) of whole blood has become readily available.

(八)防治(Treatment and prevention)

1. 治疗(Treatment)

可选用下列药物:①三氮脒(diminazene),按3.5 mg/kg体重,肌肉注射,连用2 d。②硫酸喹啉脲(quinuronium sulfate),按0.25～0.5 mg/kg体重,皮下或肌肉注射,有时需隔日重复1次。如出现兴奋、流涎、呕吐等副反应,可将剂量减为0.3 mg/kg体重,多次给药。③咪唑苯脲(imidocarb),按6.6 mg/kg体重的剂量,配成10%溶液进行皮下或肌肉注射,2次用药应间隔14 d,该药不能进行静脉注射。

2. 预防(Prevention)

预防的关键在于防止蜱叮咬犬。在流行区蜱的活动季节,当犬进行户外活动时,应随时注意犬体上有无蜱侵袭,可采用人工摘除或化学药物灭蜱。引进犬时,要在非流行季节引进,尽可能不从流行地区引进。

二、等孢球虫病(Isosporiasis)

犬猫等孢球虫病是由艾美耳科(Eimeridae)等孢属(*Isopora*)的多种球虫寄生于犬、猫的小肠和大肠黏膜上皮细胞内所引起的原虫病,临床上以出血性肠炎(hemorrhagic enteritis)为特征。

(一)病原形态(Pathogen morphology)

1. 犬等孢球虫(*Isospora canis*)

犬等孢球虫寄生于犬的小肠和大肠,具有轻度和中度致病力。卵囊呈椭圆形或卵圆形,大小为(35～42) μm×(27～33) μm(图15-10)。孢子发育时间为96 h。

2. 俄亥俄等孢球虫(*I. ohioensis*)

俄亥俄等孢球虫寄生于犬小肠,通常无致病性。卵囊呈椭圆形至卵圆形,大小为(20～27) μm×(15～24) μm,囊壁光滑,无卵膜孔。

3. 猫等孢球虫(*I. felis*)

猫等孢球虫寄生于猫的小肠,有时在盲肠,具有轻微致病性。卵囊呈卵圆形,大小为(38～51) μm×

(27～39) μm，新排出的卵囊内有残体，囊壁光滑，无卵膜孔（图 15-10）。孢子发育时间为 72 h。

4. 芮氏等孢球虫（*I. rivolta*）

芮氏等孢球虫寄生于猫的小肠和大肠，具有轻微致病性。卵囊呈椭圆形至卵圆形，大小为（21～28）μm×（18～23）μm，囊壁光滑，无卵膜孔（图 15-10）。孢子发育时间为 96 h。

In the dog, the common *Isospora* species are *I. canis* and *I. ohioensis*. The prepatent period of both is under ten days and the occyst of *I. canis* is the larger, measuring 38 μm ×30 μm, while that of *I. ohioensis* measures 25 μm×20 μm. In the cat, the common species are *I. felis* and *I. rivolta*. The prepatent periods are short, being 7 to 8 days. The occysts of *I. felis* measure 40 μm×30 μm, whereas those of *I. rivolta* measure 25 μm×20 μm.

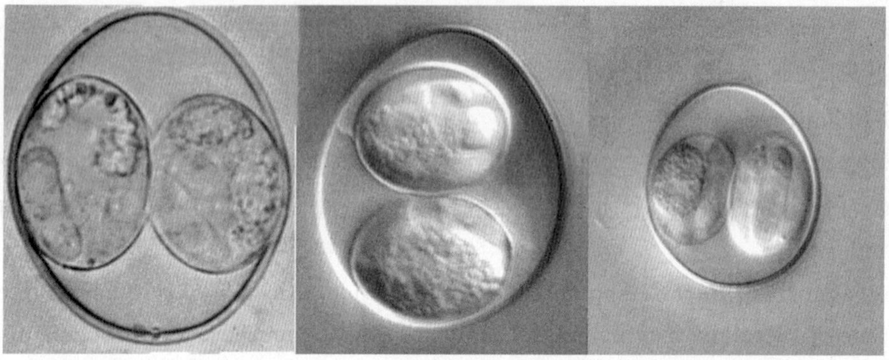

图 15-10　犬等孢球虫（左）、猫等孢球虫（中）及芮氏等孢球虫（右）卵囊

Figure 15-10　Oocysts of *Isopora canis* (left), *I. felis* (middle) and *I. revolt* (right)

（二）生活史（Life cycle）

等孢球虫的发育过程与其他球虫相似，需要在肠上皮细胞内进行裂殖生殖（schizogony）和配子生殖（gametogony），在外界环境中进行孢子生殖（sporogony）。

（三）流行病学（Epidemiology）

等孢球虫病主要发生于幼犬（1～6 月龄）和小猫。成年动物主要是带虫者，它们是主要传染源。犬、猫摄食了孢子化卵囊污染的食物和饮水而感染。幼犬和猫哺乳时食入母体乳房上污染的孢子化卵囊，或吞食了携带卵囊的苍蝇和鼠类均可感染发病。环境卫生差、饲养密度较大的饲养场可发生严重流行。各个品种犬、猫对等孢球虫都有易感性。

（四）症状（Clinical signs）

轻度感染时，症状不明显。严重感染时，幼犬和幼猫于感染后 3～6 d，出现水泻或排出泥状粪便，有时排带黏液的血便。病畜轻度发热（fever），生长停滞，精神沉郁（depression），食欲不振（inappetence），消化不良（indigestion），渐进性消瘦（progressive marasmus），贫血（anemia）。感染 3 周以后，临床症状逐渐消失，大多数可自然康复。

（五）病变（Lesions）

严重感染时整个小肠都可发生出血性肠炎，尤其是在回肠下部更为明显，黏膜增厚。剖检可见肠道出血，出现卡他性肠炎（catarrhal enteritis）或出血性肠炎，导致肠黏膜增厚，黏膜上皮脱落。慢性经过的病例可在小肠黏膜层发现白色结节，结节内充满球虫卵囊。

（六）诊断（Diagnosis）

结合临床症状、流行病学资料以及实验室检查结果综合判断。卵囊检查可采用直接涂片法（direct smear method）和饱和盐水漂浮法（flotation method）。

（七）防治（Treatment and prevention）

1. 治疗（Treatment）

可选用下列药物：①磺胺六甲氧嘧啶（sulfamonomethoxine），每天 50 mg/kg 体重，连用 7 d。②磺胺二甲氧嘧啶（sulfadimethoxine），首日首剂量为 55 mg/kg 体重，口服给药，随后按每天 27.5 mg/kg 体重，连用 2～4 d。③氨丙啉（amprolium），按 110～220 mg/kg 体重混入食物，连用 7～12 d。当出现呕吐等副作用时，应停止使用。临床上对脱水严重的犬猫要及时补液。贫血严重的病例也要进行输血治疗。

2. 预防（Prevention）

平时应保持犬猫房舍的干燥，注意食具和饮水器具的清洁卫生。药物预防可让母犬产前 10 d 饮用 900 mg/L 的氨丙啉饮水，初产仔犬也可饮用 7～10 d。

第三节　外寄生虫病
Section 3　Ectoparasitosis

一、蠕形螨病（Demodicosis）

蠕形螨病是由蠕形螨科（Demodicidae）蠕形螨属（*Demodex*）的犬蠕形螨（*D. canis*）和猫蠕形螨（*D. cati*）寄生于犬、猫的毛囊（hair follicles）和皮脂腺（sebaceous glands）内所引起的一种常见而又顽固的皮肤病，以犬多见，且危害严重。

（一）病原形态（Pathogen morphology）

1. 犬蠕形螨（*Demodex canis*）

犬蠕形螨雄螨长 220～250 μm，宽 45 μm；雌螨长 250～300 μm，宽 45 μm。虫体自胸部至末端逐渐变细，呈细圆桶状（图 15-11）。雄螨背足体瘤呈“8”字形，雌螨阴门（vulva）短于 6 μm，具有狭的阴门唇。虫卵呈简单的纺锤形。寄生于犬皮肤的毛囊内，少见于皮脂腺内。

2. 猫蠕形螨（*D. cati*）

猫蠕形螨足粗短，成虫和若虫有 4 对足，幼虫有 3 对足。雄螨长 182 μm×20 μm；雌螨长 220 μm×30 μm（图 15-11）。虫卵大小为 70.5 μm×21 μm。寄生于猫皮肤的毛囊内，尤其是眼、面部、下颚和颈部皮肤的毛囊内。

Demodex has an elongate tapering body, up to 0.2 mm long, with four pairs of stumpy legs anteriorly

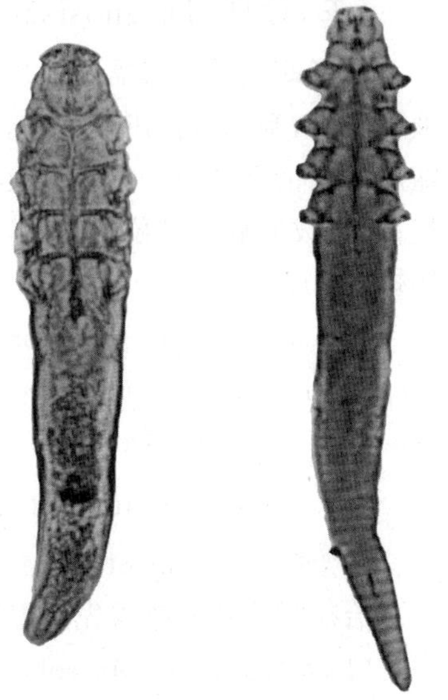

图 15-11　犬蠕形螨（左）和猫蠕形螨（右）
Figure 15-11　*Demodex canis*（left） and *D. cati*（right）
（引自 Bowman，1999）

（二）生活史（Life cycle）

蠕形螨的生活史包括卵（egg）、幼虫（larva）、若虫（nymph）和成虫（adult）4 个阶段，整个发育过程在宿主的毛囊或皮脂腺内完成。雌螨产卵于宿主的毛囊和皮脂腺内，卵在适宜温度下一般经 2～3 d 孵出幼虫。幼虫经 4～6 d 蜕皮变为若虫。若虫经 2～3 d 蜕皮变为成虫，再经 5 d 左右的时间发育成熟。完成整个生活史需 18～24 d。成螨在体内可存活 4 个月以上，多数寄生于发病皮肤的毛囊底部，少数寄生于皮脂腺内。

The demodectic mite spends its entire life on the dog. Eggs are laid by a pregnant female, hatch, and then mature from larvae to nymphs to adults. The life cycle is believed to take 20 to 35 days.

（三）流行病学（Epidemiology）

蠕形螨病呈世界性分布，正常犬、猫的皮肤常带有少量的蠕形螨，但不出现临床症状。动物营养状况差、激素、应激、其他外寄生虫感染或免疫抑制性疾病、肿瘤、衰竭性疾病等，均可诱发蠕形螨病发生。临床上较少见猫蠕形螨病。

感染蠕形螨的动物是本病的传染源，动物之间通过直接或间接接触而相互传播。刚出生的幼犬在哺乳期间与感染蠕形螨母犬因皮肤接触而获得感染，这种感染发生在出生后几天内，是犬感染的主要方式。

纯种犬对蠕形螨的易感性强，如沙皮(shar pei)、西部高地白㹴(west highland white terriers)、英国斗牛犬(English bulldogs,)、苏格兰㹴犬(Scottish terriers,)、英国古代牧羊犬(old English sheepdogs)、德国牧羊犬(German shepherd dogs)。3～6 月龄的幼犬最易发生该病。

(四)致病作用和症状(Pathogenesis and clinical signs)

少量感染时常无症状，当发生免疫抑制时，寄生于毛囊根部、皮脂腺内的蠕形螨大量增殖，对宿主产生机械性刺激及分泌物和排泄物的化学性刺激，可使毛囊周围组织出现炎症反应，称为蠕形螨性皮炎。

根据临床特征，可以将犬的蠕形螨病分为局部型、全身型和脓疱型 3 种类型。局部型蠕形螨病以 3～15 月龄的幼犬多发，往往在眼眶、头部、前肢和躯干部出现局灶性脱毛、红斑、脱屑、但不表现瘙痒。具有自限性，不经治疗常可自行消退。但如果使用糖皮质激素类药物或严重感染治疗不当或不予治疗，可造成全身性蠕形螨病。脓疱型蠕形螨病常伴随化脓性葡萄球菌感染，表现出皮肤脱毛、红斑、形成脓疱和结痂，不同程度的瘙痒，有些病例会出现淋巴结病。

成年犬的蠕形螨病多见于 5 岁以上犬，常伴随一些引起免疫抑制的疾病，如肾上腺皮质功能亢进，出现皮肤脱毛、鳞屑和结痂(scab)。其发病可能是局部型，也可能是全身型，但局部型多发生在头部和腿部。在一些慢性病例常表现出局部皮肤色素过度沉着。

猫蠕形螨病较少发生，发病部位多在头部和耳道。

The lesions and signs of demodectic mange usually involve hair loss; crusty, red skin; and at times, a greasy or moist appearance. The mites prefer to live in the hair follicles, so in most cases, hair loss is the first noted sign. Usually, hair loss begins around the muzzle, eyes, and other areas on the head. The lesions may or may not itch. In localized mange, a few circular crusty areas will be noted, most frequently on the head and forelegs of young dogs 3-6 months of age. Most of these lesions will self heal as the puppies become older and develop their own immunity.

(五)诊断(Diagnosis)

蠕形螨病的确诊需刮取皮肤深部毛囊和皮脂腺处的皮屑进行检查，最好选择有皱褶的病变皮肤，涂以液体石蜡，刮到微微出血为止。当发现刮取物中出现大量的幼虫和若虫时，预示着螨虫的数量将会大增，随后的病情会加重。对重症犬，亦可以消毒针尖或刀尖，将脓疱丘疹等损害处划破，挤出脓液直接涂片检查；还可拔取病变部位的毛发，在载玻片上加 1 滴甘油，将毛根部置于甘油内，在显微镜下检查毛根部的蠕形螨(图 15-12)。

The standard method for diagnosis of infection with *Demodex* mites is microscopic examination of deep skin scrapings and detection of mites. To perform a skin scraping, the skin should be squeezed, thus expelling the mites from the depths of the hair follicles to the surface.

(六)防治(Treatment and prevention)

1. 治疗(Treatment)

治疗蠕形螨病时需先用温肥皂水刷洗患部，除去污垢和痂皮，然后选择杀螨剂进行治疗。

(1)大环内酯类(Macrolides)　伊维菌素(ivermectin)，剂量为 0.4～0.6 mg/kg，每天口服，连用 2～4 个月，或按 0.4 mg/kg 体重的剂量，每周 1 次，皮下注射，对柯利牧羊犬(collie)或柯利犬与牧羊犬的杂交犬要慎用。多拉菌素(doramectin)，按 0.6 mg/kg 体重，每周 1 次，口服和皮下注射。莫西菌素(moxidectin)，按 0.2～0.5 mg/kg 体重，口服，每天 1 次，杂种犬慎用。美贝霉素肟(milbemycin oxime)，犬按 0.5～2 mg/kg 体重，口服，每天 1 次。高剂量使用大环内酯类药物会引起某些犬出现食欲不振、呕吐、昏睡等副作用。美贝霉素肟对犬的副作用小，使用安全。

(2)双甲脒(Amitraz) 将12.5%双甲脒用温水稀释250～500倍，涂擦或全身洗涤，用于治疗全身性蠕形螨病，隔1～2周1次，连用3～5次。也有用含15%双甲脒和15%氰氟虫腙(metaflumizone)的浇泼剂(a spot-on preparation)治疗犬蠕形螨病，每月1次，对跳蚤和蜱等也有驱杀效果。

除用杀螨药外，对继发细菌感染的治疗也非常重要。当皮肤出现脓疱或脓肿时，应全身性使用抗生素[如头孢菌素(cephalosporin)]或局部用抗生素冲洗。同时，连续7～10 d使用糖皮质激素类抗炎药，增加动物的维生素和矿物质的补给等，将有利于缓解症状，提高治疗效果。

2. 预防(Prevention)

加强犬、猫的饲养管理，给犬猫以全价饲料，增强机体的抵抗力，可减少蠕形螨病的发生；为防止新生幼犬的感染，对患有蠕形螨病的母犬不宜继续留种。

图 15-12 皮屑内的蠕形螨及其卵(箭头处)

Figure 15-12 Demodex mites and eggs (arrows) in a skin scraping

(引自 Mueller，2012)

二、蚤病(Pulicosis)

犬猫蚤病是由蚤科(Pulicidae)栉首蚤属(*Ctenocephalides*)的犬栉首蚤(*C. canis*)及猫栉首蚤(*C. felis*)寄生于犬和猫的体表所引起的疾病。

(一)病原形态(Pathogen morphology)

蚤为小型无翅昆虫，呈棕褐色，虫体左右扁平。头部三角形，刺吸式口器(piercing-sucking mouthpart)；胸部有3对粗大的足，尤其是第3对足特别发达，具有很强的跳跃能力。

1. 犬栉首蚤(*C. canis*)

犬栉首蚤后足胫节后缘最后切刻以下，一般另有2个浅切刻，各有1或2根短状鬃；后胸背板侧区一般有3根鬃。雄性抱器柄突末端明显膨大；雌性触角窝后方一般无鬃，仅偶然有少数细鬃(图15-13)。

2. 猫栉首蚤(*C. felis*)

猫栉首蚤后足胫节后缘下段只有1个浅切刻，其中有鬃1或2根，或为1根小毛代替；后胸背板侧区鬃1或2根；雄性抱器柄突末段不膨大或仅略为膨大；雌蚤触角窝背方无小鬃或小刺形鬃(图15-14)。

(二)生活史(Life cycle)

蚤的发育史属完全变态(complete metamorphosis)(图15-15)，一生大部分时间在犬、猫身上度过，以吸食血液为生。雌蚤在地上产卵或产在犬、猫身上再落到地面；卵孵化出幼虫，幼蚤呈圆柱状，体长4～5 mm，无足，在犬、猫窝垫草或地板裂缝和孔隙内营自由生活，以灰尘、污垢及犬、猫粪等为食；然后结茧化蛹，在适宜条件下约经 5 d 成虫从茧中逸出，寻找宿主吸血。雄蚤和雌蚤均吸血，吸饱血后一般离开宿主，直到下次吸血时再爬到宿主身上，因此在犬猫窝巢、阴暗潮湿的地面等处均见到成蚤，也有蚤长期停留在犬猫身体被毛间。成蚤生存期长，且耐饥饿，可达 1～2 年之久。

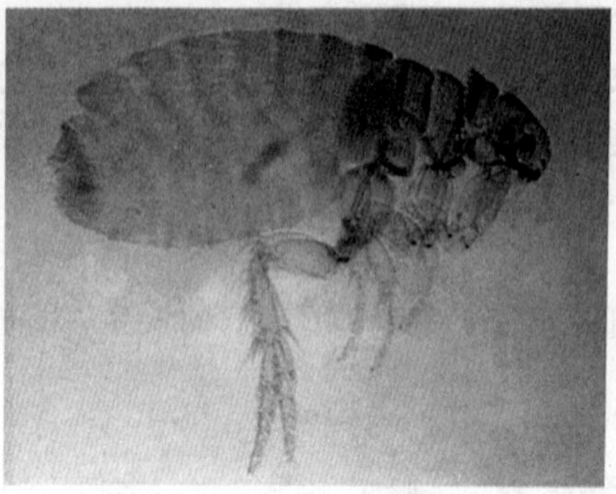

图 15-13　犬栉首蚤

Figure 15-13　*C. canis*

（引自 Krämer 等，2001）

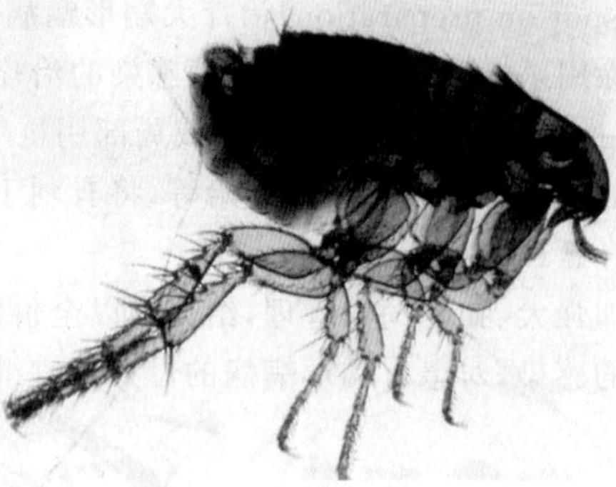

图 15-14　猫栉首蚤

Figure 15-14　*C. felis*

（引自 Bowman 等，2002）

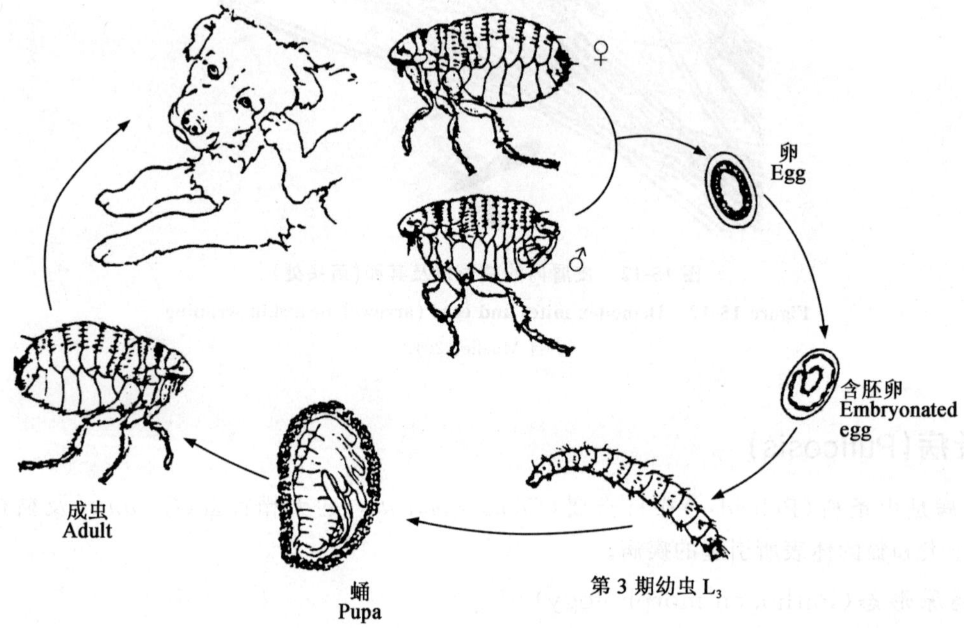

图 15-15　蚤的生活史

Figure 15-15　The life cycle of the flea

（引自 Bowman，2002）

Both sexes of fleas are blood suckers, and only the adults are parasitic. The ovoid eggs have smooth surfaces, and may be laid on the ground or on the host from which they soon drop off. Hatching occurs in 2 days to 2 weeks, depending on the temperature of the surroundings. The larvae are maggot-like and have a coat of bristles. They feed on debris and on the feces of the adult fleas, which contain blood and give the larvae a reddish colour. Under the influence of internal growth regulators, the larva moults twice, the final stage being about 5.0 mm long, and then spins a cocoon, from which the adult emerges. Moulting and pupation are dependent on the ambient temperature, and though in warm conditions the whole cycle may be completed in about 3 weeks, in low temperatures it may extend to two years.

（三）流行病学（Epidemiology）

犬栉首蚤寄生于犬科动物，以及犬科以外少数食肉类动物。猫栉首蚤为广布种，主要宿主有猫、犬、兔和人，亦见于多种野生食肉动物及鼠类。由于蚤活动性很强，对宿主的选择性比较广泛，因此便成为某些自然疫源性疾病和传染病的传播媒介及病原体的储藏宿主，如腺鼠疫、地方性斑疹伤寒、土拉菌病（野兔热）等。它们也是某些绦虫的中间宿主，如犬复孔绦虫（*Dipylidium caninum*）、缩小膜壳绦虫（*Hymenolepis diminuta*）和微小膜壳绦虫（*H. nana*）等。

（四）症状和病变（Clinical signs and lesions）

由于成蚤叮咬吸血，刺激皮肤，引起过敏反应。常见患畜出现痘疹、红斑和强烈的瘙痒，表现为不安，常啃咬患处。有时发生过敏性皮炎，出现脱毛、落屑、形成痂皮（crust），皮肤增厚及形成有色素沉着的皱襞，严重者出现贫血（anemia）和衰竭（exhaustion）。

病变主要表现为急性散在性皮炎或慢性非特异性皮炎。在患犬和猫耳廓下、肩胛部、腰背部、下腹部、臀部、腿部和尾根等部位有红斑或痘疹出现；慢性非特异性皮炎出现在后背部或阴部。

（五）诊断（Diagnosis）

根据临床症状，结合病原检查做出诊断。可在被毛间或皮肤上发现蚤，在头部、臀部和尾尖部附近的蚤往往最多。

（六）防治（Treatment and prevention）

1. 治疗（Treatment）

杀灭犬、猫的蚤，可用双甲脒（amitraz）、伊维菌素（ivermectin）、除虫菊酯类（pyrethrins）、吡虫啉（imidacloprid）等。

2. 预防（Prevention）

平时对宠物及其居住场所应保持清洁卫生，做好定期消毒工作。在流行地区，应清扫蚤的滋生场所如犬猫舍、窝巢，并喷洒药物。当兽医工作者进行犬、猫防疫注射和诊疗工作时，应当在鞋子、髁部、裤子外面及袖口等处撒布鱼藤酮（rotenone）粉以保护不受跳蚤的侵袭。还可给犬猫佩戴“杀蚤药物项圈”等。

Flea collars containing various insecticides are used to control fleas in both dogs and cats; the later require a special collar with a low concentration of insecticide. Care should be taken in the selection of any insecticide for dogs and cats as some preparations are licensed for use in only one host species or are used at different dose or application rates for each. Since the greater part of the flea population is not on the animal itself, but in its environment, it is important that insecticides are also applied to its living quarters and general indoor habitat, and that bedding should be destroyed where possible. Fitted carpets should be thoroughly vacuum cleaned.

第十六章　传播病原的节肢动物

Chapter 16　Arthropods Transmitted Pathogens

传播疾病的节肢动物主要是蜱类(ticks)和双翅目昆虫(dipterans),它们所传播的病原体包括病毒(virus)、细菌(bacteria)、立克次氏体(rickettsia)、螺旋体(spirochaeta)、原虫(protozoa)和蠕虫幼虫(worm larvae)等。它们传播疾病的方式有两类,即机械性传播(mechanical transmission)和生物性传播(biological transmission)。

1. 机械性传播(Mechanical transmission)

病原体在传播者体表或体内,既无生活史的循环变化又无繁殖现象。传播者在传播病原体的过程中,仅起机械性携带传递作用。如虻(tabanid)、螫蝇(stable fly)传播伊氏锥虫(*Trypanosoma evansi*),苍蝇(house fly)传播痢疾杆菌(dysentery bacterium)、蛔虫虫卵(ascarid egg)等。

2. 生物性传播(Biological transmission)

病原体在传播者体内有发育或繁殖的过程。对病原体来说这种发育或繁殖过程是必需的,它构成了病原体生活史中的一环。因此在大多数情况下,病媒蜱类和昆虫感染了这些病原体之后,必须待病原体在其体内经过一定时间的发育或繁殖完成后才具有感染力。如蜱(ticks)传播梨形虫(piroplasms)等。生物性传播具有特异性,只有特定种类的传播者才适合于特定病原体的发育和繁殖。

第一节　蜱

Section 1　Ticks

蜱分为 3 个科:硬蜱科(Ixodidae)、软蜱科(Argasidae)和纳蜱科(Nuttalliellidae),其中最常见、危害性最大的是硬蜱科,其次是软蜱科,而纳蜱科既不常见也不重要。这里只介绍硬蜱科和软蜱科 2 类蜱。

一、硬蜱(Hard ticks)

硬蜱科的所有蜱统称为硬蜱(hard ticks),与兽医学有关的有 7 个属:硬蜱属(*Ixodes*)、血蜱属(*Haemaphysalis*)、革蜱属(*Dermacentor*)、牛蜱属(*Boophilus*)、扇头蜱属(*Rhipicephalus*)、璃眼蜱属(*Hyalomma*)和花蜱属(*Amblyomma*)。它们既能吸血,又可以传播各种病原,是一类很重要的吸血性节肢动物。

Ticks of Ixodidae are ectozoic parasites attached to domestic animals, which are also called hard ticks, because of the presence of a rigid chitinous scutum. There are seven genera of veterinary importance: *Ixodes*, *Haemaphysalis*, *Dermacentor*, *Boophilus*, *Rhipicephalus*, *Hyalomma* and *Amblyomma*. They are important blood-feeding parasites.

(一)病原形态(Pathogen morphology)

成虫呈长椭圆形,背腹扁平,头、胸、腹愈合为一个整体,虫体仅根据位置和功能而区分为假头(capitulum)和躯体(idiosoma)两部分。

1. 假头(Capitulum)

假头(图 16-1)位于虫体最前部,由假头基和口器组成。假头基(basis capituli)嵌入虫体躯体前端凹口内。不同属硬蜱的假头基背面形状不同，有六角形、矩形或梯形之别。在雌蜱假头基的背面有 2 个多孔区。假头基之前为口器，口器由须肢(pedipalp)、螯肢(chelicera)和口下板(hypostome)3 部分组成。两侧为 1 对须肢，须肢由 4 节组成，远端的第 4 节位于第 3 节的凹窝内。须肢内侧有纵沟而紧贴螯肢和口下板。口器正中背侧是 1 对螯肢，其腹侧有 1 个口下板。螯肢为长杆状，末端内侧有不动趾，外侧有动趾，为穿刺皮肤的利器。每一个螯肢外面有螯肢鞘(cheliceral sheath)包围，尖端露出鞘外。口下板的腹面远端有成行的尖齿，其功能有穿刺和附着作用。螯肢和口下板之间为口器，口器后端腹侧有口通入咽部，背侧有唾液管口。

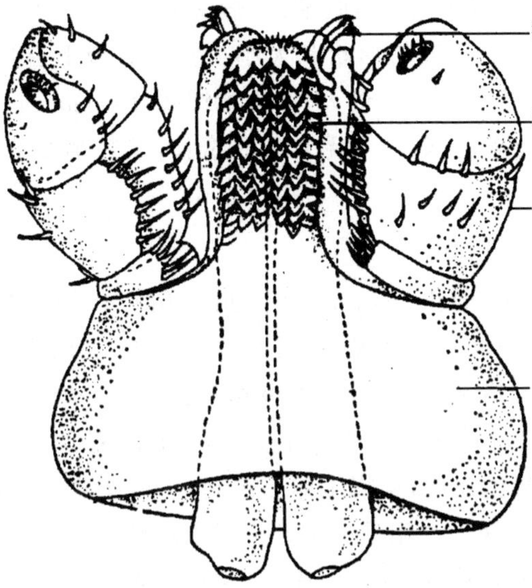

图 16-1　硬蜱的假头

Figure 16-1　Capitulum of hard tick

2. 躯体(Idiosoma)

躯体呈卵圆形(图 16-2)，吸饱血后的硬蜱躯体，雌雄差异很大，雌蜱吸饱血后形如蓖麻子。

背面(back side)：最明显的构造为盾板(scutum)，雌蜱的盾板只覆盖躯体背侧前面的一部分，而在雄蜱几乎覆盖整个背面。盾板上有颈沟(cervical groove)，自头凹后方两侧向后伸展。在雄蜱盾板上有侧沟，沿着盾板侧缘伸向后方；在盾板还可有各种花斑或点状小窝。在雄蜱盾板的后缘常有方块状的缘垛(festoon)。有些种类硬蜱在盾板两侧还有眼(eye)。

腹面(ventral side)：最明显的是足(legs)、生殖孔(genital opening)和肛门(anus)。成虫有 4 对足，幼虫 3 对足。每足均由 6 节组成，分为基节(coax)、转节(trochanter)、股节(femur)、胫节(tibia)、前跗节(pretarsus)和跗节(tarsus)，在跗节上有 1 对爪(claw)及 1 个爪垫(pulvillus)。在前足的跗节上有哈氏器(Haller's organ)，系小泡腔，内有感觉毛(aesthetasc)，为嗅觉器官(olfactory organ)，当动物走过时就可爬到动物体上。生殖孔位于腹面第 2、3 对足正中的水平线上，两侧还有生殖沟(genital groove)。肛门位于腹面后部正中。有的围绕肛门前面或后面作弧形弯曲的沟称肛沟(anal groove 肛前沟或肛后沟)，有的没有肛沟(牛蜱属 *Boophilus*)。在雄蜱的腹面有的还有各种形状的几丁质板(chitinous plate)，随种类不同而异：生殖前板(pregenital plate)，居生殖孔之前；中央板(central plate)居正中，在生殖孔与肛门之间；肛板(anal plate)在肛门周围；肛侧板(paraproct)在肛门的两侧；侧板(lateral plate)在中央板的两侧。有的在肛侧板外侧有副肛侧板(accessory plate)，肛侧板后方有肛下板(hypoproct)。这些板的有无也是蜱的重要鉴定依据。

气门板(stigmal plate)1 对，居第 4 对足基节的后侧方，其形状随蜱的种类和性别而异，也是分类的重要依据。

兽医学上有重要意义的 7 个属鉴别要点依次介绍如下：①首先观察有无肛沟（anal groove）。如无肛沟，也无缘垛，则可鉴定为牛蜱属（*Boophilus*）；如有肛沟，则继续观察肛沟位置。②如有肛沟，且肛沟围绕在肛门前缘[肛前沟（preanal groove）]，则为硬蜱属（*Ixodes*）。如肛沟围绕在肛门后缘[肛后沟（postanal groove）]，则继续观察假头基。③如假头基形状为六角形（扇形），且有缘垛，属于扇头蜱属（*Rhipicephalus*）。如假头基呈其他形状，则继续观察须肢。④如须肢宽短，其第 2 节显著向外呈角状突出（大多数种类如此），无眼，且足基节Ⅰ后缘不分叉，则是血蜱属（*Haemaphysalis*）。如须肢不呈上述情况，则继续观察盾板。⑤如盾板单一红褐色，无花斑，眼大呈半球形，须肢窄长，假头基近梯形，则为璃眼蜱属（*Hyalomma*）。如盾板上有花斑，则继续看假头基和足基节的形状和大小。⑥如盾板上有银白色花斑，假头基矩形，各足基节由前向后依次增大，尤其雄蜱第 4 对基节最大，即为革蜱属（*Dermacentor*）。否则再继续观察其他结构。⑦如体型较宽圆，盾板上也有花斑（少数种类无），须肢窄长，尤其第 2 节显著长，有眼，则为花蜱属（*Amblyomma*）。

（二）生活史与习性（Life cycle and habit）

硬蜱的发育要经过卵（egg）、幼虫（larva）、若虫（nymph）和成虫（adult）4 个阶段。卵产于地面或乱石中，体小，淡褐色，卵圆形，卵期随硬蜱的种类和外界气温而定，通常经过 2～3 周或 1 个月以上孵出幼虫，幼虫爬到草的尖端，前足高举等待宿主。当宿主经过时，首先由嗅觉器官——哈氏器的察觉，虫体爬到宿主体上，幼虫吸血并生长发育。在发育过程中有的蜱只需 1 个宿主，也有的需 2 个或 3 个宿主才能完成生活史。成虫交配后，雄蜱很快死亡。雌蜱吸饱血后，从宿主体上落到地上，爬到阴暗潮湿处或墙缝内或在石块底下产卵，产卵期为 20～30 d。一个雌蜱可产几千至 1 万个以上虫卵。雌蜱产完卵后干缩死亡。从卵至成蜱的发育时间，依种类和宿主的情况而异，可由 3 个月至 1 年，甚至 1 年以上。

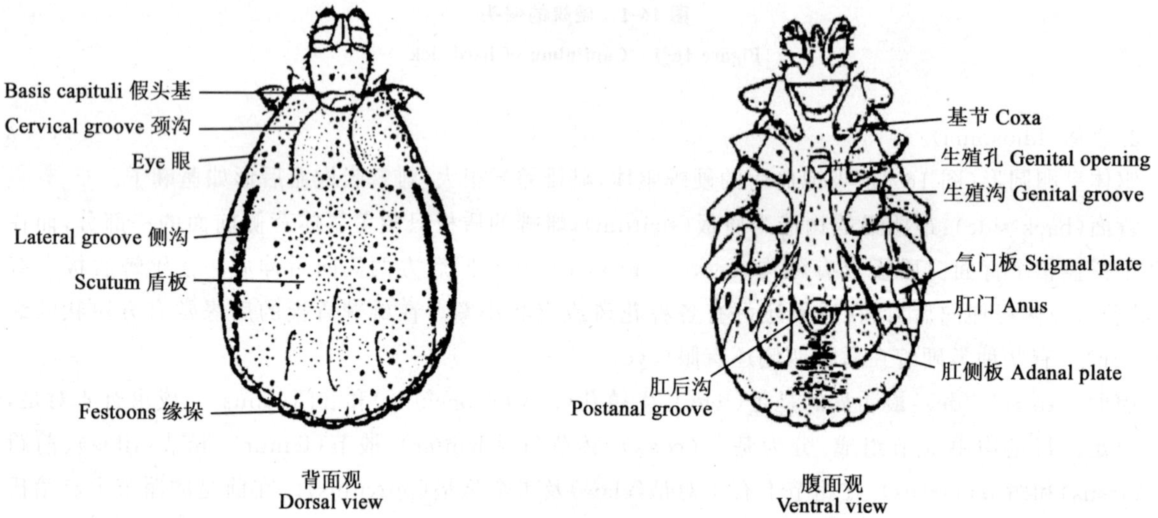

图 16-2　硬蜱的外部构造

Figure 16-2　External structure of hard tick

The life cycles of ixodid ticks involve four instars: egg, six-legged larva, eight-legged nymph and eight-legged adult. During the passage through these stages, ixodid ticks take a large number of blood meals, interspersed by lengthy free-living periods. They are relatively long-lived and each female may produce several thousand eggs.

根据硬碑的发育过程和采食方式不同，可将硬蜱分为 3 种类型（图 16-3）：

1. 一宿主蜱(One host ticks)

其幼虫、若虫、成虫都在同一宿主体上吸血发育,成虫吸饱血后才落地离开宿主。这类蜱称为一宿主蜱,如牛蜱属(*Boophilus*)的种类。

2. 二宿主蜱(Two host ticks)

有些蜱的幼虫和若虫是在一个宿主体上吸血,当若虫吸饱血后,落地蜕皮变为成虫。成虫再爬到另一宿主(同种或不同种)体上吸血,当成虫吸饱血后再落地产卵。这类蜱称为二宿主蜱,如残缘璃眼蜱(*Hyalomma detritum*)。

3. 三宿主蜱(Three host ticks)

有些蜱的幼虫、若虫和成虫3个阶段依次要更换3个宿主,这类蜱称为三宿主蜱,如扇头蜱属(*Rhipicephalus*)、硬蜱属(*Ixodes*)、血蜱属(*Haemaphysalis*)的种类,以及革蜱属(*Dermacetor*)和璃眼蜱属(*Hyalomma*)的多数种类。

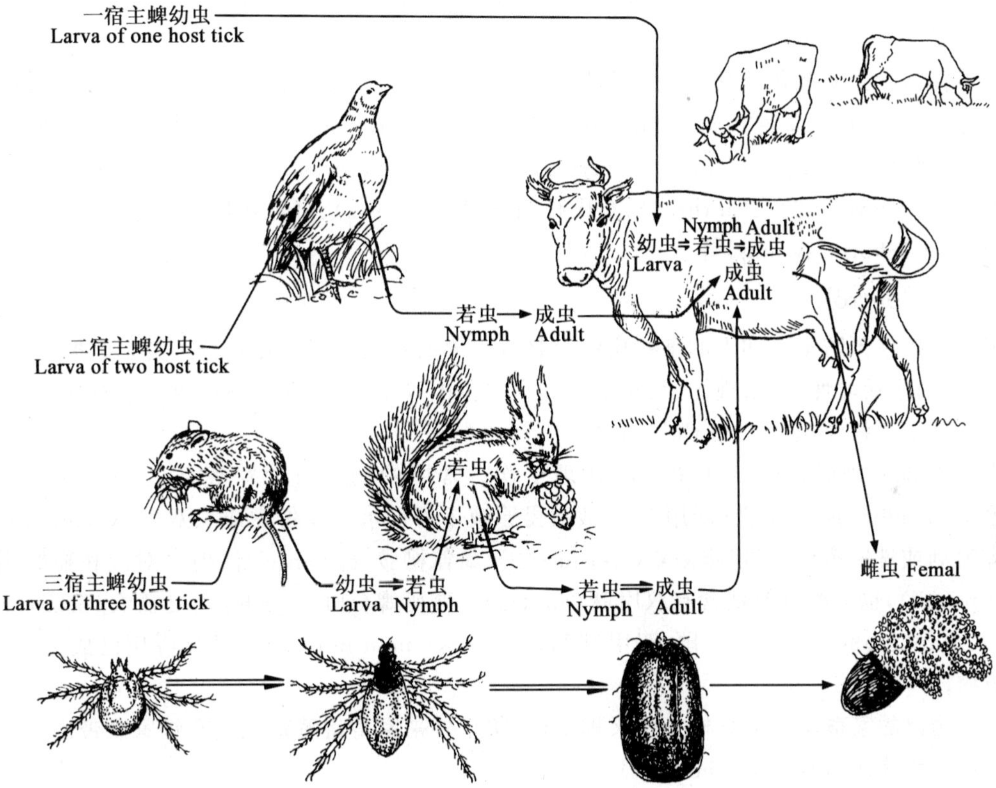

图16-3 硬蜱的3种类型

Figure 16-3 The three types of hard tick

The ixodids are temporary parasites and spend relatively short periods on the host. The number of hosts to which they attach during their parasitic life cycle varies from one to three, and, based on this, they are classified as one-host ticks where the entire parasitic development from larvae to adult takes place on one host; two-host ticks where larvae and nymphs occur on one host and the adults on another and three-host ticks where each stage of development takes place on different hosts.

硬蜱的各个发育阶段有长期耐饥的习性,幼虫可耐饥1个月以上,若虫和成虫有的能耐饥半年甚至1年肿以上。大多数硬蜱1年繁殖1代,但有少数硬蜱一年可繁殖2~3代,如微小牛蜱(*Boophilus microplus*)等。各种硬蜱有它喜爱的宿主种类,如找不到合适的宿主时,也可在其他动物体表吸血。在宿主体表找到合适的部位，一般不再更换地方。硬蜱在各种动物体表具有一定的寄生部位，一般多在皮薄毛少而不易受搔动的部位。绝大多数硬蜱多生活在野外，尤其是未开垦的山林或草地，但也有少数寄居在畜舍或畜圈四周，如残缘璃眼蜱等。

硬蜱科常见种类：全国性分布的有血红扇头蜱（*R. sanguineus*）、微小牛蜱（*B. microplus*）、卵形硬蜱（*I. ovatus*）等；我国南方分布的有中华硬蜱（*I. sinensis*）、二棘血蜱（*H. bispinosa*）、镰形扇头蜱（*R. haaemaphysaloides*）等；我国北方分布的有草原革蜱（*D. nuttalli*）和残缘璃眼蜱（*H. detritum*）等。

（三）危害性（Pathogenic significance）

1. 直接危害（Direct damage）

硬蜱寄生在家畜体表，吸血时能损伤皮肤，造成寄生部位的痛痒，使家畜骚扰不安，摩擦或啃咬。在硬蜱固着处，造成伤口（wound），继而引起皮炎（dermatitis）和伤口蛆病（wound maggot diseases）等。大量硬蜱吸食血液时，可引起贫血（anemia），消瘦（emaciation），发育不良（cacoepy），皮毛的质量低劣以及产乳量下降；有时导致宿主全身麻痹或后肢麻痹等由蜱毒素引起的蜱麻痹（tick paralysis）现象。

2. 间接传播疾病（Transmitting pathogens）

硬蜱在传播寄生虫病和传染病的病原上起着重要作用。它是家畜血孢子虫病（haemosporidiosis）的传播者。此外，尚能传播病毒性疾病（viral disease）和细菌性疾病（bacteriosis）以及立克次氏体病（rickettsiosis）等，如马脑脊髓炎（equine encephalomyelitis）、森林脑炎（forest encephalitis）、蜱媒出血热（tick-borne hemorrhagic fever）、炭疽（anthrax）、布氏杆菌病（brucellosis）、野兔热（tularemia）、Q 热（Q fever）、蜱媒斑疹伤寒（tick-borne typhus）等。

（四）防控（Control）

对硬蜱的防控在预防家畜和人的某些疾病上具有重要的意义。必须在充分了解和掌握硬蜱的生物学特性，包括硬蜱的生活习性、生活规律、消长季节和宿主范围等基础上，才能制订出行之有效的防治措施。

1. 消灭畜体上的蜱（Control on the host）

在畜体上发现有蜱时，每 15 d 用药液处理 1 次。常用的药液有：1%敌百虫（dipterex）水溶液或 0.33%敌敌畏（dichlorvos）水溶液（即用 50%敌敌畏原液 1 份加水 150 份配成）、双甲脒（amitraz）、溴氰菊酯（decis）等喷洒或洗刷畜体，或伊维菌素（ivermectin）、氯氰柳胺（closantel）注射。对犬和猫蜱病，可外用非泼尼罗（fipronil），也可给其佩戴含有双甲脒（amitraz）、毒死蜱（chlorpyrifos）、二嗪农（diazinon）或杀虫威（tetrachlorvinphos）的项圈。在美国，双甲脒和氰氟虫腙（metaflumizone）联合应用已成为预防和治疗蜱的标准药物。

对引进或输出的家畜均要进行检查和灭蜱工作，防止外来家畜将蜱带入或有蜱家畜带出。

2. 消灭畜舍的蜱（Control off the host）

定期用杀蜱药物处理畜舍。另外，可用敌敌畏乳剂定期刷柱子、地板和墙壁等。

3. 消灭外界环境的蜱（Control of ticks in the environment）

改变自然环境是灭蜱的最好方法。因为大多数硬蜱生活在荒野中，如能创造不利于硬蜱的生活环境（如清除杂草、翻耕、栽培牧草和作物等），既可灭蜱又能增加经济收入；另外，杀灭野鼠对消灭硬蜱也有重要意义。

二、软蜱（Soft ticks）

软蜱（soft tick）与硬蜱明显的差别是没有盾板（scutum），在分类上属于软蜱科（Argasidae）。该科与兽医学有关的有两个属，即锐缘蜱属（*Argas*）和钝缘蜱属（*Ornithodoros*）。它们的生活习性类似臭虫（bug），多居于动物生活的场所，如畜禽舍的缝隙、巢窝和洞穴等处，当家畜夜间休息时，即移行到畜禽体表叮咬。当虫体大量侵袭畜禽时，可使畜禽消瘦（emaciation），生产力降低，甚至造成死亡。有些软蜱也可传播家畜的疾病，如羊血孢子虫病（haemosporidiasis）、牛无浆体病（bovine anaplasmosis）和鸡螺旋体病

(fowl spirochetosis)等。

The family Argasidae, or soft ticks, is small, consisting of 140 species belonging to four genera, *Argas*, *Ornithodoros*, *Otobius*, and *Carios*, but only *Argas* and *Ornithodoros* has veterinary importance. Argasids live in nests, burrows, buildings, and sleeping places of their host animals and are distributed mostly in arid regions or in drier habitats in moist regions.

(一)病原形态(Pathogen morphology)

虫体扁平,卵圆形或长卵圆形。雌雄虫体的形态相似。虫体前端较窄。假头(capitulum)隐藏于虫体前端的腹面(幼虫除外)。假头基(basis capituli)小,无多孔区。须肢(pedipalp)游离而不紧贴于螯肢(chelicera)和口下板(hypostome)的两侧,其各节为圆柱状,末数节常向后下弯曲,而末节不缩入。口下板不发达,齿亦小。躯体上无盾板(scutum),表皮为革状,雄蜱较厚而雌蜱较薄,表皮上布有许多小乳突或凹陷。气孔 1 对,位于第 4 足的基节(coxa)之前。大多数无眼,如有眼(eye),则位于第 2～3 对足之间的两侧。生殖孔和肛门的位置与硬蜱相似。背腹面也有各种沟,如生殖沟(genital furrow)、肛前沟(preanal groove)和肛后横沟(postanal transversal groove)。现将锐缘蜱属和钝缘蜱属主要鉴别特征分述如下。

1. 锐缘蜱(Argas)

锐缘蜱虫体呈卵圆形(图 16-4),大小为 5～10 mm,淡黄灰色至红棕色。表皮革状。体缘薄锐,虫体在吸饱血后虽膨胀,而边缘仍薄锐。虫体背腹面之间,以缝线为界。缝线是由许多小的方块或平行的条纹构成。体壁上有细小皱褶和许多呈放射状排列的凹窝,无眼,亦无腹面的横沟,如波斯锐缘蜱(*Argas persicus*)。

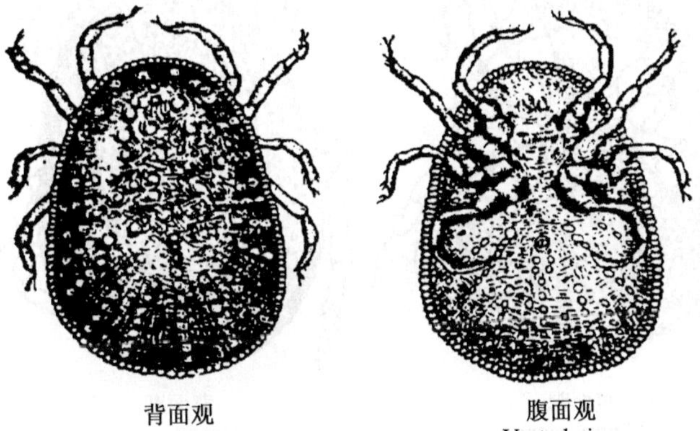

图 16-4 波斯锐缘蜱

Figure 16-4 *Argas persicus*

2. 钝缘蜱(*Ornithodoros*)

与锐缘蜱不同,钝缘蜱体缘较钝,从背部看虫体呈长卵圆形(图 16-5),未吸血前为黄灰色,吸饱血后为灰黑色。背腹面之间无缝线为界。吸饱血后,背面隆起;饥饿时身体扁平。体壁上有许多大小或深浅不等的凹窝或乳突,这些凹窝和乳突互相混杂而形成各种模样。眼有或无。雄蜱较雌蜱为小,如乳突钝缘蜱(*Ornithodoros papillipes*)。

(二)生活史与习性(Life cycle and habit)

软蜱的发育过程也包括卵(egg)、幼虫(larva)、若虫(nymph)和成虫(adult)4 个阶段。其若虫阶段有 2～7 期。由卵孵出的幼虫,经吸血后蜕皮变为若虫,若虫蜕皮的次数随种类不同而异,有的蜕皮 4～5 次,才变为成虫,如非洲钝缘蜱(*O. moubata*)若虫蜕皮 4 次变为雄蜱,蜕皮 5 次变为雌蜱。软蜱一生产卵多次,每次产卵数个至数十个。一生产卵的次数和总数,随吸血的次数和吸血量而定,最多达 1 200 个。从卵发育到成虫需 1 个月至 1 年左右。成虫寿命长，一般都在 6～7 年，甚至达 10 年以上。成虫的耐饥力甚强。

In contrast to the hard ticks, argasid soft ticks tend to live in close proximity to their hosts: in chicken coops, pigsties, pigeon lofts, birds' nests, animal burrows or dens. In these restricted and sheltered habitats the hazards associated with host finding are reduced and more frequent feeding becomes possible. As a result, argasids typically have a multi-host developmental cycle. The single larval instar feeds once, before moulting to become a first-stage nymph. There are between two and seven nymphal stages, each of which feeds and then leaves the host, before moulting to the next stage. Adults mate away from the host and feed several times. The adult female lays small batches of 400 to 500 eggs after each feed. In contrast to the slow feeding ixodids, argasid ticks feed for only a few minutes.

软蜱只在吸血时才到宿主身上去，吸完血就落下来，藏在动物的居处。吸血多半在夜间，因此软蜱的生活习性和臭虫(bedbug)相似。在宿主身上吸血的时间长短不一，各阶段所需要的时间也不同，一般在 0.5～1 h。但很多软蜱的幼虫，吸血时间较长，例如波斯锐缘蜱的幼虫，附着在鸡的身上达 5～6 d。成蜱一生可吸血多次，每次吸血后落下，藏于窝中，所以被寄生家畜的窝巢是软蜱的大本营。

软蜱科常见种类：波斯锐缘蜱(*Argas persicus*)，呈全国性分布；拉合尔钝缘蜱(*Ornithodoros lahorensis*)，分布于新疆、甘肃、西藏等地。

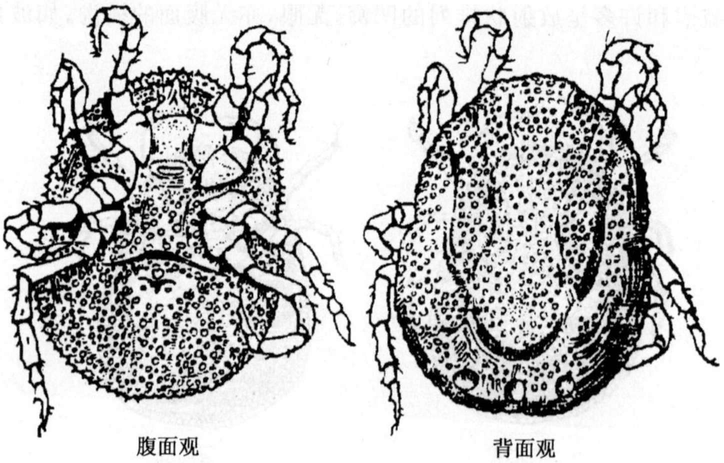

腹面观
Ventral view

背面观
Dorsal view

图 16-5 钝缘蜱

Figure 16-5 *Ornithodoros* sp.

(三)危害性(Pathogenic significance)

软蜱的危害基本上与硬蜱相似。由于软蜱吸血，使宿主消瘦(emaciation)，生产力降低，甚至引起死亡。例如：波斯锐缘蜱，大量侵袭鸡体时，使鸡消瘦，产蛋率降低，使鸡发生软蜱性麻痹(soft tick paralysis)；失血严重时，会导致死亡。

此外，有些软蜱还能传播畜禽各种疾病，如羊血孢子虫病(haemosporidiasis)、牛无浆虫病(bovine anaplasmosis)、鸡螺旋体病(fowl spirochetosis)、马脑脊髓炎(equine encephalomyelitis)、布氏杆菌病(brucellosis)及野兔热(tularaemia)等。

(四)防控(Control)

可参照硬蜱类，进行药物喷洒消毒鸡舍，堵塞墙壁缝隙，用石灰水粉刷墙壁等。

第二节 媒介昆虫
Section 2 Insect Vectors

一、蚊(Mosquitoes)

蚊子属于蚊科(Culicidae),与兽医有关的有按蚊属(*Anophele*)、库蚊属(*Culex*)、伊蚊属(*Aedes*)和阿蚊属(*Armigeres*)。虽然它们可以叮咬吸血,引起畜禽不安,但主要危害是传播畜禽的许多寄生虫病和传染病,给畜牧业造成严重的经济损失。

(一)病原形态(Pathogen morphology)

蚊体长 5～9 mm,分头(head)、胸(thorax)、腹(abdomen)3 部分。头部略呈球形(globular),两侧各有 1 对大的复眼(compound eyes)。头部前下方正中有 1 个细长的喙(proboscis,或叫口器 mouthpart),口器为刺吸式(piercing-sucking type),由上唇(labium)、下唇(labrum)、下咽(hypopharynx)各 1 个和上颚(maxillae)、下颚(mandibles)各 1 对组成。雌蚊的上、下颚发达,能穿刺(puncture)皮肤吸血;而雄蚊上、下颚不发达,不能穿刺吸血(suck blood)。在喙的两侧有上颚须(maxillary palps)1 对,由 3～5 节(segments)组成。在上颚须两侧有 1 对触角(antennae),系由 14～15 节组成,雄蚊(female)触角呈羽毛状(plumose),而雌蚊触角呈鞭节状(pilose)。胸部的前胸(prothorax)、后胸(metathorax)退化,仅中胸(mesothorax)发达,中胸背部有 1 对翅膀(wings),在翅膀上有翅脉(veins)。后翅(posterior wing)退化成 1 对平衡棍(balancers)。胸部下面有 3 对足(legs)。腹部由 10 节组成,通常仅能看到 8 节,末端 2 节特化为外生殖器(external genital organs)。腹部前 8 节的两侧各有 1 个气孔(spiracles)。

Mosquitoes have the long segmented antennae,an elongated proboscis consisting of a bundle of stylets loosely encased in a sheath formed by the labium,and fringes of scales on the wings. These anatomic details are sufficient taxonomic characteristics to reliably distinguish the taxon that we recognize as mosquitoes from other insects with which they might be confused.

(二)生活史与习性(Life cycle and habit)

蚊的发育属于完全变态(complete metamorphosis)(图 16-6)。蚊的卵、幼虫(larvae)[或叫孑孓(wigglers)]和蛹(pupa)在水中发育,最后变为成虫(adult)。蚊的栖息场所(habitat)是较清凉、阴暗、潮湿、通风不良的地方,在野外多栖息于积水(marshes)中。卵小,长不到 1 mm。初孵出的幼虫长约 1.5 mm,经 3 次蜕皮(moults),成为第四期幼虫时,体长可增长 8 倍。幼虫期的长短随水温和食物而异。在气温 30℃ 和食物充足的条件下,需 5～8 d,经 4 次蜕皮而化为蛹。蚊蛹不食能动,常停息在水面,若遇到惊扰时即潜入水中。蛹的抵抗力强,在无水情况下,只要保持一定的湿润,仍能发育,羽化为成蚊。成蚊羽化后不久,即行交配(mate)、吸血、产卵(oviposit)。自卵发育至成蚊所需时间取决于湿度、食物及环境等因素,在适宜条件下需 9～15 d,1 年可繁殖 7～8 代(generations)。

The length of the mosquito life cycle varies between species and is dependent upon environmental conditions such as temperature and moisture. However,the life cycle of all mosquitoes is comprised of the egg,larval,pupal and adult stages.

Male mosquitoes feed on plant nectar alone,while females extract the blood of hosts in order to develop and nourish eggs. Most mosquitoes lay their eggs directly into water. Others lay their eggs near bodies of water but not within them. Eggs will hatch into larvae within 24 to 48 hours. Larvae soon grow to become approximately 5 mm in length. Most larvae breathe through air tubes. Larger larvae can be seen floating just above the surface of infested waters. Within seven to 10 days,larvae enter the pupal stage. Pupae are also visible upon the surface of the breeding site. After a mosquito is fully developed,it

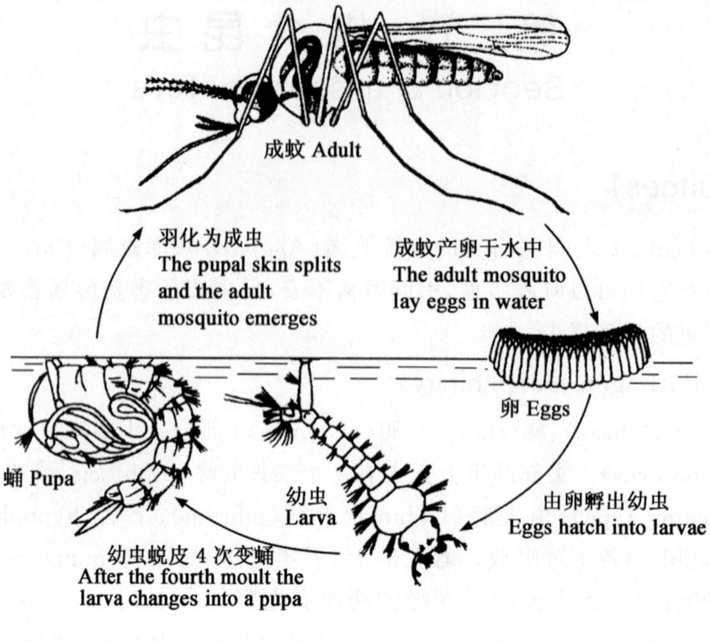

图 16-6　蚊的生活史
Figure 16-6　The life cycle of mosquitoes

will emerge as an adult from its pupal case. At this time, the new adult stands upon the water and dries its wings to prepare for flight. Adult female mosquitoes will then seek an animal on which to feed. Females are capable of flying for miles if necessary and can lay over 100 eggs at a time. Larvae and pupae usually cannot survive without water. If a water source evaporates before the larvae and pupae within it transform into adult mosquitoes, those young often will die.

（三）危害性(Pathogenic significance)

蚊子叮咬骚扰畜禽时，使畜禽感到不安(discomfort)、烦躁(annoyance)，妨碍畜禽采食和休息，引起畜禽消瘦(emaciation)、贫血(anemia)，甚至引起幼禽死亡。吸血时还能分泌有毒的唾液(saliva)，引起皮肤发痒、红肿，由于搔痒而使皮肤损伤，造成皮炎或脓疮(abscess)。有些蚊子还能传播许多疾病，如原虫病、蠕虫病、细菌病和病毒病，造成畜禽大批死亡。

Most species of mosquitoes are nocturnal feeders and may cause considerable annoyance by biting, their long mouthparts allowing them to bite man even through clothing. More importantly, species of *Anopheles*, *Culex* and *Aedes* transmit both the dog heartworm, *Dirofilaria immitis*, and one form of avian malaria caused by *Plasmodium*. Mosquitoes are also important in the transmission of the arboviruses (*arthropod-borne*) causing Eastern, Western and Venezuelan encephalitis in horses and other arbovirus diseases of man and animals.

1. 原虫病(Protozoosis)

(1)鸡疟疾(Avian malaria)　鸡疟疾是由鸡疟原虫(*Plasmodium gallinaceum*)寄生于鸡的红细胞内引起的。目前世界上传播鸡疟疾的蚊子种类很多，有 40 余种，其中以伊蚊属的种类为最主要的传播媒介，如白纹伊蚊(*Aedes albopictus*)、埃及伊蚊(*A. aegypti*)、东乡伊蚊(*A. togoi*)，还有斯氏按蚊(*Anopheles stephensi*)、弗氏按蚊(*A. freeborni*)、四斑按蚊(*A. quadrimaculatus*)及某些库蚊(culicine)等。

(2)猴疟疾(Monkey malaria)　目前已知寄生于猴、猿的疟原虫(haemoplasmodium)有 20 多种，其中最重要的有 3 种：食蟹猴疟原虫(*Plasmodium cynomolgi*)又称猴间日疟原虫，其形态与人的间日疟原虫相似，传播媒介为弗氏按蚊、四斑按蚊、斯氏按蚊、巴拉巴按蚊(*A. balabacensis*)等 20 余种。豚尾猴疟原虫又称三日疟原虫(*P. malariae*)。形态与人的三日疟原虫相似。其传播媒介为斯氏按蚊(*A. stephensi*)、巴拉巴按蚊(*A. balabacensis*)、四斑按蚊等。诺氏猴疟原虫(*P. knowlesi*)传播媒介为环纹按蚊等。

2. 蠕虫病(Helminthosis)

(1)犬恶丝虫病(Heartworm disease) 由犬恶丝虫(*Dirofilaria immitis*)寄生于犬的右心室或肺动脉所引起,猫、狐狸、狼、麝鼠、猩猩和人等亦能被寄生。中华按蚊(*Anopheles sinensis*)、朝鲜伊蚊(*Aedes koreicus*)、白纹伊蚊(*A. albopictus*)、埃及伊蚊(*A. aegypti*)可作为本虫的中间宿主。

(2)牛马丝状线虫病(Stephanifilarosis) 由马丝状线虫(*Setaria equina*)和指形丝状线虫(*S. dixilata*)寄生于黄牛、水牛、牦牛和马的腹腔内引起。埃及伊蚊(*Aedes aegypti*)、奔巴伊蚊(*A. pembaensis*)和淡色库蚊(*Culex pipiens pallens*)可作为马丝状线虫的中间宿主。中华按蚊(*Anopheles sinensis*)、窄卵按蚊(*A. anthropophagus*)、东乡伊蚊(*Aedes togoi*)、淡色库蚊和骚扰阿蚊(*Armigeres subalbatus*)可作为指形丝状线虫的中间宿主。

(3)马颈盘尾丝虫病(Onchocercosis cervicalis) 由马颈盘尾丝虫(*Onchocerca cervicalis*)寄生于马的颈部韧带和鬐甲部的皮下蜂窝组织中引起。本病的传播媒介除库蚊外,还有五斑按蚊(*A. maculipennis*)、隆氏按蚊等。

3. 病毒病(Virus disease)

(1)流行性乙型脑炎(Encephalitis B) 它是由流行性乙型脑炎病毒所引起的一种人畜共患的传染病。本病主要是通过受染的蚊子叮咬而传播,几乎按蚊属(*Anopheles*)、库蚊属(*Culex*)和伊蚊属(*Aedes*)的各种蚊子以及库蠓(*Culicoides*)均能感染,其中尤以三带喙库蚊(*Culex tritaeniorhynchus*)和仁川伊蚊(*Aedes chemulpoensis*)为本病的主要传播媒介。我国从自然界成蚊体内分离到本病病毒的蚊子有三带喙库蚊、致倦库蚊(*C. fatigans*)、淡色库蚊(*C. pipiens pallens*)、刺扰伊蚊(*Aedes vexans*)、仁川伊蚊、白纹伊蚊(*A. albopictus*)、背点伊蚊(*A. dorsalis*)、中华按蚊(*A. sinensis*)和济南按蚊等。感染病毒的蚊子终身均有传染性,病毒随蚊而越冬,还能经卵传递。

(2)马传染性脑脊髓炎(Equine infectious encephalomyelitis) 马传染性脑脊髓炎病毒有多种,其中委内瑞拉马脑炎病毒是由白纹伊蚊(*Aedes albopictus*)、埃及伊蚊(*A. aegypti*)、致倦库蚊(*C. fatigans*)传播的。西方马脑炎病毒是由白纹伊蚊(*A. albopictus*)传播的。

(3)鸡痘(Fowl pox) 现已证明传播鸡痘最主要的媒介是蚊子。雌蚊吸食病禽的血液后,带毒长达10～30 d。

此外,蚊子还能传播家畜的炭疽(anthrax)和土拉杆菌病[野兔热(tularemia)]等。

(四)防控(Control)

1. 物理防控(Physical control)

改良环境以消灭蚊类滋生地(breeding sites)。蚊类幼虫全部滋生在水中,其生长发育和活动范围必然受水体的各方面因素所制约,这个阶段是蚊子一生中最薄弱的环节。消灭和改造幼虫滋生地是一项行之有效的灭蚊措施。因此要结合农业生产,改造和健全排水系统(drainage system),使死水变活水,雨水过后不能造成长期积水,或改变水位,加速水流,若每秒流速超过 0.3 m 时,幼虫不能抗拒急流而被冲走,这些都能杜绝幼虫滋生,对防治蚊类幼虫具有很大意义。

The various measures used against larvae include the removal or reduction of available breeding sites by drainage or other means which make these sites unsuitable for larval development.

2. 化学防控(Chemical control)

(1)成蚊(Adult) 可将残效较长的杀虫剂(insecticides with a residual action)喷洒在畜禽舍内的墙壁、木桩或栏栅上以及畜禽舍周围的物体上,当成蚊停留时接触到药剂即可死亡。目前有机氯类杀虫剂(organochlorines)由于其残留期太长,对环境污染严重,已被有机磷类制剂(organophosphates)、拟除虫菊酯(pyrethroids)和氨甲基酸酯类(carbamates)所代替。目前常用的低毒高效的杀虫剂主要有以下几种:

一是有机磷杀虫剂(organophosphorus insecticide),如倍硫磷(baycid)、马拉硫磷(carbofos)等,每平

方米用量 2 g(工业纯),残效期达 2～3 个月。皮蝇磷(korlan)用量为 2.5%。敌敌畏(dichlorvos),气雾喷洒量按每平方米 0.1 mL。

二是氨甲基酸酯类杀虫剂中的残杀威(propoxur),是当前用作滞留喷洒最好的,喷洒量按每平方米 2 g,残效期达 2 个月以上。

三是拟除虫菊酯类杀虫剂(pyrethroid insecticide),用 0.015%～0.03%的溴氰菊酯(decis)、0.001%～0.004%氰戊菊酯(fenvalerate)喷洒,但残效期短。

(2)幼虫(Larvae) 目前常用敌百虫(dipterex)、双硫磷(biothion)、倍硫磷(baycid)等有机磷类杀虫剂作为灭幼剂,其中以双硫磷的效果最好。据国内试验,在稻田进水口滴注 50%双硫磷溶液,浓度为 0.5 mg/kg 时,持效 5～10 d;用双硫磷喷于水沟,浓度为 1 mg/kg 时,48 h 后幼虫全部死亡,持效约 10 d。

此外,还有保幼激素阿尔多息(altosid)对末龄初期幼虫的毒性最高;当用 0.001 mg/kg 时能杀灭 96%的致倦库蚊第 4 期幼虫,但杀死第 3 期幼虫仅 26%,对蛹无毒。发育抑制素敌灭灵(dimilin),对幼虫蜕化时能抑制表皮几丁质化,阻碍内表皮的形成,对各龄幼虫的蜕化和蛹羽化成蚊时起作用而导致死亡,剂量为每亩 3.6 g,对跗斑库蚊(*Culex tarsalis*)在 15～18 d 的防治效果达 100%。

Insecticides with a residual action are effective against the adult stages, particularly if applied indoors, and these have been widely used to control the *Anopheles* vectors of malaria in man.

3. 生物防控(Biological control)

利用自然界中的生物来防治蚊子,包括捕食性动物(predatory animals)、微生物(microorganisms)、寄生虫(parasites)和植物(plants)等。捕食性动物方面如水螅(hydra)、蝎虫(scorpion)、松藻虫(boat fly)、蜻蜓稚虫(dragonfly nymph)、巨蚊幼虫、甲壳类(shellfish)、两栖类(amphibia)、柳条鱼(*Gambusia affinis*)、鲤鱼(carp)以及其他鱼类等能捕食蚊子的幼虫和蛹(pupa);蜘蛛(spider)、青蛙(frog)、壁虎(lizard)、蝙蝠(bat)、燕子(swallow)以及其他鸟类均能捕食成蚊。植物方面,如狸藻(*Utricularia*)能捕获蚊子幼虫,或利用浮萍(duckweed)等植物盖满水面,可使幼虫窒息而死亡。

近年来,对蚊子致病生物的研究受到很大重视,致病生物包括病毒(virus)、细菌(bacteria)、真菌(fungus)、线虫(nematodes)和微孢子虫(microsporidian)等,对蚊类幼虫具有杀灭作用。在病毒方面有细胞浆多角病毒、四角病毒等;在细菌方面有苏云金杆菌(*Bacillus thuringiensis*),球状杆菌;在真菌方面主要有体腔真菌、链壶菌(*Lagenidium*)和绿僵菌(*Metarhizium*)等;在线虫方面有食蚊索线虫等;在微孢子虫方面主要有复蚊微孢子虫(*Nosema stegomyia*)等。

Biological control has been attempted by, for example, introducing predatory fish into marshy areas and rice fields, but these methods are unsuitable for those mosquito species breeding in small temporary collections of water. The isolation and development of mosquito pathogens including micro-organisms, protozoa and nematodes is mainly experimental at present.

4. 遗传防控(Genetic control)

使用各种方法处理病媒蚊子,使其遗传物质(染色体基因、DNA)发生改变或被取代以降低蚊子繁殖能力,如染色体易位的不同株蚊子与正常个体交配,使其生殖力受到局部限制,释放绝育雄蚊与正常雌蚊交配可使其后代的种群减少。

5. 防蚊驱蚊措施(Prevention and repellent of mosquitoes)

在大力开展灭蚊工作的同时,舍外烧蒿草、艾草以熏杀或驱走蚊子。舍内点燃艾蒿绳或蚊香(mosquito-repellent coil)、电蚊灯、电蚊片等灭蚊或减少蚊子叮咬机会。有条件的畜禽舍安装纱窗(window screen)或纱门(screen door)等,或喷洒驱蚊灵(dimelone)等驱避剂,以防蚊叮咬。

二、蝇(Flies)

蝇类属于环裂亚目(Cyclorrhapha),与兽医有关的主要有蝇科(Muscidae)、虱蝇科(Hippoboscidae)、丽蝇科(Calliphoridae)、麻蝇科(Sarcophagidae)、狂蝇科(Oestridae)、胃蝇科(Gasterophilidae)和皮蝇科

(Hypodermatidae)。其中，蝇科的蝇属(*Musca*)和螫蝇属(*Stomoxys*)与传播疾病有关。

(一)病原形态(Pathogen morphology)

1. 家蝇(*Musca domestica*)

家蝇为非吸血性蝇类，体中型，少数小型，躯体黑色，具灰色或黑色的粉被(pruinescence)作为不同色泽的花纹。复眼具纤毛(cilium)或微毛(microtriche)。舐吸式口器(sponging mouthpart)。触角芒末节基部膨大，芒上两侧具有长毛(macrotriche)，直达芒尖。胸部背面有 4 条明显的黑色纵纹(dark longitudinal stripes)，有时合并为两条宽纵纹。在足爪的末端爪垫(pad-like structures)上有黏毛(sticky hairs)，使家蝇能够附着在光滑的表面。

Adult houseflies are medium-size Dipteran insects, 7 to 11 mm long. As all dipterans they have one pair of wings. They feed on fluids rich in sugars and proteins, which they suck with their mouthparts that include a proboscis, a retractile kind of flexible tube.

2. 厩螫蝇(*Stomoxys calcitrans*)

厩螫蝇为吸血性蝇类，外形略似家蝇，体中型，灰色或暗灰色，体长 5～8 mm。眼高无毛，颊很低，刺吸式口器(piercing-sucking mouthpart)。喙(proboscis)细长，唇瓣(labellum)小而角质化，喙从口器窝(socket)向前伸出，静止时不缩入口器窝内。触角芒仅上侧具长纤毛。胸部背面具黑条斑(black stripes)。第 4 纵脉(longitudinal veins)向上呈轻度的弧状弯曲。前胸基腹片向前扩展，两侧具刚毛(seta)；前胸侧片中央凹陷处有纤毛。腹部比家蝇短而宽，在第 2～3 腹节上有 3 个黑点。

Adult flies are 5 to 7 mm long. They resemble houseflies, but can be easily distinguished through their protruding mouthparts and the "checkerboard" aspect of the abdomen. For practical purposes, if there are flies around that look like houseflies, but they bite you, they are most probably stable flies.

(二)生活史与习性(Life cycle and habit)

家蝇(housefly)的生活史属于完全变态，其发育过程包括卵(egg)、幼虫(larva)、蛹(pupa)和成虫(adult)4 个阶段(图 16-7)。大多数家蝇直接产卵(oviposit)于滋生物内；少数种类的卵在母体内进行发育，然后直接产出第 1 期幼虫(the first-stage larvae)，如突额家蝇(*Musca convexifrons*)、孕幼家蝇(*M. larvipara*)等。舍蝇(*Musca vicina*)多产卵于马、人、牛、猪、鸡等粪便(feces)、垃圾堆(garbage dump)以及各种腐烂发酵的植物堆内。雌蝇一生可产卵 4～6 次，每次能产 10～150 个卵，一生共产 400～600 个卵。

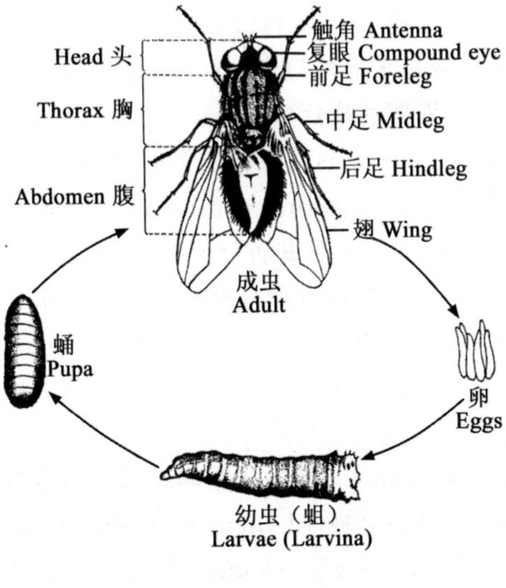

图 16-7　蝇的形态与生活史

Figure 16-7　Morphology and life cycle of flies

The life cycle can be completed in less than 2 weeks. They breed in any kind of manure (especially if it is mixed with hay or straw), in garbage, and on whatever decaying organic material, e. g. rests of animal feed. A female fly deposits up to 900 eggs in packages of 75 to 150 eggs at a time. Eggs hatch 1 to 2 days later and the larvae develop to pupae in about 6 days. Mature larvae usually leave the breeding medium in search of a dryer environment in the soil where they pupate. Five days later adult flies hatch out of the pupae. Temperature and humidity determine the duration of the life cycle. The more humid and warmer, the faster is development. In regions with moderate climate 8 to 12 generations are possible within a season, even more in tropical regions.

螫蝇(stable fly)主要吸食牛、马等家畜的血液,有时也叮人吸血,雌蝇必须有3次以上吸血后,才能使体内虫卵发育成熟。在黄昏产卵,卵多产在潮湿的稻草堆(rice straw dump)、杂草堆(weed dump)、发酵的蔬菜堆(vegetable dump)、垃圾堆、家畜粪便里。产卵数随吸血量而定,一般雌蝇一生产卵约3次,每次能产120粒左右,卵呈堆状。蛹期一般需6～9 d。在适宜条件下,整个发育周期需12 d以上,在气温21℃时需33～36 d。以幼虫或蛹越冬(overwinter)。

（三）危害性(Pathogenic significance)

蝇科的种类繁多,数量极大,分布广泛,包括吸血蝇和非吸血蝇两大类,它们都是生活在畜禽以及其他野生温血动物的周围,按对畜禽危害方式,可分为直接危害和间接危害2类。

1. 直接危害(Direct damage)

吸血蝇由于数量多,吸血量大,在温暖季节牛、马等家畜体表常有数百上千只吸血蝇不断反复地叮咬。家畜被叮咬时有痛感,使其无法安宁,烦躁不安(annoyance),严重影响家畜采食和休息,并可使畜体消瘦(emaciation)、贫血(anemia)、体重和产乳量降低,被叮咬处还会流血不止,招引其他蝇类舐吸,传播疾病。

2. 间接危害(Indirect damage)

家蝇、螫蝇等蝇类均能传播人畜多种疾病,由于它们的生态习性不同,其传播疾病的方式可分为2种类型。

(1)机械性传播(Mechanical transmission)　家蝇体表多毛,尤以腿和爪垫具有分泌黏液的微毛,更增加了携带病原体的能力。体内消化道的支囊可以贮存大量的细菌,又有边吃边排粪的习性,这样就大大有利其携带病原体,传播人畜疾病。

家蝇机械性传播的疾病主要有:结核(tuberculosis)、布氏杆菌病(brucellosis)、破伤风(tetanus)、炭疽(anthrax)、肉毒梭菌中毒病(botulism)、巴氏杆菌病(pasteurellosis)、大肠杆菌病(colibacillosis)、沙门氏杆菌病(salmonelloses)、禽痘(fowl pox)、水疱性口炎(vesicular stomatitis)、传染性角膜炎(infectious keratitis)、伤寒(typhus)、霍乱(cholera)、细菌性痢疾(bacillary dysentery)、麻风(leprosy)、雅司病(yaws)、棘球蚴病(echinococcosis)、囊尾蚴病(cysticercosis)、结肠小袋虫病(balantidiosis)、贾第虫病(giardiasis),以及传递蛔虫卵(roundworm egg)、鞭虫卵(whipworm eggs)和球虫卵囊(coccidian oocysts)等。

螫蝇等吸血蝇能机械性传播马、牛的伊氏锥虫病(trypanosomatosis evansi)、炭疽(anthrax)、土拉杆菌病(tularemia)、李氏杆菌病(listeriosis)、钩端螺旋体病(leptospirosis)、猪丹毒(swine erysipelas)、牛气肿疽(emphysematous gangrene)、牛流行性感冒(cattle influenza)、牛瘟(cattle plague)、马瘟(horse plague)、马流行性淋巴管炎(epizootic lymphangitis)、马传染性贫血(swamp fever)、兔传染性黏液瘤(rabbit infectious myxoma)等。

(2)生物性传播(Biological transmission)　某些病原体在家蝇或螫蝇体内经过发育而传播。

突额家蝇(*Musca convexifrons*)、孕幼家蝇(*M. larvipara*)和秋家蝇(*M. autumnalis*)是寄生于牛的眼结膜囊内和第3眼睑下的罗氏吸吮线虫(*Thelazia rhodesii*)和大口吸吮线虫(*T. gulosa*)的中间宿主。吸吮线虫在眼结膜内产出的幼虫,被这些家蝇舐吸眼泪或眼分泌物时食入,幼虫在蝇的卵滤泡内发育为第3期幼虫,然后再移行到喙内,当带有感染性幼虫的家蝇再舐吸健康牛只眼泪时,感染性幼虫即由蝇喙钻出而使健康牛只感染。此外,秋家蝇是寄生于马、黄牛、水牛、骆驼、犬等动物眼部泪吸吮线虫(*T. lacry-*

malis)的中间宿主。

厩螯蝇(stable fly)可作为柔线虫(*Habronema* sp.)的中间宿主。马感染的方式有3个途径：一是当厩螯蝇吸血时，感染性幼虫突破喙部，进入被螯蝇叮咬的伤口；二是家蝇舔舐马的唇部或伤口时，感染性幼虫穿破喙而出，从唇瓣上爬进马的口内而被吞咽入胃；三是马摄食了落入饲料或饮水中的蝇。

Houseflies are neither harming nor highly annoying to livestock, certainly not as much as numerous other biting insects. But they are mechanical vectors of all kinds of pathogens and contaminants: virus, bacteria and other microbes. More than 100 diseases and contaminants have been reported to be potentially transmitted by houseflies, *e. g.* *Salmonella*, anthrax, mastitis, conjunctivitis, cholera, botulism, tuberculosis, Newcastle disease, *Giardia*, etc. Houseflies can also transmit viable eggs of various parasitic worms (e. g. *Ascaris* spp.).

Stable flies can cause substantial economic damage to livestock, especially to feedlot cattle and dairy cows. Heavy infestations may reduce milk production by up to 60%. This damage is caused through the combined effect of blood loss (anemia) and stress due to painful bites and subsequent itching that leads to intense scratching and rubbing. All this may cause wounds that can be infected by secondary bacteria. Stable flies are vectors of serious livestock diseases such as various types of trypanosomiasis, anthrax, brucellosis, African horse sickness and fowl pox. Stable flies seem to be able to mechanically transmit anaplasmosis, as well as a number of other livestock viral and bacterial diseases such as foot-and mouth disease.

(四)防控(Control)

1. 蝇类滋生地的处理(Improving sanitation and reducing breeding places)

蝇类的滋生物质是人和畜禽粪便、腐败的动物和植物、生活垃圾等。尽管不同蝇类对滋生物质的喜好有所不同，但有这些滋生物的地方都可能成为蝇类的滋生地。因此，要经常搞好环境卫生，对人畜粪便和生活垃圾进行无害化处理，消除或减少蝇类的滋生场所。

2. 消灭成蝇(Control of adult flies)

在成蝇出现季节，要经常发动群众消灭成蝇，可采取物理、药物和生物灭蝇3种方法。

(1)物理灭蝇法(Physical method)　在多蝇季节或多蝇场所可采用捕蝇笼诱捕，用腥臭烂物放诱饵盘内，置于笼底进行诱捕。也可利用敌百虫糖溶液诱杀，以0.1%～0.5%敌百虫(dipterex)水溶液加少许食糖，盛于器皿内，液面覆盖一张纸，注意勿使诱饵(bait)干燥，蝇类接触取食1 min即可死亡。或用敌百虫水溶液加入腥臭物质诱杀。还可以利用黏胶液和诱饵混合，涂抹在厚纸上或制成黏性捕蝇器，挂放在蝇多的地方，使蝇接触黏着而死亡。

(2)化学药物灭蝇法(Chemical method)　近年来，常用拟除虫菊酯类、有机磷类和氨甲基酸酯类杀虫剂，如溴氰菊酯(decis)、敌百虫(dipterex)、敌敌畏(dichlorvos)、倍硫磷(fenthion)、蝇毒磷(coumaphos)、巴胺磷(propetamphos)、甲萘威(carbaryl)和残杀威(arprocarb)等药剂进行涂擦、喷雾等，对蝇有快速击倒作用，灭蝇效果良好。

家畜使用拟除虫菊酯类(pyrethroid)等药物浸渍的耳标、项圈，在一定时间内可驱避各种蝇类，对家畜增重、减少乳腺炎发病率等也有较好效果。

(3)生物灭蝇法(Biological method)　可分为下列3类：一是绝育防治法，又可分为电离辐射、化学药物和遗传方法等三大途径。其目的是通过控制蝇类的生殖能力，以达到减少甚至消灭其种群的目的。二是激素防治法，对个别蝇种已取得效果，但大多数还处于试验研究阶段。三是微生物防治法，其中苏云金杆菌已发展为最有希望的杀虫剂之一。国外已利用苏云金杆菌防治家蝇，将该菌拌入牛的饲料中喂牛，粪中即含有该菌的毒素，被蝇蛆吞食后，即可死亡。

For successfully controlling houseflies it is highly recommended to follow Integrated Pest management (IPM) programs that combine all available approaches to pest control: structural, operational, biological and chemical. The key to housefly prevention is removing as effectively as possible whatever can serve as a breeding substrate for the flies (i. e. any kind of organic material such as manure, feed or silage waste, remains of hay, straw, bedding, crashed eggs, carcasses, etc.). Spraying insecticides on the surfaces preferred by the flies for landing (walls, ceilings, posts, fences, etc.) can be quite effective. Most products for surface spraying kill the adult flies by contact. Biological control of houseflies with their natural enemies can be quite effective if the environmental and ecological conditions required by such natural enemies are ensured.

三、虻(Gadflies)

虻属于短角亚目(Brachycera)虻科(Tabanidae),与兽医有关的有虻属(*Tabanus*)、斑虻属(*Chrysops*)和麻虻属(*Haematopota*)。成虻体粗壮(stout-bodied),大小不等,如家蝇至蜂鸟大小。触角(antennae)短而粗,向前伸出,由明显不同的 3 节组成。第 1 节小,第 2 节外展,第 3 节有明显的环纹,看起来像是由 3 节以上所构成。

Tabanids are stout-bodied flies varying from about the size of a housefly to as large as a hummingbird. The short, stout, anteriorly projecting antennae consist of three markedly different segments. The first segment is small, the second may be expanded, and the third is marked by annulations that make tabanid antennae appear to have many more than three units.

(一)病原形态(Pathogen morphology)

虻体粗壮,虫体的颜色随虻的种类不同而异,一般呈灰色或黄色。体表光滑。头大呈半球形(semisphere);复眼(compound eye)大,几乎占头部的绝大部分,利用复眼可以区别雌雄。雌虻的两复眼之间有明显的距离(dichoptic),而雄虻的两眼在中缘接触(holoptic)。单眼(ocellus)3 个,有的付缺。口器为刮舐式(cutting-sponging type),口针(stylet)粗大,包括 1 个宽而长的上唇(labrum),其内壁具凹槽(groove);1 对刺刀状的上颚(maxilla);1 对锯状的下颚(mandibles),其基部具有 1 对有感觉器官的下颚须(palps);1 个扁平的舌,其中央贯穿 1 条外注的唾腺管(saliva pipe);1 个似刀鞘的下唇(labium),其背面有 1 条纵沟(vertical groove),其末端有 2 个唇瓣(labellum)。触角 1 对,分 3 节,其第 3 节具有 3～7 个小环(circlet)。胸部由 3 节组成,有 1 对翅膀和 3 对足。翅膀透明或有斑点,翅脉(vein)复杂,在翅膀中央有似六角形的(hexagonal)中室(discal cell)。腹部可见 7 节,末端为外生殖器(external genital organs)。

(二)生活史与习性(Life cycle and habit)

虻的发育属于完全变态(complete metamorphosis),包括卵(egg)、幼虫(larva)、蛹(pupa)和成虫(adult)4 个阶段(图 16-8)。雌虻吸血后在水面悬垂植物的枝、叶或潮湿的场所产卵,卵聚成块状(egg mass),卵数达 300～1 000 个。虫卵经 4～6 d 即孵出幼虫。幼虫落入水内或潮湿土中,以残杀其他动物如昆虫的幼虫、蚯蚓(earthworms)、甲壳类(shellfishes)或软体类(softwares)等,吸食其体液为生。幼虫期很长,一般需经 7～8 次蜕皮(ecdysis)。幼虫成熟后,爬到水边干燥的泥土内化蛹,蛹经 7～15 d 孵化为成虫。如天气寒冷时,幼虫需至次年春季再行化蛹。自卵至成虫需 60～417 d。

虻的活动时间,都在夏季炎热的白天,喜欢强烈日光。在阴雨天不活动,常停留在浓厚的树荫下。虻的活动力很强,能飞翔到很远的地方,寻找动物吸血。雌虻除吸血外也吸花汁,但雌虻没有吸到血时,不能产卵。雄虻不吸血,只吸植物汁,平时多居于草丛及树林中。

After a blood meal the female lays batches of several hundred creamy-white or greyish cigar-shaped eggs on the underside of vegetation or on stones, generally in muddy or marshy areas. The eggs hatch in 1 to 2 weeks and the larvae drop into the mud or water. The larvae are sluggish and feed either by scavenging on decaying organic matter or by predation on small arthropods including other tabanid larvae. Optimally, larval development takes three months, but if hibernation occurs, may extend for up to three years. Mature larvae pupate partially buried in mud or soil and the adult fly emerges after 1 to 3 weeks. The whole life cycle takes a minimum of 4 to 5 months.

These powerful flies may disperse many kilometers from their breeding areas and are most active during hot, sunny days.

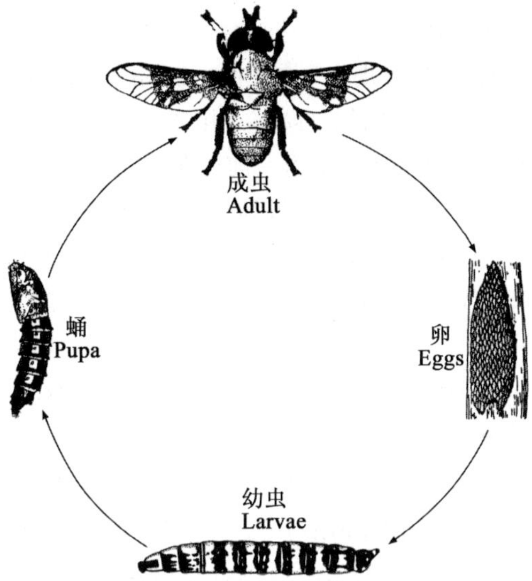

图 16-8　虻的生活史

Figure 16-8　The life cycle of tabanid

（三）危害性(Pathogenic significance)

虻是家畜主要的吸血昆虫。在家畜体表吸血时，注入有毒的唾液，引起伤口肿胀、痛痒和出血，使家畜采食不安，消瘦(emaciation)，产乳量降低。虻还可以机械性传播家畜的疾病，如牛和马的锥虫病(trypanosomosis)、边虫病(anaplasmosis)、巴氏杆菌病(pasteurellosis)、炭疽(anthrax)和野兔热(tularemia)等。

The adult females locate their prey mainly by sight and their bites are deep and painful. They feed every 3-4 days causing a great deal of annoyance, and because their feeding is often disturbed, are efficient mechanical vectors of the organisms responsible for such diseases as trypanosomosis, anaplasmosis, anthrax, pasteurellosis.

（四）防控(Control)

由于虻的滋生地广，活动力强，活动范围广，目前还没有有效的防控方法。因此在虻大量活动的季节，可采取下列措施：①在夏季虻活动季节，改变放牧时间(changing grazing time)，在中午烈日时，将牛驱入树荫下，虻很少飞入吸血。阴雨天虻不活动，可全日放牧。②在虻流行季节，可用 40～80 mg/kg 氰戊菊酯(fenvalerate)喷洒(spray)畜体。③采用生物防治法(biological control)，大量养殖寄生蜂(parasitic bee)。如地蜂(*Bamlix hiponica*)能捕获虻，并在其腹部产卵；黄胸黑卵蜂(*Telenomus angustatus*)对土灰虻(*Tabanus griseus*)卵块的寄生率达 23%～38%，这对减少成虻是相当有利的。

This poses a special problem since breeding places are both diffuse and difficult to detect. For general fly control insecticidal sprays with a residual effect are used in animal houses and on the animals themselves. There is also the possibility of using dark panels with sticky adhesive as traps and there are a number of electrocution grids which may prove useful in animal houses.

四、蠓(Midges)

蠓属于蠓科(Ceratopogonidae),包括库蠓属(*Culicoides*)、拉蠓属(*Lasiohelea*)和勒蠓属(*Leptoconops*)3 个属,与传播疾病有关的主要是库蠓属的种类。

(一)病原形态(Pathogen morphology)

库蠓(*Culicoides*)体小,粗短,黑色或灰褐色,体长 1～3 mm。头小,复眼 1 对,呈肾形,触角(antennae)1 对,细长呈丝状,由 15 节组成;雄蠓的柄节(scape)和梗节(pedicel)均大于雌蠓,后面的 13 节统称鞭节(clavola)。胸部稍微隆起,前后胸退化,中胸发达。前翅发达,后翅退化为平衡棒(balancer),静止时两翅重叠,平覆于腹部背面。翅面(wing)具有不同数目和形状的暗斑和明斑(mottled)。翅脉较简单。足细长,后足较短,跗节(tarsus)又分 5 节,最末 1 节有爪(claw)1 对,足各节上生有鬃或毛,后足胫节(tibia)端部有胫节鬃数根。腹部细长,共 10 节,各节表面生有鬃或毛,第 9、10 腹节特化为雌、雄外生殖器(external genital organs)。

These flies are 1.5 to 5.0 mm long with the thorax humped over a small head, and wings, generally mottled, which are held at rest like a closed pair of scissors over the grey or brownish-black abdomen. The antennae are prominent, the legs relatively short, and the small mouthparts hang vertically.

(二)生活史与习性(Life cycle and habit)

库蠓的生活史属于完全变态(complete metamorphosis)(图 16-9)。多数库蠓在交配时具有群舞现象,常在畜舍周围于黎明或黄昏进行群舞。交配后雌蠓必须吸血,才能使卵巢内的虫卵发育成熟,如吸血不足,只有部分虫卵发育成熟。雌蠓一生可产卵 2 或 3 次,甚或 4 次,每次产卵 50～150 粒,有的可达 200 粒左右。虫卵呈香蕉状,大小为(0.35～0.65) mm×(0.02～0.07) mm。在夏季气温下,卵经 3～6 d 孵出幼虫。幼虫体细长,呈蠕虫状(vermiform),在水底、水位上下泥层浅表或湿的土壤内挖掘洞穴,营洞居生活(cave dwelling life)。一般常在泥土表层 1～2 cm 范围内。幼虫的发育期很长,共 4 龄,发育所需要的时间取决于温度和食物,在夏季气温下,有的幼虫在 1～3 或 6 周内完成发育。蛹期(pupal period)很短,夏季一般为 3～4 d。在热带和亚热带地区一年可发生多代,多数以第 4 期成熟幼虫(the fourth-stage larvae)越冬;有的蠓种如原野库蠓(*C. homotomus*)各虫期均能越冬(overwintering)。

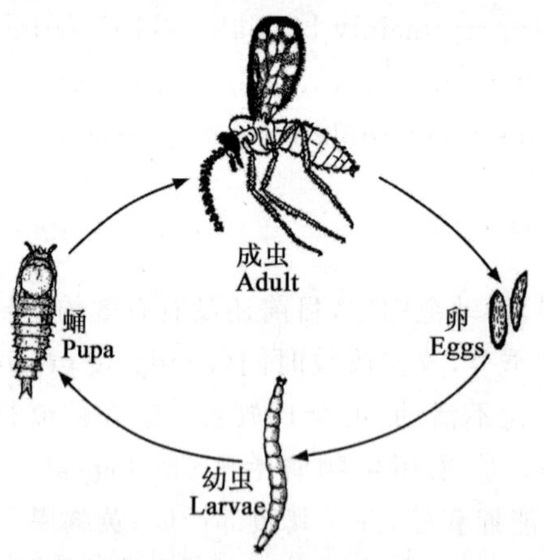

图 16-9 库蠓的生活史

Figure 16-9 The life cycle of *Culicoides*

库蠓的滋生地极其广泛,如江、湖、河、山溪(mountain torrent)、沼泽(marsh)、池塘(pool)、稻田(rice field)、菜田(vegetable plot)、污水沟(muck ditch)、水坑(puddle)、洼地(low ground)、树洞(tree hole)、石穴(stone lace)积水处以及富于有机质(organic matter)的潮湿土壤等处。

The eggs, which are brown or black, are cylindrical or banana-shaped and 0.5 mm in length; these are laid in damp marshy ground or in decaying vegetable matter near water. Hatching occurs in 2 to 9 days depending on the species and temperature, but temperate species may overwinter as eggs. There are four larval stages and these are characterized by having small dark heads, segmented bodies and terminal anal gills. They have a serpentine swimming action in water and feed on decaying vegetation. Larval development is complete in warm countries in 14 to 25 days, but in temperate areas this may be delayed for periods of up to seven months. The less active brown pupae, 2.0 to 4.0 mm long, are found at the surface or edges of water and are characterized by a pair of respiratory trumpets on the cephalothorax and a pair of terminal horns which enable the pupa to move. Adult flies emerge from the pupae in 3 to 10 days and the females suck blood.

(三)危害性(Pathogenic significance)

吸血蠓对于畜、禽的危害性,可分为直接危害和间接危害 2 个方面。

1. 直接危害(Direct damage)

在吸血蠓大量出现季节,由于它们数量多,不断反复地叮咬骚扰,使畜禽感到不安、烦躁。被叮咬处出现小红点,引起局部皮肤红肿痛痒,发生丘疹(papule)或过敏性皮炎(allergic dermatitis);并引起皮下蜂窝组织水肿,发炎,甚至擦破皮肤感染而形成皮肤溃疡,影响畜、禽的采食和休息,使畜群、鸡群无法安宁,消瘦,产奶量减少,或产蛋率下降,耕作能力下降和机体抗病能力降低。

2. 间接危害(Indirect damage)

库蠓可传播很多种疾病。

(1)蠕虫病(Helminthiasis) 有些库蠓可作为马、牛盘尾线虫(*Onchocerca*)的中间宿主。迄今所知,马的颈盘尾线虫(*Onchocerca cervicalis*)的中间宿主为云斑库蠓(*C. nubeculosus*)、原野库蠓、陈旧库蠓和肾库蠓(*C. parroti*)。牛、羊的吉氏盘尾线虫(*O. gibsoni*)的中间宿主为刺螯库蠓(*C. pungens*)。马的网状盘尾线虫(*O. reticulata*)的中间宿主为云斑库蠓。

(2)原虫病(Protozoosis) 某些库蠓亦能传播家禽血孢子虫病,如鸡卡氏住白虫病(leucocytozoonosis)的传播媒介已被证实有荒川库蠓(*C. arakawae*)、虚库蠓(*C. schultzei*)、环斑库蠓(*C. circuscariptus*)、恶敌库蠓(*C. odibilis*)等。鸭的网状血变虫(*Haemoproteus*)由夜间活动的库蠓传播给鸭,鸭感染后 14～21 d,在外周红细胞内可发现配子体。

(3)病毒病(Virosis) 如蓝舌病(bluetongue)是由库蠓传播的,病毒在库蠓体内经 7～10 d 繁殖后方可感染。此外,库蠓还能传播禽痘(fowl pox)等病毒性疾病。

Since these flies may be present in vast numbers, they can be a serious source of annoyance. In addition they may transmit virus diseases such as bluetongue and the like.

(四)防控(Control)

1. 消灭滋生地(Destruction of breeding sites)

在吸血蠓大量出现季节,要经常保持畜、禽舍、居民点及其周围环境卫生,畜禽粪便要及时收集,进行生物热处理。排除积水,填平洼地和无用的池塘,疏通沟渠,加速水流。也可养殖鱼、蛙和放养水禽等动物捕食幼虫和蛹。

此外,采用化学药剂杀灭滋生地的蠓幼虫和蛹。常用药剂有双硫磷(biothion),按 1 mg/kg 浓度喷洒于流动极缓慢的水系中,2 周内能控制蠓幼虫和蛹的滋生。

2. 杀灭成虫(Killing adults)

吸血蠓大量发生季节,采用马拉硫磷(carbofos)、倍硫磷(fenthion)、双硫磷(temephos)、氰戊菊酯(fenvalerate)、甲萘威(carbaryl)、残杀威(arprocarb)、敌百虫(dipterex)、敌敌畏(dichlorvos)等低毒高效的杀虫剂,每隔 2～3 周在畜禽舍内外、动物体表以及滋生地进行喷洒,对库蠓的杀灭均有良好效果。

3. 防蠓驱蠓(Prevention and repellent of biting midges)

黎明和黄昏时，在畜禽舍外，利用蒿草、烂叶等混合一些除虫菊点燃烟熏，或涂擦或喷洒氯苯脒(chlordimeform)等驱避剂，可驱走或杀灭成蠓。在周围杂草地喷洒辛硫磷(phoxim)等残效期长的杀虫剂，造成一条天然屏障，使蠓无法飞越，亦有一定效果。

This is difficult because of the usually extensive breeding habitat and depends on the destruction of breeding sites by drainage or spraying with insecticides since the adults normally fly only a few hundred metres.

五、蚋(Blackflies)

蚋科(Simuliidae)昆虫统称为蚋(blackflies)，包括蚋属(*Simulium*)、真蚋属(*Eusimulium*)和原蚋属(*Prosimulium*)。它们主要在白天吸血，可以传播盘尾线虫病和住白细胞虫病。

(一)病原形态(Pathogen morphology)

成蚋体小，粗短，黑色，体长 2～5 mm，体表具银白色粉被(pruinescence)。复眼大，呈肾形，雄蚋接眼式(holoptic)，雌蚋离眼式(dichoptic)，无单眼(ocellus)。两复眼之间为额(frons)，额的宽度、高度、色泽和粉被依种类而异。触角(antennae)1 对，11 节，呈短圆柱形。口器刺吸式(piercing-sucking type)，喙短。前后胸小，中胸发达，盾片(scutellum)凸出隆起呈驼背状。中胸侧面膜(lateral membrane)上毛的有无是分属的重要依据。翅宽阔、透明、无色斑，翅端钝圆；有发达的纵脉(longitudinal vein)，尤以前缘的脉粗壮而显著，前缘脉(costal vein)有毛和短刺；第 2 径脉(the second scapular vein)末端不分支。足 3 对，跗节(tarsus)分 5 节，跗节末端有爪 1 对。后足基跗节(basitarsus)有跗突(tarsus apophysis)，第 2 跗节(tarsus)常有跗沟。腹部呈卵圆形，由 11 节组成，第 9～11 腹节特化为雌、雄外生殖器(external genital organs)。

Blackflies are small, stout-bodied, black, gray, or yellowish-brown flies with relatively short antennae consisting of nine to 12 (usually 11) similar segments, and short mouthparts with prominent maxillary palps.

(二)生活史与习性(Life cycle and habit)

蚋的生活史属于完全变态(complete metamorphosis)(图 16-10)。卵(eggs)、幼虫(larva)和蛹(pupa)在流水中发育，成蚋在山区、林区、草原的河流、沟渠、泉水等清洁流水以及大的江河中羽化后，雌雄交配。雄蚋交配后常在几天内死亡，雌蚋在适宜的条件下可生存 3～4 周。交配后，雌蚋开始叮咬刺吸哺乳类[人(human)、牛(cattle)、马(horses)、羊(sheep)、犬(dogs)、鹿(deer)和啮齿类(rodent)]、鸟类[鸭(ducks)、鸡(chickens)、潜水鸟(duckers)和火鸡(turkeys)]等温血动物(homothermal animals)的血液(blood)。雌蚋吸饱血后，飞离宿主，在植物丛中隐蔽。经数天发育，体内卵发育成熟后，雌蚋即开始飞翔，选择清洁流水处产卵，一般都在黄昏产卵。卵产于岸边或水面潮湿或部分潮湿的树叶及茎枝上或产在潮湿的石块上。卵聚成块状，呈单层排列。每个雌蚋能产卵 150～500 粒。幼虫的孵出随外界水温和水流速度而定，在 20～22℃的流水中，需 4～5 d；在 7℃时，约需 27 d。幼虫期(larval stage)一般有 6 或 7 个龄期(instars)，有的可达 9 个龄期。幼虫期的长短，随种类、季节、水温以及水流速度而定，在春季寒冷的水里，幼虫发育可延长至 1.5～2 个月；冬季幼虫期可达 4 个月。末龄幼虫(final instar larvae)吐丝结成前端开口的茧(cocoons)，在茧内最后蜕一次皮(ecdysis)变为蛹。蛹期(pupal stage)在夏、秋两季约需 2～10 d，10℃时则延长至 2 周，有的可长达 1 个月或更长。从卵发育到成虫需 2～4 个月。

Females deposit eggs, 200 to 800 per female, on vegetation just below the water surface. Larvae emerge from eggs and attach themselves to aquatic or emergent vegetation as well as rocks. They will be particularly abundant near culverts under roads, attached to plants trailing in the water. Larvae pass through six stages before reaching the pupal stage. Pupae are encased in a silken cocoon attached to vegetation or other objects in the stream. Adults emerge from the pupal case through a slit and float to the surface on a bubble of air. Some species mate as soon as adults emerge. The length of the cycle from egg to adult is variable, depending on the blackfly species and water temperature.

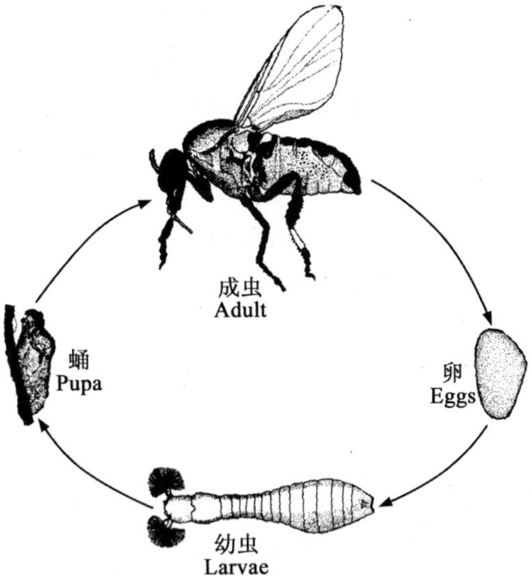

图 16-10 蚋的生活史

Figure 16-10 The life cycle of *Simulium*

（三）危害性(Pathogenic significance)

1. 直接危害(Direct damage)

蚋是一类小型骚扰性的吸血昆虫，在山区、林区、田野、河谷和草原等地带，成蚋非常猖獗，畜禽常被群蚋侵袭。当雌蚋大量叮刺畜禽时，能分泌含有毒素的唾液，初时不感疼痛，经 3～5 min 后开始感觉痛痒，被叮刺处出现小出血点，局部皮肤出现红斑、肿胀、剧痒，产生丘疹或疮疹样病变和化脓性或坏死性皮炎；有强烈的过敏反应。继发感染产生淋巴腺或淋巴管炎。畜禽表现不安(discomfort)、烦躁(restlessness)、奔跑、食欲减退、消瘦(emaciation)、贫血(anemia)、爱躺卧、呼吸困难(dyspnea)、心跳缓慢、脉搏微弱，口鼻腔流出泡沫，叫声嘶哑。若产生变态反应，可引起死亡。

Female blackflies are blood feeders whose bites can itch and persist for several days. The flies bite by cutting into the skin and feeding on the pool of blood that forms in the hole they make. Anticoagulants injected into the feeding site by blackflies can cause mild to severe allergic reactions in sensitive individuals. Strong reactions include fever, nausea and allergic dermatitis. Large blackfly populations and strong bite reactions can be life threatening.

2. 间接危害(Indirect damage)

(1)传播盘尾线虫病(Spread of onchocerciasis) 盘尾线虫病系马、牛、羊、人的疾病，由库蠓、蚋或蚊等吸血昆虫所传播。其中喉瘤盘尾线虫(*Onchocerca gutturosa*)以饰蚋(*S. ornatum*)作为中间宿主。幼虫被蚋吸入进入中肠而后到达胸肌，经 21～24 d 后发育为感染性幼虫，然后移行到蚋的喙部，当蚋再次吸食健康牛只时，即可造成感染，引起患畜皮炎，间或皮肤增厚，形成橡皮病。

(2)传播家禽住白虫病(Spread of fowl leucocytozoosis) 鸡的沙氏住白虫(*Leucocytozoon sabrazasi*)以后宽绳蚋(*S. metatarsale*)作为传播媒介，该病流行于我国福建、广东等省，能引起幼禽大批死亡，蛋鸡产蛋率下降。鸭的西氏住白虫(*L. simondi*)是由 *S. croxtoni* 等传播的；本病流行于 6 月末或 7 月初，幼鸭的死亡率高。

Simulium spp. may transmit the avian protozoan *Leucocytozoon* and filarioid helminths such as *Onchocerca gutturosa* of cattle.

(四)防控(Control)

1. 防蚋叮咬(Prevent blackfly from biting)

蚋是白天活动的小型吸血昆虫，在蚋出现季节，要保持畜禽舍、运动场及其周围环境的卫生，及时清除畜禽舍和周围腐败杂草、树叶、干草等，拌些除虫菊(pyrethrum)或其他杀虫剂点燃熏烟，能驱走或熏杀成蚋。也可以用邻苯二甲酸二甲酯(DMP)或间二乙基甲苯甲酸胺(DETA)等驱避剂，涂擦经常被蚋叮咬的部位和耳朵内等处，可防蚋叮咬。

2. 杀灭成蚋(Killing adult blackfly)

当成蚋大量出现时，在畜禽舍周围、畜禽体表以及栖息场所，喷洒拟除虫菊酯(pyrethroid)、有机磷化合物(organophosphorus compound)等杀虫剂，驱杀成蚋。

3. 滋生地处理(Treatment of breeding sites)

用倍硫磷(fenthion)、拟除虫菊酯(pyrethroid)等杀虫剂施于上游水面，使顺流而下，可杀灭水中蚋幼虫和蛹(pupa)。

4. 生物防治(Biological control)

蚋的寄生物很多，其中致病力较强的有病毒(virus)、霉菌(mould)、微孢子虫(microsporidia)和索线虫等。感染这类病原生物后，可以阻止蚋的幼虫化蛹，或在发育中死亡。西非曾大量饲养和释放索线虫以防治恶蚋(*S. damnosum*)。有人提出试用微孢子虫的孢子与水混合，施放于蚋滋生的水域杀灭蚋幼虫和蛹。因此，拮抗生物(antibionts)有希望作为生物制剂以防治蚋类。

The most practical control method is the application of insecticides to breeding sites to kill larvae. This technique entails the repeated application of organochlorine or organophosphorus insecticides to selected water courses at intervals throughout the year. The insecticide is then carried downstream and kills larvae over long stretches of water.

六、白蛉(Sandflies)

白蛉属于毛蠓科(Psychodidae)、白蛉亚科(Phlebotominae)的白蛉属(*Phlebotomus*)，可以传播利什曼原虫病。

(一)病原形态(Pathogen morphology)

成蛉体小，长为 1.5～5 mm，体色呈浅灰(greyish)或浅黄(yellowish)或棕色(brown)，随白蛉种类而不同；同种白蛉也可因分布和所处环境的不同，在大小和体色上有差异。虫体体表及翅有密集的细毛。复眼黑而大。翅狭长而尖，亚缘脉(submarginal vein)短，第 2 纵脉分支的部位约在翅的中部，在停息时，两翅向上竖立，且左右分开，与其躯体形成约 45°的角度。足细长，多毛。雄蛉的外生殖器很大，明显可见。根据成蛉这些形态特征，易于识别白蛉而不至于与毛蠓科(Psychoidae)内其他亚科的昆虫相混淆。

Sandflies, up to 5.0 mm long, are characterized by their hairy appearance, their large black eyes and long stilt-like legs. The wings, which, unlike those of other biting flies, are lanceolate in outline, are also covered in hairs and are held erect over the body at rest.

(二)生活史与习性(Life cycle and habit)

白蛉的发育过程有卵(egg)、幼虫(larva)、蛹(pupa)和成虫(adult)4 个时期(图 16-11)。幼虫分 4 龄(instars)，以土壤中的腐烂有机物质为食。幼虫发育至第 4 期就不再摄食，蜕皮而变成蛹。在适宜的气温 21～28℃中，幼虫发育需时 20～30 d，蛹为 6～12 d，卵发育为成蛉需 6～8 周。

雌蛉一生仅交配一次，一般在吸血前完成。雄蛉在交配后不久死亡。雌蛉喜欢在夜间吸血，白天躲在隐蔽处。幼虫的耐寒力(cold endurance)强。白蛉以幼虫期越冬，一般在地面下 10 cm 以内的浅土中越冬。越冬的幼虫到次年气温变暖时继续发育为成蛉。我国的中华白蛉(*Phlebotomus chinensis*)每年只繁殖 1 代，蒙古白蛉(*P. mongolensis*)1 年可繁殖 2 代。白蛉的滋生地一般为有机质比较丰富、土质疏松、湿度适宜的土壤。

Sandflies breed in fast-flowing streams or rivers. Eggs are laid on rocks or plants around or below water level. Larvae hatch and collect food from the current, using foldable "nets" that surround their mouths. These expand to catch passing organic particles, algae, and bacteria. The larvae pupate and spend around 12 days in this form, before emerging as flies at the water's surface. The length of the life cycle varies, depending on the time of year, but averages around 6 to 7 weeks.

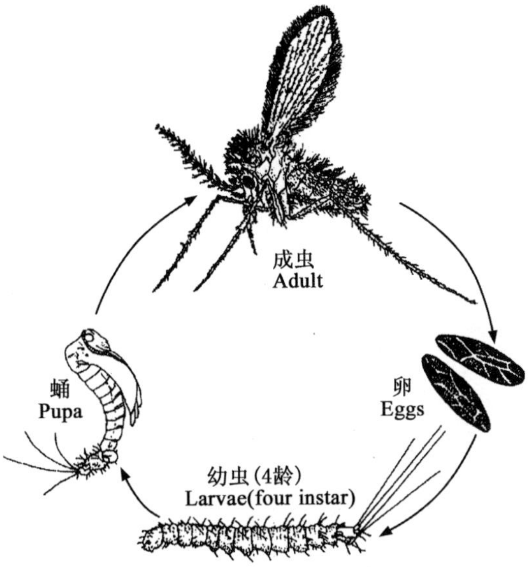

图 16-11　白蛉的生活史

Figure 16-11　The life cycle of sandflies

(三)危害性(Pathogenic significance)

白蛉能在人和犬间传播由杜氏利什曼原虫(*Leishmania donovani*)引起的黑热病(Kala-azar)(内脏利什曼病)。该病流行于亚洲、非洲、欧洲和美洲,我国的黑热病流行地区主要在长江以北。此外,还能传播皮肤利什曼病(cutaneous leishmaniasis)[东方疖(oriental sore)]、白蛉热(sandfly fever)和巴尔通病(bartonellosis)。我国黑热病的传播媒介,除新疆是中华白蛉长管亚种(*P. chinensis longiductus*)、硕大白蛉吴氏亚种(*P. major wui*)和甘肃部分地区是硕大白蛉吴氏亚种外,其他各地如山东、江苏、安徽、河南、河北、陕西、山西、甘肃、青海、四川及辽宁等省均为中华白蛉(*P. chinensis*)。

Apart from their biting nuisance in localized areas, sandflies are important as the sole known vectors of *Leishmania tropica* and *L. donovani*, which cause cutaneous and visceral leishmaniosis in man, dogs being important reservoir hosts in some regions.

(四)防控(Control)

溴氰菊酯(deltamethrin)等拟除虫菊酯药物可有效杀灭和防治白蛉,在室内外和畜舍内外用溴氰菊酯 2.5%可湿性粉剂,配成 12.5 mg/100 mL 溶液,每平方米喷洒 200 mL,效果较好。

Sandflies can be prevented from biting dogs by the use of deltamethrin-impregnated collars and a combination of permethrin and imidacloprid in a spot-on formulation. The collar can provide up to 6 months of protection. Deltamethrin-impregnated collars for the control of canine leishmaniasis and the spot-on formulation provide excellent protection between monthly applications.

第三篇　抗寄生虫药

Part 3　Antiparasitics

第十七章　概　　论

Chapter 17　Introduction

抗寄生虫药是用来杀灭或驱除体内外寄生虫的一类药物。畜禽寄生虫病是危害畜牧生产的一类常见病和多发病,它不仅造成畜禽生产性能的下降和可能引起死亡,而且某些人畜共患的寄生虫病还能危及人体健康。因此,防治畜禽寄生虫病,对于发展畜牧业生产和保障人民健康具有重要的意义。

Antiparasitics are drugs which are used to kill or expulse ectoparasites and endoparasites from animals.

第一节　抗寄生虫药的类型

Section 1　Categories of Antiparasitics

根据抗寄生虫药的抗虫作用和寄生虫的分类,可分为以下几类。

1. 抗蠕虫药(Anthelmintics)

亦称驱虫药。根据蠕虫类型可分为驱线虫药(antinematodal drugs)、驱吸虫药(antitrematodal drugs)和驱绦虫药(anticestodal drugs)。

2. 抗原虫药(Antiprotozoan drugs)

根据原虫类型可分为抗锥虫药(trypanocides)、抗梨形虫药(antipiroplasmal drugs)和抗球虫药(anticoccidial drugs)。

3. 杀虫药(Ectoparasiticides)

杀昆虫和蜱螨的药物。

第二节　抗寄生虫药的作用机理

Section 2　Mechanisms of Antiparasitic Action

抗寄生虫药物的种类繁多,其作用机理亦各不相同,而且许多迄今尚不清楚,初步弄清的,大体上可归纳为几个类型。

1. 抑制虫体内的某些酶(Inhibiting specific enzymes in the parasite)

不少抗寄生虫药能抑制虫体内酶的活性,而使虫体的代谢发生障碍。例如左旋咪唑、阿苯达唑、硫双二氯酚、硝硫氰酯和硝氯酚能抑制虫体内琥珀酸脱氢酶(延胡索酸还原酶)的活性,阻碍延胡索酸还原为琥珀酸,阻断 ATP 的产生,导致虫体肌肉麻痹而致死;新胂凡纳明能与虫体内含有巯基的酶结合;有机磷酸酯类能与胆碱酯酶结合,形成磷酰化胆碱酯酶,使该酶丧失水解乙酰胆碱的能力,阻碍乙酰胆碱的降解,使虫体内乙酰胆碱蓄积增多,引起虫体兴奋痉挛,最后麻痹死亡。

2. 干扰虫体的代谢(Alteration of metabolic processes)

①直接抑制虫体微管蛋白的合成(inhibition of microtubule synthesis),影响酶的分泌,抑制虫体对葡萄糖的利用,如苯并咪唑类;②抑制对硫胺的利用(inhibition of thiamine utilization)。氨丙啉的化学结构与硫胺相似,故在球虫的代谢过程中可取代硫胺,使球虫发生硫胺缺乏症,干扰虫体代谢而发挥抗球虫作用,当饲喂的日粮中添加硫胺则可抵消氨丙啉的作用;③干扰虫体氧化磷酸化过程(uncoupling of oxidative phosphorylation)。氯硝柳胺能干扰虫体氧化磷酸化过程,抑制线粒体内磷与腺苷酸的结合,影响

ATP 的合成，结果使绦虫头节脱离肠壁而排出体外；④抑制 DNA 的合成(inhibition of DNA synthesis)，影响原虫的生长繁殖，如三氮脒；⑤抑制叶酸代谢(inhibition of folic acid synthesis or metabolism)。疟原虫不能利用环境中的叶酸和四氢叶酸，必须自身合成叶酸并转化成四氢叶酸后，才能在合成核酸的过程中被利用。乙胺嘧啶和磺胺类都能阻断原虫体内叶酸的合成。

3. 作用于虫体的神经肌肉系统而使虫体麻痹(Paralysis of parasites by mimicking the action of putative neurotransmitters)

有些抗寄生虫药物可直接作用于虫体内的神经肌肉系统，影响其运动功能或导致虫体麻痹死亡。例如噻嘧啶能与虫体的胆碱受体结合，产生与乙酰胆碱相似的作用，且其作用较乙酰胆碱强大而持久，因此引起虫体肌肉剧烈收缩，导致痉挛性麻痹。

4. 干扰虫体内离子的正常平衡或转运(Interfere with normal balance or transportation of various ions—sodium，potassium and calcium)

聚醚类抗球虫药能与球虫体内的钠、钾、钙等金属离子形成亲脂性络合物，通过生物膜妨碍离子的正常平衡或转运而起作用。哌嗪类药物对蛔虫神经肌肉接头有箭毒样作用，它能改变虫体肌肉细胞膜对离子的通透性，使膜电位增加处于超极化状态，阻碍神经冲动的传导，而使虫体肌肉弛缓性麻痹。

第三节　抗寄生虫药的选择标准

Section 3　The Criteria to Select Antiparasitics

抗寄生虫药物种类繁多，应合理选择，正确应用，以便更好地发挥药物的疗效。本类药物应具备高效、广谱、低毒、投药方便、价格低廉、无残留和不易产生耐药性等要求。这些是衡量抗寄生虫药临床价值的标准，也是选用抗寄生虫药的基本原则。

1. 高效(Highly effective)

良好的抗寄生虫药应该是使用小剂量即能达到满意的驱虫效果。所谓高效是指抗寄生虫药对成虫、幼虫，甚至虫卵都有很好的驱杀效果，且使用剂量小。一般来说，其虫卵减少率应达 95%以上，若小于 70%则属较差；使用剂量应小于 10 mg/kg，若应用剂量太大，会给使用带来不便，推广困难。但目前较好的抗蠕虫药亦难达到如此效果。对幼虫无效者则需间隔一定时间重复用药。

2. 广谱(Broad spectrum)

是指驱虫范围广。家畜的寄生虫病多属混合感染，如线虫、绦虫及吸虫同时存在的混合感染，因此选用广谱驱虫或杀虫药，就显得更有实际意义。目前对两种蠕虫有效的驱虫药已有不少，例如吡喹酮可用于治疗血吸虫和绦虫感染；伊维菌素对线虫和外寄生虫有效；像阿苯达唑对线虫、绦虫和吸虫均有效的药物仍很少。因此，在实际应用中可根据具体情况，联合用药以扩大驱虫范围。

3. 安全低毒(No toxic and safe to animals and users)

抗蠕虫药应该对虫体有强大的杀灭作用，而对宿主无毒或毒性很小。如果所干扰的是虫体特异的生化过程而不影响宿主，则该药安全范围就大。安全范围大小的衡量标准是化疗指数[半数中毒量(LD_{50})/半数有效量(ED_{50})]，越大越好，表示药物对机体的毒性愈小，愈安全。一般认为化疗指数必须大于 3，才有临床应用意义。

4. 投药方便(Administered easily to animals)

以内服给药的驱虫药应无味、无特臭、适口性好，可混饲给药。若还能溶于水，则更为理想，可将药物混饮给药。用于注射给药的制剂，对局部应无刺激性。杀外寄生虫药应能溶于一定溶媒中，以喷雾等方法给药。更为理想的广谱抗寄生虫药在溶于一定溶媒中后，以浇淋方法给药或涂擦于动物皮肤上，既能杀灭外寄生虫，又能在透皮吸收后，驱杀内寄生虫。这样可节约人力、物力，提高工作效率。

5. 价格低廉(Very cheap)

畜禽属经济动物，在防治寄生虫病时，必然考虑经济核算问题，尤其在牧区，牲畜多，用药量大，应有较低廉的价格。尤其是要大规模推广应用时，价格低廉是一个重要条件。

6. 无残留(No residues in food-producing animals)

食品动物应用后，药物不残留于肉、蛋和乳及其制品中，或可通过遵守休药期等措施控制药物在动物性食品中的残留。

第四节 抗寄生虫药的应用方法

Section 4 Administration of Antiparasitics

近年来，抗寄生虫药物的种类不断增加，但是仍然未能满足畜牧业发展的需要，尤其是大多数药物的用法不够方便，如不溶于水，在应用上受限制。国内外对驱虫药的应用方法进行了不少改进。不仅在剂型与给药方法方面，而且重视药物与给药器械并重，既要做到给药方便，还要加强药物的疗效，如瘤胃控释剂就是很好的例子。

在兽医临床，抗寄生虫药的应用有内服(per oral)、注射(injection)及外用(external use)等给药途径。内服用的剂型有片剂(tablet)、预混剂(premix)、水溶性粉(soluble powder)、溶液(solution)、混悬液(suspension solution)、糊剂(cataplasm)、膏剂(ointment)、小丸剂(pilule)、颗粒剂(granule)等；适用于外用的剂型有乳化溶液(emulsion)、洗液(lotion)、喷雾剂(aerosol bomb)、气雾剂(aerosol)、浇注剂(pour-on)、喷滴剂(spot-on)、香波(shampoo)等。一般来说，驱除胃肠道寄生虫宜选用供内服的剂型，胃肠道以外的寄生虫可选用注射或内服剂型(内服生物利用度高的药物)，而外寄生虫应选择药浴或浸泡、喷雾给药，或用内服、注射均对外寄生虫有杀灭作用的阿维菌素类药物较好。为投药方便，集约化饲养或大群畜禽的集体驱虫多选用药物溶于饮水(如盐酸左旋咪唑)或混饲给药法。为便于放牧牛、羊的投药，国外已有浇注和喷滴剂型供兽医使用，国内亦有左旋咪唑浇注剂用于驱除羊、猪的胃肠道线虫。为达到长效驱虫目的，国内外还制成了瘤胃控释剂、大丸剂、脉冲缓释剂、微囊、毫微球等剂型。例如，阿苯达唑瘤胃控释剂，一次投药能维持药效达 2～3 个月，可节省人力，提高工作效率，便于大规模驱虫；毒性较大、不宜内服驱虫的敌敌畏，制成树脂塑丸缓释剂后，既能发挥驱虫作用，又降低了药物的毒性作用。

采用 2 种或 2 种以上的驱虫药联合应用，既起到协同作用(synergism)，扩大驱虫谱，又可提高疗效。目前应用较多的主要是复方抗球虫药，例如磺胺喹噁啉＋二甲氧苄啶(DVD)、盐酸氨丙啉＋乙氧酰胺苯甲酯、盐酸氨丙啉＋磺胺喹噁啉、盐酸氨丙啉＋乙氧酰胺苯甲酯＋磺胺喹噁啉、尼卡巴嗪＋乙氧酰胺苯甲酯、甲基盐霉素＋尼卡巴嗪、氯羟吡啶＋苄氧喹甲酯等。

第五节 使用抗寄生虫药的注意事项

Section 5 Warnings and Precautions for the Use of Antiparasitics

1. 因地制宜，合理使用抗寄生虫药(Rational use of antiparasitics according to local conditions)

在选用抗寄生虫药之前，应了解寄生虫的种类、寄生方式、生活史、感染程度、流行病学情况，以及畜禽品种、个体、性别、年龄、营养状况等，根据本地的药品供应、价格，结合畜禽场的具体条件，选用理想的药物。只有充分了解药物、寄生虫和畜禽三者之间的关系，熟悉药物的理化性质，采用合理的剂型、剂量、给药方法和疗程，才能达到满意的防治效果。

2. 避免畜禽发生药物中毒(Avoiding the drug toxicosis of animals)

使用某种抗寄生虫药驱虫时，药物的用量最好按《中华人民共和国兽药典》或《兽药规范》所规定的剂量。一般来说，使用这种剂量对大多数畜禽是安全的，即使偶尔出现一些不良反应，亦能耐过。若用药不当，则可能引起毒性反应，甚至导致畜禽死亡。因此，要注意药物的使用剂量、给药间隔和疗程。由于畜禽的年龄、性别、体质、病理状况、饲养管理等均能影响抗寄生虫药的作用，因此在进行大规模驱虫前，最好选择少数有代表性的动物(包括不同年龄、性别、体况的动物)先做预试，取得经验后，才能进行全群驱虫。特别对试用阶段的新型抗寄生虫药尤为重要。此外，同一药物，相同的给药方法，还可能因溶剂的不同而发生意外事故。例如，硫双二氯酚混悬水剂给羊内服时安全有效，若以乙醇溶解后灌服同样剂量的药物，可引起约25%羊只的中毒死亡。

3. 防止寄生虫产生耐药性(Preventing the parasite to develop resistance to antiparasitics)

小剂量多次或长期使用某些抗寄生虫药物，虫体对该药物可产生耐药性，尤其是球虫对抗球虫药极易产生耐药性。一旦出现耐药虫株，不仅原有的治疗药物无效，甚至对结构相似或作用机理相同的同类药物亦可产生交叉耐药现象。虽然寄生虫的耐药现象不像细菌耐药那么普遍和严重，但也应引起足够的重视。在制定动物的驱、杀虫计划时，应定期更换或轮换使用几种不同的抗寄生虫药，以避免或减少因长期或反复使用某些抗寄生虫药而导致虫体产生耐药性。

4. 注意避免药物在畜禽体内的残留(Avoiding the drug residues in food-producing food)

畜禽体内的抗寄生虫药应能及时迅速地消除，否则畜禽产品如肉、乳和蛋会有药物残留，不仅影响畜禽产品的质量，而且危害人类的健康。目前世界各国都很重视这个问题，明文规定抗寄生虫药的最高残留限量及屠宰前的休药期，我国亦规定了不少抗寄生虫药的最高残留限量和休药期。例如，左旋咪唑在牛、羊、猪、禽的肌肉、脂肪、肾脏中的最高残留限量均为10 μg/kg，肝脏中为100 μg/kg。内服盐酸左旋咪唑在牛、羊、猪、禽的休药期分别是2、3、3、28 d，牛、羊、猪皮下或肌肉注射盐酸左旋咪唑的休药期分别是14、28、28 d。

第十八章 常用抗寄生虫药

Chapter 18 Commonly Used Antiparasitics

第一节 驱吸虫药

Section 1 Antitrematodal Drugs

危害家畜的主要吸虫是肝片吸虫、姜片吸虫和血吸虫。本节主要介绍抗肝片吸虫和姜片吸虫的药物。

(一)氯氰碘柳胺(Closantel)

1. 性状(Properties)

本品的钠盐为浅黄色粉末,无臭。在乙醇、丙酮中易溶,在甲醇中溶解,在水或三氯甲烷中不溶。

2. 作用与应用(Action and indications)

本品是较新型广谱抗寄生虫药,对牛、羊片形吸虫、捻转血矛线虫,以及某些节肢动物的幼虫均有驱杀活性。主要用于防治牛、羊肝片吸虫病、胃肠道线虫病及羊鼻蝇蛆和普通圆线虫的感染。其作用机理是通过影响寄生虫线粒体内膜质子梯度的形成,对氧化磷酸化进行解偶联作用,从而发挥驱杀作用。

Closantel is a membrane-active molecule capable of affecting many biochemical and physiological processes within the parasite. Closantel possesses a detachable proton (H^+) that could be shuttled across the inner mitochondrial membrane, removing the proton (H^+) gradient and uncoupling oxidative phosphorilation. Metabolic changes consequently to this mechanism include increase in glucose uptake, decrease in glycogen content, changes in respiratory intermediates, and decrease in ATP synthesis.

3. 注意事项(Warnings)

①注射液对局部组织有一定的刺激性,应深层肌肉注射(intramuscular injection)。

②牛、羊的休药期(withdrawal time)为 28 d,弃奶期为 28 d。

4. 用法与用量(Direction and dosage)

内服:一次量,牛 5 mg/kg;羊 10 mg/kg。皮下或肌内注射:一次量,牛 2.5～5 mg/kg;羊 5～10 mg/kg。

5. 制剂与规格(Dosage forms)

氯氰碘柳胺片:0.5 g。氯氰碘柳胺钠混悬液:5%。氯氰碘柳胺钠注射液:①10 mL:0.5 g;②10 mL:5 g。

(二)硝氯酚(Niclofolan)

1. 性状(Properties)

本品为黄色结晶性粉末,无臭。在丙酮、三氯甲烷或二甲基甲酰胺中溶解,在乙醚中略溶,在乙醇中微溶,在水中不溶,在氢氧化钠试液中溶解,在冰醋酸中略溶。

2. 作用与应用(Action and indications)

硝氯酚是我国传统而广泛使用的牛、羊抗肝片吸虫药,对牛、羊和猪的片形吸虫成虫有很好的驱杀作用,具有高效、低毒、用量小的特点,是反刍兽肝片吸虫较理想的驱虫药。对肝片吸虫的幼虫虽有效,但需用较高剂量,且不安全。其作用机理是抑制虫体延胡索酸还原酶的活性,影响虫体糖代谢过程,使能量供应耗竭,导致虫体麻痹而死。

3. 注意事项(Warnings)

①治疗量对动物比较安全,过量引起中毒症状,呈现体温升高,心率和呼吸均加快,食欲下降,精神沉

郁等症状。解救措施主要是对症治疗,可用安钠咖、毒毛旋花子甙、维生素 C 等治疗,禁用钙剂静脉注射。

②注射液刺激性大,应深层肌肉注射。

③牛、羊的休药期为 28 d,弃奶期为 15 d。

4. 用法与用量(Direction and dosage)

内服:一次量,黄牛 3～7 mg/kg;水牛 1～3 mg/kg;羊 3～4 mg/kg。肌肉注射:牛、羊 0.5～1 mg/kg。

5. 制剂与规格(Dosage forms)

硝氯酚片:0.1 g。硝氯酚注射液:①2 mL∶80 mg;②10 mL∶400 mg。

(三)硫双二氯酚(Bithionol)

硫双二氯酚又名硫氯酚、别丁(bitin)。

1. 性状(Properties)

本品为白色或类白色粉末,无臭或微带酚臭。在乙醇、丙酮或乙醚中易溶,在三氯甲烷中溶解,在水中不溶,在稀碱溶液中溶解。

2. 作用与应用(Action and indications)

本品有广谱驱吸虫和绦虫的作用。主要对牛和羊的肝片吸虫、同盘吸虫、莫尼茨绦虫、无卵黄腺绦虫,猪姜片吸虫、盛氏许壳绦虫,羊粗纹食道口线虫,犬、猫带绦虫和禽绦虫等有效。此外,对马叶状裸头绦虫、大裸头绦虫和鹿肝片吸虫亦有效。一般对成虫效果好而对幼虫效果差。其作用机理是降低虫体内葡萄糖的分解和氧化代谢,特别是抑制琥珀酸的氧化,阻断了虫体获得能量。

3. 注意事项(Warnings)

①北京鸭较其他品种鸭敏感,马属动物较敏感,慎用。

②使用剂量超过治疗量时,可出现食欲减退、精神沉郁、腹泻等副作用。

③乙醇等(增加溶解度的溶媒)能促进本品的吸收,可加强毒性反应,忌同时使用。

④不得与吐酒石、吐根碱同时应用,否则毒性增加。

⑤本品有拟胆碱样作用(cholinergic action),可致腹泻,故衰弱或下痢动物不用为宜。

4. 用法与用量(Direction and dosage)

内服:一次量,马 10～20 mg/kg;牛 40～60 mg/kg;羊、猪 75～100 mg/kg;犬、猫 200 mg/kg;鸡 100～200 mg/kg;鸭 30～50 mg/kg。

5. 制剂与规格(Dosage forms)

硫双二氯酚片:①0.25 g;②0.5 g。

(四)双酰胺氧醚(Diamphenethide)

双酰胺氧醚又名双醋胺苯氧乙醚、联胺苯醚。

1. 性状(Properties)

本品为白色或淡黄色粉末。在甲醇、乙醇、三氯甲烷中微溶,在水和乙醚中不溶。

2. 作用与应用(Action and indications)

本品是传统的杀肝片吸虫童虫药,对幼虫作用最强,随着虫体的增长,其活性下降。其作用取决于肝脱酰基酶对药物的脱酰基作用,因为其胺代谢物是驱肝片吸虫的有效物质。肝实质中存在较多的脱酰基酶,因此可产生高浓度的胺代谢物,迅速杀灭肝片吸虫。7 日龄以前的肝片吸虫幼虫均存在于肝实质中,所以对肝片吸虫的幼虫杀灭作用强。

The efficacy of diamphenethide appears to depend upon deacylation of the drug by liver enzymes (deacylases) to an amine metabolite that is active against liver flukes.

3. 注意事项(Warnings)

①对 10 周龄以上的虫体作用较差,可间隔 8 周后再用药 1 次,或与碘醚柳胺等驱成虫药并用。

②羊的休药期为 7 d。

4. 用法与用量(Direction and dosage)

内服：一次量，羊 100 mg/kg。

5. 制剂与规格(Dosage forms)

双酰胺氧醚混悬液：10%。

(五)碘醚柳胺(Rafoxanide)

碘醚柳胺又名重碘柳胺，商品名为 Flukomide。

1. 性状(Properties)

本品为灰白色至淡棕色粉末。在丙酮中溶解，在乙酸乙酯或三氯甲烷中略溶，在甲醇中微溶，在水中不溶。

2. 作用与应用(Action and indications)

是常用的驱牛、羊肝片吸虫药，并对大片吸虫、捻转血矛线虫和各期羊鼻蝇蚴均有明显效果。其特点是对牛、羊的肝片吸虫成虫和幼虫均有杀灭作用。若将本品与双酰胺氧醚合用，会达到较理想的效果。作用机理是作为离子载体影响离子通过细胞膜转运，最后使虫体线粒体内氧化磷酸化过程解耦联，减少 ATP 的产生，降低糖原含量，并使琥珀酸积累，从而影响虫体的能量代谢过程，使虫体死亡。

The mode of action of rafoxanide apparently is as a proton ionophore, transporting cations across cell membranes and ultimately uncoupling oxidative phosphorylation within parasitic mitochondria.

3. 注意事项(Warnings)

①牛、羊泌乳期禁用。

②为彻底消除未成熟虫体，用药 3 周后，最好再重复用药 1 次。

③牛、羊的休药期为 60 d。

4. 用法与用量(Direction and dosage)

内服：一次量，牛、羊 7～12 mg/kg。

5. 制剂与规格(Dosage forms)

碘醚柳胺混悬液：2%。

(六)硝碘酚腈(Nitroxinil)

硝碘酚腈又名硝羟碘苄腈，商品名为克虫清(Dovenix 或 Trodax)。

1. 性状(Properties)

本品为淡黄色粉末，无臭或几乎无臭。在乙醚中略溶，在乙醇中微溶，在水中不溶，在氢氧化钠试液中易溶。本品对光敏感。

2. 作用与应用(Action and indications)

本品是国内外传统使用的驱肝片吸虫药。内服不如注射有效，临床上多采用皮下注射。可驱杀牛、羊的肝片吸虫及大片吸虫，亦可驱除牛、羊的捻转血矛线虫、猪姜片吸虫和犬钩虫。使用治疗量时，对牛、羊肝片吸虫的成虫杀灭效果好，但对幼虫作用不佳。作用机理是阻断虫体的氧化磷酸化作用，降低 ATP 浓度，减少细胞分裂所需能量而导致虫体死亡。

3. 注意事项(Warnings)

①本品的注射液对组织有刺激性，尤其对犬，可引起肿胀，慎用。

②本品安全范围窄，过量常引起呼吸增快，体温升高，此时应保持动物安静，并静脉注射葡萄糖生理盐水。

③重复用药应间隔 4 周以上。

④羊的休药期为 30 d；弃奶期为 5 d。

4. 用法与用量(Direction and dosage)

内服：一次量，羊 30 mg/kg；犬 15 mg/kg。皮下注射：牛、猪、羊、犬 10 mg/kg。

5. 制剂与规格(Dosage forms)

硝碘酚腈注射液:①100 mL : 25 g;②250 mL : 62.5 g。

(七)溴酚磷(Bromphenophos)

溴酚磷商品名为蛭得净(Acedist)。

1. 性状(Properties)

本品为白色或类白色结晶性粉末。在甲醇或丙酮中易溶,在水、三氯甲烷、乙醚或苯中几乎不溶,在冰醋酸、氢氧化钠试液中溶解。

2. 作用与应用(Action and indications)

本品属有机磷酸酯类驱肝片吸虫药。除成虫外,对肝内移行的童虫亦有效。主要用于防治牛、羊的肝片吸虫病。

3. 注意事项(Warnings)

①对重症、体弱牛,切不可过量应用本品。

②妊娠牛应按实际体重减 10% 计算用量,预产期前 2 周内不要给药。

③本品溶于水后静置时有微量沉淀,要充分摇匀后投药。

④过量所致的严重中毒症状,可用阿托品解救。

⑤牛、羊的休药期为 21 d;弃奶期为 5 d。

4. 用法与用量(Direction and dosage)

内服:一次量,牛 12 mg/kg;羊 12～16 mg/kg。

5. 制剂与规格(Dosage forms)

溴酚磷粉:①1 g : 0.24 g;②10 g : 2.4 g。溴酚磷片:0.24 g。

(八)三氯苯达唑(Triclabendazole)

三氯苯达唑商品名为肝蛭净(Fasinex)。

1. 性状(Properties)

本品为白色或类白色粉末,微有臭味。在丙酮中易溶,在甲醇中溶解,在二氯甲烷中略溶,在三氯甲烷或乙酸乙酯中微溶,在水中不溶。

2. 作用与应用(Action and indications)

本品为苯并咪唑类抗片形吸虫药物,对各种日龄的肝片吸虫均有显著的杀灭作用,是目前较为理想的驱肝片吸虫药,但对线虫无效。此外,对牛、羊大片吸虫、同盘吸虫亦有良效。主要用于预防和治疗马、牛、羊、鹿的肝片吸虫病。

3. 注意事项(Warnings)

①本品对鱼类毒性较大,残留药物容器切勿污染水源。

②治疗急性肝片吸虫病,5 周后应重复用药 1 次。

③为了扩大抗虫谱,可与左旋咪唑、甲噻吩嘧啶联合应用。

④牛、羊的休药期为 56 d;泌乳期禁用。

4. 用法与用量(Direction and dosage)

内服或皮下注射:一次量,牛 12 mg/kg;羊 10 mg/kg。

5. 制剂与规格(Dosage forms)

三氯苯达唑混悬液:10%。三氯苯达唑片剂:0.1 g。三氯苯达唑片:0.1 g。

第二节 抗血吸虫药

Section 2 Drugs Against Schistosomes

血吸虫病是一种危害严重的人畜共患病,患畜主要是耕牛。治疗耕牛血吸虫病是消灭血吸虫病的重要措施之一，不仅能使病畜康复，还能杀灭血吸虫而控制传染源。长期以来，主要应用锑剂如酒石酸锑钾和没食子酸锑钾进行治疗，虽有较好的疗效，但毒性大，应用不方便，并非理想的抗血吸虫药。因此，积极研制疗效高、毒性低、疗程短、可内服的抗血吸虫新药，仍是当务之急。十多年来，非锑剂的药物发展很快，吡喹酮、硝硫氰酯的研制和应用是血吸虫病化疗上的重要进展。

（一）吡喹酮（Praziquantel）

1. 性状（Properties）

本品为白色或类白色结晶性粉末，味苦。在三氯甲烷中易溶，在乙醇中溶解，在水或乙醚中不溶。

2. 作用与应用（Action and indications）

本品是较理想的新型广谱抗绦虫和抗血吸虫药，广泛用于世界各国。对埃及、曼氏、日本血吸虫均有很好的驱杀作用，同时还是一种高效抗绦虫药。本品在肝脏的首过效应很强，门静脉药物浓度显著高于外围血液浓度。抗虫机理可解释为：吡喹酮能影响生物膜慢通道，使钙离子的内流增加，同时抑制肌浆网钙泵，使虫体肌肉细胞内钙离子含量大增，而致肌肉挛缩。亦有认为吡喹酮可能是血吸虫 5-HT 受体（兴奋性受体）激动剂，导致虫体兴奋挛缩。另据组织化学的观察表明，吡喹酮还能使虫体的糖原、碱性磷酸酶和 RNA 明显减少。

Praziquantel induces a rapid and sustained paralytic muscle contraction of the parasite and tegumental disruption. All these effects are attributed either directly or indirectly to an alteration of intracellular Ca^{2+} homeostasis. Praziquantel effects are thought to be mediated by the release of intracellular stored Ca^{2+}, in addition to the increase of Ca^{2+} influx across the schistosome tegument. The consequences of praziquantel effects include decrease in glucose uptake, glycogen storage, ATP content, and lactate release.

（1）血吸虫（Schistosomes）　杀成虫作用强而迅速，而对童虫作用弱。能迅速使虫体失去活性，发生“肝移”，被消灭于肝组织中。主要用于防治耕牛血吸虫病，既可内服，亦可肌内注射和静脉注射给药，高剂量的杀虫率均在 90%以上。

（2）绦虫（Tapeworm）　对畜禽的多种绦虫，如莫尼茨绦虫、无卵黄腺绦虫、带属绦虫，细粒棘球绦虫、犬复孔绦虫，家禽和兔的各种绦虫；多种囊尾蚴，如豆状囊尾蚴、细颈囊尾蚴、牛囊尾蚴、猪囊尾蚴、棘球蚴等，都有显著的驱杀作用。

（3）其他吸虫（Other trematodes）　对姜片吸虫、华支睾吸虫、肺吸虫和肝片吸虫亦有效。

3. 注意事项（Warnings）

①本品的注射液对组织有刺激性，肌肉注射对局部刺激性较强，有疼痛不安表现；皮下注射可引起局部炎症、坏死。

②治疗量对动物安全，偶尔出现体温升高、肌肉震颤及臌气等，多能自行耐过。犬内服后可引起厌食、呕吐或腹泻，但发生率少于 5%。

③不推荐将吡喹酮用于 4 周龄内的幼犬和 6 周龄内的小猫。

④休药期为 28 d；弃奶期为 7 d。

4. 用法与用量（Direction and dosage）

内服：治血吸虫病，一次量，牛、羊 25～35 mg/kg；治绦虫病，牛、羊 10～20 mg/kg（细颈囊尾蚴，75 mg/kg，连用 3 d），猪 10～35 mg/kg，犬、猫 5～10 mg/kg，家禽 10～20 mg/kg。肌肉注射：牛 10～20 mg/kg，犬、猫 2.5～5 mg/kg。

5. 制剂与规格（Dosage forms）

吡喹酮片：①0.2 g；②0.5 g。吡喹酮粉：50%。吡喹酮预混剂（水产用）：2%。

（二）硝硫氰酯（Nitroscanate）

1. 性状（Properties）

本品为浅黄色结晶性粉末，微臭。不溶于水，微溶于乙醇，溶于丙酮和二甲基亚砜。

2. 作用与应用(Action and indications)

本品具有高效、广谱、毒性小、体内残留时间短等特点。对血吸虫和肝片吸虫具有很好的驱杀作用,主要用于防治牛血吸虫病和肝片吸虫病。此外,对畜禽蛔虫、钩虫、毛首线虫及绦虫等亦有一定的驱虫作用。国外广泛用于犬、猫驱虫,我国主要用于耕牛血吸虫病和肝片吸虫病的治疗。牛血吸虫病必须采用第3胃注射法才能获得良好效果。

3. 注意事项(Warnings)

①本品对胃肠道有刺激性,宜制成微粉胶囊应用于犬、猫。

②猪用药后偶可引起呕吐;个别牛给药后表现停食、瘤胃臌气和反刍停止,但一般能自行耐过。

③第3胃注射时,应配成3%的油溶液。

4. 用法与用量(Direction and dosage)

内服:一次量,牛30~40 mg/kg,猪15~20 mg/kg,犬、猫50 mg/kg,禽50~70 mg/kg。第3胃注射:一次量,牛15~20 mg/kg。

第三节 驱绦虫药
Section 3 Anticestodal Drugs

危害畜禽的主要绦虫有马的裸头科绦虫,牛、羊的莫尼茨绦虫、曲子宫绦虫和无卵黄腺绦虫,犬的细粒棘球绦虫和带绦虫,鸡瑞利绦虫和鸭、鹅剑带绦虫等。

驱绦虫药除吡喹酮在抗血吸虫药和硫双二氯酚在驱吸虫药介绍以外,常用的驱绦虫药有氯硝柳胺、氢溴酸槟榔碱、伊喹酮,此外较少用的还有硫酸铜、槟榔、鹤草芽、南瓜籽等。

(一)氯硝柳胺(Niclosamide)

氯硝柳胺又名灭绦灵、育末生(Yomesan)。

1. 性状(Properties)

本品为淡黄色粉末,无味。在乙醇、三氯甲烷或乙醚中微溶,在水中几乎不溶。

2. 作用与应用(Action and indications)

本品是世界各国广泛应用的传统抗绦虫药。对马裸头绦虫,牛、羊的莫尼茨绦虫、曲子宫绦虫、无卵黄腺绦虫、带属绦虫、犬多头绦虫,鸡瑞利绦虫,小鼠膜壳绦虫等有驱杀作用;还可用于兔、猴、鱼(鲤鱼)和爬虫类绦虫病的治疗。此外,对牛、羊的同盘吸虫及其幼虫、牛双腔吸虫、日本血吸虫中间宿主钉螺及血吸虫尾蚴、毛蚴,也有驱杀作用。其作用机理是抑制虫体对葡萄糖的摄取,同时对绦虫线粒体内的氧化磷酸化过程发生解偶联作用,从而阻断绦虫的三羧循环,使乳酸蓄积而发挥杀绦虫作用。

Niclosamide's action involves interference with glucose absorption and oxidative phosphorylation, mechanisms that lead to the death of the parasite and its subsequent digestion within the gut.

其哌嗪盐称氯硝柳胺哌嗪(mansonilum),驱虫作用与效果同氯硝柳胺。

3. 注意事项(Warnings)

①动物给药前应隔夜禁食。

②犬、猫较敏感,2倍治疗量,则出现暂时性下痢,4倍治疗量可使犬肝脏出现病灶性营养不良,肾小球出现渗出物。

③对鱼类毒性强。

④牛、羊休药期为28 d。

4. 用法与用量(Direction and dosage)

①氯硝柳胺。内服,一次量,马200~300 mg/kg;牛40~60 mg/kg;羊60~70 mg/kg;犬、猫80~100 mg/kg;禽50~60 mg/kg。

灭钉螺:每1 000 L(t)水加本品2 g浸杀,每平方米地面用药2 g(加水500 mL)喷洒。

②氯硝柳胺哌嗪。内服，一次量，牛、羊 50～60 mg/kg；犬、猫 60～80 mg/kg。

5. 制剂与规格(Dosage forms)

氯硝柳胺片：0.5 g。

(二)氢溴酸槟榔碱(Arecoline hydrobromide)

1. 性状(Properties)

本品为白色或淡黄色结晶性粉末，无臭，味苦。在水和乙醇中易溶，在三氯甲烷和乙醚中微溶。

2. 作用与应用(Action and indications)

本品为传统驱除犬细粒棘球绦虫和带绦虫、家禽绦虫的药物。对犬细粒棘球绦虫、豆状带绦虫、泡状带绦虫及多头绦虫均有良好的效果；对鸡瑞利绦虫，鸭、鹅剑带绦虫亦有效。

3. 注意事项(Warnings)

①马属动物及猫对本品敏感，不用为宜；鸡耐受性较大，鸭、鹅较小。本品与拟胆碱药物并用时使毒性加强，遇有严重中毒病例，可用阿托品解救。

②犬用药前应隔夜禁食。用药后 2 h，若仍不见排便，宜用盐水灌肠，以加速麻痹虫体排出。

4. 用法与用量(Direction and dosage)

内服：一次量，犬 2 mg/kg；鸡 3 mg/kg；鸭、鹅 1～2 mg/kg。

5. 制剂与规格(Dosage forms)

氢溴酸槟榔碱片：①5 mg；②10 mg。

(三)伊喹酮(Epsiprantel)

1. 性状(Properties)

本品为白色结晶粉末；难溶于水。

2. 作用与应用(Action and indications)

伊喹酮为吡喹酮同系物，是美国 20 世纪 90 年代批准上市的犬、猫专用抗绦虫药。伊喹酮在分子水平上的作用机理虽不太了解，但已知其作用机理与吡喹酮类似，即影响绦虫正常钙和其他离子平衡，导致强直性收缩，当然也能损害绦虫外皮，使损伤后溶解，最后为宿主所消化。

Similar to praziquantel, epsiprantel affects Ca^{2+} homeostasis within the parasite. The drug damages the tegument, making it vulnerable to lysis and digestion within the host's gut.

应用推荐剂量伊喹酮，对犬、猫常见的绦虫，如复孔绦虫、豆状带绦虫均有接近 100%的疗效。最近有人按 5 mg/kg 剂量用于感染细粒棘球绦虫犬，对 7 日龄未成熟虫体有效率达 94%，对 28 和 41 日龄成虫灭虫率超过 99%，建议对细粒棘球绦虫用量以 7.5 mg/kg 为佳。

3. 注意事项(Warnings)

本品毒性虽较吡喹酮更低，但美国规定，不足 7 周龄犬、猫以不用为宜。

4. 用法与用量(Direction and dosage)

内服：一次量，犬 5.5 mg/kg，猫 2.75 mg/kg。

5. 制剂与规格(Dosage forms)

伊喹酮片：①12.5 mg；②25 mg；③50 mg；④100 mg。

第四节 驱线虫药
Secion 4 Antinematodal Drugs

根据其化学结构，驱线虫药大致可分为有机磷酸酯类(organophosphates)、咪唑并噻唑类(imidazothiazoles)、四氢嘧啶类(tetrahydropyrimidines)、苯并咪唑类(benzimidazoles)、哌嗪类(piperazines)、抗生素类(antibiotics)及其他类(miscellaneous anthelmintics)。

一、有机磷酸酯类(Organophosphates)

用于驱线虫的低毒有机磷化合物主要有敌百虫、敌敌畏、蛤罗松等，其中以敌百虫应用最广。

(一)敌百虫(Metrifonate)

敌百虫别名有 Dipterex、Neguvon、Trichlorphon、Chlorophos。

1. 性状(Properties)

兽用敌百虫为精制品。为白色结晶或结晶性粉末，在空气中易吸湿、结块或潮解。稀水溶液易水解，遇碱迅速变质。在水、乙醇、醚、酮及苯中溶解，在煤油、汽油中微溶。在 25℃时，水中的溶解度是 15.4%。水溶液显酸性反应，性质不稳定，宜现配现用。遇碱不稳定，生成毒性更强的敌敌畏。

2. 作用与应用(Action and indications)

本品为广谱驱虫药和杀虫药，对多数消化道线虫和部分吸虫(姜片吸虫、血吸虫)有效，亦可杀灭外寄生虫，如蝇蛆、螨、蜱、蚤、虱等。其驱虫机理是能与虫体内胆碱酯酶结合导致乙酰胆碱蓄积，而使虫体肌肉先兴奋，痉挛、后麻痹直至死亡。

①马。对副蛔虫、尖尾线虫、胃蝇蛆有良好驱除效果，对圆形线虫效果不稳定。如与哌嗪和吩噻嗪合用，不仅提高驱蛔虫效果，且能增强对圆形线虫的驱除效果。

②牛。对血矛属线虫、辐射食道口线虫、仰口线虫、古柏线虫、艾氏毛圆线虫、奥斯特线虫及皮蝇蛆有效；对水牛血吸虫(每天 15 mg/kg，极量 4.5 g，连用 5 d)亦有较好的效果，但对黄牛效果不佳。

③羊。对血矛线虫、仰口线虫、毛首线虫、细颈线虫、夏伯特线虫及羊鼻蝇第一期幼虫效果较好；对奥斯特线虫、艾氏毛圆线虫和食道口线虫需用高剂量方有效，但可致个别羊只中毒，应慎用。

④猪。对蛔虫、毛首线虫、食道口线虫、姜片吸虫及疥螨，均有显著驱除作用；对猪肾虫效果不好。

⑤犬。对弓首蛔虫、钩虫和蛲虫等效果良好。

⑥鱼。0.25 mg/L 的敌百虫水溶液，能杀灭鱼锚状蠕虫、鳃吸虫和鱼虱。

3. 毒性(Toxicity)

敌百虫属低毒的有机磷化合物(小鼠内服 LD_{50}=450 mg/kg)，但其安全范围窄，容易引起中毒。中毒剂量为：马 100～200 mg/kg；牛 100 mg/kg；羊 90 mg/kg；家禽对敌百虫最敏感，鸡、鸭内服 LD_{50} 分别为 46.4 和 44.8 mg/kg。此外，注射给药较内服反应大，粗制品较精制品毒性大，雌性较雄性动物敏感。因此在大群驱虫时应特别注意。

解毒可应用阿托品或胆碱酯酶复活剂。一般轻度和中度中毒时单用阿托品(0.5～1 mg/kg)即可，严重时与解磷定(15 mg/kg)合用，并反复使用，效果较好。

4. 注意事项(Warnings)

①家禽对本品最敏感，易中毒，不宜应用；黄牛、羊较敏感，水牛更敏感，慎用；马、犬、猪比较安全。不要随意加大剂量。

②推荐给药途径是内服，其他途径不用为宜。本品的水溶液应现配现用，且禁止与碱性药物或碱性水质配合应用。

③动物用药前后，禁用胆碱酯酶抑制药(如新斯的明、毒扁豆碱)、有机磷杀虫剂及肌松药(如琥珀胆碱)，否则毒性大大增强。孕畜及胃肠炎的患畜禁用。

④休药期为 28 d。

5. 用法与用量(Direction and dosage)

①驱线虫，常用量：内服，一次量，马 30～50 mg/kg；牛 20～40 mg/kg；绵羊 80～100 mg/kg；山羊 50～70 mg/kg；猪 80～100 mg/kg。极量：内服，一次量，马 20 g；牛 15 g。

②杀灭蚊、蝇、虱、蚤、蜱和其他吸血昆虫，可用 0.1%～0.5%溶液喷洒。

③杀螨以 1%～3%溶液喷洒或涂于患部；0.5%溶液药浴适用于疥螨病；0.2%药浴适用于痒螨病；

0.1%～0.15%溶液洗浴可用于鸡膝螨病。

④马胃蝇蚴以 30～50 mg/kg 内服或混饲给药，有良好驱杀作用。1.5%～2%溶液喷鼻，或每立方米羊舍用20%溶液 20 mL 喷雾，或按 75 mg/kg 内服或混饲给药，对羊鼻蝇蚴均有良好的杀灭作用；2%溶液涂擦背部，牛一次用 300 mL，对牛皮蝇蚴有良好杀灭作用。

6. 制剂与规格(Dosage forms)

精制敌百虫片：0.5 g。精致敌百虫粉(水产用)：①20%；②30%；③80%。

(二)敌敌畏缓释剂(PVC-DDVP)

1. 性状(Properties)

本品为淡黄色微粒，不溶于水。本制剂是将挥发性的敌敌畏混入聚氯乙烯树脂中，制成"小丸剂"，故全称为敌敌畏聚氯乙烯树脂缓释剂。

2. 作用与应用(Action and indications)

通过敌敌畏的缓慢释放，既可保证药物作用于整个消化道，亦能避免药物迅速由动物的消化道吸收而导致的毒性作用。本品为广谱驱虫药，内服给药对马、猪、犬、猫的消化道线虫有很好的效果。

①马。对普通圆线虫、马副蛔虫、蛲虫、胃蝇蛆等均有良好驱除效果，但对无齿圆线虫效力稍差(75%)。

②猪。对猪蛔虫、毛首线虫、食道口线虫和红色猪圆线虫，均有显著疗效。

③犬。对弓首蛔虫、钩虫和鞭虫等效果良好。

3. 注意事项(Warnings)

①本品不能用于禽类，因树脂球能积聚于肌胃内，在单一的局部持续释放药物，导致中毒。

②动物用药前后，禁用胆碱酯酶抑制药、有机磷杀虫剂及肌松药，否则毒性大大增强。孕畜及胃肠炎的患畜禁用。

③动物的休药期为 7 d。

4. 用法与用量(Direction and dosage)

内服：一次量，马 30～40 mg/kg；驹 20 mg/kg；猪 10～20 mg/kg；犬 25～30 mg/kg。

(三)哈罗松(Haloxon)

1. 性状(Properties)

本品为白色结晶性粉末，无臭。不溶于水，微溶于石油醚和植物油，易溶于丙酮和氯仿。

2. 作用与应用(Action and indications)

本品为毒性较小的有机磷广谱驱虫药，在同类药物中对反刍动物最安全。驱虫机理同敌百虫。

①马。对马副蛔虫、蛲虫、小型圆线虫和普通圆线虫等有较好的驱除效果。

②牛、羊。对血矛线虫、古柏线虫、食道口线虫、毛圆线虫及奥斯特线虫等有效。

③猪。对猪蛔虫及食道口线虫成虫及第 4、5 期幼虫等均有显著驱除作用。

④家禽。对鸡、火鸡、鸽、鹌鹑的毛细线虫效果良好。

3. 注意事项(Warnings)

①鹅对本品极敏感，禁止应用。

②禁与胆碱酯酶抑制药、有机磷杀虫剂合用。

③产奶牛、羊不得用本品驱虫。

④休药期为 7 d。

4. 用法与用量(Direction and dosage)

内服：一次量，马 50～70 mg/kg；牛 44 mg/kg；羊 35～50 mg/kg；猪 50 mg/kg；家禽 50～100 mg/kg。可采取灌服或混饲投药。

5. 制剂(Dosage forms)

片剂、粉剂、混悬液、糊剂。

二、咪唑并噻唑类(Imidazothiazoles)

本类主要为左旋咪唑(levamisole)。

左旋咪唑又名左咪唑。是 *dl*-四咪唑的左旋异构体,仅左旋体有驱虫作用。

1. 性状(Properties)

盐酸或磷酸左旋咪唑均为白色或类白色针状结晶性粉末,无臭,味苦,在水中极易溶解。盐酸盐在乙醇中易溶,磷酸盐微溶。在碱性水溶液中,均易分解失效。

2. 作用与应用(Action and indications)

本品属广谱、高效、低毒驱线虫药。目前认为其驱虫机理是:①抑制虫体肌肉延胡索酸还原酶的活性,阻断延胡索酸还原为琥珀酸,虫体糖代谢中止,肌肉 ATP 减少,导致虫体肌肉麻痹。哺乳动物因细胞线粒体内无延胡索酸还原酶,故对宿主糖代谢无影响。②与虫体接触后,使处于静息状态的神经肌肉去极化,引起肌肉持续性收缩而导致麻痹。本品还具有免疫增强作用,使受抑制的巨噬细胞和 T 细胞功能恢复到正常水平,并能调节抗体的产生。这些作用可能是激活磷酸二酯酶,降低淋巴细胞和巨噬细胞内的 cAMP 含量的结果。

近年来多数实验表明,左旋咪唑还是一种神经节兴奋剂,具有拟胆碱作用,能使虫体处于静息状态的神经肌肉去极化,引起肌肉持续收缩而导致虫体麻痹死亡。

Levamisole acts selectively as a cholinergic agonist at the synaptic and extrasynaptic nicotinic acetylcholine receptors on nematode muscle cells. This causes a spastic paralysis of susceptible nematodes by selectively gating acetylcholine receptor ion channels on nerve and muscle。

①马。内服或皮下注射对马副蛔虫、尖尾线虫成虫有良好效果,对马副蛔虫移行期幼虫亦有效,对圆线虫效果不稳定。

②牛、羊。对血矛线虫、奥斯特线虫、古柏线虫、毛圆线虫、仰口线虫、食道口线虫、细颈线虫、胎生网尾线虫的成虫均有良好驱虫效果。对某些未成熟虫体也有较好作用,但对毛首线虫效果不稳定。

③猪。混饲、混饮、灌服或皮下注射给药,均对猪蛔虫,兰氏类圆线虫,后圆线虫效果极佳;对食道口线虫,红色猪圆线虫亦有良好效果;对毛首线虫、冠尾线虫效果不稳定;对猪蛔虫,后圆线虫和食道口线虫等未成熟虫体有较好作用。

④犬、猫。可用于驱除犬的蛔虫,钩虫和恶丝虫。猫可用于肺线虫(奥妙毛圆线虫)的治疗,用药后会发生大量流涎,须注意观察。

⑤家禽。对鸡蛔虫、异刺线虫,鹅裂口线虫、同刺线虫,鸽蛔虫、毛细线虫、气管比翼线虫、鸭丝虫,均有较好的效果。

目前,左旋咪唑耐药虫株问题日趋严重。

3. 注意事项(Warnings)

①尽管本品对牛、羊、猪、禽安全范围较大,但马较敏感,应慎用,骆驼更敏感,应禁用。左旋咪唑还可引起肝功能变化,严重肝病患畜禁用。

②中毒症状似胆碱酯酶抑制剂,其 M-胆碱样效应为流涎,便频,胃肠蠕动加快,支气管平滑肌收缩,呼吸困难,心率减慢,瞳孔缩小等;其 N-胆碱样作用(肌肉震颤,血压先升后降,呼吸麻痹)表现较轻。阿托品可解除其中毒时的 M-胆碱样症状。

③肌肉注射或皮下注射时,对组织有较强的刺激性,尤其是盐酸左旋咪唑。

④泌乳期禁用。

⑤休药期:内服给药,牛 2 d,羊、猪 3 d,禽 28 d;注射给药,牛 14 d,羊、猪 28 d。

4. 用法与用量(Direction and dosage)

内服、肌肉注射或皮下注射：一次量，牛、羊、猪 7.5 mg/kg(盐酸左旋咪唑)或 8 mg/kg(磷酸左旋咪唑)；犬、猫 10 mg/kg；家禽 25 mg/kg。

5. 制剂与规格(Dosage forms)

盐酸左旋咪唑片：①25 mg；②50 mg。盐酸左旋咪唑注射液：①2 mL：0.1 g；②5 mL：0.25 g；③10 mL：0.5 g。磷酸左旋咪唑注射液：①5 mL：0.25 g；②10 mL：0.5 g；③20 mL：1 g。左旋咪唑浇注剂(透皮剂)：10%。耳根部皮肤涂敷，一次量，猪 0.2 mL/kg。

三、四氢嘧啶类(Tetrahydropyrimidines)

四氢嘧啶类主要有噻嘧啶和甲噻嘧啶等。

(一)噻嘧啶(Pyrantel)

噻嘧啶又名噻吩嘧啶、抗虫灵。

1. 性状(Properties)

酒石酸噻嘧啶为淡黄色结晶性粉末，易溶于水；双羟萘酸噻嘧啶为淡黄色粉末，无臭，无味，几乎不溶水，极微溶于乙醇。水溶液或混悬液，应现配现用。

2. 作用与应用(Action and indications)

本品能使蛔虫肌细胞去极化，增加电发放频率，伴随虫体肌肉收缩，在虫体上表现明显持久的 N-胆碱样作用，使虫体肌肉强烈收缩并导致痉挛麻痹(作用较乙酰胆碱强 100 倍)。

The drug probably produces paralysis of worms by causing contracture of the musculature similar to the action of Ach. Pyrantel is 100 times more potent than acetylcholine.

①马。对副蛔虫(成虫及幼虫)、普通圆线虫、圆线虫驱虫效果良好；对无齿圆线虫、小圆线虫、尖尾线虫效果不稳定。

②牛、羊。对马歇尔属、细颈属、血矛属、仰口属、食道口属、古柏属线虫驱虫效果好，对未成熟虫体亦有效；对奥斯特属、毛圆属线虫效果较差。

③猪。对蛔虫、食道口线虫的成虫及未成熟虫体均有高效，对红色猪圆线虫亦有良效，但对毛首线虫无效。

④犬。对蛔虫、钩虫有效。

⑤家禽。对鸡蛔虫在较大剂量时(75～125 mg/kg)有效，对鹅裂口线虫效果良好。

3. 注意事项(Warnings)

①本品禁用于妊娠及极度虚弱动物。

②不宜与胆碱酯酶抑制剂如有机磷化合物、肌松药、安定药、杀虫药合用，以防毒性增加。

③酒石酸噻嘧啶适口性差，混饲给药应注意动物摄食量，以防降低药效。

④猪的休药期为 1 d，肉牛为 14 d。

4. 用法与用量(Direction and dosage)

内服：酒石酸噻嘧啶，一次量，马 12.5 mg/kg；牛、羊 25 mg/kg；猪 22 mg/kg(极量 2 g)；家禽 75～100 mg/kg。内服：双羟萘酸噻嘧啶，一次量(按噻嘧啶计)，马 7.5～15 mg/kg；犬、猫 5～10 mg/kg；家禽 15 mg/kg。

5. 制剂与规格(Dosage forms)

双羟萘酸噻嘧啶片：0.30 g(含噻嘧啶 0.104 g)。

(二)甲噻嘧啶(Morantel)

甲噻嘧啶又名甲噻酚嘧啶、保康灵。

1. 性状(Properties)

酒石酸甲噻嘧啶为淡黄色粉末，易溶于水，不溶于醋酸和苯。对光敏感，宜用棕色瓶贮藏。

2. 作用与应用(Action and indications)

本品为噻嘧啶的甲基衍生物。其药理作用与噻嘧啶相似，驱虫效力则较强。其驱虫范围和用途等，基本同噻嘧啶，但毒性较小。

3. 注意事项(Warnings)

①禁止与含铜或碘的制剂合用。

②休药期为 14 d。

4. 用法与用量(Direction and dosage)

内服：酒石酸甲噻嘧啶，一次量(以甲噻嘧啶计，15 mg 酒石酸甲噻嘧啶＝10 mg 甲噻嘧啶)，马、牛、羊、骆驼 10 mg/kg；猪 15 mg/kg；犬 5 mg/kg；象 2 mg/kg；狮、斑马、野猪、野山羊 10 mg/kg。

四、苯并咪唑类(Benzimidazoles)

自 20 世纪 60 年代初噻苯达唑问世以来，相继合成了许多广谱、高效、低毒的苯并咪唑类驱虫药。主要有阿笨达唑、尼妥必明、噻苯达唑、甲苯达唑、芬苯达唑、奥芬达唑、氧苯达唑、氟苯达唑、非班太尔等。

苯并咪唑类药物基本上都是细胞微管蛋白抑制剂，抗虫作用机理主要是与虫体的微管蛋白结合，阻止了微管组装的聚合。而微管是许多细胞器的基本结构单位，并且为众多细胞内过程所必需，包括有丝分裂、蛋白质组装和能量代谢过程等。

Benzimidazoles (BZDs) are inhibitors of tubulin polymerization. The BZDs act primarily by binding to nematode tubulin which in turn prevents the polymerization of tubulin oligomers into microtubules. Microtubules are essential structural units of many organelles and are necessary for numerous cellular processes, including mitosis, proteins assembly, and energy metabolism.

(一)阿苯达唑(Albendazole)

阿苯达唑又名丙硫苯咪唑、抗蠕敏。

1. 性状(Properties)

本品白色或类白色粉末。无臭，无味。不溶于水，微溶于甲醇、乙醇、稀盐酸，在冰醋酸中易溶。

2. 作用与应用(Action and indications)

本品是国内兽医临床使用最广的广谱、高效、低毒的驱虫药。对常见的胃肠道线虫、肺线虫、肝片吸虫和绦虫均有效。动物内服给药后，迅速代谢为丙硫苯咪唑亚砜和砜。

①马。对大、小型圆线虫、蛲虫、毛细线虫有良好的驱虫效果。对蛔虫和未成熟蛲虫的效果比噻苯达唑好。但对胃蝇蚴无效。

②牛、羊。对消化道寄生的主要线虫，如血矛线虫、奥斯特线虫、毛圆线虫、古柏线虫、细颈线虫、仰口线虫、夏伯特线虫、食道口线虫、马歇尔线虫、毛细线虫等成虫及其幼虫；牛同盘吸虫，羊双腔吸虫、槽盘吸虫，牛、羊肝片吸虫；牛、羊莫尼茨绦虫、曲子宫绦虫，无卵黄腺绦虫等有较好的效果。

③猪。对蛔虫、食道口线虫、毛首线虫、后圆线虫及华支睾吸虫有良好的驱虫效力。对猪蛭形巨吻棘头虫效果不稳定。

④犬。对犬蛔虫、钩虫、绦虫及肠期旋毛虫有较好效果。

⑤家禽。对鸡蛔虫、异刺线虫、卷棘口吸虫、接睾棘口吸虫、棘钩瑞利绦虫、鹅剑带绦虫、鸭膜壳绦虫等有高效。

此外，本品杀灭囊尾蚴的作用强，虫体吸收较快，不良反应小，为治疗囊尾蚴的良好药物

3. 注意事项(Warnings)

①本品是苯并咪唑类驱虫药中毒性较大的一种，应用治疗剂量不会引起中毒反应，但连续超剂量给药，有时会引起严重反应。

②本品有致畸作用，因此妊娠动物慎用。

③休药期牛为 14 d，羊为 4 d，猪为 7 d，禽为 4 d；弃奶期为 60 h。

4. 用法与用量(Direction and dosage)

内服:一次量,马、牛、猪、犬 10～20 mg/kg;水牛 25 mg/kg;羊 5～15 mg/kg;家禽 10～20 mg/kg。

5. 制剂与规格(Dosage forms)

阿苯达唑片:①25 mg;②50 mg;③0.2 g;④0.5 g。阿苯达唑粉:6%(供水产动物用)。

(二)噻苯达唑(Thiabendazole)

1. 性状(Properties)

本品为白色结晶性粉末,无臭,味微苦。几乎不溶于水及氯仿,微溶于乙醇,略溶于酸性水溶液。

2. 作用与应用(Action and indications)

本品 20 世纪 60 年代初问世,为苯并咪唑类最早用于兽医临床的药物,兼具有杀胃肠道线虫的幼虫和虫卵的作用。

①马。对大、小型圆线虫、尖尾线虫及其移行期幼虫,均有良好驱虫效果;对马副蛔虫虽用较大剂量(100 mg/kg),效果也不确定。

②牛、羊。对血矛线虫、毛圆线虫、仰口线虫、夏伯特线虫、食道口线虫、类圆线虫等特别有效。一般的治疗量对鞭虫和肺线虫效果不好。

③猪。除鞭虫外,对有齿食道口线虫、红色猪圆线虫和兰氏类圆线虫等均有较好的驱虫效果。

④犬。采用连续预防驱虫效果较好,即以 250 mg/kg 的浓度混于食物连用 16 周,几乎能全部清除蛔虫、钩虫、类圆线虫和鞭虫。

3. 注意事项(Warnings)

休药期牛为 3 d,羊、猪为 30 d,弃奶期为 96 h。

4. 用法与用量(Direction and dosage)

内服:一次量,马、牛、猪、羊 50～100 mg/kg;犬 50 mg/kg。

5. 制剂与规格(Dosage forms)

噻苯达唑片:0.25 g。

(三)甲苯达唑(Mebendazole)

1. 性状(Properties)

本品为白色或微黄色结晶或无定型粉末,无臭,无味,不吸湿,在空气中稳定。不溶于水、乙醇、醚及氯仿,易溶于甲酸、乙酸和甲醛,略溶于二甲基亚砜。

2. 作用与应用(Action and indications)

本品具有广谱驱线虫作用,并有驱绦虫作用。

①马。最常用于马肠道寄生虫,对马的大小圆形线虫、蛲虫、蛔虫的驱除效果比噻苯达唑好,增加剂量,可驱除肺线虫。

②猪。驱除猪鞭虫效果好。

③犬。对钩虫、鞭虫、蛔虫、线虫和带属绦虫有效。

④家禽。对鸡蛔虫、细颈线虫、气管比翼线虫的成虫及幼虫均有高效。

⑤兔。对兔的豆状囊尾蚴亦有效。

3. 注意事项(Warnings)

①妊娠马禁用。

②休药期为 7 d,弃奶期为 24 h。

4. 用法与用量(Direction and dosage)

内服:一次量,马 8.8 mg/kg;牛、羊 15 mg/kg;犬 25～50 mg/kg;兔 35～200 mg/kg;家禽 30～100 mg/kg,混饲,每千克饲料加入 125 mg。

5. 制剂与规格(Dosage forms)

甲苯达唑片:50 mg。甲苯达唑预混剂、混悬液、颗粒剂。

（四）芬苯达唑（Fenbendazole）

1. 性状（Properties）

本品为白色结晶性粉末，无臭，无味。几乎不溶于水，溶于二甲基亚砜。

2. 作用与应用（Action and indications）

本品在动物体内代谢为芬苯达唑亚砜（磺苯咪唑）和砜而发挥广谱驱虫作用。对动物的大多数线虫及其幼虫、绦虫有较强的驱除作用，此外还有极强的杀虫卵作用。

①马。对大多数线虫有效，对蛔虫类（马副蛔虫）和未成熟尖尾线虫的驱除效果比噻苯达唑好。对血管中幼虫用 6 倍治疗量即可消灭（噻苯达唑需 10 倍量）。对马胃蝇幼虫无效。

②牛、羊。对血矛属、奥斯特属、毛圆属、古柏属、仰口属、食道口属等线虫成虫及其幼虫亦有 90% 以上的驱虫效果。对牛的同盘吸虫成虫和幼虫，绵羊双腔吸虫、大片吸虫、莫尼茨绦虫等均有较好的驱虫效果。

③猪。对胃肠道线虫，如：蛔虫、圆形线虫、食道口线虫的驱虫效果好，对猪蛔虫的效果比噻苯达唑好。连续用药对鞭虫的驱除效果达 99%。对肾虫也有良效。

④犬、猫。对钩虫、蛔虫、鞭虫和带绦虫有良好的驱除效果。

⑤家禽。能有效地驱除胃肠和呼吸道寄生虫，如：蛔虫、毛细线虫等。

3. 注意事项（Warnings）

①本品与杀片形吸虫药溴胺杀并用时可引起绵羊死亡，羊流产。

②马属动物用本品时不能并用敌百虫，否则毒性大为增强。

③休药期：芬苯达唑片，牛、羊 21 d，猪 3 d；弃奶期为 7 d。芬苯达唑粉，牛、羊 14 d，猪 3 d；弃奶期为 5 d。芬苯达唑颗粒，牛、羊 14 d，猪 3 d；弃奶期为 5 d；禽 28 d。

4. 用法与用量（Direction and dosage）

内服：一次量，马、牛、猪、羊 5 mg/kg；犬 25～50 mg/kg；猫 50 mg/kg；家禽 8 mg/kg。

5. 制剂与规格（Dosage forms）

芬苯达唑片：0.1 g。芬苯达唑粉：5%。芬苯达唑颗粒：①3%；②10%。

（五）奥芬达唑（Oxfendazole）

奥芬达唑又名硫氧苯唑、砜苯咪唑。

1. 性状（Properties）

本品为白色结晶性粉末，无臭。难溶于水，微溶于大多数有机溶剂。

2. 作用与应用（Action and indications）

本品是芬苯达唑在体内发挥驱虫作用的有效代谢产物，作用比芬苯达唑强 1 倍。

①马。对大小圆线虫、蛲虫、毛细线虫有 90% 的驱除效果，对蛔虫和未成熟蛲虫的驱除效果大于噻苯达唑。向动脉外膜移行的普通圆线虫幼虫，一般治疗量无效，要用治疗量的 5 倍才能有效地抑制移行。对马胃蝇蚴无效。

②牛、羊。对消化道线虫的成虫和幼虫有显著疗效，尤其对肺线虫的作用更强；对鞭虫效果好；对绦虫、吸虫作用较差。

③猪。对胃肠道寄生虫驱除效果大多优于噻苯达唑，尤其对猪蛔虫、食道口线虫、类圆线虫、肺线虫均有较强的驱虫作用，对幼虫也有一定效果。

3. 注意事项（Warnings）

①本品与驱吸虫药溴硫柳酰胺配伍应用，可导致牛流产和绵羊死亡。

②禁用于妊娠早期母羊。

③牛、羊、猪休药期为 7 d。

4. 用法与用量（Direction and dosage）

内服：一次量，马 10 mg/kg；牛、羊 5 mg/kg；猪 3 mg/kg；骆驼 4.5 mg/kg。

5. 制剂与规格(Dosage forms)

奥芬达唑片:0.1 g。

(六)氧苯达唑(Oxibendazole)

1. 性状(Properties)

本品为白色或类白色结晶性粉末,无臭,无味。难溶于水,微溶于乙醇,在冰醋酸中溶解。

2. 作用与应用(Action and indications)

本品为高效低毒苯并咪唑类驱虫药,虽然毒性极低,但因驱虫谱较窄,仅对胃肠道线虫有高效,因而应用不广。对马消化道的大多数线虫及幼虫有效;对牛的血矛线虫、奥斯特线虫、毛圆线虫、类圆线虫、细颈线虫、古柏线虫、仰口线虫、毛细线虫、食道口线虫及毛首线虫的成虫和幼虫均有高效;对羊血矛线虫、奥斯特线虫、毛圆线虫、细颈线虫、古柏线虫、食道口线虫及夏伯特线虫的成虫和幼虫均有很好的驱虫效果;对猪、鸡及野生动物的蛔虫亦有良好的驱虫效果。

3. 注意事项(Warnings)

①一般禁用于种用公牛。

②牛、羊、猪休药期为 7 d。

4. 用法与用量(Direction and dosage)

内服:一次量,牛 10～15 mg/kg;马、猪、羊 5～10 mg/kg;禽 40 mg/kg;狮、虎、熊、豹10 mg/kg。

5. 制剂与规格(Dosage forms)

氧苯达唑片:①25 mg;②50 mg;③100 mg。

(七)氟苯达唑(Flubendazole)

1. 性状(Properties)

本品为白色或类白色粉末,无臭,不溶于水、甲醇、氯仿,略溶于稀盐酸中。

2. 作用与应用(Action and indications)

本品主要用于驱除猪胃肠道寄生的圆线虫及肺线虫,家禽胃肠道的圆线虫、肺线虫和绦虫。

3. 注意事项(Warnings)

猪、鸡休药期为 14 d。

4. 用法与用量(Direction and dosage)

混饲(每千克饲料):猪 30 g,连用 5～10 d;鸡 30 g,连用 4～7 d。

5. 制剂与规格(Dosage forms)

氟苯达唑预混剂:①100 g∶5 g;②100 g∶50 g。

(八)非班太尔(Febantel)

1. 性状(Properties)

本品为无色粉末,在丙酮、氯仿、四氢呋喃和二氯甲烷中溶解,不溶于水和乙醇。

2. 作用与应用(Action and indications)

本品属苯并咪唑类前体驱虫剂,在胃肠道内转变成芬苯达唑(及其亚砜)和奥芬达唑而发挥有效的驱虫效应。在美国已批准用于各种动物的驱线虫药,多以复方制剂上市,如用于犬、猫的产品多与吡喹酮等配合,以扩大驱虫范围。

①马。对马圆线虫、无齿圆线虫、普通圆线虫和小型圆线虫成虫;马副蛔虫、马尖尾线虫成虫及幼虫均有良好驱除效果。治疗剂量(6 mg/kg)对胃内艾氏毛圆线虫、马胃蝇蛆和肠系膜动脉内普通圆线虫幼虫均属无效。驱马胃蝇蛆时多与敌百虫并用。增大剂量(10 mg/kg)能杀死马眼虫(泪吸吮线虫)。

②犬、猫。国外对犬、猫多并用对绦虫有特效的复方制剂。对 6 月龄以上犬、猫,每天按 10 mg/kg(吡喹酮 1 mg/kg)量内服,连用 3 d。不足 6 月龄幼犬、幼猫应增量至 15 mg/kg(吡喹酮 1.5 mg/kg),连用 3 d。上述用量对下列虫体成虫或潜伏期虫体均有极好驱虫效果,如犬钩口线虫、管形钩虫、欧洲犬钩虫

(＞91%)，犬弓首蛔虫、猫弓首蛔虫、狮弓蛔虫(98%)，犬鞭虫(100%)以及带绦虫、犬复孔绦虫(100%)。

3. 注意事项(Warnings)

①对苯并咪唑类驱虫药耐药的蠕虫，对本品也可能存在交叉耐药性。

②高剂量对妊娠早期母羊胎儿有致畸作用，因此妊娠动物以不用本品为宜。

③猪、羊休药期为 14 d，弃奶期为 48 h。

4. 用法与用量(Direction and dosage)

非班太尔片和非班太尔颗粒：内服，一次量，羊、猪 5 mg/kg。复方非班太尔片：内服，一次量，犬每 10 kg 体重 1 片。

5. 制剂与规格(Dosage forms)

非班太尔片：0.1 g。非班太尔颗粒：①10 g：1 g；②100 g：10 g；③1 000 g：100 g。复方非班太尔片：0.344 g(非班太尔 0.15 g、双羟萘酸噻嘧啶 0.144 g、吡喹酮 0.05 g)。

五、哌嗪类(Piperazines)

(一)哌嗪(Piperazine)

哌嗪又名哌哔嗪。

1. 性状(Properties)

枸橼酸哌嗪(驱蛔灵)和磷酸哌嗪均为白色结晶性粉末，前者易溶于水，后者难溶于水。哌嗪盐类的驱虫活性取决于哌嗪碱基，国际上通常以哌嗪水合物相等值表示，即 100 mg 哌嗪水合物＝120 mg 己二酸哌嗪＝125 mg 枸橼酸哌嗪＝104 mg 磷酸哌嗪。

2. 作用与应用(Action and indications)

哌嗪及其衍生物是窄谱的驱线虫药，其作用范围比较固定，安全可靠。其作用机理是由于虫体组织内存在胆碱酯酶和乙酰胆碱，后者是兴奋性递质。哌嗪具有抗胆碱作用，能阻断虫体神经肌肉接头处的胆碱受体，阻断冲动的传递，导致虫体肌肉呈松弛性麻痹，不能附着肠道，而排出体外。对马的蛔虫、毛细线虫、蛲虫，猪的蛔虫、食道口线虫，犬和猫的弓首蛔虫，禽蛔虫均有良好的驱除作用。对宿主组织内正在蜕变的幼虫几乎无作用，因此，家禽于 4 周后，犬、猫于 2 周后重复给药效果最好。

Piperazine blocks the choline receptor at the neuromuscular junction and thus blocks the transmission of nervous pulse, all that inducing flaccid paralysis.

3. 注意事项(Warnings)

①本品对肾脏有损害作用，肝、肾疾病患畜慎用。

②犬、猫使用剂量过大，可引起呕吐、腹泻及共济失调。

③加入本品的饲料或饮水必须在 12 h 内用完。混饲或混饮给药前 1 d 晚上，应停止供给饮水和饲料。

4. 用法与用量(Direction and dosage)

内服：枸橼酸哌嗪，一次量，马、牛 0.25 g/kg；猪、羊 0.3 g/kg；犬 0.1 g/kg；禽 0.25 g/kg。磷酸哌嗪，一次量，马、牛 0.2 g/kg；猪、羊 0.25 g/kg；犬 0.08 g/kg；禽 0.2 g/kg。

5. 制剂与规格(Dosage forms)

枸橼酸哌嗪片：①0.25 g；②0.5 g。磷酸哌嗪片：①0.2 g；②0.5 g。

(二)乙胺嗪(Diethylcarbamazine)

1. 性状(Properties)

枸橼酸乙胺嗪(海群生)为白色结晶性粉末，易溶于水，略溶于乙醇，不溶于苯、氯仿、丙酮。

2. 作用与应用(Action and indications)

本品的作用机理是改变虫体性质，使其微丝蚴集中到肝微血管中逐渐被网状内皮系统所吞噬；成虫则被所在部位淋巴结或淋巴管的炎症反应细胞吞噬而消灭。可用小剂量连续用药几周。本品对牛胎生网尾线虫、羊丝状网尾线虫幼虫效果良好，适用于牛、羊肺线虫初期的治疗；对马、羊脑脊髓丝虫，犬恶丝虫均有一定疗效。

3. 注意事项(Warnings)

①对微丝蚴阳性犬，严禁使用。

②犬、猫使用剂量过大，对胃有刺激性，宜喂食后服用。

③治疗脑脊髓丝虫病，应连用 5 d；预防犬恶丝虫病，应连用 3～5 周。

4. 用法与用量(Direction and dosage)

内服：一次量，马、牛、猪、羊 20 mg/kg；犬、猫 50 mg/kg；1 d 1 次，连用 3 d。预防犬恶丝虫病，一次量，犬 6.6 mg/kg，在蚊蝇活动季节应连续用药。

5. 制剂与规格(Dosage forms)

枸橼酸乙胺嗪片：①50 mg；②100 mg。

六、抗生素类(Antibiotics)

(一)阿维菌素(Avermectin)

阿维菌素商品名为"虫克皇"。

1. 性状(Properties)

本品为白色或淡黄色结晶性粉末，无味，几乎不溶于水，微溶于乙醇，易溶于氯仿。

2. 作用与应用(Action and indications)

本品为高效、广谱的驱肠道线虫药，对外寄生虫亦有杀灭作用，但没有驱除吸虫及绦虫的作用。作用机理是能在线虫的神经元及节肢动物的肌肉内引起由谷氨酸控制的 Cl^- 通道开放和增加抑制性神经递质 γ-氨基丁酸(GABA)的释放，Cl^- 通道开放和 GABA 的释放导致虫体神经细胞膜对 Cl^- 通透性增加，从而阻断神经信号的传递，最终使虫体麻痹、死亡，排出体外。由于吸虫和绦虫不利用 GABA 作为周围神经递质，因而对它们无作用。

Avermectin acts by binding to a glutamate-gated chloride channel receptor in nematode and arthropod nerve cells, and also increases the release of γ aminobutyric acid (GABA) from synaptosomes of the nervous system and blocks the transmission of nerval stimuli to muscle resulting in flaccid paralysis of affected parasites, followed by their death or expulsion.

对牛、羊的多种线虫，如血矛属、毛圆属线虫、哥伦比亚食道口线虫、辐射食道口线虫及其幼虫、牛副丝虫，马的各型圆线虫、马副蛔虫、蛲虫、柔线虫、盘尾丝虫，猪的肺丝虫、食道口线虫、蛲虫、旋毛虫及其幼虫、肾虫，犬的钩虫、蛔虫、蛲虫、恶丝虫及其幼虫，禽类的蛔虫、毛细线虫、异刺线虫，都有很好的驱除作用。此外，对体外寄生虫如蜱、螨、虱、蚊、库蠓、蝇类及蝇蛆(鼻蝇蛆、肠蝇蛆等)、耳恙虫等，亦有较好的驱杀作用。

3. 注意事项(Warnings)

①阿维菌素性质不太稳定，对光线特别敏感，迅速氧化灭活。因此，阿维菌素的各种剂型应注意贮存及使用条件。

②休药期：阿维菌素片、胶囊、粉：羊 35 d，猪 28 d。阿维菌素注射液：羊 35 d，猪 28 d。阿维菌素透皮溶液：牛、猪 42 d。泌乳期禁用。

4. 用法与用量(Direction and dosage)

内服：一次量，猪、羊 0.3 mg/kg；犬 0.1～0.2 mg/kg。皮下注射：一次量，羊 0.2 mg/kg，猪 0.3 mg/kg。浇注或涂搽：一次量，0.1 mL/kg，牛、猪由肩部向后，沿背中线浇注；犬、兔两耳耳部内侧涂搽。

5. 制剂与规格(Dosage forms)

阿维菌素片：①2 mg；②5 mg。阿维菌素胶囊：2.5 mg。阿维菌素粉：①50 g : 0.5 g；②50 g : 1 g。阿维菌素透皮溶液：5%。

(二)伊维菌素(Ivermectin)

伊维菌素商品名为"害获灭"、"灭虫丁"。

1. 性状(Properties)

本品为白色结晶性粉末,微溶于水,易溶于甲醇、乙醇、丙酮、氯仿、正己烷、环己烷和丙二醇中。本品含有多于80%的22,23-双氢阿维菌素B1a和少于20%的22,23-双氢阿维菌素B1b。

2. 作用与应用(Action and indications)

本品作用与应用基本同阿维菌素。治疗剂量的本品对移行中的圆线虫也具有高效。

3. 注意事项(Warnings)

①皮下注射有局部刺激作用,尤以马反应严重,出现暂时性水肿和瘙痒,慎用。

②产奶牛、临产1个月内的牛及小于3月龄的犊牛禁用。

③牛、羊内服给药后的屠宰前休药期不少于14 d,14 d内产的奶不得供人食用;猪皮下注射及混饲给药的屠宰前休药期分别不少于28及5 d。

4. 用法与用量(Direction and dosage)

皮下注射:一次量,牛、羊、骆驼、家禽0.2 mg/kg;猪、猫0.3 mg/kg,3周后再用1次。混饲:猪,每1 000 kg饲料添加2 g,连用7 d。背部浇泼:牛、羊、猪0.5 mg/kg。

5. 制剂与规格(Dosage forms)

伊维菌素注射液:①1 mL∶0.01 g;②2 mL∶0.02 g;③5 mL∶0.05 g;④50 mL∶0.5 g;⑤100 mL∶1 g。伊维菌素预混剂:100 g∶0.6 g。伊维菌素浇泼剂:250 mL∶125 mg。

(三)多拉菌素(Doramectin)

1. 性状(Properties)

本品为微黄褐色粉末,在水中溶解度极低。

2. 作用与应用(Action and indications)

多拉菌素为新型、广谱抗寄生虫药,作用机理同伊维菌素。可用于治疗和控制动物体内外寄生虫:胃肠道线虫,如奥氏奥斯特线虫、竖琴奥斯特线虫、柏氏血矛线虫等;肺线虫,如胎生网尾线虫;牛眼丝虫(斯式吸吮线虫)和犬恶丝虫等;外寄生虫,如牛皮蝇、虱、蚤、蜱、螨和伤口蛆等。本品的主要特点是血药浓度及半衰期均比伊维菌素高或延长2倍。美国已批准牛、猪专用的注射液和牛专用的浇泼剂。临床上常用于防治牛、猪、犬、猫的体内外寄生虫。

3. 注意事项(Warnings)

①多拉菌素性质不太稳定,在阳光照射下迅速分解灭活,其残存药物对鱼类及水生生物有毒,因此应注意水源保护。

②休药期牛为35 d,猪为56 d。

4. 用法与用量(Direction and dosage)

多拉菌素注射液皮下或肌肉注射:一次量,牛0.2 mg/kg,猪0.3 mg/kg。背部浇泼:牛0.5 mg/kg。牛应用后,6 h内不能雨淋。

5. 制剂与规格(Dosage forms)

多拉菌素注射液:①50 mL∶0.5 g(50万U);②100 mL∶1 g(100万U);③200 mL∶2 g(200万U);④500 mL∶5 g(500万U)。

(四)塞拉菌素(Selamectin)

1. 性状(Properties)

本品为白色至灰白色粉末,溶于丙酮、二氯甲烷,难溶于甲醇、乙腈,微溶于甲苯,不溶于水。

2. 作用与应用(Action and indications)

该药目前在美国和欧盟等国只批准用于宠物,商品名为大宠爱。我国也批准使用。作用机理与其他阿维菌素类药物相同。

塞拉菌素对犬、猫体内外寄生虫(线虫和节肢昆虫)均有杀灭活性。对动物体表或是动物垫料中的跳蚤成虫、幼虫甚至卵均有很好的杀灭作用。可治疗犬和猫因犬恶丝虫引起的恶丝虫病;猫的耳螨病、疥螨病;肠道线虫如蛔虫、十二指肠钩虫感染以及啮毛虱和猫羽虱。FDA 推荐其用于 6 周龄以上的犬和猫。也可用于辅助治疗跳蚤引起的变态反应性皮炎。

3. 注意事项(Warnings)

①本品仅限用于宠物,适用于 6 周龄和 6 周龄以上的犬和猫。

②勿在宠物毛发尚湿的时候使用,但在用药 2 h 后宠物洗澡不会降低其药效。

③对皮肤和眼睛可能有刺激性,皮肤接触到药物后应立即用肥皂水和清水冲洗。

④本品易燃,要远离热源、火花、明火或其他火源。

4. 用法与用量(Direction and dosage)

皮肤外用:一次量,犬、猫 6 mg/kg。

5. 制剂与规格(Dosage forms)

塞拉菌素溶液:①0.75 mL∶45 mg;②1.0 mL∶120 mg。

(五)依普菌素(Eprinomectin)

本品是由阿维菌素 B1 半合成而得。化学名称:4′-表-乙酰氨基-4′-脱氧阿维菌素。

1. 性状(Properties)

本品为白色或类白色结晶粉末;无味,有引湿性。在甲醇或乙醇中极易溶解,在二氯甲烷、丙酮中易溶,在水中几乎不溶。

2. 作用与应用(Action and indications)

本品是高效、广谱、低残留的兽用最新一代驱虫药物。抗虫谱与伊维菌素相似,对绝大多数线虫和节肢动物的幼虫和成虫都有效,但对虫卵及吸虫、绦虫无效。杀虫活力高,皮下注射本品对大多数常见线虫的成虫和幼虫驱杀率为 95%。主要用于防治畜类(特别是产乳期)的寄生虫、虱、螨、蝇等各种内外寄生虫。

由于其对家畜体内外各种寄生虫的极高活性,以及在乳品中极低的分配系数,使其成为第 1 个可用于各种家畜任何生长期的杀虫剂,是一种防治家畜体内外各种寄生虫的首选药剂。

3. 注意事项(Warnings)

①注射只能皮下注射,不得用于肌肉或静脉注射。

②本品对虾、鱼及水生生物有剧毒,残存药物的包装品切勿污染水源。

③休药期:注射液,肉牛 1 d,弃奶期 24 h;浇泼剂,肉牛无休药期,奶牛无弃奶期。

4. 用法与用量(Direction and dosage)

皮下注射:一次量,牛 0.2 mg/kg。背部浇泼:一次量,牛 0.5 mg/kg。

5. 制剂与规格(Dosage forms)

依普菌素注射液:①5 mL∶50 mg;②10 mL∶100 mg;③30 mL∶300 mg;④50 mL∶500 mg。依普菌素浇泼剂:0.5%。

(六)莫西菌素(Moxidectin)

本品是由一种链霉菌(*Streptomyces cyaneogriseus noncyanogenus*)发酵产生的尼玛菌素(nemadectin),经半合成后形成的单一成分大环内酯类抗生素,属美贝霉素类化合物。

1. 作用与应用(Action and indications)

莫西菌素与其他多组分大环内酯类抗寄生虫药(如伊维菌素、阿维菌素、美贝霉素)的不同之处,在于它是单一成分,以及维持更长时间的抗虫活性。较低剂量(0.5 mg/kg 或更低)即对内寄生虫(线虫)和外寄生虫(节肢动物)有高度驱虫活性。主要用于防治反刍兽和马的大多数胃肠线虫和肺线虫,反刍兽的某些节肢动物寄生虫，以及犬恶丝虫的幼虫。

2. 注意事项(Warnings)

①莫西菌素对动物较安全，而且对伊维菌素敏感的长毛牧羊犬用之亦安全，但高剂量时个别犬可能会出现嗜睡、呕吐、共济失调、厌食、下痢等症状。

②牛应用浇泼剂后，6 h 内不能雨淋。

③注射液只适用于肉牛和非泌乳牛。

④休药期：注射液，肉牛 21 d；浇泼剂，肉牛无休药期，奶牛无弃奶期。顿服溶液，羊 7 d。

3. 用法与用量(Direction and dosage)

内服：莫西菌素片剂，一次量，犬 3 mg/kg，每月 1 次；莫西菌素顿服溶液，一次量，马0.4 mg/kg，羊0.2 mg/kg。莫西菌素口服胶，内服：一次量，马 0.4 mg/kg。皮下注射：莫西菌素注射液，一次量，牛0.2 mg/kg；莫西菌素缓释注射液，犬 0.17 mg/kg。背部浇泼：牛、鹿0.5 mg/kg。

4. 制剂与规格(Dosage forms)

莫西菌素片剂：①30 μg；②68 μg；③136 μg。莫西菌素顿服溶液：①100 mL∶0.1 g；②100 mL∶0.2 g；③250 mL∶0.25 g；④250 mL∶0.5 g；⑤1 L∶1 g；⑥4 L∶4 g。莫西菌素注射液：①50 mL∶0.05 g；②200 mL∶0.2 g；③500 mL∶0.5 g。莫西菌素浇泼剂：①500 mL∶250 mg；②1 L∶500 mg；③2.5 L∶1.25 g；④5 L∶2.5 g；⑤10 L∶5 g。莫西菌素缓释注射液：1 瓶含 10%药物浓度的微球，1 瓶溶媒。

(七)美贝霉素肟(Milbemycin oxime)

1. 性状(Properties)

本品在有机溶剂中易溶，在水中不溶。

2. 作用与应用(Action and indications)

本品对某些节肢动物和线虫具有高度活性，是专用于犬的抗寄生虫药。抗虫机理同伊维菌素。

在犬恶丝虫第 3 期幼虫感染后 30 或 45 d 时，一次内服 0.5 mg/kg 美贝菌素肟均可完全防止感染的发展，但在感染后 60 或 90 d 时用药无效。美贝霉素肟是强效杀犬微丝蚴药物。一次内服 0.25 mg/kg，几天内可使微丝蚴数减少 98%以上。

美贝霉素肟对内寄生虫(线虫)和外寄生虫(犬蠕形螨)均有高效。以较低剂量(0.5 mg/kg 或更低)对线虫即有驱虫效应。目前本品已在澳大利亚、加拿大、意大利、日本、新西兰和美国上市，主要用以预防微丝蚴和肠道寄生虫(如犬弓首蛔虫、犬鞭虫和钩虫等)，本品虽对钩口属钩虫有效，但对弯口属钩虫不理想。美贝霉素肟对犬蠕形螨也极有效。患蠕形螨(包括对双甲脒耐药)犬每天按 1～4.6 mg/kg 量内服，在60～90 d 内，患犬症状迅速改善而且大部分犬彻底治愈。

3. 注意事项(Warnings)

①美贝霉素肟虽对犬毒性不大，安全范围较广，但长毛牧羊犬对本品仍与伊维菌素同样敏感。本品治疗微丝蚴时，患犬亦常出现中枢神经抑制、流涎、咳嗽、呼吸急促和呕吐。必要时可以 1 mg/kg 的氢化泼尼松来预防。

②不足 4 周龄以及体重低于 2 lb(1 lb=0.453 6 kg)的幼犬，禁用本品。

4. 用法与用量(Direction and dosage)

内服：一次量，犬 0.5～1 mg/kg，每月 1 次。

5. 制剂与规格(Dosage forms)

美贝霉素肟片：①2.3 mg；②5.75 mg；③11.5 mg；④23 mg。

(八)越霉素 A(Destomycin A)

越霉素又名得利肥素。

1. 性状(Properties)

本品为白色粉末，易溶于水，难溶于乙醚、氯仿、苯等有机溶剂。

2. 作用与应用(Action and indications)

本品为氨基糖甙类抗生素。对猪蛔虫、毛首线虫和鸡蛔虫成虫有驱除作用,还能抑制寄生虫排卵。此外,对革兰氏阳性菌、阴性菌和霉菌均有较强的抑制作用,还有促生长作用。主要用作驱除猪、鸡肠道线虫的饲料添加剂。

3. 注意事项(Warnings)

①禁用于产蛋鸡。

②休药期,猪 15 d,鸡 3 d。

4. 用法与用量(Direction and dosage)

混饲:猪、禽,每千克饲料添加 5～10 mg(以越霉素 A 计),可连续应用 8～10 周。

5. 制剂与规格(Dosage forms)

越霉素 A 预混剂:①100 g∶2 g(200 万 U);②100 g∶5 g(500 万 U);③100 g∶50 g(5 000 万 U)。

(九)潮霉素 B(Hygromycin B)

1. 性状(Properties)

本品为微黄色结晶性粉末,易溶于水、甲醇及乙醇,不溶于极性溶剂,具弱碱性。

2. 作用与应用(Action and indications)

本品为氨基甙类抗生素,对猪蛔虫、食道口线虫和鸡蛔虫、异刺线虫、鸽毛细线虫均有较好的驱除作用。此外,对革兰氏阳性菌、阴性菌和某些放线菌、抗酸菌亦有抗菌作用。主要用作驱除猪、鸡肠道线虫的饲料添加剂。

3. 注意事项(Warnings)

猪休药期 3 d。

4. 用法与用量(Direction and dosage)

混饲:猪,每千克饲料添加 12 mg(以潮霉素 B 计);鸡,每千克饲料添加 8 mg;可连续应用 6～8 周。

5. 制剂与规格(Dosage forms)

潮霉素 B 预混剂:100 g∶1.76 g(176 万 U)。

七、其他(Miscellaneous anthelmintics)

(一)硫胂胺钠(Arsenamide)

1. 性状(Properties)

本品为白色或微黄色粉末,易溶于水,水溶液稳定。

2. 作用与应用(Action and indications)

本品为三价有机胂化合物,对犬的恶丝虫成虫有杀灭作用,但对血液中的微丝蚴无影响。作用机理是硫胂胺钠的胂能与丝虫酶系统的巯基结合,破坏虫体代谢,而出现杀虫作用。静脉注射给药后,通常在 5～7 d 内成虫逐渐死亡。死亡和垂死的成虫,由心脏随血流至肺动脉分支内,逐渐碎解和被吞噬。

3. 注意事项(Warnings)

①静脉注射给药宜缓慢,并严防漏出血管外,否则导致血管周围组织腐烂。

②本品有显著的肝毒及肾毒作用,肝、肾功能不全的动物应禁用。

③遇有胂中毒症状(呕吐、黄疸、橙色尿)时,应立即停药,6 周后再继续治疗。中毒症状严重时,可用二巯基丙醇解救。

4. 用法与用量(Direction and dosage)

静脉注射:一次量,犬 2.2 mg/kg,1 d 2 次,连用 2 d;或 1 d 1 次,连用 15 d。

5. 制剂与规格(Dosage forms)

硫胂胺钠注射液:①10 mL∶100 mg;②50 mL∶500 mg。

(二)碘噻青胺(Dithiazanine iodide)

碘噻青胺又名碘二噻宁。

1. 性状(Properties)

本品为蓝紫色粉末,难溶于水,微溶于乙醇。

2. 作用与应用(Action and indications)

本品是杀灭犬恶丝虫微丝蚴的良药,能使微丝蚴失去活动能力,陷入毛细血管网,最后被细胞吞噬。本品还能影响雌虫子宫内微丝蚴的发育,使其在子宫内死亡。此外,对犬钩虫、蛔虫、鞭虫、粪类圆线虫等亦有效。

3. 注意事项(Warnings)

①本品毒性较大,用药后常出现呕吐、腹泻等副作用。

②推荐使用低剂量,并将日量(一次量)分为 2 次,于饲喂时内服。

4. 用法与用量(Direction and dosage)

静脉注射:1 d 量,犬 6.6～11 mg/kg,分 1～2 次,连用 7～10 d。

第五节 抗原虫药

Section 5 Antiprotozoal Drugs

畜禽原虫病是由单细胞原生动物所引起的一类寄生虫病。它可以造成大批畜禽死亡而影响畜牧业发展,其中危害较严重的有球虫病、锥虫病和梨形虫病。

一、抗球虫药(Anticoccidial drugs)

抗球虫药的种类很多,由于其作用峰期(指药物对球虫发育起作用的主要阶段)不同,选用药物亦有差异。如作用于第 1 代裂殖生殖的药物,预防作用强,但不利于动物对球虫产生免疫力;作用于第 2 代裂殖生殖,即有治疗作用的药物,对动物抗球虫免疫力的形成影响不大。不论使用何种抗球虫药,如果长期反复使用,均可产生明显的耐药性。为了避免或减少耐药性的产生,通常需要变换使用不同的抗球虫药。

过去使用的呋喃类、四环素类和大多数磺胺药,由于疗效不佳或毒性较大而逐渐淘汰,下面重点介绍仍在使用或新型高效的抗球虫药。

(一)化学合成类(Chemosynthetic anticoccidial drugs)

1. 盐酸氯苯胍(Robenidine)

(1)性状(Properties) 本品为白色或微黄色结晶性粉末,味苦,有特异臭味;难溶于水,略溶于乙醇、冰醋酸。

(2)作用与应用(Action and indications) 具有高效、广谱、低毒、适口性好等优点。其作用机理是干扰虫体胞浆中的内质网,影响虫体蛋白质代谢,使内质网和高尔基体肿胀、氧化磷酸化反应和 ATP 酶被抑制。氯苯胍对禽、兔单独或混合感染的球虫病均有良好的效果。对毒害、变位艾美耳球虫的效力与氯羟吡啶相似,对柔嫩、堆型、巨型艾美耳球虫的作用优于氯羟吡啶和磺胺药。并且对其他药物产生耐药性的球虫仍有效。主要抑制球虫第 1 代裂殖体,对第 2 代裂殖体亦有作用,而且能使卵囊的排出数量减少。其作用峰期在感染后的第 3 天。

(3)注意事项(Warnings) ①鸡内服的半数致死量(LD_{50})为 450 mg/kg,雏鸡以 180 mg/kg 混饲 2 个月,未见有不良反应,但增至 300 mg/kg 时,可出现生长迟缓、饲料转化率下降。②长期或高浓度(60 mg/kg)喂鸡,可引起鸡肉、鸡蛋异味。③产蛋鸡禁用;鸡休药期 5 d,兔 7 d。

(4)用法与用量(Direction and dosage) 混饲:每 1 000 kg 饲料,禽 30～60 g,兔 100～150 g。内服:一次量,禽、兔 10～15 mg/kg。

(5)制剂与规格(Dosage forms) 盐酸氯苯胍预混剂:10%。盐酸氯苯胍片:10 mg。

2.盐酸氨丙啉(Amprolium)

盐酸氨丙啉又名安宝乐。

(1)性状(Properties) 本品为白色或类白色粉末,无臭。易溶于水,微溶于乙醇,极微溶于乙醚,不溶于氯仿。

(2)作用与应用(Action and indications) 由于氨丙啉的化学结构与硫胺(维生素 B_1)相似,是竞争性拮抗剂[amprolium is structurally similar to thiamine (vitamin B_1) and is a competitive antagonist],故在虫体的代谢过程中可阻止球虫利用硫胺(amprolium prevents coccidia from utilizing thiamine by blocking thiamine receptors),使球虫发生硫胺缺乏症,而干扰虫体代谢。如在饲料中添加硫胺则可抵消氨丙啉的作用。

本品对鸡的柔嫩与堆型艾美耳球虫,羔羊、犊牛球虫都有效。氨丙啉可抑制第 1 代裂殖体的生长繁殖,作用峰期在感染后的第 3 天。此外,对配子发生期和子孢子期亦有抑制作用。可用于预防和治疗球虫病。氨丙啉与磺胺喹噁啉或乙氧酰胺苯甲酯合用,可扩大抗球虫范围,而且安全有效。

(3)注意事项(Warnings)

①以治疗量给鸡连用 160 d,羔羊连用 21 d,未见任何副作用。剂量增大时,可引起多发性神经炎,增喂维生素 B_1 可减弱毒性反应。但饲料中的维生素 B_1 超过 10 mg/kg 时,抗球虫作用即开始减弱。

②产蛋鸡禁用,肉鸡休药期 10 d。

(4)用法与用量(Direction and dosage) 混饲:每 1 000 kg 饲料,家禽 100~125 g。内服:一次量,犊牛 10 mg/kg;羔羊 50 mg/kg。混饮:每升饮水,家禽 120 mg,连用 5~7 d。

(5)制剂与规格(Dosage forms) 盐酸氨丙啉可溶性粉:20%。复方盐酸氨丙啉可溶性粉:盐酸氨丙啉 20%、磺胺喹噁啉钠 20%和维生素 K 30.38%。盐酸氨丙啉乙氧酰胺苯甲酯预混剂:盐酸氨丙啉 25%、乙氧酰胺苯甲酯 1.6%。盐酸氨丙啉乙氧酰胺苯甲酯磺胺喹噁啉预混剂:盐酸氨丙啉 20%、乙氧酰胺苯甲酯 1%和磺胺喹噁啉 12%。

3.乙氧酰胺苯甲酯(Ethopabate)

(1)性状(Properties) 本品为白色或类白色粉末,无味。易溶于甲醇、乙醇、氯仿,微溶于乙醚,极微溶于水。

(2)作用与应用(Action and indications) 其作用机理与磺胺药和抗菌增效剂相似,能阻断球虫四氢叶酸的合成。本品为氨丙啉、磺胺喹噁啉等抗球虫药的增效剂,一般不单独使用,多配成复方制剂而广泛使用。本品对巨型、布氏艾美耳球虫及其他小肠球虫具有较强的作用,从而弥补了氨丙啉的抗球虫缺陷,而本品对柔嫩艾美耳球虫缺乏活性的缺点亦可为氨丙啉的作用特点所补偿,这是本品不能单独应用而多与氨丙啉合用的主要原因。作用峰期在感染后的第 4 天。

(3)注意事项(Warnings) 本品很少单独应用,均与氨丙啉、磺胺喹噁啉等配成预混剂合用。混饲量为 4~8 mg/kg。产蛋鸡禁用,肉鸡休药期 10 d。

(4)制剂、用法与用量(Dosage forms, direction and dosage) 盐酸氨丙啉、乙氧酰胺苯甲酯预混剂:含盐酸氨丙啉 25%及乙氧酰胺苯甲酯 1.6%。混饲:每 1 000 kg 饲料,家禽 500 g。盐酸氨丙啉、乙氧酰胺苯甲酯、磺胺喹噁啉预混剂:含盐酸氨丙啉 20%、乙氧酰胺苯甲酯 1%及磺胺喹噁啉 12%。混饲:每 1 000 kg 饲料,家禽 500 g。

4.磺胺喹噁啉(Sulfaquinoxaline, SQ)

(1)性状(Properties) 本品为黄色粉末,无臭。易溶于氢氧化钠溶液中,极微溶于乙醇,在水或乙醚中几乎不溶。

(2)作用与应用(Action and indications) 本品为磺胺类药中专供治疗球虫病的药物。其对鸡巨型、布氏和堆型艾美耳球虫作用最强,但对柔嫩及毒害艾美耳球虫作用较弱,需用较高剂量才见效。常与氨丙啉或抗菌增效剂合用,以增强药效。本品作用峰期是在第 2 代裂殖体(感染后第 4 天),而且不影响动物对球虫的免疫力,加之还具有一定的抑菌作用,从而更奠定了对球虫病的治疗基础。主要用于治疗鸡、火鸡球虫病，对家兔、羔羊、犊牛球虫病也有治疗效果。作用机理是干扰叶酸的合成，因磺胺类药物结构上与对氨基苯甲酸相似，是对氨基苯甲酸竞争性拮抗剂，而对氨基苯甲酸为球虫合成叶酸所必需。

Sulfonamides interfere in the early phases of folate synthesis. The structure of sulfonamides is similar to para-aminobenzoate (para-aminobenzoic acid, PABA) and are structural antagonists of PABA, which is required by coccidia in the synthesis of folate (folic acid).

(3)注意事项(Warnings)

①对雏鸡毒性虽较小，但 0.1%混料连续饲喂 5 d 以上，可引起与维生素 K 缺乏有关的出血和组织坏死现象。即使喂用推荐浓度药料 8～10 d，亦可使红细胞和淋巴细胞减少。因此，连续喂用不得超过 10 d。

②可致产蛋率下降，蛋壳变薄，不宜用于产蛋鸡。

③鸡休药期 10 d。

(4)制剂、用法与用量(Dosage forms, direction and dosage)

①磺胺喹噁啉二甲氧苄啶预混剂：含磺胺喹噁啉 20%、二甲氧苄啶 4%。混饲：每 1 000 kg 饲料，鸡 500 g。

②磺胺喹噁啉钠可溶性粉：10%。混饮：每升饮水，鸡 3～5 g。

③复方磺胺喹噁啉钠可溶性粉(禽宁)：1 000 g(磺胺喹噁啉钠 536.5 g 与甲氧苄啶 165.0 g)。混饮：每升饮水，鸡 0.4 g，连饮 5～7 d。

5. 磺胺氯吡嗪(Sulfachlorpyrazine)

(1)性状(Properties)　本品为白色或淡黄色粉末，无味，难溶于水，易溶于氢氧化钠溶液中，常制成钠盐使用。

(2)作用与应用(Action and indications)　本品为磺胺类专用抗球虫药，多在球虫暴发时短期应用。其作用与磺胺喹噁啉相同，但其抗菌作用更强，抗球虫峰期是球虫第 2 代裂殖体，对第 1 代裂殖体亦有一定作用。主要用于鸡、兔、羊球虫病、鸡霍乱及伤寒。国外多于球虫暴发时使用。

(3)注意事项(Warnings)

①毒性虽较磺胺喹噁啉低，但长期应用亦可发生磺胺中毒症状。因此，按推荐饮水浓度连续饮用不得超过 5 d。

②禁用于 16 周以上鸡群和产蛋鸡。

③休药期肉鸡 1 d，火鸡 4 d。

(4)用法与用量(Direction and dosage)　混饮：每升水，肉鸡、火鸡 1g，连饮 3 d。混饲：每 1 000 kg 饲料，肉鸡、火鸡 2 000 g，连续饲喂 3 d；兔 2 000 g，连续饲喂 5～10 d。

(5)制剂与规格(Dosage forms)　磺胺氯吡嗪钠可溶性粉(三字球虫粉)：30%。磺胺氯吡嗪钠以 5∶1 比例与甲氧苄啶(TMP)联合用药可以增强抗球虫疗效。

6. 氯羟吡啶(Clopidol)

氯羟吡啶又名氯吡醇、克球粉、可爱丹。

(1)性状(Properties)　本品为白色或类白色粉末，无臭。不溶于水、丙酮、乙醚和苯，极微溶于甲醇和乙醇，在氢氧化钠溶液中溶解。

(2)作用与应用(Action and indications)　本品对 9 种鸡艾美耳球虫有效，特别是对柔嫩艾美耳球虫作用最强，对兔球虫亦有一定的效果。本品对球虫的作用峰期是子孢子期，即感染后第 1 天。因此，必须在感染前或感染时给药，才能充分发挥抗球虫作用。本品适用于预防用药。

(3)注意事项(Warnings)

①本品对机体的球虫免疫力有抑制作用，停药过早，往往导致球虫病暴发。

②肉鸡必须连续使用，后备鸡群可以连续喂至 16 周龄。

③产蛋鸡禁用。

④休药期：氯氢吡啶预混剂，鸡、兔 5 d；复方氯羟吡啶预混剂，鸡 7 d。

(4)制剂、用法与用量(Dosage forms,direction and dosage)

①氯羟吡啶预混剂:25%。混饲:每 1 000 kg 饲料,鸡 500 g;兔 800 g。

②复方氯羟吡啶预混剂:含氯羟吡啶 89%及苄氧喹甲酯 7.3%。混饲:每 1 000 kg 饲料,鸡 500 g。

7. 二硝托胺(Dinitolmide)

二硝托胺又名二硝苯甲酰胺、球痢灵。

(1)性状(Properties) 本品为淡黄色或淡黄褐色粉末,无臭,味苦。不溶于水,微溶于乙醚和氯仿,略溶于乙醇,溶于丙酮。

(2)作用与应用(Action and indications) 本品在兽医临床上曾广泛用于鸡球虫病的预防与治疗。本品主要作用于第 1 代裂殖体,同时对卵囊的子孢子形成有抑杀作用。对鸡的多种艾美耳球虫,如柔嫩、毒害、布氏、堆型、巨型艾美耳球虫有效,特别是对毒害艾美耳球虫作用最佳,对堆型艾美耳球虫效果稍差。主要用于家禽、兔球虫病。

(3)注意事项(Warnings)

①用于预防肉鸡球虫病时,必须连续应用。中断使用常致球虫病的复发。

②产蛋鸡禁用。鸡休药期 3 d。

(4)制剂、用法与用量(Dosage forms,direction and dosage) 二硝托胺预混剂:25%。混饲:每 1 000 kg 饲料,鸡 125 g。

8. 尼卡巴嗪(Nicarbazine)

尼卡巴嗪又名双硝苯脲二甲嘧啶酚。

(1)性状(Properties) 本品为黄色或淡黄色粉末,无臭,稍有异味,不溶于水、乙醇、乙醚和氯仿,微溶于二甲基甲酰胺。

(2)作用与应用(Action and indications) 本品对鸡的多种艾美耳球虫,如柔嫩、毒害、巨型、堆型、布氏艾美耳球虫均有良好的防治效果。本品主要抑制第 2 代裂殖体的生长繁殖,其作用峰期是感染后第 4 天。主要用于家禽、兔球虫病。球虫对本品不易产生耐药性,故可用于穿梭给药方案(shuttle program)。此外,对其他抗球虫药耐药的球虫,使用本品仍然有效。本药的作用机理是抑制琥珀酸辅酶 A 的还原和抑制能量依赖的转氢酶,并在需要 ATP 的情况下抑制钙离子的抑制积聚。

The mode of action of nicarbazine is thought to be via inhibition of succinate-linked nadide reduction and the energy-dependent transhydrogenase,and the accumulation of calcium in the presence of ATP.

(3)注意事项(Warnings)

①预防用药过程中若出现球虫病暴发,应迅速改用磺胺喹噁啉治疗。

②酷暑季节应停止使用本品,否则会增加雏鸡死亡率。

③产蛋鸡及种鸡禁用。鸡使用尼卡巴嗪预混剂的休药期为 4 d,使用球净的休药期为 9 d。

(4)制剂、用法与用量(Dosage forms,direction and dosage)

①尼卡巴嗪预混剂:20%。混饲:每 1 000 kg 饲料,鸡 1 000 g。

②尼卡巴嗪乙氧酰胺苯甲酯预混剂(球净-25):100 g(尼卡巴嗪 25 g 与乙氧酰胺苯甲酯 1.6 g)。混饲:每 1 000 kg 饲料,鸡 500 g。

9. 常山酮(Halofuginone)

常山酮又称卤夫酮,是从药用植物常山中获得的喹唑酮类物质,已能人工合成。

(1)性状(Properties) 本品的氢溴酸盐为白色或灰白色结晶性粉末,无臭、无味。

(2)作用与应用(Action and indications) 本品为广谱抗球虫药。对鸡的柔嫩、毒害、巨型、堆型等艾美耳球虫均有效。本品对第 1、2 代裂殖体和子孢子均有杀灭作用。用药后能明显控制球虫病症状,并完全抑制卵囊排出,从而减少再减染的机会。其抗虫指数超过某些聚醚类抗生素,对其他药物耐药的球虫,使用本品仍然有效。主要用于家禽球虫病。

(3)注意事项(Warnings)

①本品对珍珠鸡敏感，禁用；能抑制鹅、鸭生长，应慎用。

②混料浓度达 6 mg/kg 即影响适口性，使鸡采食减少，9 mg/kg 大部鸡拒食。因此，药料应充分拌匀，否则影响疗效。

③产蛋鸡禁用，肉鸡宰前 4 d 停药。

(4)制剂、用法与用量(Dosage forms, direction and dosage) 氢溴酸常山酮预混剂(速丹)：含常山酮 0.6%。混饲：每 1 000 kg 饲料加本预混剂，鸡、火鸡 500 g。

10. 地克珠利(Diclazuril)

地克珠利又名杀球灵。

(1)性状(Properties) 本品为微黄色至灰棕色粉末，不溶于水，微溶于乙醇、乙醚，易溶于二甲基亚砜。可与其他生长促进剂和化疗药合用。

(2)作用与应用(Action and indications) 本品为新型广谱抗球虫药，具有高效、低毒的特点，可以影响球虫核酸的合成，允许球虫裂殖体和小配子体的核正常生长与分裂，但却阻止其进一步分化，使得裂殖生殖和配子生殖不能正常进行，是目前用药浓度最低的一种抗球虫药。对鸡的柔嫩、堆型等艾美耳球虫、鸭球虫及兔球虫、肝球虫均有良好的效果，其效果优于大多数目前常用的抗球虫药。本品的作用峰期是在子孢子和第 1 代裂殖体的早期阶段。

(3)注意事项(Warnings)

①本品药效期短，停药 1 d，抗球虫作用明显减弱，2 d 后作用基本消失。因此，必须连续用药以防球虫病再度暴发。

②本品混料浓度极低，药料应充分拌匀，否则影响疗效。

③蛋鸡产蛋期禁用。鸡休药期 5 d。

(4)用法与用量(Direction and dosage) 混饲：每 1 000 kg 饲料，鸡、鸭、兔 1 g。混饮：每升饮水，鸡 0.5～1 mg。

(5)制剂与规格(Dosage forms) 地克珠利预混剂：①0.2%；②0.5%。地克珠利溶液：5%。

11. 磺胺二甲嘧啶(Sulfadimidine)

(1)性状(Properties) 本品为白色或微黄色的结晶或粉末；无臭，味微苦；遇光色渐变深。在热乙醇中溶解，在水或乙醚中几乎不溶；在稀酸或稀碱溶液中易溶解。

(2)作用与应用(Action and indications) 本品是磺胺类中被广泛用作抗菌药和抗球虫药的一种药物。其抗球虫作用峰期同磺胺喹噁啉。用以防治兔、禽球虫病和猪弓形虫病。

(3)注意事项(Warnings)

①本品经长期连续饲喂时，能引起严重的毒性反应。例如，以 0.5%拌料浓度连喂 8 d，则可引起雏鸡的脾脏出血性梗死和肿胀；按 1%拌料浓度连喂 3 d，除明显影响增重外，可阻碍肠道对维生素 K 的合成，而使血凝时间延长甚至出现出血性病变。因此，本品宜采用间歇式投药法。

②产蛋鸡禁用。

③休药期：磺胺二甲嘧啶片，牛 10 d，猪 15 d，禽 10 d；磺胺二甲嘧啶钠注射液，28 d。

(4)用法与用量(Direction and dosage)

①磺胺二甲嘧啶片：内服，一次量，首次量，0.14～0.2 g/kg，维持量 0.07～0.1 g/kg。1 d 1～2 次，连用 3～5 d。

②磺胺二甲嘧啶钠注射液：静脉、肌肉注射，一次量，家畜 50～100 mg/kg。1 d 1～2 次，连用 2～3 d。

(5)制剂与规格(Dosage forms) 磺胺二甲嘧啶片：0.5 g。磺胺二甲嘧啶钠注射液：①5 mL：0.5 g；②10 mL：1 g；③100 mL：10 g。

12. 癸氧喹酯(Decoquinate)

(1)性状(Properties) 本品为类白色或浅黄色结晶粉末，几乎不溶于水、乙醇，微溶于氯仿、乙醚。

(2)作用与应用(Action and indications)　癸氧喹酯属喹啉类抗球虫药,作用机理是抑制球虫线粒体内电子转运,从而阻断球虫的呼吸(decoquinate inhibit coccidial respiration by interfering with cytochrome-mediated electron transport in the parasites' mitochondria)。主要阻碍球虫子孢子的发育,作用峰期为球虫感染后第 1 天。由于能明显抑制机体对球虫产生免疫力,因此在肉鸡整个生长周期应连续使用。球虫对癸氧喹酯易产生耐药性,应定期轮换用药。用于预防由各种球虫引起的鸡球虫病。

(3)注意事项(Warnings)

①产蛋鸡禁用。

②不能用于含皂土的饲料中。

③本品抗球虫作用与药物制剂颗粒大小有关,颗粒越细,抗球虫作用愈强。

④鸡休药期为 5 d。

(4)用法与用量(Direction and dosage)

①混饲:每 1 000 kg 饲料,鸡 453 g(以癸氧喹酯计),连用 7～14 d。

②混饮:每升水,肉鸡 0.5～1.0 mL(以癸氧喹酯计),连用 7 d。

(5)制剂与规格(Dosage forms)　癸氧喹酯预混剂:6%。癸氧喹酯溶液:100 mL∶3 g。

13. 托曲珠利(Toltrazuril)

(1)作用与应用(Action and indications)　本品属于三嗪酮类新型广谱抗球虫药。主要作用于球虫裂殖生殖和配子生殖阶段。对鸡堆型、布氏、巨型、和缓、毒害、柔嫩艾美耳球虫及火鸡腺状艾美耳球虫、大艾美耳球虫、小艾美耳球虫均有良好的抑杀作用。对其他抗球虫药耐药的虫株亦敏感。本品安全范围大,用药动物可耐 10 倍以上的推荐剂量,不影响鸡对球虫产生免疫力,可用于治疗和预防鸡球虫病。

(2)注意事项(Warnings)

①连续使用易使球虫产生耐药性,甚至与地克珠利存在交叉耐药性现象。建议连续应用不得超过 6 个月。

②托曲珠利在水溶液中不稳定,宜现配现用,并在短时间内饮服完毕。

③鸡休药期为 8 d。

(3)用法与用量(Direction and dosage)　混饮:每升饮水,禽 25 mg。

(4)制剂与规格(Dosage forms)　托曲珠利溶液(百球清):2.5%。

(二)聚醚类抗生素(Polyether antibiotics)

聚醚类抗生素又称离子载体类抗球虫药(ionophorous anticocidials),包括下述的莫能菌素、盐霉素、拉沙菌素、马杜霉素、海南霉素等。其共同的作用特点是与球虫体内的钠、钾、钙等金属离子形成亲脂性络合物,通过生物膜,妨碍离子的正常平衡或转运而起作用。

The mode of action of ionophores is related to their ability to form lipophilic complexes with alkali metal cations such as sodium, potassium, and calcium, and to transport these cations across biological membrane, and thus interfere with normal balance or transportation of these cations.

1. 莫能菌素(Monensin)

莫能菌素又名牧宁菌素、欲可胖。

(1)性状(Properties)　莫能菌素是从肉桂地链霉菌(*Streptomyces cinnamonensis*)发酵液分离提取而得。其钠盐为淡黄色粉末,微溶于水,易溶于氯仿、甲醇、乙醇。

(2)作用与应用(Action and indications)　本品为广谱抗球虫药。对鸡的毒害、柔嫩、巨型、变位、堆型等艾美耳球虫均有很好的防治作用。本品的作用峰期是在球虫感染后第 2 天,对子孢子及第 1 代裂殖体都有抑制作用。此外,本品对金黄色葡萄球菌、链球菌、枯草杆菌等革兰氏阳性菌亦有较强的抗菌作用,并能促进动物生长发育,增加体重和提高饲料利用率。临床上主要用于防治雏鸡、雏火鸡、犊牛、羔羊和兔的球虫病。

(3)注意事项(Warnings)

①本品不可与二甲硝咪唑、泰乐菌素、泰妙菌素、竹桃霉素等合用,否则有中毒的危险。

②本品不宜与其他抗球虫药合用。

③蛋鸡产蛋期及超过 16 周龄肉鸡禁用。鸡休药期为 5 d。

(4)用法与用量(Direction and dosage)　混饲:每 1 000 kg 饲料,鸡 90~110 g;肉牛,1 d 量,每头 0.2~0.36 g;奶牛(泌乳期添加),1 d 量,每头 0.15~0.45 g。

(5)制剂与规格(Dosage forms)　莫能菌素预混剂:①100 g∶5 g(500 万 U);②100 g∶10 g(1 000 万 U);③100 g∶20 g(2 000 万 U);④100 g∶200 g(2 亿 U)。

2. 盐霉素(Salinomycin)

盐霉素又名优素精。

(1)性状(Properties)　盐霉素是从白色链霉菌(*Streptomyces albus*)发酵液分离提取而得。其钠盐为白色结晶性粉末,不溶于水,易溶于甲醇和乙醚。

(2)作用与应用(Action and indications)　本品为广谱抗球虫药。对鸡的毒害、柔嫩、巨型、变位、堆型、布氏等艾美耳球虫均有明显效果。此外,本品对革兰氏阳性菌亦有较强的抗菌作用,并能促进动物生长,增加体重和提高饲料利用率。临床上主要用于防治畜禽的球虫病。但因其安全范围较窄,使应用受到限制。

(3)注意事项(Warnings)

①本品不可与泰乐菌素、泰妙菌素、竹桃霉素等合用。

②马属动物对本品敏感,禁用。对火鸡、鸟类及雏鸭毒性大,慎用。

③蛋鸡产蛋期禁用。牛、猪、鸡休药期为 5 d。

(4)用法与用量(Direction and dosage)　混饲:每 1 000 kg 饲料,鸡 60 g;猪 25~75 g;牛 10~30 g。

(5)制剂与规格(Dosage forms)　盐霉素钠预混剂:①100 g∶10 g(1 000 万 U);②500 g∶50 g(5 000万 U)。

3. 那拉霉素(Narasin)

那拉霉素又名甲基盐霉素。

(1)性状(Properties)　那拉霉素是从白色链霉菌发酵液分离提取而得。其钠盐为白色结晶性粉末,不溶于水,易溶于甲醇和乙醚。

(2)作用与应用(Action and indications)　本品为广谱抗球虫药。对鸡的堆型、布氏、巨型、毒害等艾美耳球虫的抗球虫效果有显著差异。如堆型、巨型艾美耳球虫感染以 40 mg/kg 药料浓度为最佳;毒害艾美耳球虫并发细菌感染宜选用 60 mg/kg;而布氏艾美耳球虫感染则需用 80 mg/kg 药料浓度才能发挥应有的抗球虫效力。临床上主要用于防治鸡的球虫病。

(3)注意事项(Warnings)

①本品不可与泰乐菌素、泰妙菌素、竹桃霉素等合用。

②马属动物对本品敏感,禁用。

③产蛋鸡禁用。

④休药期:甲基盐霉素预混剂,鸡 5 d,猪 3 d;甲基盐霉素尼卡巴嗪预混剂,鸡 5 d。

(4)制剂、用法与用量(Dosage forms, direction and dosage)

①甲基盐霉素预混剂(禽安):10%。混饲:每 1 000 kg 饲料,鸡 60~80 g;猪(体重 20 kg 以上)15~30 g。

②甲基盐霉素尼卡巴嗪预混剂:100 g∶甲基盐霉素 8 g 与尼卡巴嗪 8 g。混饲:每 1 000 kg 饲料,鸡 375~625 g。

4. 拉沙菌素(Lasalocid)

拉沙菌素又名拉沙洛西。

(1)性状(Properties)　拉沙菌素是从链霉菌发酵液分离提取而得。其钠盐为白色或类白色粉末，不溶于水，易溶于甲醇和乙醚。

(2)作用与应用(Action and indications)　本品为广谱抗球虫药。除对堆型艾美耳球虫作用稍差外，对鸡的柔嫩、毒害、巨型、变位等艾美耳球虫的抗虫效力甚至超过莫能菌素和盐霉素，对火鸡、羔羊、犊牛球虫亦有明显效果。此外，本品还能促进动物生长，增加体重和提高饲料利用率，可与多种促生长剂合用。临床上主要用于防治畜禽的球虫病，亦可用于促生长。

(3)注意事项(Warnings)

①本品不可与泰乐菌素、泰妙菌素、竹桃霉素等合用。

②马属动物禁用。

③本品在 75 mg/kg 饲料浓度时，可严重抑制宿主对球虫的免疫力产生，在应用过程中停药易暴发更严重的球虫病。

④高剂量下能增加潮湿鸡舍中雏鸡的热应激反应，死亡率增高。有时能使鸡体内水分排泄明显增加，从而导致垫料潮湿。

⑤鸡休药期 5 d，肉牛无。

(4)用法与用量(Direction and dosage)　混饲：每 1 000 kg 饲料，鸡 75～125 g；火鸡 95～125 g；羔羊 100 g；肉牛 10～30 g(肉牛每头每日 100～300 g，草原放牧牛每头每日 60～300 mg)。

(5)制剂与规格(Dosage forms)　沙拉菌素钠预混剂(球安)：①100 g：15 g；②100 g：25 g；③100 g：45 g。

5. 马杜霉素(Maduramicin)

(1)性状(Properties)　马杜霉素是从放线菌(*Actinomycetes* sp.)发酵液分离提取而得。其铵盐为白色或类白色结晶性粉末，有微臭，不溶于水，易溶于乙醇。

(2)作用与应用(Action and indications)　本品为广谱抗球虫药，是目前抗球虫作用最强、用药浓度最低的聚醚类抗球虫药，广泛用于肉鸡的抗球虫病。对鸡的毒害、巨型、柔嫩、堆型、布氏、变位等艾美耳球虫有高效。本品能干扰球虫生活史的早期阶段，不仅抑制球虫生长，且能杀灭球虫。主要用于防治家禽球虫病。

(3)注意事项(Warnings)

①本品不可与泰乐菌素、泰妙菌素、竹桃霉素等合用。

②本品毒性较大，除肉鸡外，禁用于其他动物。但对肉鸡的安全范围窄，超过 6 mg/kg 饲料浓度对鸡生长有明显的抑制作用，也不改善饲料报酬。按 2 倍治疗浓度(10 mg/kg)即可导致死亡。因此，不要随意加大使用浓度，混料必须均匀。

③肉鸡休药期为 7 d。

(4)用法与用量(Direction and dosage)　混饲：每 1 000 kg 饲料，肉鸡 5 g。

(5)制剂与规格(Dosage forms)　马杜霉素预混剂：1%。

6. 海南霉素(Hainanmycin)

(1)性状(Properties)　海南霉素是由我国海南省土壤中分离的稠李链霉菌东方变种(*Streptomyces padanus* var. *dangfangeusis*)发酵液分离提取而得。其钠盐为白色或类白色粉末，无臭；不溶于水，极易溶于甲醇、乙醇、氯仿中，易溶于丙酮、苯和乙酸乙酯，极微溶于石油醚。

(2)作用与应用(Action and indications)　本品为我国研制的一类新兽药，具有广谱抗球虫作用，对鸡的柔嫩、毒害、堆型、巨型、布氏、变位等艾美耳球虫有高效。此外，本品还对革兰氏阳性菌有效，能促进鸡的生长，增加体重和提高饲料利用率。临床上主要用于防治家禽球虫病。

(3)注意事项(Warnings)

①本品不可与泰乐菌素、泰妙菌素、竹桃霉素等合用。

②本品是聚醚类抗生素中毒性最大的一种抗球虫药，产蛋鸡禁用。肉鸡宰前 7 d 停药。

(4)用法与用量(Direction and dosage)　混饲:每 1 000 kg 饲料,鸡 7.5～10 g(治疗);预防量减半。

(5)制剂与规格(Dosage forms)　海南霉素预混剂(鸡球素):1%。

7. 赛杜霉素(Semduramicin)

赛杜霉素系由玫瑰红马杜拉放线菌(*Actinomadura rosaorufa*)培养液中提取后,再进行结构改造的半合成抗生素。

(1)作用与应用(Action and indications)　赛杜霉素属单价糖苷聚醚离子载体半合成抗生素,是新型聚醚类抗生素。抗球虫机理同莫能菌素。赛杜霉素对球虫子孢子以及第 1 代、第 2 代裂殖子均有抑杀作用。用于防治肉鸡球虫病。

(2)注意事项(Warnings)

①本品主要用于肉鸡,产蛋鸡及其他动物禁用。

②休药期:肉鸡 5 d。

(3)用法与用量(Direction and dosage)　混饲:每 1 000 kg 饲料,肉鸡 25 g。

(4)制剂与规格(Dosage forms)　赛杜霉素钠预混剂:100 g : 5 g(500 万 U)。

二、抗锥虫药(Trypanocides)

常用的抗锥虫药有萘磺苯酰脲、喹嘧胺、氯化氮氨啡啶、新胂凡钠明等。除了本节叙述的药物外,还有三氮脒、咪唑苯脲,将在抗梨形虫药中介绍。

(一)萘磺苯酰脲(Suramina)

萘磺苯酰脲又名那加宁(naganin)、那加诺(naganol)、拜耳-205(Bayer-205)。

1. 性状(Properties)

本品的钠盐为白色、微粉红色或带乳酪色粉末。味涩,微苦。易溶于水,微溶于甲醇、乙醇,不溶于氯仿、乙醚。

2. 作用与应用(Action and indications)

本品是一种常规应用而毒性较小的抗锥虫药,对马、牛和骆驼的伊氏锥虫病和马媾疫及布氏锥虫病均有效,对牛的泰勒虫病亦有防治作用,对灵长类动物的盘尾丝虫各期幼虫亦有杀灭作用。其作用机理认为本品能使虫体代谢中的蛋白产物的性质发生改变,致使虫体不能同化其所需要的营养物质,最后使虫体崩解破坏而死亡。机体的网状内皮系统在本品的药理作用方面起着重要作用。兴奋网状内皮系统的药物(如氯化钙等),能提高本品的疗效。

静脉注射给药后,药物与血浆蛋白结合,以后逐渐分离释出。由于排泄缓慢,在体内停留时间长达 1.5～2 个月,故有预防作用。马预防有效期为 1.5～2 个月,骆驼可达 4 个月。

3. 注意事项(Warnings)

①马属动物对本品较敏感,水牛反应轻微,骆驼则更轻。马静脉注射治疗量 12 h 后可出现荨麻疹、黏膜发绀、胸下和阴门水肿、跛行、体温升高及食欲减退等不良反应。不同个体其表现程度有差异,经 3～5 d 可自然恢复。少数牛用药后可出现肌震颤、眼睑水肿、步态不稳等,经 1～3 d 可自行消失。为减轻不良反应并提高疗效,可同时应用氯化钙、安钠咖等,并在治疗前后数日内停止使役。

②治疗时,应间隔 7 d 再用药 1 次;疫区预防性用药,在发病季节每 2 个月用药 1 次。

③心、肾、肝脏病患畜,慎用本品。体弱患畜一次剂量分 2 次注射,间隔 24 h。

4. 用法与用量(Direction and dosage)

①静脉注射:一次量,马 10～15 mg/kg,牛 15～20 mg/kg,骆驼 8～12 mg/kg;

②预防:一次量,马、牛、骆驼 1～2 g。临用前配成 10%灭菌水溶液。

5. 制剂与规格(Dosage forms)

注射用萘磺苯酰脲:①2 g;②100 g。

（二）喹嘧胺（Quinapyramine）

喹嘧胺又名喹啉嘧啶胺、安锥赛（antrycide）。

1. 性状（Properties）

本品有甲基硫酸和氯化物 2 种盐。前者微溶于水，略溶于热水，后者易溶于水。均不溶于有机溶剂。两者均为白色或微黄色结晶性粉末，无臭，味苦。

2. 作用与应用（Action and indications）

本品对伊氏锥虫、马媾疫锥虫、刚果锥虫和活跃锥虫有效。主要用于防治马、牛、骆驼的伊氏锥虫病及马媾疫。其作用机理是本品取代锥虫细胞质核蛋白体中的镁离子和多胺类，从而阻断虫体蛋白质的合成而杀虫。当剂量不足时，锥虫易产生耐药性。甲基硫酸喹嘧胺主要用于治疗，氯化喹嘧胺主要用于预防。

3. 注意事项（Warnings）

①用治疗剂量可见局部反应，在注射部位有暂时肿胀，数日后自行消散。

②马属动物对本品较敏感，注射后 0.25～2 h，出现兴奋不安、肌震颤、出汗、体温升高、腹痛、频排粪尿、口流白沫、呼吸困难、心跳加快等症状，一般可在 5～6 h 消失。反应严重的病畜可肌肉注射阿托品解救。

③本品有刺激性，大剂量注射时应分点注射。休药期 28 d，弃奶期 7 d。

4. 制剂、用法与用量（Dosage forms，direction and dosage）

注射用喹嘧胺 500 mg：喹嘧氯胺 286 mg 与甲硫喹嘧胺 214 mg。肌肉或皮下注射：一次量，马、牛、骆驼 4～5 mg/kg，临用前配成 10%无菌混悬液。

（三）氯化氮氨啡啶（Isometamidine chloride）

氯化氮氨啡啶又名沙莫林（samorin）、锥灭定（trypamidium）。

1. 性状（Properties）

本品为深棕色粉末，无臭，易溶于水。

2. 作用与应用（Action and indications）

本品为新型长效抗锥虫药，能抑制锥虫 RNA 和 DNA 聚合酶，阻碍核酸合成。主要用于牛、羊锥虫病。对牛的刚果锥虫作用最强，对伊氏锥虫、活跃锥虫、布氏锥虫也有较好的防治效果。

3. 注意事项（Warnings）

①本品的局部刺激作用较强，部分牛局部形成的硬结，通常要 2～3 周才会消失；严重者还并发局部水肿，并延伸至机体下垂部位。应深层肌内注射，并防止药液漏出皮下。

②至少有半数牛群在用药后会出现兴奋不安、流涎、腹痛、呼吸加快，继则出现食欲减退、精神沉郁等全身症状，但通常可自行消失。用药前后，应加强对动物护理，以减少不良反应的发生。

4. 用法与用量（Direction and dosage）

肌肉注射：一次量，牛 1 mg/kg。临用前配成 2%灭菌水溶液。

5. 制剂与规格（Dosage forms）

注射用盐酸氯化氮氨啡啶：①0.125 g；②1 g；③10 g。

（四）新砷凡纳明（Neoarsphenamine）

1. 性状（Properties）

本品为黄色干燥粉末或颗粒，无臭。在水中易溶，水溶液显中性或弱碱性反应，在乙醇中微溶，在无水乙醇、乙醚、三氯甲烷或丙酮中几乎不溶。

2. 作用与应用（Action and indications）

本品在动物体内被氧化代谢，生成的氧苯胂型化合物能与锥虫中含巯基的酶结合，从而影响虫体代谢过程，依靠机体的防御机能消灭病原体。本品对伊氏锥虫和马媾疫锥虫有效，感染早期用药效果好。对慢性病例能减轻症状但不能根治。主要用于家畜锥虫病，还可用于治疗马、羊的传染性胸膜肺炎、兔螺旋体病等。

3. 注意事项(Warnings)

①为了减轻不良反应,可在用药前 30 min 注射强心药,同时还应加强饲养管理。若发生中毒,可用二巯基丙磺酸等解毒。

②注射时勿漏出血管。

③本品易氧化,高温氧化加速,应现配现用,禁止加温或振荡。变色禁用。

4. 用法与用量(Direction and dosage)

静脉注射:一次量,马 10~15 mg/kg(极量 6 g/kg);牛、羊 10 mg/kg(牛极量 4 g/kg,羊极量 0.5 g/kg);兔 60~80 mg/kg。连续使用,应间隔 3~5 d。临用时用灭菌生理盐水或注射用水配成 10%溶液。

5. 制剂与规格(Dosage forms)

注射用新砷凡纳明:①0.45 g;②1 g。

三、抗梨形虫药(Antipiroplasmal drugs)

常用的抗梨形虫药有三氮脒、硫酸喹啉脲、咪唑苯脲、青蒿琥酯等。其中,三氮脒、咪唑苯脲也可用于治疗锥虫病。

(一)三氮脒(Triazoamidine)

本品又称贝尼尔(berenil),商品名为血虫净。

1. 性状(Properties)

本品的醋脲酸(双乙酰苷氨)盐为黄色或橙黄色粉末,无臭。溶于水,几乎不溶于乙醇和氯仿。

2. 作用与应用(Action and indications)

本品对家畜的梨形虫及锥虫均有效。对驽巴贝斯虫、马巴贝斯虫、双芽巴贝斯虫、牛巴贝斯虫、羊巴贝斯虫等效果显著,对牛环形泰勒虫、边虫、马媾疫锥虫、水牛伊氏锥虫亦有一定的治疗作用。除有治疗作用外,还有一定的预防作用。但如剂量不足,梨形虫及锥虫都可能产生耐药性。

3. 注意事项(Warnings)

①骆驼对本品敏感,以不用为宜;马较敏感,忌用大剂量;水牛较黄牛敏感,连续应用时应慎重。马静脉注射治疗量,有时可见出汗、流涎、腹痛等症状。少数水牛注射后可出现肌肉震颤、尿频、呼吸加快、流涎等症状,经几小时后自行恢复。个别牛若反应严重,可肌内注射阿托品解救。

②局部肌肉注射有刺激性,可引起肿胀,应分点深层肌内注射。

③牛、羊休药期为 28 d;弃奶期 7 d。

4. 用法与用量(Direction and dosage)

肌肉注射:一次量,马 3~4 mg/kg;牛、羊 3~5 mg/kg。犬 3.5 mg/kg。临用前用灭菌生理盐水或注射用水配成 5%~7%溶液。

5. 制剂与规格(Dosage forms)

注射用三氮脒:①0.25 g;②1 g。

(二)硫酸喹啉脲(Quinurone sulfate)

硫酸喹啉脲又名阿卡普林(acaprin)。

1. 性状(Properties)

本品为淡黄色或黄色粉末,味苦。易溶于水,几乎不溶于乙醚和氯仿。

2. 作用与应用(Action and indications)

本品为传统应用的抗梨形虫药,对家畜的巴贝斯虫有特效。对马驽巴贝斯虫、马巴贝斯虫、牛双芽巴贝斯虫、牛巴贝斯虫、羊巴贝斯虫、猪巴贝斯虫、犬巴贝斯虫等均有良好的效果,对泰勒虫、边虫效果差。通常投药 1 次即可,若给药后 24 h 动物体温见上升,可重复用药 1 次。

3. 注意事项(Warnings)

①本品毒性较大，应用大剂量可发生血压骤降，导致休克死亡。治疗量可出现胆碱能神经兴奋的症状，如站立不安、肌肉震颤、腹痛等，一般持续 30～40 min 逐渐消失。严重患畜频频起卧、呼吸困难、呼吸和心跳加快、频排粪尿，最后可因窒息而死亡。为减轻或防止不良反应，可同时或在用药前注射硫酸阿托品。

②本品仅适用于皮下注射。

4. 用法与用量(Direction and dosage)

皮下注射：一次量，马 0.6～1 mg/kg；牛 1 mg/kg；猪、羊 2 mg/kg；犬 0.25 mg/kg。

5. 制剂与规格(Dosage forms)

硫酸喹啉脲注射液：①5 mL∶50 mg；②10 mL∶100 mg。

(三)咪唑苯脲(Imidocarb)

咪唑苯脲又名双脒苯脲(amicarbalide)。

1. 性状(Properties)

本品的二盐酸盐或二丙酸盐，为无色粉末，易溶于水。

2. 作用与应用(Action and indications)

本品为新型抗梨形虫药，对巴贝斯虫具有治疗和预防作用，对边虫亦有一定效力。对牛、羊双芽巴贝斯虫、二联巴贝斯虫、阿根廷巴贝斯虫、分离巴贝斯虫、马巴贝斯虫、驽巴贝斯虫、犬巴贝斯虫等所致疾病疗效显著。一次用药牛有 2～10 周，犬有 6 周的预防效力，且不影响动物产生免疫力。

3. 注意事项(Warnings)

①用治疗量半数动物可表现胆碱酯酶抑制效应，出现流涎、兴奋、轻微或中等程度的疝痛、胃肠蠕动加快等症状。应用小剂量阿托品能减轻该症状。

②以 1 mg/kg 剂量在注射局部无反应，5 mg/kg 以上时局部刺激反应明显，维持时间长。

③本品不能静脉注射，否则反应严重，甚至死亡。

④马较敏感，驴、骡更敏感，忌用高剂量。

⑤牛休药期为 28 d。

4. 用法与用量(Direction and dosage)

皮下、肌肉注射：一次量，马 2.2～5 mg/kg；牛 1～2 mg/kg(锥虫 3 mg/kg)；犬 6 mg/kg；羊 1.5 mg/kg；猪(附红细胞体)2.0 mg/kg。

5. 制剂与规格(Dosage forms)

二丙酸咪唑苯脲注射液：10 mL∶1.2 g。

(四)青蒿琥酯(Artesunate)

1. 性状(Properties)

本品是菊科黄花蒿(*Artemisia annua* Li.)提取物，为一具有过氧基团的新型倍半萜内酯。其为白色结晶性粉末，无臭，几乎无味，微溶于水，易溶于乙醇、丙酮或氯仿。

2. 作用与应用(Action and indications)

青蒿琥酯对疟原虫在红细胞内的裂殖体有强大的杀灭作用。其作用机理尚不清楚，初步认为是作用于疟原虫的膜系结构，干扰了表膜和线粒体的功能，从而阻断了原虫对血红蛋白的摄取，最后膜系破裂而死亡。本品在人医临床用作抗疟药。兽医界近年来对青蒿琥酯的疗效进行了广泛的研究，表明本品具有抗牛、羊泰勒虫及双芽巴贝斯虫的作用，并能杀灭红细胞内配子体，减少细胞分裂及虫体代谢产物的致热原作用。此外，本品用于防治鸡球虫病、耕牛血吸虫病及猪小袋纤毛虫病，亦收到了较好效果。

3. 用法与用量(Direction and dosage)

内服：一次量，牛 5 mg/kg，首次量加倍，1 d 2 次，连用 2～4 d。

4. 制剂与规格(Dosage forms)

青蒿琥珀酯片:50 mg。

(五)台盼蓝(Trypan blue)

台盼蓝又名台盼兰、锥虫蓝、锥蓝素。

1. 性状(Properties)

本品为深蓝色至近黑色有光泽的粉末或块片,易吸水,在水中溶解,不溶于乙醇。

2. 作用与应用(Action and indications)

本品对驽巴贝斯虫、双芽巴贝斯虫、牛巴贝斯虫等均有作用,用药后 1 h 虫体变形,改变核形状,最后崩解。台盼蓝不能消除病畜体内的全部虫体,在体内维持作用 15～20 d,可作为预防用药。由于台盼蓝毒性大,抗虫范围窄,现较少用于治疗。

3. 用法与用量(Direction and dosage)

静脉注射:一次量,家畜 5 mg/kg。临用时,用注射用水或灭菌生理盐水配成 1%的溶液。

4. 制剂与规格(Dosage forms)

注射用台盼蓝:①0.5 g;②1 g。

第六节　杀　虫　药
Section 6　Ectoparasiticides

凡能杀灭蜘蛛纲和昆虫纲寄生虫的药物称为杀虫药。杀虫药虽然具有杀灭外寄生虫如螨、蜱、蚤、蝇、虻、蚋、蠓、蝇蚴及创口蛆等的作用,但对动物亦有较强的毒性。所以在使用之前,必须先熟悉药物的性质和作用特点,以及对畜禽的毒性与中毒的解救措施。在给大群动物灭虫之前,必须做好预试工作,掌握安全有效的使用方法,若发现某种动物敏感,应及时更换药物。使用杀虫剂时应严格控制剂量和浓度,要做到既能彻底杀虫,又不影响人畜健康和畜产品的质量。

常用的杀虫药包括有机磷化合物、有机氯化合物、拟除虫菊酯类及其他杀虫药。

一、有机磷杀虫剂(Organophosphate insecticides)

常用的有机磷杀虫剂,除敌百虫(见驱线虫药)外,还有敌敌畏、蝇毒磷、皮蝇磷、马拉硫磷和倍硫磷等。其作用机理是抑制乙酰胆碱酯酶活性,乙酰胆碱酯酶广泛分布于神经、肌肉、体液和血液中,其功能是通过破坏神经递质乙酰胆碱而调节突触的神经传递。

Organophosphates act principally by binding to and inhibiting acetylcholinesterase (AchE), and enzymes widely distributed in nerves, muscles, and fluid and formed elements of blood. Its function is to regulate neurotransmission at synapses by destroying the neurotransmitter acetylcholine (Ach).

(一)敌敌畏(Dichlorvos,DDVP)

1. 性状(Properties)

本品为淡黄色至淡黄棕色的油状液体,稍带香味,易挥发。在强碱和沸水中易水解,在酸性溶液中较稳定。本品在乙醇、乙醚中微溶。

2. 作用与应用(Action and indications)

本品兼有杀虫和驱虫作用。作用机理与敌百虫相似。

①杀虫作用。对畜禽的多种外寄生虫和马胃蝇、牛皮蝇、羊鼻蝇具有熏蒸、触杀和胃毒 3 种作用,是一种高效、速效和广谱的杀虫剂,其杀虫效力比敌百虫强 8～10 倍。敌敌畏广泛用作环境杀虫剂,以杀灭厩舍、畜体的蚊、虱、蚤、蜱等吸血昆虫。我国已将敌敌畏制成犬、猫用的灭蚤项圈,戴用后,可驱灭虱、蚤达 3 个月之久。

②驱虫作用。内服 11.2～21.6 mg/kg 剂量，对猪蛔虫、食道口线虫、毛首线虫、红色猪圆线虫成虫具有高效；31.2～40.7 mg/kg 对马圆线虫、马副蛔虫、尖尾线虫的驱虫率达 90%～100%，对牛、羊消化道线虫效果好，但安全范围很窄。

3. 注意事项(Warnings)

①本品对人、畜毒性大，易通过皮肤、消化道和呼吸道吸收，用时应慎重。家畜中毒后表现为肠蠕动增强、频排稀便，个别出现腹痛、起卧不安、流涎、呼吸困难等，可用阿托品和碘解磷定解救。

②孕畜及胃肠炎患畜，禁用；家禽对本品敏感，慎用。

③使用本品前后，禁止使用胆碱酯酶抑制剂、肌松药等。

④产奶牛不得使用本品驱虫。

4. 用法与用量(Direction and dosage)

①马胃蝇第 1 期蚴：按 20～40 mg/kg 制成糊剂内服，或以 37 mg/kg 混饲给药。马胃蝇第 2、3 期蚴：每匹马用 80%敌敌胃乳油 0.8～1.5 mL，加入 10 L 水中混饮；或成年马用 2.5 mL，喷入口腔。

②外寄生昆虫：配成 0.2%～0.4%乳液喷洒或涂擦。

③羊：每立方米空间以 0.5 mL 熏蒸，停留不超过 1 h，对第 1 期蝇蚴有大于 93%的杀灭作用；亦可按 5～10 mg/kg 的剂量内服，每日 1 次，连用 2 次，以杀灭第 1 期鼻蝇蚴。

④牛：以 1%药液喷薄雾于动物被毛，如头、背、四肢、体侧，可杀灭体表蝇、蚊等，但不得喷湿皮肤，一头牛的日用量不得超过 60 mL。

5. 制剂与规格(Dosage forms)

敌敌畏乳油：80%。

(二)蝇毒磷(Coumaphos)

1. 性状(Properties)

本品为白色结晶，不溶于水，略溶于乙醇，溶于苯、二甲苯和甲苯。遇碱逐渐水解。

2. 作用与应用(Action and indications)

本品为广谱杀虫和驱虫药，是有机磷杀虫剂中唯一可用于泌乳奶牛的杀虫剂，奶牛吸收后，大部分经代谢或以原形由粪尿中排出。残留于体内的药物主要分布于脂肪中，乳汁中含量极微，其他组织浓度均小于 0.1 mg/kg。

3. 注意事项(Warnings)

①蝇毒磷安全范围较窄，特别是水剂灌服时毒性更大。通常 2 倍治疗量即引起牛、羊中毒甚至死亡，因此反刍兽多推荐低剂量连续喂饲法。

②灌服蝇毒磷溶液时，牛必须先灌服 10%碳酸氢钠 60 mL，羊用 10%硫酸铜 10 mL，使食道沟关闭，药液直接进入皱胃，否则影响药效。

③发生中毒症状时，必须联合和反复使用解磷定和阿托品解毒，单用一种药物，解毒效果不佳。

④休药期为 28 d。

4. 用法与用量(Direction and dosage)

本品以 0.05%浓度药浴、喷洒，可杀灭畜禽体表的蜱、螨、蚤、蝇、牛皮蝇蛆和创口蛆等；用 0.025%浓度可杀灭虱和羊虱蝇；对禽类，可用 0.05%浓度沙浴。

5. 制剂与规格(Dosage forms)

蝇毒磷溶液：16%。

(三)皮蝇磷(Ronnel)

1. 性状(Properties)

本品为白色结晶，几乎不溶于水，易溶于丙酮、乙醚、二氯甲烷、甲苯。在中性、酸性环境中稳定，但在碱性条件下迅速分解失效。

2. 作用与应用(Action and indications)

本品以防治牛皮蝇效果好而得名。经内服或喷洒于皮肤上,有内吸杀虫作用。主要用于防治牛皮蝇、纹皮蝇等。外用可杀灭虱、蜱、螨、臭虫、蟑螂等。

3. 注意事项(Warnings)

①母牛产犊前 10 d 内禁用本品。

②泌乳牛禁用,肉牛休药期 10 d。

4. 用法与用量(Direction and dosage)

喷淋、喷洒:加水稀释成 0.25%~0.5%溶液。

5. 制剂与规格(Dosage forms)

皮蝇磷乳油:500 mL∶120 g。

(四)马拉硫磷(Malathion)

马拉硫磷又名马拉松。

1. 性状(Properties)

本品的纯品为浅黄色油状液体,微溶于水,易溶于多数有机溶剂。工业品为深褐色油状液体,具有强烈蒜臭味。在弱酸性环境中稳定,但在较强的碱性或酸性条件下均易分解失效。

2. 作用与应用(Action and indications)

本品为低毒、高效、速效杀虫药。本品无内吸杀虫作用,主要具有触杀和胃毒杀虫作用,亦有微弱的熏杀虫作用。对蚊、蝇、虱、蜱、螨、臭虫等均有杀灭作用。

3. 注意事项(Warnings)

①本品不可与碱性物质或氧化物接触。

②1 月龄内动物禁用。休药期 28 d。

4. 用法与用量(Direction and dosage)

每平方米用 0.2%~0.5%的溶液喷洒 1 g,灭蛆、臭虫等,药效可维持 3 个月。对家畜体表寄生虫,以 0.5%乳剂喷洒整个体表。

5. 制剂与规格(Dosage forms)

精制马拉硫磷溶液:①500 mL∶225 g;②500 mL∶350 g。

(五)倍硫磷(Fenthion)

倍硫磷又名百治屠。

1. 性状(Properties)

本品为无色或淡黄色油状液体,略有大蒜味;微溶于水,易溶于甲醇、丙酮、苯、氯仿及脂肪油中。

2. 作用与应用(Action and indications)

本品的杀虫作用比敌百虫强 5 倍,主要用于驱杀牛皮蝇蚴,对移行期第 2 期幼虫亦有效。此外,对蜱、蝇、虱等也有杀灭作用。

3. 注意事项(Warnings)

①外用喷洒,应间隔 14 d,连用 2~3 次。

②犊牛及泌乳牛禁用,肉牛休药期为 35 d。

4. 用法与用量(Direction and dosage)

内服:一次量,牛 1 mg/kg,1 d 1 次,连用 6 d,或按 10~15 mg/kg 混入饮水中给药,连用 6 d。背部泼淋:可按 5~10 mg/kg 的剂量计算用量,将药物混于液体石蜡中制成 1%~2%溶液应用。外用喷洒:用 0.25%乳剂,也可用 0.025%~0.1%乳剂灭虱。臂部浅层肌肉注射,以每 100 kg 体重注射倍硫磷 0.6 mL。

5. 制剂与规格(Dosage forms)

马拉硫磷乳油:500 mL∶250 g。

(六)辛硫磷(Phoxim)

辛硫磷又名肟硫磷。

1. 性状(Properties)

纯品为无色或浅黄色油状液体,无特臭。工业品为红棕色油状液体。微溶于水,易溶于有机溶剂。在中性和酸性水中稳定,碱性水中分解较快。

2. 作用与应用(Action and indications)

本品具有高效、广谱、低毒、残效期长等特点,以触杀为主,亦有胃毒作用。对人畜的毒性极低,对蚊、蝇、虱、螨有速杀作用。适用于治疗畜禽体表寄生虫病。本品的乳剂对防治羊螨病效果良好,价廉、安全,可以取代六六六、蝇毒磷等。

3. 注意事项(Warnings)

①本品对光敏感,应避光保存。室外应用残效期短。

②休药期 28 d。

4. 用法与用量(Direction and dosage)

羊只药浴以 50%乳油加水制成 0.05%乳液。治疗猪疥螨病,可用 0.05%乳液药浴,或以 0.1%乳液体表喷洒。

(七)二嗪农(Diazinon)

二嗪农又名地亚农、螨净。

1. 性状(Properties)

本品为无色油状液体,难溶于水,易溶于乙醇、丙酮、二甲苯。性质不稳定,在酸、碱溶液中均迅速分解。

2. 作用与应用(Action and indications)

本品为新型有机磷杀虫剂、杀螨剂,具有触杀、胃毒、熏蒸等作用和较弱的内吸作用,对蝇、蜱、虱及各种螨类均有良好的杀灭效果。其驱蚊、灭蝇可维持药效 6~8 周。

3. 注意事项(Warnings)

①猫、鸡、鹅、鸭等动物对本品较敏感,慎用。

②牛、羊、猪休药期 14 d,弃奶期 3 d。

4. 用法与用量(Direction and dosage)

①喷淋:牛、羊 600 mg/kg;猪 250 mg/kg。对严重感染应重复用药,对疥螨的间隔时间为 7~10 d,虱为 17 d。

②药浴:绵羊初次浸泡用 250 mg/kg,补充药液用 750 mg/kg;牛初次浸泡用 625 mg/kg,补充药液用 1 500 mg/kg。

5. 制剂与规格(Dosage forms)

二嗪农溶液(螨净):①25%;②50%。

(八)甲基吡啶磷(Azamethiphos)

1. 性状(Properties)

本品为白色或类白色结晶性粉末,有异臭,在水中微溶,易溶于甲醇、二氯甲烷等有机溶剂。

2. 作用与应用(Action and indications)

本品是高效、低毒的新型有机磷杀虫剂。主要以胃毒为主,兼有触杀作用,可杀灭苍蝇、蟑螂、蚂蚁及部分昆虫的成虫。因为这类昆虫成虫具有连续舔食的生活习性,因此,通过胃毒起作用的药物效果更好。如与诱致剂配合,能增加诱致苍蝇能力 2~3 倍。

按规定浓度一次性喷雾,苍蝇的减少率可达 84%~97%。甲基吡啶磷还具有残效期长的特点。例如,将其涂于纸板上,悬挂于舍内或贴于墙壁上,残效期可达 10~12 周,喷洒于墙壁天花板上残效期达 6~8 周。

本品除对成蝇外，对蟑螂、蚂蚁、跳蚤、臭虫等也有良好杀灭作用。

3. 注意事项(Warnings)

①本品急性毒性属低毒类，但对眼有轻微刺激性，喷雾时动物虽可留于厩舍，但不能向动物直接喷射，饲料亦应转移他处。

②本品对鲑鱼有高毒，对其他鱼类也有轻微毒性，使用过程中不要污染河流、池塘及下水道。对蜜蜂亦有毒性，禁用于蜂群密集处。

③药物加水稀释后应当天用完。混悬液停放 30 min 后，宜重新搅拌均匀再用。

4. 用法与用量(Direction and dosage)

①撒布：甲基吡啶磷颗粒剂撒布于成蝇、蟑螂聚集处，每平方米集中投撒 2 g。

②喷洒：用水配成 10%混悬液，每平方米地面、墙壁、天花板等处喷洒 50 mL。

③涂抹：取甲基吡啶磷可湿性粉 100 g，加水 80 mL 制成糊状物，于地面、墙壁、天花板等处，每 2 m^2 涂 1 个点(约 13 cm×10 cm)。

5. 制剂与规格(Dosage forms)

甲基吡啶磷颗粒剂：100 g∶1 g。甲基吡啶磷可湿性粉剂-10：10%。甲基吡啶磷可湿性粉剂-50：50%。

二、有机氯杀虫剂(Organochlorine insecticides)

三氯杀虫酯又称蚊蝇净。

1. 性状(Properties)

本品为白色晶体，无特殊气味，不溶于水，易溶于丙酮等有机溶剂。在中性和弱酸性中较稳定，碱性中易分解。

2. 作用与应用(Action and indications)

本品具有高效、低毒、易降解的特点，可替代六六六，以触杀和熏蒸作用为主。对蚊、蝇和家畜体表寄生虫均有良好杀灭作用，其速杀效力类同拟除虫菊酯，对有机氯或有机磷已产生抗性的蚊蝇亦有杀灭作用。灭蚊试验证明，以 1 mg/L 浓度喷雾，24 h 后蚊幼虫全部死亡。以 2 g/m^2 滞留喷洒墙面，残效期可达 1 个月之久。在人畜体内降解迅速，无蓄积中毒现象。

本品主要用于驱杀厩舍、周围环境的蚊蝇，家畜体表的虱、蜱、蚤等。

3. 用法与用量(Direction and dosage)

喷雾：加水稀释成 1%浓度，按 0.4 mL/m^3 喷雾；喷洒：稀释成 1%乳剂喷洒家畜体表。

4. 制剂与规格(Dosage forms)

三氯杀虫酯乳油：100 mL∶100 g。

三、拟除虫菊酯类杀虫剂(Pyrethroid insecticides)

除虫菊为菊科植物白花除虫菊(*Pyrethrum cinerariifolium*)的干燥花序，其有效成分除虫菊酯约含 1%，为除虫菊酯Ⅰ、Ⅱ等数种酯类的混合物。由于人工栽培产量有限，现已人工合成生产和试用的有丙烯菊酯、胺菊酯、苄呋菊酯、炔呋菊酯、二氯苯醚菊酯、溴氰菊酯和戊酸氰菊酯等。这是一类高效、速效、无残毒、不污染环境、对人畜安全无毒、残效期长的新型杀虫药，颇有发展前途。除虫菊酯及其类似化学物对蚊、蝇、虱、蚤等有毒杀作用。本品被昆虫接触后，可迅速渗入虫体，作用于昆虫神经，出现过度兴奋、痉挛，最后麻痹而死，属神经毒。高浓度则抑制神经膜的离子传导，阻断兴奋，使肌肉麻痹。

Pyrethrins and pyrethroids exert their effects primarily by modulating gating kinetics of sodium channels in nerves. This action results in either repetitive discharges or membrane depolarization and subsequent death of the target arthropod. Recent research also indicates that pyrethroid insecticides suppress γ-aminobutyric acid (GABA) and glutamate receptor-channel complexes and voltage-activated Ca^{2+}

channels.

拟除虫菊酯类对哺乳动物和家禽的毒性很低。因为在温血动物体温下，酶对拟除虫菊酯的水解速度很快，使之完全解毒。并且在体内转化迅速，不留下残余物。

（一）胺菊酯（Tetramethrin）

胺菊酯又名似虫菊。

1. 性状（Properties）

本品为白色结晶体，不溶于水，能溶于苯、丙酮、氯仿、煤油等有机溶剂，性质稳定，但在高温和碱性溶液中易分解。

2. 作用与应用（Action and indications）

本品对蚊、蝇、虱、螨等均有杀灭作用。对昆虫击倒作用的速度居拟除虫菊酯类杀虫药之首，但由于部分虫体又能复活，一般多与苄呋菊酯（resmethrin）合用，因后者的击倒作用虽慢，但杀灭作用较强，因而有互补增效作用。本品多制成蚊香剂和气雾剂使用，对人、畜安全，无刺激性。

3. 制剂、用法与用量（Dosage forms，direction and dosage）

胺菊酯、苄呋菊酯喷雾剂（含 0.25％胺菊酯、0.12％苄呋菊酯），供喷雾用。

（二）苄氯菊酯（Permethrin）

苄氯菊酯又名二氯苯醚菊酯、除虫精。

1. 性状（Properties）

本品为白色结晶体，有菊酯芳香味，难溶于水，易溶于乙醇、丙酮、苯、二甲苯。在空气和阳光中稳定，但在碱性介质中易分解。

2. 作用与应用（Action and indications）

本品杀虫范围广，作用强，击倒快，残效期长。对畜禽外寄生虫，如蚊、蝇、蟑螂、虱、蜱、螨、虻等均有很好的杀灭作用，对虱卵亦有杀灭作用。

3. 注意事项（Warnings）

①猫使用剂量过大，会出现兴奋、扭曲等感觉过敏症状。

②牛休药期 3 d，产奶牛用药后 6 h 才可挤奶。

4. 用法与用量（Direction and dosage）

①喷淋、喷雾：稀释成 0.125％～0.5％溶液杀灭禽螨；0.1％溶液杀灭体虱、蚊蝇。

②药浴：羊配成 0.02％乳液杀灭羊螨。

5. 制剂与规格（Dosage forms）

苄氯菊酯乳油：10％。

（三）溴氰菊酯（Deltamethrin）

溴氰菊酯又名敌杀死。

1. 性状（Properties）

本品为白色结晶性粉末，无味。难溶于水，易溶于丙酮、苯、二甲苯。在阳光、酸、中性溶液中稳定，但在碱性介质中迅速分解。

2. 作用与应用（Action and indications）

本品是目前菊酯类杀虫剂中毒力最高的一种杀虫剂，有触毒和胃毒杀虫作用，无内吸作用，具有广谱、高效、残效期长、低残留等优点。对家蝇和蚊的杀灭作用分别为天然除虫菊酯的 1 000 倍及 220 倍。对畜禽外寄生虫，如蚊、家蝇、厩蝇、羊蜱蝇、牛皮蝇、羊痒螨、牛羊各种虱、猪血虱及禽羽虱等均有良好杀灭作用。本品对耐有机磷、有机氯的外寄生虫仍有高效。

3. 注意事项（Warnings）

①牛在用药后 48 h 内有轻度不适。

②休药期为 28 d。

4. 用法与用量(Direction and dosage)

①药浴或喷淋:牛、羊 50 mg/kg;疥螨 0.12%～0.25%;痒螨 0.25%～0.05%。

②撒布:0.3%～0.6%。

③涂擦:0.3%软膏。

5. 制剂与规格(Dosage forms)

溴氰菊酯乳油(倍特):5%。

(四)氰戊菊酯(Fenvalerate)

氰戊菊酯又名速灭杀丁。

1. 性状(Properties)

本品为浅黄色结晶,难溶于水,可溶于甲醇、乙醇、丙酮、氯仿、二甲苯、煤油。性质较稳定,在酸性环境中比碱性介质中稳定。

2. 作用与应用(Action and indications)

本品具有触毒和胃毒作用,具广谱、高效、击倒作用快、残效期长等特点。对畜禽外寄生虫,如蜱、螨、虱、蚤等均有良好的杀灭作用,其防治螨、虱病的效果比敌百虫强 25～250 倍,并有杀灭虫卵的作用。兽医临床主要用于驱杀家畜外寄生虫,如血蜱、扇头蜱、微小牛蜱及水牛痒螨等。

3. 注意事项(Warnings)

①配制本品溶液时,不要使用碱性水。水温以 12℃为宜,如超过 25℃会降低药效,超过 50℃则失效。

②3 月龄内幼犬、哺乳母犬和 6 月龄内幼猫、怀孕及哺乳猫禁用。

③休药期 28 d。

4. 用法与用量(Direction and dosage)

治疗畜、禽外寄生虫病时,应用本品的稀释液喷雾、涂擦或药浴均可。但是不论用何种方法,都要保证畜禽的被毛、羽毛能被药液充分湿透。

马、牛螨病:200 mg/kg;猪、羊、犬、兔、鸡螨:80～200 mg/kg;牛、猪、犬、兔虱:50 mg/kg;鸡虱及皮刺螨:40～50 mg/kg;杀灭蚤、蚊、蝇及牛虻 40～80 mg/kg。

5. 制剂与规格(Dosage forms)

氰戊菊酯乳油:20%。

(五)氟胺氰菊酯(Fluvalinate)

氟胺氰菊酯又称马扑立克。

1. 性状(Properties)

本品为淡黄色油状液体,微溶于水,溶于醇及芳香烃类溶剂。对光和热稳定,在酸性介质中稳定,在碱性介质中易分解。

2. 作用与应用(Action and indications)

本品是专用于防治蜂螨的杀螨剂,兼具触杀和胃毒作用,杀螨效率高,无论是大蜂螨还是小蜂螨杀灭率接近 100%。用药后数小时蜂螨表现中毒,从蜂体脱落,24 h 内全部死亡。氟胺氰菊酯对蜜蜂比较安全,对蜜蜂的行为、寿命、死亡率以及雄蜂、蜂王的生殖、产卵均无不良影响。对人畜毒性亦较低。

3. 注意事项(Warnings)

①本品不可与碱性物质混用,以免分解失效。

②因对皮肤、眼睛具有一定的刺激性,使用时应戴手套、口罩注意防护。

③本品的树脂带在临用前才能打开包装,乳油剂应在临用前稀释。

④因对鱼、虾、蚕有毒性,使用时避免污染中毒。

4. 用法与用量(Direction and dosage)

①氟胺氰菊酯树脂带:悬挂于蜂箱内,悬挂 2 片,通常悬挂 30 d。

②氟胺氰菊酯乳油：喷雾，加水 2 000～5 000 倍稀释喷雾蜂群及蜂箱内外。

5. 制剂与规格(Dosage forms)

氟胺氰菊酯树脂带 8 g∶0.8 g。氟胺氰菊酯乳油 500 mL∶100 g。

四、其他(Miscellaneous insecticides)

(一)双甲脒(Amitraz)

双甲脒又名特敌克。

1. 性状(Properties)

本品为白色或浅黄色结晶性粉末，几乎不溶于水，易溶于丙酮、甲醇、二甲苯。在乙醇中缓慢分解，在酸性环境中不稳定，对热较稳定。

2. 作用与应用(Action and indications)

本品为新型甲脒类杀虫药，具广谱、高效、低毒的特点。对疥螨、痒螨、蜱、蚤等均有良好的杀灭作用。兽医临床主要用于杀螨，也用于杀蜱、虱等家畜外寄生虫。

3. 注意事项(Warnings)

①马属动物对本品较敏感，对鱼有剧毒，用时慎重勿污染鱼塘、河流。

②本品对皮肤有刺激作用，防止药液沾污皮肤和眼睛。

③休药期：双甲脒溶液，牛、羊 21 d，猪 8 d，弃奶期 48 h。

4. 制剂、用法与用量(Dosage forms, direction and dosage)

①双甲脒溶液：12.5%。药浴、喷洒或涂擦：家畜配成 0.025%～0.05%溶液。

②双甲脒项圈：9%。每只犬 1 条，灭蜱使用 4 个月，杀蠕形螨使用 1 个月。

③双甲脒乳油：0.5 mL∶62.5 mg；0.25 mL∶31.25 mg。喷雾：本品 0.5 mL 加水 500 mL 稀释可用于 100 框蜂。

④双甲脒烟剂：每片：15 mg。熏烟：平箱群一次 1 片，继箱群一次 2 片，点燃发烟 15 min 后，打开巢门。

(二)环丙氨嗪(Cyromazine)

1. 性状(Properties)

本品为 2-环丙氨基-4，6-二氨基-三嗪化学合成品，是白色结晶性粉末，无臭；难溶于水，可溶于有机溶剂，遇光稳定。

2. 作用与应用(Action and indications)

本品为昆虫生长调节剂(insect growth regulator)，能抑制二氢叶酸还原酶和甲壳素的合成(inhibition of dihydrofolate reductase as well chitin formation in arthropods)，对双翅目幼虫有特殊活性。可抑制双翅目幼虫的蜕皮，特别是幼虫第 1 次蜕皮，使蝇蛆繁殖受阻，而致蝇死亡。给鸡内服，即使在粪便中含药量极低也可彻底杀灭蝇蛆，各种蝇的半数致死浓度为 0.4～2 mg/kg，当饲料中浓度达 1 mg/kg 时即能控制粪便中多数蝇蛆的发育，5 mg/kg 时足以控制各种蝇蛆。一般在用药后 6～12 h 发挥药效，可持续 1～3 周。主要用于控制集约化养殖场几乎所有的蝇类，并可控制跳蚤，杀灭粪池内蝇蛆，以保证环境卫生。

环丙氨嗪可明显降低鸡舍内氨气含量，大大改善畜禽饲养环境。可使用于肉鸡、种鸡、蛋鸡、猪、牛、羊等动物。

3. 注意事项(Warnings)

①本品对鸡基本无不良反应，但饲喂浓度过高也可能出现一定影响。药料浓度达 25 mg/kg 时，可使饲料消耗量增加，500 mg/kg 以上才使饲料消耗量减少，1 000 mg/kg 以上长期喂养可能因摄食过少饥饿而死。

②每公顷土地以用饲喂本品的鸡粪 1～2 t 为宜，超过 9 t 以上可能对植物生长不利。

③休药期 3 d。

4. 用法与用量(Direction and dosage)

①环丙氨嗪预混剂混饲：每 1 000 kg 饲料，鸡 5 g。连用 4～6 周。

②环丙氨嗪可溶性粉喷洒：每 20 m^2，以 10 g 溶于 15 L 水中，喷洒于蝇蛆繁殖处。

③环丙氨嗪可溶性颗粒：干撒，每 10 m^2 5 g；洒水，每 10 m^2 2.5 g，加水 10 L；喷雾：每10 m^2 5 g，加水 1～4 L。

5. 制剂与规格(Dosage forms)

环丙氨嗪预混剂：①1%；②10%(用于配制 1%的环丙氨嗪预混剂)。环丙氨嗪可溶性粉：50%。环丙氨嗪可溶性颗粒剂：2%。

(三)非泼罗尼(Fipronil)

1. 性状(Properties)

本品为 5-氨基-3-氰基-1-(2,6-二氯-4-三氟甲苯基)-4-三氟甲基亚磺酰基吡唑化学合成品，纯品是白色结晶性粉末，难溶于水，可溶于丙酮、甲醇，易溶于玉米油，性质稳定。

2. 作用与应用(Action and indications)

本品是一种对多种害虫具有优异防治效果的广谱杀虫剂。非泼尼罗能非竞争性地阻断昆虫中枢神经细胞膜上由 γ-氨基丁酸(GABA)受体和谷氨酸受体控制的氯离子通道，从而干扰中枢神经系统的正常功能而导致昆虫死亡。主要是通过胃毒和触杀起作用，也具有一定的内吸传导作用。

Fipronil acts on the central nervous system where it appears to be primarily effective in noncompetitively blocking the passage of chloride ions through GABA-gated and glutamate-gated chloride channels in ectoparasites).

非泼尼罗对多种农业、畜牧、卫生害虫和螨类均有杀灭效果，杀虫活性是有机磷酸酯、氨基甲酸酯的 10 倍以上。另外，对拟除虫菊酯类、氨基甲酸酯类杀虫剂产生抗药性的害虫也具有极高的敏感性。残效期一般为 2～4 周，最长可达 6 周。

主用于犬、猫体表跳蚤、犬蜱及其他体表寄生虫。

3. 注意事项(Warnings)

本品对鱼和蜜蜂毒性较大，使用时应注意防止污染河流、湖泊、鱼塘和蜂群所在地。

4. 用法与用量(Direction and dosage)

①非泼尼罗喷剂：喷雾，犬、猫 3～6 mL/kg。

②非泼尼罗滴剂：外用，滴于皮肤，每只动物，猫 0.5 mL；犬体重 10 kg 以下用 0.67 mL；体重 10～20 kg 用 1.34 mL，体重 20～40 kg 用 2.68 mL，体重 40 kg 以上用 5.36 mL。

③复方非泼尼罗滴剂(猫用)：外用，滴于皮肤，每只猫 0.5 mL。

④复方非泼尼罗滴剂(犬用)：外用，滴于皮肤，每只动物，犬体重 10 kg 以下用 0.67 mL；体重 10～20 kg 用 1.34 mL，体重 20～40 kg 用 2.68 mL，体重 40～60 用 4.02 mL，体重 60 kg 以上用 4.02 mL，加另一相应小管。

5. 制剂与规格(Dosage forms)

非泼罗尼喷剂：①100 mL∶0.25 g；②250 mL∶0.625 g。非泼尼罗滴剂：100 mL∶10 g。复方非泼尼罗滴剂(猫用)：0.5 mL∶非泼尼罗 50 mg 与烯虫酯 60 mg。复方非泼尼罗滴剂(犬用)：①0.67 mL；②1.34 mL；③2.68 mL；④4.02 mL。

参考文献

References

[1] 中国兽医协会. 执业兽医资格考试应试指南(上册). 北京:中国农业出版社,2013.

[2] 孔繁瑶. 家畜寄生虫学. 2 版. 北京:中国农业大学出版社,1997.

[3] 卢俊杰,靳家声. 人和动物寄生线虫图谱. 北京:中国农业科学技术出版社,2002.

[4] 刘恩勇,赵俊龙. 巴贝斯虫病. 武汉:湖北人民出版社,2001.

[5] 李国清,谢明权. 高级寄生虫学 . 北京:高等教育出版社,2007.

[6] 李国清,译. 兽医寄生虫学. 9 版. 北京:中国农业出版社,2013.

[7] 李国清. 兽医寄生虫学(双语版). 北京:中国农业大学出版社,2006.

[8] 李国清. 兽医寄生虫学. 广州:广东高等教育出版社,1999.

[9] 杨光友. 动物寄生虫病学. 成都:四川科学技术出版社,2005.

[10] 汪明. 兽医寄生虫学. 3 版. 北京:中国农业出版社,2004.

[11] 宋铭忻,张龙现. 兽医寄生虫学. 北京:科学出版社,2009.

[12] 陈淑玉,汪溥钦. 禽类寄生虫学. 广州:广东科技出版社,1994.

[13] 索勋,李国清. 鸡球虫病学. 北京:中国农业大学出版社,1998.

[14] 殷国荣. 医学寄生虫学. 北京:科学技术出版社,2004.

[15] 唐仲璋,唐崇惕. 人畜线虫学. 北京:科学出版社,1987.

[16] 蒋金书. 动物原虫病学. 北京:中国农业大学出版社,2000.

[17] Bowman D D. Georgis' Parasitology for Veterinarians. Ninth Edition. Saunders Elsevier,2009.

[18] Gardiner C H,Fayer R,Dubey J P. An atlas of Protozoan Parasites in Animal Tissues. United States Department of Agriculture,1988.

[19] Kaufmann J. Parasitic Infections of Domestic Animals—A Diagnostic Manual. Berlin:Birkäuser,1996.

[20] Levine N D. Veterinary Protozoology. Iowa State University Press Ames,1985.

[21] Permin A,Hansen J W. Epidemiology,Diagnosis and Control of Poultry Parasites. FAO, Rome, 1998.

[22] Roepstorff A,Nansen P. Epidemiology,Diagnosis and Control of Helminth Parasites of Swine. FAO,Rome,1998.

[23] Urquhart G M,Armour J,Duncan J L,et al. Veterinary Parasitology. Second Edition. Blackwell Science,2003.

[24] Wall R,Shearer D. Veterinary Ectoparasites:Biology,Pathology and Control. Second edition. Blackwell Science Ltd,2001.

主要网站(Main websites)

[1] http://www.cdc.gov/parasites

[2] http://en.wikipedia.org

[3] http://parasitipedia.net

[4] http://microbewiki.kenyon.edu

[5] http://www.journals.elsevier.com/veterinary-parasitology

[6] http://www.merckmanuals.com/vet

[7] http://www.waavp.org

[8] http://www.parasitology.com.cn

